风化型高岭土深加工技术

李凯琦　陆银平　等著

中国建材工业出版社

图书在版编目（CIP）数据

风化型高岭土深加工技术/李凯琦等著 . --北京：
中国建材工业出版社，2017.6
ISBN 978-7-5160-1869-9

Ⅰ.①风… Ⅱ.①李… Ⅲ.①土壤风化－高岭土－加
工 Ⅳ.①P619.23

中国版本图书馆 CIP 数据核字（2017）第 101958 号

内 容 提 要

本书介绍了风化型高岭土的概念、鉴别方法、矿床特征、工艺性能、利用途径、加工工艺等；重点介绍了风化型高岭土的漂白、分散降黏、合成分子筛、生产抛光粉、生产无熟料白水泥、偏高岭土、脱硅高岭土等近十几年来开发利用研究的新动向和新技术。本书对高岭土矿产的开发利用具有重要的实用价值。

本书可供矿物加工工程、矿产资源综合利用、非金属矿开发利用和无机非金属材料等领域的技术人员、管理人员及大专院校师生参考。

风化型高岭土深加工技术

李凯琦　陆银平　等著

出版发行：中国建材工业出版社
地　　址：北京市海淀区三里河路 1 号
邮　　编：100044
经　　销：全国各地新华书店
印　　刷：北京中科印刷有限公司
开　　本：787mm×1092mm　1/16
印　　张：31.25
字　　数：720 千字
版　　次：2017 年 6 月第 1 版
印　　次：2017 年 6 月第 1 次
定　　价：**148.80 元**

本社网址：www.jccbs.com　　微信公众号：zgjcgycbs
本书如出现印装质量问题，由我社市场营销部负责调换。联系电话：(010) 88386906

前　言

　　风化型高岭土主要分布在我国的福建、广东、广西、海南和东南亚的越南、马来西亚、印尼等地，是一种宝贵的自然资源和重要的非金属矿产，因其独特的工艺物理性能和化学组成而广泛应用于陶瓷、造纸、橡胶、塑料、石油化工、精细化工、水泥混凝土等领域。我国风化型高岭土分布广，储量巨大，质量较好，具有巨大的开发利用价值。

　　风化型高岭土是赋存于近代地层中的以高岭石为主要成分的风化产物或松散的沉积物。风化型高岭土形成过程中的原岩、气候、地貌、生物等因素决定了它特殊的结构、构造、化学组成及工艺物理性能，而这些特征又决定了风化型高岭土独特的加工工艺和设备，即便是在经过各种加工工序以后的高岭土产品中，仍或多或少地保留着风化型高岭土的固有特性，从而显示出巨大的价值和广泛的用途。

　　本书共十六章，第一章主要介绍高岭土的概念、常用术语、鉴别方法和分类；第二章介绍了几个典型风化型高岭土矿床的构造、层位、矿石、矿体、主要组分、赋存状态等矿床学特征；第三章介绍了风化型高岭土的工艺物理性能和利用途径；第四章介绍了风化型高岭土的开采、水洗、分级、分散、干燥等加工工艺；第五章研究了风化型高岭土的增白技术；第六章研究了风化型高岭土的分散降黏技术；第七章介绍了高岭土合成分子筛的原理、工艺、原料选择和预处理，重点研究了4A、13X及3A、5A、10A分子筛和分散剂用分子筛的制备技术；第八章介绍了风化型高岭土的表面改性机理、方法和用途；第九章研究了脱硅高岭土的制备方法，并指出了它的特性和发展前景；第十章研究了风化型高岭土制备无熟料白水泥及其涂料的技术；第十一章研究了风化型高岭土制备抛光粉的技术；第十二章研究了风化型高岭土制备偏高岭土的技术；第十三章研究了偏高岭土-混凝土的特性和用途；第十四章研究了偏高岭土基地质聚合物的制备技术，并开发了功能性地质聚合物涂料；第十五章研究了风化型高岭土矿山尾矿的综合利用；第十六章研究了偏高岭土在耐火浇注料中的应用。

本书由河南理工大学李凯琦（第四章和第七章）、河南理工大学陆银平（第三章、第八章和第九章）、郑州工业贸易学校汪洋（第二章和第十六章）、河南省地矿局第二地质矿产调查院蔡丽娜（第五章）、重庆地质矿产研究院栾进华（第六章）、华北水利水电大学袁小会（第十章）、中煤科工集团西安研究院有限公司汤红伟（第一章和第十一章）、江苏省有色金属华东地质勘查局张燕（第十二章）、四川省煤田地质局一三七队席书娜（第十三章）、中国建筑材料工业地质勘查中心河南总队孙春晓（第十四章）和河南理工大学佘加平（第十五章）共同撰著。

本书撰著和课题研究过程中始终得到了河南理工大学葛宝勋教授的精心指导，研究过程中得到了河南理工大学曾玉凤、刘宇、邓寅生、韩星霞，中国矿业大学刘钦甫教授等同志的鼎力协助，也得到了焦作市煜坤矿业有限公司、茂名兴煌矿业公司和湛江科华高岭土公司协助野外调研和提供样品的支持，在此表示衷心的感谢。

风化型高岭土加工是一个多学科融合又不断发展的新学科，涉及众多学科领域，加之作者学识有限，书中难免存在诸多不足或错误，恳请读者不吝指正。

作者

2017 年 5 月

目　　录

第一章 高岭土概论

第一节 高岭土的概念

高岭土是指一种可以制瓷的白色黏土，它因首先发现于我国江西景德镇高岭村而得名。"高岭"一词原为瓷工、土工便于呼唤，一时所杜撰，命名时无明确的含义。清康熙五十一年（1712年）和康熙末年（1722年）法国传教士殷弘绪（Le·P·d'Entrecolles）神父假借传教士身份，在中国景德镇秘密收集制瓷情报，终于在景德镇东北鹅湖乡高岭村找到了当地制瓷的主要黏土，揭开了中国制瓷之谜，他写了两封信寄回法国汇报，称这种黏土为"高岭土"，从而成为以中国地名命名的矿物学名词，英文名称为kaolin。但也有另一种说法，即1769年德国学者李希霍芬（Richthofen）在中国考察时，发现景德镇高岭村产黏土，遂按音译成"kaolin"，介绍给欧美矿物学界，因而高岭土一词才具有地质学上的定义。

关于高岭土的概念大概有两种说法。第一，"高岭土是由高岭石族矿物为主组成的黏土岩"。这个定义可以看作是从岩石学领域给"高岭土"的定名，它简要地阐述了"高岭土"的岩石学属性。第二，"高岭土是一种岩石，其特征是所含的高岭石矿物（kaolinminerals）达到有用的含量"——依据国际地质协调计划高岭土成因组（IGCP NO. 23·1972年）布拉格会议。这个定义包括了可以利用的、各种颜色的、松散土状和坚硬石状的高岭土。这一定义更强调"可用性"，显然该概念重点阐述了"高岭土"的矿产学或者说矿床学属性。

作者认为上述两种概念都是正确的，当站在岩石学或地质学的角度研究高岭土的成因时，最好把高岭土看作"由高岭石族矿物为主组成的黏土岩"；当站在矿产加工利用的角度研究高岭土的利用价值时，最好把高岭土看作是"所含的高岭石矿物达到有用含量的一种岩石"。

应该指出，仅仅从有用矿物含量方面评价高岭土质量还是相当不够的。例如，某些煤系高岭土，高岭石含量可以很高，甚至达到80%以上，只是某些组分（有害杂质）含量高，又分选困难，仍然无法利用或利用价值不大；而南方的风化型高岭土，它普遍含有大量的石英砂，甚至还有钾长石、白云母、角闪石等其他矿物，但是经过简单的水洗就可以进行分离，使得该矿床具有开采价值。此外，高岭土的价值还在于用于何处，即不同的用途体现不同的价值。

所以，作者认为，从利用的角度定义高岭土就是在评价高岭土类矿产的价值和利用途径，应该从高岭石含量（一般称为品位）、有害杂质含量、矿石可选性以及高岭土综合性能几个方面进行评价和定义，这种定义具有更大的实用价值。

1

第二节　高岭土的相关术语

一、高岭石（Kaolinite）

高岭石是一种黏土矿物，属高岭石亚族（包括高岭石、地开石、珍珠陶土、埃洛石等），是一种二八面体层状结构硅酸盐矿物。高岭石的晶体结构如图1-1所示。

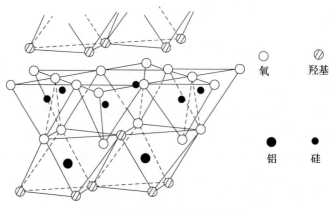

图 1-1　高岭石晶体结构示意图

高岭石是由硅氧四面体组成的 $[Si_4O_{10}]^{4-}$ 层和铝氧八面体组成的 $(OH)_6Al_4(OH)_2$ 层按1:1的比例、通过共同的氧原子结合而组成基本的结构单元层，其基本结构单元层沿晶体 c 轴方向重复堆叠组成高岭石晶体，相邻的结构单元层通过铝氧八面体的 OH 与相邻硅氧四面体的 O 以氢键相联系，晶体常呈假六方片状，易沿（001）方向裂解为小的薄片。

二、高岭土（Kaolin）

高岭土是以高岭石亚族矿物为主要成分的软质黏土，因最早发现于我国江西省景德镇附近的高岭村而得名。高岭土常呈致密块状、土状及疏松状，质纯者呈白色，含杂质者可呈灰、黄、褐、红、蓝、绿等色，珍珠光泽或无光泽，土状断口，密度 $2.2\sim2.6g/cm^3$，莫氏硬度 $1\sim2.5$，吸水性强，在水中可解离成小片状颗粒并能悬浮于水中，可制成胶泥，具有良好的可塑性，粘结性能好。高岭土包括了所有可利用的各种颜色的松散土状和坚硬岩石状的高岭土（杨雅秀，1989）。由于在实际应用中，人们发现"土"与"岩"在物化性能上的差别很大，所以习惯将两者分开，即松散、软质者称"高岭土"，而对原矿为块状岩石的称为"高岭岩"。但是在加工利用过程中，块状高岭岩常常需要通过粉碎变成粉状物料才能加以利用，这种粉碎后的产品也可称为高岭土。

三、高岭岩（Kaolinitic rock）

高岭岩是1959年沈永和先生在研究内蒙古大青山石炭纪煤系地层时首先提出来的概念，指一种主要由片状高岭石矿物及其他有关矿物组成的硬质岩石，它在产状、结构、矿物成分、化学组成和物理性质上都有一定的特征，常以煤层的顶板、底板、煤层夹矸形式产出，或赋存于距煤层较近的层位。煤系地层中赋存的主要是硬质高岭岩，由于含有有机质及杂质而呈黑灰、褐、淡绿、灰绿等色，致密块状或砂状，瓷状断口或似贝壳状断口，无光泽至蜡状光泽，条痕灰白至白色，莫氏硬度3左右。例如貌似砂岩的"大同黑砂石"（实际是煤系硬质高岭岩）多呈黑色，砂状断口，暗淡光泽，高岭岩中突出的"砂粒"是高岭石晶体。煤系高岭岩中的高岭石一般吸水性极差，粉碎后呈小颗粒状，故无可塑性及粘结性。

四、砂岩型高岭土（Sandstone-type Kaolin）

此种高岭土是一种经成岩作用改造了的沉积型高岭土，具有砂岩的表观特征。该类高岭土矿石是一种胶结物或杂基以高岭石为主的泥质石英砂岩或石英杂砂岩，石英含量一般为 60%～90%，高岭石含量 10%～40%，并含其他一些杂质矿物。矿石呈灰白色、白色，砂泥质结构，砂土状构造，受力或在水中浸泡可分散，经过水力洗选可得高岭土精矿。实际上它也是一种软质高岭土，比硬质高岭土具有更好的可选性，更高的自然白度，更好的粒度分布。

五、燧石黏土（Flint Clay）

主要在北美、南非、以色列、法国等国使用。最早是由 Wheeler（1896）提出，指一种非可塑性、高耐火度的硬质岩石，具有贝壳状断口，硅含量较高，含有分散的含硅凝胶或蛋白质硅孔洞，结构变化较大，可以是隐晶质的、鲕状的、砾状的，并且可以递变到硬水铝石—勃姆石黏土岩，岩石中可含少量的伊利石、石英、菱铁矿、赤铁矿、锐钛矿等矿物。

六、焦宝石

我国山东一带常将二叠纪煤系中的 A 层黏土矿称为"焦宝石"，其主要组成矿物为高岭石，呈灰色、灰白色，致密坚硬，隐晶质结构，块状构造，性脆。露出地表后易碎裂成棱角尖锐的碎块，节理发育，沿节理面有次生氧化铁薄膜（铁锈）。方邺森（1990）认为，焦宝石是典型的沉积型高岭土，实际上是硬质高岭岩。

七、耐火黏土（Fireclay）

耐火黏土系一工业名词，泛指可用作耐火材料的黏土和用于耐火材料的黏土矿。根据耐火度可将黏土分为易熔黏土（耐火度小于 1350℃）、难熔黏土（耐火度为 1350～1580℃）、耐火黏土（耐火度大于 1580℃）。耐火黏土的主要矿物成分为高岭石、硬水铝石，其次为软水铝石、三水铝石、叶蜡石和碳酸盐等。根据理化性能、矿石特征和工业用途可将耐火黏土分为软质耐火黏土、半软质耐火黏土、硬质耐火黏土和高铝黏土四种。由于许多高岭岩（土）的耐火度都在 1580℃以上，因此耐火黏土包含了相当一部分的高岭岩（土），这往往导致术语应用的混乱，工业中应用的一些称为耐火黏土的原料实际上是高岭土或高岭岩。

八、铝土质黏土（Bauxitic clay）

1922 年由 Wilson 定义，指分布比较广泛，源于风化壳受侵蚀后沉积形成的、具有贝壳状断口、以高岭石为主要组成矿物（但许多局部以勃姆石和硬水铝石占主导地位）的一类黏土岩。实际上，其构造、结构及组成和北美燧石难以区分。

九、木节土或木节黏土

此名词来自日本，指含煤地层中主要由高岭石族矿物组成的、富含有机质、可塑性高的黏土。我国也有人称之为软质耐火黏土，在华北、东北地区广泛分布，主要产地有唐山、介休、平鲁、朔州、清水河、准格尔、老石旦等。从内蒙古、山西等地的分布情况来看，凡是地表有风化煤出露的地方，其下必然赋存有木节土，且以紫木节土最为常见。木节土中的主要矿物是高岭石，但常伴生有石英、白云母、伊利石、软水铝石等矿物。准格尔矿区 N_1、N_2、N_3 软质黏土及山西省平鲁地区与 4 号煤地表风化煤共生的软质高岭土即属此种类型。

十、球土（Ball clay）

此名源于日本，指一种细粒，含有机质、可塑性高的黏土，主要组成矿物为高岭石，并含有石英、云母、长石等，成分和物理性质与木节土类似。

十一、高岭石黏土岩夹矸（Tonstein）

1863 年 Bischof 在研究德国鲁尔矿区石炭纪煤系地层时最早提出的术语，特指该区那些赋存在煤层中的、薄的、富含高岭石的泥质夹层，其德文含义是 claystone（黏土岩）。Tonstein 当时并没有成因上的意义，但随着国内外学者对其进行的广泛而深入的研究，它逐渐被赋予成因方面的含义。Williamson（1970）认为 Tonstein 是指产出在煤系沉积层序中致密的高岭质泥岩夹矸，它以高岭石为主要组成矿物，由隐晶和微晶团粒、板状和蠕虫状晶体、微晶和隐晶或非结晶基质组成，单层常常分布范围广，具有固定的地层层位。Bohor（1993）特指非海相地层由火山灰原地蚀变而来的高岭石夹层，它通常与煤层共生在一起。目前基本上趋同于特指含煤地层中由火山灰蚀变而来的高岭石黏土岩夹层。国外提出的其他与火山灰蚀变黏土岩有关的术语还有 Cinerites（火山渣岩）、Kaolinite bentonites（高岭石斑脱岩）。"Cinerites" 系 Bouroz（1962）提出，将其应用于所有的空降火山灰沉积，而不管其矿物组成、沉积环境和蚀变状况如何。Fisher 和 Schmincke（1984）甚至建议取消 Tonstein 这一术语，而代之以 Bentonite 来泛指所有薄的、广泛分布的、可能是火山成因的富黏土夹层，而不必考虑其矿物组成和沉积环境。但由于这两个术语的含义太广泛而难以被大家所普遍接受。

十二、水洗高岭土

将软质或砂质高岭原矿制成泥浆，使高岭土以细小颗粒状均匀分散在液体中，可除去石英、云母和岩屑等粗碎杂质，同时也可除去一部分铁钛化合物。通过水洗得到的高岭土称为水洗高岭土，根据具体应用范围又可分为刮刀土、气刀土和陶瓷土。

十三、煅烧高岭土（Calcined kaolin）

煅烧高岭土是高岭土或煤系高岭岩在一定温度、气氛、时间下的煅烧产品。根据煅烧温度可分为低温煅烧（600～1000℃）、中温煅烧（1000～1200℃）和高温煅烧（≥1200℃）三种产品。低温煅烧时高岭石脱除羟基而转变为偏高岭石，高温煅烧时已发生高岭石向莫来石及尖晶石的相转变。

十四、偏高岭土（Metakaolin）

偏高岭土是以高岭土为原料，在适当温度下（600～900℃）经脱水形成的无水硅酸铝。由于偏高岭土的分子排列是不规则的，呈现热力学介稳状态，在适当激发下具有胶凝性。

十五、改性高岭土

改性高岭土是根据需要用物理、化学或机械方法对高岭土粉体表面进行处理，以改变其表面的物理化学性质，如表面晶体结构、官能团、表面能、表面电性、表面浸润性、表面吸附性和反应特性等。

第三节　高岭石族矿物及鉴别

一、高岭石族矿物的种类及特性

高岭石族矿物包括高岭石、地开石、珍珠陶石、b 轴无序高岭石、7Å 埃洛石、10Å 埃洛石等，它们的化学成分相近，仅层间含水量和结构单元层叠置方式稍有不同。高岭石族矿物的结构式和成分等特征见表 1-1。

表 1-1　高岭石族矿物的结构式和成分特征

矿物名称	结构式	化学式	氧化物含量（理论值，%）	曾用名
高岭石	$Al_4[Si_4O_{10}](OH)_8$	$Al_2O_3 \cdot 2SiO_2 \cdot 2H_2O$	Al_2O_3：39.50 SiO_2：46.54 H_2O：13.96	—
地开石	$Al_4[Si_4O_{10}](OH)_8$	$Al_2O_3 \cdot 2SiO_2 \cdot 2H_2O$	Al_2O_3：39.50 SiO_2：46.54 H_2O：13.96	迪恺石、迪开石
珍珠陶石	$Al_4[Si_4O_{10}](OH)_8$	$Al_2O_3 \cdot 2SiO_2 \cdot 2H_2O$	Al_2O_3：39.50 SiO_2：46.54 H_2O：13.96	珍珠陶土、珍珠石
7Å 埃洛石	$Al_4[Si_4O_{10}](OH)_8$	$Al_2O_3 \cdot 2SiO_2 \cdot 2H_2O$	Al_2O_3：39.50 SiO_2：46.54 H_2O：13.96	7Å 多水高岭石、埃洛石、二水型埃洛石、低水化埃洛石、脱水埃洛石、准埃洛石、变埃洛石、偏埃洛石

续表

矿物名称	结构式	化学式	氧化物含量 （理论值，%）	曾用名
10Å埃洛石	Al$_4$［Si$_4$O$_{10}$］（OH）$_8$·4H$_2$O	Al$_2$O$_3$·2SiO$_2$·4H$_2$O	Al$_2$O$_3$：34.7 SiO$_2$：40.8 H$_2$O：24.5	10Å多水高岭石、埃洛石、四水型埃洛石、高水化埃洛石、叙永石、安潭石

1. 高岭石、地开石和珍珠陶土

高岭石、地开石、珍珠陶土三者的化学成分相同，都不含层间水，是三种不同的多型变种。它们的理想化学式是 Al$_2$O$_3$·2SiO$_2$·2H$_2$O，理论化学成分为：Al$_2$O$_3$ 39.50%，SiO$_2$ 46.54%，H$_2$O 13.96%。这三种矿物晶层内缺乏同形置换，结构单元层间没有阳离子，但其结构单元层两面组成不同，一面全是氧，另一面全是氢氧。氢氧离子面与氧原子面直接叠置，通过氢键紧紧连结，所以晶层内解理完整而缺乏膨胀性。高岭石、地开石、珍珠陶石三种多型变体的区别仅在于结构单元层重叠时堆叠的方式不同。

高岭石的各层八面体空位位置相同，单位晶胞只有一层结构单元层组成，厚约7.20Å，属三斜晶系，单晶体呈六方板状，集合体呈叠片状，粒径多为 0.5~2μm，个别可结晶成大的蠕虫体，长达数毫米。地开石的单位晶胞由两层 1:1 型结构单元层组成，相邻结构单元层的八面体空位一左一右交替出现，单胞厚度约 14.42Å，属单斜晶系，结构有序度高，能够生成形态完整的厚大晶体。珍珠陶石的晶体结构既不同于高岭石，也不同于地开石，相邻结构单元层平移 $-b/3$，而不是 $-a/3$，并且旋转 180°，因此单位晶胞是由六层 1:1 型结构单元层组成的。

高岭石结构上纯粹是 OH 的这一面，OH 都与 b 轴平行，相隔 $b/3$，因此相邻结构单元层平移 $b/3$ 或 $2b/3$ 都不至于改变层间 OH-O 键。若考虑到八面体空位，结构单元层沿 b 轴方向平稳 $nb/3$ 的整数位（$n \neq 3$），就会破坏八面体空位的正常堆叠秩序，形成 b 轴无序高岭石，又称 $b/3$ 无序高岭石。b 轴无序高岭石与高岭石相比，颗粒一般较细（0.2μm）和较薄（0.02μm），黏性大，阳离子交换能力强，晶体结构中部分 Al^{3+} 能被 Fe^{3+}，Fe^{2+}，Mg^{2+} 等阳离子置换。

2. 7Å埃洛石与 10Å 埃洛石

7Å 埃洛石与 10Å 埃洛石的化学式分别为 Al$_4$［Si$_4$O$_{10}$］（OH）$_8$ 和 Al$_4$［Si$_4$O$_{10}$］（OH）$_8$·4H$_2$O，和高岭石具有相同的 SiO$_2$/Al$_2$O$_3$ 比，由类似高岭石的结构单元层组成，但各层可沿 a 轴、b 轴两个方向任意错动，因而结构上的有序度比 b 轴无序高岭石还低。由于晶层堆叠凌乱，层间没有氢键连结，水分子便乘虚而入，故埃洛石的含水量比高岭石高。若包括羟基水在内，10Å 埃洛石中的含水量为 4H$_2$O 或接近于这个数值。高岭石的单胞厚度为 7.20Å，而 10Å 埃洛石的单胞厚度为 10.1Å，比高岭石多出 2.9Å，相当于多一层层间水分子的厚度（图1-2）。

10Å 埃洛石的层间水大部分在 50~95℃就会失掉，剩下一小部分水封闭在层间，脱水后即转变为 7Å 埃洛石。7Å 埃洛石含有 2.2~2.3H$_2$O，它包括羟基水和层间的少量残留水，单胞厚度缩小到 7.3~7.9Å，7Å 埃洛石比较稳定，在自然界发现的埃洛石多半是这种变种。若 10Å 埃洛石脱水不完全，可重新吸水，使单胞厚度恢复到 10.1Å。埃洛石一般比高岭石纯，Fe、Ti 含量低，但也有含铁很高或富含 Cr、Ni、Cu 的埃洛石。

高岭石是自然界中最常见的一种黏土矿物，它是在缺乏碱金属和碱土金属的酸性介质中，由火成岩和变质岩中的长石或其他铝硅酸盐类矿物经风化作用形成，或在含碳酸和硫酸的热液作用下形成。地开石是罕见的黏土矿物，主要发现于热液矿床的矿脉和晶洞中，与石英、硫化物等共生，也有表生成因。b 轴无序高岭石则广泛分布于沉积型耐火黏土中。

7Å 埃洛石与 10Å 埃洛石是风化壳中非常典型的矿物，大多产于地壳表生作用带，它们是火成岩与变质岩早期风化的产物，一般在风

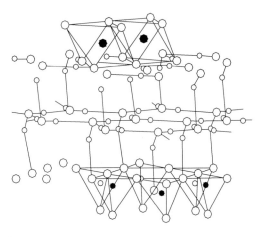

○ 氧　● 铝　○ 硅　图中部为水分子

图 1-2　10Å 埃洛石的晶体结构

化壳中呈小透镜体状产出，或在各种岩石的空洞中呈结核状。埃洛石也产于 Cu、Ni、Zn 等硫化矿床氧化带中，从它们与高岭石、明矾石、三水铝石、一水铝石、水铝英石等伴生，可以推断它们是在酸性介质的条件下生成。此外，有些埃洛石是由水铝英石经去硅作用或蒙脱石在风化和成土过程中，在生物作用参与下脱硅形成。

二、高岭石族矿物的 X 射线衍射分析

许多学者曾对高岭石族矿物进行 X 射线分析。布令得莱和鲁宾逊（Brindley and Robinson，1948）按结晶有序度又把高岭石分为：①结晶良好高岭石；②普通高岭石；③结晶差高岭石；④多水高岭石。其 X 射线衍射图谱如图 1-3 所示。

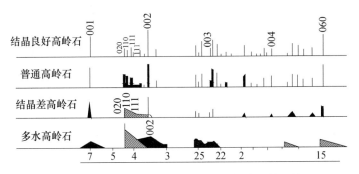

图 1-3　高岭石和多水高岭石的 X 射线衍射图谱

（据 Brindley and Robinson，1948）

莫里和隆斯（Murray and Lyons，1956）在研究了不同结晶有序程度的高岭石族矿物后，亦提出了它们典型的 X 射线衍射图谱（图 1-4）。

下面介绍它们彼此之间的区别：

1. 高岭石、地开石、珍珠陶石的区别

高岭石、地开石、珍珠陶石的共同特征谱线是（00l）底面反射，高岭石的 $d_{(001)}=$

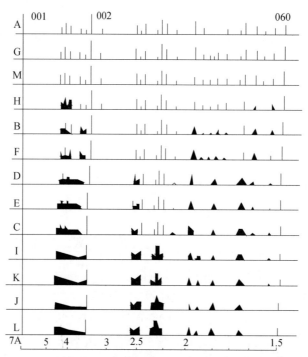

图 1-4　高岭石族矿物结晶有序度程度 X 射线衍射图谱

（从上往下结晶有序度降低）（据 Murray and Lyons，1956）

7.13Å，$d_{(002)} = 3.57\text{Å}$，地开石 $d_{(002)} = 7.16\text{Å}$，$d_{(004)} = 3.58\text{Å}$，珍珠陶石的 $d_{(002)} = 7.18\text{Å}$，$d_{(004)} = 3.59\text{Å}$，这是鉴定这三种矿物的特征衍射峰。它们在 X 射线衍射图谱中的特征如图 1-5 所示，区别是：

（1）地开石具 $d_{(021)} = 4.27\text{Å}$ 的峰，高岭石、珍珠陶石无此峰。

（2）高岭石不存在 $d_{(1\bar{1}2)} = 3.59\text{Å}$ 的峰，地开石、珍珠陶石具此峰。

（3）地开石具 $d_{(022)} = 3.79\text{Å}$ 的峰，珍珠陶石无此峰。

（4）珍珠陶石在 $d_{(022)}$ 之后，即 $2\theta = 25° \sim 27°$ 之间，出现一对双峰；$d_{(202)} = 3.48\text{Å}$，$d_{(\bar{1}13)} = 3.41\text{Å}$。

（5）在 $2\theta = 34° \sim 40°$ 之间，高岭石、地开石、珍珠陶石均双峰值。但高岭石每组有三个峰，即 $d = 2.56\text{Å}$，2.52Å，2.49Å 为一组，$d = 2.38\text{Å}$，2.34Å，2.29Å 为另一组。地开石每组只有两个峰，第一组有 $d = 2.56\text{Å}$，2.51Å 两个峰组成，第二组有 $d = 2.39\text{Å}$，2.32Å 组成。珍珠陶石第一组由两个峰组成，前面一个峰 $d = 2.57\text{Å}$，后面一个峰，顶部分裂为两个峰，即 $d = 2.54\text{Å}$，2.52Å，第二组在顶部分裂为三个峰，即 $d = 2.44\text{Å}$，2.42Å，2.40Å。

2. 结晶良好的高岭石与结晶差的高岭石的区别

一般来说，结晶良好的高岭石，衍射峰数目多，锋形狭窄、尖锐、对称（图 1-6），随着结晶程度的降低，由于某些衍射峰的合并，峰的数目减少。

从结晶完好的高岭石到结晶差的 b 轴高岭石，在 X 衍射图谱中，可以由 2θ（Cu Ka）在 $19° \sim 24°$（$d = 4.5 \sim 4.1\text{Å}$）、2θ 在 $34° \sim 37°$（$d = 2.4 \sim 2.6\text{Å}$）、2θ 在 $37° \sim 40°$（$d = 2.20 \sim 2.40\text{Å}$）三个区域判别其结晶程度。

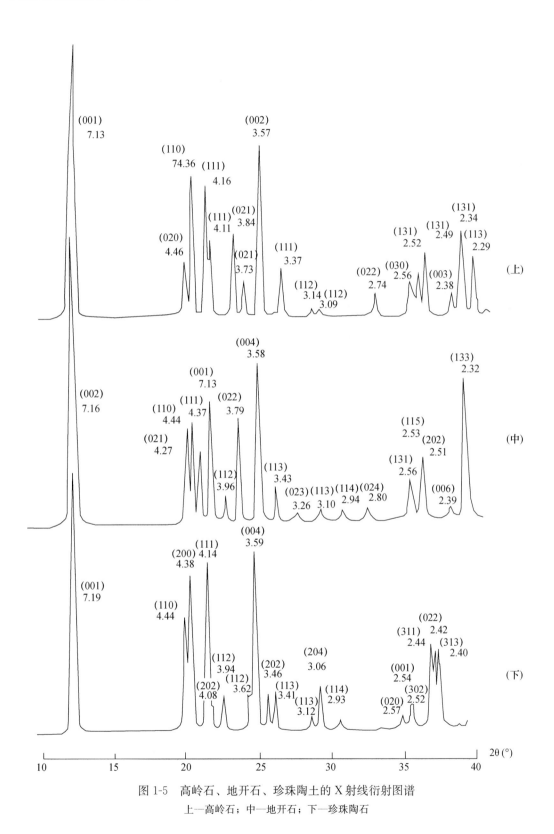

图 1-5　高岭石、地开石、珍珠陶土的 X 射线衍射图谱

上—高岭石；中—地开石；下—珍珠陶石

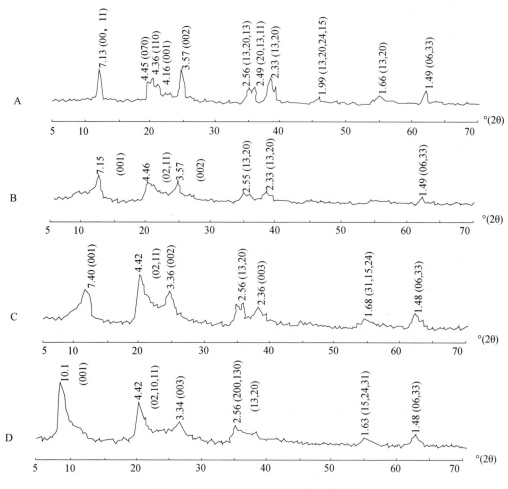

图 1-6　高岭石族矿物的 X 射线衍射图谱

A—高岭石；B—b 轴无序高岭石；C—7Å 埃洛石；D—10Å 埃洛石

在 $d=4.5\sim4.1Å$ 这一区间里，结晶好的高岭石应具有四条衍射峰，即 $d_{(020)}=4.46Å$，$d_{(1\bar{1}0)}=4.36Å$，$d_{(11\bar{1})}=4.16Å$，$d_{(1\bar{1}\bar{1})}=4.11Å$，峰形尖锐而对称，随着结晶度的降低，首先是 $d_{(11\bar{1})}$ 与 $d_{(1\bar{1}\bar{1})}$ 两条衍射峰合并，其他衍射峰则强度减弱，直至上述四峰合并成丘状峰。

此外，结晶完好的高岭石尚见 $d_{(02\bar{1})}=3.84Å$，$d_{(021)}=3.73Å$ 两条峰，因此在 $d_{(001)}$ 与 $d_{(002)}$ 之间有六条分裂清楚的峰，而结晶差的高岭石这六条峰则难以分辨。

结晶完好的高岭石在 $2\theta=34°\sim37°$ （$d=2.40\sim2.60Å$），$2\theta=37°\sim40°$ （$d=2.20\sim2.40Å$）两个区域内各有三条衍射峰，峰形狭窄而尖锐，随着结晶度的降低，相邻衍射峰合并，形成分辨不清的反射对。

下面列表（表 1-2）说明可用于判别高岭石结晶度的三组衍射峰的 d 值。

表 1-2　结晶良好高岭石的主要 X 射线衍射峰的 *d* 值

	2θ	d（Å）	Lkl
第一组	$19°\sim24°$	4.455 4.36 4.16 4.11	020 $1\bar{1}0$ $11\bar{1}$ $1\bar{1}\bar{1}$
第二组	$34°\sim37°$	2.555 2.521 2.486	$20\bar{1}$　　$1\bar{3}0$　　130 $1\bar{3}1$　　$1\bar{1}2$ $1\bar{3}\bar{1}$　　112　　120
第三组	$37°\sim40°$	2.38 2.34 2.29	003 $20\bar{2}$　　$1\bar{3}\bar{1}$　　$11\bar{3}$ $1\bar{1}\bar{3}$　　131

　　1963 年欣克利（D•C•Hinckley）还提出高岭石结晶度指数的测定方法（仅适用于高岭石与 *b* 轴无序高岭石），即根据高岭石 X 射线衍射图谱中 $d_{(1\bar{1}0)}$ 和 $d_{(11\bar{1})}$ 两条衍射峰的强度来测定，其方法如图 1-7 所示，设 *A* 和 *B* 分别是（$1\bar{1}0$）和（$11\bar{1}$）衍射峰的高度，D_0 为（$1\bar{1}0$）衍射峰顶点到背景线的距离，则结晶度指数为（$A+B$）$/D_0$，图 1-7 经测定 $A=37$，$B=38$，$D_0=58$，故其结晶度指数为 1.30，一般说来，数值越大，结晶度越好。

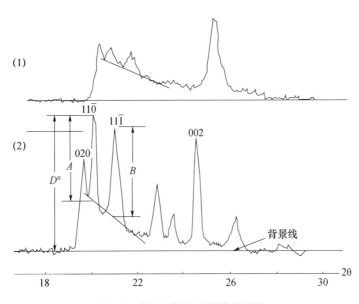

图 1-7　高岭石结晶度指数的测定

（1）结晶度差的高岭石；（2）结晶好的高岭石（仿 D. N. Hinckley，1963）

3. 结晶差的高岭石与 7Å 埃洛石的区别

7Å 埃洛石的 X 射线衍射图谱类似于结晶差的高岭石（图 1-6C），区别是：

（1）7Å 埃洛石的（00*l*）衍射峰宽而不对称，$d_{(001)}$ 值由 7.14Å 增至 7.2～7.5Å。

（2）7Å埃洛石的（002）衍射峰的强度超过（001）衍射峰，（020）衍射峰 d 值为4.42Å。据此，我们可以借助 $d_{(001)}+d_{(002)}$ 与 $d_{(020)}$ 强度比作为划分结晶差高岭石与7Å埃洛石的参数。其计算式（据任磊夫）如下：

$$K=\frac{Id_{(001)}+Id_{(002)}}{2}:Id_{(020)}$$

若 $K\geqslant1$ 为高岭石，$K<1$ 为7Å埃洛石。

4. 10Å埃洛石与7Å埃洛石的区别

（1）这两种矿物的底面反射 $d_{(001)}$ 明显不同，10Å埃洛石的 $d_{(001)}=10.1$Å，7Å埃洛石的 $d_{(001)}$ 在 7.2～7.5Å 之间。

（2）10Å埃洛石的衍射峰非常少，峰形扩散，不对称，明显向高角度倾斜。

（3）7Å埃洛石的 $d_{(002)}$ 衍射峰强度仅略低于 $d_{(001)}$，而10Å埃洛石的 $d_{(002)}$ 衍射峰在图谱中不明显。

（4）在 2θ 为 $34°～37°$ 及 $37°～40°$ 两个区间，由于衍射峰合并，7Å埃洛石呈两组分辨不清的反射峰，10Å埃洛石甚至这两组衍射峰合并成一条向高角度倾斜的宽峰，其 d 值为 2.56Å。

三、高岭石族矿物的红外吸收光谱分析

黏土矿物的红外吸收光谱主要位于 $4000～200$cm^{-1} 区间，高岭石族的结晶有序度不同，反映在红外吸收光谱图谱（图1-8）中亦有差别。各种矿物的特征红外吸收谱带（峰）的位置是：

1. 地开石与珍珠陶石

地开石与珍珠陶石的红外吸收光谱是非常类似的（图1-8A、B），它们共同具有的强吸收带位置是（括号内代表珍珠陶石）：3627（3627）cm^{-1}，3622（3620）cm^{-1}，1116（1118）cm^{-1}，1003（1000）cm^{-1}，912（912）cm^{-1}，796（798）cm^{-1}，753（753）cm^{-1}，692（694）cm^{-1}，606（606）cm^{-1}，471（471）cm^{-1}，432（428）cm^{-1}。地开石区别于珍珠陶石的强吸收带位置是（括号内代表珍珠陶石）：3708（3703）cm^{-1}，3656（3650）cm^{-1}，1100（1102）cm^{-1}，1034（1033）cm^{-1}，966（955）cm^{-1}，934（930）cm^{-1}，542（536）cm^{-1}。

2. 10Å埃洛石与7Å埃洛石

10Å埃洛石与7Å埃洛石两者的红外光谱特征如图1-8E、F所示，其强吸收带位于 3695cm$^{-1}\pm$，3623cm$^{-1}\pm$，1094cm$^{-1}\pm$，1033cm$^{-1}\pm$，1013cm$^{-1}\pm$，913cm$^{-1}\pm$，692cm$^{-1}\pm$，540cm$^{-1}\pm$，471cm$^{-1}\pm$，432cm$^{-1}\pm$处，这两种矿物的红外光谱在强度上变化很大，特别在高频区，据X射线衍射分析，沉积成因的10Å埃洛石有序度最低，因而显示最弱的吸收率。

上述诸矿物的吸收带中，波数为 $3000～4000$cm^{-1} 的吸收峰为（OH）的伸缩振动引起的，1600cm^{-1} 附近见到的吸收峰是水分子中（OH）的弯曲振动引起，$1000～1200$cm^{-1} 处的吸收峰可归因于 Si-O 伸缩振动引起，$900～950$cm^{-1} 的吸收峰为 Al-O（OH）八面体片中 Al-O-OH 的弯曲振动引起。此外，在高岭石中由于 Si-O-Al 的振动，可以产生

$600 \sim 800 \mathrm{cm}^{-1}$ 的吸收峰，Si-O 的振动可以引起 $400 \sim 600 \mathrm{cm}^{-1}$ 的吸收峰，兹列表说明之（表 1-3）。

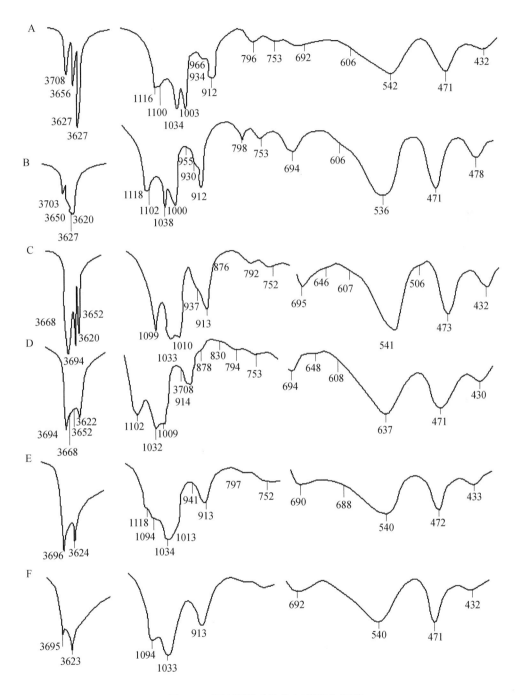

图 1-8　高岭石族矿物的红外吸收光谱

A—地开石；B—珍珠陶石；C—高岭石；D—b 轴无序高岭石；E—7Å 埃洛石；F—10Å 埃洛石

表 1-3 高岭石族矿物红外吸收谱带（峰）的位置和原因

吸收谱带（峰）的位置	原因
$3700\sim3600cm^{-1}$	（OH）伸缩振动
$3420cm^{-1}$附近	层间水的偏移振动
$1600cm^{-1}$附近	分子水中（OH）的弯曲振动
$1200\sim1000cm^{-1}$	Si-O 伸缩振动
$950\sim900cm^{-1}$	Al-O-OH 的弯曲振动
$800\sim600cm^{-1}$	多数吸收峰是 Si-O-Al 振动或 Si-O-Si 振动
$600\sim400cm^{-1}$	多数吸收峰是 Si-O 振动，其中 $540cm^{-1}$ 为 Si-O-Al 振动

四、高岭石族矿物的差热分析

高岭石族矿物彼此之间的区别不是在化学成分上，而是在晶体结构上，因此它们的差热分析曲线具有某些共同的特征（图 1-9），不同之处仅仅是吸热谷（或放热峰）的形状与温度有些不同，高岭石族矿物在差热曲线上的共同特征是：

1. 当加热到 $400\sim700℃$，高岭石族矿物迅速析出结构水，即参与晶格配位的羟基以水的形式脱出，故在差热曲线上出现一强烈而尖锐的吸热谷，脱去结构水后，高岭石族矿物的晶体结构大部分已破坏。

2. 继续加热，在 $950\sim1050℃$ 之间，由于相变，产生一个快速而强烈的放热反应。在差热曲线上呈一尖锐的放热峰，放热峰的明显性与尖锐性和矿物颗粒的粗细程度有关。细粒的与粗粒的相比，前者的放热峰明显而尖锐，放热峰的出现与非晶质 SiO_2，Al_2O_3 重新结晶成 γ-Al_2O_3 或莫来石有关。

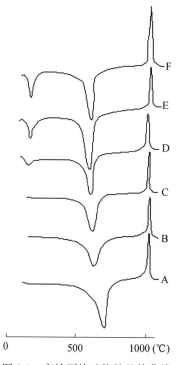

图 1-9 高岭石族矿物的差热曲线

A—地开石；B—珍珠陶石；C—高岭石；D—b 轴无序高岭石；

E—7Å埃洛石；F—10Å埃洛石

第四节　高岭土的分类

为了便于掌握高岭土资源形成和分布的规律性，更好地为地质勘探和资源开发利用服务，需要对高岭土进行分类。高岭土的分类一般是根据它的形成环境、物质来源、蚀变性质以及工业价值来划分，各个国家对于高岭土的分类不尽相同。如欧美的学者对高岭土矿床进行全面的综合性的成因分类比较少见，往往只对具体的某一矿床进行成因上的讨论，而且也比较简略；而日本学者对高岭土的矿床成因分类多与工业利用相结合。根据现行《高岭土矿床地质勘探规范》，我国将高岭土根据成因划分为风化矿床、热液蚀变矿床及沉积矿床三大类型（表1-4）。

表 1-4　我国高岭土的成因分类

类型		成矿原岩	成矿作用	成矿条件	矿物组成	实例
风化型	风化残积亚型*	富含长石的岩石、黏土质岩石	风化残积	温湿、湿热气候，丘陵、低山地形，稳定的区域构造，原岩中发育的小构造	高岭石、埃洛石、石英、长石、云母、白云母、褐铁矿	界牌、干冲（湘）、大丘头、郭山（闽）、东沟（辽）、五香坡（冀）
	风化淋积亚型**	含黄铁矿黏土质岩石	风化淋滤	同 I₁；原岩底板为较纯、较厚碳酸盐岩	埃洛石、有机质、三水铝石、明矾石、水铝英石、褐铁矿	叙永、古蔺、威远（川）、习水（黔）、阳泉（晋）
沉积型	近代沉积亚型*	已形成的高岭土	沉积	陆相水洼地及滨海	高岭石、石英、绢云母、水云母、蒙脱石、有机质	清远（粤），水曲柳（吉）、黄花（黑）
	古代沉积亚型	已形成的高岭土火山灰、陆源碎屑	沉积	陆相成煤盆地及泻湖、滨海	高岭石、水铝石、勃母石、石英、有机质	大同（晋）、淄博（鲁）、开平（冀）、铜川（陕）、大青山（内蒙古）
热液蚀变型	古代热液蚀变亚型	富含长石的岩石、黏土质岩石	中低温热液蚀变	发育的构造，中低温酸性水介质	高岭石、地开石、石英、绢云母、黄铁矿、明矾石、叶蜡石、蒙脱石	长白（吉）、青山（浙）、关山、阳西、阳东白蟮岭（苏）
	近代热液蚀变亚型	富含长石的岩石、黏土质岩石	低温热泉蚀变	发育的构造，低温酸性热泉、气泉	高岭石、蛋白石、石英、明矾石、自然硫、蒙脱石	羊八井（藏），腾冲（滇）

*本书主要研究的类型，**可以参考本书内容的类型。

中国高岭土储量丰富、矿床类型多，其中风化淋积亚型、热泉蚀变亚型、高岭石黏土岩亚型都能形成规模大而质地优良的高岭土矿，这在世界上是比较少见的，是中国高岭土矿床的特点。各类型高岭土矿床时空分布及成矿规律如下：

一、风化残积亚型高岭土矿床

该类型矿床与大面积中生代（燕山期）花岗岩及有关脉岩分布区相吻合，在中国南方广泛分布。中国南方大部分地区属于热带和亚热带气候区，年平均温度为15～25℃，年平均降雨量为1000～2000mm，干湿气候为母岩的风化淋滤带来良好的条件。从地形上看，风化残积矿床往往保存在丘陵、台地或山间盆地的残丘上，风化深度一般为 50m 左右，深者可达 100m 以上。

热带和亚热带气候虽然是酸性、中酸性岩强烈风化的非常重要条件，但当仔细研究高岭土矿和岩体的关系时，往往会发现只在岩体边部或在断裂带发育的地区，特别是经过花岗岩自身后期的气化-热液作用下所产生的自变质，或受后期伟晶岩脉及其他脉岩穿插的部位；或发现有绢云母化、纳长石化、硅化或其他热液蚀变作用影响的地带，加上有利风化的气候、雨量、构造、地形等条件，才是寻找该类矿床最有利的地带，也就是说，先期的蚀变作用叠加了后期的风化作用才是最有利的成矿条件。

风化残积型高岭土在我国分布广泛，特别是南方各省，如江西景德镇、星子，湖南衡阳、醴陵，广东惠阳，福建同安等地，以及广东、云南、四川等省（区）均有分布。

二、风化淋积亚型高岭土矿床

在川、黔、滇交界处该类型的高岭土矿俗称"叙永石"，产于二叠系乐平统龙潭煤系和早二叠世阳新统茅口灰岩的岩溶侵蚀面间。山西阳泉高岭土矿产于上石炭统本溪组和中奥陶统马家沟灰岩的岩溶发育面之间。苏州阳东淋滤型高岭土矿产于下二叠统栖霞组大理岩化灰岩的岩溶溶洞内。就现有资料看，中国西南各省，特别是川、黔、滇交界处，二叠纪煤系发育地区有广泛分布，也是寻找该矿床的有利地带。

该类矿床的上部都有遭受风化的富含黄铁矿的高岭石黏土岩的层位存在，由于地表水及地下水的淋滤活动，以及黄铁矿氧化所形成的酸性水溶液作用于铝硅酸盐矿物（母岩）生成硅和铝的氧化物溶胶。这些溶胶向下运移，灰岩溶洞部位形成管状的 1.0nm 埃洛石沉淀。因此，首先必须有黄铁矿，而且必须遭受风化，矿体之上残留的蜂窝状、炉渣状多孔岩层，即黄铁矿风化后流失的证据，矿层之上有时可见有褐铁矿硬壳（铁盘），而且矿层底部灰岩形成岩溶溶洞。使黄铁矿风化和灰岩发育岩溶的有利条件是地层隆起形成背斜。

三、近代沉积亚型高岭土矿床

该类高岭土矿床多属第三纪或第四纪河、湖、海湾沉积，它们多沉积于断陷盆地、河谷洼地或邻近海湾，时代较老的如第三系吉林水曲柳矿床，沉积于松辽拗陷中部舒兰盆地。时代较新的如广东清远高岭土矿床，沉积于北江下游。福建同安、莆田等地的高岭土，沉积于现代河口、海湾地区。有的属现代沉积，有的属早、晚更新世沉积。

这类矿床的物质来源，大多为沉积盆地周围的花岗岩石，遭受风化剥蚀，搬运距离不远，剖面上见水平层理或交错层理，石英颗粒磨圆度低，分选性差，矿石矿物以石英、高岭石类矿物为主，它的找矿标志是花岗岩风化壳附近的沉积盆地。因此，东南沿海各省花岗岩类岩浆岩广泛分布，风化强烈，河谷海湾众多，是找矿有利地带。

四、古代沉积亚型高岭土矿床（含煤地层中的高岭石黏土岩）

该类矿床的分布有一定层位，常位于沉积旋回的上部，有明显的沉积韵律。中国北方石炭纪—二叠纪煤系中夹有许多层高岭石黏土岩，在山西雁北地区一般厚 30～45cm，在内蒙古准格尔旗煤田中厚者可达数米。在山西大同、浑源、怀仁、山阴、朔县，内蒙古乌达、海勃湾，山东新汶，陕西铜川等地石炭纪—二叠纪煤系中都发现了可供工业利用的高岭土岩。过去它们只用作耐火材料，通过最近工艺实验研究，该类高岭土矿床是熔制光学玻璃坩埚的高级耐火材料，在熔模精铸工业中可逐步代替电熔刚玉等昂贵的壳型材料、人工合成莫来石的主要原料。这种高岭石黏土岩（硬质黏土）常见到的都很薄，厚仅数厘米至 10cm，达数米的比较少见，大多用作含煤地层中煤层和岩层的对比体系。

在中国北方，凡是石炭纪—二叠纪煤系分布的地区，都有找到高岭石黏土岩型（高岭岩）矿床的可能。据成矿条件，对侏罗纪和第三纪煤系也有必要进行地质找矿工作。

五、古代热液蚀变亚型高岭土矿床

该类矿床在中国东部主要与中生代中期至晚期火山活动有关。大多数矿床赋存于侏罗系上统的火山岩中。该类型矿床在中国分布较广，主要沿中国东部环太平洋西带和华北地台北缘侏罗纪—白垩纪火山岩带分布。较著名的矿床有江苏苏州观山、浙江瑞安仙岩和松阳峰洞岩、福建德化金竹坑、吉林长白马鹿沟、河北宣化沙岭子等高岭土矿。

该类矿床大多赋存于中生代火山岩发育地区，断裂构造和较多的岩脉穿插是有利的成矿因素。蚀变分带明显，坚硬的次生石英岩在地形上形成突起的陡崖。地开石作为较高温度的蚀变矿物，有时出现在矿床之中；有时高岭土矿与叶蜡石矿、明矾石矿相伴生；有时作为内生金属矿床的外蚀变带存在。中国东部从粤、闽直至辽、吉，以及华北地台北缘是寻找该类矿床的有利地区。

六、近代热液蚀变亚型高岭土矿床

该类矿床多与第四纪火山活动及地热活动有关，并多沿断裂带分布，现代火山及地热活动带西起新疆、西藏边陲，沿狮泉河—雅鲁藏布江两侧展布，到日喀则以东向东北方面扩展，再沿怒江、澜沧江、金沙江转向东南。整个青藏高原及横断山区有大量水热区分布。典型矿床有云南腾冲和西藏羊八井高岭土矿。

该类矿床的蚀变分带由强至弱。由热泉出露点向两侧依次为：硅化、明矾石化、高岭土化和泥化（泥化即以蒙脱石、绿泥石等黏土矿物为主的蚀变带）。热泉周围形成了厚层的以硅华为主的泉华。硫质喷气孔周围有较多的明矾石沉淀。以花岗质砂砾岩为母岩，在热水作用下所进行的碱质淋滤作用，要比常温下风化作用快得多。高岭土及硫、锂、铯、硼皆可为找矿标志。

第五节　我国的高岭土资源

我国高岭土矿床类型多，分布广泛，资源丰富，高岭土矿床、矿点分布如图 1-10 所示。我国的高岭土矿床以煤系高岭土为主，其次是风化型高岭土的风化残积亚型（下文简称风化型高岭土），而风化淋积亚型、近代沉积亚型和热液蚀变型高岭土矿床储量比较小。

我国的煤系高岭土主要赋存在晚石炭世、二叠纪、晚三叠世、侏罗纪、早白垩世、第三纪和第四纪含煤地层中，各时代的产矿层位累计高达 40 层以上。我国煤系高岭岩（土）最重要的成矿时代是石炭—二叠纪，且随着时代的变新，高岭岩（土）矿床的数量、储量逐渐减少，质量逐渐变差。

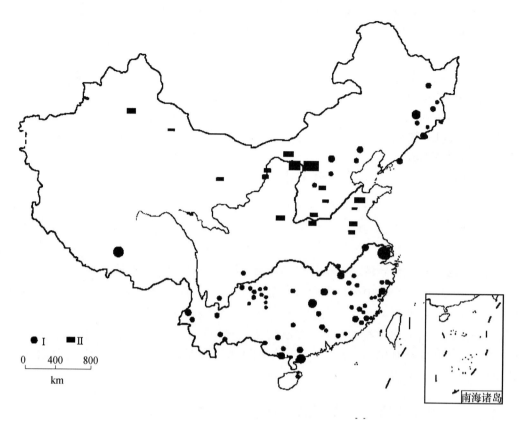

图 1-10　中国高岭土矿床、矿点分布示意图

Ⅰ—非煤地层中高岭石黏土岩类型；Ⅱ—含煤地层中高岭石黏土岩类型

在空间上，从南到北，从东到西只要是有煤系地层分布的地方，都有高岭岩（土）产出，广泛分布于全国 29 个省、市、自治区和直辖市（上海、西藏和台湾除外）。《全国煤系高岭岩（土）资源及其深加工技术应用调查研究》报告中指出：截止 1998 年底全国煤系高岭岩（土）资源总量为 497.09 亿 t，其中探明储量 28.39 亿 t，预测可靠储量 151.20 亿 t，预测可能和推断资源量为 317.5 亿 t。较为著名的煤系高岭岩矿床有山西大同、平鲁，内蒙古准格尔，山东新汶，河北易县，陕西蒲白等地的优质硬质高岭岩（土）；河北唐山、山西介休等地为代表的木节土；河南、山东、安徽两淮地区和江西萍乡产的焦宝石型"高岭岩"；山西阳泉和河南焦作等地产的软质黏土；广东茂名、内蒙古东胜、青海大通等地的砂质高岭土矿床。可以看出，华北地区石炭二叠纪是我国煤系高岭岩的主要产地和成矿时代。此外，在东北、四川、湖北、贵州和新疆等地的煤系地层中也蕴藏着质量较好的高岭岩矿床。垂向上，煤系高岭岩多以煤层顶底板及夹矸的形式出现，或赋存在与煤层有一定距离的层位，或赋存在地表及地下浅处以木节土型软质高岭土的形式出现。

据国土资源部资料，截至 2006 年底的统计，我国非煤系高岭土已有矿床（点）有 318 处，已查明资源储量为 19.14 亿 t。我国非煤系高岭土资源以风化型高岭土为主，广东储量最大，仅茂名盆地南部查明的高岭土资源量达就达到了 4.7 亿 t 以上。此外，在陕西、福建、广西、海南、江西、湖南和江苏等地也有分布。

参考文献

［1］沈永和 . 论高岭岩［M］. 北京：地质出版社，1959.

［2］中国矿床编委会 . 中国矿床［M］. 北京：地质出版社，1994.

［3］王怀宇，张仲利 . 世界高岭土市场研究［J］. 中国非金属矿工业导刊，2008（2）：58-62.

［4］任磊夫 . 粘土矿物与粘土岩［M］. 北京：地质出版社，1990.

［5］D. W. C. 麦克尤恩，R. C. 雷诺德 . 北京：石油工业出版社，1994.

第二章　我国风化型高岭土矿床

第一节　广东湛江高岭土矿床

该矿床位于湛江市遂溪县。矿区为第四纪侵蚀剥蚀台地地貌，地势平坦，总体城北略高，在 2.5～41.0m 间，一般相对高差 15～20m。台丘呈不规则状，台缘冲沟发育。东侧有一小河自北向南流过。

本区属亚热带海洋性气候，温暖而湿润，年平均温度 22.8～23.2℃，极端最高温度 38.7℃。每年 4～10 月炎热多雨，有 1～3 次热带风暴吹袭，并夹带大量降水，年平均降雨量 1339.5～1676.7mm，年平均蒸发量 1733～1946.6mm，年平均湿度 82%～84%，潮湿系数 0.69～0.97，属湿度适中带。

一、地质构造与岩浆岩

矿区位于云开隆起区西南缘雨雷琼断陷区北缘的接合部。以近东西向遂溪断裂为界，北侧为云开隆起区，南侧为雷琼断陷区。图幅范围内，云开隆起区由元古代沉积基底和北东向古生代廉江—化州盆地、近南北向中生代南盛盆地及北西向新生代茂名盆地所构成。

隆起区出露的地层具有明显的断代性特点，分别受控于各时代的构造域。元古代沉积基底主要由云开群（局部由震旦纪大绀山组）浅海相类复理石沉积变质岩层构成，受加里东期岩浆作用的改造，多已发生混合岩化而成混合岩、混合花岗岩；北东向廉江—化州盆地分布有古生代志留纪/泥盆纪及石炭纪地层；近南北向南盛盆地分布有中生代白垩纪地层；北西向茂名盆地分布与第三纪地层。雷琼断陷区主要有第四纪含冲积相三角洲相夹火山沉积层组成。其中与高岭土矿化密切的主要有三套地层：一是云开群沉积变质岩层中的混合岩、混合花岗岩及伟晶岩，既是风化残积型高岭土矿床的成矿母岩，又是第四纪沉积型高岭土物源区的成矿母岩；二是中生代第三纪中的黄牛岭组、老虎岭组地层，其间厚度巨大的长石砂岩是沉积岩风化残积型高岭土矿床的成矿母岩；而第四纪湛江组上部层位则是本区沉积型高岭土的赋存层位。

本区岩浆岩分布广，几乎占据隆起区除三个沉积盆地以外的绝大部分区域。岩浆活动主要分五个阶段，即澄江期、加里东期、印支期、燕山期和喜马拉雅山期。其中以加里东期和燕山期的岩浆活动最强烈，岩体规模大、分布广。岩性主要有：加里东期的二长花岗岩、花岗岩；燕山期的花岗岩、二长花岗岩、花岗闪长岩、花岗斑岩、黑云母花岗、晶洞花岗岩等。其中的二长花岗岩、花岗岩和部分（钠长石化）蚀变的花岗岩是残积型高岭土的主要成矿母岩。

二、地层

矿区位于新生代第四纪雷琼断陷北缘，近东西向遂溪大断裂南侧。区内出露地层以湛江组、北海组为主，东部边缘分布有震旦系变质岩，中、南部分布有现代河流冲积层。兹将地层特征分述如下：

（1）震旦系（Z）

为一套浅海相复理石建造经变质作用改造而成的变质岩系岩层，岩性主要有片麻岩、二云母片岩及变粒岩等，是区内第四纪断陷盆地的基底地层。

（2）湛江组（Qz）

该组的分布遍布全区，由于上覆北海组及残坡积层的覆盖，仅于冲沟中可见出露。为一套滨海—三角洲相沉积，可分为下、中、上三个部分，区内出露以上为主，少数钻孔中可见中部浅灰—灰色薄层状黏土层夹粉砂层。上部地层是以河流相为主的三角洲相沉积，由具有多个韵律结构的砾砂层、砂层、粉砂层及黏土层构成。韵律层主要岩性组合有：灰白、浅黄、黄色含黏土砾质粗中砂—浅灰、灰白、杂有黄、紫、砖红色黏土，黏土质粉砂；灰白、浅黄色含黏土砾中粗砂（粗中砂）—浅黄色含黏土中粗砂—灰白色黏土、粉砂质黏土等。砂层中发育交错层里、粒序层理，黏土层中发育水平层里。区内该组厚度大于 60m，近水平产出，微向南倾。高岭土矿体主要赋存于湛江组上部含黏土（高岭土为主）砾质中粗砂层中，层厚 2.03～30.00m，以 11 线中部的砂层厚度最大，往南厚度逐渐变薄。属河控三角洲相中分流河道微相—三角洲前缘亚相河口砂坝微相沉积。

（3）北海组（Qb）

该组主要分布于区内地势较高的台丘地面，是一套含冲洪积相的滨海—三角洲相沉积，且具二元结构的地层。下部为黄—褐黄色含砾砂质黏土、含黏土砾质中粗（中细）砂（常含铁质层和墨绿色玻璃陨石碎块），局部为黏土层；上部为红黄、灰黄、棕黄色亚砂土及亚黏土。厚度 5～15cm，平行不整合覆于湛江组之上。

（4）第四纪全新统河流冲积层（Q_4^{apl}）

分布于河谷两侧，以含黏土的砾砂为主，夹中粗砂、细砂及黏土层。层厚 2～3m。

三、矿体

矿区内主要由于 I 号矿体和 II 号矿体组成。I 号矿体几乎遍布于整个矿段，各剖面均可见及，见矿钻孔 61 个。II 号矿体仅见于 0 线（2 个孔见矿），位于主矿体之下，厚度 4～8m。矿体主要赋存于湛江组上部含黏土（高岭土为主）砾质中粗砂层中，交错层里较发育，属河控三角洲相中分流河道微相—三角洲前缘亚相河口砂坝微相沉积。顶板为北海组中厚层状褐黄—黄色含砾黏土质中粗砂、含黏土砾中粗砂。

I 号主矿体呈近水平（微向南倾）的层状或似层状面型分布，分布范围：南北长 1200m，东西宽 1200m，面积 1044km²，厚度 2.03～30.0m，平均 13.16m。除局部冲沟、采矿坑可见矿体出露外，一般均被湛江组顶部地层和北海组所覆盖。矿体大部分浅埋于覆盖层之下。矿体顶板标高最高 19.28m，最低 5.00m，一般 8.92～16.88m，平均 13.02m；矿体底板标高最高 10.90m，最低−21.50m，一般 5.59～−13.336m，平均−2.79m。

II 号矿体成透镜状，分布于 0 线 I 号矿体之下，微向南倾，圈定矿体东西长 600m，南北宽 200m，厚度 4～8m。矿体顶板埋深 39.50～23.00m，平均 31.25m。

四、矿石

1. 矿石结构构造

（1）矿石结构

区内高岭土矿石以砂泥质结构为主，少数为泥质结构。

砂泥质结构：高岭土充填于砾、砂碎屑物之间而形成的一种结构，以颗粒支撑为主，局部为杂基支撑。砾、砂、粉砂等碎屑物成分主要是石英，分选差。

泥质结构：是一种以黏土为主和少量粉砂组成的结构。

（2）矿石构造

以质地疏松中厚层状结构块状构造为主，局部为薄层状构造。质地松散的矿石有利于露天水力采矿的开展。

2. 矿石类型

（1）矿石自然类型：按高岭土原矿石碎屑物的含量分为 3 种类型，即含黏土（砾质）中粗（或粗中）砂高岭土、含黏土中（细）砂（或黏土质细砂）高岭土和黏土质粉砂高岭土；按颜色可分为 2 种类型，即白—灰白色高岭土和浅砖红色高岭土。

（2）矿石工业类型：按照全国矿产储量委员会制定的《高岭土地质勘探规范》的标准，仅划分为砂质高岭土一种工业类型。

3. 矿石的品级

按工业标准中矿石（黏土）质量化学成分的要求分为Ⅰ级品和Ⅱ级品两个品级。

Ⅰ级品：$Al_2O_3 \geq 28\%$，$Fe_2O_3 \leq 0.9\%$，$TiO_2 \leq 0.8\%$；

Ⅱ级品：$Al_2O_3 \geq 24\%$，$Fe_2O_3 \leq 1.5\%$，$TiO_2 \leq 1.0\%$。

4. −325 目精矿化学成分

矿石−325 目精矿基本化学成分：①号矿体Ⅰ级品：Al_2O_3 28.18%～34.96%，平均 30.56%，Fe_2O_3 0.32%～0.90%，平均 0.70%，TiO_2 0.27%～0.77%，平均 0.45%；Ⅱ级品 Al_2O_3 24.43%～35.03%，平均 29.61%，Fe_2O_3 0.50%～1.50%，平均 1.12%，TiO_2 0.28%～1.00%，平均 0.65%。②号矿体Ⅱ级品 Al_2O_3 24.51%～28.77%，平均 26.24%，Fe_2O_3 1.00%～1.25%，平均 1.10%，TiO_2 0.80%～0.85%，平均 0.83%。基本化学成分平均值及其变化系数见表 2-1。

表 2-1　矿石主要化学成分及变化及特征表

矿体编号	矿石	样品数	平均值（%）			变化系数		
			Al_2O_3	Fe_2O_3	TiO_2	Al_2O_3	Fe_2O_3	TiO_2
①	Ⅰ	105	30.56	0.70	0.45	0.056	0.187	0.218
	Ⅱ	175	29.61	1.12	0.65	0.098	0.167	—
②	Ⅲ	3	26.24	1.10	0.83	—	—	—

5. −325 目精矿淘洗率

各矿体矿石−325 目精矿淘洗率见表 2-2，其淘洗率在 10.15%～48.74%，块段平均淘洗率 16.41%～19.44%。

表 2-2　矿石－325 目精矿淘洗率及变化特征表

矿体号	矿石品级	样品数	淘洗率（%）			变化系数
			最低	最高	平均值	
①	I	105	10.37	25.69	16.41	0.268
	II	175	10.15	48.74	19.44	0.339
②	III	3	20.43	28.51	25.50	—

6. －325 目精矿白度

各矿体的矿石－325 目精矿自然白度见表 2-3，经分析可知：白度与矿石 Fe_2O_3、TiO_2 含量呈负相关关系；矿层中部的矿石质量较好，其间有夹石存在。

表 2-3　矿石－325 目精矿自然白度及变化特征表

矿体	矿石品级	样品数	自然白度（%）			变化系数
			最低	最高	平均值	
①	I	105	66.8	86.8	80.7	0.045
	II	175	56.0	87.0	71.7	0.098
②	III	3			74.0	

五、矿体围岩及夹石特征

高岭土矿体赋存于湛江组上部层位，该层位顶板为北海组下部的黄—黄褐色含砾砂质黏土、含黏土砾质中粗（中细）砂，局部为砂质黏土层；底板为湛江组中部的灰色黏土、粉砂质黏土层等。矿体与围岩接触关系有两类：一类呈渐变关系，围岩性质与矿石岩性相似，如灰白色含黏土砾质中粗砂、黏土质粗砂等；另一类呈突变关系，围岩岩性与矿石岩性差异较大，如北海组黄褐色含砾砂质黏土、含水黏土砾质中粗砂、湛江组中部层位的灰色黏土、粉砂质黏土等。

矿体夹石主要分布在 I 号矿体中，见矿的 61 个钻孔中有 37 个钻孔有夹石出现，夹石一般呈透镜状、似层状，厚度一般 1.0～6.50m，局部达 7.91～12.0m。与矿体和围岩的接触关系一样，夹石与矿体也存在渐变和突变两类，其中与矿体呈渐变关系的夹石居多，而与矿体呈突变关系的夹石仅在少数钻孔中出现。

与矿体呈渐变关系的夹石，岩性与矿体的矿石岩性相似，只因其中的基本分析项目与所确定的工业指标有一项偏低或偏高而作夹石圈出。如果只因淘洗率偏低，或其中某项化学成分指标有少许超标，在采矿时混入矿石中，对矿石总体质量不会造成大的影响。而与矿体呈突变关系的夹石，其岩性差异较大，与矿石的质量指标差异较大，若采矿时混入矿石中，会影响矿石的质量。

据统计，37 个有夹石出现的钻孔中，样品 Fe_2O_3 偏高的有 22 个，偏高绝对值 0.01%～0.3%；Al_2O_3 偏低的有 8 个，偏低绝对值 0.04%～3.96%；淘洗率偏低的有 3 个，偏低绝对值 0.41%～2.08%。另有 3 个孔在编录时肉眼判断高岭土的质量差而作为夹石圈出。

＋325 目石英砂是指原矿经过筛分（－325 目）后的筛上尾砂。产率为 83.88% 和 81.16%。矿物成分主要为石英（88%）、少量水云母（3%～5%）、微量高岭石、滑石。主要化学成分见表 2-4。

表 2-4　+325 目石英砂主要化学成分表

样号	产率（%）	品位（%）			
		SiO$_2$	Al$_2$O$_3$	Fe$_2$O$_3$	TiO$_2$
1	83.88	98.45	0.54	0.085	0.07
2	81.16	97.99	0.65	0.083	0.095

+325 目石英砂进一步筛分出三个粒级（+0.75mm、-0.75+0.1mm、-0.1+0.043mm）产品，主要化学成分见表 2-4。其中+0.75mm 和-0.75+0.1mm 两个粒级的石英砂质量可达到工业技术玻璃入窑矿石质量要求，-0.1+0.043mm 粒级石英砂亦可达到一般平板玻璃入窑矿石质量要求。

第二节　广东茂名高岭土矿床

矿区属丘陵地貌，最高海拔标高为勘查区外围东侧+52.87m，最低海拔标高为勘查区南侧+39.0m，相对高差为13.87m。地势东高南低，自然坡度在20°左右，区内植被较发育，以荔枝树、龙眼树为主。

该地区属亚热带季风气候，年平均气温22℃，具有明显的干湿季节。4~6月潮湿多雨，7~9月高温，常受热带风暴影响，伴有大雨、暴雨。年平均降雨量1700mm，而且集中在4~9月，多年平均蒸发量为1395mm，年平均湿度为80.31%。勘查区附近没有河流经过，地表水较少，采矿要从外引水或打深井取水。

当地居民以农业为主，农作物为水稻和木本水果荔枝、龙眼等，其次为手工业或外出务工经商。当地经济一般，附近兴办有数家工矿企业。

一、区域地质概况

1. 构造和岩浆岩

该区位于湛江—韶关新华夏构造带南端，吴川—四会大断裂及官桥断裂之间，茂名盆地中部。盆地走向北西，西起化州市连界镇，东至电白县羊角镇，北至高州城南茂岭，南至茂南区公馆镇。长44km，宽10~15km，面积约500km^2。

盆地为一受北西向次一级断裂控制的构造盆地。盆地中沉积了白垩纪陆相红色碎屑岩建造，火山岩建造，海相碳酸盐建造。

总体为一向斜。地层走向北西—南东，以4°~12°向北东倾，占盆地宽度五分之四以上，北东向南西倾，倾角稍陡，大部分被断层所破坏，构成一个北窄、南宽的不对称向斜。

主要断裂有三组：

（1）北西向断裂。性质以压扭性为主，部分为张扭性。其中较大的为盆地北缘的高棚岭断裂。

（2）东西向断裂。为一系列张性及张扭性断裂。平面上平行成组或呈侧幕式排列，剖面上呈阶梯式或地堑、地垒式。

（3）北东向断裂。仅局部见有，如盆地西端的石龙断裂。矿区出露有燕山末期的喷出岩，发生于白垩纪末期，岩性以粗面岩为主，局部相变为长石斑岩，呈浅紫红或淡灰色，地表呈单个岩体出露于尖山、石鼓圩、马鞍山。

2. 地层

茂名盆地出露地层由下而上表述如下：

（1）寒武系八村群（∈bc）。岩性为砂质页岩、绢云母岩、泥质石英砂岩及变质石英砂岩等。分布于盆地北侧，北东的顿梭、高州城、根子一带，层厚大于2000m。

（2）中—下泥盆统桂头群（$D_{1-2}gt$）。岩性为砂岩、含砾砂岩、砾岩、变质石英岩、泥质绢云母页岩等，出露于高州城附近，厚1400m，与下伏地层呈角度不整合接触。

（3）中泥盆统东岗岭组（D_2d）。主要岩性为灰岩、大理岩、硅化灰岩、白云质灰岩等，分布于高州茂岭一带，厚度大于100m，与桂头群呈整合接触。

（4）白垩纪上统（K_2）。岩性为紫红—砖红色粉砂岩、粉砂质泥岩、砂岩、砂砾岩等，钙质胶结较紧密、稍硬。地表见于高州镇江、石鼓茂名公馆及羊角一带。顶部为一套燕山末期喷出的粗面岩。

（5）下第三系始新—渐新统油柑窝组（Ey）。按其岩性可分上、下两段，下段为泥岩粉砂岩，底部为砂砾岩；上段为一套油页岩，底部夹煤层。

（6）上第三系中新统。黄牛岭组（N_1h）：岩性泥岩为主，夹粉砂岩及薄层砂岩。尚村组（N_{1sh}）：岩性为灰褐色劣质油页岩及含油泥岩，夹粉砂质泥岩，粉砂质砂岩，粉砂岩。厚度0～36m。

（7）上第三系上新统。老虎岭组（N_2L）：出露于盆地中部，主要为砂砾岩、砂岩与砂质泥岩互层，总厚可达600m。与下伏尚村组呈平行不整合接触。本区内高龄土矿赋存于该层位。

（8）高棚岭组（N_2g）。出露于盆地的北东部高棚岭、陈垌分界一带。其岩性上部为复砾岩、砂砾岩与泥质砂岩、砂质泥岩互层，下部则以后两者为主，夹砾岩及砂砾岩。厚度为750m，与下伏老虎岭组呈整合接触。

二、矿区地质特征

茂名地区的羊角断裂和高棚岭断裂构造控制第三系盆地的发育，并切割上第三系地层。

矿区内出露的地层多为第三系中新统黄牛岭组和上新统老虎岭组碎屑岩地层。主要为河湖相沉积碎屑岩。碎屑岩以含砾粗粒长石石英砂岩和含砾不等粒长石石英砂岩为主，岩石中的长石多已被彻底风化成高岭土矿，往深部风化程度减弱，可见少量残留长石。

矿区内高岭土矿为层状，局部含铁、钛较高，风化后呈棕红色，影响矿石质量，矿层间常见加有透镜状黏土岩。

矿区内地层为倾角平缓的单斜构造，倾向北北东，倾角5°～8°。沉积岩层层理较为明显，未见断裂构造。

主要岩石特征如下：

1. 白色—灰白色砂性高岭土的砂砾岩，少量黄红、棕红色。粗粒、中粒、不等粒结构、含粒砂状构造。粒径2～5mm，个别达40～50mm。主要矿物为石英，占50%～80%，黏土矿物以高岭石为主，约占12%～30%，电镜下见假六边形片状水云母1%～

2%，呈微鳞片状；石英为次棱角状，分选性差。

2. 粉砂岩：灰白—棕黄色，粉砂状结构，土状构造，具塑性。主要矿物为石英、高岭石—水云母、铁质及白云母碎屑。石英多为次棱角状，粒径 0.025～0.15mm，以粉砂粒级为主。高岭石具粒状长石假象。

3. 黏土岩：黄白、灰、杂色，泥质结构，土状构造，具塑性。成分以黏土为主，细砂次之，铁含量高达 2％～6％。

三、矿体特征

1. 矿层

矿床类型为沉积型砂质高岭土矿床。矿层属于第三系上新统老虎岭组（N_2L）第二、第三段地层。矿层与地层产状一致，其产状倾向 250°～270°，倾角 5°～8°。矿层厚度一般 3.8～7.0m，平均厚 5.44m。区内高岭土矿石类型可分为：含砾不等粒长石石英砂岩高岭土、不等粒长石石英砂岩高岭土和粉砂岩—黏土岩高岭土三种。以前者为主，占矿石总量 90％以上。且质量较好，其余类型多是薄层状或透镜状夹于前者之中，质量较差。

2. 矿石

经样本分析高岭土原矿物成分以石英为主，约占 79.0％；黏土矿物以高岭土为主，占 12％～30％；残留长石约 1％～3％；往深部略有增加。原矿主要化学成分平均值见表 2-5。

表 2-5　样品分析结果表

样号	分析结果（％）					样号	分析结果（％）				
	SiO_2	Al_2O_3	$Fe_2O_3+TiO_2$	−325 得率	白度		SiO_2	Al_2O_3	$Fe_2O_3+TiO_2$	−325 得率	白度
1	84.9	20.0	0.92	—	—	13	79.3	16.2	0.71	—	—
2	85.4	18.3	0.81	24.9	73.5	14	76.4	19.5	0.80	24.1	70.2
3	79.6	17.5	1.01	—	—	15	80.5	19.0	0.51	—	—
4	79.30	20.1	0.48	23.3	69.2	16	86.2	15.1	0.98	—	—
5	82.4	19.3	0.94	—	—	17	79.4	14.2	1.61	—	—
6	80.2	18.6	0.71	—	—	18	83.3	17.0	0.82	—	—
7	74.7	20.4	0.83	26.1	70.4	19	76.3	13.5	0.39	—	—
8	78.2	17.3	0.71	—	—	20	80.0	18.1	1.40	23.8	76.9
9	73.1	18.0	0.810	—	—	21	81.1	16.2	0.50	—	—
10	80.7	18.1	0.52	—	—	22	75.2	17.1	0.62	22.8	70.2
11	86.2	15.3	0.91	25.6	76.0	23	78.3	16.9	0.81	—	—
12	71.0	18.9	0.64	—	—	24	75.2	16.6	0.93	23.6	68.3

原矿经水洗过 325 目筛获得精矿，−325 目精矿的化学成分及精矿产率和白度见表 2-6 和表 2-7。从表中可看出，−325 目精矿的主要矿物成分为：高岭石 65％～85％；石英 5％～33％；长石 0％～1.5％；水云母 0.6％～3.5％。微量矿物有褐铁矿、电气石、磷灰石、钛铁矿、锆石、绢云母和绿泥石等。

表 2-6 —325 目精矿主要化学成分（%）

样品号	SiO$_2$	Al$_2$O$_3$	Fe$_2$O$_3$	TiO$_2$	灼失
1	48.92	28.11	0.61	0.31	10.11
2	61.85	35.93	0.86	0.10	12.65
3	57.31	32.51	0.72	0.16	8.21
4	48.66	25.21	0.43	0.15	7.11
5	56.91	29.00	0.34	0.23	9.0
平均值	54.724	30.152	0.612	0.19	9.42

表 2-7 —325 目精矿产率和白度

项目	I 级品	II 级品	平均
精矿产率（%）	21.25	27.31	24.28
白度（%）	87.86	72.16	80.01

第三节 广西钦州高岭土矿床

该矿区地处北部湾三娘湾海域北部，地势低缓，为剥蚀残丘地貌，最大标高为 32.5m，最低为 4.8m，一般相对高差 15～25m。矿区北东方向约 2.5km 有乌石江水库，为各小溪流及季节性冲沟的源头及地下水的主要补给源，水系不发育。为亚热带气候，雨季主要集中 7～9 月份。

一、区域地质

1. 地层

区域内出露地层以志留系第四系为主，次为侏罗系、第三系。其中志留系以海相陆源碎屑岩为主，具类复理韵律，岩石轻变质。侏罗系为陆源碎屑岩。第三系、第四系为松散的砂砾层、砂层、黏土层。

2. 岩浆岩

区域内岩浆岩以海西—印支期岭门岩体（岩基）为主，分布于新村至岭门一带，往南西向海延伸。分布范围大于 56km^2，出露面积约 4.25km^2，主要岩性为斑状堇青石黑云母二长花岗岩。侵入于志留系地层，时代以 P$_2$ 为主，归属六万山超单元江口单元（P$_2$J）。

3. 构造

区域包括了钦州残余地槽和北部湾拗陷两个二级构造单元。构造线以北东向为主，总体受合浦—博白—岑褶断带和灵山—藤县区域性深大断裂控制，与风化残余型砂质高岭土有关的岭门岩体受该断裂带控制。

二、矿区地质

1. 地层

矿区内只出露第四系地层，具体为全新统冲击层（Q^{hal}）、更新统北海组（Q^{p}b）。由老至新分述如下：

更新统北海组（Q^pb）：主要分布于矿区剥蚀残丘、低洼处，面积约 $1.44km^2$，占矿区大部分面积（约 77.4%）。下部为淡黄—灰白色含泥含砾层、砂质砾石层、含高岭土砂砾层，呈松散状，由不等粒的石英砂、砾及泥质组成，含钛铁矿及锆石、独居石；石英粒度一般 0.5～10mm。上部为黄褐—浅黄色泥砂层或泥砂土、灰褐色含砾泥质砂层，呈松散状。由不等粒的石英砂、砾及泥质组成，含少量钛铁矿。石英粒度一般 0.50～4mm，表部有植物根茎。北海组以含磨圆度较好的砾石为特征。厚度 0.5～12.15m。地貌上表现为剥蚀残丘。

全新统冲击层（Q^{ha1}）：主要分布于矿区低洼处。主要为灰—灰黑色、土黄—黑褐色砂质泥层、含砂泥层，标志为上部为腐殖土、淤泥，往往是水田。厚度 0.5～3m。地貌上表现为冲积洼地。

2. 构造

矿区位于钦州残余地槽六万大山隆起带南西段，构造线以北东—南西向为主，那丽至那思一带近东西向，总体上受灵山—藤县区域性深大断裂控制，岭门岩体受该断裂带控制。区内由于岩石风化强烈及第四系覆盖，地表识别构造较困难。

3. 岩浆岩

矿区内分布的岩浆岩为海西—印支期岭门岩体（岩基）的一部分，是本区高岭土矿床成矿母岩。岩体绝大部分被第四系覆盖，于采石坑及冲沟低洼地带呈微小面积零星出露。据区域地质资料及钻孔资料可知，岩体分布整个矿区，展布面积大于 $1.86km^2$。

主要岩性为斑状堇青石黑云母二长花岗岩。浅灰色、灰白色，中—粗粒似斑状花岗结构，块状构造。斑晶主要为钾长石和部分斜长石、石英，含量 5%～25%，大小 1～2.5cm。基质由石英 28%～50%、钾长石 10%～40%、斜长石 10%～48%、黑云母 3%～8%、堇青石 1%～10%组成，大小 0.1～0.5cm。

化学成分（平均含量低）：SiO_2 71.76%；Al_2O_3 13.51%；Fe_2O_3 0.45%；FeO 3.46%；Na_2O 2.01%；K_2O 4.30%；CaO 1.09%，铝过饱和指数 1.19～1.60。属典型的地壳重熔型花岗岩。

三、矿床地质特征

1. 矿体特征

矿区内高岭土矿体产于花岗岩体风化壳中，空间分布受风化壳的制约。岩体原岩成分、风化程度等条件，影响到矿体的分布、形态和厚度等因素。矿区位于广西钦州市白路钛铁矿区内，TiO_2 含量偏高，只有 ZK2345 钻孔的各项分析结果达工业指标。

高岭土矿体分布于新村一带，ZK2345 控制矿体厚度 11.10m。推断矿体长约 364m，宽约 197m，面积 $58300m^2$。呈雀巢状、团块状，产状平缓。其中平面上呈椭圆状，剖面上呈倒三角状。矿体顶板受地形起伏影响，稍呈波状起伏。底板受花岗岩风化程度的影响呈陡坡状。

2. 矿石特征

（1）矿石结构构造

强风化矿石以砂、泥质结构为主；弱风化矿石以碎粒残余花岗结构为主。

砂、泥质结构：矿石中风化破碎的石英、绢云母、白云母与高岭石、水云母不均匀混杂分布。以高岭石为主的黏土呈"基底"式胶结石英砂粒形成砂、泥质结构。矿石结构松软，潮湿时具塑性。

碎粒残余花岗结构：为风化破碎的石英和微斜条纹长石及绢云母、白云母与高岭石、水云母等矿物不均匀地混杂分布。其间大部分长石已变为高岭石但保留有长石假象和残留长石残骸，局部尚见花岗岩碎粒，显现碎粒残余花岗结构。矿石具一定块度，但轻敲即散。

强风化矿石以砂土状和土状构造为主；弱风化矿石以残余块状构造为主。矿石干燥后多呈松散状，少部分为块状并具有一定强度，但轻压易散。矿石具吸水性，经水浸泡后即可自动散开，易于分散。

（2）矿物成分和化学成分

砂质高岭土矿的矿物成分主要为：石英、高岭石、云母、长石等。矿石中石英含量 $50\%\sim65\%$，呈浅灰、烟灰色或无色，碎粒状，粒径 $0.1\sim6mm$ 不等，以 $1\sim4mm$ 为主；高岭土含量 $22.06\%\sim44.60\%$，灰白色，呈不规则团块或集合体分布，有少部分高岭土以长石假晶形存在；白云母呈细鳞片状，含量在 7% 左右；含少许电气石、铁质、钛铁矿；受风化不彻底时含部分长石。

矿石化学成分（精矿样品细度 $<0.043mm$）以 SiO_2、Al_2O_3 为主，含少许 Fe_2O_3 TiO_2。其中含 Al_2O_3 为 $33.19\%\sim35.34\%$，Fe_2O_3 为 $0.89\%\sim1.23\%$，TiO_2 为 $0.52\%\sim-0.69\%$，白度 $64.2\%\sim77.3\%$，淘洗率 $31.34\%\sim35.55\%$。详见表2-8。

表2-8 钻孔见矿样品分析结果表

工程号	样号	厚度（m）	指标（%）				
			Al_2O_3	Fe_2O	TiO_2	白度	淘洗率
ZK2345	H1	1.50	34.51	1.23	0.69	64.2	34.43
	H2	1.80	35.33	0.89	0.55	77.3	35.55
	H3	1.90	34.14	1.10	0.52	72.6	35.16
	H4	1.90	33.19	1.18	0.58	71.7	31.42
	H5	2.10	35.34	0.96	0.60	74.6	34.97
	H6	1.90	33.38	1.06	0.62	74.4	31.34
合计		11.10	34.32	1.06	0.59	72.8	33.79

以上可见矿石化学成分较稳定，各项指标综合评价为1级品矿石，但有益组分含量高，有害组分含量也偏高，特别是 TiO_2 含量已靠近工业品位边界线，对整个矿体矿石质量和资源量有一定的影响。例如矿体周围 ZK2342、Z2346、ZK2348、SK1948 除 TiO_2 含量分别为 0.74%、0.73%、0.75%、0.91% 高于工业品位外（$TiO_2<0.7\%$），其他指标均为1级品矿石指标，这样资源量就大大减少。

（3）矿石类型

本矿区矿石自然类型可分白色局部夹褐红色高岭土矿石，质量好，一般为1级品矿石。同属风化壳的高岭土，因其达不到矿石质量指标，划为花岗岩风化土（作非矿石处理）。

据送样分析结果统计，所有样品矿石含砂量 $>50\%$，矿石工业类型属砂质高岭土。

（4）矿石品位

按《高岭土、膨润土、耐火粘土矿产地质勘查规范》（DZ/T 0206—2002）的规定，砂质高岭土矿床矿石质量可采用-325目淘洗精矿进行评价。

表 2-9 为矿石（精矿样品细度<0.043mm）的 Al_2O_3、Fe_2O_3、TiO_2、白度、淘洗率变化情况表。

表 2-9 矿石品位含量情况表

指标	最低	最高	平均值	变化系数
	单位（%）			
Al_2O_3	33.19	35.34	34.32	2.70
Fe_2O_3	0.89	1.23	1.06	12.10
TiO_2	0.52	0.69	0.59	10.00
白度	64.2	77.3	72.8	6.20
淘洗率	31.34	35.55	33.79	5.70

从上表可知，Al_2O_3 相对变化最小，白度、淘洗率相对变化适中，Fe_2O_3、TiO_2 相对变化大。也就是说有益组分含量高且相对变化小，而有害组分含量偏高且相对变化大。

四、矿床成因及找矿标志

1. 矿床成因

矿区位于北部湾北部边缘，由冲蚀台地及冲击洼地组成。其中冲蚀台地为本矿区的主要地貌，地势平坦，海拔 15～30m，相对高差 10～25m，为开阔平坦的台地，属第四系中更新统北海组覆盖区。基底为花岗岩风化壳，是矿体主要分布区。冲击洼地主要分布于矿区低洼处，为树枝状开阔的稻田、沟谷。

花岗岩风化壳在本区分布广泛，但大部分被第四系覆盖，只在新村西北田边陡坎、曾子村与海尾村之间的采坑有少量出露。依钻孔资料可知，一般风化壳自上而下，风化程度由强渐弱；地形较高处，风化壳厚度较薄，地形低缓或洼地，风化壳厚度较大，对成矿有利。

本区气候炎热，风化作用强烈，高岭土矿系由岭门花岗岩体经风化作用残余而成。形成过程大致为：花岗岩岩石风化崩解→长石等矿物分解并黏土化→K_2O、Na_2O、SiO_2、FeO 等组分流失→高岭土等黏土矿物相对残余成矿。

2. 找矿标志

找矿标志主要是含铁镁质少的花岗岩风化壳；次为斑杂状劣质高岭土层及风化土地表颜色较浅的地段；地貌特征表现为冲蚀台地，或地形较开阔的地带。

第四节　海南高岭土矿床

一、地层

区域上，除局部出露小面积的长城系抱板群、白垩系下统鹿母湾组、第三系石马村组—石门沟组外，广泛分布第四系沉积地层。

1. 长城系抱板群（ChB）：长城系抱板群是该区内出露最老的地层，分布于锦山、吉龙、山崛、蓝田、头苑一带，大部分出露面积小（<1.1km²）。岩性主要为云母石英片岩、长石石英岩、黑云斜长片麻岩。地层总体走向为北西向，倾向40°～60°，倾角约50°。

2. 白垩系下统鹿母湾组（K_1l）：分布于后僚及双堆门一带，总面积约8km²。岩性主要为紫红色砂砾岩、长石石英砂岩、粉砂岩、泥岩以及安山—英安质火山岩。地层走向北东，倾向290°～340°，倾角35°～55°，与三叠纪晚世二长花岗岩及侏罗纪中世花岗岩呈沉积不整合接触。

3. 第三系石马村组—石门沟组（Nsm－s）：分布于三门坡一带，出露面积为18.75km²，其岩性为玻基橄辉岩、橄榄玄武岩、辉斑橄榄玄武岩及粗玄岩。

4. 第四系：区内第四系分布广泛，总面积约208.30km²。由中更新统北海组（Q_2^pb）、上更新统八所组（Q_3^pbs）及道堂组（Q_3^pd）、全新统烟墩组（Q_3^hy）及全新统（未分）风积层、冲洪积层等组成。其中上更新统八所组、全新统现代风积层、洪冲积层是区内石英砂矿的含矿层位，全新统烟墩组是锆钛砂矿的主要含矿层位。

中更新统北海组（Q_2^pb）：分布于锦山、抱罗、昌洒、文教、翁田一带，面积约500km²。地貌上叠覆于海成Ⅱ级阶地之上，表现Ⅲ级阶地。岩性为桔黄色、棕红、褐红色亚砂土、砂、砂砾、砂质砾石层组成，底部含玻璃陨石或含铁质结核，厚度5～19m。

上更新统八所组（Q_3^pbs）：分布在翁田以西和昌洒以东一带，锦山以南也有分布，面积约150km²。地貌上表现为海成Ⅱ级阶地，岩性为棕黄、黄及白色粉细砂、中砂及含细砾中粗砂层，厚度大于3.4m。

上更新统道堂组（Q_3^pd）：分布于演丰、三江、土桥、三门坡一带，面积大于400km²。岩性为基性火山熔岩与沉积玄武质火山碎屑岩呈互层状产出。

全新统烟墩组（Q_3^hy）：主要分布于东部沿海地带，为滨海、泻湖系列沉积，地貌上表现为海成Ⅰ级阶地，岩性为砂砾、砂、有机质黏土及海滩岩，厚度1.8～24.3m。

此外，在公坡以西一带，尚分布全新统（未分）的地层，为河流Ⅰ级阶地、河漫滩冲积层。岩性为砾石、含砾粗砂、砂、砂质黏土等。

矿区内，地表广布第四系，由下更新统残坡积层、中更新统北海组、上更新统八所组、全新统洪冲积层等组成，无其他地层出露。

二、构造

区域构造以断裂构造为主，主要有矿区南面的东西向王五—文教深大断裂和位于矿区西面的南北向蓬莱—烟塘断裂。

王五—文教深大断裂：由王五—文教断裂带和一系列走向东西向的断裂组成，是雷琼断陷与五指山褶皱带的分界线。该断裂带形成于印支期，形成印支期铜鼓岭二长花岗岩、燕山期、喜马拉雅期继续活动，在本地区导致岩浆岩的侵入和玄武岩浆喷溢，并切过下白垩统形成的雷琼断陷，控制第三纪海陆交互相沉积。

蓬莱—烟塘断裂：是琼东南北向断裂带的一部分，它形成始于海西期，表现为强烈褶皱隆起，同时发育一些南北向断裂带，控制着印支期和燕山期岩浆侵入和喜马拉雅期玄武岩浆喷发活动。

本区的新构造运动表现为在第四纪早期地壳开始下降，发生海侵并接受滨浅海碎屑、黏土沉积，其后发生脉动上升形成Ⅱ、Ⅲ级海成阶地，为区内的砂质高岭土矿、石英砂矿、滨海锆钛砂矿、砖瓦黏土矿形成提供有利的条件。

区内第四系广泛分布，未见明显构造运动形迹。

三、岩浆岩和火山岩

区内岩浆岩主要有三叠纪晚世二长花岗岩和侏罗纪中世花岗岩。三叠纪晚世二长花岗岩（$T_3\eta\gamma$）：呈岩基断续出露于抱罗以南至潭牛、文城镇，公坡、宝芳、抱虎岭、铜鼓岭等处。岩性为灰白色中细粒、中粒黑云母二长花岗岩。该二长花岗岩是区内砂质高岭土矿和锆钛砂矿的成矿母岩。侏罗纪中世花岗岩（$J_2\gamma$）：分布于区内南部的东阁、龙楼一带。岩性为中细粒斑状黑云母花岗岩。

区域上火山岩有第三纪和第四纪喷出的火山岩。其中，第三纪火山岩以较大面积集中分布在甲子、三门坡、大坡南阳、蓬莱、重兴选镇一带，岩性主要为玻基橄辉岩、玄武岩、粗玄岩、玄武质沉凝灰岩；第四纪火山岩分布最为广泛，主要分布在区域的北部，少量分布在中部和南部，岩性主要为玄武岩、沉凝灰岩和沉火山角砾岩。

经钻孔揭露，区内晚三叠世二长花岗岩（$T_3\eta\gamma$）隐伏于下更新统残坡积层（Q^p）之下，为本矿区的成矿母岩。岩石呈灰白、浅灰红色，具似斑状结构，基质为中粒花岗结构，块状构造，斑晶含量约20%，为钾长石，呈长板柱状、厚板状，大小在（1.0～2.3）cm×（2.0～4.3）cm；基质成分为钾长石（20%）、斜长石（29%）、石英（21%）为它形粒状，多以集合体分布在长石颗粒间隙中，大小在0.2～3.2mm，黑云母（10%）岩石风化蚀变较为强烈，高岭土化、绿泥石化普遍。

四、矿床特征

区域矿产主要分布有：砂质高岭土矿、石英砂矿、锆钛砂矿及黏土矿。其中风化残积型砂质高岭土矿：大型矿床2处、中型矿床2处、小型矿床1处，本矿区中大面积的三叠纪二长花岗岩风化区是风化残积型砂质高岭土成矿的主要有利地段；石英砂矿主要分布在岛东林场、龙马乡、昌洒镇及龙楼镇赤笏村一带，均为大型石英砂矿床，各矿床的产出主要受上更新统八所组及全新统现代风积、洪冲积层控制；锆钛砂矿主要沿东部海岸带分布在铺前、内六、白坪坡、鹿马岭、东群、芽良及白岭一带，各矿床的产出主要受全新统烟墩组控制；黏土矿主要赋存于石英砂矿床（层）以下，受中更新统北海组控制。

1. 矿物成分

（1）原矿矿物组分

根据岩矿鉴定、重砂鉴定（表2-10）、小选矿研究样和选矿样的研究结果结合野外观察进行统计，矿区高岭土原矿石的主要矿物组分有黏土矿物（高岭石＋埃洛石）15%～18%、长石24%～27%、石英43%～47%、水云母＋伊利石5%、白云母2%；微量矿物有钛铁矿、黄铁矿、绢云母、磁铁矿、锆英石、锐钛矿、白钛石、独居石、绿帘石、电气石、绿泥石、磷灰石、金红石、黑云母、锡石、黑钨矿、黄铜矿、锰矿、褐铁矿、赤铁矿、闪锌矿、榍石、石榴石、辉钼矿、磁黄铁矿、辉铋矿、孔雀石、蓝铜矿、钍石、方解石等。

表 2-10　重砂分析结果统计一览表

样号	分析项目（g/t）											
	磁铁矿	钛铁矿	白钛石	锆石	金红石	锐钛矿	电气石	褐铁矿	石榴石	绿帘石	黄铁矿	独居石
ZK20028-Z_1	个别	87.73	70.7	229.02	个别	—	个别		个别	个别	650.15	个别
ZK34024-Z_1	个别	4.1	106.77	76.01	少量		20.62	4.17	个别	—	少量	117.76
ZK50032-Z_1	个别	少量	个别	93.96	23.17	个别	个别	个别	—	—	—	61.29
ZK37048-Z_1	个别	329.26	13.35	243.47	个别	—	—	71.19	个别	个别	58.01	17.8
ZK49042-Z_1	个别	444.47	个别	165.82	少量		个别		—	—	1930.13	个别

矿物含量的变化沿水平面上变化不大，沿垂向上有所变化，由于受风化程度制约，黏土矿物与长石成反比关系。

主要矿物特征：

高岭石：呈粉土状，乳黄色，具土状结构与土状构造。小于 0.006mm 的高岭土样中，主要为高岭石和埃洛石，后者略多，层状为主（详见图版 15、16、17、18、19），粒级一2μm 的高岭土，管状与片状相当，并有少量水云母。高岭土中还混杂有少量长石、石英和针铁矿，水云母中夹杂有含钛次生矿物。

长石：粒状，灰白色，多呈风化长石，一般粒径为 0.1～0.5mm，常见有长英连生体、白云母及长英矿物集合体等。小于 0.1mm 粒级黏土含量多，大于 0.1mm 粒级长石中黏土含量甚少，或不含黏土，而 0.1～0.5mm 粒级长石已经变成黏土团粒，一般含黏土量约 50%～70%，小于 0.05mm 粒级中基本上已全部变成黏土团粒。

石英：粒状，淡白色，半透明至透明无色。通常零星出现连生包体，有长石、白云母集合体。个别石英内部有包体，有铁质微粒、钛铁矿微粒，有金红石、磷灰石、锆英石、白云母等包粒。

白云母：透明无色，一般粒径为 0.05～0.1mm，粒度越小，水云母含量愈多。

钛铁矿：黑色，粒状或板粒状，粒径一般为 0.1～0.5mm，部分变化为白钛石。

锐钛矿：呈钢灰色、蓝灰色，部分黑色，常呈尖锐双锥状，晶面上具有横纹，金刚光泽，一般粒径约 0.05～0.1mm。

独居石：板粒状，淡黄绿色，大约为 0.05～0.1mm，在副矿物中常见。

锆英石：柱粒状，多呈四方柱状，粒径 0.1～0.2mm，主要有两种颜色，一种是早期生成的淡褐红色，晶莹透明；而多数晚期的呈灰色，奶油色，不透明。

金红石：粒状，褐色、棕红色，粒径约 0.05～0.2mm。

绿帘石：粒状，淡黄绿色，一般粒径约 0.05～0.1mm。

锡石：黄褐色、棕褐色，粒状，一般粒径约 0.05～0.1mm，在锌板上，有锡箔膜反应。

黑钨矿：板粒状，粒径 0.05～0.2mm，有内反射。

（2）－325 目淘洗精矿矿物组分

根据样品进行电镜分析、X 射线衍射分析结果显示，矿物成分主要有石英（51%），高岭石（33.5%），伊利石（11.5%），还有少许的正长石等；2～6μm 粒级电镜呈管片混杂，层状为主。微量矿物有：锐钛矿、辉铋矿、褐铁矿、锆英石、电气石、白钛石等。

本次送 2 个样品进行电镜分析及 X 射线衍射分析，结果表明：高岭土中主要矿物为石英、高岭石，而高岭石矿物形态以层状为主，部分为管状。具体见表 2-11。

表 2-11　X 射线衍射、电镜分析结果

样号	X 射线衍射分析结果（10^{-2}）					电镜分析结果
	石英	高岭石	伊利石	正长石	其他	
ZK50044-H5	48	41	5	4	2	层状高岭石为主，部分为管状，管状发育明显
ZK34024-H5	54	26	18	—	2	层状高岭石为主，少量石英

注：样品由浙江省地质矿产研究所检测。

2. 化学成分

（1）原矿化学成分

本次工作未做原矿化学分析及原矿多元素分析，根据海南地质大队在对本区南和砂质高岭土进行详查时，曾做的原矿化学分析及原矿多元素分析结果统计，矿体原矿平均化学成分为：SiO_2 74.54%，Al_2O_3 14.00%，Fe_2O_3 1.11%，TiO_2 0.18%，CaO 0.10%，MgO 0.22%，K_2O 3.15%，Na_2O 0.29%，Sn 0.012%，Re_2O_3 0.628%，Ta_2O 50.013%，Nb_2O_5 0.0064%，Y 0.057%，ZrO_2 0.0118%，烧失量 4.49%。

原矿各粒级主要化学成分见表 2-12。

表 2-12　原矿各粒级主要化学成分表

粒级（mm）	化学成分（%）			
	SiO_2	Al_2O_3	Fe_2O_3	TiO_2
>4	96.83	1.60	0.11	0.029
4～2	97.60	1.11	0.083	0.019
2～1	94.82	2.53	0.098	0.029
1～0.5	91.42	4.66	0.16	0.030
0.5～0.2	83.96	8.03	0.37	0.068
0.2～0.1	76.79	12.54	0.69	0.20
0.1～0.075	71.27	15.92	1.07	0.32
0.075～0.04	67.39	18.18	1.05	0.39
0.04～0.01	68.32	18.52	1.06	0.75
0.01～0.006	52.85	30.16	1.24	0.52
0.006～0.002	49.76	33.53	0.97	0.26
<0.002	46.24	35.26	1.08	0.20

从表 2-12 可以看出，在 >2mm 粒级中，SiO_2 含量达到 97% 以上，Al_2O_3 含量 1.11%，Fe_2O_3 含量 0.083%，TiO_2 含量 0.019%，其他成分含量很少；<0.04mm 粒级中，SiO_2 含量 49.02%，Al_2O_3 含量 34.37%，Fe_2O_3 含量 1.37%，K_2O 含量 2.06%，表明粒级与矿物富集有密切的关系，即在 >2mm 粒级中为较纯净的石英砂矿，<0.04mm 粒级范围内的高岭石富集。<0.002mm 粒级中高岭石明显占主导地位。可见，SiO_2 含量与 Al_2O_3 含量随着粒级变化而变化：SiO_2 含量随粒度变小而变少，Al_2O_3 含量随粒度变小而增大。Fe_2O_3 含量和 TiO_2 含量变化与 Al_2O_3 含量变化有相似之处。

（2）－325 目淘洗精矿化学成分

根据参与储量计算的基本分析样品及 2 个光谱样、4 个组合样及 1 个多元素分析样结果统计，矿区中－325 目淘洗精矿化学成分平均含量：SiO_2 47.99%，Al_2O_3 31.62%，Fe_2O_3 1.17%，TiO_2 0.52%，CaO 0.061%，MgO 0.289%，K_2O 3.205%，Na_2O 0.071%，TSO_3 0.022%，ZrO_2 0.026%、烧失量 13.33%。组合样光谱多元素分析结果详见表 2-13。

表 2-13　光谱、组合、多元素分析结果表

光谱分析项目（10^{-2}）

样号	分析项目（%）								
	SiO_2	Al_2O_3	Fe_2O_3	TiO_2	CaO	MgO	K_2O	Na_2O	SO_3
ZK26034－GP_1	55.19	29.89	1.05	0.202	0.06	0.619	5.19	0.071	0.174
ZK26034－GP_3	47.58	34.29	1.56	0.148	0.0612	0.592	4.96	0.081	0.352
	ZrO_2	Cd	Ga	Ge	Re	In	Tl	Se	Te
	0.03606	<0.0005	0.0028	0.0012	<0.0005	<0.0005	<0.0005	<0.0005	<0.0005
	0.0141	<0.0005	0.0049	<0.0005	<0.0005	<0.0005	<0.0005	<0.0005	

组合分析项目（10^{-2}）

样号	分析项目（%）						
	SiO_2	K_2O	Na_2O	CaO	MgO	TSO_3	loss
ZK20036	45.81	1.89	0.028	0.10	0.174	0.02	12.7
ZK34024	50.21	4.10	0.058	0.0436	0.595	0.011	9.34
ZK26034	54.71	5.46	0.071	0.0592	0.067	0.181	6.63
ZK22028	45.43	1.16	0.045	0.0582	0.142	0.0083	13.27
ZK0031	47.40	4.86	0.191	0.0456	0.589	0.01	9.39
ZK12022	46.92	1.53	0.038	0.0622	0.122	0.023	12.58
ZK20026	46.39	1.81	0.028	0.0548	0.019	0.0552	12.47

多元素分析项目（10^{-2}）

样号	分析项目（%）									
	SiO_2	K_2O	Na_2O	CaO	MgO	TSO_3	loss	Al_2O_3	Fe_2O_3	TiO_2	ZrO_2
ZK22028	45.79	1.53	0.051	0.0618	0.160	0.019	12.82	38.17	0423	0.68	0.021
ZK20036	46.62	2.57	0.062	0.104	0.183	0.018	11.89	37.15	0.58	0.51	0.0256
ZK34024	50.03	3.68	0.059	0.0439	0.514	0.011	9.83	34.40	0.751	0.35	0.0223
ZK0031	47.88	5.07	0.294	0.0501	0.604	0.011	9.02	34.92	1.53	0.284	0.0183

3. 矿石结构构造

矿石结构主要为砂泥质结构，矿石构造主要为砂土状构造和层状、块状构造。

砂泥质结构：矿石中的砂屑以石英为主，呈粒状，淡白色，半透明至透明无色，通常零星出现连生包体，包体物为长石和白云母集合体。个别石英内部有铁质微粒、钛铁矿微粒、金红石和锆石等微粒包体。长石呈粒状灰白色，多已风化成高岭土。常见有长英矿物连生体和白云母及长英矿物集合体等。小于 0.1mm 级别黏土含量最多，而 0.1～0.5mm 级别长石已经变成黏土团粒，故本矿区矿石结构形成砂泥质结构。

砂土状构造：由中—细粒二长花岗岩风化后，长石分解成高岭土，石英分散混杂于黏土矿物中，质地松散易碎而形成砂土状构造。

层状、块状构造：原岩风化，长石分解过程中经过一定位移，黏土矿物富集形成层状，石英和长石砂碎屑较少，其矿石中物质分布较均匀，故形成层状、块状构造。

4. 矿石的粒度分布、淘洗率及白度

（1）原矿粒度

根据前人对本区矿石所做的选矿样测试结果，原矿粒级含量见表 2-14。

表 2-14　原矿粒级含量一览表

粒级（mm）	>0.5	0.5~0.2	0.2~0.1	0.1~0.075	0.075~0.04	0.04~0.01	0.01~0.006	0.006~0.002	<0.002
含量（%）	39.26	12.25	6.02	2.46	3.82	2.16	11.19	9.54	13.30

从表 2-14 中可以看出，砂质高岭土的粒级分布集中在最粗和最细两端。>75μm 粒级占 59.99%，<0.01mm 粒级占 34.03%，且<76μm 粒级占 40.01%，<43μm 粒级占 36.19%，<5μm 粒级占 22.84%，<2μm 粒级占 13.30%，可见本矿区砂质高岭土矿石对选矿较为有利。

（2）-325 目淘洗精矿粒度

根据选矿样测试结果，本矿区砂质高岭土矿石-325 目淘洗精矿中<2μm 粒级含量占 61.80%，<5μm 粒级含量为 87.00%，其他粒级含量见表 2-15。

表 2-15　-325 目淘洗精矿粒级含量一览表

粒级（μm）	<0.5	0.5~1	1~2	2~3	3~4	4~5	5~6	6~7	7~8	8~9	9~10
含量（%）	38.60	18.70	4.50	10.70	8.60	5.90	3.70	3.10	2.80	1.90	1.50

本次工作选 2 个样品进行精矿粒度测试，其各粒级矿物含量见表 2-16。

表 2-16　各粒级矿石含量统计表

样号	矿物含量（%）				
	<75μm	<43μm	<10μm	<5.0μm	<2.0μm
ZK50044-H$_5$	39.2	38.5	19.6	9.7	3.6
ZK340244-H$_5$	44.8	43.5	29.7	14.6	6.1

注：样品由浙江省地质矿产研究所检测。

从表 2-16 中可以看出高岭石精矿石中粗粒级别占多数，对选矿是较为有利的。

（3）-325 目淘洗率

根据本次工作参与资源储量估算的样品的统计结果显示，矿区平均淘洗率为 37.60%，淘洗率有随着取样深度的增加而减少的趋势。

（4）-325 目淘洗精矿白度

根据前人资料及本次的样品分析结果统计显示，矿区-325 目淘洗精矿白度为 49.52%~82.25%，平均 67.48%。白度与 Fe_2O_3、TiO_2 含量呈负相关关系，相关系数分别为-0.74 和-0.18，说明 Fe_2O_3 含量与白度有一定的相关性，而 TiO_2 含量则与白度没

有明显的相关性。同时，白度亦随取样深度的增大而变小。

本次工作选 2 个样品进行物性分析，分析结果见表 2-17。

表 2-17　物理性能分析结果表

样号	干燥白度（10^{-2}）	焙烧白度（10^{-2}）	耐火度（℃）	塑性指数
ZK50044—H_5	77.93	66.5	1680	9
ZK340244—H_5	70.94	62.41	1650	12

5. 矿石中铁、钛的赋存状态

铁、钛是高岭土矿的主要有害元素，研究其赋存状态对于指导高岭土矿的选矿加工提高产品质量有着极为重要的意义。由于本矿区高岭土矿为应用于橡胶填料级产品，对铁、钛要求不甚严格，因此仅在原矿和－325 目的矿石在通过淘洗、选矿、扫描电镜、X光衍射分析、差热分析等手段，对高岭土矿石中铁、钛的赋存状态做一般了解。铁主要赋存于钛铁矿、赤铁矿、磁铁矿、褐铁矿、黄铁矿、磁黄铁矿、针铁矿、白钛石、电气石、黑云母、绿泥石等矿物中，而钛主要赋存于锐钛矿、金红石、白钛矿、钛铁矿等含钛矿物中。

6. 矿石类型

矿石主要由三叠纪二长花岗岩经强风化后，由岩石中的长石风化分解形成高岭土。因此，本矿区中矿体的矿石类型基本相似，呈灰白—白色或淡黄色，具砂泥质结构、层状构造，主要矿物为黏土矿物、石英、长石等，其次是白云母、钛铁矿、黄铁矿、绢云母、磁铁矿、锆石、锐钛矿、白钛矿、独居石等组成，碎屑物达 68％。长石分解后具黏性、可塑性和滑腻感。长石不够完全风化的矿石中尚保留母岩花岗结构和构造的残迹。矿石自然类型应属黏土质砂。

矿区矿石是由三叠纪二长花岗岩经强烈风化后，长石分解成残坡积型高岭土，其质地松散、可塑性较弱（除砂后较强），原矿砂质量分数＞50％，故本矿区的矿石工业类型为砂质高岭土。

五、成矿地质条件与矿床成因

1. 成矿地质条件

本区砂质高岭土矿床的形成受原岩条件、构造条件和风化作用所制约。

（1）原岩条件

本区成矿母岩为三叠纪晚世二长花岗岩。二长花岗岩主要成分为：石英 45％、微条纹长石 32％、斜长石 20％、少量黑云母和白云母。钾长花岗岩主要成分为：钾长石 45％、斜长石 22％、石英 30％、白云母 3％，副矿物有磁铁矿、锆石、磷灰石等。岩石中所含的斜长石和钾长石都属于不稳定矿物，均易分解形成高岭石类黏土矿物。这为本区砂质高岭土矿床的形成提供了充足的物质条件。

（2）构造条件

由于王五—文教东西向断裂和南北向蓬莱—烟塘断裂通过矿区附近，在区内发育近南北向次级构造，致使区内岩石破碎。这为地下水的活动、岩石风化以及成矿作用提供了良好的构造地质条件。

（3）风化条件

气候因素：本区处于热带海洋性气候，气候炎热潮湿，雨量充沛，这为区内岩石发生化学风化形成深厚风化壳，造成有利的气候条件。

地貌因素：区内为剥蚀堆积平原地貌，地形平缓，植被繁茂，使地表水和地下水流动都比较缓慢，有利于向地下渗透，导致化学风化作用，促使岩石中的长石类矿物加快分解和风化产物的保存。

水介质因素：本区第四系松散沉积物广泛发育，有利于植物生长发育，特别分布着低等植物，它们死亡后形成腐殖质，使地表水富含有机酸渗透入地下，增加地下水中 O_2、CO_2 成分的含量，形成弱酸性或酸性水，提高对岩石和矿物溶解和氧化能力，矿床内水的 pH 值在 5.23～6.82 左右，这一环境是水解作用最有利于形成高岭土的。

2. 矿床成因

根据野外对钻孔岩心的观察，矿体中矿物沿垂向具有明显分带，上部（0～3m）黏土矿物含量较多，基本上没有长石碎屑物，白度较好；中部（3～7m）黏土矿物减少，砂质碎屑物增加，石英钳洞中包含有没有风化完全的长石，在黏土矿物团块冲洗后，可见残留长石晶粒碎块，白度变成淡黄色；下部残留长石碎屑逐渐增加，白度明显降低；并且，矿石的化学成分具有明显的垂向变化，即从上至下矿石中 Al_2O_3 含量逐渐降低，而 K_2O 含量逐渐升高。

因此，本矿床的成因类型应属风化型、风化残坡积亚型。

第五节　其他类型的高岭土矿床

一、风化淋积亚型高岭土矿床

四川叙永埃洛石矿床是典型的风化淋积型高岭土矿床。它分布在四川台向斜南缘的叙永台凹内，矿体产于龙潭煤系与茅口灰岩之间的不整合面上，矿区内及其周围的构造主要以平缓的复式背斜为主。埃洛石矿主要分布在背斜轴部和翼部的抬升部位，常出现在海拔较高的山腰。单个矿体为巢状、鸡窝状、漏斗状等，形态复杂。底面受下伏茅口灰岩岩溶溶洞的影响和限制；顶面和龙潭煤系的黄灰、黄棕色含褐铁矿的风化高岭石黏土岩相接触，两者呈渐变关系，向上过渡至半风化的含黄铁矿高岭石黏土岩，单个矿体面积一般为数平方米或数十平方米，厚度变化大，一般 0～3m。

龙潭组含黄铁矿高岭石黏土岩是叙永式埃洛石矿的主要成矿物质来源。新鲜的含黄铁矿高岭石粘土岩为灰到深灰色，质地致密，顶部常有煤层或煤线。薄煤层下部为灰黑至深褐色的煤矸石，向下为含黄铁矿高岭石黏土岩。新鲜的黄铁矿呈星散状、树枝状、团块状等各种形态，分布在高岭土黏土岩中，分布极不均匀。常局部富集，有时含量高达 30%～40%。在黄铁矿周围，常含有一些淡绿色的地开石和高岭石混合的蜡状物。同时还含有少量伊利石、蒙脱石的规则和不规则混层矿物。

埃洛石主要分布在风化淋积剖面的下部，矿石在外观上呈各种颜色，主要为白色。其次为浅蓝色、黄白色、黄棕色及杂色。空间分布上，黄棕色矿石主要分布在矿体上部，白色或浅蓝色在下部，常呈似层状，矿体底部常为黑色或黑白相间。

各种矿石的主要矿物成分为 1.0nm 埃洛石，其次有三水铝石、伊利石、石膏、方解石、水锆石英和石英，有时见三羟铝石。

叙永式埃洛石矿床的风化淋积剖面，自上而下可划分为五个带：

（1）弱风化淋滤带。该带一般出露于地表，呈平缓残丘状。高岭石黏土岩经地表水淋洗发生退色而呈灰白色。黄铁矿部分氧化，黏土岩出现褐斑。高岭石矿物的结晶度降低。

（2）淋滤氧化带。黏土岩疏松，黄铁矿消失，出现较多的褐铁矿，有些形成铁盘，高岭石已部分解体。

（3）淋滤淀积带。为叙永式埃洛石的主矿体，黏土岩中高岭石消失，该带的埃洛石不是由高岭石转变而成，而是通过中间的铝、硅胶体凝聚而成。

（4）淋滤脱硅带。形成了三水铝石或三羟铝石，埃洛石脱硅所排出的 SiO_2 在附近沉淀，形成了次生石英和玉髓。

（5）灰岩风化溶蚀带。该带位于岩溶发育面上。它是由含强酸性硫酸溶液的地下水长期对灰岩侵蚀的结果，残留的方解石碎块和黏土物质组成了这层薄的风化残积带，黏土矿物以高岭石、埃洛石、三水铝石和伊利石/蒙脱石混层矿物为特征。该带发育程度控制了埃洛石矿体的形态和厚度。

这种埃洛石矿体不规则，埋藏深，不便开采，但质地纯净，常为比较纯的 10nm 埃洛石，可用于高压电瓷、高档陶瓷和石油催化等。

二、古代热液蚀变亚型高岭土矿床

江苏苏州高岭土矿是中国规模最大的高岭土生产基地。主要包括阳西、阳东、观山三大矿区，其中观山高岭土矿床规模又居首位。苏州高岭土成矿作用复杂，从而导致提出各种不同的成因观点。现以观山高岭土矿床为例，讨论热液蚀变的成矿作用。

观山高岭土矿床位于扬子拗陷太湖隆起湖州—苏州断块东缘、木犊短向斜与谭东—光福—通安断裂北东延伸交界处。区内出露地层有：二叠系孤峰（堰桥）龙潭组砂页岩，二叠系长兴组—三叠系青龙群灰岩和侏罗系龙王山组火山岩和青龙群—长兴组灰岩及孤峰—龙潭组砂页岩的接触部位。

矿区发育北北东、北东向和北西向成矿前断裂，其间普遍有火成岩脉穿插，矿体主要受印支期剥蚀面构造所控制，呈北西向倾斜。

矿区内中生代燕山期岩浆活动强烈、频繁，晚侏罗世发育一套以次石英安粗质凝灰岩和凝灰熔岩为主的火山岩，呈岩株状的石英安粗岩在矿区发育，同时石英二长岩和二长花岗岩在矿区局部地区有侵入。侏罗纪以后，又有多期酸性、基性岩脉侵入。

矿区内中、低温热液蚀变活动普遍，主要与火山活动后期热液活动有关，晚期岩脉侵入又有叠加蚀变作用，形成各种蚀变矿物组合，蚀变分带特征简述于下。

（1）大理岩化带位于矿体下部，多为矿体的底板，在剥蚀面或破碎带附近常为硅化大理岩。

（2）菱铁矿化带呈孤立透镜体断续产于大理岩化带与高岭土化带之间，有时直接为矿体的底板，含少量黄铁矿、菱锰矿、闪锌矿、方解石和石英等。地表处常为褐铁矿。

（3）高岭土化带呈不规则似层状、透镜状或脉状产出，厚度平均为 20m。主要矿物为高岭石和埃洛石，少量绢云母、明矾石、黄铁矿、石英。下部因淋滤改造作用形成较多的 1.0nm 埃洛石和三水铝石。高岭石有序度较高，常为完好的六方片状，大多在 $1\mu m$ 左右，也有较大的蠕虫状叠片。在富水条件下，易生成 1.0nm 埃洛石。

（4）明矾石化带常呈继续似层状或透镜状，厚度变化不一，有时与高岭土化带呈互层或合并，主要矿物为明矾石，含高岭石、埃洛石、黄铁矿和石英。

（5）绢云母、硅化带该带为矿体顶板，矿物以次生石英为主，绢云母次之，伴有少量黄铁矿、明矾石。局部有少量氯黄晶。该带下部绢云母有所增多，并有少量高岭石。

不同蚀变带中，主要特征蚀变矿物分布则具有明显的指带意义。

明矾石在高岭土和火山岩中均大量出现，常呈自形菱形晶体，大小在 $15\sim20\mu m$ 之间，以钾明矾石为主，K_2O 含量可达 9.28%，在高岭土中呈团块状或条带状。另一种则呈细粒状产出。

三、现代热液蚀变亚型高岭土矿床

本亚型矿床典型代表为云南腾冲和西藏羊八井矿。蚀变温度一般不超过 200℃，矿石成分常以高岭石、埃洛石、明矾石、蛋白石为主。

云南腾冲高岭土矿床位于腾冲地热区以热泉为中心约 100km² 区域内。主要包括硫磺塘、澡塘河、黄瓜菁、襄宋热水塘等数十个泉群，区内出露的地层自下而上为：下古生界高黎贡山群绢云母千枚岩、片岩、片麻岩等变质岩。石炭系勐洪群的泥岩、板岩、含砾杂砂岩、角岩和白云岩组合。上第三系分两个组：南林组为花岗质砂砾岩，砂页岩夹少量煤层，为主要含矿层；芒棒组为灰黑色致密状玄武岩直覆于南林组之上。第四系以火山堆积和河湖相堆积为主。

地热区内岩浆活动频繁，持续时间长，从燕山期至近代的整个地史时期，形成了一套由深成—中深成—浅成侵入直至喷出的岩浆旋回。尤其是新生代以来强烈的基性—中性的火山喷发，形成了宏伟壮观的火山地貌和千姿百态的地热景观。

区内基底岩石由燕山期花岗岩组成。被南北断裂带切割，以硫磺塘—魁阁坡断裂和杏塘—热水塘断裂为主，近南北向分布。地热区内分布着许多低温、中温、中高温和高温热泉、沸泉、喷气孔等。大都呈东西向和南北向，与区域构造方向一致。热水区水热蚀变强烈，岩石发生硅化、高岭土化和泥化作用，出现了以高岭土矿物为主的一系列中、低温蚀变矿物。其特征见表 2-18 所示。除上述表中所列的蚀变矿物外，还出现一些石膏、磷钙铝石、菱磷铝锶石和磷铝铈矿及沸石类矿物。

表 2-18 云南腾冲地热区热液蚀变带

蚀变分带	水热液性质	特征蚀变矿物	主要矿物组合
硅化带	强酸-酸	氧化硅矿物	蛋白石+绢云母+埃洛石 石英+绢云母+高岭石
明矾石化带	强硫酸	钾明矾	明矾石+石英+埃洛石 明矾石+绢云母+石英
高岭土化带	酸	高岭石、地开石	高岭石（地开石）+石英+伊利石/蒙脱石不规则混层
泥化带	弱酸-中性	蒙脱石、绿泥石、不规则混层矿物	蒙脱石+高岭石+石英 蒙脱石+绢云母+石英 绿泥石，蒙脱石不规则混层+高岭石+石英
规则混层矿化带	酸-弱酸	规则混层矿物	伊利石/蒙脱石+高岭石+石英

上述蚀变矿物中能指示水热溶液化学性质的（主要是 pH）有以下几种：氧化硅矿物、明矾石、高岭石和地开石，2：1 型黏土矿物（主要为蒙脱石和绿泥石）及规则混层矿物。

四、古代沉积亚型

古代沉积亚型高岭土矿床在我国北方石炭—二叠纪煤系地层中广泛存在，详细资料请参看作者于 2001 年出版的《煤系高岭岩及深加工技术》，在此，为了保持高岭土类型的完整性，仅简单介绍河南焦作矿区煤系高岭岩的基本特征。

焦作矿区位于太行山南麓的河南省焦作市境内，是我国重要的无烟煤基地。矿区内高岭石黏土矿主要赋存在中石炭统本溪组；其次是二叠系下石盒子组；二叠系山西组二₁煤层夹矸及伪顶的高岭岩质量也较好，但因厚度薄、储量小而不具开采价值。

矿区内本溪组赋存有铁铝矾土、硬质黏土、高岭土和含砂高岭土，以及"山西式铁矿"、硫铁矿。本溪组的高岭土可以分为三个矿层，下矿层位于本溪组中下部，在新艾曲、南坡和西岭后矿段发育，矿层夹于铁质黏土岩中，呈透镜状至似层状，厚度小于 1～1.4m，矿石中含有大量铁质鲕粒；中矿层为本区主要含矿层位，储量占全区总储量的 90％以上，矿层多为似层状，厚度 0.62～6m，主要分布在长山街、茶棚、大洼、西张庄、南坡、新艾区、西岭后一带；上矿层位于岩系上部砂岩之上，多夹在斑杂色泥岩中，厚度一般小于 0.6～0.9m，全区仅洼村一带形成有价值的矿床。

根据已提交的地质报告计算，矿区共获得高岭岩储量 1557.8 万 t。此外，在矿区东部和西部的广大范围内，仍有高岭土矿层分布，因此，焦作矿区煤系高岭土的远景储量巨大。

本区矿石主要为高岭土和砂质高岭土，灰白—灰绿色，被铁浸染后呈黄褐—红褐色，质软，粉末具有滑感，土状—蜡状光泽，不平整—似贝壳状断口，泥质构造或块状构造，遇水呈胶泥状，有的含铁质鲕粒、石英碎屑和黑色有机碳。高岭土主要由片状高岭石组成，含量在 80％以上，−2μm 粒级的高岭石含量达 90％左右；其次为伊利石，含量 10％以下，粒度均小于 1μm；微量矿物为铁的氧化物、氢氧化物、叶蜡石、蒙脱石、埃洛石、水铝英石、石英、长石等。砂质高岭土的矿物组成与高岭土有所不同。

矿区内各个矿点高岭土的化学成分见表 2-19。

表 2-19　焦作矿区高岭土化学成分统计表

矿段	化学成分（％）									高岭石含量（％）	伊利石含量（％）
	SiO_2	Al_2O_3	Fe_2O_3	TiO_2	CaO	MgO	K_2O	Na_2O	烧失量		
新艾曲	49.40	32.78	0.89	1.79	0.24	0.35	1.81	0.18	12.49	91.29	8.71
西岭后	56.93	28.07	0.64	1.52	0.60	0.22	1.63	0.14	10.19	86.77	13.28
洼村	47.11	33.97	1.26	1.88	—	—	—	—	12.67	100	0
交口	45.99	35.87	0.64	1.61	0.20	0.22	0.76	0.15	14.06	91.49	8.51
南坡	44.51	36.90	0.88	1.62	0.28	0.30	1.32	0.17	13.50	82.04	17.96
茶棚	44.13	36.90	0.82	1.86	0.28	0.39	0.89	0.16	12.76	97.06	2.94
长山街	46.12	36.29	0.61	1.60	1.02	0.48	1.30	0.29	13.56	90.05	9.95
西张庄	51.96	31.87	0.96	1.62	0.43	0.30	0.52	0.16	11.02	96.05	3.95

续表

矿段	化学成分（%）									高岭石含量（%）	伊利石含量（%）
	SiO$_2$	Al$_2$O$_3$	Fe$_2$O$_3$	TiO$_2$	CaO	MgO	K$_2$O	Na$_2$O	烧失量		
大洼	47.84	34.59	0.84	1.84	0.25	0.38	1.74	0.44	12.47	87.91	12.09
大刘庄	43.54	37.15	1.28	1.82	0.10	0.26	0.89	0.00	12.24	—	—
上白作	58.73	25.91	1.14	1.35	—	—	—	—	8.92	—	—

从化学分析结果可以看出，焦作煤系高岭土的质量总体上非常优良，其高岭石含量大多在 90％以上，不足之处是 TiO$_2$ 含量普遍较高，其次是个别矿段伊利石含量较高，达 10％以上，甚至过渡为伊利石黏土岩。另外，局部矿体中石英含量较高，SiO$_2$ 高达 50％以上，转变为砂质高岭土。由于含有有机碳，影响了矿石的自然白度，白度最小值 41％，最大值 69％，一般为 50％～60％。

第六节 结 语

在高岭土矿床这一章的最后，就风化型高岭土矿床谈两点看法：

1. 关于矿床成因问题

一般认为我国南方松散的高岭土矿床是风化成因的，理由很简单，这类高岭土矿床主要分布在我国南方和东南亚各国，那里属于热带、亚热带气候，多雨，非常有利于风化作用的进行，同时，该类矿床又是松散的，很像风化产物。但是，也有很多理由或在很多地方显示出沉积的特征，所以，该类矿床既有风化型，又有坡沉型，还有近代沉积型。

在上述列举的四个风化型高岭土矿床中，湛江和茂名两个高岭土矿床主要显示沉积型矿床特征，广西和海南两个高岭土矿床主要显示风化型矿床特征。

湛江遂溪县高岭土矿床的矿体赋存于湛江组上部的砾质中粗砂层中，并且交错层理发育，经过沉积环境分析，该组地层属于河控三角洲相中分流河道微相—三角洲前缘亚相河口砂坝微相沉积，所以，湛江遂溪县高岭土矿床就属于近代沉积型。茂名高岭土矿床的矿层赋存于第三系上新统老虎岭组（N$_2$L），经过沉积环境分析，该矿床为沉积型砂质高岭土矿床。

广西钦州矿区内分布的岩浆岩为海西—印支期岭门岩体（岩基），主要岩性为斑状堇青石黑云母二长花岗岩，砂质高岭土矿的矿物成分主要为石英、高岭石、云母、长石等，含少许电气石、铁质、钛铁矿。经过重矿物对比和综合分析，该矿床属于风化残余型矿床。对海南的高岭土矿床进行岩矿鉴定和重砂鉴定，该高岭土原矿石的主要矿物为高岭石（含埃洛石）15％～18％、长石 24％～27％、石英 43％～47％、水云母＋伊利石 5％和白云母 2％；微量矿物有钛铁矿、黄铁矿、绢云母、磁铁矿、锆英石、锐钛矿、白钛石、独居石、绿帘石、电气石、绿泥石、磷灰石、金红石、黑云母、锡石、黑钨矿、黄铜矿、锰矿、褐铁矿、赤铁矿、闪锌矿、榍石、石榴石、辉钼矿、磁黄铁矿、辉铋矿、孔雀石、蓝铜矿、钍石、方解石等。根据野外对钻孔岩心的观察，矿体中矿物沿垂向具有明显分带，上部（0～3m）黏土矿物含量较多，基本上没有长石碎屑物，白度较好；中部（3～7m）黏土矿物减少，砂质碎屑物增加，石英钳洞中包含有没有风化完全的长石，在黏土矿物团块冲洗后，可见残留长石晶粒碎块，白度变成淡黄色；下部残留长石碎屑逐渐增加，白度明显降低；并且，矿石的化学成分具有明显的垂向变化，即从上至下矿石中 Al_2O_3 含量逐渐降低，而 K_2O 含量逐渐升高。因此，本矿床的成因类型应属风化型、风化残坡积亚型。

综上所述，我国南方和东南亚地区的该类矿床既有风化残积型，又有坡沉型，还有近代沉积型，但是，它们的一个共同特征是未固结成岩，各类矿物处于相互分离的松散状态，便于开采和水洗分离，对加工利用而言，风化残积型、坡沉型和近代沉积型高岭土没有太大差别，可以一并称谓。

2. 关于矿床评价问题

在茂名和湛江等地进行考察时，经常听到有人讲某矿床是管状的，黏浓度低，老板买亏了；某矿床铁含量高，没人要等等，其实，他们看到的只是问题的一个方面。

高岭土的价值与它的纯度有关，还与用途有关，即不同的用途体现不同的价值，做到物尽其用才是最好的。例如，风化型高岭土做造纸涂料时，黏浓度是一个重要指标，管状的高岭土由于黏度高而不能使用，以至于管状的高岭土矿床价格下降，但是，高黏度就意味着良好的悬浮性，把它用作陶瓷釉料、油漆填料、聚氨酯填料和各种灌浆材料的悬浮剂等用途时，它有利于防止沉淀，是一种好材料，当然，具有这种性能的高岭土就成了一种好资源；再如，高岭石含量高，铁含量也比较高的高岭土，缺点是本身白度很低，在做造纸涂料和油漆填料时不是好原料，甚至不能用，但是，用它生产偏高岭土、轻烧黏土（作净水剂或铝盐产品的原料）时，铁含量高一点没有太大影响，可以看做好原料。

当然，人们习惯于用当今最具市场潜力和最高价格的用途去审视和评价一种原料并没有错，同时，也应该学会从另一个角度和视野看问题，去发现一种资源的潜在价值，这一点是一个有远见的企业家应该具备的素质，更是一个科技人员必须具备的素质。

第三章 风化型高岭土的性能及用途

第一节 风化型高岭土的工艺物理性能

一、硬度

在地质学中，常采用浸水法划分高岭土的硬度类型。将高岭土样品放入自来水中浸泡48h，若样品分散成糊状，称之为软质高岭土；若样品只裂（崩）解成小块（片）状，而不能成糊状，称为半软质高岭高岭土；若样品保持原来块度和形状不变，称为硬质高岭岩。风化型高岭土都属于软质高岭土。

风化型高岭土是软质高岭土，并不意味着它没有硬度。风化型高岭土遇水就成分散状态，它的硬度就是组成高岭土的矿物（高岭石）的硬度。高岭石矿物的硬度很低，只有2左右（莫氏硬度，又称刻划硬度），它决定了高岭土易于研磨的属性，也使得高岭土做造纸涂料用途时的磨耗值比较低（但是，经过煅烧以后，高岭土的磨耗值会迅速升高，并且，煅烧温度越高，磨耗值越大）。

二、密度

密度又叫真密度，是一种物质本身的属性。高岭石矿物的密度是 $2.65g/cm^3$ 左右，而高岭土的密度主要由高岭石密度决定，此外还受到杂质的影响。风化型高岭土中常含有石英、长石和赤铁矿，前两者密度与高岭石相当，对高岭土密度影响较小，而赤铁矿会使高岭土的密度增大。由于风化型高岭土中赤铁矿含量不大，所以，风化型高岭土的密度与高岭石相当，为 $2.65g/cm^3$ 左右。

我们常用的是相对密度，也叫容重，它是指单位体积高岭土的重量，这一物理量只用于粉状产品的描述和评价中。它的主要影响因素有两个，一是高岭土本身的相对密度，二者呈正相关性；二是粉体的细度，粉体越细，容重越小。

容重的测量比较简单，在普通实验室，可以将待测样品装满 100mL 的量筒中（装到100mL 处），再将样品倒出称重（g），将样品重量除以 100mL，即得容重值（g/mL）。

三、白度和亮度

白度是高岭土工艺性能的主要参数之一，纯高岭石为白色。高岭土的白度分自然白度和煅烧白度。对于作为陶瓷原料应用来说，高岭土煅烧后的白度更为重要，煅烧后的白度越高，质量越好。白度可用白度计测定。白度计是测量对 $380\sim700nm$ 波长光的反射率的装置，并将纯 $BaSO_4$ 的反射率定为 100%，在此标样参照下其他物料的反射率所占比例即为白度值。如白度 90 即表示相当于标准样反射率（白度）的 90%。

亮度是与白度类似的工艺性质，相当于 475nm 波长照射下的白度。亮度对于造纸、油漆工业是重要的参数。

高岭土的白度与颜色的深度（色度）呈负相关性。高岭石矿物的颜色为白色，高岭土的颜色是色素引起的，色素的种类主要有 Fe、Ti、Mn 的化合物和有机碳，含量往往不高，常常少于 2%，但能使高岭土具有清晰而特征的颜色。一般情况下，风化型高岭土的灰色、黑色是由有机碳引起的（例如湛江的铣泥）；红褐色、棕色、黄色和黄褐色是由三价铁的氧化物引起的。从元素地球化学的角度考虑，Fe^{3+} 和 Fe^{2+} 的相对含量决定着高岭土颜色的种类，若 $Fe^{3+}:Fe^{2+}>3.0$，岩石呈红色（棕红）；$Fe^{3+}:Fe^{2+}=1.6\sim3.0$，岩石呈紫色、红色或棕色；$Fe^{3+}:Fe^{2+}<1.6$ 岩石呈浅绿色和灰色；只有 Fe^{2+} 则岩石呈黑色或灰色；$Fe^{3+}:Fe^{2+}$ 比值与颜色的关系如图 3-1 所示。

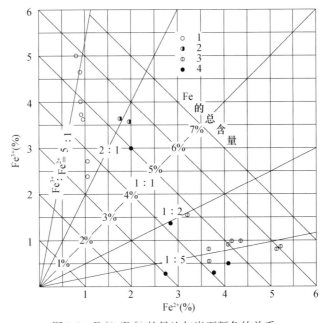

图 3-1　Fe^{3+}/Fe^{2+} 的量比与岩石颜色的关系

1—红色页岩；2—绛红色页岩；3—绿色页岩；4—黑色页岩（据 Tomlinson，1916）

对于煅烧高岭土而言，炭质可挥发掉，这时对白度的影响主要是 Fe、Ti、Mn 等着色元素及其化合物。因红、黄等色在白度仪上反映非常明显，在煅烧时往往采用还原气氛或添加增白剂，使 Fe^{3+} 转变成 Fe^{2+}，削弱 Fe^{3+} 离子对白度的影响，但是，当 Fe_2O_3 含量较高时，会使产品发灰，照样影响制品白度。所以，在高岭土深加工时，往往选择 Fe_2O_3 含量小于 0.5% 的高岭土或经选矿处理，将 Fe_2O_3 含量降至 0.5% 以下。

四、粒度与粒度分布

粒度是颗粒大小的定性概念，可分为原矿粒度（即天然高岭土的粒度）和工艺粒度（即加工后产品的粒度）。风化型高岭土的矿物颗粒一般很细小，多在 $2\mu m$ 以下。高岭土的粒度主要与高岭石类矿物的有序度有关，高有序度高岭石的粒度较粗。另外，地开石、珍珠陶土的粒度一般大于高岭石。

粒度分布是指高岭土中的颗粒在不同粒级范围所占的比例。不同粒级范围往往以颗粒直径的毫米数、微米数或颗粒通过标准筛的筛号（目）表示，各粒级所占的比例一般用百分数表示。高岭土的粒度分布特征对矿石的可选性、工业应用具有重要意义，它也是陶瓷、造纸等工业用的高岭土的重要参数之一。测定粒度分布的方法很多，主要有水筛法、静水沉降法、离心法、风选法、显微镜法、激光粒度分析法等。

五、可塑性和结合性

物料与水结合形成泥，在外力作用下能够变形，外力除去后仍能保持这种形状不变的性质即为可塑性。结合性是指高岭土与非塑性原料相结合，形成可塑性泥团，并具有一定干燥强度的性能。一般风化型高岭土具有良好的可塑性和结合性。

可塑性和结合性主要是陶瓷工业评价高岭土质量的指标（可塑性好，可以制成各种复杂形状的瓷器；结合性好，可赋予生坯较大的强度，在后续工段操作中不易损坏，成品率高），陶瓷工业加工物料的细度一般为 250 目左右（坯体原料）。

高岭土的可塑性通常用可塑性指数和可塑性指标表示。可塑性指标代表黏土泥料的成型性能，用可塑仪直接测定泥球受压破碎时的荷重及变形大小，以 kg·cm 表示，可塑性指标越高，成型性能越好。可塑性指数等级划分见表 3-1。

表 3-1　高岭土可塑性等级

可塑性强度	可塑性指数	可塑性指标
强可塑性	>15	>3.6
中可塑性	7～15	2.5～3.6
弱可塑性	1～7	<2.5
非可塑性	<1	—

结合性的测定方法是用高岭土和一定比例的砂混合（例如 2∶8，3∶7，4∶6，5∶5，6∶4，7∶3，8∶2 系列样），成型、干燥，然后测干坯的抗折强度，用砂量越多或抗折强度越大，说明结合性越好。在测结合性能时，所用的砂必须是标准砂，即福建海滩石英砂，各粒级的质量组分是 0.25～0.15mm 粒级占 70%，0.15～0.09mm 粒级占 30%，砂粒圆度和球度良好。一般情况下，高岭土的可塑性和结合性呈正比。

高岭土的可塑性一方面与其中高岭土类黏土矿物的含量有关，即黏土含量越多，石英等非黏土矿物越少，可塑性越好；另一方面，与高岭土的粒度有关，即粒度越细，可塑性越好。

六、黏性

黏性可解释为液体对流动的阻抗。作为一般规律，一种液体流动时，液体的所有部分都在运动。这样，分子的连续平面就由一个滑向另一个。因此，黏性是评定液体内部摩擦力大小的一种方法。流变度是度量流动能力的，其值为黏度的倒数。

假设一种液体流经一截面均匀的管道（图 3-2）。与管壁 AB 接触的分子层是静止的，可认为吸附在固体表面上，相邻分子层在流动方向上会发生相对运动：靠管道中心一层液体的流动速度较靠近管壁一层的要稍快些。以此类推，管道中心，沿 CD 线的液体的流动速度最大。从 CD 线到管壁 EF，其速度变化情况同前。如果将实际速度对应于管壁 AB 的距离作图，则可得到一条抛物线，最大数值在 CD 线上（图 3-3）。

图 3-2　液体在管道中的流动

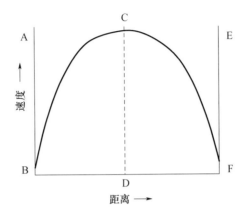

图 3-3　管道中液体的流速分布图

离管壁任意距离 r 上的速度可用公式（3-1）计算：

$$v = k(R^2 - r^2) \tag{3-1}$$

式中，v 为速度，r 为距离，k 和 R 为常数。只要流动是直线型的，这一公式就成立。也就是说，流体的所有平面都相互平行，且与管壁平行。但当速度在某一临界值以上时，流动则变成紊乱的。这样，原来的速度流动定律就不再适用了。但在实验室测定时，保持直线流动并不困难，所以不必再考虑紊流的问题。

流动速度随距离变化的速率显然是很重要的，这种速率被称为速度梯度或切变速率。此定义与盛装容器的外形无关，可用于任何流动体系。下面研究一下在离管壁距离 r 处的两相邻液面（图 3-4），若各自的截面积均为 A，一液面相对于另一液面的流动速度为 v。根据滞流牛顿定律，作用在两液面间的摩擦力与速度梯度成正比，也和截面 A 成正比，因此，

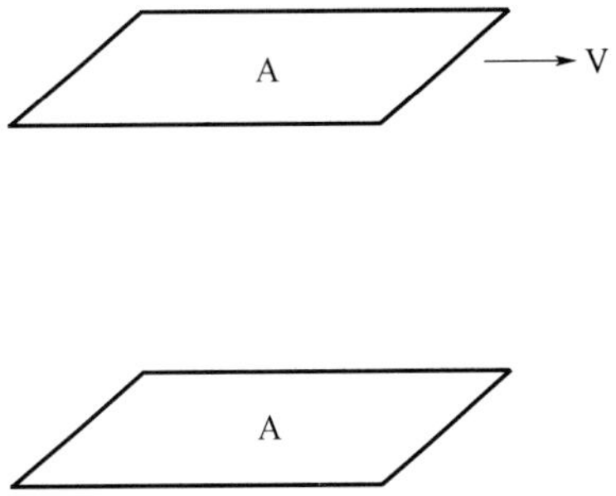

$$F = \eta \times A \frac{\mathrm{d}v}{\mathrm{d}r} \tag{3-2}$$

图 3-4　层流状态示意图

$$\frac{F}{A} = \eta \times \frac{\mathrm{d}v}{\mathrm{d}r} \tag{3-3}$$

式中，η 是常数，称为黏度系数，或简称黏度。这样，F/A 可示为每一单位面积上的力，或称为应力，此力为保持液体流动的力。

高岭土的黏度是指高岭土悬浮液的黏度。黏度大小可采用毛细管黏度计或旋转黏度计测量，这是生产卫生瓷和日用瓷的重要工艺参数。

高岭土悬浮液的黏度与高岭土的粒度和所含阳离子类型有关：粒度越细，悬浮性越

好，黏度越高；钠离子的存在会使悬浮液的黏度增加，而钙、氢离子的存在会使黏度降低。此外，高岭土中蒙脱石含量增加，也会使悬浮性能提高。

七、触变性

1. 概念

若使许多黏土悬浮液静置一段时间，则都会稠化。也就是说，黏性更大，有的情况下，例如用过量电解质处理黏土时，盛装黏土悬浮液的器皿可翻转过来而不使悬浮液倒出。当激烈搅拌时，这样的悬浮液又会变得易于流动。而当搅拌停止时，又会回复到原先的状态。如此反复，我们将这种可逆的、与时间有关的特性称为触变性。触变泥浆的黏度随切变速率的提高而降低，它们的流动曲线通常有一塑变值。在最低切变速率范围内，曲率很明显。用稍许过量碳酸钠处理过的沉积高岭土的触变性很显著。

2. 触变性产生的原因

假设悬浮液中的某种内部结构已经形成，在处于静止状态的触变悬浮液中，布朗运动会受到抑制。对黏土来说，则可看到所谓的"脚手架"结构。在这种结构中，黏土的扁平颗粒互相联结在立体型网络中，网络扩展到整个悬浮液。触变结构需有一个适当的切变破裂时间和自然形成时间。

在不完全反絮凝的高岭土悬浮液中，触变性最显著。必须记住，当用一般黏度计进行试验时，一个可极快形成或破裂的结构不会出现触变。当采用旋转筒式黏度计或平底锥黏度计测定黏度时，须注意在实际最小切变速率下所得到的应力读数。一般来说，这个读数是不稳定的，但因为触变体系逐渐减弱，要取得一个稳定的读数需时很长。因为这一原因，通常允许切变后 10s 再读取所得的应力数。然后进一步提高切变速率，10s 后，再读取应力数。这样反复进行，直至取得实际的最大值。在这之后，逐渐降低切变速率，以相反方向反复进行上述试验。用这种方法，即可得到类似于图 3-5 所示曲线。曲线中前后段曲线不一，形成反时针线。

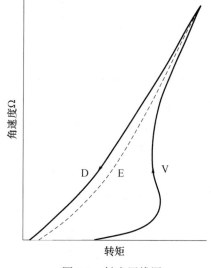

图 3-5　触变回线图

这种滞后效应可作如下解释。在开始使其切变时，触变结构开始破裂，但破裂不是即刻发生的，所以读数应该大于"平衡应力"。这样，前段曲线总是在假想曲线的右边。当应力降低时，发生相反的效果，形成触变结构。因此，10s 后的读数总是小于"平衡应力"值。也就是说，后段曲线总是在"平衡曲线"的左边。

3. 触变性的测定

以泥浆通过黏度计的出口进行两次流动度的测定来度量触变性。流动度为黏度的倒数值，可用流出孔长 10mm、上直径 8mm、下直径 6mm 的黏度计来测定。第一次是泥浆在黏度计中经过搅拌静置一个很短的时间（30s）后流出 100cm³ 所需的时间，第二次是静止 30min 后的流经时间。稠化度 t 可按式（3-4）计算：

$$t = \frac{n_1}{n_2} \tag{3-4}$$

式中　n_1——泥浆静止 30min 流出的时间（s）；

　　　n_2——泥浆静止 30s 流出的时间（s）。

八、干燥性能

干燥性能指高岭土泥料在干燥过程中的性能，包括干燥收缩、干燥强度和干燥灵敏度等。

干燥收缩指高岭土泥料在失水后产生的收缩。高岭土泥料一般在 40~60℃ 至多不超过 110℃ 温度下就发生脱水而干燥，因水分排出，颗粒距离缩短，试样的长度及体积就要发生收缩。干燥收缩分线收缩和体收缩，以高岭土泥料干燥至恒重后长度及体积变化的百分数表示。高岭土的干燥线收缩一般在 3%~10%。粒度越细，比表面积越大，可塑性越好，干燥收缩越大。同一类型的高岭土，因掺合水的不同，其收缩也不同，多者，收缩大。在陶瓷工艺中，干燥收缩过大，坯体容易发生变形或开裂。

干燥强度指泥料干燥至恒重后的抗折强度。

干燥灵敏度指坯体干燥时可能产生变形和开裂倾向的难易程度。灵敏度大，在干燥过程中容易变形和开裂。一般干燥灵敏度高的高岭土（干燥灵敏度系数 $K > 2$）容易形成缺陷；低者（干燥灵敏度系数 $K < 1$）在干燥中比较安全。

九、烧结性能

烧结是指黏土在加热焙烧中，由于物理化学条件的变化而趋向坚硬如石的过程。烧结程度主要依据黏土试样焙烧后的吸水率、气孔率、烧成收缩、烧成抗折强度等指标衡量。

1. 吸水率

吸水率是指试样内部孔隙中可以吸收水分的重量与干燥试样重量之比，一般用煮沸法测定，其计算公式（3-5）是：

$$w = \frac{g_1 - g_0}{g_0} \times 100\% \tag{3-5}$$

式中　w——试样吸水率（%）；

　　　g_0——干试样重量（g）；

　　　g_1——为水饱和的试样重量（g）。

2. 气孔率

气孔率是指试样开口气孔（与大气相通的气孔）的体积与试样总体积之比。一般运用阿基米德原理，采用液体静力学法来测定，其计算公式（3-6）是：

$$B = \frac{g_1 - g_0}{g_1 - g_2} \times 100\% \tag{3-6}$$

式中　B——试样气孔率（%）；

　　　g_0——干试样重量（g）；

　　　g_1——为水饱和的试样重量（g）；

　　　g_2——饱和水试样在水中的重量（g）。

3. 烧成收缩

黏土试样在高温焙烧后所发生的尺寸变化称为烧成收缩，一般用游标卡尺测定，依据式（3-7）计算：

$$y=\frac{L_1-L_2}{L_1}\times100\%\tag{3-7}$$

式中　y——试样烧成收缩（%）；

　　　L_1——干燥后试样长度（mm）；

　　　L_2——烧成后试样长度（mm）。

4. 烧结温度及烧结范围

黏土试样随温度升高而不断变得致密，收缩增强。当气孔率下降到最低值，密度和收缩达最大值时的状态称为烧结状态，这时的温度称烧结温度。黏土试样烧结以后，温度继续上升，会出现一个稳定阶段，在此阶段内，气孔率、烧成收缩率均不发生明显变化，当温度继续升高时，气孔率开始逐渐增大，密度下降，烧成收缩率变小，出现过烧膨胀。从开始烧结（一般取气孔率5%时对应的温度）到过烧膨胀之间的温度间隔为烧结范围。

黏土的烧结性能是陶瓷行业常用的性能，其规律性对煅烧高岭土的加工有很好的指示性，即烧成温度高的高岭土比较纯净，高岭石含量高，Fe_2O_3 和 K_2O、Na_2O 含量低；烧成温度低的高岭土一般是含有较多的伊利石或含铁的矿物，石英、长石等矿物含量高时，烧成温度也较低。烧成温度低的高岭土在加工成煅烧高岭土产品时易发生团聚，影响煅烧土的粒度。

十、耐火性

耐火性是高岭土抵抗高温不致熔化的能力。在高温作业下发生软化并开始熔融时的温度称为耐火度。耐火材料工业采用标准测温锥或高温显微镜测定高岭土或其他耐火材料的耐火度。在高岭土加工时，可以采用经验公式，依据高岭土的化学成分计算它的耐火度，常用的计算公式有两个，其误差一般都在50℃以内。

1. 耐火度 T（℃）

$$T=\frac{360+Al_2O_3-R_2O}{0.228}\tag{3-8}$$

式中，Al_2O_3 为分析结果中，SiO_2 和 Al_2O_3 之和为100时，Al_2O_3 所占的质量百分比；R_2O 为 SiO_2 和 Al_2O_3 为100时，其他氧化物所占的质量百分比之和。

2. 耐火度 T（℃）

$$T=5.5A+1534-(8.3F+2\sum M)\times\frac{30}{A}\tag{3-9}$$

式中　A——Al_2O_3 含量（无灼减的百分含量）；

　　　F——Fe_2O_3 含量（无灼减的百分含量）；

　　　$\sum M$——TiO_2、MgO、CaO、K_2O 含量之和（无灼减的百分含量）。

十一、其他性能

1. 悬浮性和分散性　悬浮性和分散性指高岭土分散于水中难于沉淀的性能，又称反絮凝性。一般粒度越细小，悬浮性就越好。用于搪瓷工业的高岭土要求有良好的悬浮性，一般是以据分散于水中的样品经一定时间的沉降后，上部清液体积的多少来确定其悬浮性能的好坏。

2. 可选性　可选性是指高岭土矿石经手工挑选，机械加工和化学处理，以除去有害杂质，使质量达到工业要求的难易程度。高岭土的可选性取决于有害杂质的矿物成分、赋存状态、颗粒大小等。石英、长石、云母、铁、钛矿物等均属有害杂质。高岭土选矿主要包括除砂、除铁、除硫等项目，具体方法将在选矿一节中予以介绍。

3. 离子吸附性及交换性　高岭土具有从周围介质中吸附各种离子及杂质的性能，并且在溶液中具较弱的离子交换性质。这些性能的优劣主要取决于高岭土的主要矿物成分，见表3-2。

表 3-2　不同类型高岭土的阳离子交换容量

矿物成分特点	阳离子交换容量（me/100g）
高岭石为主	2～5
埃洛石为主	13
含有机质（球土）	10～120

4. 化学稳定性　高岭土具有强的耐酸性能，但其耐碱性能差。利用这一性质可用它合成分子筛。

5. 电绝缘性　优质高岭土具有良好的电绝缘性，利用这一性质可用之制作高频瓷、无线电瓷，也可用作电缆的填料。电绝缘性能的高低可用它的抗电击穿能力来衡量。

第二节　风化型高岭土的用途

风化型高岭土因其特殊的成分、结构构造、形态和热学性质，使其用途广泛，其主要用途有陶瓷原料、造纸涂料和填料、油漆填料、橡胶填料、塑料填料、电缆填料、群青颜料和耐火材料等，本章重点介绍在以后章节中不再讲述的用途。

一、用作陶瓷原料

（一）陶瓷及其分类

陶瓷是陶瓷工业制品，它的范围极广，包括建筑用的陶瓷制品（砖、瓦、面砖等）、电力工业用的瓷绝缘体（长石瓷及滑石瓷等）、化学化工用的器皿（化学瓷、缸器）、卫生瓷（土器及瓷化卫生瓷）及下水管，人们生活必需的茶具、餐具（长石质瓷、软瓷、炻器）等。此外，一些特殊性能和用途的无机非金属材料也属陶瓷制品，如氧化铝陶瓷、碳化硅陶瓷、镁质瓷、磁性瓷、锆质瓷等都属于特种陶瓷。陶瓷制品可定义为经过成形、干燥和烧成这三道主要工序而制成的制品，其分类见表3-3。

表 3-3　陶瓷制品的分类

名称		特征		举例
		颜色	吸水率（％）	
粗陶器		带色	—	日用缸器
精陶器	石灰质精陶	白色	18～22	日用器皿、彩陶
	长石质精陶	白色	9～12	日用器皿、建筑卫生器皿、装饰器皿

名称		特征		举例
		颜色	吸水率（%）	
炻器	粗炻器	带色	4～8	日用器皿、缸器、建筑用品
	细炻器	白或带色	0～1.0	日用器、化学工业、电器工业
瓷器	长石质瓷	白色	0～0.5	日用餐茶具、陈设瓷、压电瓷
	绢云母质瓷	白色	0～0.5	日用餐茶具、美术用品
	滑石瓷	白色	0～0.5	日用餐茶具、美术用品
	骨灰瓷	白色	0～0.5	日用餐茶具、美术用品
特种瓷	高铝质瓷	耐高频、高强度、耐高温		硅线石瓷、刚玉瓷等
	镁质瓷	耐高频、高强度、低介电损失		滑石瓷
	锆质瓷	高强度、高介电损失		锆英石瓷
	钛质瓷	高电容率、铁电性、压电性		钛酸钡瓷、钛酸锶瓷、金红石瓷等
	磁性瓷	高电阻率、高磁致伸缩系数		铁淦氧瓷、镍锌磁性瓷等
	金属陶瓷	高强度、高熔点、高抗氧化		铁、镍、钴金属陶瓷
	其他	—		氧化物、碳化物、硅化物瓷等

（二）陶瓷原料及高岭土

陶瓷原料的分布十分广泛，其成分又相当复杂，故将它们进行准确的分类实为不易。目前，陶瓷原料的分类尚无统一的方法，故只能粗略地加以分类。

陶瓷原料现有的分类方法与原则并不太多，也没有什么大的分歧意见。然而，当具体划分陶瓷原料的种类及某类原料所包括的原料范围时意见颇不一致。通常，陶瓷原料分类是根据不同的工艺特性、传统习惯及原料性质等不同角度进行的，综合起来，有如下几种分类方法。

1. 根据原料的工艺性能，可分为可塑性原料、瘠性原料和熔剂性原料。在这一分类中，高岭土应主要属于可塑性原料，可塑性与粒度有关，即粒度越细，可塑性越好。黏土质点的粒径与可塑性的关系见表3-4。

表3-4　黏土质点的物理性质

质点平均直径（μm）	100g颗粒的表面积（m²）	干燥水（%）	干燥状态下的强度（N/m²）	相对可塑性
8.59	13	0.0	45.2	无
2.2	392	0.0	137	无
4.10	794	0.6	627	4.40
0.55	1750	7.8	461	6.30
0.45	2710	10.00	1275	7.60
0.28	3380	23.5	4500	8.20
0.14	7100	30.5	2910	10.20

2. 根据原料的用途，可分为瓷坯用原料、瓷釉用原料和色料及彩料配制用原料。高岭土主要用作瓷坯用原料，也可用作瓷釉用原料。

以高岭土为主的黏土类原料（高岭土、瓷土、焦宝石、木节土等）是除特种陶瓷以外的许多陶瓷制品必不可少的主要原料。此外，属于瓷坯用原料的还有长石、瓷石、叶蜡石、石英、霞石正长岩和少量化工原料。瓷釉用原料除高岭土、长石以外，还有部分助熔剂（石灰石、白垩、白云石、滑石、重毒石、硼砂等），乳浊剂（氧化锡、氧化锌、氧化锆、氧化铈、磷灰石等）和彩料用原料。

3. 根据矿物成分，可分为黏土质原料、硅质原料、长石质原料、钙质原料和镁质原料。高岭土属黏土质原料。

4. 根据原料获得方式不同，可分为矿物原料和化工原料。高岭土当然属于矿物原料。

（三）高岭土中主要化学成分的成瓷作用

高岭土的主要化学成分是 Al_2O_3、SiO_2 和 H_2O，纯净的高岭土中，这三种氧化物的百分含量接近高岭石和多水高岭石的理论值。由于各种杂质的影响，高岭土中常含有 Fe_2O_3、TiO_2、CaO、MgO、K_2O、Na_2O 以及 SO_3、CO_2、MnO_2、P_2O_5 等组分。高岭土化学分析常规项目是 SiO_2、TiO_2、Al_2O_3、Fe_2O_3、MgO、CaO、Na_2O、K_2O 和烧失量等九种，其他氧化物的含量往往甚微，对高岭土的影响较小，可以不作分析。至于微量元素的含量，只有在特殊情况下作专门研究时，才进行分析测定。因此，下文主要论述它们在高岭土中的含量及其对成瓷的作用。

1. 二氧化硅（SiO_2）

二氧化硅是高岭土中含量最高的化学成分，通常纯的高岭土中 SiO_2 含量介于 45%～55% 之间，但一般原生高岭土中 SiO_2 的含量常达到 60%～70%，有时竟高达 80%（风化残积型和煤系砂质高岭土），SiO_2 是黏土矿物的主要成分，但其多余量可作为石英等杂质呈游离状态存在，特别在原生高岭土中这种情况更属常见。如果高岭土中 SiO_2 的含量超过正常含量（高岭石中的 SiO_2 理论含量为 46.54%），则说明有石英或非晶质游离状态的 SiO_2 存在。

SiO_2 在高温时一部分与 Al_2O_3 反应生成针网状莫来石（$3Al_2O_3 \cdot 2SiO_2$）晶体，成为坯体的骨架，提高陶瓷的机械强度和化学稳定性。另一部分与长石等原料中的碱金属和碱土金属氧化物形成玻璃态物质，增加液相的黏度，增强抗变形的能力，并填充于坯体骨架之间，使瓷坯致密。但是余下的 SiO_2 是以游离状态存在的，这种游离 SiO_2 在发生晶形转变时，体积变化较大。因此 SiO_2 含量一般应限制在 75% 以下，否则易降低制品的热稳定性，使制品出现炸裂现象。

2. 三氧化二铝（Al_2O_3）

高岭土中 Al_2O_3 的百分含量仅次于 SiO_2，纯净高岭土中 Al_2O_3 的含量可达 39% 左右。据统计，在富含石英的酸性火成岩风化形成的高岭土中，Al_2O_3 的含量通常为 20%～27%，有时可更少些。但在次生或已精制加工后的高岭土中，Al_2O_3 的含量则介于 30%～38% 之间。如果高岭土中 Al_2O_3 的含量超过高岭石的理论值，则说明原矿中含有富铝矿物，如一水硬铝石、一水软铝石、三水铝石、刚玉等。Al_2O_3 组分中大部分组成高岭石、伊利石等矿物，只有小部分组成其他铝硅酸盐矿物。

Al_2O_3 在高温时与 SiO_2 形成莫来石针状晶体，同时有一部分 Al^{3+} 离子向熔融的长石玻璃扩散，从而提高液相的黏度，增强抗高温变形的能力，扩大烧成范围，但含量要恰当。含量过高会提高烧成温度；含量过低（小于 15%），虽能降低烧成温度，但会使烧成温度范围变窄，制品变形。

3. 三氧化二铁（Fe_2O_3）

高岭土中通过化学分析测得的 Fe_2O_3 往往以下列矿物形式存在：氢氧化物（褐铁矿）、

硫化物（黄铁矿、白铁矿）、氧化物（赤铁矿、磁铁矿）和碳酸盐（菱铁矿）。一般由酸性的火成岩和伟晶岩风化生成的原生高岭土以及由原生高岭土再沉积而形成的次生高岭土，其含铁量在 $0.5\%\sim1.5\%$ 之间，质地比较纯净；而由基性火成岩风化生成的高岭土中，铁质混入物的含量则大大增加，必须经过加工处理后才能在工业中应用。火山灰沉积成因的高岭土中 Fe_2O_3 和 TiO_2 杂质含量很低。

4. 二氧化钛（TiO_2）

TiO_2 是高岭土中除氧化铁外的主要染色物质，它是高岭土中极为常见的伴生物质，特别是在沉积型的次生高岭土中几乎普遍存在，某些热液成因的高岭土中其含量也较高。在高岭土中，TiO_2 主要以金红石、锐钛矿的形式存在，也可以楣石、钛铁矿等形式存在。它在高岭土中的含量与分布相对比较稳定，一般含量变化范围为 $0.5\%\sim1.2\%$ 之间，高者可达 2% 以上。钛的存在会使高岭土烧后色泽变黄（氧化气氛）或发灰（还原气氛），严重影响了高岭土制品的呈色，所以通常要求 $TiO_2<0.5\%$ 为宜。钛的矿物常常是呈微粒（$<2\mu m$）而均匀分布于高岭土中，一般选矿方法难以除去。

5. 氧化钙与氧化镁（CaO、MgO）

高岭土中的 CaO 和 MgO 在粗粒级中常以长石、石榴石、角闪石、方解石、白云石、石膏、磷灰石、绿帘石及云母等形式出现，在细粒级中，则往往以蒙脱石形式存在。纯的高岭土中 CaO 和 MgO 的含量是很少的，一般都是以杂质状态引入。当 CaO 与 MgO 以硅酸盐、碳酸盐或硫酸盐等形式存在于高岭土中，其含量一般在 $0.5\%\sim3.0\%$ 之间，有时可更多些。CaO 与 MgO 也是一种熔剂成分，如果含量过多，则会降低高岭土的耐火度，影响烧成范围。MgO 含量太高时，对坯釉结合还有不良的影响。

6. 氧化钾和氧化钠（K_2O、Na_2O）

高岭土中钾、钠成分甚微，若化学分析中明显存在 K_2O 与 Na_2O 时，说明该高岭土中含有钾长石、钠长石、伊利石、绢云母等。一般在粗粒部分中，钾、钠含量增高主要是含长石之故，而在细粒的黏土矿物中，钾、钠含量增加则是含伊利石、绢云母之类的黏土矿物之故。

K_2O 与 Na_2O 是目前陶瓷制品中必不可少的组分，所以高岭土中含有少量的 K_2O 和 Na_2O，对陶瓷工业来说是有用组分。但在高岭土中的 K_2O 与 Na_2O 太高则会明显降低其耐火度，影响电瓷的电气性能。

7. 硫酐（SO_3）

SO_3 也是高岭土中常见的杂质组合，它在高岭土中主要以硫化物的形式存在。硫化物在高温煅烧时分解，放出 SO_3，它与水蒸气反应生成 H_2SO_4，对设备有腐蚀作用，同时造成环境污染。

8. 烧失量（I. L）

高岭土的烧失量主要是结构水（羟基）的脱失（不包括吸湿水），其次是有机物的烧失，还有其他黏土矿物及混入物的分解脱水、烧失排气所致。通常，纯高岭土的烧失量为 $11\%\sim15\%$（理论上高岭石烧失量为 13.96%），若含大量石英杂质时，其烧失量可降低至 $5\%\sim10\%$，伊利石及云母类矿物的存在也可相应降低烧失量。如果高岭土中烧失量增高，说明含有多水高岭石、富铝矿物等。当烧失量超过理论值很大时，可以推测含有一定量的碳酸盐、硫酸盐矿物或有机质。例如高岭土中含有 20% 明矾时，烧失量可增高到 22%。

有机物的存在也能增大高岭土的烧失量，有机混入物以植物纤维、沥青质、固体炭及腐植酸盐形式存在，原矿外观常呈黑、灰、紫色，因而易于区别。

（四）高岭土中常见矿物的成瓷作用

1. 高岭石

高岭石和其他黏土一样，能赋予瓷泥以可塑性，亦即具有成形的性能和结合瘠性原料的性能，使其具有一定的干坯强度，从而保证泥坯在修坯、搬运、施釉、干燥和装窑多道工序中，不致引起破损而影响产品质量。高岭石的加入还可使注浆泥料及泥浆具有悬浮性和稳定性，有利于喷雾造粒工艺的实现。高岭石还是瓷坯化学成分中 Al_2O_3 的主要来源，因而也是烧成时形成莫来石晶体的主要来源，它的用量与莫来石晶体的产生及其产品工艺参数联系在一起。大量的实践资料表明，只有形成众多微细的针状莫来石，彼此交织成网状，其瓷器的性能才最为优良。高岭石在一般硬质瓷坯中的用量为 $40\%\sim60\%$。

2. 石英

石英在陶瓷坯体中的作用，在未烧之前，石英是瘠性原料，起到降低可塑性、提高干燥强度、减少坯体干燥收缩和变形倾向的作用；在烧成过程中，由于石英的加热膨胀，可以部分补偿坯体的收缩，有利于制品尺寸的统一及误差的控制。在高温条件下（1000℃以上），一部分石英与黏土中分解出来的 Al_2O_3 反应生成莫来石，能提高制品的强度，另一部分石英分布于液相中（长石玻璃）增进抗变形的能力。石英还能提高制品的白度和透光度。但石英在加温时因晶形转化而会发生较大的体积变化，特别是在温度骤变时对产品的影响更大；另外，石英用量过高时，配料的可塑性和结合性变差，成型困难，干燥强度较低，所以，一般瓷坯中石英的用量应在30%以下。

3. 铁和钛的矿物

风化型高岭土中的铁和钛的矿物以氧化物的形式存在，在高温下分解，其分解产物影响陶瓷制品的白度，所以，一般将其视为有害杂质，含量是越低越好。此外，铁矿物的加入可降低配料的烧成温度、降低烧成温度范围，而且在1150～1250℃范围内使产品颜色多变或易形成色斑。

（五）陶瓷用高岭土的要求及评价

1. 瓷坯用高岭土

（1）国家标准

依据中华人民共和国国家标准《高岭土及其试验方法》（GB/T 14563—2008），按化学成分可把高岭土分成四个等级，各等级对化学成分的要求见表3-5。

表3-5 陶瓷工业用高岭土各级产品化学成分和物理性能要求

产品代号	Al_2O_3	Fe_2O_3	TiO_2	SO_3	$63\mu m$ 筛余量
	%				
	≥	≤			
TC-0	36.00	0.50	0.20	0.30	0.50
TC-1	35.00	0.80			
TC-2	32.00	1.20	0.40	0.80	
TC-3	28.00	1.80	0.60	1.00	

在 1300℃温度下煅烧后，TC-0 产品为白色，无明显斑点，TC-1 产品为白色，稍带其他浅色，TC-2 和 TC-3 产品呈黄色、浅灰或带其他浅色。

（2）Fe_2O_3 含量的控制与评价

Fe_2O_3 是高岭土中最主要的着色元素，对制品的白度影响极大，必须严格控制。化学分析是确定 Fe_2O_3 含量的最有效方法，但在一般情况下，只需经过观察煅烧后样品的颜色就可大致判断 Fe_2O_3 含量的高低（陶瓷企业就是这样做的），二者的对应关系见表 3-6。

表 3-6 高岭土中铁含量和烧后色泽的关系

Fe_2O_3 含量（%）	在氧化焰中烧后色泽
<0.5	白色
0.8	灰白色
1.3	黄白色
2.7	浅黄色
4.2	黄色
5.5	浅红色
8.5	紫红色
10.0	暗红色

国家标准中对 Fe_2O_3 含量有明确的要求，但该标准主要适应于日用瓷、工艺瓷、卫生瓷等瓷种的原料，对于建筑陶瓷中的釉面砖而言，由于瓷釉中一般都配有乳浊剂（失透剂），坯体的颜色并反映不到表面上来，所以釉中砖坯体原料中 Fe_2O_3 含量可以适当放宽。

（3）工艺性能

高岭土与其他黏土一样，能赋予瓷泥以可塑性，亦即具有成形的性能。可塑性高的高岭土能在瓷坯中很好地结合其他瘠性原料（如石英、长石等），使其具有一定的干坯强度，从而保证泥坯在修坯、搬运、施釉、干燥和运输、装窑多道工序中，不因起破损而影响产品质量。成形性能好坏则决定于高岭土的矿物组成和颗粒大小。实践证明，如果高岭土的粒度大于 $20\mu m$，就不再具有可塑性和结合能力。可塑性和结合性的好坏可以用测试法确定，但在初步研究、野外工作或借鉴地质资料评价高岭土质量时，往往没有这些资料。这时，可以从以下几个方面判断高岭土可塑性和结合性的好坏：①软质高岭土可塑性一般较好，半软质和硬质高岭土可塑性较差；②可塑性好的高岭土在野外露头上与雨水接触成泥，其泥团较黏，干燥后强度较高；③蒙脱石含量高时，可塑性和结合性提高；④高岭石的有序度低、结晶程度差时，可塑性和结合性好；⑤粉状高岭土产品细度越高，可塑性越好。

可塑性好的高岭土一般颗粒都很细小，有利于固相反应的进行和成瓷，其不利之处是：湿法球磨时泥浆黏度较大，需要较多的水；干燥收缩也大，易造成坯体破裂。

（4）其他矿物的作用及评价

风化型高岭土中的主要矿物是高岭石，少量的石英，其他矿物，如长石、伊利石、蒙脱石、叶蜡石及其他高岭石族矿物都可以看成是有利组分。但对于一个矿点来说，这些矿物的含量应该相对稳定，因为任一种组分在瓷坯中的含量太高或太低都会对产品产生不良的影响。高岭土中铁、钛的矿物应视为有害杂质，尽量加以控制。有时，高岭土中含有较多的大片白云母，成型时白云母的定向排列会产生坯体分层的效果，应视其为有害杂质，但白云母含量很低或片度很小时，也可将其同伊利石一样对待。

2. 釉用高岭土

陶瓷工业中的釉主要起装饰作用，因此对烧后白度要求较高，即原料中的 Fe_2O_3 和 TiO_2 的含量要低；此外，陶瓷生产过程中，要求有良好的悬浮性，因此，釉用高岭土就应该有良好的悬浮性能。在国家标准中，没有专门的釉用高岭土标准，但明确规定了搪瓷工业用高岭土标准，二者的区别仅仅在于搪瓷釉附着在金属基体上，所以，陶瓷釉用高岭土可以参考搪瓷工业高岭土标准，见表3-7。

表 3-7 搪瓷工业用高岭土各级产品化学成分和物理性能要求

产品代号	Al_2O_3	Fe_2O_3	SO_3	白度	筛余量	悬浮度
	%			%	%	mL
	≥	≤	≥	≤		
TT-0	37.00	0.60		80.0	0.07	40
TT-1	36.00	0.80	1.50	78.0		60
TT-2	35.00	1.00		75.0	0.10	80

釉用高岭土的白度不是必需满足的指标，若含有一定量的炭质，原料呈黑色或灰色，白度很低，但煅烧后白度较高，也可使用。

国家标准 GB/T 14563—2008 规定的悬浮度测定方法是：称取 $105\sim110℃$ 烘干的块状试样 30.0g，精确至 0.1g，将块样破碎成最大尺寸不大于 5mm 的细粒置于 600mL 烧杯中，加水 200mL 浸泡 10min，将烧杯置于搅拌器下，以 1200r/min 的转速搅拌 10min，洗净搅拌叶片取出烧杯，将杯中悬浮液全部移入 1000mL 量筒中，以水洗净烧杯并稀释至刻度，以专用搅棒（形漏板状）上下搅动 0.5min，取出搅拌棒静置 20min，读取上层清液的毫升数即为悬浮度。标准要求复测，同一试样两次测定结果绝对误差不得大于 10mL。当测定结果在允许误差范围内时，取其算术平均值作为试验报告值，如测定结果超过允许误差值，应另行称样复验，复验结果与原测定之任一结果误差不大于 10mL 时，取其算术平均值为试验报告值。

二、用作涂料及加工纸的颜料

（一）涂料的颜料

1. 概述

涂料，我国传统称为油漆，是一种材料，这种材料可以采用不同的施工工艺涂覆在物件表面上，形成粘附牢固、具有一定强度、连续的固态薄膜。涂料通过涂膜所起的作用主要有保护作用、装饰作用和电绝缘、防霉、杀菌、示温等特殊功能几个方面。涂料主要由成膜物质、颜料、助剂和溶剂四部分组成，高岭土在涂料中当颜料使用。

颜料和染料有很多相似之处，它们都是固体粉末，而且一般都很注意它的色光。它们之间的最大区别是染料能溶于水，而颜料则不能溶于水。广义地讲，颜料是一种微细的粒状物，不溶于它所分散的介质，而且它的物理性质和化学性质基本上不因分散介质而变。颜料的粒度范围可以由很小的胶态粒子（约 $0.001\mu m$）到较大粒子（约 $100\mu m$）之间。

颜料是色漆生产中不可缺少的成分之一。其作用不仅仅是色彩和装饰性，更重要的是改善涂料的物理化学性能，提高涂膜的机械强度、附着力、防腐性能、耐光性能和耐候性等，而特种颜料还可以赋予涂膜以特殊性能。

2. 高岭土的颜料特性

高岭土的主要成分是高岭石，它是一种白色物质，因此谈不上颜色和着色力特性，其主要特性（作用）有以下几个方面。

（1）遮盖力

颜料加在透明基料之中使之成为不透明，完全盖住基片的黑白格所需的最少颜料量称之为遮盖力，通常以每平方米底材面积所需覆盖干颜料克数，以 g/m² 表示。

遮盖力的光学本质是颜料和存在其周围的介质的折射率之差造成。当颜料的折射率和基料的折射率相等时就是透明的，当颜料的折射率大于或小于基料的折射率时就出现遮盖力，两者的差越大，则表现的遮盖力越强。

平时，我们看到碳酸钙在湿的状态下涂刷在墙上时，由于它和水的折射率相差不多，所以看起来遮盖力很差，但干了以后，由于空气取代了水，此时两者折射率之差变大了，所以干后看起来遮盖力大大增加。利用它的这些性质引出了"干遮盖力"这个概念。本来涂料中颜料粒子应被漆基所润湿，为了增加遮盖力，可以增添一部分低遮盖力的体质颜料，例如在建筑涂料中掺加体质颜料作适当的填充，其用量超过临界颜料体积浓度（CPVC）时，形成有一些颜料粒子被空气包围，不被漆基润湿，反而提高了这部分颜料的遮盖能力。用低遮盖力的体质颜料代替部分高遮盖力、价格较高的钛白粉，既降低成本，又不影响遮盖力。增加体质颜料后甚至可以做成不平整涂层，更增加"质"感。

除了原料本身所具有的化学成分使得遮盖力有所不同外，还和颜料的颗粒大小有关。颜料还有遮盖能力最强的最佳粒度。高折射率颜料和颜料颗粒大小关系大，低折射率颜料和颗粒大小关系小，因此对于除体质以外的颜料，要研究体现最高遮盖能力时的最佳粒度，如图 3-6 所示。

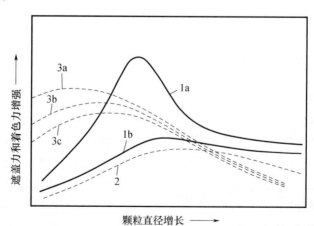

图 3-6 颜料粒度与遮盖力关系示意图

1—白色颜料的遮盖力和着色力，其中 1a 为高 n，1b 为低 n；2—着色颜料的遮盖力；
3—着色颜料的着色力，其中 3a 为低 n 高 k，3b 为中等 n、中等 k，3c 为高 n、高 k

曲线 1a 的峰值为高折射率颜料的最佳粒度；曲线 1b 的峰值为低折射率颜料的最佳粒度；n 为折射率；k 为吸收系数。

通过图 3-6 可知，在同样粒度下，高 n 值的颜料要比低 n 值颜料的遮盖强度高，每条随粒度而变的遮盖率曲线存在一个最高值，其峰值就是对应最佳粒度的最大遮盖强度。

遮盖力是颜料对光线产生散射和吸收的结果，主要是靠散射。白色颜料更是主要靠散射，对于彩色颜料则吸收能力也要起一定作用，高吸收的黑色颜料也具有很强的遮盖能力。由于遮盖力的产生和光学过程密切相关，因此当化学组成一定时，颗粒大小、分布、晶形、晶体结构就都与遮盖力大小有关。因此涂料行业要运用遮盖力这一性能时，不能不对颜料粒子的这些微观情况作一定的了解。

遮盖力对制造色漆是个重要的经济指标，选用遮盖力强的颜料，以使色漆中颜料用量虽少，却可达到覆盖底层的能力。为了节约贵重颜料的用量，在保证色漆一定遮盖能力的前提下，可添加适量的体质颜料。

（2）吸油量

在定量的粉状颜料中，逐步将油滴入其中，使其均匀调入颜料，直至滴加的油脂能使全部颜料粘在一起的最低用油量就是吸油量。一般以 100g 颜料所吸收精制亚麻油的最低克数来表示。

对每种颜料来说，吸油量除和颜料的化学本质有关外，又和颜料的物理状态有关，颜料粒子大小及其颜粒与颜料之间的空隙度有关，因为所需的油除了吸附在颜料粒子表面外，尚需充填颜料粒子之间的空隙，使颜料与油料联为一体，空隙度减小，吸油量也会减小；颗粒变小则颜料粒子表面增大，导致吸油量增大，而颗粒大小的变动会影响粒子之间的空隙度，所以吸油量和颗粒大小的关系还与空隙度有关，因此吸油量究竟是随颗粒增大而增大还是缩小，视具体颜料而定，其关系比较复杂。

对某一种颜料而言，吸油量除了和粒子大小有关外，还与颗粒的形状有很大关系，一般说来针状粒子比球状粒子有更大的吸油量，因为同样数量的针状的粒子表面积更大，而且颜料颗粒间的空隙也更大，如图 3-7 所示。

例如针状铁红粒子吸油量可达 50%，而球状铁红粒子只在 18% 左右，说明颜料粒子之间的空隙度起很大作用。

球状颜料　　　　针状颜料

图 3-7　球状和针状颜料

粒子间的空隙

颜料的表面状态对它的吸油量也有一定关系，如颜料吸附的水溶盐、水分、表面活性剂等，还有测定的手法、油的酸度、颜料的质地等都对吸油量的数值产生影响，因此一个颜料的吸油量的数据难成定值，只规定在一定范围内。

（3）化学组成

颜料的化学成分是颜料间相互区别的主要标志，它除了体现出颜料的一系列物理性能，如颜色、遮盖力、着色力、吸油量、表面电荷、极性等，对于颜料的化学稳定的作用也很大，例如铁红颜料的化学成分是三氧化二铁，必然具有很高的化学稳定性、耐碱性、耐候性；而锌黄的化学成分中含有大量的铬酸锌，由于它的水溶性，遇水时分离出铬酸根离子而使金属表面得到钝化，人们利用这一化学特性，用它作防锈颜料。所以，配方要求颜料的化学组分带来不同物理及化学性能，必须有针对性地选取所需的颜料。在一般情况下要求颜料尽量为惰性，既较高的稳定性，化学成分不变、颗粒的大小、晶型等不变，使颜料具有耐酸、耐碱、耐候、耐光及耐其他化学药品的能力。为此，对一种颜料，除了注意其主要化学成分外，对于粘附在颜料颗粒表面的化学物质也应引起极大的关注，因为它会增加颜料的不稳定性，例如颜料表面吸附的微量酸、碱、盐、水分和其他化学物质，都会对制漆产生影响，因此要控制主要化学组成的纯度和各种杂质的含量。

（4）耐光性和耐候性

颜料的耐光性和耐候性是衡量颜料应用性能的重要指标。一般说来，无机颜料受阳光和大气的作用颜色会变暗、变深；而有机颜料则大多会出现褪色。总的来讲，无机颜料的耐光性、耐候性远比一般有机颜料要强。如果颜料的化学稳定性差，受阳光和大气的作用，颜料的化学组分会起变化，由于化学组成的改变，颜色也发生变化，如锌钡白在阳光下变暗是由于硫化锌还原为金属锌。除化学成分外，同一颜料，若晶型或晶格不同，也会使耐光性和耐候性有所不同，如单斜结晶体的铅铬黄就比斜方晶体的铅铬黄的耐光性更好；金红石型钛白粉和锐型钛白粉同属正方晶系，但晶格不同，前者就比后者的抗粉化能力强。

为了改进颜料的耐光性和耐候性，曾做过很多工作，例如：添加助剂、在颜料粒子表面做包膜处理，钝化其表面等。由于处理方法不同，形成了同一颜料的不同牌号，以供选择使用。

耐光性和耐候性是经常采用的评级方法，即和标样比较，耐光以8级最好。

（5）颗粒形状和粒度分布

颜料是一种固体粒子，无论经过怎样的制造过程，它都不可能是一种粒径组成的，而是在一定粒径范围内波动，还会形成一定的规律。不同的粒径显现的机率是不同的。通过作图可描绘出一条光滑的曲线，曲线不呈正态分布，它永远是一种左偏斜的形式，即小直径颗粒显现机率多于大直径颗粒显现的机率，它还会出现一个峰值，即某一粒径下粒子显现的机率数最大，在峰值的两侧，曲线下降的速度越快越好，说明显现的机率集中，此时表现出颜料颜色纯、颗粒均匀度好、颜料性能好，如图3-8所示。

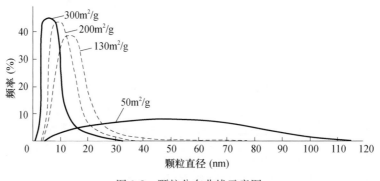

图3-8　颗粒分布曲线示意图

同一化学组成的物质，由于颗粒大小、形状和粒度分布不同，造成颜料性能的不同。如前所述，颜料的颜色是一种光学本质，不同的颗粒外形及大小，将影响光线的反射程度，因而除了影响颜料的颜色以外，还影响遮盖力、着色力、吸油量、质地、颜料的制漆性能（如沉底、花浮、絮凝等），所以颜料外形及颗粒分布是影响颜料诸多性能的一个重要因素。图3-9为遮盖力与颗粒粒径的关系曲线。通过图3-9得知彩色颜料、白色颜料其遮盖力都和粒子大小有关，不过彩色颜料遮盖力大小与颗粒大小的关系不如高折射率的白色颜料影响大。

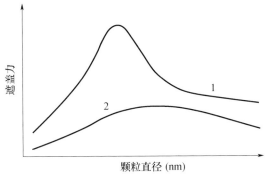

图 3-9　颗粒粒径与遮盖力关系示意
1—高折射率白色颜料；2—彩色颜料

（6）水分

颜料颗粒表面存在着很高的能量，它的表面总是要吸附一定的物质，水分就是其中之一。这里所指的水分是颜料表面所吸附的水，不包括颜料化学组成所包括的结晶水，颜料表面不可能绝对不含水分，即使烘得很干的颜料，一旦暴露在空气中仍会吸附水分，吸附水分量和周围环境的湿度及关。

颜料含水分并非全是坏事，适当的水分含量是必要的，但水分的存在会影响颜料在涂料中的研磨分散性，这点在华蓝上很是突出，颜料水分过低，难以研磨，水分过大，产生返粗。水一般来说对制漆是一个絮凝剂，适当的水分不会造成过度的絮凝。水分的多少会影响颜料的一系列性能，如色光、吸油量等。为此，根据不同颜料的使用情况，规定不同颜料的合理水分含量。一般颜料规定的含水量不超过 1%。

3. 颜料分类及高岭土的作用

颜料的分类现在尚无公认的分类方法，原因是颜料的品种繁多，化学成分有的很简单，有的相当复杂，用途又是多方面的，按哪种分类方法都不完美。有的按元素分为铁系、铬系等，有着复杂化学成分的颜料则会产生不知归属的情况。有的按颜色分为红、蓝、黄、绿等，将会使无机颜料和有机颜料混合排列，不成系统，把自成体系的颜料品种拆得支离破碎，如镉红、铬黄、铁红、铁黄、酞菁绿等。现在比较通用的方法是按用途分成五大类：

①着色颜料；②体质颜料；③防锈颜料；④特殊颜料；⑤功能颜料。

着色颜料中的白色颜料主要有钛白粉、氧化锌、锌钡白。黑色颜料主要有炭黑、乙炔黑、槽黑、炉黑和热裂黑，此外还有一些无机彩色颜料和有机彩色颜料。

体质颜料和一般的着色颜料不同，在颜色、着色力、遮盖力等方面和前者不能相比，但在涂料应用中可改善或消除涂料的某些弊病，并可降低涂料的成本。

习惯上，体质颜料称作填充料。但实际上并不是所有体质颜料都等同于填充料，因为体质颜料除增加色漆体系的 PVC 值外，还可改善涂料的施工性能，提高颜料的悬浮性和防止流挂的性能，又能提高色漆涂膜的耐水性、耐候性和耐温性等。因此在色漆中应用体质颜料已从单纯降低色漆成本的目的转向其他功能。这也是涂料工作者目前和今后一个时期的重要研究课题。

高岭土主要用作体质颜料，风化成因的高岭土和煤系中的白色软质高岭土（如华北的羊脂矸），经简单选矿后可用作体质颜料。

高岭土外观为白色粉末，质地松软、洁白，密度为 $2.58\sim2.63g/cm^3$，折射率为 1.56，吸油量为 $30\%\sim55\%$，粒度为 $0.5\sim3.5\mu m$，用于底漆中可改进悬浮性，防止颜料沉降，并增强漆膜硬度，也适合制作水粉漆及色淀。

近年来，发现微细的体质颜料可提高钛白粉或其他白色颜料的遮盖能力。这是由于光的散射受颗粒大小的影响，钛白粉能发挥最大遮盖效率的粒度范围应在 $0.2\sim0.4\mu m$，体质颜料也必须具有 $0.2\sim0.4\mu m$ 的粒度范围才能符合要求，因此应选择同样粒度范围的高岭土才能达到提高钛白粉在涂料中的遮盖力的要求。

常用的体质颜料除高岭土以外，还有重晶石粉、沉淀硫酸钡、重质碳酸钙、轻质碳酸钙、滑石粉、云母粉、白炭黑、碳酸镁、石棉粉等，各种体质颜料在功能上有一定的相似性，往往可以互相替代或在功能上相互补充，这是研究和生产过程中应该注意的问题。

（二）加工纸的颜料

1. 概述

所谓加工纸，就是根据所要求的使用特性，以原纸为基材进行各种方式（化学或物理方法）的再加工所得到的纸种总称。我们也可以将范围再扩大一些来定义加工纸，即只要用纤维（广义）经过处理而制成的薄页状产品，都可以叫做纸或者叫做加工纸。

由于加工纸的应用范围很广，因而具有各种不同性质，加工纸的种类就很多。加工纸的分类方案大体有以下四种：

（1）按加工方式分类

① 涂布加工纸：系指用涂料、树脂或其他流体材料，对纸基进行涂布加工所得到的纸类。

② 变性加工纸：系指原纸经化学药剂处理而显著改变了物理化学性质的纸类。

③ 浸渍加工纸：系指将原纸浸入树脂、油、蜡和沥青等物质中，使其充分吸收，然后干燥或冷却而得到的一类纸。

④ 复合加工纸：系指经过层合和裱糊作业，将纸或纸板与其他薄膜材料贴合起来所制得的纸类。

⑤ 机械加工纸：系指将已经过上述加工或未曾加工的原纸，在经过轧花、特殊磨光和起皱等机械加工而得到的纸类。

⑥ 成型加工纸：系指将纸进行加工，使其改变原有形状和外观而得到的纸类。

（2）按产品用途分类

① 印刷文化用加工纸：如布纹铜版纸、高光泽铸涂纸、合成纸等。

② 复制记录用加工纸：如无碳复写纸、热敏记录纸、黑白（或彩色）相纸等。

③ 包装防护用加工纸：如气相防锈纸、涤纶膜青壳纸、离型纸等。

④ 生活卫生用加工纸：如清洁纸、止血纸、化妆纸等。

⑤ 装饰艺术用加工纸：如插花纸、礼品装潢纸、金属镀膜纸等。

（3）按制造原料分类

① 普通加工纸：对植物纤维（木材或草类）抄造的原纸进行再加工制得的纸类。在加工纸总量中约占 95% 以上。

② 特种加工纸：对以非植物纤维为原料加工而成的纸类。包括合成纸、合成纤维纸、无机纤维纸、金属纤维纸等。

③ 手抄加工纸：以手工纸为基纸，采用染、刷、涂、洒溅、砑花等方法而制得的纸类。如色笺、蜡笺、金银笺、虎皮宣、砑花纸等。

（4）按功能性分类

功能纸，是赋予原来的"纸"以新功能的纸。功能纸不仅用植物纤维，还可用有机纤维、无机纤维及金属纤维等多种原料制造，并在造纸和加工过程中赋予纸高功能特性。功能纸主要用在信息、电子、医疗等领域。

功能纸，是起源于日本的一种名称，也是加工纸的一大类。可以理解为按加工纸的用途不同，或者说功能不同来进行分类的。这种按功能不同来分类的方法，与按加工方式不同来分类等方法比较，可以使所有的功能纸都得到满意的归类。

在造纸工业，高岭土主要用在涂布加工纸中，再具体一点，就是在涂料配制中用作颜料。

涂布加工纸的种类很多，按用途可分为印刷类、防护类、感应记测类、复印类、装饰类、粘合类、研磨类等。其中颜料涂布加工纸用量最大，在整个涂布加工纸中占重要地位。

颜料涂布加工纸是以原纸为基材，将以颜料、胶粘剂和各种化学辅助剂调成的涂料，用涂布机涂于纸面（单面或双面）上而制成的加工纸。铜版纸是颜料涂布纸中最典型的一种。

施涂颜料涂料到纸和纸板上的一个主要原因是改进其适印性，涂布表面同印刷油直接接触，因此，颜料涂料特性是涂布纸适印的主要影响因素之一；同时，因原纸约占双面涂布纸质量的70%和体积的90%，它由不同尺寸及凝聚度的纤维组成，具多孔状结构，它的变化性会影响涂层的厚度及结构，经施涂涂料后，仍然会存在一些表面的不均匀性和原纸的缺陷，所以，原纸的质量也是颜料涂布纸适印性的一个重要的影响因素。

2. 颜料的作用和基本要求

颜料是颜料涂料的主要组成，在一般颜料涂布纸的颜料中占75%～90%，其作用主要有以下三个方面：

（1）填平纸面以提高涂布纸的平滑度并改善对油墨的吸收性，以适于印刷。

（2）增加涂布纸的白度、不透明度及光泽度。

（3）改善纸的外观等。

涂布用颜料应具备的条件如下：

（1）颜料的白度（白色颜料）和不透明度要高，即遮盖能力强，以利于提高涂布纸的白度和不透明度。

（2）颜料的粒度要适当，粒子的形状要合乎要求。

（3）颜料要易分散于水，以保证所制得的涂料既有较高的固体物含量，又有较好的流动性和稳定性。

（4）颜料颗粒的硬度要小，砂石含量少。

（5）游离金属氧化物的含量要少，以防止发生不规则的漂色现象，造成整批纸色泽不一致。

（6）颜料要具有比较高的化学稳定性，与涂料中的其他成分要有较好的适应性，以降低胶粘剂的耗量。

颜料的种类和性质对涂布纸的物理、光学及印刷性能有着重大影响，所以涂料配方中颜料的选择是非常重要的。

3. 颜料的通用特性

（1）遮盖力

所谓颜料的遮盖力或覆盖力就是指将它涂在表面上时遮盖底层的能力。颜料涂布在纸的表面上，是以悬浮体状态存在于胶粘剂中，这种胶粘剂对颜料的遮盖力具有很大的影响。光线通过胶粘剂射到颜料上，这时光可能不改变运行速度，无阻碍地透过颜料（此时颜料是透明的）或者光线的运行速度变慢，从颜料上发生折射或反射（此时颜料是遮盖性的），颜料在相同胶粘剂中的遮盖力是由颜料和胶粘剂的折射指数的差决定的。这种差数越大，颜料也就具有越大的遮盖力。这一点和涂料中的颜料是一样的。

从实验中得知，同一种颜料在一种胶粘剂中是透明的，而在另一种胶粘剂中是遮盖的。例：色淀茜红和白垩，它们在胶粘性涂料中是遮盖的，而在油漆中是透明的。颜料的粒子结构对其遮盖力有影响。结晶结构具有最好的反射光的条件，具有最明显的晶体结构的颜料其遮盖力较大。具有不太明显的结晶结构的颜料或明显的无定形颜料，遮盖力较小。

颜料的遮盖力也是用遮盖 $1m^2$ 表面所用最小数量来测定的。这个指标的单位是以在每平方米的遮盖面上所用的颜料的克数来表示。

（2）着色力

颜料最重要的特性是着色力，也就是它和别的颜料进行混合时赋予其本身颜色的性能，着色力并不经常用颜料的遮盖力来确定。

从这个观点出发，颜料可分成两类：反射颜料和吸收颜料。对于有色的反射颜料来说，它的着色力和遮盖力成反比。对于有色和黑色的吸收颜料来说，它的着色力和光的吸收成正比，当然也就和遮盖力成正比。对于白的反射颜料来说，它的着色力和遮盖力成正比，着色力随颜料分散度的增加而增加。

（3）光泽

光泽是表面上某个方向的强而均匀的光，经过反射所引起的视神经的感觉。当强光反射在各个不同的方向上时，就会产生光泽暗淡的感觉。当照射在表现上的光线反射很弱时，就没有光泽感觉。薄膜在任何一种光滑表面上能够具有光泽的条件是：颜料的最大粒子的直径要小于薄膜的厚度，并且颜料的全部粒子应该是在薄膜的内部。这样在薄膜内随着胶粘剂相对含量的增加（到一定范围）它的光泽也就增加。

颜料的重要特性是被反射呈光泽的光与决定涂层颜色的反射和散射的光的一致性。当颜料由颜料很薄的表面决定时，就具有这样的一致性。当颜料的颜色是由很厚的一层表面决定时，反射呈光泽的光就可能与物体颜色不一致，颜料就可能由观察它的方向不同而改变自己的颜色。在这种情况下，颜料呈青铜光泽。颜料呈青铜光泽的性质是一个缺点。

（4）耐光性

颜料的表面受到外界光的作用，大部分颜料都会变色，白色的会泛黄，有色的会褪色，因此它是颜料的一个很重要的特性。

有色颜料的耐光性差的原因是发色基团的光化学氧化或还原反应，或者是晶体结构的变化。染料的耐光性越强，它的活性基的饱和也越稳定。染料内含有的各种杂质和不纯物质对它的耐光性有很大影响。矿物颜料的耐光性一般比有机颜料高。

（5）相对密度

各种颜料的相对密度范围很大，从1（有机颜料）到9（密陀僧粉），用各种相对密度不同的颜料制成涂料后，在放置或贮存过程中都会发生分层现象。涂料的稳定性是由胶粘剂的黏度、颜料的相对密度和分散度来决定的。

（6）对胶粘剂的容量比

用于涂布加工纸表面时，一般是将各种白色颜料混合（很少单独使用），以它在胶粘剂中的细粒悬浮体的形式使用。先将白色颜料用球磨机或砂磨机强力研磨，在研磨时颜料聚集的粒子被粉碎，然后过筛与胶粘剂混合并在搅拌器中调和，使白色粉粒为胶粘剂所饱和。此时颜料粒子吸收某种胶粘剂的数量是由它的颗粒（分散度）的表面所决定。与胶粘剂与颜料界面之间的表面张力和颜料的吸收能力有一定关系。

对每一种颜料，同种胶粘剂都存在调和均匀的颜料所必需的一定数量，某些颜料需要较多的胶粘剂，而某些颜料则较少。

用于研合100g颜料所需的油量（以克为单位）叫做颜料的吸油率。吸油率是颜料的重要性质之一。颜料对于该胶粘剂的容量比越小，调和颜料的胶粘剂的需用量则越少，颜料吸油量的减少，或它对其他胶粘剂的容量比的降低，可以用在它们的界面间加入活化剂的方法来达到。

4. 用作造纸颜料的高岭土

高岭土是制备涂料最常用的白色颜料。其理想化学成分为 SiO_2 46.5%、Al_2O_3 33.9%、H_2O 14%，一般混有少量的 Fe_2O_3、CaO、MgO、Na_2O、K_2O 等成分。我国苏州产的瓷土分为手选（分特级、一级、二级）和机选（分特级、一级、二级、三级）两种，各级的质量标准不同，其中手选特级品的质量标准是：SiO_2 不大于48%，Al_2O_3 不小于37%，Fe_2O_3 不大于0.5%，TiO_2 不大于0.1%，$CaO+MgO$ 不大于1.0%。作为制备涂料用的高岭土，一般密度 $2.54\sim2.60g/m^3$，折光率 $1.55\sim1.56$，白度80%～90%，呈纯白色，粒子形状以六角形为宜。高岭土是弱酸（硅酸）和弱碱（氢氧化铝）生成的盐，不同的高岭土，这两者的比例不同，因此其水悬浮液的pH值也不同，一般在5.0～9.0之间。选用高岭土时应考虑这个特性，因为酸度高会使蛋白质性的胶粘剂增稠，降低涂料的流动性。另外，高岭土表面还存在着游离的酸根和盐基，具有电化学性质，因此可吸附水分子而形成水化膜，这使得高岭土容易在水中分散，并改善涂料的流动性和保水能力。

高岭土是一种天然的矿物质，因此它含有云母矿粒和其他伴生的杂质，所有这些杂质在使用前必须除去。

国外也有采用剥层的方法，将高岭土剥离成薄片状，以改进其白度和光泽度。因为薄片状的表面白度高，光泽度好。

涂料用高岭土有特殊的要求：白度高、光泽度高、易分散、黏度低、pH值适当、粒径分布适宜。粒径是评价高岭土的重要技术指标，通常用小于粒径所占百分比来评价。高岭土的粒径大小、形态及分布影响高岭土的许多物理性质，如光学性质、流变性、平滑度等，这对于涂布加工纸是十分重要的。

一般涂料高岭土的分级是：一级，$<2\mu m$ 占百分率 90%～92%，白度 87%～88%；二级，$<2\mu m$ 占百分率 80%～82%，白度 85.5%～87%；三级，$<2\mu m$ 占百分率 73%，白度 85%～86.5%。

高白度涂料高岭土的分级是：细一级，$<2\mu m$ 占百分率 95%，白度 89%～91%；一级，$<2\mu m$ 占百分率 92%，白度 89%～91%；二级，$<2\mu m$ 占百分率 80%，白度 89%～91%。

一般说，$<2\mu m$ 所占百分数越大，涂布纸的平滑度、白度、光泽度和不透明度越好，但若太小的粒径含量过高，如 $0.1\mu m$ 以下的超细颗粒的存在会大大降低纸的不透明度和白度。

高岭土的粒子以六角片状为好，用晶体结构规则的高岭土可制备出浓度高、黏度低、流变性好的涂料，涂布于纸面易得到排列平行的颗粒，因此使涂布纸平滑度高，光泽度好。美国乔治亚和英国 E.C.C 公司出售的商品瓷土均已在矿区进行粗选以除去云母、石英等杂质，又通过精选离心筛选、浮选、高速离心分离、化学漂白等过程，并加聚丙烯酸钠作预分散剂，其晶体均呈六角形片状，它们的化学成分良好，质地纯净，杂质很少，是高岭土中的佳品。我国苏州高岭土虽化学成分尚好，但因未经良好的工艺处理，粒子形状为六角片状和针状的混合体。就以最好的阳西高岭土来说，六角形片状晶体含量仅占 60%，且边角不清，而 40% 晶体还是管状，乃属多水高岭土。阳西高岭土粒径小于 $2\mu m$ 的比例偏低，有时砂石量或过细的粒子较多（含砂率 3%～6%），且含有明矾石成分，土质较硬，磨损性比国外产品大十多倍。因此，用于制备的涂料粒径分布差，黏度较高，流变性较差，稳定性及遮盖力较英国或美国瓷土差，用作气刀或辊式涂布还可以，用于高浓刮刀涂布涂料质量要进一步提高。

黏度也是高岭土的一个重要特性，一般的高岭土在 200r/min 的转速下，黏度控制在 300mPa·s 左右；在高剪切的情况下，即在 700r/min 转速下，控制在 18×10^5 mPa·s，对高速的刮刀涂布来说，高剪切黏度的变化性能是重要的。在高剪切情况下黏度的升高会引起涂布条痕，形成不均匀的油墨吸收性，引起很差的印刷效果。

高岭土由于晶体内部原子的排列规则，使其微粒的侧面带正电荷，上下表面带负电荷，在悬浮液中，微粒相互吸引形成微粒的"絮凝体"，为了打破絮凝体的结构，可以加入分散剂来达到。分散剂一般是具有链状的阴离子可溶性盐类，它与微粒作用，阴离子被吸在微粒的侧面，使微粒侧面的正电荷被中和并有多余，余下的电荷分布在微粒周围，形成离子云，这样使微粒仅带一种电荷，微粒趋于相互排斥，于是絮凝结构被打破。

三、制备纳米高岭土

信息技术、生命科学技术和纳米技术是 21 世纪的主流技术，其中纳米技术又是信息技术和生命科学技术持续发展的基础。纳米材料在纳米尺寸效应和界面效应占据主导地位时表现出独特的物理和化学性质，在化学、电子、冶金、宇航、生物和医学等领域展现出广阔的应用前景。纳米科学技术的发展也为各个学科的交叉发展提供了新的机遇。

目前人工纳米材料的制备方法均需要较高成本，如物理的蒸发冷凝法、离子溅射法、机械研磨法、等离子体法、电火花和爆炸法，以及化学的液相反应法、气相反应法和固相反应法，不菲的价格使一些民生工业望而却步。高岭土由于具有层状结构特征，可以通过化学或物理分散的方法得到纳米高岭土，这不仅为高岭土在高新技术领域的应用开辟新的途径，而且与传统的纳米材料制备技术相比，具有原料丰富、工艺简单、成本低廉等特点。

虽然层状高岭石具有天然的纳米属性，但由于高岭石晶层之间存在着较强的范德华力作用，所以通常情况下晶层凝聚于一体，不能体现出纳米特性。高岭土纳米化的关键是把高岭石晶体片层之间的距离打开，并使之能够稳定地存在。目前，纳米高岭土的制备方法主要有以下几种。

（一）插层法

目前最常采用的制备纳米黏土的方法是插层，即利用黏土矿物的离子交换特性和层间距离的可扩展性，用比金属阳离子大得多的有机基团取代黏土层间原有的离子，使层间距离扩大，甚至将它完全剥离，形成黏土的薄片。对于阳离子交换容量较大的黏土矿物，如蒙脱石、海泡石、蛭石等，常采用插层的方法使其纳米化；但高岭石的层间不含可交换性阳离子，只有一些极性小分子可以进行层间，目前采用的是二次插层或多次插层的方法扩大层间域。

高岭土与有机小分子的插层作用的研究始于 20 世纪 60 年代，当时用有机低分子量化合物研究高岭土的膨胀性，并作为黏土矿物鉴定的一种手段。常见的能直接插入高岭石层间的有机小分子有甲酰胺、肼、二甲基亚砜、醋酸钾等，而一些具有-NH-、-CO-NH-和-CO-等基团的有机单体，虽不能直接插入高岭石层间，但可以通过取代、被夹带实现嵌入。大分子聚合物通过单体置换或直接熔融插层等途径经过一次取代或多次取代插入高岭石层间。

用插层的方法可以制备出纳米分散的高岭土，但一般都是在聚合物/高岭土纳米复合材料的制备过程中实现的，纳米高岭土不以单独的形式存在。目前工业化生产时，纳米高岭土有的以母粒的形式存在，从而有效地克服了由于密度和形状的差异导致纳米材料分散不均匀的问题。总之，插层法制备纳米黏土在工业应用方面存在一定的局限性。

最早报道对高岭石实现聚合物插层的是日本的 Sugahara，他于 1988 年利用置换反应，用丙烯腈单体置换已插入高岭石层间的乙酸胺，再引发聚合，聚合后高岭石的层间距从 0.7nm 扩撑到 1.3～1.4nm，制得聚丙烯腈/高岭石纳米复合材料。这一研究为聚合物/高岭石纳米复合材料的研究提供了有益的提示，并为此类复合材料的应用积累了基础性的数据。

1994 年，李伟东等利用 XRD、IR 等方法对研究高岭土-二甲基亚砜（DMSO）夹层复合物的形成机理，结果表明，DMSO 分子进入高岭石层间后，层间距增加了 4.1Å，并通过对高岭土-DMSO 中间复合物的置换反应，将丙烯酰胺单体引入高岭土层间，并通过适当的热处理，实现丙烯酰胺单体在高岭土层间的聚合，增强了复合物结构的稳定性。

Tetsuro Itagaki 等报道了一种制备高岭石/聚（β-丙氨酸）插层复合物的方法，他们以醋酸钾为前驱体，然后 β-丙氨酸单体通过取代进入高岭石层间，然后聚合制备出纳米复合材料，制备的复合物具有比本体聚（β-丙氨酸）更高的耐热性。

Matsumura 等报道了高岭石/尼龙 6 插层复合物的制备方法，用 6-氨基己酸取代高岭石/甲醇插层复合物中甲醇的方法，将 6-氨基己酸插入高岭石层间，在氮气氛围中，于 250℃加热处理，实现 6-氨基己酸的原位缩聚。此外，他们通过混合尼龙 6 和高岭石/尼龙

6插层复合物制备了一种新的高岭石/尼龙6复合物,具有良好的机械性能。

Tunney等首次报道了将聚乙二醇(PEG)直接在熔融状态下插入到高岭石层间的方法,这为聚合物对高岭石的插层开辟了新的途径。在155℃下216h后PEG3400能插入到已用DMSO处理的高岭石层间,插层率达到96%;该复合材料具有优异的耐热性能,其有机组成在1000℃以下不分解,可见无机片层对有机起到了很好的保护作用。

Gradolinski等用熔融插层法分别在130℃和180℃下将聚氧乙烯(PEO)和聚羟基丁酸酯(PHB)插入到DMSO改性的高岭石层间,层间距分别达到1.116nm和1.170nm,并指出大分子链是以线形单分子层平躺式排列。

王宝祥等以DMSO为前驱体,通过二次插层取代,制备出高岭土/羧甲基淀粉剥离型插层纳米复合微粒,该纳米复合材料具有较好的协同效应,其电流变液的静态剪切应力值分别是纯高岭土的3.60倍和羧甲基淀粉的2.24倍,复合材料电流变液的工作温区大幅扩展,抗沉降性能明显提高。

王寻和刘雪宁等分别研究了聚苯乙烯/高岭石纳米复合材料的性能,他们以DMSO为前驱体制备有机高岭石,然后将苯乙烯分子插层进入高岭石层间,透射电子显微镜(TEM)图像可以看出,高岭土被剥离并以纳米级片层分散在高聚物的基体中。热失重分析(TGA)结果则显示该纳米复合材料的热稳定性能得到显著的提高。

传统上往往采取加压、加热和搅拌等方法对高岭土进行插层,这需要比较苛刻的条件和很长的时间,因此韩世瑞等在此基础上进行了改进,采用超声化学法对高岭土进行插层和有机化处理,从而节省了插层时间,提高了插层效率,且有助于环保;但超声化学法插层的成本较高,不适于工业化生产。

在此基础上,刘雪宁等通过直接插层的方法制备了PP/NDZ改性高岭土和PP/马来酸酐接枝聚丙烯改性高岭土纳米复合材料,并研究了复合材料的微观结构,并通过差示扫描(DSC)非等温结晶方法和偏光显微镜(PLM)照片,研究了改性高岭土对聚丙烯的结晶性能的影响。结果表明,有机改性高岭土可被聚丙烯完全剥离,且高岭土的加入能有效地促进PP的异相成核,提高PP的结晶速率和结晶温度,但对结晶速率常数的影响不是很大。

(二)分级法

根据斯托克斯法则,从微粒的沉降深度可判断出某一沉降范围内微粒的大小,将超细高岭土在液体中沉降可得到纳米级高岭土,但此法成本高,产出率很低,不适合在工业上应用。

(三)化学合成法

该法采用偏铝酸钠与酸性硅溶胶为原料通过一系列方法得到纳米级合成高岭土。其纯度高,悬浮稳定性、光散射性以及其他性能俱佳,但是其合成的成本较高。

(四)其他方法

中国矿业大学(北京)的刘钦甫教授在对高岭土原矿地质成矿作用、矿物组成、化学成分和理化性能充分研究的基础上,采用独特的表面处理技术,使矿物晶体表面形成均匀的同性电荷或呈均匀的中性表面,从而消除黏土团聚的因素,形成高度分散的纳米级薄片,制备出的纳米高岭土的平均直径为300~500nm,晶片厚度小于100nm,平均厚度在20~50nm之间。张玉德等以该种纳米高岭土为原料,采用熔融共混法和乳液共混法制备了丁苯橡胶/高岭土纳米复合材料，并研究了高岭土在橡胶基体中的分散性、复合材料的力学性能和热稳定性能。结果表明，纳米高岭土在橡胶基体中具有良好的分散性。熔融共混法制备的复合材料的力学性能基本接近白炭黑填充橡胶，其热稳定性明显优于白炭黑填充橡胶。

顾圆春等以新型聚烯烃弹性体 POE 为增韧剂，以上述方法制备的纳米高岭为增强剂，将传统的弹性体增韧方法和新型的纳米粒子增韧增强手段相结合，采用合金化技术和填充复合工艺，制得高性能的聚丙烯复合材料。研究结果表明，纳米高岭土和弹性体 POE 对 PP 增韧具有协同作用，呈现的并不是二者独立增韧作用的简单加和，纳米高岭土的加入对 PP/POE 复合体系还有增强作用，并大大减缓了因 POE 的加入而导致复合体系强度的降低。

杜艳艳采用化学插层—超细研磨—酸浸渍活化—干燥—表面改性的方法有效地制备了活性纳米高岭土。结果表明：通过化学插层与超细研磨的复合方法可制备70%的颗粒小于100nm 的高岭土，其片厚为 10～30nm。与单纯采用机械研磨的方法相比，该复合方法可以降低超细研磨所需的能耗。经酸浸渍活化处理可增大活性纳米高岭土的比表面积，但未破坏高岭土特有的层状结构。在活性纳米高岭土表面包覆十六烷基三甲基溴化铵和含氢硅油，可使其具有良好的亲油疏水性能。另外，对比喷雾干燥方法，经共沸蒸馏干燥的活性纳米高岭土粉体具有更好的分散性，制得的活性纳米高岭土作为丁苯橡胶的补强填料可明显提高其拉伸强度和伸长率，并缩短硫化时间。

四、用作耐火材料的原料

（一）耐火材料的分类及用途

耐火材料的品种繁多，形状多变，性能各异，用途众多，为了研究和选用方便，通常按矿物组成（或化学成分）、制造方法、性能、形状及应用进行分类。

1. 依据矿物（化学）成分分成九类：（1）氧化硅质耐火材料；（2）硅酸铝质耐火材料；（3）镁质耐火材料；（4）白云石质耐火材料；（5）橄榄石质耐火材料；（6）尖晶石质耐火材料；（7）含炭质耐火材料；（8）含铁质耐火材料；（9）特殊耐火材料。

2. 依据制造方法可分成三类：（1）不烧制品；（2）烧成制品；（3）熔铸制品。

3. 依据制品的性质（耐火度、化学性质和密度）分为八类：（1）普通耐火制品；（2）高级耐火制品；（3）特级耐火制品；（4）酸性耐火制品；（5）中性耐火制品；（6）碱性耐火制品；（7）重质耐火制品；（8）轻质耐火制品。

4. 依据制品形态和尺寸可分为：标准砖、异型砖、特异型砖、管、耐火器皿等几类。

5. 依据应用常分为：高炉用耐火材料、水泥窑用耐火材料、玻璃窑用耐火材料、陶瓷窑用耐火材料等。

高岭土的主要化学成分是 Al_2O_3 和 SiO_2，所以它生产的耐火材料属硅铝系耐火材料，多属烧成制品。依耐火度划分的普通耐火制品、高级耐火制品和特级耐火制品均可用高岭土生产。高岭土生产的耐火材料制品主要有黏土质耐火材料、半硅质耐火材料和高铝质耐火材料三种。此外，其他耐火材料中，高岭土可以以辅助成分出现，可改善制品的某些性能。

（二）硅铝质耐火材料的物理化学基础

硅酸铝质耐火材料属于 SiO_2-Al_2O_3 系统内的不同组成比例的耐火材料。其主要化学组成是 Al_2O_3 和 SiO_2，还含有少量起熔剂作用的杂质成分，主要有 TiO_2、Fe_2O_3、CaO、MgO、R_2O 等。随着耐火材料中的主要成分 Al_2O_3/SiO_2 比值不同，杂质成分和数量的变化，其相组成也发生变化，从而导致制品的性能不同。因此，可以利用 Al_2O_3-SiO_2 系统状态图，从理论上了解硅酸铝质耐火材料的理论相组成及其随化学组成和温度变化的规律。还可根据硅酸铝质耐火材料的化学矿物组成推断其物理性质和使用性质。

Al_2O_3-SiO_2 系统状态图是耐火材料工业中最重要的二元系统。关于这一系统争论较多，几十年来先后提出过 11 种之多。其中比较重要的有两种，如图 3-10 所示。

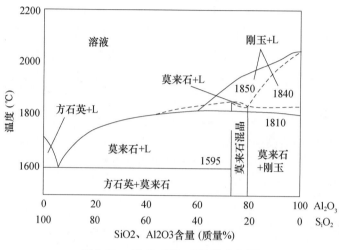

图 3-10 Al_2O_3-SiO_2 系统状态相图

从图中可看出，问题主要集中在二元化合物"莫来石"的熔化问题，即莫来石是否为一致熔融化合物？莫来石是否形成固溶体？根据实验证明：在空气中试验（非密封条件下），莫来石均为不一致熔融化合物；当使用高纯原料并在密封条件下作相平衡时，则莫来石为一致熔融化合物。所以一般硅酸盐材料中，特别是在工业生产条件下，莫来石多以不一致熔融状态存在。它在熔融或析晶过程中的转熔关系为：

$$3Al_2O_3 \cdot 2SiO_2 \longrightarrow Al_2O_3 + L$$

其中刚玉（α-Al_2O_3）为析晶能力很强的矿物，有利于莫来石熔融分解反应的进行，就有利于莫来石的不一致熔融。另外，当有杂质成分存在，特别是碱金属氧化合物存在时，促进莫来石的熔融分解，所以在分析生产实际问题时，莫来石视为不一致熔融化合物较宜。

莫来石和刚玉之间能否形成固溶体这一问题已经肯定，莫来石的实际组成不是固定的，它的 Al_2O_3 含量波动于 71.8%～77.5% 之间，相当于化学式 A_3S_2-A_2S 之间的组成。在硅酸盐中常见的莫来石晶体应视作 A_3S_2 和 A_2S 间的固溶体（习惯上以 A_3S_2 表示）。

在这些状态中的共熔温度虽然稍有差别，但并不影响该系统的基本特性。

莫来石是 Al_2O_3-SiO_2 系统中的唯一稳定化合物。其化学组成为 Al_2O_3 71.8%，SiO_2 28.2%。SiO_2 与莫来石间有一共熔点（其熔温度为 1595℃）。共熔点的组成为 Al_2O_3 5%，SiO_2 94.5%。莫来石和刚玉之间有一低共熔点（1850℃），当不一致熔化时，则它的转熔点（分解点）温度为 1810℃。

在 SiO_2-Al_2O_3 系统中，存在的固相为莫来石和方石英，莫来石数量随 Al_2O_3 含量增高而增多，熔融液相数量相应减少。以熔融曲线（液相线）看出：当系统中 Al_2O_3 含量低于 15％时，液相线陡直，当成分略有波动时，完全熔融温度明显地改变。因此，以共熔点组成到 Al_2O_3 含量为 15％范围内的原料，不能作为耐火材料使用。系统中 Al_2O_3 含量大于 15％至莫来石组成点的一段范围内，液相线平直，成分的少量波动引起完全熔融温度的变化不太大，且随 Al_2O_3 含量增多而提高。

从平衡相图中看出，温度由 1595℃上升到 1700℃左右的温度范围内，液相线较陡，液相量随温度升高而增加的速度较慢。1700℃温度以上时，液相线较平，液相量随温度升高迅速增加。这一特征决定黏土制品的荷重软化温度不太高和荷重软化温度范围宽的基本特征。

在 A_3S_2-刚玉系统中，Al_2O_3 含量越高，刚玉量也越多。因此，属于这一系统中的高铝制品具有比黏土制品高得多的耐火性质。

综上所述，Al_2O_3-SiO_2 系统中，在高温下的固、液相的数量及其比例、共熔温度的高低、完全熔融温度以及液相数量随温度升高的增长速度等因素决定着制品的高温性质。因此可凭借理论上的分析来判断制品的耐火性质。

但 Al_2O_3-SiO_2 系统相图所表示的是反映处于平衡状态，而在硅酸铝质制品的一般生产工艺条件下，通常不可能达到平衡状态，并且杂质成分的影响、液相在高温下所表现的特性的影响，都可能使制品的实际相组成与理论组成不相一致。

当 Al_2O_3 含量在 20％～50％之间，在 SiO_2-Al_2O_3 状态图中这一段熔融曲线成平直的斜线。因此，黏土及其制品的耐火度在缺乏检验条件的情况下，制品的物相组成可依据化学成分，用经验公式近似地计算出来，其结果与实测数据接近。

硅酸铝质制品的荷重软化温度主要取决于制品的化学组成及坯体的密度。当其他条件波动不大时（如坯体体积密度波动不大及杂质含量不高且稳定时），Al_2O_3 含量越高，荷重软化开始变形温度和 40％变形温度也越高。在 Al_2O_3 含量为 40％～70％，荷重软化温度与含量基本上呈直线关系。当 Al_2O_3 含量每增加 1％，开始变形温度约升高 4℃，40％变形温度约升高 7℃。

制品的抗渣性也取决于 Al_2O_3 含量。制品在各种熔渣中的溶解度，随 Al_2O_3 含量的提高而逐渐减少。

（三）黏土质耐火材料

黏土质耐火材料使用天然产的各种黏土作原料，将一部分黏土预先煅烧成熟料，并与部分生黏土配合制成的 Al_2O_3 含量为 30％～46％（根据我国原料组成的特点，一般为 30％～48％）的耐火制品，是我国目前产量最大的一种耐火制品，其产量约占耐火材料总产量的 50％～70％。

在建材工业的水泥窑、玻璃池窑、陶瓷窑，以及燃烧炉、锅炉等热共设备中都普遍使用黏土质耐火材料。

1. 黏土质耐火材料的分类

（1）按物理指标

黏土质耐火材料的种类很多，根据 YB/T 5106—2009 规定，黏土按物理指标可分为

N-1、N-2a、N-2b、N-3a、N-4、N-5、N-6 八种牌号。它们的物理指标应符合表3-8的要求。玻璃窑用大型黏土质耐火砖则分为 BN-40a 和 BN-40b 两类，其理化指标应符合 YB/T 5106—2009 的规定。

表3-8 不同牌号黏土转的物理指标

项目		指标							
		N-1	N-2a	N-2b	N-3a	N-3b	N-4	N-5	N-6
耐火度（℃）不低于		1750	1730	1730	1710	1710	1690	1670	1580
MPa 荷重软化开始温度（℃）不低于		1400	1350	—	1320		1300		
重烧线变化（%）	1400℃	+0.1 −0.4	+0.1 −0.5	+0.2 −0.5	—	—	—	—	—
	1350℃	—	—	—	+0.2 −0.5	+0.2 −0.5	+0.2 −0.5	+0.2 −0.5	—
显气孔率（%）		22	24	26	24	26	24	26	28
常温耐压强度（MPa）		29.4	24.5	19.6	19.6	14.7	19.6	14.7	14.7
耐热震性		N-2b、N-3b 必须进行此项检验							

（2）按所用熟料

根据制造时所用熟料量不同，可以分为多熟料黏土制品（熟料数量在配料中占80%以上）、普通熟料黏土制品（熟料数量在配料中占70%～80%）和无熟料黏土制品（配合料中不含熟料）。

（3）按熟料烧结程度

根据制造时所用熟料烧结程度的不同，制品分为轻烧熟料黏土制品（制造时使用由900℃左右温度煅烧的或未经烧结的黏土熟料）和烧结熟料黏土制品（所有熟料是由高温煅烧成的，呈烧结状态的黏土熟料）。

（4）按砖型复杂程度

黏土质制品就其砖型的复杂程度，又可划分为标准型制品、普通型制品、异型制品和特型制品。划分的条件是根据外形尺寸（最大尺寸和最小尺寸）比例、单重、凹角、沟槽和孔眼个数，以及锐角的个数和角的大小。

当然，黏土制品还可按烧成工艺、成型工艺和用途等进行分类。

2. 黏土质耐火材料的生产过程

目前，黏土质制品的生产均采用半干法成型。由于普通熟料制品和多熟料制品的熟料含量不同，则它们的工艺流程有所区别，如图3-11和图3-12所示。主要区别在于原料的加工部分，对多熟料制品的质量要求比较严格，采用结合黏土和部分熟料共同细粉碎的措施以提高多熟料制品的质量。

黏土制品的生产工艺过程大致可以分为结合黏土及其结合剂的选择、黏土熟料和泥料的制备、成型、干燥以及烧成等几个阶段。每个阶段流程的选择，主要取决于原料的性质、对制品质量的要求和生产规模的大小等因素。

3. 黏土质耐火制品的性质

由于黏土质耐火制品的化学组成波动较大（Al_2O_3 含量由30%到48%），工艺条件不同，使其各项质量指标的波动范围也较大。

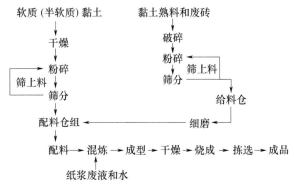

图 3-11 普通熟料制品生产工艺流程

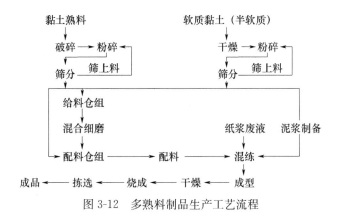

图 3-12 多熟料制品生产工艺流程

（1）耐火度

黏土质制品的耐火度为 1610~1770℃，随制品 A/S 比值的增大而提高，同时随杂质含量的增大而降低。

（2）高温耐压强度

黏土质耐火制品高温耐压强度随 Al_2O_3 含量的增加而增大。同时，受低熔点物质高温下出现液相温度、液相的数量及黏度的影响。一般在 800℃ 以上可出现塑性变形。消除内应力的影响，强度提高。在 1000~1200℃ 时出现最大值。当温度超过 1200℃，液相大量形成、黏度降低，耐压强度迅速下降。因此，即使在炉墙单面受热的条件下，黏土砖使用温度也不宜太高。

（3）高温体积稳定性

黏土质耐火制品长期在高温下使用，会产生残余收缩。这是由于在生产过程中加入一定数量的结合剂（如加入结合黏土），在烧成时矿化作用不彻底造成的。一般情况下残余收缩为 0.2%~0.7%，不超过 1.0%。

（4）荷重软化温度

黏土质耐火制品的荷重软化温度主要取决于制品中 Al_2O_3 的含量、杂质的种类及数量、烧成温度、泥料中的熟料量和砖坯的体积密度等。虽然黏土质耐火制品有熔点很高的莫来石晶相，但由于晶体数量少，在制品中尚未形成结晶骨架结构，而分散存在于玻璃相之中，随着温度的升高，玻璃相的黏度下降，制品逐渐变形，因此，黏土质耐火制品的荷重软化温度为 1250～1400℃，压缩 40％时温度为 1500～1600℃。

（5）耐热震性

黏土质制品的耐热震性较好，主要取决于它的宏观组织结构，即配料组成和颗粒结构。普通黏土砖 1100℃水冷循环次数达 10 次以上，多熟料黏土砖可达 50～100 次或更高。

（6）抗渣性

黏土质制品属于弱酸性耐火材料。其酸性随 SiO_2 含量的增加而增强。因此，黏土质制品抗弱酸性熔渣侵蚀能力较强，而抵抗酸性和碱性熔渣侵蚀能力较差。因此，黏土质制品适宜于作弱酸性熔渣窑炉的内衬。提高制品的致密度、降低气孔率，能提高制品的抗渣性能，增大 Al_2O_3 含量，抗碱渣侵蚀能力提高，随 SiO_2 含量的增加，抗酸性渣蚀的能力增强。

（四）半硅质耐火材料

半硅质耐火材料是含 Al_2O_3＜30％，SiO_2＞65％的半酸性耐火材料。

制造半硅质制品的原料是含有天然石英杂质的 Al_2O_3 含量低的黏土或高岭土，以及耐火黏土、高岭土等选矿时所得的尾矿，也可以用天然产的蜡石作半硅质制品的原料。有些生产厂还采用含硅砂高岭土及煤矸石为原料生产半硅质制品。如果在耐火黏土中加入一定数量的硅石粉料或石英砂来制造半硅砖是不恰当的。因为优质黏土理应用来生产高质量的黏土制品。

半硅砖的生产一方面是扩大原料资源的综合利用，另一方面它具有不太大的膨胀特性，这种微量膨胀有利于提高砌体的整体性，减弱熔渣沿砖缝对砌体的侵蚀作用。另一特点是当高温熔渣与砖面接触后发生化学反应，在砖面形成一层黏度很大的釉状物质（硅含量高的熔融物，厚度为 1～2mm），掩盖了砖表层的气孔，阻止熔渣向砖内渗透，成为一层保护层，从而提高了抗熔渣侵蚀的能力。

半硅质制品的制造工艺和黏土砖没有原则区别。在生产上一般应注意以下几点：

（1）熟料

利用天然的硅质黏土时，要根据原料的性质和成品的使用条件，决定是否加入熟料。硅质黏土烧成收缩小，可不加熟料直接使用。但这种黏土干燥收缩大，水分不易排出，制品的结构为细颗粒结构，耐热震性低，宜加入 10％～20％的黏土熟料。表 3-9 所列为生产半硅质制品及蜡石制品用原料的化学-矿物组成。

（2）温度

在烧成时，低温阶段（1250℃以前），由于石英的多晶转变和结晶成方石英，体积膨胀，同时黏土烧结收缩，可以和它互相抵消。高温时，易熔物生成溶液，体积收缩较大。半硅砖的烧成温度为 1350～1410℃，随原料特性而有差异。

（3）颗粒

原料内的易熔物较多，石英颗粒细，则石英在高温下起强熔剂作用，生成大量的低温共熔物而产生很大的收缩，降低了制品的耐火性能和耐热震性，反之，则制品的密度和强度差，耐火性能降低不太大。如果需外加石英砂或硅石作瘠化料时，其颗粒大小应根据制品性能要求而定。若要求耐火震性好，荷重软化温度高，则加入大颗粒（不超过 2.00mm），如果要求机械强度大，可加入细颗粒。

表 3-9　半硅质原料的理化指标

| 原料类别 | 化学组成（%） | | | | | | | 真密度 (g/cm³) | 耐火度 (℃) | 主要矿物 |
	Al₂O₃	SiO₂	Fe₂O₃	CaO	MgO	Na₂O	烧失量			
高岭土	18.0	72.9	1.2	0.8	0.6	—	6.0		1670	高岭石、石英
高岭土	16.9	73.2	0.9	1.5	0.5	—	6.3		1650	
煤矸石	25.0	—	1.9	—	—	—	11		1630	
蜡石	25.2	69.0	0.3	0.4	—	0.1	4.6	2.8	1690	叶蜡石
蜡石	18.8	77.0	0.2	0.1	—	0.0	3.6	2.7	1670～1690	叶蜡石、石英
蜡石	22.6	72.3	0.2	0.1	—	—	4.3	2.8	1690	叶蜡石、石英

（4）化学矿物组成

用蜡石原料制砖时，应根据蜡石原料的化学矿物组成特点来确定其工艺要点。蜡石原料中的主要矿物是叶蜡石（Al_2O_3，$4SiO_2 \cdot H_2O$），含结构水少，脱水失重只达 5%～6%，而且脱水过程比较缓慢，脱水后仍保持原来的晶体结构，故可采用生料直接制砖，减少原料煅烧过程，降低生产成本，还可以充分利用粉矿。但必须注意到，采用全生料制砖时，由于蜡石脱水和石英转化引起的体积膨胀，会使制品发生疏松，强度降低。因此，也可将部分蜡石煅烧成熟料加入配料中。

半硅质耐火制品主要特点是高温体积稳定性好，对酸性、弱酸性熔渣有较好的抵抗能力，对含 SiO_2 的高温烟气也有良好抵抗能力。半硅砖在建材工业主要用于窑炉的烟道及燃烧室，使用寿命高于黏土砖。

（五）高铝质耐火材料

1. 高铝质耐火材料的定义和分类

高铝质耐火材料是指 Al_2O_3 含量大于 48% 的硅酸铝质耐火材料。它是硅酸铝质耐火材料范围内的一种高级耐火材料。

高铝质耐火材料，按其 Al_2O_3 含量通常分为三类。

Ⅰ等高铝制品：Al_2O_3 含量＞75%；

Ⅱ等高铝制品：Al_2O_3 含量 60%～75%；

Ⅲ等高铝制品：Al_2O_3 含量 48%～60%。

高铝制品也可按其矿物组成进行分类，一般分为：低莫来石质及莫来石质（Al_2O_3 48%～71.8%）、莫来石-刚玉质、刚玉-莫来石质（Al_2O_3 71.8%～95%）和刚玉质（Al_2O_3 95%～100%）五类。在 Al_2O_3 小于 71.8% 的范围内，随 Al_2O_3 含量的增加，莫来石的数量增加。制品的耐火性能则随 Al_2O_3 含量的提高而提高。

2. 高铝质耐火材料的性质

（1）由于高铝质耐火材料中的 Al_2O_3 含量超过高岭石的理论组成，所以其实用性质较黏土质耐火材料优异。如：较高的荷重软化温度和高温结构强度以及优良的抗渣性能等。

高铝质耐火材料的荷重软化温度是一项重要性质。试验结果表明它随制品中 Al_2O_3 含量的变化而变化，如图 3-13 所示。

Al_2O_3 含量低于莫来石理论组成时，制品中平衡相为莫来石-玻璃相。莫来石含量随 Al_2O_3 含量的增加而增加，荷重软化温度也相应提高。Al_2O_3 含量为 70%～90% 之间，属

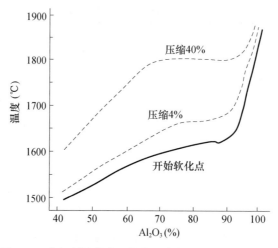

图 3-13　高铝制品的荷重软化温度与 Al_2O_3 含量的关系

莫来石-刚玉制品，随 Al_2O_3 含量的增多，其荷重软化温度的提高不显著。

Al_2O_3 含量为 95％以上属于刚玉制品。这时荷重软化温度随 Al_2O_3 含量的增多而显著提高。

（2）高铝质耐火制品的热震性较黏土质耐火制品差，850℃水冷循环仅 3～5 次。这主要是由于刚玉的热膨胀性较莫来石高，而无晶型转化之故。就高铝质耐火制品而言，Ⅰ、Ⅱ 等高铝质耐火制品比Ⅲ等高铝制品差些。

在生产上，通常采取调整泥料的颗粒组成，以改善制品的颗粒结构特性，改善其耐热震性。近年来，在高铝质制品的配料中加入一定数量的合成堇青石（$2MgO \cdot 2Al_2O_3 \cdot 5SiO_2$），制造高耐热震性的高铝质制品，取得明显的效果。

（3）高铝质耐火制品的抗渣性也随 Al_2O_3 含量的增加而提高。降低杂质含量，有利于提高抗侵蚀性。

高铝制品与黏土制品相比，具有良好的使用性能，因此比黏土制品有较长的使用寿命，成为目前建材工业应用较广泛的耐火材料之一。水泥窑的烧成带、玻璃池窑以及高温隧道窑多采用高铝砖作窑衬。

3. 高岭土生产高铝质耐火材料

高岭土生产的高铝质耐火材料一般属于低莫来石质和莫来石质耐火材料，其配料中 Al_2O_3 的含量一般在 48％～72％。由于高岭土在煅烧后，Al_2O_3 含量一般在 43％～46％，所以，用高岭土生产高铝质耐火材料的配料中必须补铝。其补铝的途径可以用工业氧化铝，也可以用铝土矿。前者配料成本高，但基本上不带入杂质，可生产出高质量的高铝质耐火材料制品，后者配料成本低，但由于铝土矿是表生条件下生成的矿产，其 Al_2O_3 和 Fe_2O_3、TiO_2 呈现显著的正相关性，所以，铝土矿中 Fe_2O_3 和 TiO_2 往往含量很高。有时，由于沉积环境的变化，铝土矿中还含有较多的伊利石，伊利石中的 Na^+ 和 K^+ 对莫来石的溶蚀作用很强，影响制品质量；成岩及后生作用还往往使铝土矿含有一定量的 MgO 和 CaO，它们对莫来石的形成也很不利。因此，铝土矿往往带入部分杂质，影响高铝质耐火材料制品的质量。鉴于以上两个补铝方法的缺点，我们进行了高岭土除硅试验，用除硅后的高铝渣配适量高岭土，经成型、煅烧工序，应该能生产出高质量的莫来石质耐火材料制品，由于无需新增加铝源，生产成本也较低。

五、制备群青颜料

（一）概述

高岭土可用以制备无机群青系列颜料。国外已生产的群青颜料有蓝色、紫色、红色，以蓝色为主，我国目前只有蓝色。群青蓝色调艳丽、清新，非其他蓝色可相比，甚至用其他方法无法调配。群青蓝用途十分广泛，常用于涂料、塑料、树脂、油墨、建筑、纸张、洗涤剂、绘画颜料、化妆品等行业。其作用是：

（1）提白和调色。群青蓝能消除白色制品中的黄色光，显得更加亮白。在灰、黑等色中掺加群青可使颜色有柔和光泽。

（2）着色。使用群青蓝可制成各类材料的蓝色制品，特别是在油料中是不可缺少的。

（3）此外，群青蓝还可用作全氟化碳树脂的防老剂、氢化裂解催化剂等。

（二）群青的组成及性质

群青是一种多组分无机颜料。蓝色群青分子式为 $Na_6Al_4Si_6O_{20}$。由于原料、煅烧及颜料化处理的不同，形成的群青在颜色及化学成分上都有差异。如：有低硫化低硅化绿色群青（$Na_8Al_6Si_6S_2O_{24}$）；低硫化低硅化蓝色群青（$Na_7Al_6Si_6S_2O_{24}$）；多硫化低硅化蓝色群青（$Na_7Al_6S_4O_{24}$）；多硫化多硅化蓝色群青（$Na_6Al_4Si_6S_4O_{20}$），此种最为实用。

在上述群青中，无论颜色和成分有什么不同，它们都具有同样的晶体格子，与石蓝矿制成的群青是同样的。群青结晶格子的基本单元是硅铝酸盐的网状四面体结构（图 3-14）。

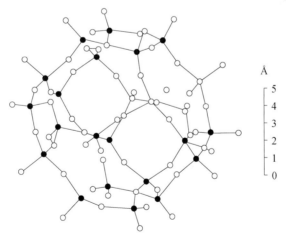

图 3-14　群青结晶格子示意图

四面体中分布着铝和硅原子，在很大程度上可以交换。四面体的各个角充满氧原子，相邻的面体由共有的氧原子彼此相连，从而形成一个"灯笼"状网状内腔，钠原子和硫原子便位于这个空腔中，这种结晶类似沸石，或人工合成沸石。由于骨架中的多硫化物中硫的数量不同，以及钠、硫原子比例不同，就决定了群青的颜色。

结晶格子构造和晶格中钠和硫之间的结合关系决定了群青的颜色。若用相近的其他离子将钠、硫置换出去，就失去了群青的价值，只有钠、硫组成的群青才有工业意义。

（三）群青的生产工艺

1. 原料选择

（1）高岭土要求 Fe_2O_3、CaO、MgO 应尽量低，其中铁氧化物应小于 1%。事实上，其他铝硅酸盐矿物都可用于制备群青，只要 SiO_2、Al_2O_3 分子比为 2 左右，及相应的纯度，而硅/铝在一定范围内可用硅质矿物调整。沸石或人造沸石的废弃物（失活而难以再生的）也可用于生产群青。

（2）纯碱（Na_2CO_3）应不含有 $NaHCO_3$ 及较多机械杂质。

（3）硫磺可含少量灰分，但灰分中含有铁的氧化物时，灰分应更少。含砷的硫磺不宜使用。

（4）硅添加剂可选择石英砂、硅藻土等原料，但不应含有 Al_2O_3 以外的杂质及铁氧化物。

（5）还原剂可用木炭、沥青、松香等碳物质，但灰分应尽量少。

总之，严格选择原材料，才可取得着色力高、艳蓝色的高质量群青。

2. 原料脱水

在群青的煅烧过程中，原料中的水分蒸发后会部分毁坏已生成的硫化物，反应如下：

$$Na_2S + H_2O \longrightarrow Na_2O + H_2S$$

这将影响群青的煅烧质量，因此原料必须彻底干燥脱水。

一般原料在 $110℃$ 以下干燥脱水，而高岭土或其他硅酸铝矿物还要在 $600\sim800℃$ 温度下煅烧，以除去结构水。煅烧还同时活化了高岭土的结构，以利于后续工序的反应。但燃烧温度不能过高，如大于 $900℃$，高岭土将重结晶而转化为硅线石，使反应活性大幅度下降。

干燥后物料含水量应低于 1%，高岭土结构水脱至 2% 为佳。干燥方法有坑面炉、机械干燥器、连续转炉等。

3. 原料的研细

原料粒径最好在 $10\mu m$ 以下，尤其对高岭土及硅添加剂要求更加严格。群青蓝的煅烧过程是固相反应，微细粉体可保证反应的充分进行。

4. 原料的配制与混合

（1）硅铝比。群青蓝的分子组成为 $Na_6Al_4Si_6S_4O_{20}$ 时，$2mol$ 的高岭土（$Al_2O_3 \cdot 2SiO_2 \cdot 2H_2O$）需要 $2mol$ 的 SiO_2。这就须要补充硅添加剂。由于 SiO_2 的加入，煅烧时易出现烧结现象，因此应严格控制 $SiO_2 : Al_2O_3$（克分子比）在 3 以下，一般为 $2.6\sim3$。

例如，要求 $SiO_2 : Al_2O_3$ 克分子比为 2.6，其 $SiO_2 : Al_2O_3$ 重量比为 $2.6 \times 60.1 : 101.9 = 1.53$（60.1 为 SiO_2 相对分子质量，101.9 为 Al_2O_3 相对分子质量）。

设：P、Q——分别为高岭土中 SiO_2 及 Al_2O_3 百分含量；

P_1、Q_1——分别为硅藻土中 SiO_2 及 Al_2O_3 百分含量；

x——以百分数表示的加入高岭土中的硅藻土量；

$100-x$——高岭土在混合物中的量。

此时，100 份物料中硅藻土的加入量为：

$$x = 100(1.53Q - P) / [1.53(Q - Q_1) - (P - P_1)]$$

（2）硫磺及纯碱加入量当符合 $Na_2S_{3\sim4}$ 的成分时，反应可生成多硫化、多硅化的群青。由于反应中有大量副反应产生，故硫与钠的用量是过量的。

（3）原料的配制可选用表 3-10 配方配制。

表 3-10 高岭土群青颜料配方

序号	高岭土	硫磺	纯碱	石英砂或硅藻土	木炭	成品色调
1	100	128	100	14～20	20	深色红光
2	100	110	90	12～18	18	中等色
3	100	100	80	12～18	18	偏绿光

（4）原料的混合必须均匀，工业生产可使用旋转式或带搅拌器的各类混合容器。

5. 煅烧过程

煅烧群青是十分复杂的过程，要考虑很多适合反应特性的条件才能完成。可采用封管炉、坩埚炉、马弗炉生产。国内主要使用坩埚倒烟炉。将混配的物料装入坩埚内，适当压实、加盖，最好使用封泥封口，马弗炉内煅烧。因煅烧过程中进行气体交换，因此要选用多孔性坩埚。煅烧过程分三个阶段：

（1）升温阶段 由常温到 730℃，该阶段生成钠的各种硫化物。当达到 150℃时纯碱与硫磺开始反应，生成各种硫化物。到 200℃时产生一部分硫代硫酸盐：

$$3Na_2CO_3 + S_n \longrightarrow 2Na_2S_{n-2} + Na_2S_2O_3 + 3CO_2 \uparrow$$

反应到 400℃结束。如氧过量则造成大量硫磺损失，影响群青的正常形成。此阶段炉内为还原性气氛。

在 400～500℃时，硫代硫酸钠首先被多余的硫还原，后又被碳还原：

$$2Na_2S_2O_3 + 3S \longrightarrow Na_2S_2 + 3SO_2 \uparrow$$

$$2Na_2S_2O_3 + 3C \longrightarrow 2Na_2S_2 + 3CO_2 \uparrow$$

也可在高温下发生分解反应：

$$4Na_2S_2O_3 \longrightarrow Na_2S_2 + 3Na_2SO_4$$

升温时间与炉体结构、大小及坩埚尺寸有关，一般为 8～20h 为宜。

（2）高温阶段 在 730～800℃，多硫化物与硅酸铝之间发生反应，生成绿色群青（700℃时实际已开始反应）。此阶段内应有微弱的氧气以促成绿色群青反应的完成：

$$2(2SiO_2 \cdot Al_2O_3) + 2SiO_2 + 4Na_2S_2 + H_2O \longrightarrow H_2S + S_2 + Na_8Al_4Si_6S_4O_{20}$$

高温阶段维持时间为 3～16h，这与配料成分、原料性质及细度有关。

（3）降温阶段 将已生成的绿色群青氧化成蓝色群青，同时把过量的多硫化物和硫代硫酸钠氧化成硫酸钠。反应主要从 450～500℃后才开始氧化：

$$Na_8Al_4Si_6S_4O_{20} + SO_2 + O_2 \longrightarrow Na_6Al_4Si_6S_4O_{20} + Na_2SO_4$$

$$Na_2S_2 + 3O_2 \longrightarrow Na_2S_4 + SO_2 \uparrow$$

该阶段炉内要维持较微弱的氧气浓度。氧气浓度过小，多硫化钠未被氧化，绿蓝色群青不能完全氧化，只能生成具有淡绿、黑绿色的群青蓝粗品；氧气浓度过大，会发生绿蓝色群青的过氧化而生成灰白色物质。在煅烧群青过程中，总反应式大体如下：

$$4Na_2CO_3 + 6S + 2(2SiO_2 \cdot Al_2O_3) + 2SiO_2 + 3O_2 \longrightarrow Na_6Al_4Si_6S_4O_{20} + Na_2SO_4 + 4CO_2 \uparrow + 2SO_2 \uparrow$$

6. 颜料化处理

煅烧后的群青粗蓝制品虽已具有稳定型晶格及艳丽的蓝色，但还不具备颜料所要求的物理性能，尚须进行颜料化处理。

（1）水洗　除去水溶性盐，经挑选分级后，分别碎散，在60℃热水中反复水洗，使水溶性盐由25%～30%降到3%以下。

（2）除去游离硫磺　用亚硫酸钠沸腾溶液处理，除去游离硫（生成硫代硫酸钠盐），水洗。

（3）粗品研磨　用机械研磨使其二次粒径达到40μm以下，高质量群青在10μm以下。为保持群青透明度，应磨至−5μm，其中−2μm占50%以上。

（4）二次水洗　研磨产物再水洗至水溶性盐在1.5%以下。高质量群青要求含盐量更低，可用加温方法清洗。

（5）干燥粉碎　干燥时易结块，要进一步粉碎成细粉。

（6）配色、混合、包装　实际生产中因多方面影响，烧制的粗蓝颜色不一，必须拼配后才能达到标准要求。

7. 群青颜料生产的工艺流程如图 3-15 所示。

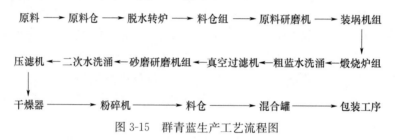

图 3-15　群青蓝生产工艺流程图

（四）色相的影响因素

群青蓝色相分为红相蓝和绿蓝。为得到不同的色相，须在工艺指标上作如下调整：

1. 原料配方　调节硅铝比及还原剂用量。

2. 氧化时间　氧化时间长，群青蓝色相偏红，控制氧化时间可变化色相。

3. 研磨时间　研磨粗品时间越长，绿蓝色越突出。

六、用作分子筛粘结剂

（一）分子筛对粘结剂的要求

用于石油冶炼过程（催化、裂化）的分子筛和吸附、干燥、脱蜡、富氧空气制备等领域使用的分子筛，都要把分子筛晶体（粉状，称作原粉）粘结在一起，并制备成某种形状后才能使用，这时要使用粘结剂成型，粘结剂的选择应满足以下要求：

（1）粘结性好，以少量粘结剂就能强固地粘结分子筛粉末。

（2）不影响分子筛的吸附和催化性能。

（3）在分子筛的各种应用中，不产生有害的副反应。因而，粘结剂应系惰性物质，或者是有机粘结剂，在活化时可以被烧除。

（4）粘合体稳定，在各种处理中不易破坏。

（5）有可塑性，容易成型。

（6）凝固温度低于沸石晶格的破坏温度（550℃以下）。

（7）成本低，容易得到。

（二）高岭土作分子筛的粘结剂

高岭土分散性好、粘结性强，化学稳定性、可塑性等指标均能满足分子筛粘结剂的要求，可当分子筛粘结剂使用，结合分子筛的制备工艺路线，高岭土作分子筛粘结剂可分三种途径。

（1）分子筛的水热合成及粘结成型

将 NaOH、$Al(OH)_3$、水玻璃或类似的铝、硅原料按一定比例在水溶液中合成分子筛原粉的方法叫水热合成法。水热法合成的是分子筛原粉，用粘结剂粘结成型，活化后才能使用。高岭土用作粘结剂应尽量磨细，粒度越细，粘结效果越好。粘结剂的用量根据不同应用变化很大。例如，用作催化剂时，作为催化剂的母体，占聚集体重量的80%以上；在吸附分离应用中，为获得适当的强度，用量为聚集体重量15%～20%（干基）左右。

将水热法合成的分子筛原粉粘结成型，制备成特定大小和形状的分子筛，在这一过程中，高岭土主要起粘结剂的作用。

（2）碱处理法合成分子筛及粘结机理

碱处理法又叫水热转化法，先将铝和硅的原料与 NaOH 按比例混合、成型，然后放入一定浓度（1～10 当量，NaOH）碱液中，使其转化成分子筛。

碱处理法生成分子筛的过程中，Si、Al、Na 的迁移主要依靠扩散作用实现。所以，物料的细磨和均匀程度对产品质量影响很大，而高岭石和 4A 沸石的 Al_2O_3/SiO_2 相等，低温（700℃左右）煅烧的高岭土粉就可以看成是 Al_2O_3 和 SiO_2 的均匀混合物，对转化非常有利，因此，人们常用煅烧高岭土和 NaOH 混合、成型，然后在 NaOH 溶液中转化成 A 型沸石分子筛。

用碱处理法制备分子筛的强度是非常理想的，但分子筛的结晶度往往偏低。高岭土在配料成型时起到粘结剂作用，在转化过程中，高岭土又是主要的组分，在活性 Al_2O_3、SiO_2 转化成沸石分子筛的过程中，分子筛晶体相互连接，形成连晶或紧密镶嵌状结构，从而产生很高的强度，同时，未转化成分子筛晶体的物质，还可作为母体或粘结剂，使分子筛的强度增加，使催化剂获得适当的活性和稳定性。

高岭土在碱处理法合成分子筛过程中所起的作用主要是提供 Al_2O_3 和 SiO_2 组分，而不是粘结剂性能，在此提及这一工艺的目的是为了引入下一个粘结剂技术的方便，并使读者对这个领域有个较为全面的了解，同时也与高岭土制备分子筛一章相照应或补充。

（3）4A 沸石成形体的制法

该方法是一个专利技术。这个方法可以看作是介于高岭土用作分子筛粘结剂和以高岭土为原料，用碱处理法制备 A 型沸石方法之间，或者说是上述两种方法的结合，但它的显著特点是把上述两种方法的优点有机地结合起来，达到了更好的效果。

沸石成形体制法的特点是：将粒径 $0.1～5\mu m$ 占80%以上的 4A 沸石微粉和粒径 $0.1～5\mu m$ 占80%以上且杂质含量换算成氧化物为 3% 重量以下的高岭土微粉，以重量比为 85∶15～40∶60，经混合造粒后，在 400～650℃中烧成，接着加入氢氧化钠溶液，使高岭土转化成 4A 沸石。

本发明中沸石和高岭土以 85∶15～40∶60 重量比进行混合，较好的混合比是 80∶20～50∶50，最好在 75∶25～55∶45 之间。当高岭土的混合比率过少时，沸石形体的强度低，使用时容易产生磨耗及粉化，而当高岭土的混合比过高时，沸石的转化效率变差，沸石成形体的气体吸附值就要降低。

混合物成型以后的颗粒（成形体）最好在干燥器中，在 $60\sim200℃$ 左右温度范围中干燥数小时到数十小时，之后，装入电炉或煤气炉中，在氧化气氛下进行烧成。烧成温度 $450\sim600℃$ 较好，最好为 $500\sim600℃$。烧成温度如果提高了，则沸石的结晶形态（晶体结构）崩溃而变为非晶体，吸附效率明显降低；若烧成温度低时不能充分进行粒状体的烧结（烧到 $600℃$ 时，成形体也不可能烧结，作者注），粒子强度低，而粒状成形体中的高岭石不能完全活化，使沸石分子筛转化率低，气吸附量也会下降。升温速度影响不大，只要不因大量气体快速逸出时，导体成形开裂即可。

接着，将烧成的成形体浸渍在 NaOH 溶液中，高岭土将转化成 4A 沸石。溶液的浓度一般为 $0.1\%\sim20\%$ 重量，$0.5\%\sim15\%$ 较好，最好 $0.5\%\sim10\%$。另外，成形体和 NaOH 溶液的比率（重量比）一般为 1：（$2\sim10$）。NaOH 溶液的温度以 $60\sim90℃$ 最好。处理时间一般为数小时到数十小时，在 $60\sim90℃$ 时，24h 就足够了。

从上文叙述可知，在该发明中将高岭土既当粘结剂（用 $15\%\sim60\%$ 的高岭土去粘结 $85\%\sim40\%$ 的 4A 沸石），又当合成 4A 沸石的原料使用。该技术与高岭土粉粘结沸石原料工艺相比，将充当粘结剂的高岭土又用水热法转化成了分子筛，使分子筛总量增加，吸附性提高。同时，在高岭土转化成分子筛的过程中，结晶体又进一步提高了成形体的强度；该技术与纯粹的碱处理法相比，成形体中混入了 $85\%\sim40\%$ 的优质 4A 沸石晶体，成形体中分子筛总量高，吸附性能好，同时，在高岭土转化成分子筛的过程中，先加入的沸石起到了晶种的作用，有利于分子筛的生成。所以这一技术是先进的。

从高岭土利用的角度考虑，高岭土在其中充当了粘结剂，同时又是合成分子筛用组分（Al_2O_3 和 SiO_2）的带入者，有双重作用。另一方面，我们也可以对这一技术有较大的改进，使其更具实用性。

该专利提出的最佳煅烧温度是 $500\sim600℃$，分子筛晶体结构破坏的温度是 $600℃$ 多一点，所以，对工业生产线而言，$600℃$ 煅烧就比较危险了。同时，高岭土的最佳活化温度是 $700\sim800℃$，并且 $500℃$ 及以下温度活化效果又很差。所以，本专利技术的煅烧工序对窑炉温度控制要求很严格，并且，因控制温度较低，要得到较高活性的高岭土就要有很长的保温时间，能耗和成本必然较高。在高岭土加工利用中知道，结晶程度差的高岭石，如 7Å 多水高岭石和 10Å 多水高岭石不经煅烧活化就能合成质量很好的沸石，因此，我们可以用粘结性、分散性和可塑性都很好的埃洛石作粘结剂，替代结晶好的高岭土，免去煅烧工序，制备高性能的分子筛成型体，这种原料在我国也有很多，如四川的叙永石、山西的羊脂矸等。

应该指出，这一用途的粘结剂要求高岭土很纯净，专利中所用高岭土的成分是：SiO_2 $45.2\%\sim45.3\%$，Al_2O_3 $38.38\%\sim39.30\%$，Fe_2O_3 $0.3\%\sim0.32\%$，TiO_2 $0.66\%\sim1.4\%$，CaO $0.05\%\sim0.21\%$，MgO $0.03\%\sim0.25\%$，Na_2O $0.03\%\sim0.27\%$，K_2O $0.04\%\sim0.09\%$，烧失量 $13.97\%\sim14.16\%$，杂质总量 $1.34\%\sim2.35\%$。而我们在选用这种高岭土时，可以参照合成分子筛用高岭土的要求。

七、生产聚合氯化铝

（一）概述

聚合氯化铝（PAC），是一种新型的无机高分子凝聚剂。它具有高效、快速、适应范围广、化学性质稳定、腐蚀性小等优点。它的化学通式目前比较公认的有两种：$[Al_2(OH)_nCl_{6-n} \cdot xH_2O]_m$ 和 $Al_n(OH)_mCl_{(3n-m)} \cdot xH_2O$，其中 n 为 $1\sim5$，m 为 $1\sim10$。它不是以单一的形态存在，而是不同形态，按不同比例组成的混合体系，所以，由于制备工艺、操作方法、反应条件的不同，所制得的产品有所差异。

关于铝的碱式盐的研究，早在 20 世纪 30 年代，德、美、日、苏等国家先后在实验室进行试制。在这方面的研究以日本进展较快。1962 年日本首先突破实验室研究范围，提出了工业制造流程，并在给水处理系统中，用小批量进行试验，肯定了它的优越性。1968年，日本东京各自来水厂正式采用聚合氯化铝为饮水净化剂，并进一步从无机高分子理论出发认识这类凝聚剂。1969 年正式定名为聚合铝。在日本产品已经工业化和商品化，资料已列入专利。但是，目前在德、英、苏等其他国家，仍处于试制和试用阶段。

我国于 1964 年，由哈尔滨、沈阳等地首先开始研究。我国在这方面的研究进展比较快，据不完全统计，现在已有几十个单位，从各个不同的角度进行试用。然而，国内外目前的生产多数是铝屑、铝灰，或铝土矿做原料，产品大多是液体 PAC。南票矿务局，在抚顺煤研所的协助下，于 1975 年首先试制成功，并建成年产 5000t 聚合氯化铝的煤矸石综合利用厂。此外，抚顺有机化工厂、天津大沽化工厂、北票矿务局也进行了类似的研究。

（二）高岭土生产聚合氯化铝的原理

在常温下，高岭石对酸和碱是稳定的。但是，加热到一定温度，由于失去化合水，使其中的 Al_2O_3 与 SiO_2 的结合力变弱。

$$Al_2O_3 \cdot 2SiO_2 \cdot 2H_2O \longrightarrow Al_2O_3 \cdot 2SiO_2 + 2H_2O$$

$$Al_2O_3 \cdot 2SiO_2 \longrightarrow Al_2O_3 + 2SiO_2$$

其中的 Al_2O_3 被活化，加热时很容易与盐酸发生反应，生成 $AlCl_3$。

$$Al_2O_3 + 6HCl \longrightarrow 2AlCl_3 + 3H_2O$$

而 SiO_2 则不与盐酸反应，在分离时，即可除去。但是，在酸溶时，煤矸石中的其他酸溶组分，主要是铁，也与盐酸发生反应：

$$Fe_2O_3 + 6HCl \longrightarrow 2FeCl_3 + 3H_2O$$

所以原料中铁含量高，将增加酸的消耗量，并降低结晶氯化铝的质量。

在一定的温度下，加热结晶氯化铝，使其部分分解，析出一定量的氯化氢气体和水分，其反应是：

$$2AlCl_3 \cdot 6H_2O \longrightarrow Al_2(OH)_nCl_{6-n} + nHCl + (12-n)H_2O$$

生成淡黄色粉末状聚合氯化铝单体，也即碱式氯化铝（BAC）。它也是各种碱化度组分构成的混合物。它能溶于水，但是溶解速度较慢。若将单体按一定的比例加入水中，使其水解聚合：

$$mAl_2(OH)_nCl_{6-n} + mxH_2O \longrightarrow [Al_2(OH)_nCl_{6-n} \cdot xH_2O]_m$$

再经保温，干燥即制得固体聚合氯化铝。

（三）高岭土生产聚合铝的工艺流程

聚合氯铝的制备工艺很多，归纳起来可分为四大类：酸溶法、碱溶法、中和法与烧结法。以铝屑、铝灰做原料，酸溶、碱溶、中和三种方法均可采用。若以含铝矿物为原料，铝硅比是确定工艺流程的重要指标。铝硅比大于 7 时，可用碱溶法；铝硅比在 $3\sim6$ 之间，一般采用烧结法；铝硅比小于 3 的，适宜用酸溶法。高岭土中的铝硅比一般为 0.5 左右，其制备工艺是：第一步用酸溶法制取结晶氯化铝，第二步将结晶氯化铝进行热解、聚合进而制得聚合氯化铝。工艺流程如图 3-16 所示。

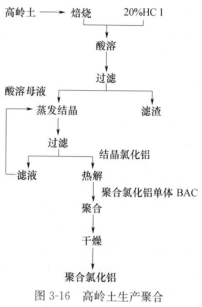

图 3-16 高岭土生产聚合氯化铝工艺流程

（四）高岭土生产聚合铝工艺条件研究

选定了工艺流程之后，我们对工艺参数进行了研究。研究方法是，先用简单对比试验，找出各因素的优选范围，再用正交试验进行细致的考察，最后用扩大性试验进行验证。对以上结果进行综合分析，选出比较合理的工艺参数。

1. 结晶氯化铝的工艺参数选择

在简单试验的基础上，进一步考察煤矸石的粒度、焙烧温度、焙烧时间、原料配比和酸溶时间等五个因素对溶出率的影响。试验结果表明，影响溶出率高低的主要因素是酸溶时间和原料配比（即 HCl/Al_2O_3 当量比），其次是煤矸石的粒度，焙烧时间和焙烧温度影响不大。五因素与溶出率的关系，如图 3-17 所示。

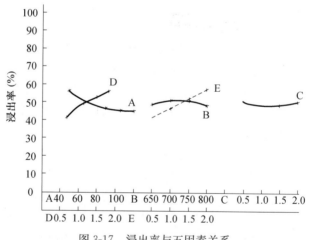

图 3-17 浸出率与五因素关系

A—粒度（μm）；B—煅烧温度（℃）；C—煅烧时间（h）；

D—HCl/Al_2O_3 当量比；E—酸溶时间（h）

从图 3-17 可以清楚地看到，随着 HCl/Al_2O_3 当量比的增大，酸溶时间的增长，溶出率还在急剧上升，为了深入探索 HCl/Al_2O_3 当量比与酸溶时间对溶出率的发展趋势，又作了五个补充试验。结果表明，随着 HCl/Al_2O_3 当量比的加大，酸溶时间的延长，溶出率仍在上升，然而，上升速度显著下降了。例如，在 HCl/Al_2O_3 当量比为 2.28 的条件下，延长酸溶时间溶出率的变化是：酸溶时间 1.5h 的溶出率为 67.34%，酸溶时间 2.0h 的溶出率是 71.9%，上升了 4.56%，而酸溶时间为 2.5h 的溶出率是 73.77%，只上升了 1.87。考虑到在生产过程中，酸溶时间太长，会延长生产周期，降低设备效率，所以根据溶出率试验，初步选择的结晶氯化铝的工艺参数是高岭土粒度<40目，焙烧温度750℃，焙烧时间30min，HCl/Al_2O_3当量比为1.8；酸溶时间2h。

以上参数，是仅考虑最大溶出率选择的。而在实际生产中，不仅要考虑溶出率，还要考虑原料消耗与产品质量，因此，我们又采用了多指标综合评分正交试验法，更深入地研究焙烧温度、焙烧时间、原料配比与酸溶时间四个因素对溶出率、游离酸及Fe_2O_3含量三个指标的影响。试验结果表明，影响三个指标综合效果的主要因素仍是酸溶时间和原料配比，而焙烧时间和焙烧温度影响不大。

根据以上两轮正交试验结果，选定结晶氯化铝的生产工艺参数为：高岭土粒度<40目；焙烧温度750℃；焙烧时间1.0h；原料配比（HCl/Al_2O_3当量比）为1.0；酸溶时间2.0h。

为给设计生产提供可靠的技术资料。在实验室又进行了扩大性试验，以验证小型试验选择的工艺参数是否合理。试验结果说明，选定的结晶氯化铝工艺参数比较合理，可提供今后中间试验或设计生产作为技术参考。

2. 热解工艺条件

聚合氯化铝是一种阳离子型无机高分子电解质凝聚剂，它的凝聚效果除了Al_2O_3含量以外，与碱化度［OH/Al当量%］有密切的关系。对于同一浓度的PAC溶液，碱度越高凝聚效果越好，但是，随着碱化度的升高，可溶性逐渐下降，尤其是当碱化度78%时很难溶解。因此，在制备过程中，Al_2O_3含量、碱化度和可溶性是控制聚合铝质量的主要指标。而热解过程是控制PAC质量的重要环节。

（1）减重与温度的关系

在一定的温度下，加热$AlCl_3 \cdot 6H_2O$，因其发生热分解，析出HCl和H_2O而不断减重。所以，通过减重的多少可以间接地反映$AlCl_3 \cdot 6H_2O$热分解的程度。取一定量的$AlCl_3 \cdot 6H_2O$分别在不同的温度下使其热解，其减重情况见表3-11。

表3-11 热解温度与结晶氯化铝热解状况的关系

编号	1	2	3	4	5	6	7	8	9	10	11
热解温度（℃）	125	125	160	160	160	180	180	180	180	180	180
热解时间（min）	30	46	32	35	37	10	15	20	25	27	30
碱重（%）	40	49	52	56	60	33.5	43	51	66	71.5	73.5

由表3-11可以看出，温度对结晶氯化铝的热解速度影响很大。例如，在125℃时热解30min，减重40%；在160℃时热解32min，减重52%；在180℃时，热解30min，减重高达73.5%。由此可见，随着温度的升高，热解速度迅速加快。

另外，在180℃的条件下，以热解时间为横坐标，减重%为纵坐标，可以作出热解曲线，如图3-18所示。从图3-18中可以看出，热解时间在10～20min之间，减重与热解时间基本成直线；热解时间在20～27min之间，热解速度有所加快；热解时间在27min以上，热解速度明显缓慢。

（2）碱化度与减重之间的关系

碱化度是能直接反映聚合氯化铝分子结构中羟基化程度的指标，同样也是$AlCl_3 \cdot 6H_2O$热解程度的重要指标。常用［OH］/3［Al］×100%来表示。在实验室中，一般是

通过控制 $AlCl_3 \cdot 6H_2O$ 在受热过程的减重来控制碱化度的大小。试验表明，碱化度与减重基本成直线关系。它们之间关系，如图 3-19 所示。

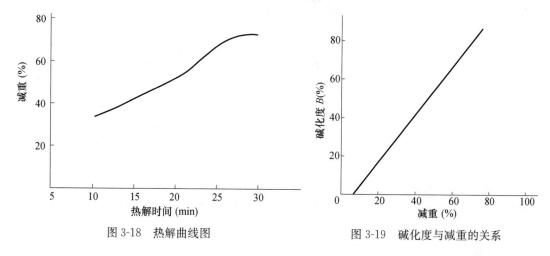

图 3-18　热解曲线图　　　　　　　　图 3-19　碱化度与减重的关系

（3）碱化度与视比容的关系

在生产中，各个工序都是连续过程，因此，在生产中要利用测定减重来控制 BAC 的碱化度，难以实现。直接测定碱化度来控制产品质量，在时间上又不允许，必须寻找一种快速简便的方法。

结晶氯化铝在受热分解过程中，由于析出 HCl 和 H_2O 而显著减重，但体积变化不大。因此，在热解过程中，随着热解程度的加剧，视比容（mL/g）相应地发生了明显的变化。碱化度与视比容的关系如图 3-20 所示。

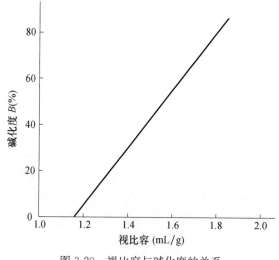

图 3-20　视比容与碱化度的关系

从图 3-20 可以看到，碱化度与视比容近似成直线关系。所以通过测定热解后单体 BAC 的视比容，就可大致确定其碱化度的大小。这是工业生产中，快速控制产品质量的有效方法。

经过多次试验表明，本工艺将 BAC 的视比容控制在 1.8～1.9mL/g 之间，BAC 的碱化度大约在 70% 左右。

3. 聚合工艺参数

聚合过程是制备优质高效能聚合氯化铝的关键工序，对其工艺参数必须进行细致的考察。为此，在简单对比试验的基础上，采用正交试验法对水温、加水量、保温高度、保温时间、干燥温度等五个因素对聚合氯化铝的产量与质量的影响进行了试验。试验结果表明，影响 PAC 产品中 Al_2O_3 含量高低的主要因素是水解、聚合反应的水温；影响 PAC 产品碱化度大小的主要因素是干燥温度；影响 PAC 产量的主要因素是水解和聚合反应的水温。综合分析不难看出，影响 PAC 产量和质量三个指标的主要因素是水解和聚合反应的水温，其次是干燥温度和保温时间。保温时间、温度和加水量的比例影响不大。从保证产品质量和尽量提高产量考虑，水解聚合的水温为 80℃，保温温度为 40℃，保温时间为 4h，干燥温度为 60℃ 的条件较为有利。

八、生产氧化铝

（一）氧化铝生产方法概述

到目前为止已经提出了很多种从铝土矿或其他含铝原料中提炼氧化铝的方法，但由于技术上和经济上的种种原因，用于工业生产的只有少数几种方法。

由于氧化铝的两重属性，即可以用碱性溶液也可以用酸性溶液使铝土矿中的氧化铝溶出。氧化铝的生产方法大致可分为碱法、酸法、酸碱联合法与热法。

1. 碱法

碱法是用碱（工业烧碱 NaOH 或纯碱 Na_2CO_3）处理铝土矿，使矿石中的氧化铝转变为铝酸钠溶液。矿石中的铁、钛等杂质和绝大部分的硅成为不溶性化合物进入残渣（赤泥）。它从溶液中分离出来并经洗涤后弃去或另行综合利用。从净化后的铝酸钠溶液（称作精液）中即可分解析出氢氧化铝，分解母液则在生产中循环使用。

碱法生产氧化铝又有拜耳法、碱石灰烧结法和拜耳-烧结联合法等多种流程。

（1）拜耳法　直接利用含有大量游离苛性碱的循环母液处理铝土矿，溶出其中的氧化铝得到铝酸钠溶液，往铝酸钠溶液中添加氢氧化铝（晶种），经长时间搅拌便可分解析出氢氧化铝结晶。分解母液经蒸发后再用于溶出下一批铝土矿。

（2）碱石灰烧结法　在铝土矿中配入石灰石（或石灰）、纯碱（含大量 Na_2CO_3 的母液），高温下烧结得到含有固态铝酸钠的熟料，用水或稀碱溶液溶出熟料得到铝酸钠溶液。铝酸钠溶液脱硅净化后，通入二氧化碳气便可分解结晶氢氧化铝。分解后的母液经蒸发后循环使用。

拜耳法流程比较简单、能耗低、产品质量好、成本低。但只限于处理高品位的铝土矿（A/S 应大于 7）。碱石灰烧结法比较复杂、能耗高、产品质量和成本都不及拜耳法。但它可以处理高硅铝土矿。由于矿石铝硅比的降低，使各种原料的消耗增大，设备增加，各项技术经济指标也随之下降。因此目前碱石灰烧结法处理的矿石，铝硅比也不宜低于 3～3.5。

（3）拜耳-烧结联合法　根据其工艺流程又有并联法、串联法和混联法。实践证明，在某些情况下，采用拜耳法和烧结法的联合生产流程，即拜耳-烧结联合法，以兼收拜耳法和烧结法的优点，获得较单一的拜耳法或烧结法更好的经济效果。

2. 酸法

酸法生产氧化铝是用硝酸、硫酸、盐酸等无机酸处理含铝原料而得到相应的铝盐的酸性水溶液。然后使这些铝盐生成水合物晶体（经过蒸发结晶）或碱式铝盐（水解结晶）从溶液中析出，亦可用碱中和这些铝盐的水溶液，使铝成为氢氧化铝析出，煅烧所得的氢氧化铝或者各种铝盐的水合晶体或碱式铝盐，便可得到无水氧化铝。

酸法用于处理分布很广的高硅低铁的含铝原料（如黏土、高岭土等）在原则上是合理的。但与碱法比较，酸法生产氧化铝需要昂贵的耐酸设备，酸的回收一般比较复杂，从铝盐溶液中清除铁、钛等杂质比较困难。因此至今未能实现工业化。近年来，一些铝土矿资源缺乏的国家一直把酸法作为处理非铝土矿原料生产氧化铝的技术储备，积极加以研究并取得了一定的进展。

3. 酸碱联合法

先用酸法从高铝矿中制取含有铁、钛等杂质的氢氧化铝，然后再用碱法（拜耳法）处理。这一流程的实质是用酸法除硅，碱法除铁。近来有的文献认为这是一个有工业价值的方法。

4. 热法（又称为帕德生 Pederson 法）

为处理高硅高铁铝矿而提出，其实质是在电炉或高炉内还原熔炼矿石，同时获得硅铁合金（或生铁）与含铝酸钙炉渣，二者借比重差分离后，再用碱法从炉渣中提取氧化铝。我国抚顺和苏联、挪威在 20 世纪 40 年代都曾按此法生产氧化铝，后来都告停产，目前对这一方法的研究仍有人进行。

以高岭土为原料生产氧化铝的方法主要有石灰石烧结法和酸法两种。

（二）石灰石烧结法的原理

石灰石烧结法可以从高岭土、黏土、煤灰、泥灰石（石灰石和黏土的天然混合物）、高硅铝土矿及其他含铝矿石中提取氧化铝。和碱石灰烧结法相比较，石灰石烧结法原料广泛、熟料中不必配碱。因而碳分母液不进入烧结，熟料可用能耗低得多的干法烧结。熟料还可以自动粉化，溶出泥渣可以制水泥。但是石灰石烧结法的烧结温度较高，熟料和溶出液中 Al_2O_3 含量低，物料流量大。20 世纪 40 年代一度建设过这类的工厂，至今某些缺乏铝土矿资源的国家也还在继续这方面的研究。

石灰烧结炉料中主要是 CaO、Al_2O_3 和 SiO_2 三组分。

在此体系中有两个熔化时不分解的三元化合物：钙斜长石 $CaO \cdot Al_2O_3 \cdot 2SiO_2$，熔点 1550℃；钙铝黄长石 $2CaO \cdot Al_2O_3 \cdot SiO_2$，熔点为 1595℃。此外，还有两个在熔化时分解的化合物，其中一个是钙铝石榴石 $3CaO \cdot Al_2O_3 \cdot SiO_2$，在 1125～1155℃分解为钙铝黄长石、原硅酸钙及熔体；$3CaO \cdot Al_2O_3 \cdot SiO_2$ 在 1335℃分解为 $CaO \cdot Al_2O_3 \cdot 2CaO \cdot SiO_2$ 及熔体。

以高岭土为原料时，用石灰石烧结法生产氧化铝的工艺流程如图 3-21 所示。

（三）酸法

1. 酸法生产氧化铝的基本过程及优缺点

高岭土是酸法生产氧化铝的主要原料之一。此外，还有霞石正长岩、明矾石等。

根据无机酸的种类不同，酸法生产氧化铝有各种不同的方案，但它们都有着共同的特点，具有类似的基本生产过程。其中包括：

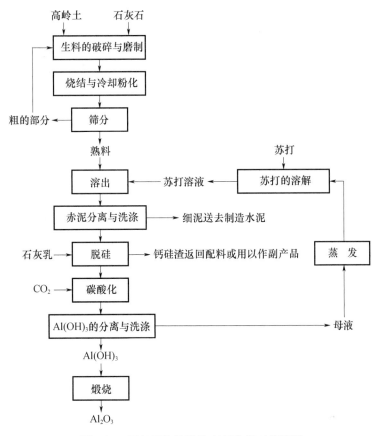

图 3-21 石灰石烧结法生产氧化铝工艺流程

（1）矿石的预处理。其目的在于改善矿石的可溶出性，排除杂质使之便于处理。并将矿石磨细到一定的粒度。

（2）用酸溶出。使氧化铝转变为可溶性的无机酸铝盐与不溶性的残渣分离。溶出可在常压或较高温度及压力下进行。

（3）溶出液的除铁。

（4）铝盐的分解和氢氧化铝的煅烧。

（5）酸的回收。酸根以酸的形式或者以盐的形式加以回收。

酸法生产氧化铝的优点是原料来源广泛，但是它与碱法相比，存在下述主要缺点和困难：从铝盐溶液中除铁困难；钢制设备受到严重腐蚀；溶解氧化铝所需溶剂（酸）量很大；酸的回收再生过程复杂；硅酸盐原料和各种铝盐具有高的生成热，在煅烧分解时热耗大；大多数酸具有挥发性，在环境保护和劳动卫生方面存在比较复杂的问题；而且由酸法产出的氧化铝与拜耳法产品的物理性质不同，电解铝的作业不得不作些调整。

由于上述缺点，酸法至今还只是作为利用非铝土矿原料的技术储备，但是有些小型工厂用以制取硫酸铝等化学产品。

2. 盐酸法

在酸法中，盐酸法最受重视，因为它有以下一系列优点，如：盐酸比较便宜，盐酸法溶出条件不太苛刻；水合氯化铝的水含量比其他铝盐少，无须蒸发便可结晶析出；特别是

HCl 不易分解，便于循环利用。用中等浓度盐酸于 $50\sim80$℃搅拌溶出在 $550\sim650$℃焙烧过的黏土。由于溶出反应是放热的，溶出过程能保持在沸腾温度下进行。经 2h 的溶出，Al_2O_3 的溶出率可达 95％以上。钛化物少量被溶出，SiO_2 全部进入泥渣而且不难分离。盐酸法的工艺流程如图 3-22 所示。

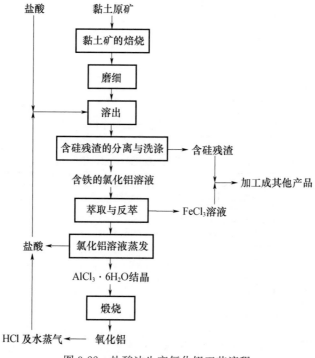

图 3-22　盐酸法生产氧化铝工艺流程

和 $AlCl_3$ 一同存在于溶出液的 $FeCl_3$ 可以通过氨基盐酸萃取。因铁可以生成氯化物配合阴离子而铝不能，因而在萃取后可以彻底脱除。然后用水反萃得到 $FeCl_3$ 溶液。

脱铁后的 $AlCl_3$ 溶液蒸发浓缩后析出 $AlCl_3 \cdot 6H_2O$，更好的方法是通入 HCl 气体，使之析出，这是利用 $AlCl_3$ 的溶解度随溶液中 HCl 浓度的提高而降低的特点进行的（表 3-12）。

表 3-12　盐酸溶液中氯化铝的溶解度（25℃）

平衡溶液组成（％）		平衡固相
HCl	$AlCl_3$	
0	34.08	$AlCl_3 \cdot 6H_2O$
5.09	27.98	$AlCl_3 \cdot 6H_2O$
11.21	18.10	$AlCl_3 \cdot 6H_2O$
14.07	15.25	$AlCl_3 \cdot 6H_2O$
19.43	10.11	$AlCl_3 \cdot 6H_2O$
23.19	7.95	$AlCl_3 \cdot 6H_2O$
30.17	2.49	$AlCl_3 \cdot 6H_2O$
40.98	0.98	$AlCl_3 \cdot 6H_2O$

AlCl$_3$·6H$_2$O 在 185℃开始分解为 AlCl$_3$ 和 HCl 及水蒸气，在 400℃左右反应强烈进行，为了得到冶金级氧化铝，煅烧应在 1000℃以上的温度下进行。得到的 HCl 可以在吸收后送往溶出过程或者 AlCl$_3$·6H$_2$O 结晶过程循环使用。

盐酸法得到的氧化铝也可以用拜耳法再次处理，这便是所谓酸碱联合法，在此情况下，AlCl$_3$ 溶出液不必除铁，煅烧温度也较低，以便进行拜耳法溶出。

3. H$^+$ 法

H$^+$ 法（H$^+$ Process）是法国彼施涅铝业公司在 20 世纪 60 年代中期发明处理黏土或煤页岩的一种酸法生产氧化铝的新工艺。采用此法时，矿石中氧化铝回收率可达 90%。矿石所含的钾则以硫酸钾形式作为副产品回收，此外还可以得到 Fe$_2$O$_3$ 和 MgO 一类副产品。产品氧化铝的杂质含量低于拜耳法生产的氧化铝。总的能耗只为碱石灰烧结法的一半。这一方法目前被认为是最有前途的一种酸法。其工艺流程如图 3-23 所示。

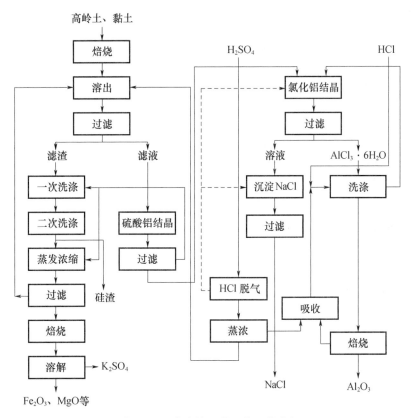

图 3-23 H$^+$ 法处理黏土的工艺流程

将矿石破碎磨细后，进行氧化焙烧除去有机物，用浓硫酸（750～850g/L）在沸点下溶出。得到硫酸铝溶液和含绿钾铁矾 [K$_2$SO$_4$·Fe$_2$(SO$_4$)$_3$]、硅钛氧化物等不溶性化合物的固相。从硫酸铝溶出液中分离出硫酸铝结晶后，将其溶解或悬浮于氯化铝洗液中，通入 HCl 气体使之饱和，铝即以六水氯化铝结晶析出，六水氯化铝在 HCl 饱和的硫酸溶液中的溶解度比其他氯化物要小得多，因此能较完全地同其他阳离子分离。必要时也可多次结晶提纯。分离氯化铝结晶后的溶液再行冷却，并通 HCl 使之饱和，此时硫酸钠便转化为氯化钠沉淀析出。分离氯化钠后的滤液进行加热使 HCl 气体挥发，HCl 气体再用于氯化铝结晶和除钠。溶液进行蒸发浓缩，得到的含 HCl 的二次蒸汽凝结水，用于吸收来自氯化铝热分解的 HCl 蒸汽；浓的硫酸溶液返回溶出矿石。所得到的六水纯氯化铝经加热分解制得符合电解要求的氧化铝和含 HCl 的气体，后者经吸收后制得盐酸溶液，用于洗涤氯化铝。

焙烧矿溶出后的滤渣用水进行反向洗涤。此时 $K_2SO_4 \cdot Fe_2(SO_4)_3$ 溶解，而氧化硅与氧化钛进入残渣除去。洗液蒸发后，铁、钾、镁又以硫酸盐形式结晶析出，经过滤分离后加以焙烧，绿钾铁矾中的硫酸铁分解，脱出的 SO_2 循环使用。硫酸钾不分解可用水溶解回收。不溶性残渣（Fe_2O_3、MgO）可直接用于黑色冶金。

4. 酸法生产氧化铝的进展

采用酸法从含铝矿石中提取氧化铝是世界上许多发达国家都一直在研究的课题。从20世纪60年代至80年代，美国、法国、原苏联、澳大利亚、日本等国家都投入大量的人力、物力进行研究，我国一些研究单位也进行了许多试验。但是，这些研究因为如下原因在一定程度上都陷入了死胡同，以致使酸法氧化铝的研究一度处于停滞不前的状态。主要原因有二：（1）作为炼铝用的原料生产成本一时无法与"拜耳法"生产的产品相竞争；（2）生产中的技术困难，特别是设备防腐和酸式盐的焙烧问题不能得到满意的解决。最近几年，由于科学技术的进步，使酸法生产技术的难点不断得以突破，国外对酸法氧化铝的研究又异常地活跃起来。据资料介绍，其中一些方法若大规模生产已能使生产成本接近"拜耳法"的水平，酸法氧化铝实现大规模工业化生产的时机已经来到。不少学者之所以对酸法氧化铝的研究一直保持极大的热情，是因为该方法的一大优点是利用含硅高、含铝低的矿石原料，对原料的质量要求不高，如高岭土、黏土、煤矸石等都可利用，这类矿石在世界上的储量相当丰富。特别是我国各煤炭基地，采煤过程中挖出的大量煤矸石，数量大、质量好，目前除个别地方少量用于净水剂（碱式氯化铝）、加工高岭土和烧砖外，大量煤矸石都未能得到利用。该方法的另一大优点是可一步提取纯度高、活性好、颗粒细的适用于各炼铝以外行业的特种氧化铝。作为生产特种氧化铝的工艺，生产成本明显低于目前国内的其他工艺。兰州大学的王海舟教授研究的酸浸盐析法生产特种氧化铝工艺已申报国家专利，专利申请号 95103368·9。该方法的主要特点是：（1）以稀盐酸浸取矿物，易于操作，硅渣也易于分离；（2）除铁及其他杂质简单易行、效果好，产品纯度高、颗粒小，若生产 γ-氧化铝具有活性好、表面积大等优点，可直接用于工程陶瓷、电子、化工、炼油等行业；（3）采用湿法闭路循环工艺，反应剂循环使用，降低了生产成本，从根本上控制了"三废"的排放；（4）原料适应性广，可用于氧化铝含量在 25% 以上的各种矿物原料。此技术的主要关键是盐析的整个工艺过程和氯化氢气体的循环利用。该技术生产的特种氧化铝外观呈白色微细结晶粉末，晶形为三方晶系，粒度均匀，易于分散，流动性好。该技术总体上达国际先进水平。

九、用于环保领域

人类在创造物质文明的同时，也在不断破坏人类赖以生存的空间环境，地球温室效应、酸雨现象、高新技术产生的污染、臭氧层的穿孔、地球资源的枯竭、废弃物的增加等对地球环境的破坏越来越严重。保护环境、治理环境、有机地协调经济发展与生态环境保护已成为我国21世纪可持续发展的战略目标的重要内容。高岭土作为一种重要的非金属矿产，不仅是绿色材料的主要组成部分，而且在环境保护和环境治理中起着重要的作用。下面简单介绍一下高岭土在环保领域的应用进展。

王莹研究以钼改性高岭土为催化剂，采用电化学降解的方法处理造纸废水，研究了造纸水初始 pH、矿化度、催化剂负载不同离子对废水处理效果的影响。研究表明，改性高岭土负载铁离子作催化剂，pH 为 4 时 COD 去除率最好，达到 90% 以上。

景晨对高岭土吸附铀的过程进行了研究，考察了吸附时间、pH 值、离子强度、高岭土投加量和反应温度对其吸附效果的影响，并探讨了高岭土对铀的吸附动力学及热力学特性。结果表明：高岭土对溶液中铀的吸附在 80h 左右达到平衡；当溶液 pH 值为 4.0～8.0 时，高岭土对溶液中铀具有良好的吸附效果，吸附率可达 99.94%；离子强度对其吸附效果影响甚微；高岭土对铀的吸附为吸热自发反应，高温可缩短吸附时间；铀吸附动力学可用准二级速率方程描述，相关系数为 0.9994；铀吸附热力学等温线符合 Langmuir 模型，相关系数可达 0.9931；高岭土吸附铀主要是表面单分子层吸附。

高鹏以高岭土为吸附剂进行两种喹诺酮类抗生素（诺氟沙星和环丙沙星）的静态吸附实验，考察平衡时间、初始浓度、pH 值、阳离子种类与强度等对吸附性能的影响。结果表明，高岭土对诺氟沙星和环丙沙星的吸附过程均符合二级反应动力学方程，吸附速率常数分别为 $0.021kg/(mg \cdot h)$ 和 $0.156kg/(mg \cdot h)$；诺氟沙星和环丙沙星可划分为初始快速吸附阶段和随后缓慢吸附阶段；诺氟沙星和环丙沙星的吸附等温线均能较好地符合 Freundlich 方程和 Langmuir 方程，吸附容量分别为 2.026 和 2.273，最大吸附量分别为 135.14mg/kg 和 142.86mg/kg；高岭土对诺氟沙星和环丙沙星的吸附效果在 pH 值为 5 时最好，其次在 6～8 之间；阳离子对高岭土吸附诺氟沙星和环丙沙星有不同程度的影响，价态越高影响越大；Ca^{2+} 浓度对诺氟沙星和环丙沙星吸附量的影响明显，分别由 Ca^{2+} 浓度为 0.01mg/L 时的 92.07mg/kg 和 96.71mg/kg，降低为 Ca^{2+} 浓度 0.1mg/L 时的 58.12mg/kg 和 58.85mg/kg。本研究为含抗生素废水的处理提供了一个途径。

张永利采用煅烧、酸浸的方法对高岭土进行改性，通过对 SEM、XRD、FT-IR、EDS、孔结构表征及高岭土对 Cr（Ⅵ）的去除能力研究，确定高岭土的改性条件，考察改性高岭土对 Cr（Ⅵ）的吸附特性。结果表明：（1）高岭土的改性适宜条件为煅烧温度 800℃、煅烧时间 3h、C（HCl）为 4mol/L；煅烧使高岭土的结构发生变化，活性增强；酸改使高岭土孔隙通畅，吸附性能增强。（2）改性高岭土吸附 Cr（Ⅵ）的优化条件为粒度 0.15mm、用量 10g/L、吸附温度 30℃、吸附时间 15min，该条件下 ρ[Cr（Ⅵ）]为 100mg/L 时废水中 Cr（Ⅵ）的去除率可达 91.4%。（3）高岭土对 Cr（Ⅵ）的吸附过程符合准二级吸附动力学模型，相比于 Freundlich 方程，其吸附等温式更符合 Langmuir 方程。

李园使用熔点分析仪考察了高岭土吸附 Na、Pb 过程中产物及高岭土原样随温度升高的熔融情况，并在管式炉中 800℃、1000℃、1200℃下进行了高岭土分别及同时吸附 Na、Pb 的实验，研究不同温度、不同高岭土/金属摩尔比以及不同碱金属/重金属摩尔比对吸附结果的影响。使用 FSEM、XRD 和 XRF 等手段研究产物的形貌、晶体组成以及高岭土对金属的固定率等。结果表明：1000℃是 Na/kaolin 和 Na/Pb/kaolin 系统生成产物开始熔融的温度，Na、Pb 同时存在时熔融现象加剧；在 1000℃时 Na 的存在抑制了高岭土与 Pb 的反应，并且 Na 量越多，温度越高，这种抑制作用越强烈；Pb 对高岭土吸附 Na 的影响并不显著。

刘荣香采用高岭土负载壳聚糖复合吸附剂吸附处理铬渣污染的地下水，确定了最佳反应条件：壳聚糖与高岭土质量比为 0.06，pH 为 4，吸附时间 60min，吸附剂用量为 2.00g/L，在此条件下去除率可达 94.67%，Cr（Ⅵ）由 0.5mg/L 降至 0.026mg/L，可满足 GB/T 14848—1993 的Ⅲ类标准要求。该吸附剂对 Cr（Ⅵ）的吸附过程符合 Freundlich、Langmuir 和 D-R 吸附等温模型，主要以物理吸附为主。研究表明高岭土负载壳聚糖适于处理铬渣污染的地下水。

刘馨文采用液相还原法制备焙烧高岭土负载纳米铁镍双金属（CK-Fe/Ni）。考察了在不同条件下，如 pH、投加量、初始浓度、温度等，对负载型纳米铁镍双金属降解水中偶氮染料直接耐晒黑 G 的影响及动力学研究。结果表明：在 pH＝9.49、温度为 30℃、负载型纳米铁镍双金属的投加量为 1.05g/L、搅拌速度为 60r/min，经过 20min 反应后，负载型纳米铁镍双金属降解水中偶氮染料直接耐晒黑 G 的去除率达到了 99.98%。吸附和电镜表征结果表明，作为载体的焙烧高岭土起着吸附直接耐晒黑 G 和分散纳米铁镍双金属颗粒的作用导致反应活性提高。降解动力学数据表明，负载型纳米铁镍双金属对直接耐晒黑 G 的降解过程符合伪一级反应动力学规律，速率常数 k 随负载型纳米铁镍双金属的投加量的增加而提高，表观活化能为 19.72kJ/mol。最后，利用高岭土负载纳米铁镍双金属对废水处理。结果表明，负载型纳米铁镍双金属在实际废水中对直接耐晒黑 G 的去除率达到了 99.98%。

翟由涛采用盐酸和煅烧 2 种方法对苏州高岭土进行了改性，分析其对模拟含磷废水中磷的吸附效果，并初步探讨了其作用机制，继而进行了等温吸附和吸附动力学试验研究。结果显示，酸、热改性均不同程度地提高了高岭土对模拟废水中磷的吸附净化能力，尤以 9% 酸改性和 500℃ 煅烧效果最为明显。在处理 25mL 浓度为 20mg/L 的模拟含磷废水中，高岭土投加量为 2%（重量比）时，经 9% 酸改性高岭土对磷去除率达 81.8%，较天然高岭土提高了 44.6%。在处理 50mL 浓度为 20mg/L 的模拟含磷废水时，经 500℃ 煅烧改性高岭土对磷的去除率高达 99.5%，残留溶液中磷浓度仅为 0.10mg/L，达到我国相应排放标准。酸改性可通过改变高岭土的吸附活性点位来提高其对磷的吸附净化性能，而煅烧通过活化高岭石中的铝而提高其对磷的吸附净化性能。天然、9% 酸改性及 500℃ 煅烧高岭土磷吸附等温线均符合 Freundilch 和 Langmuir 方程，皆达极显著水平（$P < 0.01$）。天然、9% 酸改性及 500℃ 煅烧高岭土对磷的动力学吸附特征一致，皆与准二级方程拟合最佳，达极显著水平（$P < 0.01$）。500℃ 煅烧高岭土对磷的饱和吸附量最大，在净化含磷废水中具有良好的应用前景。

参考文献

[1] 郭守国，何斌主．非金属矿产开发利用 [M]．徐州：中国地质大学出版社，1991.

[2] 西北轻工业学院等．陶瓷工艺学 [M]．北京：轻工业出版社，1983.

[3] 方邺森等．中国陶瓷矿物原料 [M]．南京：南京大学出版社，1990.

[4] 杜海清，唐绍裘．陶瓷原料与配方 [M]．北京：轻工业出版社，1986.

[5] [日] 乔本谦一、滨野健也著，陈世兴译．陶瓷基础 [M]．北京：轻工业出版社，1986.

[6] 非金属矿工业手册编委会．非金属矿工业手册 [M]．北京：冶金工业出版社，1992.

[7] 中国非金属矿工业协会. 非金属矿工业产品标准汇编 [G]. 1997 (内部资料).

[8] 葛宝勋, 李凯琦. 晋城王台铺矿煤矸石资源利用途径研究 [R]. 1992 (研究报告).

[9] 葛宝勋, 李凯琦等. 平顶山香山公司煤矸石烧制釉面马赛克 [R]. 1996 (研究报告).

[10] 左明杨. 建材工业用耐火材料 [M]. 武汉: 武汉工业大学出版社, 1995.

[11] 荣葵一, 宋秀敏. 非金属矿物与岩石材料工艺学 [M]. 武汉: 武汉工业大学出版社, 1996.

[12] 南票矿务局. 综合利用煤矸石 [M]. 北京: 煤炭工业出版社, 1978.

[13] 杨重愚. 轻金属冶金学 [M]. 北京: 冶金工业出版社, 1991.

[14] 涂料工艺编委. 涂料工艺 (上册) [M]. 北京: 化学工业出版社, 1997.

[15] 张美云, 陈均志. 纸加工原理与技术 [M]. 北京: 中国轻工业出版社, 1998.

[16] 许志华. 煤炭加工利用概论 [M]. 徐州: 中国矿业大学出版社, 1988.

[17] [日] 北原文雄等编, 孙绍曾等译. 表面活性剂 [M]. 北京: 化学工业出版社, 1984.

[18] 非金属矿粘土专业协会. 第三次全国高岭土科技情报会议论文集 [C]. 1989.

第四章　风化型高岭土加工工艺

风化型高岭土的加工工艺由其自身的特点和用途确定，主要内容包括风化型高岭土的加工过程和加工技术两个方面。

我们把风化型高岭土的加工过程分成矿山开采、溜槽除砂、矿浆浓缩、分散配浆、分级、化学漂白、洗涤脱水、干燥和产品包装等步骤。

加工技术主要包括分散分级、选矿、漂白、研磨、煅烧、改性、改型等多项内容，但是，有一些内容是特定产品加工的必须工艺和技术，将在特定产品加工生产过程的相关章节介绍，而本章只介绍水洗高岭土生产必需的、各种产品中具有共性的加工技术。在本章的最后，也将作者本人对高岭土加工的一些新的看法和试验过程做一简单的介绍，希望能够对读者研究风化型高岭土加工技术，改进生产工艺有所帮助。

第一节　风化型高岭土加工过程

一、采矿

在采矿场，利用挖掘机将高岭土矿层开挖成松散状态，然后，利用高压水枪将松散的高岭土原矿冲刷混合成砂泥浆，再用泥浆泵将其提升到矿坑外，此后，便进入了溜槽除砂工序。采矿现场如图 4-1 所示。

二、除砂

在采矿场，让含砂矿浆从溜槽或水渠流过，使砂沉淀在溜槽或水渠中，利用人工作业除去砂，含少量细砂的矿浆流入矿浆沉降池。除砂溜槽如图 4-2 所示。

图 4-1　采矿现场

图 4-2　溜槽除砂

少数企业在矿浆进入溜槽或水渠前加一道筛分工序，目的是除去大部分的粗砂，这样做的好处在于减少了溜槽或水渠中人工除砂的劳动强度。

三、矿浆浓缩

从溜槽或水渠除去大多数砂以后的矿浆流到沉降池中，由于高岭土矿浆的密度大于水的密度，矿浆往下浓缩，在沉降池的上部出现大量的几乎不含矿的清水，除去清水，得到较高浓缩的矿浆（很多矿山的产品就是浓缩后的矿浆）。

四、分散配浆

将浓缩后的矿浆注入搅拌池中，再加入适量的水，把矿浆的固体含量调配到 10%～20%，在搅拌的同时加入适量的分散剂，配成浓度和黏度都适合的矿浆。分散配浆池如图 4-3 所示。

图 4-3　分散配浆池

五、分级

在我国南方水洗高岭土的生产过程中，分级可以大致分成两种工艺，一个是传统的沉降池沉降分级工艺，另一个是比较先进的水力旋流器分级工艺。前者投资少，生产成本低，后者节省场地、劳动强度小、产品质量可靠，现将两种工艺分别叙述如下：

1. 沉降池沉淀分级

沉降池沉淀分级可以分成沉淀和分离两个工序，几乎所有厂家的沉淀方法和分离方法都是相同的，主要差别是沉降次数，所以，我们可以依据沉降次数的差异，把沉降池沉淀分级细分成两种类型，沉降池如图 4-4 所示。

（1）两次沉淀分级工艺

将配好的矿浆注入沉降池中，让矿浆在沉降池中沉淀两天左右（依据沉降池的深度不同，沉降时间有所不同），将上部不沉的浆放出，得到刮刀涂布级产品；用高压水枪把沉淀物搅动成矿浆（搅动时不加分散剂），让新搅拌的矿浆再沉淀一段时间，上部不沉的矿浆为气刀涂布级产品，下部沉淀物为陶瓷级产品。

（2）一次沉淀分级工艺

将配好的矿浆注入沉降池中，让矿浆在沉降池中沉淀两天左右（依据沉降池的深度不

图 4-4　分级用沉降池

同，沉降时间有所不同），将不沉的浆分上下两层分别放出，上层矿浆是刮刀涂布级产品，下层矿浆是气刀涂布级产品，沉淀物为陶瓷级产品。

上述两种分级方法各有优缺点，第一种方法比较复杂，生产速度比较慢，并且，不易保证产品质量；第二种方法的最大缺点是刮刀涂布级产品产率低。所以，在矿产资源价格比较低的时期，多采用第二种分级方法。在矿产资源紧缺、价格上涨的今天，多数厂家都采用第一种沉淀分级方法。

2. 水力旋流器分级

水力旋流器分级时常采用不同直径的水力旋流器分阶段进行。

对于采用水力旋流器分级的企业而言，前一道除砂工序往往使用 150mm 和 75mm 的水力旋流器替代。当矿浆进入高岭土分级工序以后，首先使用 50mm 和 25mm 的水力旋流器进行分级处理，25mm 旋流器的底流为陶瓷级产品。25mm 旋流器的溢流部分再过 10mm 旋流器组，此时的底流为气刀涂布级产品，溢流为刮刀涂布级产品。水力旋流器如图 4-5 和图 4-6 所示。

图 4-5　25～150mm 水力旋流器

图 4-6　10mm 水力旋流器组

除沉降池沉淀分级和水力旋流器分级两个方法外，还有少数企业将两种方法相结合，其中一种结合形式是在沉降池沉降分级以前，又使用 150mm 的水力旋流器进行除砂处理，该方法可以看作是土洋结合，但是，结合得过于简单，实际作用似乎不大。

六、化学漂白

分级后的各级别产品分别漂白，漂白的大致条件是：用 H_2SO_4 调整矿浆的 pH 值到 1%～4%，用保险粉（连二亚硫酸钠）作还原漂白剂，用量为 1%～3% 左右，矿浆浓度在 12%～20% 之间，漂白时间一般为 1h 左右（具体时间依据漂白效果而定，即每隔 20～30min 取一次样品，快速烘干后测白度，白度达到要求为止）。

为了提高漂白效果，有些研究人员在高岭土矿浆漂白时，又在矿浆中加入了一些化学试剂，例如，加入少量的三聚磷酸钠、六偏磷酸钠等磷酸盐，可以减慢 FeO 向 Fe_2O_3 的转化速度，延缓产品的返黄。

七、脱水

漂白后的矿浆含有大量的水分，需要脱水。脱水的方法是用压滤机将矿浆中的水分挤出，得到的中间产品是滤饼。

滤饼的含水率一般在 30%～35% 之间，赋存于滤饼中的水分是含有大量保险粉、硫酸和硫酸亚铁的水溶液，部分厂家为了提高产品质量，又将滤饼加水打散，进行二次压滤。滤饼加水打散再压滤的工序就是洗涤，其目的是除去滤饼中的有害杂质。水洗高岭土常用的压滤机如图 4-7 所示。

八、干燥

干燥的目的主要是除去自由水，干燥的方法主要有 3 种，即自然干燥、闪蒸干燥和喷雾干燥，现分别叙述如下：

1. 自然干燥

自然干燥就是简单的晾晒，是最原始的干燥方法。其方法是把滤饼放在晾晒架上进行

图 4-7　压滤机脱水

自然干燥。晾晒架可以看作是一种有顶无壁的小房子，通风性能良好，具有防雨水的功能。晾晒棚如图 4-8 所示。

图 4-8　晾晒棚

该方法的最大优点是节约投资和运行成本低，主要缺点是劳动强度大，占地面积大、干燥速度慢，产品质量不易保证。

当今，在我国南方以水洗高岭土为主要产品的小型工厂中，该方法还十分普遍。

2. 闪蒸干燥

闪蒸干燥在闪蒸干燥机中进行。把滤饼投入闪蒸干燥机中，闪蒸干燥机旋转的叶片将滤饼切成碎片状，并由底部输入的高温空气干燥，干燥后的碎片又被叶片打成粉状，然后随气流送入收集器，得到水分在 0.5% 以下的干燥粉体。

该方法的劳动强度介于自然干燥和喷雾干燥之间，干燥速度比自然干燥快，能源消耗比喷雾干燥少（蒸发量小），最大不足是无法改善产品的黏度特性。

在我国南方的湛江、茂名、北海等地，有少数厂家使用闪蒸干燥进行水洗高岭土的干燥作业。闪蒸干燥机如图 4-9 所示。

图 4-9 正在安装的闪蒸干燥机

3. 喷雾干燥

由于科学技术的发展和高岭土产品应用行业的特殊要求，水洗高岭土的干燥已经不仅仅是以除去自由水为目的的简单工序，干燥和降黏（提高黏浓度）已经紧紧地联系到了一起，在喷雾干燥前的制浆工序，可以将矿浆的分散技术很好地融入其中，所以喷雾干燥是最具潜力的干燥方法。

在喷雾干燥前的制浆工序中，我们可以把分散剂、分散助剂等化学试剂加入矿浆中，它们以不同的形式吸附在高岭土颗粒表面，当矿浆在喷雾干燥塔中干燥以后，它们仍然均匀地附着在高岭土的表面，这样的产品在造纸厂进行配浆分散时，仍然能够起到分散作用，因此，这样的产品就是一种低黏度（高黏浓度）的产品。

茂名市兴煌化工有限公司的干燥设备独树一帜，把常规的"喷雾"改成"甩雾"，从而形成均匀的雾滴，干燥后的高岭土颗粒为细小均匀的粒状，在用户添加高岭土时，没有粉尘，并易于添加和搅拌，深受客户欢迎。

九、产品包装

自然干燥的产品的含水率一般在10％左右，呈块状，包装是人工装袋。

闪蒸干燥和喷雾干燥的产品的含水率一般都小于1％，干燥以后储存在储料罐中，一般都用具有自动封口功能的包装机包装。

第二节　分散降黏

分散降黏是风化型高岭土加工的最重要技术之一，本节只介绍一些基本的原理、方法和影响因素，具体降黏技术研究放在第六章介绍。

一、流体的类型和特征

矿浆黏度（流动性）是影响分级精度、产品质量及质量稳定性的主要技术问题之一，更是当今非金属矿深加工的热点和难点，通常称之为分散。矿浆黏度、流变性及分散作用（程度）受矿物的晶体结构、介质性质、分散剂、分散助剂、温度、矿浆浓度（固含量）、粒度、颗粒形状、加工工艺等众多因素的影响，涉及结晶学与矿物学、物理化学、胶体化学、表面化学、流变学等多个学科领域。下文重点介绍矿浆的流变性以及流体的类型和特征。

流变性是指介质中的矿物颗粒（主要指胶体颗粒粒级）在剪切应力作用下的流动和变形特征。以切变速度 D 对切应力 τ 作图，可得出流变曲线，它表示了体系的流变特性，按曲线类型，可将流体分成四种流型（图4-10）。

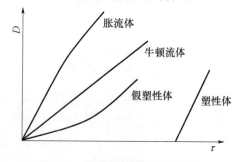

图4-10　液体的四种流型示意图

1. 牛顿流体

D-τ 关系为直线，且通过原点。即在任意小的外力作用下，液体就能发生流动。对于牛顿流体单用黏度就足以表征其流变特性。另外，从 D-τ 直线关系可见，直线的斜率越小，液体的黏度越大。大多数纯液体（如水、甘油、低黏度油以及许多低分子化合物溶液和稀的溶胶）都是牛顿流体。牛顿型液体常称为真液体。

2. 塑性体

塑性体也叫宾汉体（Bingham），大致说，其流变曲线也是直线，但不经过原点，而

是与切力轴交在 τ_y 处，亦即只有当 $\tau > \tau_y$ 时，体系才流动，τ_y 称为屈服值（Yield Value）。高岭土及其他非金属矿的矿浆就属于塑性体，下面主要讨论塑性体的特点。

我们在挤牙膏时若用力很轻，牙膏并不流出，只是膏面由平变凸，一松手又变平；但用力稍大时牙膏就会从管中流出，再也不能缩回。也就是说，像牙膏这类流体，当外加切应力较小时它不流动，只发生弹性变形；而一旦切应力超过某一限度时，体系的变形就是永久的，表现出可塑性，故称其为塑性体。使塑性体开始流动所需加的临界切应力，即为屈服值。塑性体流变曲线的直线部分可表示为：

$$\tau - \tau_y = \eta_{塑} \cdot D \qquad (\tau > \tau_y) \qquad (4\text{-}1)$$

式中，$\eta_{塑}$ 称为塑性黏度（或结构黏度），它和屈服值 τ_y 是塑性体的两个重要流变参数。

对于塑性体流变曲线的解释是，当悬浮液浓到质点相互接触时，就形成三维空间结构（图 4-11），τ_y 就是此结构强弱的反映。只有当外加切应力超过 τ_y 后，才能拆散结构使体系流动。所以 τ_y 相当于使液体开始流动所必须多消耗的力。由于结构的拆散和重新形成总是同时发生的，所以在流动中，可以达到拆散速度等于恢复速度的平衡态，即总的来看结构拆散的平均程度保持不变，因此体系有一个近似稳定的塑性黏度 $\eta_{塑}$。

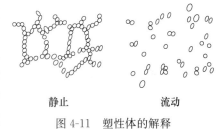

静止　　　　　　流动

图 4-11　塑性体的解释

3. 假塑体

假塑体无屈服值，其流变曲线通过原点，表观黏度 η_0 随切力增加而下降，亦即搅得越快，显得越稀。其流变曲线为一凹向切力轴的曲线。

假塑体也是一种常见的非牛顿流体，大多数高分子溶液和乳状液都属于此类。对于这种流体，其 D-τ 关系可用指数定律表示：

$$\tau = KD^n \qquad (0 < n < 1) \qquad (4\text{-}2)$$

式中，K 和 n 是与液体性质有关的经验常数。K 是液体稠度的量度，K 越大，液体越黏稠。n 是非牛顿性的量度，n 与 1 越接近，则非牛顿行为越显著。

假塑体的形成原因有二：（1）这类体系倘若有结构也必然很弱，故 τ_y 几乎为零，在流动中结构不易恢复，故表观黏度 η_0 总是随切速增加而减小；（2）这类体系也可能无结构，η_0 的减小是不对称质点在速度梯度场中定向的结果。

4. 胀流体

胀流体的流变曲线也通过原点，但与假塑体相反，其流变曲线为一凸向切力轴的曲线。胀流体的表观黏度 η_0 随切速增加而变大，也就是说，这类体系搅得越快，显得越稠。

胀流体通常需要满足以下两个条件：（1）分散相浓度需相当大，且应在一狭小的范围内，分散相浓度较低时为牛顿流体，较高时为塑性体；（2）颗粒必须是分散的，而不是聚结的。这两个条件不难理解，设切力不大时颗粒是散开的，故粒度较小，切力大时，许多颗粒被搅在一起，虽然这种结合并不稳定，但大大地增加了流动阻力，搅得越剧烈，结合越多，阻力也越大，显得越稠；当分散相浓度太小时，结构不易形成，当然也就没有了胀流现象，浓度太大时，颗粒本来已经接触了，搅动时内部变化不多，故胀流现象也不明显。

二、矿浆黏度的测量方法

矿浆流动时在液体内形成速度梯度，故产生流动阻力。反映此阻力大小的切力 τ 应和切变速度 D 有关。实验证明，纯液体和大多数低分子溶液在层流条件下的切应力与切变速度成正比：

$$\tau = \eta \frac{\mathrm{d}_v}{\mathrm{d}_x} = \eta D \tag{4-3}$$

这就是著名的牛顿（Newton）公式，式中的比例常数 η 称为液体的黏度。液体的黏度标准是这样规定的：将两块面积为 $1m^2$ 的板浸于液体中，两板距离为 $1m$，若加一个 $1N$ 的切应力，能使两板之间的相对速率为 $1m/s$，则此液体的黏度为 $1Pa \cdot s$。

测定黏度的方法主要有毛细管法、转筒法及落球法。下面简单介绍前两种方法和恩氏黏度测量法。

1. 毛细管黏度计

实验室中测定液体、溶液或胶体溶液的黏度时，用毛细管黏度计最方便。从物理学知道，毛细管黏度计的基本公式是 Poiseuille 公式：

$$\eta = \frac{\pi r^4 P}{8lV} \cdot t \tag{4-4}$$

式中，r、l 分别为毛细管的半径和长度；V 为在 t 秒内液体所流过的毛细管体积；P 为毛细管两端的压力差。据此式可以测出液体的黏度；但液体黏度的绝对值不易测定，一般都用已知黏度的液体测出黏度计的毛细管常数，然后令待测液体在相同条件下流过同一支毛细管。因为同一毛细管的 r、l、V 一定，故液体在毛细管中的流动仅受压力差 P 的影响，在此处压力差即为重力，即 $P = h\rho g$，故可据式（4-5）求出待测液体的黏度。

$$\frac{\eta}{\eta_0} = \frac{\rho t}{\rho_0 t_0} \tag{4-5}$$

式中，η_0、ρ_0、t_0 分别为标准液体（如纯水、纯苯等，其黏度为已知）的黏度、密度和通过一定体积毛细管所经过的时间；η、ρ、t 为待测液体的黏度、密度和流过同一体积毛细管所经过的时间。若溶液很稀，则 $\rho = \rho_0$，这时

$$\eta = \frac{t}{t_0} \eta_0 \tag{4-6}$$

所以，只要测出标准液体（η_0 已知）和待测液体的流经时间，便可算出待测液体的黏度。常常用作标准液体的水和苯在 $20℃$ 时的黏度分别为 $1.009 \times 10^{-3} Pa \cdot s$ 和 $6.47 \times 10^{-4} Pa \cdot s$。

2. 转筒式黏度计

转筒式黏度计特别适用于非牛顿型液体黏度的测定，在实际工作中主要用它来确定流体的流型。转筒式黏度计由两个同心筒组成，两筒间保持一定的间隙（例如 $1 \sim 3mm$ 左右），此间隙为待测样品所充满。两筒中一筒转动，另一筒固定，这样在样品液体内部存在速度梯度，并产生流动阻力。作用于单位面积上的阻力亦即切应力的大小，可用下面的方法测定：若外筒不动，靠外加重量（砝码）使内筒转动（图 4-12），就可由砝码重量、力臂长度、筒侧面积求出切应力值。

转筒式黏度计的类型较多，较常用的是 Stormer 黏度计。无论哪种类型，体系黏度、

筒的转速和所加重量 W（有些仪器是根据弹簧丝的偏转角 θ）之间的关系均为：

$$\eta = K \frac{W}{r \cdot p \cdot m} \tag{4-7}$$

式中 K 为仪器常数，与转筒的半径、高度以及两筒间间隙等有关。用已知黏度的牛顿液体（通常用甘油）进行测量，以 W 对转速 $r.p.m$ 作图，便可从直线的斜率求出仪器常数 K。对同一台仪器测量不同转速下所需外加的重量，便可画出流变曲线，并可据此确定体系的流型。

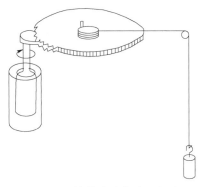

图 4-12　转筒式黏度计示意图

3. 恩氏黏度计

陶瓷行业经常使用恩氏黏度计测量釉浆黏度和坯料料浆黏度。它是测量 100mL 料浆从底孔直径为 4mm 的锥体中流出的时间（t，s）和 100mL 水从这个锥体中流出的时间（t_0，s）之比，并定义恩氏黏度为：

$$\eta = \frac{t}{t_0} \tag{4-8}$$

这种仪器简单，操作方便，其测试结果能反映矿浆的黏度和流动性特征，在非金属矿浆流动性及分散作用研究中可以使用，也可用于生产控制。

三、矿浆黏度的影响因素

风化型高岭土产品的颗粒直径常常达到几个微米大小，已接近胶体粒级范围，所以，高岭土矿浆已具有胶体的许多属性，可以从胶体化学的角度去研究它的黏度和流变性特征；同时，矿浆中的颗粒形状及聚散程度又影响着矿浆特性，它与典型的胶体溶液又有一定差别。

基于上述原因，本书首先从稀胶体溶液流变性研究成果入手，论述矿浆这种浓分散体系的流变性质及其影响因素。因为胶体化学、表面化学、物理化学等经典理论都很少研究浓分散体系流变性及其影响因素，所以，有些内容主要用实验的方法验证和比较，力求从实用出发，结合黏度理论，说明矿浆流动性及分散作用的一般规律。

1. 分散相浓度的影响

对于稀的溶胶或悬浮液，Einstein 曾导出下列关系式（4-9）：

$$\eta = \eta_0 (1 + 2.5\varphi) \tag{4-9}$$

式中，η 为溶胶的黏度；η_0 为介质的黏度；φ 为分散相所占的体积分数。在推导此式时曾假定：（1）质点是远大于溶剂分子的圆球；（2）质点是刚体，且与介质无相互作用；（3）溶液很稀，液体经过质点时，各层流所受到的干扰不相互影响；（4）无湍流。

许多实验证明，对于浓度不大于 3％（体积分数）的球形质点，η 与 φ 间确有线性关系，但式中常数往往大于 2.5。这可能是由于质点溶剂化，从而使实际的体积分数变大的缘故。倘若浓度较大，由于质点间的相互干扰，体系的浓度将急剧增加，就量值关系而言，Einstein 公式就不再适用了，但 η 与 φ 的正比关系依旧。

2. 温度的影响

温度升高，液体分子间的相互作用减弱，因此液体的黏度随温度升高而降低（具体数据见表 4-1)。溶胶的黏度也随温度的升高而降低。但对于较浓的胶体体系，由于在低温时质点间常形成结构，甚至胶凝，而在高温时结构又常被破坏，故黏度随温度变化的幅度要大得多。

表 4-1 液体的黏度（Pa·s）随温度的变化

温度 液体	0℃	20℃	50℃	100℃
甲醇	8.08×10^{-4}	5.93×10^{-4}	3.95×10^{-4}	——
水	1.794×10^{-3}	1.008×10^{-3}	5.49×10^{-4}	2.84×10^{-4}
甘油	12.04	1.45	0.176	0.01

3. 质点形状的影响

早就发现，象 V_2O_5、硝化纤维等胶体即使是浓度很稀时，溶胶的黏度也比 Einstein 公式所预期的高得多。这些体系的共同特点是质点具有不对称的形状。倘若质点是球形的，则黏度的增加主要是由于液体经过质点时流线受到干扰所造成的。若质点是不对称的，则在液体流经时质点发生转动，消耗额外的能量，同时质点之间也可以发生相互干扰，因而黏度大大增加。刚性棒状质点在速度梯度的定向作用可以忽略的条件下，黏度可用下式（4-10）表示：

$$\eta=1+\left(2.5+\frac{J^2}{16}\right)\Phi \tag{4-10}$$

式中，J 为分子的长短轴之比。与 Einstein 公式比较可以看出，质点越不对称，溶液的黏度越高，此结论从图 4-13 即可一目了然。对于其他形状的质点，虽然定量关系的形式不同，但溶胶黏度都随质点轴比的增加而变大。

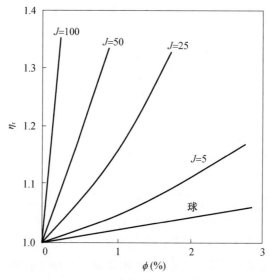

图 4-13 玻璃球和轴比不同的玻璃毛悬浮液的黏度

非金属矿浆的黏度也是这样，片状的高岭土、针状的硅灰石矿浆的黏度比相同条件下近似球形的重钙的黏度要高许多；规则六边形高岭土矿浆的黏度，比不规则片状高岭土的黏度低很多，还有许多例子都可以说明这一规律性。

4. 黏度与质点大小的关系

由 Einstein 公式可见，球形质点稀溶液的黏度仅与质点的体积分数有关，与质点大小无关。若质点形状很不对称时，则黏度与质点大小关系密切，因为质点变大的结果常使其不对称性增大（例如线性高聚物分子就是这样），故溶液的黏度也随之增大，因而有可能将黏度和质点大小定量地联系起来。例如，用黏度法测定线性高分子溶液中高分子的分子量，已是实验室中最经常采用的一种方法。

实验表明，高岭土及其他非金属矿矿浆中颗粒大小与稀的胶体溶液的情况恰好相反，究其原因是非金属矿颗粒形状与大小关系不大，所以，颗粒变化没有形状不对称性变化，对黏度没有影响；而矿料越小，比表面积越大，则水化膜总体积越大，相当于增加了颗粒（分散相）的体积分数，从而增加了黏度。

5. 电荷对黏度的影响

若粒子带电，则溶液的黏度增加，这种额外的黏度通常称为电黏滞效应（Electroviscous Effects）。CМorryxoВсий 曾导出了溶液黏度 η 和粒子半径 r 以及 ζ 电位之间的关系式：

$$\frac{\eta - \eta_0}{\eta_0} = 2.5\Phi\left[1 + \frac{1}{\eta_0 r^2 k}\left(\frac{\varepsilon\zeta}{2\pi}\right)^2\right] \tag{4-11}$$

式中，k 为电导率；ε 为介电常数；ζ 为 ζ 电位；其他符号的意义均同前。显然，当粒子带电时，粒子大小直接影响溶液的黏度。当 ζ 电位为零时，则上式又转变为 Eintsein 公式。这也说明电黏滞效应与 ζ 电位共存。例如在两性的蛋白质或白明胶溶液中，调节介质的 pH 值使质点处于等电点（Isoelectric Point），此时溶液的黏度最小。图 4-14 为白明胶溶液的黏度和 pH 值的关系（白明胶的等电点 pH 值为 4.7）。两性质点在等电点 pH 值的两侧均荷电，造成某些附加的溶剂化作用（使 ϕ 增大），同时也可能增加溶胶在流动时粒子运动的不规则程度。

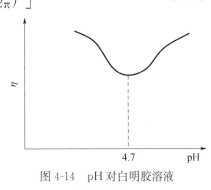

图 4-14 pH 对白明胶溶液黏度的影响

对高岭土和其他非金属矿矿浆黏度的试验表明，"电黏滞效应"是负值，即 ζ 电位的增加降低了矿浆的黏度，并且降低了很多，这一点和稀的胶体溶液的情况是相反的。例如，给高岭土矿浆、重质碳酸钙矿浆及陶瓷原料泥浆或釉浆中加入阴离子型分散剂（如聚丙烯酸钠、聚丙烯酸铵、三聚磷酸钠、水玻璃等分散剂）增大了 ζ 电位的绝对值以后，矿浆明显变稀了；美国固含量达 75%，$-2\mu m$ 含量 97% 的重质碳酸钙矿浆样品的 ζ 电位比国内多数厂家的重质碳酸钙矿浆（固含量 70%，$-2\mu m$ 含量 95%）的 ζ 电位高一倍左右，前者比后者流动性好得多；水泥砂浆的 ζ 电位一般为 $+10mV$，当加入阴离型分散剂，使 ζ 电位变成 $-40\sim-60mV$ 时，流动性提高很多（一般是为了减水增强）。我们也曾经做过专门的试验，给经聚丙烯酸钠分散的矿浆中加入 0.1% 的 $TiCl_3$、$AlCl_3$、$ZnCl_2$、$MgCl_2$、$CaCl_2$、$FeCl_2$，目的是降低 ζ 电位，结果是增稠而不是降黏。这种实例我们可以列举很多，它们都说明了 ζ 电位绝对值增加改善了矿浆流动性，降低了黏度。

稀胶体溶液中的电黏滞效应是由于 ζ 电位与吸附层厚度即水化膜厚度成正比，ζ 电位增加，相当于胶粒长大了一层，是分散相体积分数增大的结果。在高岭土矿浆中，颗粒表面往往被水和部分气体所包围，加入分散剂后，由于分散剂分子在颗粒表面的吸附而使 ζ 电位增加，也相当于增加了颗粒体积分数，但与此同时，被分散剂分子从颗粒表面排挤掉的水分子又加入了到分散介质中，由于矿浆中固含量一般都在 50% 以上，所以，颗粒和分散介质增加相等数量时，分散相体积分数是降低而不是增加；此外，ζ 电位增加，表明分散剂分子吸附量增加，颗粒表面亲水性增强（固体颗粒亲水性往往低于分散剂极性端的亲水性），所以，水溶性增强，正是由于这两个原因，在高岭土与其他非金属矿矿浆中，ζ 电位越高，分散性越好，矿浆黏度越低，流动性越好。

四、化学分散

改变 ζ 电位的方法往往是化学的方法，所以，该部分内容又可以叫做化学分散。ζ 电位对矿浆流动性影响很大，所以有必要专门讨论一下 ζ 电位的影响因素。

1. 分散剂的种类

三聚磷酸钠、六偏磷酸钠、腐殖酸钠、聚丙烯酸钠（铵）等表面活性剂都可以提高矿浆的 ζ 电位，但不同种类的分散剂，或同类不同聚合度的分散剂，对 ζ 电位及分散作用的影响是不同的。不同种类的分散剂配合使用时，若提高分散性能，并使总分散效果比两个分散剂单独使用的效应之和还好，这种现象叫协同效应；若两种和两种以上的分散剂（或助剂）并用时，它们的总效应等于或小于各自单独使用效能之和，但超过任何一种单独使用的效应，这种情况称之为加和效应；若两种或两种以上的助剂并用时，它们的总效应小于它们各自单独使用的效能，称之为对抗效应。例如三聚钠酸钠和 A 型分子筛有加和效应，而和聚丙烯酸铵就是对抗效应。一般来说，分散剂的离子类型不同（如阴离子表面活性剂与阳离子表面活性剂）不能配合使用，离子类型相同，但它们在颗粒表面的吸附机理不同（如上文提到的三聚磷酸钠在颗粒表面以静电吸附为主，聚丙烯酸铵以疏水吸附为主）也不能配合使用。用作分散剂的表面活性剂的亲水亲油平衡值（HLB）在 13～20 之间效果较好。

2. 分散剂用量

表面活性剂的浓度很低时每个表面活性剂分子的活动范围比较大，水分子在亲油的碳氢链周围排列是整齐的，导致体系的熵降低。这个熵降低一方面被表面活性剂分子的均匀分布所造成的熵增加而抵消，另一方面由于部分表面活性剂占据表面而使体系自由能维持最低。当表面活性剂浓度增加后，大量的亲油碳氢链捕获更多的水分子（造成更厚的"冰壳"），熵降低已不能被溶解过程所补偿，只有大量表面活性剂被吸附于溶液表面使体系自由能大幅度降低才能补偿体系熵的降低。当表面活性剂浓度进一步增加时，溶液表面上吸附的表面活性剂分子也相当拥挤了，解吸速度变大，表面自由能已不能再有所下降，这时体系熵的增加已无从抵偿，就要求亲油的碳氢链形成新相来减少对水分子的影响。但由于表面活性剂的亲水基同亲油基是连体的，亲油基无法单独形成新相，因此为了降低体系自由能只有形成胶束，此时大量亲油基集聚在一起，周围由亲水基与水分子直接接触。据研究，每 $1mol\text{-}CH_2\text{-}$ 基发生缔合，自由能将降低 2～5kJ。

胶束开始明显形成时的溶液浓度称为临界胶束浓度（Criticalmicelle Concentration），记作 CMC。对于离子型表面活性剂，表面活性离子形成的胶束带有很高的电荷，由于静电引力的作用，在胶束周围将吸引一些相反电荷的小离子，这就相当于有一部分正、负电荷互相抵消。另外，形成高电荷束后，反离子形成的离子氛的阻滞也大大增加。基于这两个原因，使得溶液的当量电导在 CMC 之后随浓度的增加而迅速下降。

在高岭土及其他非金属矿浆分散过程中，分散剂的最佳用量应该使溶液达到 CMC 浓度。CMC 浓度的测试及判断方法很多，读者可以参考胶体化学和物理化学及表面化学的有关论述。在矿浆分散试验中，可以用两种简单的方法判断 CMC 值和分散性。一种方法是先将分散剂逐步加入到水中，并不断搅拌或摇动试管（或烧杯），当溶液中出现亮胶束时为止，此时的溶液浓度略高于 CMC，当加入矿粉，因矿粒表面的吸附又降低了溶液中分散剂的含量，可以说，加入矿粉后，溶液的浓度约等于 CMC 浓度。另一种方法是给定矿浆数量，逐渐加入分散剂，并测黏度，随分散剂加入量的增多，矿浆黏度逐渐降低，到一定程度后，随分散剂的加入，矿浆黏度降低很少或不降低，绘制分散剂用量与矿浆黏度关系曲线图，曲线拐点对应的浓度为 CMC 浓度。

3. pH 值

高岭石矿物具有从 $2\mu m$ 至几百微米的粒径，呈六角板状。它是由铝氧或氢氧八面体和硅氧四面体组成的晶片，层间通过氢键结合。由于 $Al(OH)_3$ 层与 SiO_2 层的基本单元在大小上存在着微小的差别，在层间产生应变，成为在板的端部具有不饱和电荷的小板状颗粒。在高岭石结构中容易发生 Al^{3+} 脱离 SiO_2 层，而在板状颗粒的面上产生负电荷。在板状颗粒的端部，通过调节 pH 值，改变 Al^{3+} 离子或 OH^- 离子的排列，可使板状颗粒带正电荷，或负电荷，或呈中性。图 4-15 即表示由 pH 变化引起的带电状态变化模型及其凝聚状态。

高岭石在分散液中呈现的互凝（自凝）行为比较典型地反映了黏土矿物的互凝现象。经粉碎形成很多新鲜解离面的高岭土，其晶层底面与侧面具有不对称的双电层结构。底面在广泛的 pH 值范围内荷负电，而侧面在 pH＜7 时荷正电。当 pH＜7 时，带不同电荷的底面与侧面互相静电吸引，形成"工"字形结构，这种面-端形成凝聚体。当 pH 值＝7 时，端面电荷为 0，受范德华力的作用形成面-端及端-端型凝聚体。当 pH＞11 时，由于溶液中水解金属阳离子的特性吸附，将带负电的底面连接起来，形成面-面型凝聚体。

高岭土及其他非金属矿浆多用阴离子型表面活性剂作分散剂，因此，pH 升高可以使 ζ 电位升高，但应该注意的是随 pH 升高，阴离子型高分子表面活性剂在颗粒表面的吸附性减弱，所以，最佳分散状态所需要的 pH 值应通过实验解决。

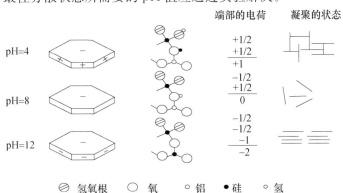

图 4-15　pH 值变化而引起的黏土颗粒带电状态的变化

4. 反号离子电价及半径的影响

反号离子电价增高，它和带电颗粒的静电引力增大，进入固定层的反号离子增加，ζ电位降低；对于同价离子而言，半径小者，水化程度高，在其周围吸附着较厚的水分子层，它与带电颗粒之间的静电引力较弱，进入固定层的数量减少，ζ电位升高，常见反号离子对ζ电位的影响如图4-16所示。这一规律可以说明常用分散剂都是一价阳离子的盐，而不用二价、三价或四价阳离子的盐作分散剂。一价钠盐比一价钾盐和铵盐的ζ电位高，分散效果好，一价锂盐除价格较贵外，它还容易和矿浆中的$CO_3{}^{2-}$形成

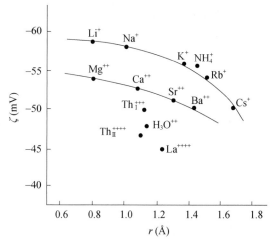

图4-16 交换阳离子半径和电荷对ζ电位的影响

不溶性Li_2CO_3沉淀，所以，最常用的分散剂都是钠盐，有时也用铵盐作分散剂。

第三节 选矿提纯

选矿提纯是风化型高岭土深加工的重要内容之一。随着优质资源储量的日渐减少和高科技应用领域对高岭土产品要求的提高，选矿提纯在风化型高岭土深加工中的地位显得越来越重要。

选矿提纯有多种方法，如基于光学性质和放射性等的分选方法，这种方法常称为拣选，通常也包括高品位矿石的手选；基于密度差异的分选方法，该方法通常是在水流中利用因质量效应而产生的矿物差速运动；基于矿物不同表面性质的分选方法，即浮选，用不同药剂调节矿浆的"气候"，就可能使有用矿物和脉石矿物或有害矿物分开；基于磁性的分选方法叫磁选，用弱磁场磁选机可以把强磁性矿物选出，用强磁性磁选机可以把弱磁性矿物和非磁性矿物分离；基于矿物导电性的分选方法叫电选，可以把不同导电性的矿物分离；基于矿物化学稳定性差异分选的方法叫化学选矿或称化学提纯。

在风化型高岭土的开采和加工过程中的选矿作业主要有溜槽除砂、沉淀分级、水力旋流器分级、磁法选矿、浮游选矿、化学提纯和漂白。风化型高岭土常用的选矿方法是溜槽除砂、沉淀分级、水力旋流器分级等。在我国广东、广西等风化型高岭土矿床丰富的地区，这些方法几乎是尽人皆知，所以，本书也不介绍它们。下文介绍的选矿方法主要是浮游选矿（浮选）、磁法选矿、化学提纯和漂白。

一、浮选

（一）浮选原理

泡沫浮选是利用不同矿物颗粒表面物理化学性质的差别。经药剂处理后，浮选矿浆内不同矿物表面性质之间的这种差别更趋明显；为使浮选得以发生，气泡还必须能够粘附矿粒，并把矿粒升至液面（图4-17）。浮选只能用于较细的矿粒，因为如果矿粒太大，矿粒和气泡之间的附着力就会小于颗粒的重量，因而气泡会将其负载的矿粒丢落。在浮选过程

中，有用矿物通常进入泡沫产品，而脉石留在矿浆中，称作尾矿，这是正浮选。与其相反的是反浮选，即脉石选入泡沫产品。

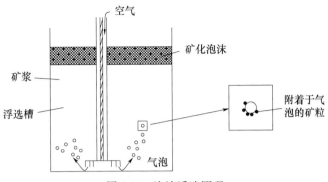

图 4-17　泡沫浮选原理

只有气泡可排挤矿物表面的水层时它才能附着于矿粒，并且只有矿物表面呈现某种程度的疏水性时这一现象才能发生。到达矿浆表面后，如果能形成稳定的泡沫，气泡才能继续支撑住矿粒；反之，气泡将破灭，矿粒就掉落。为了创造这些条件，就必须利用多种化学药剂即浮选药剂。

水中矿物表面对浮选药剂的活性取决于作用于该表面上的各种力。使颗粒和气泡趋于分离的各种力示于图 4-18。各种张力导致形成矿粒表面和气泡表面之间的接触角，在平衡条件下，

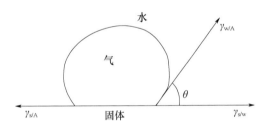

图 4-18　水介质中气泡和矿粒之间的接触角

$$\gamma_{s/A} = \gamma_{s/w} + \gamma_{w/A}\cos\theta \tag{4-12}$$

式中　$\gamma_{s/A}$——固相与空气相界面的表面能；

　　　$\gamma_{s/w}$——固相与水相界面的表面能；

　　　$\gamma_{w/A}$——水相与空气相界面的表面能；

　　　θ——气泡和矿物表面之间的接触角。

使矿粒-气泡界面破裂所需的力称之为黏着功 $W_{s/A}$；黏着功等于分离面-气界面并产生独立的气-水及固-水界面所需的功，即：

$$W_{s/A} = \gamma_{w/A} + \gamma_{s/A} - \gamma_{s/A} \tag{4-13}$$

式（4-12）和式（4-13）结合得：$W_{s/A} = \gamma_{w/A}(1-\cos\theta)$ $\tag{4-14}$

由此可见，接触角愈大，颗粒和气泡之间的黏着功就愈大，该体系对于破裂力更具有弹性。因此，矿物的可浮性随接触角增大而提高，接触角大的矿物称之为亲气的。换言之，这类矿物对空气的亲和力大于对水的亲和力。但大多数矿物在其天然状态并非疏水

的，因此需往矿浆中添加浮选药剂。最重要的药剂是捕收剂，捕收剂吸附于矿物表面，使之疏水（亲气），并促进气泡附着。起泡剂有助于保持泡沫的适当稳定性。调整剂用于调节浮选过程，或者促进或者抑制矿粒向气泡的附着，也用来调节浮选体系的 pH 值。

捕收剂、起泡剂、拟制剂、活化剂、pH 值调整剂、絮凝剂等化学试剂的性质及其在浮选过程中的作用都应属于浮选机理的内容，但因其本身的复杂性与特殊性，将在下文专门讨论。

（二）浮选药剂

1. 浮选药剂分类

依据浮选药剂的作用将其分为捕收剂、起泡剂、调整剂、絮凝剂等四大类，见表 4-2。

表 4-2　浮选药剂分类

类	系列	品种	典型代表	类	系列	品种	典型代表
捕收剂	阴离子型	硫代化合物 羟酸及皂	黄药、黑药等 油酸、硫酸酯等	调整剂	pH 调整剂	电解质	酸、碱
	阳离子型	胺类衍生物	混合胺等		活化剂	无机物	金属阳离子 Cu^{2+} 等、阴离子 CN^-、HS^-、$HSiO_3^-$ 等
	非离子型	硫代化合物	乙黄腈酯等				
	烃油类	非极性油	煤油、焦油等				
起泡剂	表面活性剂	醇类	松醇油、樟脑油等		抑制剂	气体，有机 化合物	氧、SO_2、 淀粉、单宁等
		醚类	丁醚油等				
		醚醇类	醚醇油类	絮凝剂	天然絮凝剂 合成絮凝剂		石膏粉、腐殖酸、 聚丙烯酰胺等
		酯类	酯油等				
	非表面活性剂	酮醇类	（双丙）酮醇油				

2. 捕收剂

所有矿物依据其表面性质可分成两大类，即非极性矿物和极性矿物。非极性矿物的特点是分子键较弱，是借助于范德华力聚集在一起或以共价键组成晶格，其非极性表面不易附着水的偶极，因而是疏水的。属于这种类型的矿物有石墨、自然硫、金刚石、煤和滑石等，它们有很高的天然可浮性，不用捕收剂就可以浮选，但是在工业生产中，为了提高选矿效果，还是要添加烃油和起泡剂，以增强其疏水性。包括高岭土在内的绝大多数矿物都属于极性矿物，它们的表面是亲水疏气的，所以，必须使其疏水才能浮游，为此，要往矿浆中加入捕收剂，并使捕收剂在调整期间经过搅拌有时间吸附于矿粒表面，导致隔离矿物表面与气泡的水化层的稳定性降低，使得矿粒在同气泡接触时能附着于其上。

捕收剂分子可以是离子化合物，在水中解离成阴离子或阳离子；也可以是实际上不溶于水的非离子型化合物，在矿物表面覆盖一层薄膜使矿物疏水。

离子型捕收剂已广泛用于浮选。这种捕收剂分子的结构不对称，并为异极性，亦即分子中有一个非极性烃基和一个某一类型的极性基，非极性的烃基具有显著的疏水性，而极性基则是亲水的，由于药剂的极性基和矿物表面活性点之间的化学、静电或物理吸附，捕收剂吸附于矿物表面上，并以非极性端朝向液相，使矿物颗粒获得疏水性，吸附和疏水特征如图 4-19 所示。

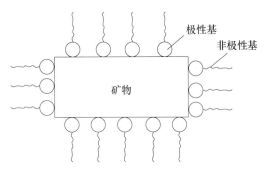

图 4-19　捕收剂在矿物表面的吸附

一般来说，捕收剂应少量添加，其量以在矿粒表面上形成单分子层即可（即所谓"饥饿"添加量），因捕收剂浓度增高，不仅耗费大，还可能使其他非目的的矿物上浮而降低选择性。并且，要洗脱已吸附于矿物的捕收剂总是比防止其吸附更难。

捕收剂的浓度过高还可能对回收有价矿物产生不利的影响，原因可能是在颗粒上形成了多层捕收剂，降低了朝向液体的烃基的比例，颗粒的疏水性因而降低，浮游性亦随之下降。采用带较长烃链的捕收剂，比用增高短链捕收剂浓度可产生更强的疏水作用，可不降低选择性而使浮选范围扩大。然后，链长通常限于 2～5 个碳原子，因捕收剂在水中的溶解度随链长增大而急剧下降；而且，虽然捕收剂产品的溶解度相应下降者更易吸附于矿物表面。可是，显而易见，为使在矿物表面发生化学吸附，捕收剂又必须在水中解离。影响溶解度的不仅是链长，而且还包括链的结构，支链的溶解度高于直链。

阴离子捕收剂是浮选中应用最广泛的一类捕收剂，并依据极性基的结构分为两类，亦即羟基捕收剂（以有机酸和磺酸阴离子作为极性基）和极性基含二价硫的巯基类型捕收剂。

典型的羟基捕收剂是有机酸或皂。羧酸盐类捕收剂通常为脂肪酸，天然存在于植物油和动物脂肪中，通过蒸馏和结晶法提炼。常用的是油酸盐，如油酸钠以及亚油酸。同一切离子捕收剂一样，其烃链愈长，斥水性就愈强，而溶解度下降。但是，皂类（脂肪酸盐）即使烃链长也是可溶的。羧酸盐是强捕收剂，但选择性较低。这类药剂用于浮选钙、钡、锶和镁等的矿物、有色金属的碳酸盐，以及碱金属和碱土金属的可溶性盐。

极性基含二价硫的捕收剂应用最广。这类药剂浮选硫化矿物非常有效，且选择性高。这类阴离子捕收剂中应用最广的是黄原酸盐（工业上称之为黄药）和二硫代磷酸盐（黑药捕收剂）。黄药是硫化矿浮选中最重要的捕收剂。

黄药一般用于弱碱性矿浆中，因黄药在酸性介质中会分解，而在高 pH 值时，氢氧离子又可能排挤出矿物表面上的黄原酸离子。

阳离子捕收剂的特性是斥水作用，是五价氮为主的极性基的阳离子产生的，胺类是其中最常见的一种，其结构如图 4-20所示。

与黄药不同，胺类在矿物表面上的吸附被认为主要是由于捕收剂极性端和矿物表面上的双电层之间的静电引力所致。这种静电力不如阴离子捕收剂特有的化学力那样强或不可逆，因此阳离子捕收剂的捕收力就显得较弱。

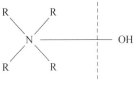

图 4-20　胺类阳离子捕收剂

阳离子捕收剂对介质的 pH 值很敏感，在弱酸性溶液中最有效，而在强碱和强酸性介质中无效。这类药剂用于浮选氧化矿、碳酸盐及碱土金属矿物，如重晶石、光卤石和钾盐。

3. 起泡剂

起泡剂一般是异极性有机表面活性剂，能吸附在空气-水界面上。当表面活性分子同水作用时，水的偶极子易于同极性基结合并使之水化，但实际上同非极性烃基不相作用，而是促使非极性基进入气相。于是，起泡剂分子的这种异极性结构导致它的吸附，换言之，起泡剂分子富集于表面层，定向排列的非极性基朝向空气，而极性基朝向水，如图 4-21 所示。

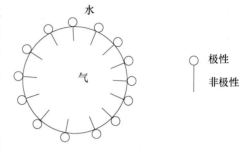

图 4-21 起泡剂的作用

因此，起泡作用就在于起泡剂因其表面活性而能吸附于气-水界面并能降低表面张力，从而使气泡稳定。起泡剂的结构应具有以下特点。

（1）起泡剂应是异极性的有机物质，极性基亲水，非极性基亲气，使起泡剂分子在空气与水的界面上产生定向排列。

（2）大部分起泡剂是表面活性物质，能够强烈地降低水的表面张力。同一系列的有机表面活性剂，其表面活性有规律地递增。

（3）起泡剂应有适当的溶解度。起泡剂的溶解度，对起泡性能及形成气泡的特性有很大的影响，如溶解度很高，则耗药量大，或迅速发生大量泡沫，但不能耐久；当溶解度过低时，来不及溶解，随泡沫流失，或起泡速度缓慢，延续时间较长，难于控制。

起泡剂在起泡过程中应该具有如下作用：（1）起泡剂分子防止气泡的兼并。各种起泡剂分子具有防止气泡兼并的作用，由强至弱顺序为：聚乙烯乙二醇醚＞三乙氧基丁烷＞辛醇＞C6-C3 混合醇＞环己醇＞甲酚。（2）起泡剂降低气泡上升运动速度。实验测知，加入起泡剂后气泡上升速度变慢。起泡剂使气泡上升速度变慢的可能原因是起泡剂分子在气泡表面形成"装甲层"。该层对水偶极有吸引力，同时又不如水膜那样易于随阻力变形，因而阻滞上升运动。（3）起泡剂影响气泡的大小及分散状态。气泡粒径的大小对浮选指标有直接影响，一般机械搅拌式浮选机在纯水中生成气泡的平均直径为 4～5mm。添加起泡剂后，平均直径缩小为 0.8～1mm。气泡愈小，浮选界面面积愈大，故有利于矿粒的粘附。但是，气泡要携带矿粒上浮，必须有充分的上浮力及适当的上浮速度。因此也不是气泡愈小愈好，而是要有适当的大小及粒度分布。

依据起泡剂在起泡过程中的作用，对起泡剂的具体要求有以下几点：（1）用量较低时就能形成量多、分布均匀、大小合适、韧性适当和黏度不大的气泡；（2）应有良好的流动性、适当的水溶性、无毒、无臭、无腐蚀性，便于使用；（3）无捕收性，对矿浆 pH 值变化和矿浆中的各种组分有较好的适应性。

常用的起泡剂有正戊醇、异戊醇、正己醇甲基异戊醇、庚醇、正庚醇、正壬醇、松油、萜醇、甲酚酸、聚丙烯乙二醇、樟油、重吡啶、脂肪酸乙酯和硫酸脂、磺酸盐等，其中最常用的是松节油类起泡剂。

4. 抑制剂

抑制剂的抑制作用主要表现在阻止捕收剂在矿物表面上吸附；消除矿浆中的活化离子，防止矿物活化；以及解吸已吸附在矿物上的捕收剂，使矿物受到抑制。

抑制剂与矿物表面发生化学吸附，形成水薄膜是抑制作用的主要方式之一。例如在浮选时，为了防止方铅矿（PbS）、闪锌矿（ZnS）、黄铁矿（FeS_2）对捕收剂的吸附，在矿浆中加入一定数量的硫化钠，硫化钠在水溶液中水解后，与硫化物矿物表面的重金属离子发生反应，生成难溶的化合物，比相应黄原酸盐的溶解度小得多（如 PbS，2.5×10^{-21}；ZnS，1×10^{-25}），所以，硫化钠组分在硫化物类矿物表面上的吸附比黄原酸离子容易，从而阻止了矿物对黄原酸离子（捕收剂）的吸附，能强烈地抑制这些矿物浮游。再如单宁和方解石表面的钙离子作用生成单宁酸钙络合物，使方解石具有亲水薄膜，从而阻止捕收剂的吸附和方解石的浮游。

矿浆中的活化离子往往可以使矿物活化，并吸附捕收剂，使矿物易浮游，这些活化离子主要有 Cu^{2+}、Pb^{2+}、Hg^+ 等，消除这些离子常用的方法是使它们生成难溶的化合物沉淀或络合物，例如用 OH^- 离子沉淀 Cu^{2+} 和 Pb^{2+} 等离子，生成难溶化合物 $Cu(OH)_2$（$Ksp = 5.2 \times 10^{-20}$）、$Pb(OH)_2$（$Ksp = 1.1 \times 10^{-20}$），也可以用 S^{2-}（硫化钠）沉淀 Cu^{2+} 和 Pb^{2+} 离子。

当矿浆中加入捕收剂后，非目的矿物也会适量地吸附一部分捕收剂而具有疏水性和可浮游性，为了防止这一现象的发生，加入的抑制剂要能够使矿物表面上已吸附的吸附剂解吸。例如，用油酸作捕收剂混合浮选白钨矿-方解石时，得混合精矿，然后用大量水玻璃解吸方解石表面上的油酸离子，使方解石受到抑制，达到白钨矿和方解石分离的目的。

5. 活化剂

活化剂使用的目的是使受到抑制不吸附捕收剂的矿粒重新吸附捕收剂，或者使那些对捕收剂吸附较弱的矿粒改变表面化合物性质，对捕收剂产生较强的吸附作用。常用的活化剂有以下三类。

（1）各种金属离子。用黄药类捕收剂时，能与黄原酸形成难溶性盐的金属阳离子，如 Cu^{2+}、Ag^+、Pb^{2+} 等。使用的药剂如硫酸铜、硝酸银、硝酸铅等。

用脂肪酸类捕收剂时，能与羧酸形成难溶性盐的碱土金属阳离子，如 Ca^{2+}、Ba^{2+} 等。氯化钙、氧化钙、氯化钡等可作为活化剂使用。

（2）无机酸、碱。它们主要用于清洗欲浮矿物表面的氧化物污染膜或粘附的矿泥。如盐酸、硫酸、氢氟酸、氢氧化钠等。

某些硅酸盐矿物，其所含金属阳离子被硅酸骨架所包围，使用酸或碱将矿物表面溶解，可以暴露出金属离子，增强矿物表面与捕收剂作用的活性。此时，多采用溶蚀较强的氢氟酸。

（3）有机活化剂。这是一类比较新的活化剂，聚乙烯二醇或醚，可作脉石矿物的活化剂，如在多金属硫化矿浮选时，将其与起泡剂一起添加，可选出大量脉石，然后再进行铜铅锌的混合浮选。工业草酸（HOOC—COOH），用于活化被石灰抑制的黄铁矿和磁黄铁矿。

6. 介质 pH 调整剂

这类药剂常与抑制剂或活化剂交叉，难于分清。pH 调整剂的主要作用是造成有利于浮选药剂的作用条件，改善矿物表面状况和矿浆离子组成。

硫酸是常用的酸性调整剂，其次如盐酸、硝酸、磷酸等。石灰是应用最广泛的碱性调整剂，主要用于硫化矿浮选。

碳酸钠的应用，仅次于石灰，主要用于非硫化矿浮选。它是一种强碱弱酸的盐，在矿浆中水解后得到 OH^-、HCO_3^- 和 CO_3^{2-} 等离子，对矿浆 pH 值有缓冲作用，pH 可保持在 8~10 之间。石灰对方铅矿有抑制作用，浮选方铅矿时，多采用碳酸钠来调节矿浆的 pH。

用脂肪酸类捕收剂浮选非硫化矿时，常用碳酸钠调节矿浆 pH。因为碳酸钠能消除 Ca^{2+}、Mg^{2+} 等的有害作用，同时还可以减轻矿泥对浮选的不良影响。碳酸钠还被用作黄铁矿的活化剂。从铁矿石中反浮选石英时，经常用氢氧化钠作 pH 调整剂。

此外，絮凝剂、脱落剂、消泡剂等在矿石浮选中也经常使用。常用的絮凝剂有无机盐类（硫酸铝、硫酸铁、硫酸亚铁、铝酸钠、氧化铁、氧化锌、四氯化钛等）、无机酸类（硫酸、盐酸）、无机碱类（氢氧化钠、氢氧化钙等）、天然高分子化合物（如石青粉、白胶粉、巴蕉芋淀粉等）和合成的高分子絮凝剂（如聚丙烯酰胺、高分子量聚丙烯酸钠等）。常用的脱落剂有硫化钠、活性炭及酸、碱等。常用的消泡剂有高级脂肪酸、脂、烃等和醇类。

（三）浮选设备

自从浮选首次发展成为一种选矿方法以来，已采用了多种结构形式的浮选机，可以把所有的浮选机分为两类：一类是机械式浮选机；另一类是空气式浮选机。机械式浮选机是由早期的矿物分选浮选机演变而来的，目前显然得到最广泛的应用。卡洛（Callow）空气式浮选机虽早已成功使用，但目前只局限于某些特殊用途。每种类型又有两种使用形式：即单槽运转和多槽浮选机串联运转。

1. 对浮选机的基本要求及评定依据

虽然有多种不同结构的浮选机，但它们都具有使已疏水颗粒接触并粘附于气泡，然后使颗粒上升至表面并形成可被分离开来的泡沫的基本功能。为实现此功能，浮选机必须具备以下条件：

（1）保持所有颗粒悬浮。这就要求矿浆上升的速度大于颗粒（包括最大的或最重的）的沉降速度。

（2）保证所有进入浮选机的颗粒有机会浮游。以旁路或短路通过浮选机的情况必须减少到最低限度。同时，不希望浮选机中存在死区，因为死区减小浮选机的有效容积。

（3）向整个矿浆弥散微细空气泡。所需充气程度取决于特有的矿物系统和被浮矿物的质量分数。

（4）强化颗粒-气泡碰撞，使疏水颗粒可以附着于气泡并上升成泡沫。这可以通过强烈搅拌、回流或溶解空气（气体）的析出来实现。

（5）提供一个紧靠泡沫下方的静止矿浆区，以减小矿浆混入泡沫，并减少泡沫层的涡流破灭。

（6）提供足够深度的泡沫以便混入的颗粒得以排出。

现有的一些浮选机的特征在许多文献中都有详细报导，为了某种用途而选择特殊类型浮选机显然不是一项简单的任务。按照浮选机的性能应考虑的主要因素有以下四个方面：

（1）以品位和回收率表示的选矿性能。

（2）以单位容积每小时给矿吨数表示的处理能力。

（3）每吨给矿的生产成本，包括动力消耗、维修和直接劳动力。

（4）操作（主要取决于工作人员过去的经验）的难易程度。

2. 浮选机的充气搅拌原理

浮选机的充气搅拌原理主要包括气泡的形成、气泡的上浮和浮选机内矿浆的充气程度三个方面。

气泡的形成主要是指单个气泡的形成，吸入或由外部风机压入浮选机的空气通常以以下几种方式形成单个气泡。

（1）利用机械作用粉碎空气流形成气泡 此法在机械搅拌式浮选机和充气搅拌式浮选机中应用较多。这些浮选机都采用叶轮对矿浆进行强烈搅拌，使矿浆产生旋涡运动。由于矿浆的旋涡作用，或矿浆、气流垂直交叉运动的剪切作用，以及浮选机的导向叶片或定子的冲击作用，使吸入或压入的空气流被分割成细小的气泡。矿浆与空气的相对速度差越大，矿浆流越紊乱以及液-气界面张力越小，则气流被分割成单个气泡也越快，所形成的气泡也就越小。

（2）使空气流通过细小孔眼的多孔介质而形成气泡 在某些浮选机（如浮选柱）内，压入的空气通过带有细小孔眼的多孔陶瓷、微孔塑料、穿孔的橡皮和帆布等特制的充气器时，就会在矿浆中形成细小气泡。

利用这种方法形成气泡，空气压力必须适当。在充气器一定时，如果压力过小，因不能克服介质的阻力，这时空气不能透过；反之，如果压力过大，则又容易形成喷射气流而不成泡，同时还会造成矿液面不稳定。所需空气压力的大小，可视所选用的充气器而定。

此外，充气器上细孔的大小及其间隔也要适当，如果其间隔太小，由相邻孔眼排出的气泡易于相遇而兼并。添加起泡剂由于能降低液-气界面张力，有利于气泡从细孔通过，并能防止细孔间气泡的兼并。

（3）从溶有气体的矿浆中析出气泡 在标准状态下，空气在水中的溶解度约为 2%，当降低压力或提高温度时，被溶解的气体将以气泡的形式从溶液中析出。从溶液中析出的气泡具有两个基本特点：一是直径小，分散度高，所以在单位体积矿浆内，将有很大的气泡表面积；二是这种气泡能有选择性地优先在疏水矿物表面上析出，因而是一种"活性微泡"。近年来，人们比较重视利用这种活性微泡来强化浮选过程。

影响从溶液中析出微泡的因素主要有开始时矿浆中空气的饱和程度，后来矿浆的降压程度和是否存在有析出微泡的"核心"。

（4）浮选机内形成气泡的其他方法 近年来研制的一些新型浮选机，其气泡的形成采用了一些特殊的方法。如喷射浮选机和喷射旋流浮选机等的气泡生产方式就属此类。此外，还有利用水的电解产生大量微泡的所谓电解起泡法等。

3. 浮选机中气泡的上浮

（1）气泡群在矿浆中的升浮速度及影响因素

观测查明，气泡在矿浆中是曲折上升的，并且常呈不规则的形状。矿浆中气泡群的平均升浮速度，可通过试验，然后按式（4-15）进行计算：

$$V = \frac{H}{T} = H\frac{q}{Q_0 M} \tag{4-15}$$

式中　V——气泡群在浮选机内的平均升浮速度（cm/s）；

　　　H——矿浆的深度（cm）；

　　　T——空气在矿浆中的停留时间（s）；

　　　q——进入矿浆的空气量（L/s）；

　　　Q_0——被充气矿浆的体积（L）；

　　　M——矿浆中空气的含量（按体积计）（%）。

利用上式曾测得带有辐射叶轮的机械搅拌式浮选机中，在不同矿浆浓度条件下，气泡群的平均升浮速度约等于 3~4cm/s，其结果见表 4-3，而单个气泡在静止清水中的升浮速度则为 20~30cm/s。这是因为浮选机内矿粒的存在，矿浆运动的涡流特性等都对气泡的升浮运动起阻碍作用。

表 4-3　气泡群的平均升浮速度（搅拌式浮选机）

矿浆浓度（%固体）	气泡群的平均升浮速度（cm/s）
0	4.05
15	3.39
35	2.88
50	3.70

由表 4-3 数据可知，在一定的深度范围内，随着矿浆浓度的增大，气泡升浮的平均速度变慢。但如果矿浆过浓时，气泡升浮的速度又略为加快，这是因为在很浓的矿浆中，空气不易弥散，而呈大气泡升浮。

矿化气泡的升浮，还受所负载矿粒数量及密度等因素的影响。如果矿化气泡升浮力大于气泡负载矿粒的重量，矿化气泡就可能升浮；当细小气泡高度矿化时，由于浮力等于或小于重力，因而气泡升浮变慢，甚至不能浮起，或随矿流再度被吸入到叶轮区，使矿化气泡遭到破坏。所以在矿浆中，当矿粒很粗，而气泡很细时，浮选过程常不能顺利进行。粗粒物料浮选时，由多个细小气泡与矿粒形成聚合体，其升浮速度则主要取决于聚合体在矿浆中的密度。

当气泡表面吸附有表面活性物质（如起泡剂）时，气泡的升浮速度将会显著变慢。此外，浮选机的结构特点及槽体的几何形状等对气泡的升浮运动均有影响。

（2）气泡在一般机械搅拌式浮选机内的运动，大体可分为三区。第一区是充气搅拌区，此区的主要作用是对矿浆空气混合物进行激烈搅拌，粉碎气流，使气泡弥散，避免矿粒沉淀，增加矿粒和气泡的接触机会等。在搅拌区由于跟随叶轮甩出的矿浆流作紊流运动，所以，气泡升浮运动的速度较慢。第二区是分离区，在此区间内气泡随矿浆流一起上升，且矿粒向气泡附着，并使矿化气泡上浮。随着旋涡运动变弱，静水压力减小，气泡变大，矿化气泡升浮速度也逐渐加大。第三区是泡沫区，带有矿粒的矿化气泡上升至此区形成有一定厚度的矿化泡沫层。在泡沫层中，由于大量气泡的聚集，气泡升浮速度减慢。泡沫层上层的气泡会不断自发兼并，产生"二次富集"作用。

4. 矿浆的充气程度

矿浆的充气程度是指矿浆中的空气含量、气泡的弥散程度和气泡在矿浆内分布的均匀性三个方面。

（1）进入浮选机的空气量（充气量）

就机械搅拌式、充气搅拌式和充气式三种浮选机而言，进入浮选的空气量以机械搅拌式最少，充气搅拌式次之，充气式最多。

叶轮转速对充气量影响很大。叶轮转速越快，叶轮所形成的工作压力（动能），也就越大，且线速度和动能间呈二次方关系，因此，随着叶轮转速加快，矿浆被叶轮甩出的速度也随之增大，因而提高了叶轮附近的负压，使吸气量增大。但是，随着叶轮转速的加快，叶片所受的阻力急剧增加，因而增大了功率消耗和搅拌器的磨损，故机械搅拌式浮选机的转速不宜太大，其叶轮圆周线速度一般不超过 10m/s。

浮选槽深度（或叶轮安装深度），亦可调节矿浆充气量。因为叶轮是浸没在矿浆中工作的，要使叶轮起到吸气和吸浆作用，叶轮旋转时所形成的工作压力，必须要能足以克服矿浆从叶轮出口处甩出时所受到槽内矿浆对叶轮出口处的静压力，而降低槽深（或降低叶轮安装深度）可减少槽内矿浆对叶轮出口处的静压力，使矿浆甩出速度增大，从而提高负压，增大吸气量。此外，降低槽深，还能降低电能消耗。可见，在保证浮选机正常工作的前提下，尽可能降低槽深，是浮选机向浅槽发展的重要原因。

充气器结构参数对浮选机的充气量和气泡分散度影响很大。叶轮的形状、直径的大小、叶片的高度、叶片的数目和叶轮距槽底的深度、叶轮在矿浆中的浸没深度、定子叶片倾角、定子叶片与叶轮间的间隙等都会显著影响浮选机的充气效果。

随着矿浆浓度的增大，气泡升浮受阻，使气泡在矿浆中停留的时间增长，结果使矿浆中空气含量增高，分散度也有所提高。但当矿浆浓度过大时，由于空气分散不好，气泡分布也很不均匀，故常以大气泡形态存在。大气泡会较迅速在升浮逸出，矿浆中空气含量降低，使矿浆的充气情况变坏。

机械搅拌式浮选机在良好的充气条件下，其空气的平均体积含量大约为 20%～30%。若进一步提高空气含量，则会显著增加气泡兼并现象；过分充气会将大量矿泥夹带到泡沫中，增加精选困难，降低精矿质量；由于槽子容积被空气占据的部分增多，使槽子所能容纳的矿浆量相应减少；过分充气，还会造成矿浆液面不平稳和动力消耗增加；机械搅拌式浮选机，在充气搅拌器结构一定时，加大充气量往往必须增加叶轮转速，结果导致机件磨损的加剧。由于搅拌强烈，也会增加某些脆性矿物的泥化等，这些都是不利于浮选的。

（2）空气在矿浆中的弥散程度

当充气量一定时，空气弥散愈好，即气泡愈小，所能提供的气泡总表面积也愈大，矿粒与气泡接触碰撞的机会也愈多，因而有利于浮选。但是气泡又不能过小，以致不能携带矿粒上浮或升浮速度太慢。

在机械搅拌式浮选机内，当有起泡剂存在时，气泡的尺寸大致在 0.05～1.5mm 之间，其中约 80% 为 0.5～1.2mm；在某些充气式浮选机内，当有起泡剂存在时，气泡的大小约为 2.5～3.0mm；在具有旋流与喷射充气器的浮选机内，其气泡分散度较高，可以获得从 0.5mm 到乳滴状的气泡。

添加起泡剂可以改善气泡的弥散程度。试验表明，在纯水中气泡的平均直径约为 4.5～8mm，而当加入 20mg/L 松油时，就会使气泡的大小降至 0.38mm，并且气泡的平均尺寸，随矿浆中起泡剂浓度的增加而减小。加强搅拌作用可以有效地促进空气在矿浆中的弥散和在槽内的均匀分布。

（3）气泡在矿浆中分布的均匀性

在机械搅拌式浮选机和充气搅拌式浮选机内，提高搅拌强度可以改善气泡分布的均匀性和弥散程度。试验表明，在机械搅拌式浮选机内，当矿浆浓度在 25%～35% 范围内时，气泡的弥散程度及分布的均匀性最好，浮选效率最高。

气泡在矿浆中分布的均匀程度影响着浮选机槽体的"有效容积"，即"充气容积"和"容积有效利用系数"。在浮选槽内的矿浆中，并不是所有的容积部分都存在有气泡，因为只有在存有气泡的那部分容积内，矿粒和气泡才有接触碰撞和矿化的机会，故含有气泡的那部分容积，称之为"有效容积"或"充气容积"。试验表明，浮选机容积有效利用系数越大，其按单位槽体总容积计的浮选机生产能力也愈大。所以，气泡在矿浆中分布的均匀性，直接影响着浮选机的工作效率。

5. 浮选机种类

浮选机种类较多，按充气和搅拌的方式不同，目前生产中使用的浮选机，可分为如下几种基本类型。

（1）机械搅拌式浮选机

这类浮选机的共同点是矿浆的充气和搅拌都是靠机械搅拌器（转子和定子组，即所谓充气搅拌结构）来实现的，故称为机械搅拌式浮选。由于机械搅拌器结构不同（如离心式叶轮、棒型轮、笼形转子、星形轮等），故这类浮选机的型号也比较多。

机械搅拌式浮选机属于外气自吸式的浮选机。生产中应用较多的是下部气体吸入式，即在浮选槽下部的机械搅拌器附近吸入空气，如国内目前生产中使用的 XJK 型浮选机、棒型浮选机等即属此类。

机械搅拌式浮选机的充气搅拌器因具有类似泵的抽吸特性，它除了能自吸空气外，一般还能自吸矿浆，因而在浮选生产流程中，中间产品的返回再选一般无需砂泵扬送，故机械搅拌式浮选机在流程配置方面可显示出明显的优越性和灵活性；此外，机械搅拌式浮选工作时也不需要外部特设的专用风机对矿浆进行充气等辅助设备，所以机械搅拌式浮选机在国内外的浮选生产实践中一直被广为采用，特别是近些年来又研制出了许多性能更佳的新型机械搅拌式浮选机，致使其在各类浮选机中仍保持着优势地位和强大的竞争能力。

（2）充气搅拌式浮选机

这类浮选机除装有机械搅拌器外，还从外部特设的风机强制吹入空气，故称为充气机械搅拌式浮选机，或称为压气机械搅拌混合式浮选机，一般称为充气搅拌式浮选机。如国内的 CHF-X14m³ 浮选机，8m³ 充气搅拌式浮选机等即属此类。

在充气搅拌式浮选机内，由于机械搅拌器一般只起搅拌矿浆和分散分布气流的作用，空气主要是靠外部风机压入，矿浆充气与搅拌分开，所以这类浮选机与一般机械搅拌式浮选机比较，具有如下一些特点：第一，充气量易于单独调节。浮选时可以根据工艺需要，单独调节空气量，因而有可能增大充气量，从而增大浮选机的生产能力。第二，机械搅拌器磨损小。在这类浮选机内，叶轮不能起泵的作用（不吸气），所以叶轮转速较低，磨损较小，故使用期限较长，设备的维修管理费用也低。第三，选别指标较好。由于叶轮转速较低，机械搅拌器的搅拌作用不甚强烈，对脆性矿物的浮选不易产生泥化现象；同时，充气量又可按工艺需要保持恒定，因而矿浆液面比较平稳，易形成稳定的泡沫层。这样便有利于提高选别指标。第四，功率消耗低。由于叶轮转速低，空气低压吹入，矿浆靠重力自流，生产能力大，故其单位处理矿量的电力消耗较低。

这类浮选机不足之处是，中间产品的返回需要砂泵扬送，给生产管理带来一定麻烦，此外还要有专门的送风辅助设备。据此，充气搅拌式浮选机常多用于处理简单矿石（流程结构比较简单）的粗选、扫选作业。

（3）充气（压气）式浮选机

这类浮选机在结构上的特点是没有机械搅拌器，也没有传动部件，其矿浆的充气是靠外部的压风机输入压缩空气来实现的，故称之为充气式浮选机或称为压气式浮选机，如国内浮选厂使用的浮选柱即属此类。

由压风机压入的空气，通过特制的充气器（亦称气泡发生器）可形成细小的气泡。浮选柱因属单纯的压气式浮选机，对矿浆没有搅拌能力或搅拌作用甚弱。为使矿粒能与气泡有充分接触的机会，矿浆从浮选机槽体上部给入，气泡从槽底上升，利用这种逆流原理来实现气泡的矿化。

实践表明，这类浮选机比较适用于处理组成简单、品位较高和易选矿石的粗选、扫选作业。目前国内外对浮选柱的结构仍在继续进行研究，以进一步改善其工作性能。

（4）气体析出式浮选机

这是一类以能从溶液中析出大量微泡为特征的浮选机，故称之为气体析出式浮选机，亦可称之为变压式或降压式浮选机。属于这类浮选机的有真空浮选机和一些喷射、旋流式浮选机。例如，我国的 XPM 型喷射旋流式浮选机，国外的达夫克勒喷射式浮选机以及维达格旋流浮选机等即属此类，且它们都是无机械搅拌器、无传动部件浮选机的新发展。

无机械搅拌器浮选机虽然很早就有，并且差不多是与机械搅拌式浮选机同一时期出现的，但过去对它的研究和进一步改进工作却做得很少。近年来，随着浮选工业的发展，对浮选机的效率提出了更高的要求，国内外又开始了对无机械搅拌器浮选机的研制工作，并取得一定成果。

目前国内外已出现了一些性能较好的无机械搅拌器浮选机（如我国的喷射流式浮选机），这类浮选机多数用于选别煤和非金属矿，其中澳大利亚生产的达夫克拉喷射式浮选机和西德维达格旋流浮选机，可用于金属矿的浮选，并获得了令人满意的结果。

总之，浮选机品种、规格繁多，且它们都有自身的特色，也都存在某些不足之处，所以各种浮选机目前仍处于竞争发展阶段，尚无一种被公认为性能最好的浮选机。限于本书的性质，对具体的浮选机不做介绍。

（四）细粒浮选的工艺措施

高岭石是典型的黏土矿物，多属于浮选操作中提及的泥级颗粒。细粒通常是指 $-18\mu m$ 或 $-10\mu m$ 的矿泥，矿泥的来源有二：一是"原生矿泥"，主要是矿中的各种泥质矿物，如高岭石、绢云母、褐铁矿、绿泥石、炭质页岩等；二是"次生矿泥"，它们是在破碎、磨矿、运输、搅拌等过程中形成的。

1. 细粒浮选困难的原因

由于细粒级（矿泥）具有质量小、比表面积大等特点，由此引起微粒在介质中（浮选过程中）的一系列特殊行为。导致浮选困难的原因主要有三个方面：

（1）从微粒与微粒的作用看，由于微粒表面能显著增加，在一定条件下，不同矿物微粒之间容易发生互凝而形成非选择性凝结。细微粒易于粘着在粗粒表面形成矿泥覆盖。

（2）从微粒与介质的作用看，微粒具有大的比表面积和表面能，因此，具有较高的药剂吸附能力，吸附选择性差；表面溶解度增大，使矿浆"难免离子"增加；质量小而被水流机械夹带和泡沫机械夹带。

（3）从微粒与气泡的作用看，由于接触效率及粘着效率降低，使气泡对矿粒的捕获率下降，同时产生气泡的矿泥"装甲"现象，影响气泡的运载量。

上述种种原因，均导致细粒（矿泥）浮选速度变慢、选择性变坏、回收率降低、浮选指标明显下降。

2. 细粒浮选工艺措施

目前浮选中常采用下列工艺措施来消除矿泥的有害作用，强化细粒浮选。

（1）消除和防止矿泥对浮选的影响。

① 脱泥。这是根除矿泥影响的一种办法。分级脱泥是最常用的方法。如用水力旋流器，在浮选前分出某一粒级的矿泥并将其废弃，或者将细泥和粗砂分别处理，即进行所谓"泥砂分选"；对一些易浮的矿泥，可在浮选前加少量起泡剂浮除。

② 添加矿泥分散剂。将矿泥分散可以消除矿泥罩盖于其他矿物表面或微粒间发生无选择性互凝的有害作用。常用的矿泥分散剂有水玻璃、硫酸钠、六偏磷酸钠等。

③ 分段、分批加药。保持矿浆中药剂的有效浓度，并可提高选择性。

④ 采用较稀的矿浆。矿浆较稀时，一方面可以避免矿泥污染精矿泡沫；另一方面也可降低矿浆黏度。

（2）选用对微粒矿物具有化学吸附或螯合作用的捕收剂，以利于提高浮选过程的选择性。

（3）应用物理的或化学的方法，增大微粒矿物的外观粒径，提高待分选矿物的浮选速率和选择性。

3. 细粒浮选方法

（1）选择絮凝浮选。采用絮凝剂选择性絮凝目的矿物微粒或脉石细泥，然后用浮选法分离。此法已用于细粒赤铁矿的选别，如美国蒂尔登选厂。

（2）载体浮选。它利用一般浮选粒级的矿粒作载体，使目的矿物细粒罩盖在载体上上浮。载体可用同类矿物作载体，也可用异类矿物作载体。例如，用硫磺作细粒磷灰石浮选的载体；用黄铁矿作载体来浮选细粒的金；用方解石作载体，浮除高岭土中的锐钛矿杂质等。

（3）团聚浮选，又称乳化浮选。细粒矿物经捕收剂处理后，在中性油的作用下，形成带矿的油状泡沫。此法已用于选别细粒的锰矿、钛铁矿、磷灰石等。其操作工艺条件分为两类：捕收剂与中性油先配成乳化液加入；在高浓度（达70%固体）矿浆中，以先后次序加入中性油及捕收剂，强烈搅拌，控制时间，然后刮出上层泡沫。

（4）微泡浮选。在一定条件下，减少气泡粒径，不仅可以增加气-液界面，同时又增加微粒的碰撞几率和粘附几率，有利于微粒矿物的浮选。当前产生微泡的主要工艺有以下两点。

第一，真空浮选。采用降压装置，从溶液中析出微泡的真空浮选法，气泡粒径一般为$0.1\sim0.5$mm。研究证明，从水中析出微泡浮选细粒的重晶石、萤石、石英等是有效的。

其他条件相同时，用常规浮选，重晶石精矿的品位为 54.4%，回收率 30.6%；而用真空浮选品位可提高到 53.6%～69.6%，相应的回收率为 52.9%～45.7%。

第二，电解浮选。利用电解水的方法获得微泡，一般气泡粒径为 0.02～0.06mm，用来浮选细粒锡石时，单用电解氢的气泡浮选，粗选回收率比常规浮选显著提高。由 35.5% 提高到 79.5%，同时品位还提高了 0.8%。

在高岭土的浮选作业中，业已采用的细粒浮选法主要有超细浮选法（又称背负浮选），双液层浮选法和选择性絮凝浮选法。

二、磁选

1. 磁选原理

磁选的原理是利用矿物之间的磁性差异。磁选机或用于从非磁性脉石中分选磁性有用矿物（例如将磁铁矿与石英分离），或用于从非磁性矿物中分离出磁性杂质（例如从高岭土中分离出针铁矿、褐铁矿和钛的矿物）。

所有矿物被置于磁场中时，在某种程度上均受到影响，但对于大多数矿物而言，这种影响过于微小以致难以检测到，这一类矿物被称为非磁性矿物或称逆磁性矿物。高岭石、方解石、金刚石、石黑、自然硫、长石、石英、白云母、伊利石等矿物就属于这一类，它们的磁化率一般都小于 $1 \times 10^{-5} \, \mathrm{cm^3/g}$；第二类叫弱磁性矿物或称顺磁性矿物，磁化率一般在 $6 \times 10^{-4} \sim 1 \times 10^{-5} \, \mathrm{cm^3/g}$ 之间，这类矿物可以被强磁场吸引而分离，如赤铁矿、褐铁矿、黄铁矿、金红石、角闪石、绿泥石、橄榄石、石榴子石、辉石等矿物都属这一类；第三类称强磁性矿物或称铁磁性矿物，磁化率一般都大于 $3 \times 10^{-3} \, \mathrm{cm^3/g}$，这类矿物可以被较弱的磁场吸引而分离，如磁铁矿、磁赤铁矿、γ-赤铁矿、磁黄铁矿、钛磁铁矿、锌尖晶石等矿物均属这一类。

弱磁场可以从非磁性矿物和弱磁性矿物中分选出强磁性矿物，所以，当工业要求分离强磁性矿物与弱磁性矿物时，选用弱磁性磁选机。例如在矽卡岩型铁矿石中，分离磁铁矿和黄铁矿。

强磁场可以从非磁性矿物中分选出强磁性矿物和弱磁性矿物，例如，高岭土中对产品白度影响最大的赤铁矿、菱铁矿、板钛矿、锐钛矿、绿泥石等需要强磁场才能分离。为了提高磁选效果，可以用热加工的方法，适当控制煅烧气氛，将弱磁性的铁矿物转变成强磁性矿物，例如：

$$\underset{\text{黄铁矿}}{FeS_2} + O_2 \xrightarrow{\Delta} \underset{\text{磁铁矿}}{FeO \cdot Fe_2O_3} + SO_3$$

$$\underset{\text{菱铁矿}}{FeCO_3} + O_2 \xrightarrow{\Delta} \underset{\text{磁铁矿}}{FeO \cdot Fe_2O_3} + CO_2$$

2. 磁选设备

如前所述，为了不同目的矿物分选，就需要选用不同的磁选机，强磁场磁选机和弱磁场磁选机都得到了广泛的应用。由于高岭土中的主要杂质是弱磁性矿物，所以必须选用强磁场磁选机。此外，由于高岭土中细小的高岭石和杂质矿物多以紧密镶嵌状共生，解离非常困难，所以，绝大多数情况是弱磁性的杂质矿物和非磁性的高岭石组成一个含杂质的颗粒，这种颗粒的磁化率更低，要想将其与不含杂质矿物的高岭土颗粒分离，对磁选机的要求就更严格。目前，高岭土多采用强磁场磁选机和超导磁选机，下文只介绍这两种设备的选矿原理和方法。

（1）高梯度强磁场磁选法

这种方法有两个特点，一是具有能产生高强度磁场（107 高斯/cm 数量级）的聚磁介质（一般为钢毛）；二是有先进的螺丝管磁体结构。高梯度磁分离技术对于脱除有用矿物中的弱磁性微细颗粒甚至胶体颗粒十分有效。图 4-22 为高梯度磁分离示意图。

工作时先接通电源，线圈便产生磁场，钢毛即被磁化。接着打开给料阀、排料阀和流速控制阀，矿浆进入分选箱通过钢毛后，磁化物质即被截留，其余料浆通过排料阀排出。再关闭给料阀和排料阀，打开冲洗阀，冲洗夹在钢毛上的非磁性料浆，再切断电源，冲洗出磁性物质，整个过程按程序控制自动完成。在磁选过程中要求悬浮分散的高岭土矿浆在磁选机中流速要低，且与捕集器最大限度地接触，以便捕收弱磁性颗粒，一般平均流速为 16cm/s，矿粒的磁化时间为 30～120s，磁场强度可高达 1.8～

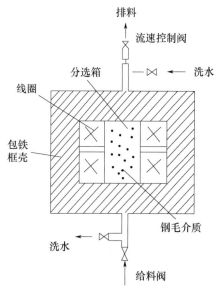

图 4-22　高梯度磁分离示意图

2.2T。这种方法的优点是工序简单、产量高、成本低、无污染，能借助于调整磁分离操作参数来生产不同档次的产品，并可按需要控制生产成本，是一种效果好、适应性强的技术，具有较好的社会效益和经济效益。高梯度强磁场磁选机选矿中，有害杂质钛比铁易于除去。

（2）超导磁选

随着高岭土矿体不断开采，高岭土原矿的质量逐渐降低，赋存于高岭土中的铁钛矿物的粒度也越来越小，高梯度磁选机也无法将几个微米以下的弱/顺磁性矿物分离出来。据报道，国外正从事用超导磁选机对高岭土进行除铁、钛的研究。超导磁选机由三个主体部件组成。一是超导磁体，它是由铌钛线或铌锡线绕制而成；二是超低温制冷系统，用液氦、液氮制冷，使铌钛或铌锡磁体在 4.2K 下达到磁体无直流电阻的超导状态；三是分选管道或分选装置，使要分选的矿粒或矿浆在超导磁场中将磁性与非磁性矿物分开。超导磁选机根据有无介质及其所产生的梯度不同可分为开梯度超导磁选机和高梯度超导磁选机两种，高岭土比较适合于用后者。这种磁选机可处理几个微米或亚微米级别的极弱的顺磁场矿物。超导磁选机能长期运转，与常规磁选机相比，降低电耗 80%～90%，其占地面积为原来的 34%，质量为原有的 47%；另外，它还具有快速激磁和退磁能力，可使设备减少分选、退磁和冲洗杂物所需的时间，从而大大提高了矿物的处理量。该设备处理能力为 6t/h。

三、化学提纯

化学提纯的方法很多，例如用盐酸或硫酸进行浸出的酸处理法，用氯气使 Fe_2O_3 变成 $FeCl_3$ 的氯化法，用 NaOH 或 Na_2CO_3 浸出的碱处理法。此外还有氧化法、还原法、氧化-还原联合漂白法等。使用化学处理时，必须结合矿石与矿物的工艺矿物学特性，筛选除杂提纯方法的药剂，并注意工人身体健康和环境保护。酸处理法是风化型高岭土化学除铁的主要方法。

影响高岭土使用性能的主要杂质是铁的矿物、钛的矿物和有机质。酸处理法是以除去 Fe_2O_3 为主要目的。

1. 酸处理法的基本原理

硫酸、盐酸、硝酸、氢氟酸、草酸、磷酸等都可与高岭土中的赤铁矿、褐铁矿、菱铁矿反应，生成可溶性盐，其反应式如下：

$$FeCO_3 + H_2SO_4 = FeSO_4 + CO_2 + H_2O$$
$$FeCO_3 + 2HCl = FeCl_2 + CO_2 + H_2O$$
$$FeCO_3 + 2HNO_3 = Fe(NO_3)_2 + CO_2 + H_2O$$
$$Fe_2O_3 + 6HCl = 2FeCl_3 + 3H_2O$$
$$Fe_2O_3 + 6HNO_3 = 2Fe(NO_3)_3 + 3H_2O$$

经冲洗和固液分离就可以将含铁的溶液与较纯净的高岭土分开，达到提纯的目的。

2. 酸浸影响因素

（1）酸的浓度是影响酸浸除杂效果的主要因素之一。一般来说，5％的 HCl 就能处理高岭土的褐铁矿、赤铁矿、菱铁矿，但随着盐酸浓度的增加，除铁效果越来越好，当盐酸浓度增加到 20.0％以后，盐酸浓度与除铁效果的关系不甚明显，其原因是 20.2％是 HCl 与 H_2O 的共蒸发点，多余的 HCl 在加热、酸浸时迅速逸出，对酸浸效果影响不大。硫酸的浓度对除杂效果的影响主要表现在浓硫酸与稀硫酸的氧化性差异上，浓硫酸对黄铁矿有一定的氧化性，可以除去以黄铁矿和白铁矿形式赋存的铁，而稀硫酸则不能。浓硫酸或它和硫酸铵混合后，在加热的条件下还可以除去高岭土中的一部分钛。

（2）固液比对浸出效果的影响也很明显，但它和酸的浓度、用量有密切的关系。当酸的浓度一定时，增大固液比的实质是增大了酸的用量，效果当然会提高；当酸的用量一定时，增大固液比就降低了酸的浓度。在酸的用量一定的前提下，用调节液固比的方法提高浸出效果的途径是分段进行的：将酸浸看作浸出和冲洗两个过程，浸出是指将高岭土中的铁钛等矿物结构破坏，使其溶解在溶液中，这一阶段应降低液固化，让较高浓度的酸去溶解杂质矿物，冲洗时应增大液固比，降低矿浆黏度，有利于含铁溶液的分离。

（3）冲洗与脱水条件的影响。反应（浸出）完毕后，立即冲洗有利于除去杂质，否则就会因高岭石表面的吸附作用而使产品反黄；用热水冲洗可增加杂质元素的溶解度，对除去杂质有利，并可以降低物料的含水率，有利于洗净杂质元素的水溶物。

（4）反应（酸浸）温度和时间的影响。提高温度能增加反应物活性，加快反应速度，有利于浸出效果的提高。一般情况下，80～100℃温度，反应 3h 就能取得良好的浸出效果，室温下长时间浸泡（2～3d）也能达到相类似的效果。当然高温高压对酸浸效率和效果促进作用更大，但增加了高压设备的投入，并且有破坏高岭石晶体结构的可能。

（5）物料粒度的影响。粒度越细反应速度越快越彻底，但粒度太细时，比表面积增大，吸附性增强，矿浆黏度增加，对冲洗、脱水不利。一般情况下，高岭土酸浸除杂较为有利的粒度范围在 200～325 目之间。

（6）酸的种类的影响。不同的酸的浸出效果是不同的。前文提及浓硫酸可除去部分钛，但浓盐酸和稀硫酸就不能；盐酸在除铁的同时可除去高岭土中的钙和镁（以碳酸盐形式存在时），而硫酸则不能，其反应式分别为：

$$CaCO_3 + 2HCl \rightleftharpoons CaCl_2 + CO_2 + H_2O$$

$$MaCO_3 + 2HCl \rightleftharpoons MaCl_2 + CO_2 + H_2O$$

$$CaCO_3 + H_2SO_4 \rightleftharpoons CaSO_4 \downarrow + CO_2 + H_2O$$

$$MaCO_3 + H_2SO_4 \rightleftharpoons MaSO_4 \downarrow + CO_2 + H_2O$$

磷酸和草酸对高岭土中铁的浸出效果比硫酸和盐酸好，其主要原因是磷酸和草酸具有形成铁的络合物的能力，使铁盐的溶解度增加。据资料介绍，微生物有溶铁的能力，其做法是首先制备培养液（即浸出剂），浸出剂是将菌株在 30℃ 温度下置于营养媒介中培养而成的。营养媒介中含有 3g NH_4NO_3，1g KH_2PO_4，0.5g $MgSO_4 \cdot 7H_2O$ 和一定量的糖蜜（水的用量为 1L）。媒介最初的 pH 值约为 7，这类微生物在水的表面或水中生长，一般需要培养 5～15d，当糖浆的初始浓度达到 150g/L 以上时，最终的 pH 值小于 2，浸出剂中有机酸的浓度约为 40g/L，其中草酸和柠檬酸的含量之和占有机酸总量的 95% 以上，用这种溶液浸出高岭土有较好的除铁效果。这一实验的实质是有机酸在起除铁作用，微生物的作用仅仅是在其生命活动过程中产生有机酸而已，所以，用人工合成的同类有机酸也能达到类似的效果。硝酸和氢氟酸也有很好的酸浸除杂效果，但因二者价格较贵和氢氟酸有毒等原因，在高岭土酸浸除铁时很少使用。混合酸（王水、盐酸-磷酸、盐酸-草酸、硫酸-草酸-磷酸）往往有较好的浸出效果。

（7）络合物和分散剂的影响。络合物在酸浸溶液中的作用是形成铁的络合物，提高溶解度。常用的络合剂有三聚磷酸钠、草酸（钠）、柠檬酸（钠），也可以用 EDTA 作络合剂。分散剂的作用是降低矿浆的黏度，对冲洗、脱水工序有利，同时也可减少矿粒表面对 Fe^{3+} 或 Fe^{2+} 的吸附。

（8）氧化剂的影响。在酸浸时加入氧化剂可使高岭土中的有机质和黄铁矿被氧化。常用的氧化剂有过氧化氢（双氧水）、过氧化钠和次氯酸钠等。过氧化氢的活性组分是 H_2O_2，离解后产生的 HO_2^-，过氧化钠遇水后先生成过氧化氢，再离解成 HO_2^- 和 H^+：

$$Na_2O_2 + 2H_2O \rightleftharpoons H_2O_2 + 2NaOH$$

$$H_2O_2 \rightleftharpoons HO_2^- + H^+$$

在 35℃ 时，离解常数为：

$$K = [H^+][HO_2^-]/[H_2O_2] = 3.55 \times 1022$$

过氧化物对黄铁矿氧化的反应为：

$$FeS + 4H_2O_2 \rightleftharpoons FeSO_4 + 4H_2O$$

如果没有氧化剂的加入，一般的酸性溶液很难溶解黄铁矿。

（9）还原剂的影响。高岭土中的主要染色元素铁有两个离子价态（Fe^{3+}，Fe^{2+}），二价铁盐的溶解度比三价铁盐要高几倍到十几倍，因此，给矿浆中加入一定量的还原剂，将三价铁还原成二价铁，有利于除铁效果的提高。最常用的还原剂是连二亚硫酸钠（俗称保险粉），它对三价铁的还原反应为：

$$NaS_2O_4 + Fe_2(SO_4)_3 \rightleftharpoons Na_2SO_4 + 2FeSO_4 + 2SO_2 \uparrow$$

$$NaS_2O_4 + 2FeCl_3 \rightleftharpoons 6NaCl + 2FeSO_4 + 2SO_2 \uparrow$$

$$NaS_2O_4 + 2FeOOH + 3H_2SO_4 \rightleftharpoons Na_2SO_4 + 2FeSO_4 + 2SO_2 \uparrow$$

在溶液中，生成的 $FeSO_4$ 由于氧的存在，有重新氧化的可能，但是在连二亚硫酸钠还

原二价铁时生成的 SO_2 在水中按下式反应：

$$SO_2 + H_2O = H_2SO_3$$

$$2H_2SO_3 + O_2 = 2H_2SO_4$$

由于上述反应使矿浆中的氧含量降低，阻止了 $FeSO_4$ 与 O_2 的作用和三价铁离子的生成，有利于冲洗时除铁。

连二硫酸钠具有良好的还原作用，但稳定性较差，药品浪费较多，针对这一问题有许多学者作了专门性研究，例如用铁粉、锌粉、铝粉和硼氢化钠作还原剂。其还原理主要是用比 H 更活泼的金属置换酸中的 H 形成 H_2，H_2 再还原三价的铁，其主要反应如下：

$$6HCl + 2Al = 2AlCl_3 + 3H_2 \uparrow$$

$$3H_2SO_4 + 2Al = Al_2(SO_4)_3 + 3H_2 \uparrow$$

$$2HCl + Zn = ZnCl_2 + 2H_2 \uparrow$$

$$Fe_2O_3 + 3H_2 = 2Fe^{2+} + 3H_2O \uparrow$$

铁粉与三价铁离子直接反应，生成二价铁离子的反应可用下式表示：

$$Fe^{3+} + Fe = 2Fe^{2+}$$

实验证明，还原剂锌粉和铝粉用量为 $0.1\% \sim 0.2\%$ 较为适合，再增加用量，残留的锌粉和铝粉会使产品发灰，影响白度；HCl 比 H_2SO_4 的效果稍好一些；矿浆浓度在 30%，反应 $2 \sim 3h$。

在酸浸影响因素的最后，再强调一下高岭土矿物成分的影响。前文已提及，杂质元素主要是铁，铁的赋存状态对酸浸方式及试剂的选择有很大影响。若高岭土中的铁矿物是赤铁矿、褐铁矿、菱铁矿，酸很容易破坏其结构，除铁时就加入少量还原剂，将三价铁还原成二价铁，冲洗脱除；若铁以黄铁矿的形式存在，就应先加少量氧化剂，在彻底破坏了黄铁矿结构以后，再加还原剂，把三价铁还原成二价铁，冲洗脱除，这就是所谓的氧化还原法。若铁以类质同象的形式替代铝进入了高岭石的晶格内，这一部分铁在破坏高岭石的晶体结构以前是没有办法除去的，这就是高岭土除铁的极限，可称高岭石晶格内的铁为"极限铁"。此外，若高岭土中含有一定量的蒙脱石，由于蒙脱石对 Fe_2O_3 的吸附，很难用化学的方法除去，对这种情况的解决办法是对蒙脱石改型，生成 Na 基蒙脱石，它吸附了大量的 Fe_2O_3，并呈极细小粒状，粒径接近胶粒的大小，悬浮性特别好，可依据这一特性用重力分选或选择性絮凝的方法将蒙脱石和 Fe_2O_3 一起除掉。

四、漂白

漂白是风化型高岭土加工的最重要技术之一，本节只介绍一些基本的原理、方法和影响因素，具体降黏技术研究放在第五章介绍。

化学漂白有氧化漂白、还原漂白和氧化-还原漂白之分。对高岭土而言，氧化-还原漂白的目的是由氧化的方法除去矿粉中微量的有机质，同时使黄铁矿等矿物晶体结构破坏、溶解，然后用还原剂将 Fe^{3+} 还原成 Fe^{2+} 除去。因此，若将高岭土漂白的目的定义为使色素元素生成呈色性较弱的低价氧化物或盐，漂白的主要方法就只有还原漂白一种，其还原机理已在酸法除铁中有了较为详细的介绍，所以，下文仅分析还原漂白的影响因素。

1. 矿浆浓度

总体讲，液固比的变化对漂白的影响不太大。当液固比较大（浓度较低）时，白色度、亮度及白度均略有下降。因浓度过低，水中含有的氧足以使还原剂氧化而失效；浓度过高，一是 pH 值不好控制，二是黏度过高易夹带空气，使还原剂部分氧化。这里液固比以 $4:1 \sim 8:1$ 为好，固体浓度为 $20\% \sim 12\%$。

2. 漂白剂（NaS_2O_4）用量

漂白剂用量是高岭土白度的重要影响因素之一，在一定的 NaS_2O_4 的用量范围内（$0.5\% \sim 3\%$），漂白剂用量增加，白度、亮度及白色度均提高，且效果明显，以 $1\% \sim 2\%$ 为最好，漂白剂用量过大，漂白效果下降，主要原因在于过多的 NaS_2O_4 来不及与 Fe_2O_3 反应，自身发生歧化反应生成单质 S 混入产品中，使其白度下降。漂白剂的用量与原矿性质、杂质被氧化的程度、反应速度等因素有关。

3. 漂白剂的添加次数

还原漂白剂 NaS_2O_4 在溶液中分解速度较快，尤其在高温和酸性条件下，一次添加 NaS_2O_4 因受还原反应速度的限制，部分漂白剂来不及反应而分解失效，导致 NaS_2O_4 利用率下降。分批添加较好地解决了上述问题。试验表明，分次添加（用量相同时）漂白剂，可显著改善利用率，提高漂白产品指标。一次和六次添加相比较，白度可提高 $3 \sim 4$ 度。

4. 温度

温度对漂白也有明显影响，最好在 40℃ 左右进行。较高温度可提高漂白剂在水溶剂中的反应速度。但温度过高要消耗热能，同时药剂分解速度过快，造成浪费。实际生产常在常温下进行。

5. 酸度

连二亚硫酸钠是比较弱的酸。它的钠盐生成碱性溶液，属于复杂和不稳定的化学系统。由于漂白反应以及连二亚硫酸盐与矿浆中的氧气反应，结果生成酸性基团，pH 值迅速下降。没有缓冲剂或不加碱，漂白终点的 pH 值可能是 5 或更低。在有缓冲剂的连二亚硫酸钠系统中，pH 值在 $5 \sim 6$ 之间得到最高白度。连二亚硫酸锌漂白时 pH 值要比连二亚硫酸钠低 1 个 pH 值单位。在初始反应前，可用 H_2SO_4 来调整 pH 值（如 pH＝2 左右）。在不加缓冲剂时，一般起始 pH 值为 $2 \sim 3$ 为宜。

6. 漂白时间

工业生产一般在 3h 内漂白，此时白度改善较大，以后就无明显效果。实际生产中漂白时间视条件而定。实验室一般在 30min 内即可完成反应，效果最佳时 $5 \sim 10min$ 就可达到较为满意的漂白效果。

7. 添加剂

主要包括分散剂、缓冲剂及螯合剂等，通常所使用的添加剂大多同时具备这些功能：分散剂使矿浆充分分散而不产生团聚，并且可降低黏度；加入螯合剂可以降低金属离子对连二亚硫酸盐漂白的影响；最有效的螯合剂有胺基羧酸盐，例如乙二胺四醋酸二钠或四钠（EDTA），二乙撑胺五醋酸五钠（DTPA）。其他有氮川三醋酸（NTA）、三聚磷酸钠（STP）和柠檬酸盐。六偏磷酸钠是常用的分散剂。磷酸盐与柠檬酸盐具有螯合及缓冲剂的用作。加入螯合剂的连二亚硫酸盐漂白，可使白度提高 $2 \sim 4$ 单位。因此，为保证最大的白度值，必须添加螯合剂。

第四节　脱水与干燥

固液分离本身就是一门独立的学科，它是指把生产中含水的中间产品或最终产品（包括排出物）的液相和固相分离的作业。固液分离作业广泛用于化工、矿业、湿法冶金、发电、制药、饮料、生物发酵、环境保护等许多工业部门。

固液分离主要有筛分脱水、重力浓缩、离心沉降、过滤、压滤等多种方法和相应的分离设备及辅助设备，并且，悬浮液的性质（介质，主要指水的极性、黏性、表面张力；固相颗粒粒度、形状）、凝聚与絮凝等都对固液分离效果及效率产生重要的影响。

高岭土产品处理过程比较重要的是过滤和干燥作业。过滤前一般采用沉降提高精矿浆浓度。这时采用絮凝剂有利于提高沉降及过滤能力，但要考虑到产品对所使用絮凝剂种类的适应性。目前国内广泛使用压滤机过滤。干燥作业要求在较低温度下（70～110℃）进行，以便不降低产品的白度和光泽。滤饼常采用自然干燥或风干棚，不耗能，但时间长，水分波动大。采用回转干燥机、带式干燥机或真空干燥机、窑式干燥机、闪蒸干燥机，可以得到稳定的产品。对造纸涂料，常采用喷雾干燥工艺。

一、压滤脱水

板框压滤机既是最古老又是目前应用最多且最成功的压滤设备。其基本结构就是将若干块滤板和滤框压紧在一起构成若干过滤室过滤料浆。目前，市场上的板框压滤机种类繁多。首先可将其分为全自动及半自动两大类，所谓全自动板框压滤机就是所有板框的开合、压紧、进料、洗涤、卸饼、滤布再生、吹气等作业全部由计算机控制自动进行，而半自动（包括手动）则有较多或全部作业由人工操作。虽说全自动式压滤机为发展方向，但半自动式的使用量仍相当大。其次，按板框构造型式又分为平板板框式和凹板板框式，在我国常用后者，平板式已逐渐减少。根据滤板的安装配置可分为板框垂直于地面的卧式和板框平行于地面的立式两种，卧式比立式便于操作和检修，更易于向大型化发展，现在最大过滤面积已达 1000m² 以上，而立式的仅达 40m²，但立式占地面积小。按压紧滤框、滤板的方法分为手动螺旋压紧、机械螺旋压紧和液压压紧，小型多用前两种方法，大型用液压法。按滤布的安装方式分为滤布固定式和滤布行走式。根据压滤机中有无压榨过程分为有压榨式和无压榨式，新型的板框压滤机还有高压吹气脱干阶段，可进一步降低滤饼水分，据此又分为有吹气脱干和无吹气脱干两种。实际的压滤机由上述各种型式交叉组成多种型号，例如 RF 型为全自动、无压榨型，MF 为有压榨型，UF 为滤布单行走型，Larox PF 为全滤布行走型等，且各厂家的型号各异。

板框压滤机的工作原理示于图 4-23 中。当压滤机工作时，由于液压油缸的作用，将所有滤板压紧在固定尾板端，使相邻滤板（和滤框）之间形成滤室，浆体由固定尾板的入料口以一定的压力给入，并借助给入浆体的压力完成固液分离。待滤液不再流出时，即完成脱水过程，此时即可停止给料，进行滤饼洗涤，以除去各种水溶性杂质，洗涤结束后，带压流体进入压榨膜内腔，借助压榨膜的膨胀对滤饼进行压榨。如果是带有吹干阶段的压滤机，压榨结束后自动控制系统自动将气路打开，进行压气脱干，压气脱干结束后，通过液压系统松开滤板，滤饼借助自重脱落，并由设在下部的皮带运输机运走，卸饼后一般需要进行滤布清洗，以防止滤布堵塞。至此，完成了整个压滤过程。影响压滤效率的因素主要有以下七个方面。

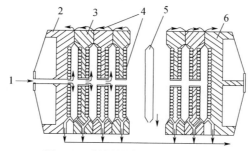

图 4-23　板框压滤机的工作原理

1—矿浆入料口；2—固定尾板；3—滤板；4—滤布；5—滤饼；6—活动头板

1. 压力大小

一般来说，压滤速率与所加的压力成正比。但当压力超过一定数值时，则会降低压滤速率，这个值与泥料的性质有关。按浆料的物理性质可简单分为可压缩的成分（如黏土）与不可压缩的成分（如长石、石英）两种。不可压缩成分其颗粒大小及形状不随压力大小的变化而改变，因此，颗粒间的孔隙大小也不会改变。为此，压力加大对过滤速率是有利的，如图 4-24 中的直线情况。可压缩性成分在承受相当大压力时则产生变形而挤紧，以致使颗粒间的毛细管孔道变小，这时继续增加压力，就会降低过滤速率，如图 4-24 中的曲线所示。曲线上 A 点的压力称为临界压力，各种泥料的临界压力随配方而异，并需通过实验来

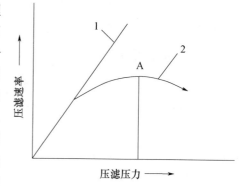

图 4-24　压滤压力与压滤速率的关系

1—不可压缩性物料；2—可压缩性物料

决定。一般压滤压力约为 $78.4 \times 10^4 \sim 117.6 \times 10^4 N/m^2$。高岭土浆料属可压缩浆料。

2. 加压方式

压滤操作初期加压不宜采用高压，因为浆料中的黏土微粒容易使最初一层泥饼在过滤介质滤布上排列过于致密，甚至堵塞滤布的孔眼，影响以后泥浆的过滤速率。因此，一般在加压初期采用较低的压力，然后再增加到最终操作压力。

3. 浆料温度

温度增高，水的黏度降低，因此，提高浆料温度，可以提高压滤速率。一般适宜的温度为 40～60℃。

4. 浆料密度

浆料密度较小时，往往会延长压滤时间。一般泥浆密度为 $1.45 \sim 1.55 g/cm^3$，含水度在 60% 左右。

5. 浆料性能

颗粒越细、黏性越强的浆料，过滤操作越困难。

6. 电解质

泥浆中加入 0.1%～0.2% $CaCl_2$ 或醋酸可促使泥浆凝聚，从而构成较粗的毛细管，有

利于提高压滤效率。

7. 浆料的过滤速度还决定于滤布的清洁程度。

二、干燥

（一）干燥机理

1. 概述

用加热蒸发的方法除去物料中的部分物理水分的过程称为干燥。将湿物料置于空气中，只要其表面的水蒸气分压大于空气中的水蒸气分压，则物料表面的水蒸气就会向空气中扩散，这个过程称为外扩散。物料表面的水蒸气扩散后，表面的水分又被汽化，同时从空气中吸收热量。与此同时，物料内部与表面原有的水分浓度平衡被破坏，造成内部水分浓度大于表面原有的水分浓度，在此浓度差的推动下，物料内部的水分向表面扩散，此过程称为内扩散。可见物料的干燥过程是包括连续的内扩散、外扩散，同时伴随热量传递的过程。显然，要加速干燥，就必须有相应的传热效率。

物料的干燥方法有自然干燥和人工干燥两种。自然干燥就是将湿物料堆置于露天或室内场地上，借风吹和日晒等自然条件使物料脱水。这种干燥方法的特点是不需要专用设备，也不消耗动力和燃料，操作简单，但干燥速度慢，受气候条件影响大，占用场地大，产量低、劳动强度高。这是一种古老的干燥方法，但现今仍在使用，例如小型陶瓷厂及耐火材料厂在干燥生坯时仍采用这种方法。

人工干燥是指将湿物料放在专用设备（干燥器）中进行加热，使物料干燥。人工干燥的特点是速度快、产量大，不受气候条件限制，便于自动化生产，但需要消耗动力和燃料。人工干燥的加热，以物料的受热特征分为外热源法和内热源法两种类型。

外热源法是指在物料外部对物料表面进行加热，其方式有三种：（1）对流加热，通常用热空气或热烟气作介质，以对流方式对物料表面进行加热；（2）辐射加热，利用红外线，对物料表面进行辐射加热；（3）对流-辐射加热，是上述两种加热方式的综合，既有对流加热，又有辐射加热。

内源热源法是指将湿物料放在交变电磁场中，使物料本身的分子产生剧烈运动而发热或使交变电流通过物料而产生焦耳热效应。

外热源法的特点是物料表面温度高于内部，因此，在物料内部，热量传递的方向与水分子内扩散的方向相反。内热源法的特点是物料的内部温度高于表面，因此，在物料内部，热量传递的方向与水分内扩散的方向是一致的，这就能够增加水分的内扩散速度。

高岭土矿浆的干燥多采用对流加热，载热介质主要是热空气，而热烟气用作干燥载热介质时，容易污染产品。干燥作业也可与破碎、粉磨及分选过程同时进行，以简化工艺流程，减少能源消耗。

2. 物料中的水分的赋存状态

（1）化学结合水。化学结合水通常以结晶水的形态赋存于物料的矿物分子组成中，如高岭石（$Al_2O_3 \cdot 2SiO_2 \cdot 2H_2O$）中的结晶水等。化学结合水与物料结合得最牢固，一般需在较高的温度下才能排除，如高岭石中的结晶水需在 $400 \sim 500℃$ 时才能被分解出来，但这已不属于干燥范围，所以在干燥工艺中可以不考虑。

（2）物理化学结合水。物理化学结合水包括物料表面吸附作用形成的水膜及水与物料颗粒形成的多分子和单分子吸附层水膜，统称为吸附水；通过细胞半透壁的渗透水；微孔（半径小于 $10\sim5cm$）毛细管水及结构水。物理化学结合水中，以吸附水与物料的结合最强，吸附水中又以单分子水膜与物料结合得最牢固，其次是多分子水膜和表面吸附水膜。吸附水膜厚约 $0.1\mu m$，在很大的压力下与物料结合，这种坚固的结合改变了水分很多的物理性质，如冰点下降、密度增大、蒸汽压下降等。干物料在吸收吸附水时呈放热效应，借此现象可用实验方法测定物料吸收吸附水的数量。

渗透水是由于物料组织壁内外间水分浓度差产生的渗透压造成的，如纤维皮壁所含的水分。微毛细管水与物料结合的牢固程度随毛细管半径的减小而加强，因毛细管力的作用，重力不能使微毛细管水运动。结构水存在于物料组织内部，如胶体中的水分。

物理化学结合水与物料结合的牢固程度较化学结合水弱，在干燥过程中可以排除，所以有些著作中又将物理化学结合水称为大气吸附水。

（3）机械结合水。机械结合水包括物料的润湿水、孔隙水及粗孔（半径大于 $10\sim5cm$）毛细管水等。这类水基本上与物料呈机械混合状态，结合的牢固性最弱，在干燥过程中首先被排除。机械结合水在蒸发时，物料表面的水蒸气分压等于同温度下饱和水蒸气压，即湿物料在干燥过程的初始阶段，物料表面水分的蒸发与物料表面温度（湿球温度）下自由液面上水的蒸发一样。

机械结合水中的孔隙水和粗孔毛细管水排除后，物料颗粒相互靠拢，体积收缩，产生收缩应力。这部分水又称为收缩水。

3. 平衡水分和可排除水分

湿物料在干燥过程中其表面的水蒸气分压与干燥介质中的水蒸气分压达到动态平衡时，物料中的水分就不会继续减少且与时间无关，此时物料中的干基水分称为平衡水分，高于平衡水分的水称为可排除水分。显然平衡水分不是一个定值，它与干燥介质的温度及相对湿度有关。介质的温度一定时，仅与相对湿度有关。相对湿度低，物料的平衡水分亦低。物料的平衡水分与干燥介质相对湿度之间的关系曲线称为平衡水分曲线，可由实验获得。图 4-25 给出了某种黏土在不同温度的空气中的平衡水分曲线。图 4-25 中表明，当介质温度为 75℃，相对湿度 $\varPhi=60\%$ 时，黏土的平衡水分为 $u=3\%$。若黏土的干基水分在 3% 以上时，则在此介质中能干燥至

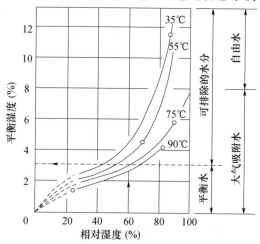

图 4-25　黏土的平衡水分曲线

3% 含水率；含水率低于 3% 的黏土在此介质中不仅不能脱水，反而会从空气中吸收水分，直至平衡为止。若欲使该黏土的含水率低于 2.5%，而介质的温度不变时，则空气的相对湿度 $\varPhi$ 必须低于 40%。可见干燥介质的状态一定时，物料的平衡水分是干燥可能达到的最低含水率。当干燥介质达到饱和状态时（$\varPhi=100\%$），物料的平衡水分称为最大可能平衡水分，如图 4-25 中空气温度为 75℃时，物料的最大可能平衡水分为 8%（平衡水分曲线与 $\varPhi=100\%$ 坐标的交点）。

物料中高于最大可能平衡水分的水称为自由水分或非结合水分，主要是机械结合水。物料在排除自由水分时发生收缩，所以自由水分也称为收缩水分。物料中低于最大可能平衡水分的水称为大气吸附水或结合水，主要是物理化学结合水。

4. 物料的干燥过程

设干燥介质的温度 t、相对湿度 Φ，流速 w 均保持一定，物料在此介质中的干燥过程如图 4-26 所示。整个过程可分为三个阶段：

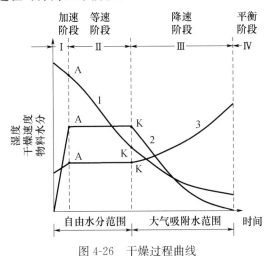

图 4-26　干燥过程曲线

1—物料中水分随时间变化关系；2—干燥速度与时间关系；
3—物料表面温度变化与时间关系

（1）加热阶段。在加热阶段内，因介质在单位时间内传给物料的热量大于物料表面水分蒸发所消耗的热量，所以物料的表面温度不断升高，水分蒸发量也随之增大，至 A 点时，表示介质传给物料的热量等于物料表面水分蒸发所消耗的热量，故物料的表面温度停止升高并等于介质的湿球温度，此后即开始等温蒸发阶段。

（2）等速干燥阶段。在此阶段内，物料表面水分的蒸发过程中同自由液面上水的蒸发一样，其水蒸气分压等于湿球温度下的饱和水蒸气压；在外扩散的同时，物料内部水分在水分浓度梯度的推动下，扩散至表面，使物料表面始终保持有自由水。此阶段的干燥速率取决于水蒸气的外扩散速率，故亦称为外扩散控制阶段。自由液面上水的蒸发速率与介质的参数及流速有关，介质参数和流速一定时，干燥速率为常数，成为稳定干燥即等速干燥过程。在等速干燥阶段，随着自由水的排除，物料发生体积收缩并产生收缩应力。图中的 K 点表示物料表面的自由水不再保持为连续的水膜，自由水开始消失，物料表面的水蒸气压低于介质湿球温度下的饱和水蒸气压。对应于 K 点的物料干基水分称为临界水分，此时物料表面的水分为大气吸附水而内部仍为自由水，所以临界水分总大于大气吸附水。

（3）降速干燥阶段。K 点以后即进入降速干燥阶段，该阶段是大气吸附水排除阶段。此时因物料中水分减少，内扩散速率小于外扩散速率，以致物料表面不再维持连续的水膜，个别部分已出现干斑点，物料表面水蒸气分压低于同温度下水的饱和蒸汽压，蒸发面积小于物料或制品的几何表面积，甚至蒸发面积移至物料内部。此阶段的干燥速率受内扩散速率的限制，故亦称为内扩散控制阶段。降速干燥阶段因物料表面水分逐渐减少，水分蒸发所需的热量亦逐渐减少，以致物料的表面温度逐渐升高，干燥速率逐渐下降直至零为止，此时物料的干基水分即为平衡水分，干燥过程终止。

上面所述的干燥过程，对水分含量多的物料具有完整的干燥过程曲线；对水分含量少的物料，干燥过程曲线的等速干燥阶段不明显。

5. 干燥速率及其影响因素

（1）外扩散速率。稳定条件下的外扩散速率可用式（4-16）表示：

$$\frac{dmw}{Fd\tau}=1.1\beta_p(\rho_s-\rho_w)=1.1\frac{\alpha}{\gamma}(t-t_{wb}) \tag{4-16}$$

式中 β_p——水的蒸发系数，由实验数据整理得；

w——平行于物料表面的干燥介质流速（m/s）；

ρ_s——物料表面的水蒸气分压（Pa）；

ρ_w——干燥介质中水蒸气的分压（Pa）；

F——物料的表面积（m²）；

t——干燥介质的温度（℃）；

t_{wb}——物料表面的温度，即介质的湿球湿度（℃）；

γ——水在 t_{wb} 温度下的蒸发潜热（kJ/kg）；

α——干燥介质与物料表面间的对流换热系数（kJ/h·m²·℃）。

对流换热系数的大小涉及干燥介质的温度、湿度和流态，物料的性质、形状及边界层厚度等因素。对稳定的干燥过程而言，a 值在给定条件下是个确定的值。但在实际工业生产中物料或制品是在连续操作的干燥设备中进行干燥的，干燥介质的温度、湿度及速度等均随时间而变化，对任何干燥阶段，其干燥速率都属于非稳定态。非稳定态干燥过程较为复杂。

（2）内扩散速率。在干燥过程中，物料内部的水分或蒸汽向表面的移动，是基于存在着湿度梯度和温度梯度。此外，当温度较高时，物料内部的水分局部汽化而产生蒸汽压力梯度也迫使水分迁移。这些迁移称为内扩散。水分迁移的形式可以呈液态也可呈气态。在水分多时主要以液态形式扩散；水分少时主要以气态进行扩散。

湿扩散主要靠扩散渗透力和毛细管力的作用，并遵循扩散定律。湿扩散率的大小除与物料的性质、结构、含水率有关外，还与物料或制品的形状及尺寸有关。

综上所述，物料的干燥过程是一个复杂的传热和传质过程，影响干燥速度的具体因素可概括为以下五个方面：

（1）物料的性质、结构、几何形态和尺寸大小。

（2）物料的温度和湿度。

（3）干燥介质的温度、湿度、流态（流速大小和方向），它们是影响外扩散速率的主要因素，在一定条件下，提高气体流速或加强气体扰动程度能使边界层变薄，有利于外扩散速率的提高。

（4）加热方式，如内热源法有利于提高扩散速率。

（5）干燥设备的结构、大小和性能。

（二）干燥设备

干燥设备的种类很多，常见的有回转烘干机、隧道干燥器、传送带式干燥器、流态干燥器、喷雾干燥器、辐射干燥器、红外线干燥器、工频干燥器、高频电干燥、微波干燥器、闪蒸干燥器等，而今，高岭土超细加工中使用最多的是喷雾干燥器和闪蒸干燥器，下面主要介绍这两种设备的性能及干燥原理。

1. 喷雾干燥器

喷雾干燥器是一种连续式泥浆干燥器，由干燥塔、雾化器、泥浆泵、热风炉、卸料装置和收尘装置等组成。含水量30％～50％左右的泥浆，由泥浆泵送入雾化器，雾化器将泥浆雾化成直径为50～300μm的液滴群并与干燥介质接触，剧烈地进行热质交换，泥浆液滴脱水迅速，被干燥至含水分5％～10％的细粉料，在重力作用下集聚于塔底，由卸料装置卸出。含有微细粉尘的废气经旋风收尘器除尘后，由排风机经风管排入大气。喷雾干燥器结构示意图如图4-27所示。

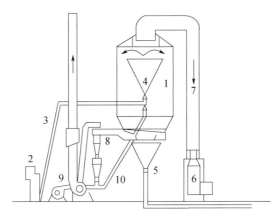

图4-27　喷雾干燥器示意图

1—干燥塔；2—隔膜泵；3—送浆管道；4—喷嘴；5—卸料口；6—热风炉；

7—热风道；8—旋风收尘器；9—排风机；10—排风管

喷雾干燥代替了传统的粉料制备工序（由泥浆→压滤→干燥→粉碎→筛分），是陶瓷生产的新工艺，在非金属矿加工及高岭土加工中也得到了广泛的使用。其优点主要有两种：第一，大大简化了工艺，可连续操作，节省了设备及劳力；第二，可实现自动化操作。

泥浆的雾化方法有三种：机械雾化（又称压力雾化）法，介质雾化法及离心雾化法。干燥介质与雾滴的流向可分为顺流、逆流及复合流三种。

（1）机械雾化法

泥浆由高压泥浆泵以1.2～3MPa通过单个或多个孔径为2～8mm的喷嘴在干燥塔的下部向上喷射，因喷嘴的机械摩擦阻力和压差阻力，使泥浆从喷嘴射出后雾化成直径为300μm左右的液滴群；热气体在塔中由上而下与泥浆雾滴群逆向运动，雾滴上升至一定高度后下落，与气流同向运动，因接触面积很大又受到强烈的扰动，热质交换强烈，故干燥速率很高。机械雾化的缺点是小孔喷嘴容易堵塞，此外，喷嘴易磨损，磨损后孔径变大，雾化质量下降。由于压力喷雾的喷出速度较高，干燥塔应有足够的高度，一般高为7～16m，直径为4.5～9m。

（2）离心雾化法

离心雾化法的原理是泥浆经泵送至干燥塔上部高速水平旋转的离心雾化盘内，泥浆受强大的离心力作用被甩向四周，分散成雾滴，在离开离心盘的初始阶段，雾滴按水平方向扩散，到一定距离后便自由下落。离心盘转速为6000～20000r/min，其圆周线速度约50～

100m/s。热风自上而下与泥浆雾滴群同向流动，为顺流式。离心喷嘴不易堵塞，操作可靠；产量容易调节，可在设计能力的±25％范围内调节泥浆供给量，只要离心盘转速不变，就不会影响粉料颗粒大小。此法的缺点是离心盘易磨损，动力消耗较压力法高20％～25％；因泥浆有水平方向运动，故干燥塔应有足够大的直径（可达9m以上），以防泥浆沾壁。

（3）介质雾化法

介质雾化法又称气流雾化法，以表压为0.2～0.4MPa的压缩空气作为雾化介质，借文丘利管的作用实现泥浆的雾化，泥浆由喷嘴中心喷出，被外管的压缩空气喷散而成雾状。介质雾化的喷雾干燥器结构简单，喷嘴磨损少；半成品性能易于调节，对泥浆无严格要求；蒸发1kg水需耗表压为3atm的压缩空气2m³左右，因而限制了它的应用，现仅用于水蒸发量为10～60kg/h的小规模生产中。

喷雾干燥器所用的干燥介质一般是由专用的燃烧设备产生的高温燃烧产物与冷空气混合至400～500℃后进入干燥器，国外也有的用1200～1300℃的高温烟气直接作为干燥介质；燃料可用煤气、轻油、重油及水煤浆。热耗一般为3400～5500kJ/kg水。由干燥塔排出的废气中，细粉尘含量占5％～25％，需以高效旋风收尘予以回收。

2. 闪蒸干燥器

（1）基本原理

旋转闪蒸干燥器结构如图4-28所示。热风由干燥器底部的旋流器沿切线方向进入干燥器内，并产生高速回旋上升气流，当干燥物料由加料器输送到干燥器内后，在高速回旋气流和底部搅拌器的共同作用下，团块状物料被不断破碎、分散、沸腾和干燥。干燥合格的物料被气流从干燥器上部出口带出，经捕集器收集。颗粒较大或湿度较高的物料被干燥器上部的分级堰板阻拦，而重新进入干燥器内继续干燥。

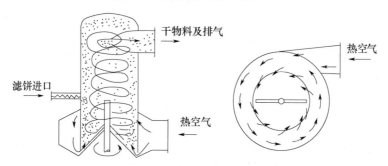

图4-28　旋转闪蒸干燥器

（2）性能特点

① 一机多能。集物料的破碎、分散、沸腾干燥、分级过程为一体，连续操作，工艺流程简短。

② 适用范围广。既可干燥黏性的膏糊状物料，也可干燥非粘结性粒料。

③ 物料在干燥器中停留时间短，可适用于热敏性物料，产品质量高。

④ 使用高温热空气，热效率高，节能效果显著。

⑤ 设备体积小，干燥强度大，结构简单，操作方便，价格便宜，并可实现自动化控制。

（三）干燥过程中的团聚与解聚

物料干燥后的平均粒径大于干燥前的平均粒径的现象叫团聚。不仅烘干可以引起物料的团聚，而且堆放受潮、煅烧均可以发生团聚现象。物料的团聚和团聚程度的强弱可以用粒度仪测得，烘干前后两样品粒度累积曲线分开最大处的粒度值是最易产生团聚的粒度，一般情况下应是细粒级区段。

在非金属矿湿法超细加工中，把因烘干和煅烧所产生的粒度变粗的现象都叫做团聚，其解聚方法是打散，即用机械的办法打散，或者说是再磨一次，使最终粒度达到产品质量要求。这种方法是有效的，但增加了一个解聚工序，因此，本书想从另一个角度讨论高岭土湿法超细加工的团聚与解聚（确切地说是结块）问题。

（1）从干燥机理探讨干燥过程的团聚问题

物料中的水分有三种存在形式，化学结合水是物料结构（成分）的一部分，干燥过程中不应该失去；物理化学结合水是物料表面吸附作用形成的水膜，水与物料颗粒形成的多分子或单分子吸附层水膜、细胞半透壁渗出水、微孔（半径小于 $10\sim5cm$）毛细管水。物理化学结合水产生的蒸汽压小于同温度下自由面的饱和蒸汽压，所以黏土质物料在干燥过程中排除物理化学结合水阶段，颗粒不相互靠拢。陶瓷工艺研究表明，这时的陶瓷坯体不产生收缩，因此，这一阶段不应该有明显的团聚作用。物料中水分的第三种赋存形式是机构结合水，即润湿水、孔隙水和粗孔（半径大于 $10\sim5cm$）毛细管水。机构结合水在蒸发时，物料表面的水蒸气分压等于同温度下饱和水蒸气压，这些水分被排除后，物料颗粒相互靠拢，体积变小，产生收缩应力。陶瓷研究结果表明，这一部分水分排除阶段（干燥初期），陶瓷坯体产生收缩甚至开裂，非金属矿湿物料干燥团聚作用也应主要产生在这一阶段。为了减小颗粒相互靠拢的收缩力和团聚现象，在干燥初期的干燥速度应相对地放慢一些，并且，内热源加热方式和外热源加热方式对团聚的影响也有明显差别。

（2）结晶学原理与团聚

在没有外力（能量）的情况下，任何晶体都趋向于由细小晶粒转化成单一粗大晶体，减少自由能，形成最稳定的状态，这是最小自由能原理决定的。从这个意义上讲，干燥和煅烧过程中的团聚是物质世界的一个不可抗拒的规律。同时，溶解在浆液中的微量组分，在干燥过程中也要结晶，并遵循结晶学规律，在与它组分相同的晶体表面结晶（相当于磨细的微粒向外延伸，或称长大），由于高岭土和绝大多数非金属矿一样，溶度积非常小，在浆液中的溶解是非常有限的，所以，单纯的结晶与增长对微粒粒度的影响是微不足道的，但是，如果有两个或多个相同组分的微粒相互靠拢在一起，这种结晶作用会起到粘结剂的作用，把它们连在一起，并明显地影响干粉的粒度。此外，细小微粒是粗大颗粒碎裂的结果，表面有许许多多不饱和的化学键，键力的作用使它们有相互团聚、重新组合成大颗粒的趋势。

上述各种过程是必然的，但是，在结晶学研究中我们也发现，当有杂质组分存在时，晶体的结晶情况就有了明显变化。有一些纯溶液，当浓度达到一定时就有晶核或细小晶体形成，当纯溶液中加入某种电解质后，结晶的速度就降低了，甚至不结晶，那么，这类电解质就可作为烘干过程中的抗结剂使用；结晶习性不同的两类物质混合在一起时（如前文提过的，用高岭土作尿素和化学肥料的抗结剂），结块就受到了拟制，所以，我们可以根据超细高岭土的用途，选择一些用途相同而结晶习性不同的物质加入高岭土中，以减轻烘干团聚现象。

（3）膨胀和表面电荷的抗团聚作用

高岭土干燥时的团聚以颗粒的相互靠拢为前提，并且颗粒靠拢主要发生在机械结合水蒸发阶段。这一阶段由于大量水分蒸发，物料处于等温干燥阶段，物料温度为100℃左右，因此，选用某种可溶性化学试剂，其挥发温度在100℃左右，挥发产生的气压抵抗物料失去水分的收缩靠拢，就可以起到抗团聚的效果。

在非金属矿湿法超细时都要加入一定量的分散剂，分散剂的作用和分散原理将在下一节中详细讨论，在这里仅谈一下分散剂对干燥团聚的影响。

有一些分散剂（如三聚磷酸钠、六偏磷酸钠、水玻璃等），它们在浆液中有分散作用，但干燥时，它们又是粘结剂，把磨细的小颗粒结合成大颗粒，起到团聚的作用；有一些分散剂，如我们最新发现的4A沸石分散剂，由于它不溶于水，干燥时就没有粘结性，对团聚影响不大；还有一些分散剂，如聚丙烯酸盐类阴离子型高分子表面活性剂，它们被吸附在矿物颗粒表面，使颗粒均带负电荷，在磨矿时起分散作用，在烘干过程中，由于相同电荷的排斥作用，阻止了颗粒的靠拢，起到了抗团聚作用。不但在高岭土和其他非金属矿超细磨矿及烘干过程中是这样，在硅酸盐行业的使用也得出了极为相似的结果：在陶瓷坯料磨时，将六偏磷酸钠换成聚丙烯酸盐溶液，分散效果明显增强，但陶瓷坯体的湿坯体抗折强度下降了一半（粘结性差），使坯体搬运破损增加，因而它只能使用在陶瓷釉浆的制备中；在无熟料白水泥研究过程中，我们也选用了聚丙烯酸盐溶液作减水剂，它的减水效果很好，但水泥的水化很差，强度很低。以上现象都说明了颗粒表面电荷对团聚的影响，这种影响对加工细粉状的高岭土及其他非金属矿深加工而言，恰好是有利的。

（4）挥发物的解聚作用

挥发物的解聚作用的提法可能不太恰当，在没有更确切的词替代以前，暂且这样称谓。作者想表达的含意是，在高岭土（或其他非金属矿）超细矿浆中加某种挥发温度大于100℃，而又低于物料干燥时最高温度的化学试剂，它是可以溶于水的，在物料干燥时，它在颗粒表面结晶，甚至可以将颗粒粘结在一起，当物料中水分逐渐失去，进入降速干燥阶段，物料表面温度升高，达到挥发物解聚剂的挥发温度时，它开始挥发，被它粘结的颗粒分开，达到解聚的目的。即便使这种试剂的一部分没有完全挥发而残留在产品中，因为它可溶于水，在产品制浆或粒度测试时，也不会影响产品粒度。我们还没有来得及用这种方法对超细高岭土产品进行干燥解聚的试验，但用一种络合物的钾盐作挥发性解聚剂，0.05%的用量可使重质碳酸干粉中$-2\mu m$的含量由60%提高到73%。

参考文献

[1] B. A. 威尔斯著，胡力行等译. 选矿工艺学 [M]. 北京：冶金工业出版社，1985.

[2] E. G. 凯利，D. J 斯波蒂斯伍德著，胡力行等译. 选矿导论 [M]. 北京：冶金工业出版社，1989.

[3] 胡为柏. 浮选 [M]. 北京：冶金工业出版社，1989.

[4] 丁立辛等. 浮选的理论与实践 [M]. 北京：煤炭工业出版社，1987.

[5] 郭梦熊. 浮选 [M]. 徐州：中国矿业大学出版社，1989.

[6] 许时等. 矿石可选性研究 [M]. 北京：冶金工业出版社，1989.

［7］王常任．磁电选矿［M］．北京：冶金工业出版社，1986.

［8］沈钟、王果庭．胶体化学与表面化学［M］．北京：化学工业出版社，1991.

［9］程传煊．表面物理化学［M］．北京：科学技术文献出版社，1995.

［10］孙晋涛等．硅酸盐工业热工基础［M］．武汉：武汉工业大学出版社，1992.

［11］潘永康等．现代干燥技术［M］．北京：化学工业出版社，1998.

［12］桥本谦一著，陈世兴译．陶瓷基础［M］．北京：轻工业出版社，1986.

［13］罗茜等．固液分离［M］．北京：冶金工业出版社，1997.

［14］西北轻工业学院．陶瓷工艺学［M］．北京：轻工业出版社，1983.

［15］郑水林．非金属矿加工技术与设备［M］．北京：中国建材工业出版社，1998.

［16］煤炭综合利用多种经营技术中心．中国煤系高岭岩（土）资源及其深加工技术应用调查研究
［R］．2000.

［17］许红亮，刘钦甫等．我国煤系高岭岩（土）煅烧技术研究现状［J］．煤炭加工与综合利用，1999（2）.

［18］魏俊峰等．高岭土煅烧温度与性能的变化关系初探［J］．建材地质，1997［增刊］.

［19］邵绪新等．煤系高岭土除铁、钛的途径探讨［J］．煤炭加工与综合利用，1995（3）.

［20］郑水林，卢寿慈．煤系高岭土的提纯与煅烧研究［J］．中国矿业，1997，6（6）.

［21］张继宇，刘慧纳等．煤系高岭岩煅烧工艺制度及流程的讨论［J］．非金属矿，1997（2）.

［22］任大伟．利用煤系优质高岭岩生产高白度煅烧高岭土工艺研究［J］．非金属矿，1997（2）.

第五章　高岭土漂白技术研究

第一节　高岭土的白度及漂白技术研究现状

一、高岭土的白度

白度是高岭土工艺性能的主要参数之一，纯高岭石为白色。高岭土的颜色是杂质矿物的颜色引起的，主要着色矿物有 Fe、Mn、Ti 的化合物和有机碳，含量往往不高，常常少于 2%，但能使高岭土具有清晰而特征的颜色。

引起高岭土白度降低的主要因素是杂质。依据杂质产出状态和性质可大致分成三类：第一类是有机质，称作有机碳，它将高岭土染成灰色至黑色。多数情况下，炭质以机械混入物的形式混入高岭土中，部分炭质可包裹在高岭石晶格中，给除炭造成一定的困难。第二类染色杂质是色素元素，如 Fe、Ti、V、Cr、Cu、Mn 等。一般情况下，高岭土中的 V、Cr、Cu 和 Mn 等元素含量甚微，对白度影响不大，Fe 和 Ti 是高岭土的主要染色元素，主要赋存形式是 $Fe_2O_3 \cdot nH_2O$、$FeCO_3$ 和 TiO_2（金红石、锐钛矿、板钛矿）。第三类染色杂质是暗色矿物，如电气石、角闪石等。暗色矿物和炭质在风化成因的高岭土呈色中占次要地位，因此，影响高岭土白度的主要因素是铁和钛。

风化型高岭土的矿物组成主要为结晶度较差的高岭石和埃洛石。它们具有粒度细、晶形为片状或管状、白度高等独特的优势，但是其杂质和色素的影响也是不可避免的。

高岭土和其他黏土一样，灰色、黑色是由有机碳引起的；红褐色、棕色、黄色和黄褐色是由三价铁的氧化物引起的；绿色多数是由二价铁的矿物，如海绿石、鲕绿泥石引起的；紫色是由铁的氧化物和氢氧化物引起的；白色和浅的色调，说明色素含量较低。

在高岭土中，通过化学分析测得的 Fe_2O_3 往往以氢氧化物（褐铁矿）、氧化物（赤铁矿、磁铁矿）等矿物的形式存在，碳酸盐（菱铁矿）很少。

由酸性火成岩和伟晶岩风化生成的原生高岭土以及由原生高岭土再沉积而形成的次生高岭土，其含铁量在 0.5%～1.5% 之间，质地比较纯净；而由基性火成岩风化生成的高岭土中，铁质混入物的含量则大大增加，必须经过加工处理后才能在工业中应用。火山灰沉积成因的高岭土中 Fe_2O_3 和 TiO_2 杂质含量很低。

TiO_2 是高岭土中除氧化铁外的主要染色物质，它是高岭土中极为常见的伴生物质，特别是在沉积型的次生高岭土中几乎普遍存在，某些热液成因的高岭土中其含量也较高。在高岭土中，TiO_2 主要以金红石、锐钛矿的形式存在，也可以榍石、钛铁矿等形式存在。它在高岭土中的含量与分布相对比较稳定，一般含量变化范围为 0.5%～1.2% 之间，高者可达 2% 以上。钛的存在会使高岭土烧后色泽变黄（氧化气氛）或发灰（还原气氛），严重影响了高岭土制品的呈色，所以通常要求 $TiO_2 < 0.5\%$ 为宜。钛的矿物常常是呈微粒（$< 2\mu m$）而

均匀分布于高岭土中，一般选矿方法难以除去。

二、高岭土中铁赋存状态研究现状

高岭土是以高岭石族矿物为主要成分的黏土集合矿产物，高岭土的白度，是决定其应用价值的重要指标之一。高岭土中的染色杂质，主要是铁、钛矿物和有机质。铁和钛，多以赤铁矿、针铁矿、硫铁矿、黄铁矿、菱铁矿、褐铁矿、锐钛矿及钛铁矿等矿物形态存在，它们在高岭土中的分布也很复杂，晶态者多以微细颗粒状夹杂其中；非晶态者多包附在高岭土细粒表面。特别是含铁矿物，在高温煅烧时均会变成 Fe_2O_3，造成原料发黄或呈砖红色。因此，必须在煅烧前或煅烧过程中采取除铁的措施，才能将产品白度提高至92%或更高。为了有效地除去铁杂质，对它赋存状态的研究必不可少。

在铁赋存状态的研究方面国外学者已经做了大量的工作。普遍接受的观点是铁在高岭土中以结构铁存在或以自由铁（包括细粒晶质铁、表面铁和非晶质铁）存在。

国内也有人运用电子探针和电子顺磁共振技术做了详细的分析。结果表明，铁主要以两种形式存在。多数铁主要以胶状褐铁矿的形式存在，并处于高度分散状态；少量的铁矿物近于球状、针状和不规则形状，它们属于针铁矿和赤铁矿。钛主要以钛的氧化物（金红石或锐钛矿）的形式存在，呈板状，大小为十几微米，也有呈细脉状分布的，少量含钛矿物呈胶状分布。

三、除铁漂白技术研究现状

高岭土除铁漂白的传统方法有物理法（包括手选法、水选法、粒度分级法、磁选法、浮选法等方法）、化学法（包括氧化法、还原法、氧化还原法等方法），国内外最新的方法是微生物除铁法、有机酸除铁漂白法等。现将主要除铁方法介绍如下。

1. 物理除铁

（1）高梯度磁选

美国早在1973年就首先应用高梯度磁选除去高岭土中的含铁矿物并获得成功。到20世纪80年代中期，高梯度磁选在高岭土的生产中被广泛使用。1986年美国成功地将超导磁选应用于高岭土选矿，将磁选机的磁体及线圈周围用液氦（或液氮）冷却后进行磁选。几乎所有的高岭土原矿都含有少量（一般为0.5%～3%）的铁矿物，主要有铁的氧化物、钛铁矿、菱铁矿、黄铁矿、云母、电气石等。这些着色杂质通常具有弱磁性，可用磁选方法除去。磁选是利用矿物的磁性差别而在磁场中分离矿物颗粒的一种方法，对除去磁铁矿和钛铁矿等高磁性矿物或加工过程中混入的铁屑等较为有效。对于弱磁性矿物，一种方法可以先焙烧，待其转变成强磁性氧化铁后再进行磁选分离；再一种方法就是采用高梯度强磁场磁选法。

高梯度强磁场磁选法有两大特点，一是具有能产生高磁场强度（107 高斯/cm 数量级）的聚磁介质（一般为钢毛），二是有先进的螺丝管磁体结构。在较高的磁场强度下，不锈钢导磁介质表面产生很高的磁场梯度，能分离微米级顺磁性物料，高梯度磁分离技术对脱除有用矿物中弱磁性微细颗粒甚至胶体颗粒十分有效。

（2）超导磁选

1989年，超导磁选机又有了新的设计，分选罐采用往复罐系统，处理能力提高了1

倍。到 20 世纪 90 年代初又研制了一种新型的往复式超导磁系,该机可以连续给矿,且氦的损失很小。目前各国正在加速发展新型的、价格低廉的永久超导材料,力图降低超导磁体的成本,以使这项技术更广泛地应用于高岭土和其他非金属矿物选矿。

随着高岭土矿体不断开采,高岭土原矿的质量逐渐降低,赋存于高岭土中的铁钛矿物的粒度也越来越小,高梯度磁选机也无法将几个微米以下的弱顺磁性矿物分离出来。据报道,目前国外已有十多个国家正从事用超导磁选机对高岭土进行除铁、钛的研究。

高岭土比较适合用高梯度超导磁选机,这种磁选机可处理几个微米或亚微米级别极弱的顺磁场矿物。超导磁选机能长期运转,与常规磁选机相比,降低电耗 80%～90%,仅此一项每年可节约 15 万美元,其占地面积为原来的 34%,重量为原有的 47%;另外,其还具有快速激磁和退磁能力,可使设备减少分选、退磁和冲洗杂物所需的时间,从而大大提高了矿物的处理量,该设备处理能力为 6t/h。

2. 化学除铁

化学漂白有许多方法,如酸浸法、氧化法、还原法、氧化-还原联合法等。

(1) 酸浸法

酸浸法就是用酸溶液(盐酸、硫酸、草酸等)处理高岭土,使其中不溶化合物转变为可溶化合物,而与高岭土分离。用盐酸处理高岭土需在 90～100℃下持续 3h,一份高岭土需配一份 5% 的盐酸溶液,处理过后用水冲洗,直至水中无铁的痕迹。一般为了使杂质充分溶解,可同时加入氧化剂(过氧化氢等)或还原剂(氯化亚锡、盐酸羟胺等)。酸浸漂白的效果与铁矿物的赋存状态、酸的用量、反应温度等有关,呈浸染状赋存于高岭土表面的赤铁矿易溶于盐酸而被除去,含钛矿物的高岭土很难用此法除去杂物而提高白度。

用硫酸处理高岭土,需在压力为 $2 \times 155Pa$ 的压力锅中持续 2～3h,采用 8%～10% H_2SO_4 溶液且须过量,处理后洗去 Fe 和剩余酸,用这种方法可除去高岭土中约 90% 的 Fe_2O_3。采用比例为 1:2 的浓硫酸和硫酸铵的混合液在 100℃下处理高岭土持续 2h,过滤悬浮液并用硫酸清洗,钛、铁杂质都可清除。

用 0.1%～0.5% 的草酸或草酸钠的热溶液,可使赋存于磨细的高岭土颗粒表面的铁钛化合物溶解而除去。

魏克武等用加温酸浸的方法除铁,使酸中的 H^+ 置换出三价铁离子并生成可溶性的铁化合物进入溶液。研究发现,硫酸、盐酸及草酸都能用于加温除铁,但用硫酸加温浸出除铁时,会导致高岭石晶格的破坏,难以保持高岭石的晶型和物理性能。王平用 5%～10% 的草酸在 100℃水浴加热处理高岭土 1.5h,白度由 79.5% 提高至 85%。进一步的研究表明,草酸能溶解矿物表面与晶格联系最牢固的铁离子而不影响高岭土的晶格结构和物理化学性质。陈霞等利用酸溶氢气还原法处理煤系高岭土,利用活泼金属不断与酸反应生成的氢气将高岭土中的有色不溶的三价铁还原成可溶的二价铁,从而除去铁杂质,提高高岭土的白度,取得了较好的漂白效果。

(2) 还原法

该法的实质就是使高岭土中难溶性的 Fe^{3+} 还原成可溶性的 Fe^{2+},而后洗涤除去,从而提高高岭土的白度,这是高岭土工业中传统的除铁方法。在漂白前矿浆流入搅拌机搅拌,并要加入絮凝剂絮凝后,再进行漂白。常用的还原剂有:连二亚硫酸钠(又称保险粉)、硫代硫酸钠、亚硫酸锌等,还原的主要反应式如下:

$$Fe_2O_3 + Na_2S_2O_4 + 3H_2SO_4 = Na_2SO_4 + 2FeSO_4 + 3H_2O + 2SO_2 \uparrow$$

影响漂白效果的因素有很多，如矿石的特征、温度、pH 值、药剂用量、矿浆浓度、漂白时间、搅拌强度等。若矿石中杂质呈星点状、浸染状分布，含量低，那么可以得到较好的漂白效果，白度显著提高。若矿石中含有机质、杂质含量高，那么漂白效果差，白度提高的幅度不大。漂白过程中的温度一般宜在常温下，温度太高，虽然能加快漂白速度，但热耗量大，药剂分解速度过快，造成浪费并污染环境；温度过低，反应缓慢，生产能力下降。矿浆的 pH 值调整到 2～4 时，漂白效果最佳。药剂用量方面，一般随着用量的增大，漂白速度加快，白度也随之提高，但达到一定程度时，白度不再增加。矿浆浓度以 12%～15% 为宜。漂白时间既不能过长，也不能太短。时间过长既浪费药剂，又降低了高岭土的质量，因为空气中的氧会导致 Fe^{2+} 氧化成 Fe^{3+}；过短，白度达不到要求。反应完毕后，应立即进行过滤洗涤，否则表面会逐渐发黄。

据报道，用蔗糖（$C_{12}H_{22}O_{11}$）或其水解物作还原剂，在酸性介质中除铁，除铁率可达 98%。用硼氢化钠和氢氧化钠来处理高岭土矿浆，随后加入 SO_2 或硫酸溶液生成新鲜的连二亚硫酸钠与矿浆中的氧化铁起反应，达到除铁的目的。

（3）氯化法

氯化法是在煅烧过程中除铁的一种方法。刘文中等采用氯化焙烧工艺除去其中的铁，有机质在高温下被氧化为 H_2O 和 CO_2 排出。Fe_2O_3 在一定温度和还原条件下与加入的氯盐反应，生成 $FeCl_2$。气态铁的氯化物由料层表面逸出，在一定的 CO_2 气体流量下被带走排出。高岭土中的碳在煅烧过程中参与还原反应，促进三价铁的还原，从而有利于氯化法除铁。保持一定的 CO_2 流量有利于氯化反应的气氛并及时带走生成的铁的气态氯化物。采用氯化焙烧工艺可以将煤系高岭土中的铁氧化物含量降到 0.3% 以下，脱除率达 70% 以上，煅烧高岭土的白度提高到 90 以上，而且扩大试验与小型试验的结果一致，显示出该方法在高岭土的开发利用和深加工中的广阔应用前景。

（4）联合除铁法

据资料，国外的高岭土的漂白研究又有了新的进展，如在高岭土粉末加入氯化铵，在加热到 200～300℃ 时与高岭土中的铁反应，冷却后，用稀 HCl 浸出生成物，即可漂白。但目前仍处试验阶段，漂白需在高温密闭条件下进行。

美国专利介绍，采用漂白和絮凝联合法，先加入次氯酸钠，再加 H_2O_2，最后加入连二亚硫酸钠漂白，经过漂白之后，再采用选择性絮凝，可以极大地提高白度。之后发明了氧化还原联合方法，先用强氧化剂，如臭氧、次氯酸钠等处理含硫杂质，将铁氧化成三价铁，再用还原剂进行常规的漂白处理。在常温下用氧化漂白的方法，使用过氧化氢、过氧化钠、次氯酸钠、臭氧等除去高岭土中的黄铁矿和有机质，不需洗涤，药剂成本低，工艺简单。利用电解 Na_2SO_3 溶液生成新生态连二亚硫酸根离子的电化学法对高岭土进行漂白，效果优于直接使用连二亚硫酸钠方法。

利用聚磷酸盐、乙二胺醋酸盐、草酸、柠檬酸等与金属离子生成稳定的水溶性螯合物，也能达到除铁漂白的目的。由于连二亚硫酸钠还原漂白产品白度不稳定，存放易返黄。为了解决这一问题，有人研究了还原-络合漂白法，即在还原的过程中加入络合剂，使还原后的二价铁离子与络合剂形成可溶性的稳定络合物随溶液排出。前苏联采用添加磷酸和聚乙烯醇来提高产品的稳定性；美国则在漂白后添加羟胺或羟胺盐来防止二价铁再氧化；我国学者以草酸、柠檬酸、聚磷酸盐和乙二胺醋酸盐等提高漂白效果和产品稳定性，均有一定成效。

3. 生物除铁

不同种类的微生物（细菌、真菌等）具有从氧化铁（褐铁矿、针铁矿等）中溶解铁的能力，利用微生物这种溶铁能力，可将高岭土中所含的铁杂质除去。目前已研制出一种两步处理方法：首先制备培养液（即浸出剂），浸出剂是将菌株在 30℃ 下置于营养媒介中培养而成的。1L 营养媒介中含有 3g NH_4NO_3，1g KH_2PO_4，0.5g $MgSO_4 \cdot 7H_2O$ 和每升天然水中不等量的糖蜜。媒介最初的 pH 值约为 7，这类微生物在表面或水中生成，培养所需的时间取决于培养方法和介质中糖浆的初始浓度，一般为 5～14d，当糖浆的初始浓度高于 150g/L 时，最终的 pH 值总是小于 2，浸出剂中有机酸的浓度约大于 40g/L。草酸与柠檬酸的含量之和占整个有机酸含量的 95% 以上，在人工合成的含同量有机酸的浸出剂中加盐酸酸化至 pH＝0.5，也可取得同样的浸取效果。浸出剂制备好后，在 90℃ 下用浸出剂浸出高岭土，在适当的时间内可以浸出高岭土中的部分铁。

四、高岭土漂白技术中存在的问题

南方风化型高岭土的漂白方法通常利用还原漂白剂（连二亚硫酸钠）将 Fe^{3+} 还原成可溶性的 Fe^{2+}，再通过洗涤作业将其除去，其不足之处主要有三个方面：

第一，漂白以后，多数铁仍然遗留在高岭土中，不能满足特殊用途对铁含量的要求；同时，由于多数铁还赋存在高岭土中，往往会产生返黄问题。

第二，漂白处理的废水中含有一定数量的铁，不能重复利用，排放后对环境造成比较大的污染，同时污染也影响了企业和社会的发展。

第三，影响漂白效果的因素很多，如药剂的选择、药剂用量、矿浆浓度、矿浆的 pH 值、温度、添加次数、时间等，不容易控制，成本较高。

所以，用化学法和物理化学相结合的方法降低高岭土染色物质 Fe_2O_3 的含量，提高高岭土的白度的同时，创造转化环境的化学溶液可以重复利用，达到不排放废水的目的，对环境不产生污染，减轻企业和社会负担，是极为重要的。

第二节 高岭土漂白技术研究

一、除铁试验技术路线

高岭土的漂白试验主要包括两部分：准备试验和主体试验。

准备试验主要是设计试验方案，包括对试验所用风化型高岭土的矿物组成、铁赋存状态的研究和确定主体试验采用的除铁漂白方法。其中确定主体试验的漂白方法分别用还原法、氧化还原法进行除铁漂白试验，然后根据处理后的白度和含铁量，最后确定最适合的除铁漂白方法。

主体试验主要是根据已确定的除铁漂白方法，综合分析影响风化型高岭土除铁漂白的主要因素，确定最佳除铁漂白方案。总体试验设计流程如图 5-1 所示。

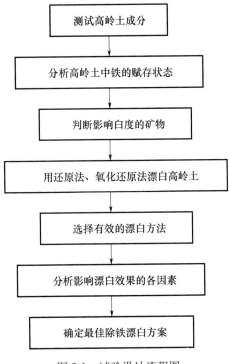

图 5-1　试验设计流程图

二、除铁试验条件和试验方案

（一）试验用原料

试验采用的风化型高岭土取自湛江科华高岭土公司，用 X 射线衍射（简称 XRD）分析和光谱半定量分析，测试该风化型高岭土由矿物和微量元素组成，矿样中有高岭石、石英、白云母和赤铁矿（主要成分 Fe_2O_3）等，如图 5-2 所示，且样品中高岭石的含量在 96％以上。

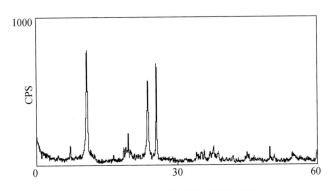

图 5-2　高岭土的 X 射线衍射曲线图

高岭土矿的主要化学成分分析见表 5-1。

表 5-1　高岭土化学成分特征（%）

矿石类型	SiO$_2$	Al$_2$O$_3$	Fe$_2$O$_3$	TiO$_2$	CaO	MgO	K$_2$O	Na$_2$O	烧失量
原矿	87.80	8.01	0.52	0.13	0.14	0.05	0.38	0.07	2.90
高岭土	48.20	35.83	1.15	0.14	0.12	0.02	0.85	0.06	13.63

综合分析得出，该高岭土的主要成分为 SiO$_2$，Al$_2$O$_3$，Fe$_2$O$_3$ 和 K$_2$O，该矿的粒度为 200 目，可以不经破碎直接进行化学提纯。

湛江高岭土的形态为叠片状及假六方片状如图，以叠片状为主，约占 60%～70%，假六方片状 30%～40%，几乎无管状高岭土，但在边缘有片面卷曲的现象，如图 5-3 所示。

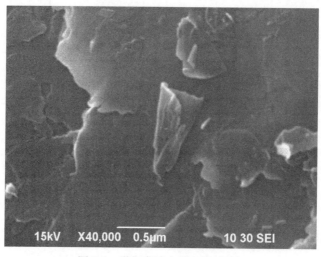

图 5-3　湛江高岭土的 SEM 照片

该高岭土矿床赋存于雷琼断陷盆地北部边缘的第四系湛江组上部含黏土砾岩砂层中，属于风化沉积型高岭土矿床。成矿区（带）内出露的地层主要有燕山期晚期火山岩、第四系下更新统湛江组、第四系中更新统北海组和第四系全新统洪冲积层、坡残积层。

本区（带）位于云开隆起南西端和雷琼断陷盆地的交接处，雷琼断陷盆地北东侧有大面积混合花岗岩和混合岩化的岩石分布，为高岭土矿的形成提供了原岩条件。本区（带）地处亚热带海洋气候环境中，炎热多雨，且雨量相对集中于 5～9 月，植物茂盛，为花岗岩体风化水解形成高岭土提供极其有利的物理、化学条件，风化形成的产物由雨水携带到雷琼断陷盆地边缘沉积，形成高岭土矿层。

本矿含砂量大，易水洗精制，精土产率较高。去砂后大部分黏土的粒度较细，－2μm 粒级含量达 75% 左右，精土黏度低，易于配成流变性良好的高固含量涂料，达到涂布高岭土标准的黏度要求，适合刮刀涂布使用，精土的磨耗值较低。土样的缺点是亮度低，但储量大，质量好，可作造纸刮刀涂料、橡胶塑料填料，故工业价值极大。因此其主要开发利用途径包括：

（1）建筑陶瓷原料：其生产橡胶、塑料填料的过程中，部分中间产品的含量比例与建筑陶瓷传统原料配方相接近。

（2）造纸涂料：试验研究表明，在经济技术可行的前提下能够经分离提纯、除杂增白和超细处理获得造纸填料。

（3）橡胶塑料填料：试验研究表明，在经济技术可行的前提下能够经分离提纯、除杂增白和超细处理获得橡胶塑料填料。

（4）石英砂：生产橡胶、塑料填料的过程中产出的尾矿主要为石英，经简单分离提纯后可获得石英砂。

（二）试验用试剂和仪器

试验所用的化学试剂详见表 5-2，试验所用的设备仪器详见表 5-3。

表 5-2 试验原料

名称	分子式	分子量	规格	来源
连二亚硫酸钠	$Na_2S_2O_4$	174.10	化学纯	浙江汇德隆化工厂
氢氧化钠	$NaOH$	40.00	工业级	天津市科密欧化学试剂开发中心
硫酸	H_2SO_4	98.08	分析纯	河南省佰利联化工总厂
过氧化氢	H_2O_2	34.0	化学纯	河南省佰利联化工总厂
盐酸	HCl	36.46	分析纯	洛阳大学化学试剂厂
六偏磷酸钠	$(NaPO_3)_6$	611.77	化学纯	新乡市华幸化工厂
乙二胺四乙酸	$EDTA$	372.24	分析纯	北京化工厂

表 5-3 试验设备

仪器设备名称	仪器设备型号	生产厂家
电子分析天平	FA2104S	上海精科天平
电热恒温鼓风干燥箱	DHG-9000A	上海博讯实业有限公司
干燥箱	202-1 型	上海市试验仪器厂
精密 pH 计	pH-3B 型	上海精密科学仪器有限公司雷磁仪器厂
电热恒温水浴锅	DK-98-11	天津市泰斯特仪器有限公司
白度仪	ZBD 型	温州仪器厂
X 射线衍射仪	D/max-IIIA 型	日本理学
电动搅拌机	JB90-D 型	上海标本模型厂

（三）铁赋存状态分析

高岭土中的染色杂质，主要是铁、钛矿物和有机质。铁和钛，多以赤铁矿、针铁矿、硫铁矿、黄铁矿、菱铁矿、褐铁矿、锐钛矿及钛铁矿等矿物形态存在，除铁方法随铁在高岭土中赋存状态的不同而不同，要选择合理的除铁方法必须先查明高岭土中铁的赋存状态。

当影响高岭土白度是铁的三价氧化物时，即铁离子以 Fe_2O_3 形式存在时，采用 $Na_2S_2O_4$ 与其反应将 Fe^{3+} 还原成二价铁盐，经过漂洗，过滤除去；当影响高岭土白度的是 Fe^{2+}，即铁离子以 FeS_2 形式存在时，还原漂白不能达到理想的效果，应采用氧化剂与其反应将其氧化成可溶性硫酸亚铁和硫酸铁，使其变成易被洗去的无色氧化物；当影响高岭土白度的是 Fe^{3+} 和 Fe^{2+} 时，应采用氧化-还原联合漂白，先用氧化剂氧化 Fe^{2+} 成为 Fe^{3+}，再用还原剂将其还原为 Fe^{2+}，经过漂洗，过滤除去。根据铁不同的赋存状态选择不同的漂白方法，可提高漂白剂的使用效率，提高高岭土的白度。

根据铁、钛物相分析，该风化型高岭土中铁的赋存状态有两种，即结构铁和游离铁。

结构铁存在于高岭石晶格中，以 Fe^{3+} 置换八面体中的 Al^{3+}，分为处于斜方晶场对称的结构铁 I 和处于更高晶场对称的结构铁 E。结构铁含量（Fe_2O_3）0.081%～0.122%，其中 I 铁含量 0.031%～0.055%，E 铁含量 0.050%～0.067%。I 铁和 E 铁含量均与高岭石结晶度指数呈密切负相关，而 E 铁和 I 铁含量比值与高岭石结晶度指数呈正相关。游离铁以杂质形式存在，含量（Fe_2O_3）0.467%～0.648%，主要为赤铁矿、褐铁矿和针铁矿，所以采用化学漂白最经济、有效，也被广泛采用。

（四）试验方案的选择

由以上 X 射线衍射分析矿物组成和铁赋存状态的研究，确定高岭土原样中影响白度的主要因素是赤铁矿（Fe_2O_3），但是由于测试的局限性，要确定最佳的漂白方法还需要用还原法和氧化还原法对高岭土样进行除铁漂白试验，比较处理过的高岭土白度，并需要光谱半定量分析处理过的高岭土中的铁含量，最后确定适合该高岭土样的漂白方法。漂白方法的流程图如图 5-4 所示。

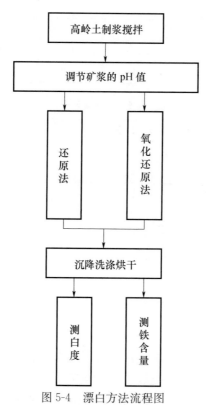

图 5-4 漂白方法流程图

1. 还原漂白法

（1）试验仪器和药品

仪器：玻璃棒，胶头滴管，烧杯若干，漏斗若干，0.25mm 的筛子，电子分析天平（精确到 0.0001g），电动搅拌机，电热恒温水浴锅，精密 pH 计，干燥箱，白度仪等。

药品：高岭土样品，水，稀硫酸，连二亚硫酸钠（保险粉），六偏磷酸钠。

（2）还原漂白反应原理

还原漂白法是利用还原剂将样品中的氧化铁还原成氧化亚铁，同时除去部分氧化亚铁，提高样品的白度。还原漂白法的反应原理如下式：

$$Fe_2O_3+Na_2S_2O_4+3H_2SO_4 \Longrightarrow Na_2SO_4+2FeSO_4+3H_2O+2SO_2 \uparrow$$

（3）试验步骤

① 将高岭土 1 号、2 号和 3 号样在干燥箱中以 120℃烘 2h，烘干后过 0.25mm 的筛子各称取 50g，然后测其各个样 Fe_2O_3 含量。

② 按照高岭土干粉和水的液固比为 6∶1 进行配浆，利用电动搅拌机按 120r/min 搅拌 5min，利用电热恒温水浴锅使矿浆温度维持在 20℃。

③ 加入一定量的稀硫酸，使矿浆的 pH 值为 2.5，然后加入 1g 连二亚硫酸钠，0.15g 六偏磷酸钠，20℃恒温搅拌 20min。

④ 将矿浆进行漂洗、过滤，烘干后过 0.25mm 的筛子，然后测其各个样的白度和 Fe_2O_3 含量。

2. 氧化还原漂白法

（1）试验仪器和药品

仪器：1mL 移液管，玻璃棒，胶头滴管，烧杯若干，漏斗若干，0.25mm 的筛子，电子分析天平（精确到 0.0001g），电动搅拌机，电热恒温水浴锅，精密 pH 计，干燥箱，白度仪等。

药品：高岭土样品，水，稀硫酸，连二亚硫酸钠（保险粉），六偏磷酸钠，过氧化氢。

（2）氧化还原漂白反应原理

利用氧化方法将样品中的有机质和黄铁矿氧化成三价铁，此时的三价铁氧化物对白度影响比较大，所以在氧化漂白以后，再进行还原漂白，既所谓的氧化还原漂白。氧化还原法的反应原理如下式：

$$FeS+4H_2O_2 \Longrightarrow FeSO_4+4H_2O$$

$$Fe_2O_3+Na_2S_2O_4+3H_2SO_4 \Longrightarrow Na_2SO_4+2FeSO_4+3H_2O+2SO_2 \uparrow$$

（3）试验步骤

① 将高岭土 1 号、2 号和 3 号样在干燥箱中以 120℃烘 2h，烘干后过 0.25mm 的筛子各称取 50g，然后测其各个样 Fe_2O_3 含量。

② 按照高岭土干粉和水的液固比为 6∶1 进行配浆，电动搅拌机按 120r/min 搅拌 5min，利用电热恒温水浴锅使矿浆温度维持在 20℃。

③ 加入一定量的稀硫酸，使矿浆的 pH 值为 2.5，然后加入 37％的过氧化氢 0.5mL，20℃恒温搅拌 10min，然后加入 1g 连二亚硫酸钠，0.15g 六偏磷酸钠，次过程维持矿浆的 pH 值为 2.5，20℃恒温搅拌 20min。

④ 将矿浆进行漂洗、过滤，烘干后过 0.25mm 的筛子，然后测其各个样的白度和 Fe_2O_3 含量。

3. 试验结果数据分析

（1）漂白试验白度测试结果见表 5-4。

表 5-4　漂白试验白度测试结果

样号	样品性质	漂白方式	白度（％）
1 号	1 号选泥	未漂白	87.5
1 号	1 号选泥	氧化-还原漂白	88.1

续表

样号	样品性质	漂白方式	白度（%）
1 号	1 号选泥	还原漂白	89.2
2 号	2 号原样	未漂白	86.7
2 号	2 号原样	氧化-还原漂白	87.0
2 号	2 号原样	还原漂白	87.4
3 号	试验室水洗样	未漂白	89.0
3 号	试验室水洗样	氧化-还原漂白	89.0
3 号	试验室水洗样	还原漂白	91.3

（2）漂白试验铁含量测试结果见表 5-5。

表 5-5　漂白试验铁含量测试结果

样号	样品性质	Fe_2O_3（%）	TiO_2（%）
1 号选泥	1 号未漂白	1.13	0.14
1 号选泥	1 号氧化还原漂白	1.05	0.13
1 号选泥	1 号还原漂白	0.81	0.12
2 号原样	2 号未漂白	1.23	0.15
2 号原样	2 号氧化-还原漂白	1.09	0.13
2 号原样	2 号还原漂白	0.85	0.12
3 号试验室水洗样	未漂白	1.15	0.14
3 号试验室水洗样	氧化-还原漂白	0.99	0.13
3 号试验室水洗样	还原漂白	0.72	0.11

由初步的除铁漂白试验，根据以上测试数据，可以确定该样品用还原法漂白的效果较好。还原漂白能提高样品白度 1 个百分点左右；试验室水洗样的白度高出 1 号选泥 1 个百分点；氧化还原漂白效果不明显。在主体试验中根据影响还原法除铁漂白的各个因素，来确定最佳除铁漂白方案。

三、漂白效果影响因素分析

影响漂白效果的因素有很多，如矿石的特征、温度、pH 值、药剂用量、矿浆浓度、漂白时间、搅拌强度等。若矿石中杂质呈星点状、浸染状分布，含量低，那么可以得到较好的漂白效果，白度显著提高。若矿石中有机质、杂质含量高，那么漂白效果差，白度提高的幅度不大。由于各地高岭土影响白度的杂质矿物和因素各不相同，因此不同产地的高岭土必须根据其特性，采取不同的选矿和漂白工艺。

利用连二亚硫酸钠来对高岭土还原漂白的过程，就是将样品中的氧化铁还原成氧化亚铁，同时除去部分氧化亚铁，提高样品白度的过程。在除铁的过程中除主反应外还伴有各种副反应。因此，在保险粉除铁反应时，除从平衡观点判断反应进行的可能程度外，更重要的是在不同条件下考察其本身的氧化还原特性，以便确定较佳的反应条件。为了研究单因素对漂白效果的影响，在试验中固定影响漂白效果的其他因素，分别调节此单因素进行试验。

1. 矿浆浓度对漂白效果的影响

为了研究矿浆浓度对漂白效果的影响，在试验中固定矿浆的 pH 值、漂白剂的用量、漂白温度、漂白时间和漂白剂添加次数，分别调节矿浆的浓度，使液固比在 4∶1，6∶1，8∶1 和 10∶1 之间变化，进行试验。固定 pH 值为 2～3，漂白剂用量 2%，添加次数为 3 次，漂白温度为室温 20℃，漂白 20min，试验结果如图 5-5 所示。

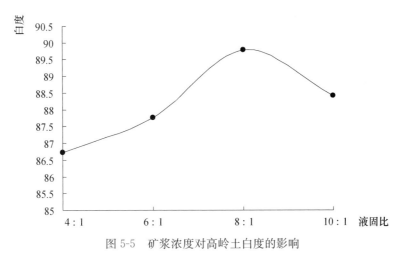

图 5-5　矿浆浓度对高岭土白度的影响

由图得出液固比的变化对漂白的影响不太大。当液固比较大（浓度较低）时亮度及白度均略有下降。因浓度过低，水中含有的氧足以使还原剂氧化而失效；浓度过高，一是 pH 值不好控制，二是黏度过高易夹带空气，使还原剂部分氧化，三是还原剂的分散性不好，容易在过滤中残留染色离子。综合工业实际考虑采用液固比为 6∶1 较好，固体浓度维持在 20%～12%。

2. 矿浆 pH 值对漂白效果的影响

研究矿浆的 pH 值对漂白效果的影响时，在试验中固定矿浆浓度、漂白剂的用量、漂白温度、漂白时间和漂白剂添加次数，分别调节矿浆的 pH 值，使矿浆的 pH 值在 1～6 之间变化，进行试验。固定液固比为 6∶1，漂白剂用量 2%，添加次数为 3 次，漂白温度为室温 20℃，漂白 20min，试验结果如图 5-6 所示。

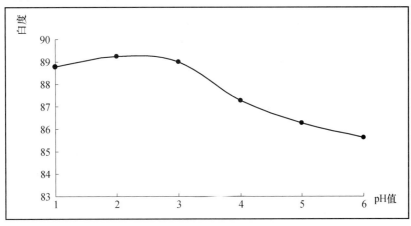

图 5-6　矿浆的 pH 值对高岭土白度的影响

图结果表明，当 pH 在 2～3 左右时，漂白效果最佳，漂白时间短，白度高。随着 pH 值下降，时间短，漂白效果差。反之，当 pH＞3.5 时，漂白药剂不能完全使三价铁还原为可溶性的亚铁，而产生 Fe(OH)$_3$ 沉淀，影响漂白效果。

连二亚硫酸钠是比较弱的酸，它的钠盐生成碱性溶液，属于复杂和不稳定的化学系统。由于漂白反应以及连二亚硫酸盐与矿浆中的氧气反应，结果生成酸性基团，pH 值迅速下降。在没有缓冲剂或不加碱的情况下，漂白终点的 pH 值可能是 5 或更低。在有缓冲剂的连二亚硫酸钠系统中，pH 值在 5～6 之间得到最高白度。连二亚硫酸锌漂白时 pH 值要比连二亚硫酸钠低 1 个 pH 值单位。在初始反应前，可用 H$_2$SO$_4$ 来调整 pH 值（如 pH＝2 左右）。在不加缓冲剂时，一般起始 pH 值为 2～3 为宜。

3. 漂白剂用量对漂白效果的影响

研究漂白剂的用量对漂白效果的影响时，在试验中固定矿浆浓度、矿浆的 pH 值、漂白温度、漂白时间和漂白剂添加次数，分别调节漂白剂的用量在 1％、2％、3％和 4％之间变化进行试验。固定液固比为 6∶1，矿浆的 pH 值在 2～3，漂白温度为室温 20℃，添加次数为 3 次，漂白 20min，试验结果如图 5-7 所示。

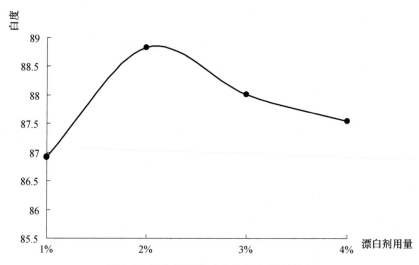

图 5-7　漂白剂用量对高岭土白度的影响

漂白剂的用量与原矿性质、杂质被氧化的程度、反应速度等因素有关。漂白剂用量是高岭土（岩）白度的重要影响因素之一。由图可知在一定的 Na$_2$S$_2$O$_4$ 的用量范围内，随着药剂用量增大，漂白速度加快，同时白度也随着增加，且效果明显，以 2％左右为最好，但用量达到一定程度后，白度不再增加。

保险粉漂白法的反应原理如下：

$$Fe_2O_3 + Na_2S_2O_4 + 2H_2SO_4 = 2NaHSO_3 + 2FeSO_4 + H_2O$$

理论上，根据高岭土中所含氧化铁的含量，可以算出保险粉用量，但是实际用量远超过理论用量。一是因为保险粉在酸性介质中不稳定而分解掉一部分，二是因为它在与氧化铁反应的同时，还会与水慢慢作用，产生如下反应：

$$2Na_2S_2O_4 + H_2O = 2NaHSO_3 + Na_2S_2O_3$$

漂白剂用量过大，漂白效果下降，主要原因在于过多的 Na$_2$S$_2$O$_4$ 来不及与 Fe$_2$O$_3$ 反应，自身发生歧化反应生成单质 S 混入产品中。

$$2[S_2O_4{}^{2-}]+4H^+ \Longrightarrow 3SO_2+S+2H_2O$$

$$3[S_2O_4{}^{2-}]+6H^+ \Longrightarrow 5SO_2+H_2S+H_2O$$

SO_2 与 H_2S 进一步反应生成单质 S：

$$2H_2S+SO_2 \Longrightarrow 3S+2H_2O$$

因为保险粉是强还原剂，在空气易被氧化而分解，从而降低了保险粉的还原能力，使其白度下降，而且污染环境。

4. 漂白温度对漂白效果的影响

研究漂白温度对漂白效果的影响时，在试验中固定矿浆浓度、矿浆的 pH 值、漂白剂的用量、漂白时间和漂白剂添加次数，分别调节矿浆的漂白温度，使矿浆的温度在 20℃、30℃、40℃和 50℃之间变化，进行试验。固定液固比为 6∶1，矿浆的 pH 值在 2～3，漂白剂用量 2%，添加次数为 3 次，漂白 20min，试验结果如图 5-8 所示。

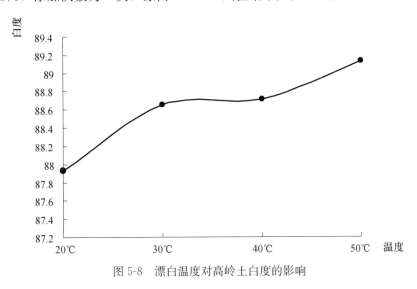

图 5-8　漂白温度对高岭土白度的影响

从图看出，温度对漂白也有明显影响，随着温度的升高，高岭土的白度提高，虽然较高温度可提高漂白剂在水溶剂中的反应速度，提高白度，但温度过高要消耗热能，同时药剂分解速度过快，造成浪费；温度过低，反应缓慢，生产能力下降。所以最好在 40℃左右进行。实际生产一般都在常温下进行。本次试验在常温下进行，试验时室温是 20℃左右。

5. 漂白剂添加次数对漂白效果的影响

研究漂白剂的添加次数对漂白效果的影响时，在试验中固定矿浆浓度、矿浆的 pH 值、漂白剂的用量、漂白温度和漂白时间，分别将漂白剂的用量分为 1 次、2 次、3 次和 4 次进行添加。固定液固比为 6∶1，矿浆的 pH 值在 2～3，漂白剂用量 2%，漂白温度为 20℃，漂白 20min，试验结果如图 5-9 所示。

由图看出定量的漂白剂 $Na_2S_2O_4$ 在添加次数增加的情况下，高岭土白度的提高是比较明显的。因为 $Na_2S_2O_4$ 在溶液中分解速度较快，尤其在高温和酸性条件下，一次添加 $Na_2S_2O_4$ 因受还原反应速度的限制，部分漂白剂来不及反应而分解失效，导致 $Na_2S_2O_4$ 利用率下降。分批添加较好地解决了上述问题。试验表明，分次添加（用量相同时）漂白剂，可

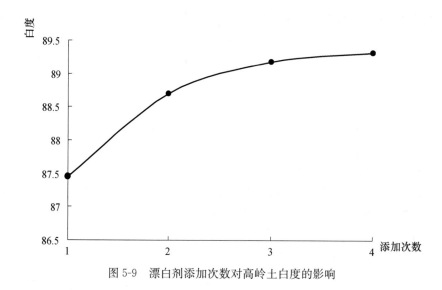

图 5-9　漂白剂添加次数对高岭土白度的影响

显著改善利用率，提高漂白产品指标。一次和六次添加相比较，白度可提高 3～4 度。

6. 漂白时间对漂白效果的影响

研究漂白时间对漂白效果的影响时，在试验中固定矿浆浓度、矿浆的 pH 值、漂白剂的用量、漂白温度和漂白剂的添加次数，分别将漂白时间控制在 10min、20min、30min 和 40min。固定液固比为 6：1，矿浆的 pH 值在 2～3，漂白剂用量 2%，漂白温度为 20℃，漂白剂添加次数为 3 次。试验结果如图 5-10 所示。

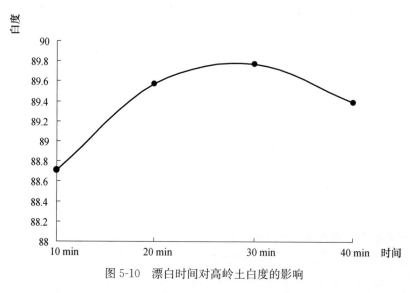

图 5-10　漂白时间对高岭土白度的影响

从图可以看出漂白时间并不是越久越好，在 20～30min 时白度上升趋势已经变缓，30min 后白度略有下降，原因是一部分被还原的铁重新被空气氧化。漂白的化学反应十分迅速，即使有过剩的药剂，也会很快分解掉，延长漂白时间提高白度十分缓慢。因此漂白时间既不能过长，也不能太短，时间过长既浪费药剂，又降低了高岭土的白度，因为空气中的氧会导致 Fe^{2+} 氧化成 Fe^{3+}；时间过短，白度达不到要求。试验室一般在 30min 内即可完成反应，效果最佳时间为 20～30min。实际生产中漂白时间视条件而定，工业生产一般在 1～2h 内漂白，此时白度改善较大，2h 以后就无明显效果。

7. 添加剂种类对漂白的影响

添加剂主要包括分散剂、缓冲剂及螯合剂等，通常所使用的添加剂大多同时具备这些功能，但不同的添加剂对该漂白过程的作用不同。

分散剂是使促使物料颗粒均匀分散于介质中，形成稳定悬浮体的药剂。分散剂能降低分散体系中固体或液体粒子聚集的物质，同时也能防止固体颗粒的沉降和凝聚，形成稳定的悬浮液，保持分散体系的相对稳定。六偏磷酸钠是高岭土漂白常用的分散剂，其作用是使矿浆充分分散而不产生团聚，并且可降低黏度。

螯合剂能与多种多价金属离子在相当广的 pH 值范围内发生螯合作用，形成较稳定的水溶性络合物，增加漂白液分散性的效果，从而防止金属离子在漂白过程中引起的反应沉淀结垢、漂白剂无效分解等不良后果，螯合剂对 Fe^{3+} 离子有极强的捕捉能力和分散效果，故加入螯合剂可以提高矿浆白度，减轻返黄问题，可以降低金属离子对连二亚硫酸盐漂白的影响。最有效的螯合剂有胺基羧酸盐，例如乙二胺四醋酸二钠或四钠（EDTA），二乙撑胺五醋酸五钠（DTPA），其他有氮川三醋酸（NTA）、三聚磷酸钠（STP）和柠檬酸盐。磷酸盐与柠檬酸盐具有螯合及缓冲剂的用作。加入螯合剂的连二亚硫酸盐漂白，可使白度提高 2～4 单位。

各地高岭土影响白度的杂质矿物和因素各不相同，因此不同产地的高岭土必须根据其特性，采取不同的选矿和漂白工艺。同样，添加剂的选择也是至关重要的，也会影响到漂白效果。本次试验采用的添加剂是六偏磷酸钠，要确定添加剂六偏磷酸钠对高岭土漂白效果的影响，首先需要对无添加剂和有添加剂的漂白结果进行白度的比较，然后确定适合该高岭土试样的漂白方法。本次试验采用的试样是湛江工业未漂白的高岭土，固定液固比为 6∶1，矿浆的 pH 值在 2～3，漂白剂用量 2%，漂白温度为室温 20℃，漂白剂添加次数为 3 次，漂白时间为 30min；添加剂为六偏磷酸钠，用量为高岭土粉重量的 3‰。试验结果见表 5-6。

表 5-6　漂白试验白度测试结果

样号	原始白度（%）	无添加剂（%）	六偏磷酸钠 3‰（%）
1 号	80.4	84.2	82
2 号	81.2	85.1	83
3 号	80.7	83	82.6

根据以上测试数据，可以确定漂白后高岭土的白度都有所提高，但在有添加剂六偏磷酸钠的情况下，白度略有下降。试验证明不添加六偏磷酸钠的漂白条件比较适合湛江高岭土的漂白。利用这个条件，漂白的样品比湛江现在生产的产品白度高 3～4 个点。

第三节　漂白高岭土返黄机理及处理方法研究

漂白是提高风化型高岭土白度的有效途径之一，但是漂白高岭土干燥后，随着产品中还原剂的不断损失，产品会慢慢变黄，即返黄问题。

对于产品返黄问题，20 世纪 70 年代美国曾有专利介绍了添加磷酸盐可避免返黄，具体方法即是：先加连二亚硫酸钠进行还原漂白，过一定时间后，加入磷酸盐。经验证，漂白后的产品能够达到"永久性"漂白。这种还原剂性质极不稳定，受热、受潮或敞露于空气中都能发生分解。在漂白过程中有相当量的 $Na_2S_2O_4$ 消耗在自身的分解反应中，造成了严重的资源浪费。

但是，在漂白实践中发现，加入磷酸盐以后，漂白高岭土的白度一般要损失 $1\%\sim2\%$，因此需要找出一种新的解决返黄问题的方法。

基于以上种种原因，根据现有的漂白技术，我们考虑在化学方法漂白后，利用物理的方法除去部分铁或加入其他化学药剂，使其转化成更稳定的铁矿物，即在不影响高岭土本身性能和白度的前提下，解决产品返黄问题。

一、漂白高岭土返黄机理

漂白高岭土干燥后，产品会慢慢变黄，白度下降，漂白效果不好的原因主要有两个方面：

原因之一是因为保险粉是强还原剂，在空气中易被氧化而分解，从而降低了保险粉的还原能力，使其白度下降。此外在漂白的过程中过多的 $Na_2S_2O_4$ 来不及与 Fe_2O_3 反应，自身发生歧化反应生成单质 S 混入产品中。反应如下：

$$2[S_2O_4{}^{2-}]+4H^+ \Longrightarrow 3SO_2+S+2H_2O$$

$$3[S_2O_4{}^{2-}]+6H^+ \Longrightarrow 5SO_2+H_2S+H_2O$$

SO_2 与 H_2S 进一步反应生成单质 S：

$$2H_2S+SO_2 \Longrightarrow 3S+2H_2O$$

保险粉的这些副反应，既浪费了药剂，又影响产品质量。

原因之二是由于连二亚硫酸钠还原漂白产品的白度不稳定，随着产品中还原剂的不断损失，漂白后不能得到及时洗涤的高岭土中的 Fe^{2+} 就会重新被空气氧化成 Fe^{3+}，从而造成产品返黄。反应如下：

$$12FeSO_4+3O_2+6H_2O \Longrightarrow 4Fe_2(SO_4)_3+4Fe(OH)_3$$

由于 Fe^{2+} 在空气中不稳定，所以 Fe^{2+} 在矿浆中冲洗的彻底性会严重影响高岭土的漂白效果。

二、漂白高岭土返黄处理方法研究

漂白高岭土返黄是由于保险粉和 Fe^{2+} 在空气中的不稳定性引起的，根据这两方面原因，我们分别研究了不同的解决途径。

1. 保持保险粉稳定性的研究

保险粉在空气中的不稳定性是因为其是强还原剂，在空气中易被氧化而分解成亚硫酸氢钠和硫酸氢钠，保险粉遇水分解，放出二氧化硫及大量的热，故遇水易燃，在水溶液中不稳定，水解可产生新生态氢，通常在碱性介质中较在中性介质中稳定。因此在漂白的过程中这种不稳定性就降低了保险粉的还原能力，使其白度下降，此外在漂白的过程中过多的 $Na_2S_2O_4$ 来不及与 Fe_2O_3 反应，自身发生歧化反应生成单质 S 混入产品中。对于解决保险粉的稳定性我们采取两种途径：

（1）硼氢化钠漂白法。实际上是在漂白过程中通过硼氢化钠与其他药剂反应生成连二亚硫酸钠来进行漂白的方法。反应式如下：

$$NaBH_4 + 9NaOH + 9SO_2 = 4Na_2S_2O_4 + NaBO_2 + NaHSO_3 + 6H_2O$$

本质：仍是连二亚硫酸钠在起还原漂白作用。

特点：在 pH＝6～7 时，生成的最大量的连二亚硫酸钠十分稳定，在随后的 pH 值降低时，连二亚硫酸钠与矿浆中的氧化铁立即反应，得到及时利用，从而避免了连二亚硫酸钠的分解损失。

（2）亚硫酸盐电解漂白法。这是一种在生产过程中产生连二亚硫酸盐进行还原漂白的方法。在含有亚硫酸盐的高岭土矿浆中，通以直流电，使溶液中的亚硫酸电解还原生成连二亚硫酸，并及时与 Fe^{3+} 反应使其还原为可溶性 Fe^{2+}，从而达到漂白目的。

2. 二价铁离子稳定条件研究

高岭土漂白后如果不能得到及时洗涤，就会造成产品返黄，原因是矿浆中残留的 Fe^{2+} 重新被空气氧化成 Fe^{3+}，从而影响了漂白效果。为了避免 Fe^{2+} 被空气氧化为 Fe^{3+}，我们提出了固铁研究。所谓的固铁就是将不稳定的 Fe^{2+} 转变为性质比较稳定的并且利于洗涤过滤掉的铁矿物的形式。针对固铁我们采取四种途径：

（1）还原-络合漂白法

还原-络合漂白法，即在还原漂白的过程中加入络合剂，使还原后的二价铁离子与络合剂形成可溶性的稳定络合物，从而不再容易被氧化，在过滤洗涤时随溶液排出。关于还原-络合漂白法，前苏联采用添加磷酸和聚乙烯醇来提高产品的稳定性；美国则在漂白后添加羟胺或羟胺盐来防止二价铁再氧化；我国学者用草酸、柠檬酸、聚磷酸盐和乙二胺醋酸盐等提高漂白效果和产品稳定性，均有一定成效。

络合药剂有磷酸、聚乙烯醇、羟胺或羟胺盐、草酸、柠檬酸、聚磷酸盐和乙二胺醋酸盐等，但常用的是草酸和乙二胺四乙酸（EDTA）。

"连二亚硫酸钠-草酸"的化学漂白方法，用草酸代替其他酸，可使产品保持长期不返黄，这是因为铁与草酸根生成可溶性配合物，其化学稳定性好，不会再被氧化，这是用其他酸所不能比拟的。在漂白过程中添加适量的草酸，草酸分子除了与金属离子成螯的羟基外，还有亲水基团和羰基，与铁离子作用时形成无色含水的双草酸络铁螯合离子，该螯合离子是水溶性的，在高岭土除铁漂白后随滤液排除。

乙二胺四乙酸（EDTA）作为络合剂对漂白高岭土的抑制返黄问题也起了很积极的作用。首先加入乙二胺四乙酸（EDTA）络合剂破坏"工"字型结构。高岭石矿物是由铝氧或氢氧八面体和硅氧四面体组成的六角板状晶片，在高岭石结构中容易发生 Al^{3+} 脱离 $Al(OH)_3$ 层，或 Si^{4+} 脱离 SiO_2 层，而在板状颗粒的面上产生负电荷，在板状颗粒的端部，通过调节 pH 值，改变 Al^{3+} 或 OH^- 的排列，可使板状颗粒带正电荷、负电荷或呈中性。当 pH 值小于 7 时，板状颗粒的面上带负电，周围带正电，由于正负电荷的吸引力，使板状颗粒互凝成"工"字型结构，如图 5-11 所示。

加入乙二胺四乙酸（EDTA）络合剂，使酸根吸附于高岭石晶片带正电性的边缘，形成负电性边缘，晶片端面电性由正变负。晶片面、端均为负电性，晶片之间互相排斥，在水介质中形成低黏、高分散性的稳定胶体悬浮液。同时使夹在"工"字型结构间的杂质分离出来，有利于去除。调高岭土矿浆的 pH 值为 2～4，加入 1%～3% 的络合剂（EDTA），加磷酸溶液促进分散效果，常温下浸泡 3h，不断搅拌使其充分反应，然后用水冲洗，烘

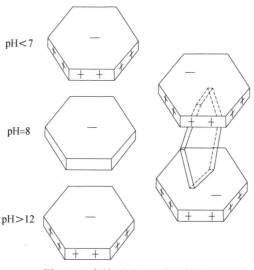

图 5-11　高岭石"工"字型结构

干后白度可大幅度提高。

加入乙二胺四乙酸（EDTA）络合剂除铁效果好的原因，首先，EDTA 是一种络合能力强、形成的络合物相当稳定的无色络合剂，其分子式为 $C_{10}H_{16}N_2O_8$，其化学结构式为：

$$HO_2C-CH_2 \diagdown \qquad\qquad \diagup CH_2-HO_2C$$
$$\qquad\qquad N-CH-CH_2N$$
$$HO_2C-CH_2 \diagup \qquad\qquad \diagdown CH_2-HO_2C$$

在实际应用中，为了书写方便，常以 H_2Y^{2-} 代表 EDTA。EDTA 可溶于水，与金属离子有很强的络合能力。一般情况下，不论金属是二价、三价或四价，EDTA 与金属离子都以 1∶1 的比例形成易溶于水的络合物，EDTA 与高岭土粉中的铁的反应式如下：

$$Fe^{2+} + H_2Y^{2-} \longrightarrow FeY^{2-} + 2H^+$$
$$Fe^{3+} + H_2Y^{2-} \longrightarrow FeY^- + 2H^+$$

为了使反应向右进行，可适当增大 EDTA 浓度或增大 pH 值。其次，在高岭土浆中加入磷酸和磷酸盐，不仅破坏了高岭土互凝的"工"字型结构，使高岭土颗粒分散，解离出杂质，而且磷酸盐能与 Fe^{3+} 生成稳定的络合物而除去部分铁。

影响络合除铁的因素，首先是 pH 值的影响，按照上述高岭土粉中的铁与 EDTA 的反应式，要使反应向右进行应在碱性溶液中进行：

$$H^+ + OH^- \Longrightarrow H_2O$$

即 pH 值越大，络合反应越完全。但铁在高岭土中的存在形式是碱性氧化物，需先溶于酸，才能以离子的形式与 EDTA 络合，且当 pH 值大于 9 时，易形成难溶的 $Fe(OH)_3$，故用 EDTA 络合除铁只能在酸性条件下进行，反应不利于向右进行。另外，酸度大对溶解碱性氧化物，使 Fe_2O_3 转化成 Fe^{3+} 有利，但酸度太大，越过 EDTA 与 Fe^{3+} 络合的最高酸度时，EDTA 就不能与 Fe^{3+} 反应，如图 5-12 所示，当 pH 值小于 1.2 时，Fe^{3+} 就不能与 EDTA 络合，当 pH 值大于 4.3 时，高岭土中的铝也能与 EDTA 络合，使铝损失，为此我们选定络合除铁时的 pH 值为 2~4 比较适宜，能除去高岭土中的大部分铁。

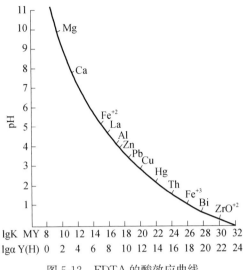

图 5-12 EDTA 的酸效应曲线

其次是铁赋存形式的影响，以类质同相形式进入高岭石晶格中的铁，难以从晶格中脱离出来，也难以与 EDTA 络合。

络合剂不仅能有效地调节漂白后矿浆的浓度，更重要的是对二价铁离子的络合作用，使最终产品不会出现返黄现象，运到永久漂白的目的。

（2）酸溶氢气还原法

酸溶氢气还原法，首先用酸将高岭土中的三价铁的氧化物转化到溶液中，再由酸与活泼金属作用所产生的氢气将三价铁离子还原成可溶于水的二价铁离子，而后过滤除去。

酸起的作用：一是作溶剂将高岭土中三价铁的氧化物转化到溶液中，反应式如下：

$$Fe_2O_3 + 6HCl =\!=\!= 2FeCl_3 + 3H_2O$$

二是与活泼金属发生转换反应生成氢气，作为还原剂，反应式如下：

$$Zn + 2HCl =\!=\!= ZnCl_2 + H_2\uparrow$$

反应中产生的氢气可将溶液中的三价铁离子还原成易溶于水的二价铁离子，反应式如下：

$$2Fe^{3+} + H_2 =\!=\!= 2Fe^{2+} + 2H^+$$

氢气还可能直接与未被酸溶解的 Fe_2O_3 发生反应，反应式如下：

$$Fe_2O_3 + 3H_2 =\!=\!= 2Fe + 3H_2O$$

生成的铁粉与三价铁离子直接反应，生成二价铁离子，反应式如下：

$$Fe^{3+} + Fe =\!=\!= 2Fe^{2+}$$

酸溶氢气还原法的除铁率明显高于传统的漂白方法，溶铝率小于 1％，比单纯酸浸法节约 0.5h，反应温度降低 30℃，具有广阔的应用前景。

（3）硫酸铵（NH_4）$_2SO_4$ 作用

高岭土用稀硫酸调酸度进行漂白后，不能得到及时洗涤的 Fe^{2+} 就会残留在高岭土中，以 $FeSO_4$ 形式存在，高岭土烘干后 $FeSO_4$ 从溶液中析出时带七个分子的水 $FeSO_4 \cdot 7H_2O$，称为绿矾，其容易被氧化成黄色碱式硫酸盐 $Fe(OH)SO_4$，故使高岭土产生了返黄问题，主要反应式如下：

$$Fe_2O_3 + H_2SO_4 + H_2S_2O_6 \longrightarrow FeSO_4 \cdot 7H_2O$$
$$FeSO_4 \cdot 7H_2O + O_2 \longrightarrow Fe(OH)SO_4$$

要抑制高岭土返黄，就要维持 Fe^{2+} 的稳定性，$FeSO_4 \cdot 7H_2O$ 和 $(NH_4)_2SO_4$ 形成的盐硫酸亚铁胺（摩尔式盐）$(NH_4)_2SO_4 \cdot FeSO_4 \cdot 6H_2O$ 就相对稳定了，为浅绿色，对高岭土的白度影响不大。所以我们在烘干高岭土时加适量的 $(NH_4)_2SO_4$ 可以有效地抑制返黄问题，但不足之处在于铁并未从高岭土中除去，而是以一种相对稳定且不影响白度的方式存在，用该固铁方法处理过的产品只适用于对白度要求高而对铁含量不限制的加工业中。

（4）碳酸钠 Na_2CO_3 的作用

高岭土漂白后，不能得到及时洗涤的 Fe^{2+} 就会残留在高岭土中，以 $FeCl_2$ 或 $FeSO_4$ 形式存在，Fe^{2+} 不稳定，容易被空气重新氧化为 Fe^{3+} 而使高岭土产生返黄问题，因此漂白后在矿浆中加入适量 Na_2CO_3，可以转化铁的存在形式为白色沉淀 $FeCO_3$，反应式如下：

$$FeCl_2 + Na_2CO_3 \longrightarrow FeCO_3 \downarrow + 2NaCl$$
$$FeSO_4 + Na_2CO_3 \longrightarrow FeCO_3 \downarrow + 2Na_2SO_4$$

$FeCO_3$ 不溶于水，但能溶于含 CO_2 的水中，形成酸式碳酸亚铁 $Fe(HCO_3)_2$。

$$FeCO_3 + CO_2 + H_2O \Longrightarrow Fe(HCO_3)_2$$

但 $Fe(HCO_3)_2$ 不稳定，会逐渐放出 CO_2，重新沉淀为 $FeCO_3$。因此漂白后加入 Na_2CO_3 中和，会提高白度，抑制返黄。但弊端同硫酸铵固铁一样，铁并未从高岭土除去，而是以一种相对稳定且不影响白度的方式存在，用该固铁方法处理过的产品只适用于对白度要求高而对铁含量不限制的加工业中。

3. 漂洗与脱水条件

由以上可见，保险粉还原法对条件要求非常苛刻，要想实现工业化生产，必须严格控制酸度和漂白温度，此外如何使产品尽快、充分地得到洗涤也是抑制漂白高岭土返黄的关键因素。

无论采取的是哪种工艺，漂白和固铁也只是完成了增白的第一步，另一关键工艺环节，就是漂洗和脱水。漂洗与脱水对高岭土除铁增白效果也有很大的影响。反应完毕后，立即冲洗可及时脱除可溶性二价铁，有利用除去杂质，以免产生"返黄"问题，否则就会因高岭石表面的吸附作用而使产品返黄，此环节质量完成的好坏，直接影响最终增白效果。

漂洗和脱水的作用为：首先，将浆液中二价铁离子和阴离子、络合离子的大部分通过漂洗除去；其次，将残留在浆液中的二价铁离子和阴离子、络合离子用过滤的方法除去。

为确保产品不返黄，漂白后的矿浆要立即进行清洗，并且用热水冲洗可增加杂质元素的溶解度，对除去杂质有利，并可以降低物料的含水率，有利于洗净杂质元素的水溶物。在过滤时将矿浆加入 5～10 倍的清水稀释，加清水滤洗 2～3 次，可使试样基本保持中性。

第四节　赤铁矿-磁铁矿转化条件研究

影响南方风化型高岭土白度的染色杂质，主要是铁和钛矿物，铁和钛多以赤铁矿、针铁矿、褐铁矿、锐钛矿、及钛铁矿等矿物形态存在。

现今，风化型高岭土除铁增白广泛采用的方法是化学漂白，该方法成本高，污染环境。本节的研究思路是把铁的氧化物转化成高磁性的磁铁矿，用磁选的方法将其除去，然后再固液分离，固体烘干后成为低铁的高岭土产品，而含有药剂的液体返回上一流程重复利用，该方法不仅可以彻底除去高岭土中的铁，彻底解决返黄问题，而且不排污水，没有环境污染。该方法的核心技术就是赤铁矿转化成磁铁矿或磁赤铁矿的转化条件。该方法的研究刚刚起步，我们把基本思路告知读者，期望起到抛砖引玉的作用，以促进该技术的发展，为我国南方风化型高岭土的加工利用和环境保护出份力。

一、磁选除铁的研究背景

高岭土的白度是衡量高岭土优劣最重要的指标，而铁含量是影响白度的关键因素，风化型高岭土中含有少量的铁矿物（一般为 $0.5\% \sim 1.5\%$），主要以铁的氧化物形式存在，所以除铁和漂白是风化型高岭土加工的重要内容之一。

南方风化型高岭土的增白方法通常利用还原漂白剂（连二亚硫酸钠）将染色的 Fe^{3+} 还原成可溶性的 Fe^{2+}，但漂白以后多数铁仍然遗留在高岭土中，不能满足特殊用途对铁含量的要求，干燥后往往会产生返黄问题。此外其成本高，而且漂白处理的废水中含有一定数量的铁，不能重复利用，排放后对环境造成比较大的污染。其他常用的漂白方法有高梯度磁选、细粒浮选、选择性絮凝等，但细粒浮选、选择性絮凝效果不好，基于以上几种方法的不足，所以人们把注意力集中在了磁法选矿上。

磁选是利用矿物的磁性差别而在磁场中分离矿物颗粒的一种方法，其成本低，对环境影响小。对磁铁矿和钛铁矿等高磁性矿物或加工过程中混入的铁屑等较为有效的方法就是通过磁选除去，但是南方风化型高岭土中的染色杂质主要是赤铁矿，属于弱磁性矿物，磁选效果不好，无法满足工业要求。我们抽取两组试样进行高梯度磁选，结果见表5-7。

表 5-7　湛江高岭土化学成分特征

样号	样品性质	磁选方式	样品重量（g）	选取率（%）	Fe_2O_3含量（%）	Fe_2O_3平均含量（%）	除铁率（%）
4-1	湛江工业未漂白土	大流速精矿	314	87.95	0.72	0.82	12.2
4-2		大流速尾矿	43		1.32		—
4-3		中流速精矿	267	84.22	0.75		8.5
4-4		中流速尾矿	50		1.32		—
5-1	湛江工业漂白土	大流速精矿	220	90.16	0.82	0.94	12.8
5-2		大流速尾矿	24		1.63		—
5-3		中流速精矿	134	44.37	0.88		6.4
5-4		中流速尾矿	168		1.04		—

从以上数据可以看出：大流速和中流速的磁选效果差别不大；未漂白土和漂白土的磁选效果差别不大。为了提高磁选效果，人们在提高磁选设备的磁场强度方面做了大量的工作，但是，用当今磁场强度最大的高梯度磁选机，对风化型高岭土中铁的去除率也只有 20% 左右，并且能耗很高。

目前除去弱磁性矿物采用的方法就是采用高梯度强磁场磁选法，但设备投资高、耗电大。鉴于上述情况，我们从另一个角度考虑磁选问题——提高目标矿物的磁性。如果我们能够把赤铁矿或褐铁矿转化成磁铁矿，就能使其本身的磁性大大提高，那么利用现有的磁选设备一定能大量地除去铁矿物，达到除铁漂白的目的。

将弱磁性的赤铁矿或褐铁矿转化成磁铁矿的一种方法可以先焙烧，待其转变成强磁性氧化铁后再进行磁选分离，但该方法不适应于非煅烧高岭土的除铁。根据南方风化型高岭土的漂白工艺我们可以考虑在化学漂白的同时，在矿浆中使高岭土中的铁转变成磁性比较强的磁铁矿，用强磁场将其除去。该方法是创造一个赤铁矿向磁铁矿转化的条件（环境），在转化结束后利用磁选的方法把磁铁矿除掉，所以创造转化环境的化学溶液可以重复利用，达到不排放废水、对环境不产生污染的目的。

二、磁选除铁的试验设计

高岭土的磁选除铁试验主要包括四个部分：

（1）磁铁矿的试验室条件制备

根据已有的矿物学和结晶化学理论研究磁铁矿存在的环境特征，结合试验室制备磁铁矿 Fe_3O_4 的资料，初步进行磁铁矿制备试验，确定最有利于转化成磁铁矿的铁的存在形式，确定磁铁矿生成的物理化学条件，并初步探索工业化制备磁铁矿的方法。

（2）高岭土中的铁的赋存状态的研究

用X射线衍射（简称XRD）分析和光谱半定量测试，分析该风化型高岭土的矿物化学成分，确定高岭土试样和漂白后试样中铁的赋存状态，并测试高岭土试样和漂白后试样中的铁含量，根据试验室生成 Fe_3O_4 的环境条件，找出利于磁铁矿形成的铁存在形式，选择合适的试样进行试验研究。

（3）高岭土中的赤铁矿转化成磁铁矿的条件

根据制备磁铁矿的试验室条件将高岭土中的铁的赋存状态转变为利于磁铁矿转化的形式测试，找到两者结合的最佳途径，使高岭土中的铁尽可能多地转变成磁铁矿，最终确定最佳转化条件。

（4）结合实际情况，把磁铁矿转化和磁选除铁过程纳入整个水洗高岭土生产工艺中，实现除铁新技术与传统生产工艺的完美结合。

三、磁铁矿的制备

具有铁磁性的铁矿物包括铁、四氧化三铁和 γ 型的氧化铁，天然磁铁矿的主要成分是四氧化三铁的晶体。四氧化三铁是一种重要的常见铁的化合物，化学式 Fe_3O_4，呈黑色或灰蓝色，密度 $5.18g/cm^3$，熔点 $1594℃$，硬度很大，具有磁性，又叫磁性氧化铁。四氧化三铁不溶于水和碱溶液，也不溶于乙醇、乙醚等有机溶剂，但能溶于盐酸，天然的 Fe_3O_4 不溶于盐酸。

四氧化三铁是一种铁酸盐，即 $Fe^{2+}Fe^{3+}[Fe^{3+}O_4]$。在 Fe_3O_4 里，铁显两种价态，一个铁原子显+2价，两个铁原子显+3价，所以说四氧化三铁可看成是由 FeO 与 Fe_2O_3 组成的化合物，可表示为 $FeO·Fe_2O_3$，但不能说是 FeO 与 Fe_2O_3 组成的混合物，它不是氧化亚铁与氧化铁的简单混合物，而是一种铁酸盐，属纯净物。目前四氧化三铁的生成途径有以下几种：铁丝在氧气里燃烧；铁跟高温的水蒸气发生置换反应；铁跟空气里的氧气起反应；FeO 的部分氧化和将 Fe_2O_3 加热到 $1400℃$ 以上。

目前试验室将弱磁性的铁矿物转化成强磁性的铁矿物有两种方法，其一是可以将弱磁性的铁矿物焙烧到一定温度，然后采用特定的方式冷却；其二是将含有铁离子的溶液进行化学合成。

1. 弱磁性铁矿的磁化-焙烧

目前选除弱磁性铁矿物常用的方法是，先将弱磁性铁矿物经过焙烧转变为强磁性矿物（该过程称为磁化-焙烧），然后再通过磁选将其与其他矿物分离。赤铁矿是最常见选除的弱磁性矿物，在选除赤铁矿的时候通常用煤粉作为还原剂，将赤铁矿与煤粉混合后，放入马弗炉中进行还原焙烧。磁化-焙烧整个还原过程中发生的高温反应非常的复杂，发生的化学反应主要有碳的气化反应和 Fe_2O_3 的还原反应：

$$C + CO_2 = 2CO$$
$$3Fe_2O_3 + CO = 2Fe_3O_4 + CO_2$$

整个反应分为 3 个阶段：一是反应气体扩散到矿石表面并被吸附；二是被吸附的还原气体和矿石中的氧原子相互作用进行化学反应；三是反应生成的气体产物脱离矿石表面沿相反的方向扩散到气相中。在焙烧过程中还原反应围绕铁氧化物的颗粒逐步向内进行，因此必须有充足合理的反应时间。

在还原过程中氧化铁的还原反应不是 C-氧化铁的固-固反应，因为固-固直接反应是一个非常缓慢的反应过程，其主要反应是 CO-氧化铁之间的气-固反应。Fe_2O_3 的还原反应所需的平衡成分 CO 的浓度值很低，并随温度的升高略有增高，为放热反应。随着温度的升高，CO 浓度的增多，使 Fe_3O_4 还原反应发生，反应式：

$$Fe_3O_4 + CO = 3FeO + CO_2$$

FeO 的生成致使磁选时精矿的各项指标（回收率和精矿品位）开始下降，所以控制矿碳比是至关重要的因素。

影响磁选后精矿各项指标的其他因素还有原矿的矿物化学成分、焙烧粒度、焙烧还原温度、保温时间、焙烧后的磨矿细度、磁场强度和磁选次数等。

在工业生产中，赤铁矿的磁化-焙烧的矿碳比一般在 100∶5～100∶10，磁化-焙烧的还原温度下限是 450℃，上限是 980℃，如果采用固体还原剂，还原温度为 800～900℃，磁选时的场强为 0.1～0.3T。对于弱磁性铁矿的磁化-焙烧，试验所要求的矿碳比、焙烧还原温度、焙烧粒度、保温时间、焙烧后的磨矿细度、磁场强度和磁选次数这些最佳参数还是要根据原矿的矿物化学成分、还原剂即碳的成分等条件来确定。

2. 强磁性铁矿的化学合成

自然界铁矿物种类繁多，目前已发现的铁矿物和含铁矿物约三百余种，其中常见的有一百七十余种，但在当前技术条件下，具有工业利用价值的主要是磁铁矿、赤铁矿、钛铁矿、褐铁矿和菱铁矿等，根据图 5-13 可以看出各种铁化合物的存在对化学环境的 Eh 和 pH 要求。

由图可以看出，只有当 pH<8 时，自然硫才可能与黄铁矿 FeS_2 稳定共存；pH=12（这种自然条件很少见到）时，从地表的氧化环境（Eh 值较高）到地下的还原环境（Eh 值较低），矿物的稳定分布顺序是赤铁矿 Fe_2O_3—磁铁矿 Fe_3O_4—黄铁矿 FeS_2—磁黄铁矿 FeS；当 pH 在 8～10 之间时，从地表到地下的顺序则是赤铁矿 Fe_2O_3—黄铁矿 FeS_2。

从矿物稳定存在的氧化还原条件（Eh 范围）来说，磁铁矿和磁黄铁矿处于较强的还

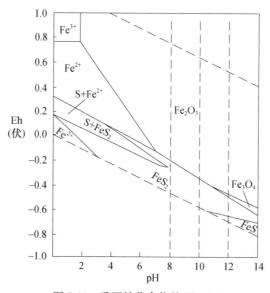

图 5-13　重要铁化合物的 Eh-pH

25℃、1 大气压、$[\sum S] = 10\text{-}1M$、$[\sum Fe] = 10\text{-}6M$

原性环境，尤其是磁黄铁矿更是如此。图中赤铁矿所占区域很广，它是氧化环境中最可能稳定存在的铁矿形式。磁铁矿的存在条件要求 pH 在 12～14，Eh 在 -0.5 左右。

制备磁性四氧化三铁的方法很多，如沉淀法、氧化还原法以及采用高温煅烧、火焰分解、激光热分解等方法合成，但是这些方法很难完全控制 Fe^{2+} 的氧化，即 Fe^{2+} 的氧化过程及比例，容易生成杂相；超声波辅助水热合成方法制备 Fe_3O_4 为超顺磁性；满足不了磁选需要。

根据磁铁矿四氧化三铁存在的化学条件，目前有三种方法可以将弱磁性铁化合物在溶液里通过化学合成法转变为强磁性矿物：一是将稀碱溶液滴加到三价铁盐和二价铁盐的摩尔比为 2:1 的混合液中，水解生成 Fe_3O_4 纳米晶体；二是采用化学氧化法，Taw aura 等人在高温、N_2 气保护下的中性环境中，空气氧化 $FeSO_4$ 伴随加碱的进行，但该法伴有微量副产物 $\alpha\text{-}FeOOH$ 和 $\gamma\text{-}FeOOH$ 的存在；三是孟哲等人采用的氧气诱导、空气氧化 $Fe(OH)_2$ 悬浮液法，该法在常温和 pH=10 左右的环境中成功地制备出了磁性强的 Fe_3O_4 超细粉体。

本次试验在常温 20℃取 12g $FeSO_4$，将其溶于 250mL 配有磁力搅拌的反应器中，用 NaOH 调溶液的 pH 值为 8.6，在空气中搅拌，由于空气的氧化，使得溶液 pH 值慢慢升高，反应液由浅绿色迅速变为墨绿色的黏稠液绿绣，此时需要用外加 NaOH 来维持体系的 pH 在 9～10，随着黏稠度的降低，墨绿色的绿绣慢慢地转化为黑色的悬浮液，反应时间约 1h，此时过磁选机会有黑色固体小颗粒吸附在磁铁上。试验条件比较简单，利于该项技术在工业上应用发展。

四、高岭土中铁的赋存状态

根据铁、钛物相分析，该风化型高岭土中铁的赋存状态有两种，即结构铁和游离铁。结构铁存在于高岭石晶格中，以 Fe^{3+} 置换八面体中的 Al^{3+}，分为处于斜方晶场对称的结构铁 I 和处于更高晶场对称的结构铁 E。结构铁含量（Fe_2O_3）0.081%～0.122%，其中，

I 铁含量 0.031%～0.055%，E 铁含量 0.050%～0.067%。I 铁和 E 铁含量均与高岭石结晶度指数呈密切负相关，而 E 铁和 I 铁含量比值与高岭石结晶度指数呈正相关。游离铁以杂质形式存在，含量（Fe_2O_3）0.467%～0.648%，主要为赤铁矿、褐铁矿和针铁矿，所以采用化学漂白最经济、有效，也被广泛采用。但是为了满足高附加值产品的需要，使高岭土中的铁转变成磁性比较强的磁铁矿，然后利用强磁场将其除去是最好的发展方向。

五、高岭土中铁的转化方法研究

引起高岭土白度降低的主要因素是杂质，依据杂质产出状态和性质可大致分成三类：第一类是和高岭石一起沉积的有机质，称作有机碳。第二类染色杂质是色素元素，如 Fe、Ti、V、Cr、Cu、Mn 等。一般情况下，高岭土中的 V、Cr、Cu 和 Mn 等元素含量甚微，对白度影响不大，Fe 和 Ti 是高岭土的主要染色元素。第三类染色杂质是暗色矿物，如黑云母、绿泥石等。暗色矿物在高岭土呈色中占据次要地位，因此，影响高岭土白度的主要因素是有机炭质、铁和钛。

磁化-焙烧可以将弱磁性铁矿物 Fe_2O_3 经过焙烧转变为强磁性矿物，然后再通过磁选将其与其他矿物分离，但该方法的缺点在于不适应于非煅烧高岭土的除铁。南方风化型高岭土中含有的有机质少，自然白度比较高，在造纸、涂料应用方面有先天条件，对于生产煅烧高岭土相对不占优势，所以用磁化-焙烧来除铁不能使其发挥自身的最大价值，而且这种除铁方式的成本对南方风化型高岭土不够经济，但磁化-焙烧为北方煤系高岭土生产的煅烧高岭土提供了一个新的除铁方向，因为北方煤系高岭土含有较高的碳和有机质含量，在生产煅烧土时，碳可以直接作为还原剂，节省成本。

南方大部分风化型高岭土具有粒度细、自然白度高、晶形为片状等优点，由于其特殊的成矿环境，有机质对其白度的影响甚微，铁、钛矿物成为影响高岭土白度的主要因素。高岭土中的铁多以赤铁矿形态存在，往往以下列矿物形式存在，即 $Fe_2O_3 \cdot nH_2O$、FeO、$FeCO_3$、$FeSO_4$、$Fe_2(SO_4)_3$、FeS_2、TiO_2（金红石、锐钛矿、板钛矿），所以采用化学漂白最经济、有效，也被广泛采用。风化型高岭土的化学漂白是利用还原剂连二亚硫酸钠将 Fe^{3+} 还原成可溶性的 Fe^{2+}，再通过洗涤作业将其除去。此漂白方法与我们在试验室用 $FeSO_4$ 制 Fe_3O_4 的条件是相符合的。试验室可以将矿浆中被还原的 Fe^{2+} 当作原料制备 Fe_3O_4，然后再通过磁选除去，但是具体的试验条件，如还原剂的用量、pH 值要求、加碱量、Fe_3O_4 的生成时间都需要根据原矿的矿物化学成分、含铁量等条件来确定。

利用化学漂白的方法，使高岭土中 Fe^{3+} 还原成可溶性的 Fe^{2+}，然后再根据 Fe_3O_4 的生成条件将其转变成磁性比较强的磁铁矿，最后利用强磁场将其除去，这种化学漂白与磁选相结合的工艺，是研究风化型高岭土除铁的新方向。该创新理论改进了传统的还原漂白法，可以进一步提高产品白度，防止返黄，且降低药剂消耗，改善了对环境的污染程度，是值得研究的除铁新思路。

参考文献

[1] 李凯琦，刘钦甫，许红亮. 煤系高岭土及深加工技术［M］. 北京：中国建材工业出版社. 2001：1-3.

［2］HAYDN Hm. Traditional and new applications for kaolin, smectite, and palygorskite: a general overview ［J］. Applied Clay Science, 2000, 17: 207-221.

［3］EUN Y L, KYUNG S C, HEE W R. Microbial refinement of kaolin by iron-reducing bacteria ［J］. Applied Clay Science, 2002, 22: 47-53.

［4］魏俊峰. 风化型和含煤建造沉积型高岭土的物质组成对比研究 ［J］. 华东地质学院学报. 2000. 23 (3): 184-187.

［5］潘春跃, 黄可龙, 唐有根, 等. 离心分离高岭土中铁、钛杂质 ［J］. 矿产综合利用, 1998 (4): 25-27.

［6］CAMESELLE C, RICARTm T, NUNEZm J, et al. Iron removal from kaolin: comparison between "insitu" and "two-stage" bioleaehing processes ［J］. Hydrometallurgy, 2003, 68: 97-105.

［7］HU Y, LIU X. Chemical composition and surface property of kaolins ［J］. Minerals Engineering, 2003, 16: 1279-1284.

［8］刘纯波. 湖南高岭土的资源类型及低质高岭土的开发利用研究 ［D］. 湖南: 中南大学. 2004.

［9］刘宇, 韩星霞, 曾玉凤. 高岭土增白技术研究 ［J］. 焦作工学院报, 1999, 18 (2): 145-149.

［10］于天仁. 土壤化学原理 ［M］. 北京: 科学出版社, 1987: 76-79.

［11］许霞, 郑水林. 我国煤系煅烧高岭土研究现状 ［J］. 中国非金属矿工业导刊, 2000 (5): 12-15.

［12］Meads R E, Malden P J. Electron spin resonance in natural kaolinites containing Fe (Ⅱ) and other transitionmetal ions ［J］. Clayminerals, 1975, (10): 313-345.

［13］Angel B R, Vicent W E J. Electron spin resonance studies of iron oxides associated with the surface of kaolins ［J］. Clays and Clayminerals, 1978, (26): 263-272.

［14］Fyshet S A, Clark P E. Amossbauet study of acid leached bauxite ［J］. Hydrometallurgy, 1983, (10): 285-303.

［15］Stone W E E, et al. Nuclesrmagnetic resonance spectroscopy applied tominerals ［J］. J Chen Soc Faraday Trans, 1988, (1): 117-132.

［16］陈大梅, 姜泽春, 蒋九余. 贵州高岭土的物质成分和热物理特性研究 ［J］. 高校地质学报. 2000, 6 (2): 298-305.

［17］KrishnanR S, Srinivasan R, Dvanuayanm S. Therrnal Expansion of Crystals ［M］. Pergarnon Press, Oxford, New York, 1979, 59-104.

［18］FanerV C. Infrared spectroscopy in clayminerals studies ［J］. Clayminerals, 1968, 7 (3): 373-387.

［19］韦利斯 M J. 高岭土的浮选 ［J］. 国外金属矿选矿, 2002 (4): 9-13.

［20］吴基球, 简秀梅, 李红敏, 等. 高岭土除铁增白技术的研究 ［J］. 中国陶瓷, 2006.42 (2): 46-48.

［21］张翠珍, 严春杰. 湖北兴山煤系高岭土增白研究 ［J］. 非金属矿, 2003.26 (2): 13-15.

［22］侯太鹏. 高岭土除铁、增白试验研究 ［J］. 非金属矿, 2001.4: 32-35.

［23］Veglio. F and Toro. L. Factorial experiments for the development of a kaolin bleaching process. Int. J. Micer. process 1993.39: 87-99.

［24］Conley. R. F Lloyd. M. K 1970. Improvement of iron bleaching in clay- optimizing processing parameters in sodium dithionite reduction. Ind. Eng. Chem. Proc. Des 1970. 9 (4): 595-601.

［25］刘洪萍, 阀煊兰. 高岭土选矿及深加工研究进展 ［J］. 矿冶工程, 2002 (8): 40-43.

［26］徐星佩. 高梯度磁分离技术在高岭土精制中的应用 ［J］. 矿冶工程, 2004 (8): 31-33.

［27］黄惠存, 莫桥. 广东省湛江市高岭土矿成矿地质特征 ［J］. 西部探矿工程 2005 (1): 70-71.

［28］杨晓杰, 陈开惠. 高岭土浸出除铁试验及铁、铝溶解动力学分析 ［J］. 煤炭加工与综合利用, 1997, (2): 30-32.

［29］Veglio. F. and Toro. L. Process development of kaolin bleaching usingcarbohydrates in acidmedia. Int. J. Miner. Process. 1994，41：239-255.

［30］徐莹. 造纸用黏土化学漂白方法的研究［J］. 中国非金属矿工业导刊，2003（1）：25-29.

［31］Veglio. F. Passariello，B. Toro. L，andmarabini，A. M. The development of a bleaching process for a kaolin of industrial interest by oxalic，ascorbic and sulphuric acid：a preliminary study using statistical-methods of experimental design，Ind. Eng. Chem. Res. 1996，35（5）：1680-1687.

［32］张乾，刘钦甫，吉雷波，等. 双氧水和次氯酸钠联合氧化漂白高岭土工艺研究［J］. 非金属矿，2006，29（4）：36-38.

［33］孙宝岐. 高岭土的化学漂白提纯［J］. 江苏陶瓷，1994，64（1）：2-7.

［34］简秀梅. 高岭土除铁增白技术的研究［D］. 广东：华南理工大学. 2004.

［35］刘大顺，喻俊芳. 水质分析化学［M］. 武汉：华中理工大学出版社. 1990.68-77.

［36］沈慧庭，周波，黄晓毅，等. 难选鲕状赤铁矿焙烧-磁选和直接还原工艺的探讨［J］. 矿冶工程，2008，28（5）：30-34.

［37］张洪恩. 红铁矿选矿［M］. 北京：冶金工业出版社，1983.

［38］郭英，李酽，刘秀琳，等. 磁性四氧化三铁纳米粒子的超声波辅助水热合成及表征［J］. 无机盐工业，2007，39（3）：21-24.

［39］Molday. R. S. Magnetic Iron-Dextranmicrospheres［P］. U. S. Patent，1984，4452773.

［40］Tawaura Yutaka，Yoshda Takashi et. al. The Synthesis of Green Rust II（Fe^{2+}-2Fe^{3+}）and Its Spontaneous Transformation into Fe3O4［J］. The Chemical Society of Japan，1984，57：2411-2416.

［41］孟哲，张冬亭，王春平. 磁性纳米级 Fe_3O_4 的氧气诱导、空气氧化液相合成与表征［J］. 光谱试验室，2003，20（4）：489-491.

第六章 高岭土分散降黏技术研究

第一节 高岭土分散降黏研究概况

一、高岭土降黏研究的意义

高岭土是一种具有很高的经济价值的非金属黏土矿产资源，在许多行业有着广泛的应用。近年来，高岭土在复合材料、新型陶瓷等新材料方面的新用途越来越引起人们的重视，其开发利用得到了长足的发展。其中造纸行业是消费高岭土的主要部门之一，主要用来生产铜版纸和涂布白版纸。造纸用高岭土必须满足造纸对粒度、白度和黏度等方面的要求。按照造纸行业的要求，刮刀涂布造纸高岭土的黏浓度必须在68％以上。世界范围内高岭土分布广泛，但是能用来造纸的高岭土却不多，而且大多集中在美国、巴西以及英国等国家。

我国高岭土资源丰富，但黏度特征普遍较差，绝大部分不能直接用于刮刀涂布造纸，我国生产铜版纸和白版纸用优质高岭土长期以来供不应求，虽然广东茂名、江苏苏州、河北沙河等地每年能生产高纯度超细涂料级高岭土4万～5万t，但远不能满足国内市场的需求，每年仍从美国、巴西等国家进口优质涂料级高岭土4万～5万t。随着人民生活水平的提高，优质铜版纸和白版纸的消费量迅速增加，我国造纸行业也在迅速扩大，到2006年，用于造纸用高岭土约50万t；同时，对涂布造纸级高岭土的质量也提出越来越高的要求。因此，需要加快国内涂布造纸高岭土的黏度特征的研究。

湛江高岭土是我国南方风化沉积型高岭土加工利用的典型，与国外发达国家（如美国、英国）的高岭土产品相比较，湛江高岭土的最大不足也是黏度偏高，致使在每吨产品价格低300元的情况下，市场还受到一定的影响，制约了其自身的发展。如何依据湛江高岭土自身的特点，改善其黏度特征，生产出符合造纸行业要求的优质高岭土，同时为国内其他地区高岭土降黏提供重要的依据，进而以替代进口涂料，具有重要的意义。

二、高岭土分散降黏技术研究现状

1. 高岭土分散降黏技术研究概况

目前，国内在高岭土黏度特征的研究方面，通过对不同产地的高岭土的造纸刮刀涂布试验，确实找到了一些比较适合造纸用的高岭土。如广东茂名、江苏苏州、河北沙河等地的高岭土就属于适合涂布造纸的高岭土。但由于其黏度特性稍差，黏浓度值较低，仍然不能满足目前造纸工业快速发展的要求。在研究高岭土黏度特征方面，有关单位也进行了一些试验，并取得了一定的成效。

中国高岭土公司采用添加降黏剂的方法，使该公司的白硫3号土的黏浓度从62％升高到 67％；湖南矿产测试利用研究所杨倩等人对汨罗高岭土做了一些试验，取得了一定的实验研究成果；苏州非金属矿研究院深加工工程技术中心马兰芳以苏州高岭土为原料，做了大量的实验，采用一种机械方法提高黏浓度，并申请了有关专利，用该方法对广西某地高岭土进行处理，使其黏度特征得到了改善，黏浓度从 63％提高到 68％；尹林江等人对河北沙河土做了研究，并进行了工业试验，使该地区高岭土的黏浓度达到 65％以上；王运新等人对茂名高岭土采用洗涤方法，使其黏浓度得到提高，达到了工业造纸的要求。其他的一些实验报道，大多是一些理论方面的探索和相关分散剂的试验研究。由于国内这方面的研究不多而且尚不完善，机理也未搞清，所以对改善各种质量高岭土的黏度特征，提高黏浓度值，至今还未形成一套较为完善的工艺方法。

国外对高岭土的黏度特征的研究较早，早在 20 世纪 50 年代就进行过类似的试验研究，并有一些专利。美国人曾用 KOH 处理含有一种以上膨胀黏土的高岭土矿浆，使矿浆黏度值从 1600mPa·s（固含量为 71％，pH 值＝7）降至 490mPa·s，因此，除去膨胀黏土杂质也是一个提高黏度特征的途径；另外，英国也有过研究高岭土黏度特征的专利，有人曾利用一种阳离子交换树脂处理矿浆，处理后再用 $Na_2P_2O_7$ 进行分散，对于固含量为 70％的高岭土矿浆来说用阳离子树脂处理过的黏度值为 217mPa·s，未处理的黏度值为 602mPa·s。袁军和 Haydn 的研究，高岭土中埃洛石的形状和含量，对高岭土矿浆的黏浓度和流变行为影响很大；Haydn 的试验结果表明，高岭土矿浆的黏度取决于矿物含量、颗粒粒径、形状和粒度分布，可溶性盐，以及高岭土的分散能力；Jeffery 等人最早就颗粒形状对矿浆黏度的影响作了理论分析，认为料浆相对黏度随着颗粒的不对称性的增大而增大，Clerk 的试验证明了该观点；Tone 等人的研究表明，高岭土矿浆中，粒子表面电位的高低取决于溶液 pH 值，而不是高岭土表面吸附的离子。近几年，美国、英国和德国也有一些分散剂的专利，对改善黏度特征比较适用；但由于国外高岭土的黏度特征普遍较好，经过一般的处理就能达到造纸行业的要求，所以相应的研究报道多停留在理论方面。

2. 降低高岭土黏度的现有方法

由上面的分析可以看到，影响高岭土黏度的因素是多方面的，有高岭土本身的特征，也有来自外部的因素。改进高岭土的黏度首先必须对样品进行深入细致的分析，针对高岭土的特点提出相应的工艺方法。很显然不能指望采用单一的方法来降低黏度；也不可能改变所有高岭土，使其黏度都达到 68％以上。比如埃洛石、结晶很差的高岭石，到目前为止，还没有发现很好的方法使其黏度达到 68％以上。但人们在探索降低黏度的过程中，还是可以寻找到一些有效的方法，并获得比较满意的结果的。因此，需要因地制宜，采用不同的方法。

根据国内外专家降低高岭土黏度的研究现状，总结出降低高岭土黏度的方法主要有以下几种：

（1）机械物理方法 针对高岭土的晶体结构组成，可以采用机械外力来改变高岭土颗粒间聚集状态，以达到改善其黏度的效果；另外，可以通过改变和控制高岭土的粒度组成，如去掉粗粒和过细颗粒，以及除去高岭土矿浆中的各种电解质等方法，都可以起到改善高岭土黏度特征的效果。

（2）化学法 化学法就是加入表面活性剂（分散剂），通过改变高岭土颗粒表面电性来改善其黏度特征的方法。这是目前最常用的一种有效的方法。加入分散剂可以改变高岭土表面的 ζ 电位和总电位。其机理是与高岭石层面同号电荷的分散剂离子在高岭石表面产生吸附，并产生排斥力作用于高岭石表面。使高岭石所占体积相对减少，颗粒间液层润滑力增强，增大了颗粒间的排斥力，阻止了颗粒间的凝聚，使其充分分散于矿浆中，从而改善了高岭土的黏度特征。矿浆的黏度下降，黏浓度得以提高。通过有机、无机和有机及高分子分散剂的复配使用，能起到很好的效果还能够降低成本。而诸多新型高分子分散剂和超分子分散剂的研制生产，也给化学法提供了更为广阔的选择余地。

（3）物理化学结合法　　如前所述，采用单一的方法不容易使高岭土的黏度特征达到造纸行业的要求。因此可以考虑物理化学法结合起来，找出一种工艺改善高岭土黏度特征的方法。

三、高岭土黏度测定方法

黏度是流体的重要物理参数，它以数字定量地表示流体黏性的程度。其单位为 Pa·s（泊）。黏度值的测定采用黏度计。黏度计有很多种，如毛细管黏度计、落球黏度计、旋转式黏度计、倾斜板黏度计、振动片黏度计和恩氏黏度计等。不同流体根据各自的要求，采用相应的黏度计测定黏度值。

造纸工业用高岭土的黏度有两种表示方法：一是以某一固含量时的黏度值表示，另一是以某一黏度值时的固含量即黏浓度表示。通常高岭土的黏浓度是指 500mPa·s 时的固含量，它通过计算获得，即试样在最佳分散条件下测定不同固含量时的黏度值。由于 $1/\eta$ 与 C（浓度）呈负相关关系，根据相应固含量和黏度值计算试样在 500mPa·s 时的固含量。根据国标 GB/T 14563—2008 的规定，高岭土矿浆黏度值的测定，可采用 NDJ-1 型旋转式黏度计。该黏度计的结构如图 6-1 所示，它与英美等国使用的 Brookfield 黏度计相似。

图 6-1　NDJ-1 黏度计

在测定黏度值之前，首先需测定试样的流动固含量和分散剂最佳用量。这是因为高岭土的黏度与所使用的分散剂种类和用量直接相关。为了求得准确的黏度值，必须先确定分散剂最佳用量。

测定黏浓度的具体步骤如下：在搅拌容器中加入一定量的水和分散剂（最佳用量），在不断搅拌下慢慢加入 200g 试样，加完试样后在 3000r/min 转速下搅拌 10min，再将泥浆移入 100mL 高型烧杯中，以 60r/min 的转速测定黏度值，此时固含量 S_1 可根据所加试剂和水量计算求得。将测定黏度后的悬浮液全部返回搅拌容器中，加 10mL 水，以电动搅拌器搅匀后再测黏度值，并取部分悬浮液以烘干法测定固含量 S_2。

黏浓度通常以下式计算：

$$X_2 = S_1 - \frac{(S_1 - S_2)\ (1/\sqrt{\eta_1} - 1/\sqrt{500})}{1/\sqrt{\eta_1} - 1/\sqrt{\eta_2}} \tag{6-1}$$

式中　S_1——测定 η_1 时的固含量（计算值）（%）；

　　　S_2——测定 η_2 时的固含量（测定值）（%）；

　　　η_1——固含量为 S_1 时测定的黏度值（mPa·s）；

　　　η_2——固含量为 S_2 时测定的黏度值（mPa·s）。

这里需指出的是，我国大部分造纸厂购买的是国产黏度计，测定黏度所采用的转子转速为 60r/min；而有些企业采用的是进口黏度计，转子转速为 100r/min，两者所测得的黏度值有差别，从而导致黏浓度也不相一致。因此，表示黏浓度值时一定要注明分散条件、测试仪器以及测试条件。按照造纸行业的要求，刮刀涂料级高岭土的黏浓度至少 68％以上，优质高岭土的黏浓度可达 70％以上。

四、高岭土黏浓度测定分法

1. 试样的选择及制备

本次测试选用的试样为湛江高岭土气刀级高岭土原样，将试样经过恒温烘箱 110℃烘干，用研钵研磨，过 35 目网筛，筛余物为零。

2. 仪器和试剂

NDJ-1 型旋转式黏度计，D60-2F 型电动搅拌器，恒温干燥箱，天平（感量 0.1g），烧杯 100mL（高型）、200mL，滴定管 25mL；10％（m/m）六偏磷酸钠溶液，氢氧化铵（1＋1），20％（V/V）DC 分散剂。

3. 试样流动固含量的测定

根据 GB/T 14563—2008 规定的测试方法，样品流动性测定原则为：称取 20.0g 试样精确至 0.1g，放入 200mL 烧杯中，加入 10％（m/m）六偏磷酸钠溶液 1mL，氢氧化铵（1＋1）1 滴及水 4mL，用搅棒搅匀后以滴定管加水，每加 0.2mL 搅匀并用搅棒试挑悬浮液一次，直到悬浮液用搅棒挑起刚能顺搅棒连续流下为止。试样流动固含量 X_1（％）按式（6-2）进行计算：

$$X_1 = \frac{20}{悬浮液总量} \times 100\%$$ (6-2)

依据公式（6-2）试验样品的流动性值为

$$X_1 = \frac{20}{35.6} \times 100\% = 56.13\%$$

4. 分散剂最佳用量的试验方法

（1）分散剂最佳用量测试方法

将 200.0g 烘干的试样分成 100.0g，65.0g 和 35.0g（均精确至 0.1g）三份备用。先将 100.0g 试样倒入搅拌容器中，加 10％（m/m）六偏磷酸钠溶液 3mL 和氢氧化铵（1＋1）0.5mL 并按"流动固含量加 2％"计算加水量加入容器中，将电动搅拌器逐渐调到转速为 3000～4000r/min 并保持这一转速，继续向容器中加入 65.0g 试样，分散后再加入 35.0g 试样，直至分散完全。如在加入 65.0g 试样时有分散不开情况出现，可向悬浮液中补加 20％DC2mL 搅拌并继续加样分散。如在加入 35.0g 试样时有分散不开现象出现，可加 20％DC1mL 继续搅拌直至分散完全。

对黏度特别大的试样两次加入 DC 分散剂后仍不能完全分散，则逐次加水降低 0.5％固含量以促使分散完全。将完全分散后的悬浮液在 3000r/min 转速下搅拌 10min，取下在 60r/min 测定黏度值（不管黏度是否能测出均继续以下操作）。将测定黏度后的悬浮液全部移入搅拌容器中，以滴定管向泥浆中每加 20％DC 分散剂 0.1mL 搅匀测定一次黏度直至取得最低黏度值。记录最低黏度值时加水量及所加各分散剂总量。

（2）测试试验结果

根据最佳分散剂用量的测试方法，以流动性加 2％ 作为分散剂分散条件的固含量，高岭土干样为 200g，则水的质量为 144g，10％（m/m）六偏磷酸钠溶液为 3mL 以及氢氧化铵（1+1）0.5mL，随着 DC 分散剂的加入料浆黏度逐渐降低，当加入 20％ 的 DC 分散剂 11.3mL 时黏度最低。由于开始阶段经过黏度计初测，浆液的黏度明显较大，所以，DC 分散剂的每次加入量相对要大一些，随着测试的黏度越来越小，开始逐渐缩小每次加入量，到 20％DC 分散剂加入量达到 10.5mL 时，开始每次逐渐加入 0.1mL，并测试黏度。测试结果如图 6-2 所示。我们把随着分散剂用量的增加黏度变化不大的分散剂用量称作最佳用量，例如图 6-2 中的 11.2mL。

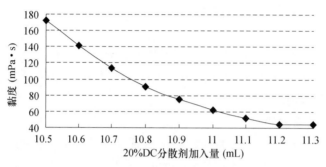

图 6-2 20％DC 分散剂的用量与黏度的关系

5. 黏浓度的测定

（1）黏浓度测试方法

取以上试验测试结果最低黏度值时加水量及所加各分散剂总量加入搅拌容器中，在不断搅拌下慢慢加入 200g 试样，加完试样后在 3000r/min 转速下搅拌 10min，将泥浆移入 100mL 高型烧杯中在 60r/min 测定黏度值（此时固含量 S_1，可根据所加试剂及水量计算求得）。将测定黏度后的悬浮液全部返回搅拌容器中，加水 10mL 以电动搅拌器搅匀后再测定黏度值，并取部分悬浮液以烘干法测定固含量 S_2。依据公式（6-1）计算求得测试样品的黏浓度 X_2。

（2）黏浓度计算结果及分析

按上述的测试方法进行测试，所测试及计算的结果如下：

$$S_1 = \frac{200}{200+144+3+0.5+11.3} \times 100\% = 55.74\%$$

$$S_2 = \frac{25.4}{46.6} \times 100\% = 54.46\%$$

$$\eta_1 = 48.2 \text{mPa} \cdot \text{s}$$

$$\eta_2 = 39.5 \text{mPa} \cdot \text{s}$$

将 S_1，S_2，η_1，η_2 带入式（6-1）中可求得测试样品的黏浓度为：

$$X_2 = 0.5574 - \frac{(0.5574-0.5446)(0.1440-0.0447)}{0.1440-0.1591}$$

$$= 0.5574 + 0.0842$$

$$= 64.16\%$$

在实验室用此方法对湛江高岭土进行测试结果为 64.16%，与产品出厂时的黏浓度 64±0.5% 相比较可以看出，此测试方法可行。

第二节　高岭土黏度的影响因素分析

高岭土是以高岭石族矿物为主要成分的土质岩石，高岭石族矿物包括整个二八面体 1∶1 型的层状铝硅酸盐，其中有高岭石、埃洛石、地开石等。

高岭石结构单元层由硅氧四面体片和铝氧八面体片组成。层间没有水分子，以氢键相连接，层间的键合力较弱。按晶体结构特征不同，分为有序的（结晶好的）与无序的（结晶差的）高岭石。高岭石的形态特征一般为假六边形，当某一面特别发育时，它可以是宽板状。结晶好的高岭石晶形轮廓完整，集合体在扫描电镜下多呈书页状。无序的结晶差的高岭石，一般为从不完整的六边形到近于椭圆形的鳞片状。埃洛石的结构，简单地说是在高岭石晶层间夹一层水分子，层间堆叠凌乱，在 b 轴或者 a、b 轴两个方向上任意错动，因此，埃洛石比 b 轴无序高岭石还要无序。埃洛石的形态在电镜下为管状或卷曲的鳞片状。

对高岭土的黏度国内外有不少人进行研究，概括起来影响高岭土黏度的因素有以下几个方面：

1. 高岭土的成因类型

高岭土的类型按其成因，可分为原生高岭土和次生高岭土两大类。前者又可分为风化型高岭土和热液蚀变型高岭土，后者即为沉积型高岭土，它是原生高岭土经搬运沉积而成。一般说来风化沉积型高岭土黏度低，原生高岭土黏度要高些。如美国佐治亚州高岭土是风化沉积型的，而英国康沃耳高岭土是原生型的，美国高岭土的黏度要较英国土的为低。英、美、巴西高岭土的黏度对比见表 6-1。

表 6-1　英、美、巴西高岭土的黏度对比表

产品名称	SPS（英国 ECC）	Alphacote（美 ECC）	Amazon88（巴西）
黏浓度（%）	69.7	74.5	74.4
地质成因	花岗岩热液蚀变	沉积	风化沉积

通常也认为，地质高岭土分为硬细质颗粒三层高岭土类和软粗质白垩高岭土类两大类。大多数情况下，高岭土兼具这两类的物理-化学性能。专利 US3464634 介绍了通过物理除浆来改善高岭土浆液黏度的一种方法。使用泥浆离心机从高岭土中除去某些矿物层，改变高岭土的组成，得到低剪切黏度浆液。

2. 高岭石结晶有序度

高岭石随其形成的地质年代、地质成因和地质条件的不同，晶体结构的有序度亦有所不同。有的晶体有序度很高，有的有序度较差，有的则为无序。地质学界常用 X 射线衍射法判断高岭土的有序度，即利用 Hinckley 指数的方法测定高岭土的结晶度指数。在对两者的研究中，普遍认为结晶度指数 >0.9 时，表明高岭土是有序的。事实证明，有序度高的高岭石黏度一般较低，有序度低的高岭石黏度较高。有人对此作了深入研究，表 6-2 列出了部分高岭土的结晶度指数与黏浓度值。

表 6-2　广东高岭石的结晶度指数和黏浓度值

样品	产地	结晶度指数	黏浓度（固含量/0.5Pa·s）（％）
K-49	廉江大崇山	0.80	54.0
K-20	廉江清平	0.82	46.4
K-23	廉江坦塘	0.89	58.6
D-1	化州大坡	0.78	48.3
T-1	台山玉环	0.87	64.5
S-1	湛江	0.68	65.0
M-3	茂名	1.40	67.6
M-1	茂名	1.39	72.0
M-2	茂名	1.10	71.0
M-4	茂名	1.28	68.3
M-5	茂名	1.38	70.5

表 6-2 直观地说明了高岭土的黏度与结晶度的关系。Murray 曾研究指出，有序度低的高岭石中存在有较强的键合力，它能产生一种较高的电动势能，使矿浆黏度增大。

3. 高岭石的形态

高岭石的形态对高岭土的黏度影响较大，管状高岭石（埃洛石）黏度较高，结晶很好的假六角片状高岭石黏度较低。如图 6-3 所示的湛江高岭土与美国高岭土的扫描电镜图片的比较，湛江高岭土主要为管状、手风琴状；而美国高岭土基本为假六边形状，同时边缘规整。形态差异也是湛江高岭土黏度大于美国高岭土的一个重要原因。

同时，高岭石晶体的长/厚比值或宽/厚比值对黏度也有影响，Storr 曾对此作过深入研究，研究结果表明，长/厚比值或宽/厚比值越大，黏度越大。这是因为，在固含量一定的条件下，随着长/厚比值或宽/厚比值变大，在剪切力下颗粒旋转半径增大，黏度随之增加。

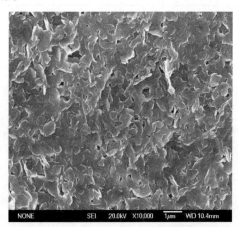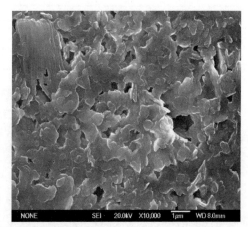

图 6-3　美国高岭土与湛江高岭土 SEM 照片比较

4. 高岭土的加工方法

高岭土的加工方法对高岭土的黏度也会产生影响。如采用磨剥方法，高岭石的黏度会增加，这是因为经磨剥后，颗粒的径/厚比值增大，黏度也随之增加；煅烧也将影响高岭土的黏度。

也曾有人提出机械降黏方法，制浆时改善高岭土固定水的性能，采用该办法对广西某高岭土进行处理，使高岭土的黏浓度从 63％ 升高到 68％。该法工艺简单，成本低，实践证明是一种有效的降黏手段，这一新工艺将对我国造纸涂料级高岭土的生产和发展提供了一条新的途径。

影响高岭土黏度的因素很多，这些因素之间存在着交互作用，不能简单地以某一因素来判断影响高岭土的黏度大小。如高岭石晶体有序度的问题，一般的规律是：有序度高黏度低，有序度低黏度高。但也有例外，美国土和英国土相比，美国佐治亚 KCS 的结晶度指数 0.91，黏浓度 72％；英国的 SPS，结晶度指数 1.24，而黏浓度只有 69％，低于美国土。

5. 电解质对高岭土黏浓度的影响

高岭土的晶体具有六方形铝-硅层面结构，表面带负电荷，边缘带正电荷。当天然的高岭土在水中分散时，边缘处的正电荷与表面上的负电荷相互吸引，导致絮凝。要获得分散良好的高岭土悬浮液，最直接的办法是在悬浮液中加入一种含有多个酸基阴离子的化学物质。这种阴离子被吸附在颗粒边缘的一个或两个正电荷上，但仍有一些酸基呈游离状态，足以使高岭土颗粒边缘上的电荷变成负电荷（图 6-4）。

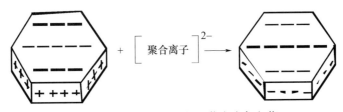

图 6-4 高岭土颗粒上的电荷变为负电荷

聚磷酸盐和聚丙烯酸钠都有这种特性，因此，常被用作分散剂。分散剂在溶液中电离成正负离子，吸附在高岭土颗粒表面，并从溶液中移去一个离子而留下带有等量相反电荷的离子，有富集于颗粒表面的倾向，这便形成了双电层。在颗粒表面形成阳离子富集区，厚度约 3mm，越靠近颗粒表面电荷数量越多，并向四周扩散，电荷数量渐次降低，这是双电层的扩散层。当颗粒相互接近时，一个颗粒的扩散层渗入到另一个颗粒的扩散层中，因为这两层所带电荷相同，故相互排斥。两者越近，斥力越大。如果溶液中有电解质存在，就会削弱平衡离子层，使双电子层变薄，颗粒就相互接近，颗粒间的范德华力增大，悬浮液的黏度就增大，黏浓度降低（图 6-5）。

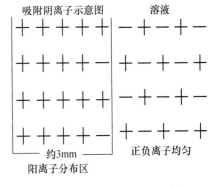

图 6-5 分散剂内双电子层分布

6. 粒度与粒度分布

高岭石颗粒大小及分布直接影响着高岭土的黏度。一般来说，颗粒越细比表面积增大，黏度增高；粒径适中、分布均匀的高岭石黏度低。如表 6-3 所示为湛江高岭土与美国高岭土的粒度分布表。由表 6-3 可知美国高岭土的粒度分布比湛江高岭土相对集中，其中

$1 \sim 2\mu m$ 之间的粒度分布湛江 0 号样占 30.04%，遂溪样占 26.86%，美国样占 31.03%，由此可见，粒度分布不集中，超细颗粒过多也是造成湛江高岭土黏度过高的一个重要原因。

表 6-3　湛江高岭土与美国高岭土粒度分布表

粒级（μm）	湛江 0 号样（%）	遂溪样（%）	美国样（%）	粒级（μm）	湛江 0 号样（%）	遂溪样（%）	美国样（%）
0.1	4.65	4.62	5.7	3.4	87.68	90.66	96.14
0.2	9.40	9.40	11.64	3.6	89.28	93.02	97.58
0.3	14.28	14.41	17.95	3.8	90.73	95.06	98.80
0.4	19.05	19.41	24.24	4.0	91.94	96.70	99.68
0.5	23.45	24.08	30.00	4.2	92.85	97.97	100.00
0.6	27.30	28.17	34.89	4.4	93.49	98.85	—
0.7	30.81	31.71	39.18	4.6	93.93	99.44	—
0.8	34.33	34.78	43.32	4.0	94.24	99.80	—
0.9	38.09	37.49	47.63	5.0	94.47	100.00	—
1.0	42.00	40.03	52.04	5.5	94.98	—	—
1.2	49.50	45.30	60.45	6.0	95.49	—	—
1.4	56.21	51.07	67.78	6.5	96.04	—	—
1.6	62.33	56.76	73.98	7.0	96.62	—	—
1.8	67.86	62.05	79.05	7.5	97.22	—	—
2.0	72.54	66.89	83.07	8.0	97.84	—	—
2.2	76.17	71.25	86.13	8.5	98.46	—	—
2.4	78.92	75.20	88.44	9.0	99.05	—	—
2.6	81.04	78.79	90.22	9.5	99.57	—	—
2.8	82.77	82.08	91.70	10.0	100.00	—	—
3.0	84.36	85.14	93.10	D50	1.28	1.36	0.95
3.2	86.01	88.04	94.60	D90	3.71	3.35	2.57

7. 矿物组成

自然界开采的高岭土中除高岭石外，常还含有其他矿物如蒙脱石、石英、云母类矿物、明矾石、黄铁矿、褐铁矿等。这些矿物杂质对高岭土的黏度有很大的影响，如当涂料级高岭土中含有蒙脱石时，黏度就会大幅度增高；云母长石类矿物对黏度也有一定的影响。

8. pH 值

高岭土颗粒表面在矿浆中基本上带负电荷，pH 值可改变高岭土的 ζ 电位和总电位，从而影响其分散和絮凝行为。pH 值的大小将直接影响高岭土矿浆的 ζ 电位、总电位和黏度。大部分情况下，pH 值高，高岭石表面带负电电荷，黏度低；pH 值低时（酸性环境），高岭石板面带正电电荷，端面带负电荷，形成"工"字型，黏度高。因此，pH 值必须适当，且对不同的分散剂，最佳分散效果时的 pH 值也不同。比如国内外使用较多的 DC 分散剂（聚丙烯酸钠盐类），实验表明，其最佳分散条件是 pH 值为 7（因它与浓碱接触会变成固体）；而六偏磷酸钠或焦磷酸钠，由于它们和碱有较好的相容性，测得最佳分散条件是 pH 值为 8～8.5。

9. 分散剂的种类和用量

在水溶液中，高岭石颗粒不同的面带不同的电荷（端面带正电荷，平面带负电荷），导致颗粒之间通过异性电荷吸引，面与面相互靠近。这种静电作用使高岭石颗粒之间发生絮凝，通常被称为"T"型凝聚。颗粒间的不断絮凝形成有一定强度的大絮团，致使黏度增大。添加分散剂可使颗粒表面形成吸附层（或改善表面电荷），使粒子保持一定距离，减少接触，防止再凝聚。常用的分散剂有三聚磷酸钠（STPP）、六偏磷酸钠、聚丙烯酸钠（DC）-854 有机分散剂等。如六偏磷酸钠，溶于水后，解离成包含钠离子在内的阴性络合离子，且被吸附在高岭石的端面上，端面也带上负电，这样颗粒间同性电荷的斥力作用，导致絮凝的解除，从而降低了黏度。不同的分散剂，其分散效果不同，黏度下降程度也不同；同一种分散剂，其用量也十分讲究。若分散剂量不足，则不能达到最佳的分散效果；若过量，则高岭土泥浆分散体系中，有的会产生胶体化学方面的特殊性质——负分散（即异凝聚），反而使浆料的黏度增大。因此，分散剂的种类和用量是直接影响高岭土黏度的重要外部因素。国家标准中规定，测黏度前须确定分散剂的最佳用量。有机聚合物分散剂在高岭土的分散应用，尤其在高剪切力的作用下，已显示明显的优越性。在后面的实验中将详细的研究分散剂种类和用量对高岭土黏度的影响。

第三节　高岭土分散降黏方法的研究

我们依据风化型高岭土特点，选用有代表性的湛江高岭土进行高岭土降黏方法的研究，依据前面阐述的高岭土降黏的几种方法，进行了一系列的降黏试验，并对结果进行了分析比较，力求找到更有效的降低高岭土黏度的方法。

一、高岭土化学降黏试验

（一）试验原料及试剂

试验原料为湛江气刀级高岭土，5%NaOH 溶液，5%HCl，10%聚丙烯酸钠（DC）溶液，10%三聚磷酸钠（STPP）溶液，10%六偏磷酸钠溶液为试验试剂。

（二）试验原理及方法

黏度是流体的重要物理参数，它主要是以数字定量地表示流体流动性，单位为 Pa·s（泊）。黏度值的测定采用黏度计。不同用户根据各自的要求，采用相应的黏度计测定黏度值。本次实验采用恩氏黏度计来对湛江水洗高岭土的黏度进行测量。

样品制备时将样品放在烧杯中，用玻璃棒搅拌（在考虑物理分散时，在搅拌磨中搅拌），每加一次搅 2min，检测样品的流动性（黏度的倒数）。在确定分散剂用量时，先测试试样的第一个黏度值 η_1，然后加入 1‰的分散剂或调节 pH 值的化学试剂，搅 2min，测黏度 η_2，再加入 1‰的分散剂或调节 pH 值的化学试剂，搅 2min，测黏度 η_3，……当 η_{n+1} ＝η_n时终止；所得 η_n就是最佳分散剂用量。

（三）试验结果及讨论

1. pH 与黏度的关系

pH 值对黏度的影响结果见表 6-4 和图 6-6。由试验结果可以看出，随着料浆 pH 值的增大，高岭土颗粒的端面负电荷的负载量增加，导致颗粒的分散性更好。由图和表可以看出，高岭土矿浆在弱碱性条件下分散性最好，黏度最低。其原因是 pH 值改变了高岭土颗粒表面的带电性质和聚集状态，但随着 pH 值的过高，料浆的黏度又逐渐增大。

表 6-4 pH 值与黏度的关系

样号	pH 值	pH 值调节方法	黏度（Pa·s）
1	1	加 HCl 调节	14
2	3	加 HCl 调节	17.5
3	6～7	加 NaOH 调节	14.7
4	9～10	加 NaOH 调节	11.7
5	12～13	加 NaOH 调节	12

高岭石矿物具有从 $2\mu m$ 至几百微米的粒径，呈六角板状。它是由铝氧或氢氧八面体和硅氧四面体组成的晶片，层间通过氢键结合。由于 $Al(OH)_3$ 层与 SiO_2 层的基本单元在大小上存在着微小的差别，在层间产生应变，成为在板的端部具有不饱和电荷的小板状颗粒。在高岭石结构中容易发生 Al^{3+} 脱离 SiO_2 层，而在板状颗粒的面上产生负电荷。在板状颗粒的端部，通过调节 pH 值，改变 Al^{3+} 离子或 OH^- 离子的排列，可使板状颗粒带正电荷或负电荷或呈中性。图 6-6 即表示由 pH 变化引起的带电状态变化模型及其凝聚状态。

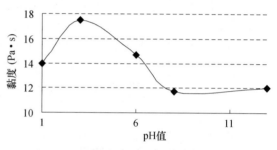

图 6-6 pH 值与黏度的关系

高岭石在分散液中呈现的互凝（自凝）行为比较典型地反映了黏土矿物的互凝现象。经粉碎形成很多新鲜解离面的高岭土，其晶层底面与侧面具有不对称的双电层结构。底面在广泛的 pH 值范围内荷负电，而侧面在 pH＜7 时荷正电。当 pH＜7 时，带不同电荷的底面与侧面互相静电吸引，形成"工"字形结构，这种面-端形成凝聚体。当 pH 值＝7 时，端面电荷为 0，受范德华力的作用形成面-端及端-端型凝聚体。当 pH＞11 时，由于溶液中水解金属阳离子的特性吸附，将带负电的底面连接起来，形成面-面型凝聚体。高岭岩（土）及其他非金属矿浆多用阴离子型表面活性剂作分散剂，因此，pH 升高可以使 ζ 电位升高，但应该注意的是随 pH 升高，阴离子型高分子表面活性剂在颗粒表面的吸附性减弱，所以，最佳分散状态所需要的 pH 值应通过实验解决。

2. 三聚磷酸钠（STPP）加入量与黏度关系

三聚磷酸钠（STPP）对矿浆黏度的影响主要是通过它在矿浆中颗粒的表面吸附，改变 ζ 电位来实现的，三聚磷酸钠对矿浆黏度影响结果见表 6-5。

表 6-5 三聚磷酸钠对矿浆黏度影响结果

样号	样号性质	黏度（Pa·s）
6	原浆	14.5
7	＋STPP，1‰	13.8

续表

样号	样号性质	黏度（Pa·s）
8	＋STPP，2‰	12.8
9	＋STPP，3‰	11.9
10	＋STPP，4‰	11.2

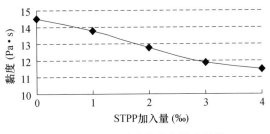

图 6-7　STPP 对矿浆黏度影响结果

从表 6-5 和图 6-7 可以看出，三聚磷酸钠对高岭土矿浆的降黏作用显著。进一步分析可知，刚加入 STPP 时，降黏效果非常显著，随着 STPP 加入量的增大降黏效果就不那么明显了，考虑到经济因素，STPP 的最佳用量为 3‰。

3. 聚丙烯酸钠（DC）加入量与黏度关系

聚丙烯酸钠（DC）对矿浆黏度的影响和三聚磷酸钠相似，也是通过它在矿浆中颗粒的表面吸附，改变 ζ 电位来实现的，但是，它的吸附方式是疏水吸附，聚丙烯酸钠对矿浆黏度的影响见表 6-6 和图 6-8。

表 6-6　DC 对矿浆黏度的影响结果

样号	样号性质	黏度（Pa·s）
11	原样	40
12	＋DC，1‰	30
13	＋DC，2‰	19.8
14	＋DC，3‰	13
15	＋DC，4‰	11.8
16	＋DC，5‰	11.4

表 6-6 可以看出，聚丙烯酸钠对高岭土矿浆的降黏作用显著，但是，随着 DC 加入量的增加降黏效果越来越不明显，考虑到经济因素，以最佳用量为 3‰～4‰为宜。

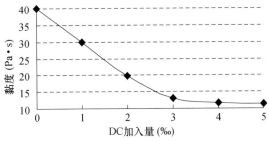

图 6-8　DC 对矿浆粘度的影响结果

4. 六偏磷酸钠（SHMP）与黏度的关系

试验结果见表 6-7 和图 6-9。由试验结果可以看出，六偏磷酸钠对高岭土矿浆的降黏效果显著，随着六偏磷酸钠的加入量的增大，降黏效果越来越不明显，到六偏磷酸钠加入3‰时黏度最低，继续加入，黏度又开始增大。因此，偏磷酸钠的最佳用量为3‰。

表 6-7　六偏磷酸钠对矿浆黏度的影响结果

样号	样号性质	黏度（Pa·s）
17	原样	17
18	＋SHMP，1‰	13.5
19	＋SHMP，2‰	13.3
20	＋SHMP，3‰	12.8
21	＋SHMP，4‰	13.8
22	＋SHMP，5‰	14.1

六偏磷酸钠实际上是多聚磷酸钠盐 $(NaPO_3)_n$，这种玻璃状的磷酸盐不含或含少量环状的 $(NaPO_3)_6$，而是一种长链状的多聚磷酸盐，其聚合度 $n=500\sim10000$。DLVO 理论认为，六偏磷酸钠作为对高岭土降黏的化学分散剂的主要作用是极大地增强颗粒间的排斥作用能，主要通过以下 3 种方式来实现：

（1）增大颗粒表面电位的绝对值以提高颗粒间静电排斥作用能；（2）通过高分子分散剂在颗粒表面形成吸附层，产生并强化空间位阻效应，使颗粒间的位阻排斥作用能增大；（3）增强颗粒表面的亲水性，加大水化膜的强度和厚度，使颗粒间的水化排斥作用能显著增大。

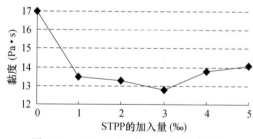

图 6-9　SHMP 对矿浆黏度的影响结果

实际上，使用六偏磷酸钠作为分散剂其作用机理与聚丙烯酸钠、三聚磷酸钠的作用机理相似。但是，由于聚丙烯酸钠（DC）的价格过高，并且还能够使矿浆发黄，影响产品的白度，所以说在工业上，六偏磷酸钠作为分散剂在工业上还是比较常见的。

表 6-8　各种分散剂混合使用时对矿浆黏度的影响结果

样号	料浆性质	恩氏黏度（Pa·s）
23	原浆	流动性差，无法测试
24	pH＝10～11	20.1
25	pH＝10～11，再加 3‰三聚磷酸钠	11.4
26	原浆＋3‰三聚磷酸钠＋NaOH 调 pH 到弱碱性	10.9
27	原浆＋3‰六偏磷酸钠＋NaOH 调 pH 到弱碱性	10.2

续表

样号	料浆性质	恩氏黏度（Pa·s）
28	原浆＋3‰DC	13
29	原浆＋3‰Na₂SO₃＋3‰水玻璃	13.5
30	原浆＋3‰柠檬酸钠	11.4
31	原浆＋1‰三聚磷酸钠＋4‰4Å分子筛	11.9

5. pH 值与聚丙烯酸钠配合效果（23 号样品）

用 DC 调节矿浆（pH＝6～7），测得黏度为 18.8Pa·s，然后，用 NaOH 调节 pH 值到 9～10，此时，矿浆结块，无法测试黏度，终止试验。

上述试验结果表明，聚丙烯酸钠不能与 NaOH 配合使用，其原因可能是 NaOH 在高岭土颗粒表面的离子吸附，干扰了聚丙烯酸钠的疏水吸附效果。

6. 复合分散剂对黏度的关系

试验选用湛江高岭土 2000g，2000mL 水先配成料浆，然后再进行分析，试验结果见表 6-8。

从表中可以看出，用 NaOH 调 pH 到弱碱性，三聚磷酸钠和六偏磷酸钠作分散剂对高岭土矿浆的降黏作用最显著，最佳用量均为 3‰，并且后者稍好。

二、高岭土物理降黏试验

（一）试验原料及仪器、设备

本次试验所用原料为湛江科华公司水洗高岭土泥饼，试验仪器、设备主要有 ZJM-20 周期式搅拌球磨机、NSC 系列单螺旋挤压机、G-45N 型超高速分离机、SC 型真空练泥机、NDJ-1 型旋转黏度计等。

（二）试验原理

降低高岭土黏度也就是提高黏浓度，按照黏度理论，其试验研究可以分成三个方面：一是分散剂的种类和用量的研究，可以称为化学分散；二是分散方式的研究，可以称为物理分散；另一个方法是改变物料本身的粒度、形状等性状。在以往的研究中，多数人只注意到化学分散作用，有一些学者也进行了物理分散方法的研究，但很少有人进行改变物料本身的粒度、形状等性状的研究，因此，后者也就成了当今研究工作的重点，其处理方法主要有研磨、挤压和分级，降低黏度的机理是设法改变高岭土颗粒的形状——把叠片状颗粒剥离成规则的单片，使卷曲的颗粒展开，并使边缘更规整，最终达到减少内摩擦力、降低黏度的目的。

（三）试验方法及结果讨论

1. 研磨处理对黏度的影响

（1）研磨处理试验方法

将湛江科华公司水洗高岭土泥饼在烘箱中以 120℃烘干 2h、打碎后过 0.25mm 的筛子，获得较细的高岭土干粉，按照干料、研磨介质（选用陶瓷球，直径 2.5～3mm）与水的重量比为 1∶3∶1 的比例制成料浆，将料浆置于搅拌球磨机中进行研磨，根据研磨的时间不同，在 0.5h、1h、1.5h、2h 时分别取样，经过烘干、打碎后得到 4 个研磨处理后的样品，与原样分别进行黏度测试。黏度测试实验中，5个测试样品均按64％的固含量进行配浆，并均添加3mL聚丙烯酸钠（DC）分散剂，分别测其黏度并进行比较分析，确定最佳研磨时间。

（2）研磨处理后的样品与原样黏度测试结果见表6-9和图6-10。

表6-9　研磨时间对矿浆黏度的影响

样号	样品性质	样品质量（g）	DC加入量（mL）	水的质量（g）	浓度（％）	黏度（mPa·s）
1	高岭土原样	204	3	112	64％	320
2	研磨0.5h	204	3	112	64％	220
3	研磨1.0h	204	3	112	64％	150
4	研磨1.5h	204	3	112	64％	170
5	研磨2.0h	204	3	112	64％	185

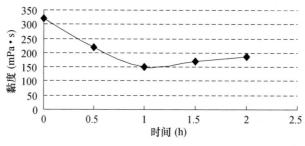

图6-10　研磨时间对矿浆黏度的影响

由表6-9和图6-10可见，研磨处理能够降低湛江科华公司水洗高岭土的黏度，研磨1h黏度降低最多，当研磨时间超过1h时，黏度又开始提高。这是因为研磨改变了高岭石颗粒的形状，使边缘更规则，从而降低了黏度，随着研磨时间的延长，水洗高岭土的细度和比表面积增加，高岭石颗粒表面对水的吸附性能增强，黏度又开始增加。

粒度组成是高岭土在造纸工业中的一个重要指标，它直接决定涂布工艺以及涂布质量的好坏。涂布高岭土要求小于$2\mu m$粒级的占80％以上，而且小于$2\mu m$粒级中要求有一定的级配，尽量要求粒度分布集中。如图6-10所示为研磨不同时间的高岭土的粒度分布。从表中可以看出，在研磨过程中，1号、2号的粒度分布情况较为相似，基本变化不大。但是，前两者与后两者高岭土样品的粒度差变还是有的。首先，在小于$0.1\mu m$的超细颗粒的分布中，后两者的累计含量要多于前两者，这也正是说明了随着研磨时间的延长，颗粒逐渐变细，比表面积增大，导致高岭土浆液的黏度增大。而从表6-10中$1\sim2\mu m$的颗粒含量分布分析也可以看出，研磨1.5h和2h的含量小于研磨0.5h和1h的含量，说明开始的时候高岭土的粒度分布较为集中，随着研磨的时间的延长，粒度越来越细，黏度也就开始升高了。因此，从经济合理和研磨效果两个因素综合分析，研磨1h为宜。

2. 挤压处理对黏度的影响

（1）挤压处理试验方法

① 将湛江科华公司水洗高岭土泥饼按照上述方法制得较细干粉，将干粉、水按2∶1的比例制成新泥饼（工业上可以使用全自动板框压滤机控制泥饼固含量在67％左右），置于螺旋挤压机内进行挤压处理，分别对泥饼挤压1次、2次、3次、4次，经过烘干、打碎

后得到 4 个挤压处理后的样品，与原样分别进行黏度测试（黏度测试时配浆条件与研磨处理的样品配浆条件相同），并进行比较分析，确定最佳挤压次数。

表 6-10 不同研磨时间下颗粒粒径分析结果

粒级（μm）	研磨不同时间的累计频率				粒级（μm）	研磨不同时间的累计频率			
	1 号/0.5h	2 号/1 h	3 号/1.5 h	4 号/2.0 h		1 号/0.5h	2 号/1 h	3 号/1.5 h	4 号/2.0 h
0.1	1.16	1.16	1.33	1.46	1.6	71.74	71.09	71.71	71.85
0.2	3.61	3.52	3.52	3.62	1.8	75.69	75.08	75.79	75.85
0.3	6.83	6.85	6.67	6.84	2.0	78.43	78.19	79.05	79.69
0.4	10.35	10.41	10.15	10.37	2.5	83.66	83.25	84.32	83.92
0.5	14.11	14.22	15.90	16.15	3.0	87.01	86.81	87.47	87.32
0.6	18.02	18.19	17.82	18.07	3.5	89.16	89.23	89.74	89.56
0.7	22.05	22.30	21.92	22.11	4.0	90.94	90.63	91.44	91.05
0.8	26.40	26.77	26.39	26.48	4.5	92.18	91.87	92.72	91.98
0.9	31.14	31.67	31.34	31.24	5.0	93.76	93.08	94.33	93.72
1.0	38.61	38.94	40.06	40.75	5.5	96.19	94.64	95.43	94.41
1.2	56.87	56.59	56.94	57.61	6.0	99.07	97.11	99.56	98.48
1.4	65.82	65.86	66.20	65.48	6.5	100.0	100.0	100.0	100.0

② 考虑挤压处理前配制泥饼的干粉与水的比例因素对挤压效果的影响，干粉、水按照 2∶0.8、2∶1、2∶1.2 的比例制泥饼，进行挤压处理，处理后的样品与原样品进行黏度测试。黏度测试实验中，4 个测试样品均按 62% 的固含量进行配浆，并均添加 3mL 聚丙烯酸钠（DC）分散剂，分别测其黏度并进行比较分析。（注：本次试验与①方法的测试季节不同，所以测试的黏度时料浆的固含量有所差别。）

（2）试验结果及分析

① 挤压处理后的样品与原样黏度测试结果见表 6-11 和图 6-11。

表 6-11 挤压处理对矿浆黏度的影响

样号	样品性质	样品质量（g）	DC 加入量（mL）	水的质量（g）	浓度（%）	黏度（mPa·s）
1	原样	204	3	112	64%	320
2	挤压 1 次	204	3	112	64%	230
3	挤压 2 次	204	3	112	64%	170
4	挤压 3 次	204	3	112	64%	120
5	挤压 4 次	204	3	112	64%	95

由表 6-11 可见，挤压处理能够明显地降低湛江科华公司水洗高岭土的黏度，随着挤压次数的增加，黏度在不断降低；但是，从图 6-11 可以看出，3 次挤压以后，曲线斜率变小，因此，3~4 次挤压比较经济合理。

挤压降黏的原理是由于挤压作用的剪切力破坏了高岭石的叠片状构造，也可能部分地改变高岭石的形状，从而降低了矿浆的内摩擦力和黏度，由于挤压处理不会明显地增加高岭土的细度和比表面积，所以，随着挤压次数的增加不会增加矿浆的黏度。

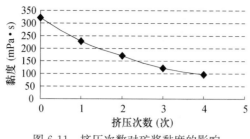

图 6-11　挤压次数对矿浆黏度的影响

② 泥饼含水量不同挤压处理样品与原样黏度测试结果试验结果见表 6-12。

表 6-12　挤压泥饼含水量不同与黏度的关系

样号	样品性质	样品质量 (g)	DC 加入量 (mL)	水的质量 (g)	黏度 (mPa·s)	浓度 (%)
1	原样	204	3	126	204	62%
2	干粉：水按 2∶0.8 比例制饼挤压 4 次	204	3	126	135	62%
3	干粉：水按 2∶1 比例制饼挤压 4 次	204	3	126	148	62%
4	干粉：水按 2∶1.2 比例制饼挤压 4 次	204	3	126	165	62%

高岭土泥料在机械挤压机的挤压腔内受到挤压、剪切和混合等复杂作用，并且由于此过程中会升压升温，物料颗粒间相互作用，颗粒会较多地选择以片状定向排列在腔体内运动，以抵制这种强烈的相互作用力，由表 6-12 的试验结果可以看出，挤压前泥饼的含水量适当地减少可以更好地降低高岭土的黏度，正是由于泥饼含水量少使得泥饼在挤压机腔内颗粒间的相互作用更加强烈，颗粒之间的相互作用力更大，这样高岭土颗粒间的絮凝结构被更好地破坏，颗粒间形成的包裹水被释放出来，并且这种结构遭到强力破坏后很难重新形成；对于未能充分解离的片状高岭土颗粒，在这种高强度挤压、剪切和升温升压作用下会再次发生更为充分的剥离，并且颗粒的表面之间也会由于互相摩擦和挤压使其表面凹凸部分变得平整，断裂处被更小的片状颗粒覆盖，从而在配置料浆时颗粒间的吸引力大大减少，再次形成"T"型结构凝聚体的几率也大大减少，体系的流变特性由塑性变为假塑性，呈现出"剪切变稀"的特点，使矿浆的黏度浓度得到更好地提高。

三、物理化学结合法降黏试验

在前面的实验中，进行了化学方法和物理方法的降黏试验，取得了比较明显的效果。但是，距离造纸行业高速涂布对涂料黏度特征的要求还有一定的差距，正如前面所述，单采用一种方法不容易使高岭土的黏度特征达到造纸行业的要求。因此本次试验考虑把物理降黏和化学降黏试验结合起来，力求找出一种能更好的改善高岭土黏度特征的方法。

1. 分级处理对黏度的影响

（1）分级处理试验方法

按照上述方法同样制得较细干粉，将干粉、水、六偏磷酸钠和 DC 按 1∶8∶0.2%∶0.1% 的比例制成料浆，然后将其置于管式离心机（实验室用小型管式分离机，辽宁阳光机械厂生产，G-45N 型）中进行分级处理，操作电压 185V（对应的转速为 26000r/min），除去超细颗粒，得到的中、粗颗粒经过烘干、打碎处理，制得干粉，与原样分别进行黏度测试（黏度测试时配浆条件与研磨处理的样品配浆条件相同），并进行比较分析，确定粒度分布对高岭土黏度的影响。

（2）分级处理后的样品与原样黏度测试结果见表 6-13 和表 6-14。

表 6-13　分级处理对矿浆黏度的影响

样号	样品性质	样品质量（g）	DC 加入量（mL）	水的质量（g）	浓度（%）	黏度（mPa·s）
1	原样	204	3	112	64%	320
2	分级样	204	3	112	64%	210

由表 6-13 和 6-14 可见，分级处理确实能够降低湛江科华公司水洗高岭土产品的黏度。实际上，美国、英国的水洗高岭土产品之所以黏度低，一个重要原因就是粒度分布十分集中（$-2\mu m$ 含量占 92% 左右，$1\sim2\mu m$ 含量就占了 80% 左右），而湛江科华公司水洗高岭土产品的粒度分布十分分散（$-2\mu m$ 含量占 92%，$1\sim2\mu m$ 含量仅占了 55% 左右），也就是说湛江科华公司水洗高岭土产品中有相当多的小于 $1\mu m$ 的"超细"颗粒，对高岭土进行分级处理，把产品的超细颗粒分选出来，就可以降低比表面积和矿浆降黏，同时，分级处理还可以得到粒度不同的刮刀机、气刀级和陶瓷级的高岭土，满足不同行业的需要。

表 6-14　G-45N 型超高速分离机分级试验结果

粒径（μm）	粒度累计含量（%）		
	粗粒样	中粒样	细粒样
0.1	4.61	9.48	21.3
0.5	22.7	42.6	67.2
1.0	38.2	65.7	91.6
2.0	62.7	90.5	98.4
最大粒径	7.0	4.0	2.3

2. 添加分散剂与挤压结合处理对黏度的影响

（1）添加化学试剂与挤压结合处理试验方法

将湛江水洗高岭土泥饼在烘箱中以 120℃烘干 2h、打碎后过 0.25mm 的筛子，获得较细的高岭土干粉，按照高岭土干粉：水：DC 分散剂为 1：0.4：0.1% 的比例制得泥饼，同时，按照高岭土干粉：水：尿素为 1：0.4：1% 的比例制得泥饼，将泥饼均装入两个密封袋中陈腐 2~3d，按照上面试验方法挤压 4 次，测定黏浓度与原样品黏度比较。

（2）添加化学试剂与挤压结合处理试验结果见表 6-15。

表 6-15　添加分散剂与挤压结合处理对黏度的影响

样号	样品性质	样品质量（g）	DC 加入量（mL）	水的质量（g）	黏度（mPa·s）	浓度（%）
1	原样	204	3	126	204	62%
2	原样挤压 4 次	204	3	126	148	62%
3	原样＋1‰DC 陈腐 2~3d 后挤压 4 次	204	3	126	110	62%
4	原样＋1% 尿素陈腐 2~3d 后挤压 4 次	204	3	126	118	62%

由表 6-15 的试验结果可以看出，制饼时添加 DC、尿素等分散剂能更好地实现高岭土降黏。实际上，分散剂能提供两种足以抵消高岭土颗粒之间吸引的斥力：一是通过增加分散体系中颗粒表面的电荷，使颗粒之间产生静电排斥作用，即提供静电稳定作用；二是分散体系的颗粒通过吸附大分子物质，在其表面吸附的大分子链（层）会产生空间电阻，即提供空间位阻稳定作用。泥饼陈腐两天后，分散剂能够使高岭土颗粒之间的层状结构充分剥离，高岭土颗粒间的絮凝结构被更好地破坏，在挤压、剪切和混合等复杂作用过程中，能够更好地改变高岭石的形状，降低了矿浆的内摩擦力，实现了降黏的目的。

目前，在工业上不少厂家用练泥机处理泥料进行物理降黏，对此也进行了一次工业实验，将湛江科华公司高岭土样品用陶瓷工业用真空练泥机处理后，测其黏度并与实验室挤压效果进行了比较。把实验室用的高岭土原样干粉、水按 2：1 的比例制成泥饼，陈腐 1d 后，将所得泥饼在陶瓷工业用的 SC 型真空练泥机（练泥产量：30kg/h，电机功率：1.5kW，湘潭仪器仪表厂生产）内进行处理，经过烘干、打碎得到处理后的样品，进行黏度测试（黏度测试时配浆条件与挤压处理的样品配浆条件相同），并与挤压处理的样品黏度测试结果进行比较分析。结果练泥机降黏效果明显不如挤压机效果好。这可能是真空练泥机对高岭土样品虽然也进行了搅拌、揉练、挤压处理，但由于这个过程是在真空条件下进行的，降低了高岭土泥料中的空气体积，破坏或减少了泥料颗粒的定向排列，使颗粒接触更加紧密，降黏效果就不那么明显了。

3. 综合处理法对黏度的影响

（1）综合处理试验方法

本次试验实际上就是将高岭土样品进行综合的研磨、挤压、分级处理，在处理过程中，添加一定的分散剂，所处理的样品再经过烘干、打散、过筛等处理，将样品根据国标 GB/T 14563—2008 的规定，测定出原样与处理样品的黏浓度（黏度测试时配浆条件与研磨处理的样品配浆条件相同），并进行比较，分析试验结果。

（2）综合处理试验结果及分析

表 6-16　综合处理对矿浆黏度的影响

样号	样品性质	样品质量（g）	DC 加入量（mL）	水的质量（g）	浓度（%）	黏度（mPa·s）
1	原样	204	3	112	64%	320
2	综合处理样	204	3	112	64%	65

由表 6-16 的数据可以看出，对样品进行研磨、分级、挤压处理，结合一定的化学分散方法，可以大大降低高岭土的黏度，可以使黏浓度提高 1%～2% 左右，具体的工艺流程如图 6-12 所示。这是因为在研磨过程中，既改变了高岭土颗粒的形状，也增加了超细颗粒的含量，通过分级处理后正好可以除去高岭土颗粒中的超细颗粒，使颗粒粒度分布集中合理，再进行挤压处理，这样的流程设计可以使高岭土的黏度大大降低。此工艺流程已经进行了工业试验，并取得了不错的效果，目前正在进一步的试验，力求能取得更大的效果，为高岭土降黏提供一定的参考。

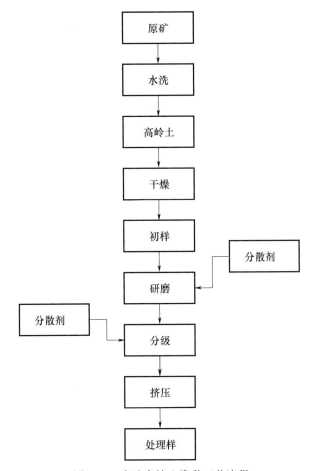

图 6-12　水洗高岭土降黏工艺流程

参考文献

[1] 李凯琦，刘钦甫，许红亮．煤系高岭岩及深加工技术［M］．北京：中国建材工业出版社，2001，7（1）．

[2] 吴铁轮．我国高岭土市场现状及展望［J］．非金属矿，2004，1（1）．

[3] 黄惠存，莫桥．广东省湛江市高岭土矿成矿地质特征［J］．西部探矿工程，2005（1）．

[4] 余琳．茂名高岭土资源的特点及其开发利用［J］．国土与自然资源研究，1999（2）．

[5] 林金辉，闻辂，龚夏生．茂名山阁高岭土中铁赋存状态的 EPR 研究［J］．岩石矿物学杂志，1998（3）．

[6] 王宝芝编译．造纸工业是目前需要高岭土的主要市场［J］．非金属矿，1988（6）：57-62．

[7] Plancon A e tal. The Hinckley inder for kaolinites. Clayminerals, 1988 (33): 249-260.

[8] 刘菁．茂名高岭土的造纸涂布性能研究［J］．矿产综合利用，2001，（4）：31-34．

[9] 吴铁轮，马兰芳．国内外精制高岭土生产、市场及发展［J］．非金属矿，2003，（1）：8-10．

[10] 罗在明，韦灵敦．广西优质高岭土的开发与展望［J］．广西地质，2002.1 5（1）：11-14．

[11] 宋宝祥．高岭土在造纸工业中的开发利用及前景［J］．非金属矿，1997（1）：13-19．

[12] 赵伯良．我国造纸级高岭土生产简况［J］．非金属矿，2004，3（3）．

[13] 吴宏海．高岭土矿物表面改性与应用［J］．桂林工学院学报，1996，（3）：318-321．

[14] 杨小生，陈莨. 选矿流变学及其应用 [M]. 长沙：中南工业大学出版社. 1994.

[15] 赵廉奇，张超伦. 高岭土选矿工艺研究 [J]. 广州有色金属学报，1996 (2).

[16] 马兰芳. 高岭土的黏度及其改进 [J]. 非金属矿，2000，23 (5)：16-18.

[17] 改变苏州高岭土黏度特征的报告 [J]. 非金属矿，1998 (增刊).

[18] 杨倩，王超芳. 高岭土降低黏度试验研究 [J]. 矿产综合利用，1994. (4)：21-24.

[19] 喻智. 高岭土粘度的测试方法和影响因素及改善高岭土黏度指标的生产实践 [J]. 上海造纸，1995，(1)：20-24.

[20] 王绪海，卢旭晨，李佑楚. 煤系高岭土料浆的黏度及影响因素 [J]. 非金属矿，2004 (8)：295-300.

[21] 魏宏斌，郭藏生，徐建伟. 阴、阳离子表面活性剂在黏土矿物表面的混合吸附 [J]. 同济大学学报（自然科学版），1996，24 (3)：269-274.

[22] 肖进新，赵振国. 表面活性剂应用原理 [M]. 北京：化学工业出版社，2003.

[23] 载劲草，许承吴. 高岭土分散与高浓泥浆液化的研究 [J]. 华侨大学学报自然科学版，1990 (7)：295-300.

[24] 李凯琦等. 一种新型分散剂的性能与分散机理 [J]. 非金属矿，1999 (5).

[25] 苏建明，吴莱萍，靳丽君，等. 高岭土打浆用分散剂的研究 [J]. 齐鲁石油化工，2000，28 (3)：165-168.

[26] 王运新. 洗涤对高岭土黏浓度的影响 [J]. 非金属矿，2003，(5)：41-42.

[27] Jun Yuan、Haydn H. Murray. The importance of crystalmor. phologv on the viscosity of concentrated suspension of kaolins [J]. Applied Clay Science. 1997 (12)：209-C219.

[28] Haydn H. Murray. Traditional and new applications for kaolin，smectite、and Dalvgorskitc：a general overview [J]. Applied Clay Scie--nce. 2000 (17)：207-C221.

[29] Tone、Kisato. Shibasaki、Yasuo、et a1. Surface ion-exchange of Georgia kaolin and rheological Dro-Derties [J]. Journal of the Ceramic Society of JaDan，1997. 105 (12l9)：228-232.

[30] 周祖康，顾惕人，马季铭. 胶体化学基础 [M]. 北京：大学出版社，1984.

[31] 尹林江，刘彦杰，王延军. 高浓度瓷土料浆的生产及应用 [J]. 中国非金属矿工业导刊，2003，6：26-27.

[32] 杨小生. 选矿流变学及其应用 [M]. 长沙：中南工业大学出版社，1994.

[33] 张燕，李凯琦，茂名水洗高岭土降黏技术研究 [J]. 河南理工大学校报，2006 (1).

[34] 马兰芳. 一种降低高岭土黏度的方法 [P]. 中国专利：1315601，2001-10-03.

[35] 刘禄尊. 涂布用高岭土的制法 [J]. 非金属矿情报资料，1990 (1)：21-27.

[36] 吴明珠，王喜良. 助磨剂的作用机理研究 [J]. 有色金属，1989 (4)：22-28.

[37] 刘春明，李惠明，程晓晶. 助磨剂的试验研究 [J]. 化工矿山技术，1998 (2)：21-23.

[38] 肖至培. 助磨剂在超细粉碎工艺中的应用 [J]. 矿山保护与利用，1996，2：36-39.

[39] 周积隆，赵耕德. 造纸工业用涂料高岭土分散制浆工艺的探讨 [J]. 天津造纸，1998，3：18-20.

[40] 雷绍民，龚文琪. 硬质高岭土超细磨矿过程中的流变性 [J]. 矿冶工程，2002，22 (3)：57-59.

[41] Etheridge O E，yordan J L，lowe R A. koalin clay slurries having reduced viscosities and process for themanufacture thereof [P]. US：5503490.

[42] 袁继祖，吕发奎，雷东升. 造纸涂布用高岭土黏度特性的试验研究 [J]. 非金属矿，2005，28，(1)：1-3，49.

[43] 汤红伟，徐亚富，李凯琦. 水洗高岭土精确分级技术研究 [J]. 非金属矿，2007 (2)：48-49.

第七章 高岭土制备沸石分子筛

第一节 分子筛简介

一、分子筛及天然沸石

分子筛是一类能筛分分子的物质，气体或液体混合物分子通过这种物质后，就按照不同的分子特性（如大小、形状、极性等）彼此分离开来。许多物质都有分子筛效应，如晶体硅酸盐、多孔玻璃、特制的活性炭、微孔氧化铍粉末和层状硅酸盐等。但只有一些孔径较大的网状泡沸石（属矿物学中的架状铝硅酸盐类，沸石族矿物）才具有实际工业价值。通常所说的分子筛，就是指这类物质。

自然界中的沸石有三十多种，常见的有斜发沸石、镁碱沸石、毛沸石、方沸石、丝光沸石、菱沸石、钙十字沸石和浊沸石。网状泡沸石，如菱沸石、钠菱沸石、插晶沸石和八面沸石的硅（铝）氧四面体相互连结成稳定的三维网状结构，阴离子骨架在三个轴向相互垂直的力相等，键合得非常牢固，因而，在失水后晶体结构基本不变，分子筛性能较好。

泡沸石的分子筛效应是由于它有稳定的晶体结构和固定的空洞。天然泡沸石因常含有大量杂质，或几种不同空洞的泡沸石聚集在一起，性能较差，应用不便，所以，工业上常用人工合成的沸石，而少用天然沸石。

（一）分子筛的命名

人工合成的分子筛种类很多，用途各异。这些合成沸石（分子筛）的命名较为混乱，往往给一种沸石取几种名称，为了避免这种现象的发生，常采用如下命名法则。

1. 字母命名法

（1）用最早提出的字母（一个或几个）来命名，如沸石 A、沸石 K-G、沸石 ZK-5 等。

（2）用 A 型、X 型等表示，意义和沸石 A、沸石 X 相同；沸石 A 是指 Na_{12} · $[AlO_2]_{12}$ $(SiO_2)_{12}$ · $27H_2O$，是由 Na_2O、Al_2O_3、SiO_2、H_2O 体系中制备的。

（3）用附加字母，如强调碱金属的符号，以此区别不同类型的合成沸石，以免引起混乱。如 Na-D 表示丝光沸石型合成沸石，D 则表示菱沸石型沸石。

用字母表示的合成沸石，骨架组成可以改变，这可由 Si/Al 比及单位晶胞组成指出。

（4）用 N 来表示从烷基胺-碱体系中制备的沸石，如 N-A 表示具有 A 型骨架的合成四甲胺沸石。

2. 用相应矿物的名字来命名，如方沸石型、丝光沸石型等，表明合成沸石在结构上相当于这些矿物，但性能并不完全一样。这是因为阳离子的类型和位置、硅和铝的分布以及硅铝比等对沸石的性能都有影响。

3. 当有其他四面体原子如 P、Ga、Ge 等取代 Si 或 Al 时，一般就用这种原子符号作前缀，加在合成沸石类型前面，如 P-L 即表示在骨架中 P 取代的沸石 L。

4. 通过离子交换法制备的不同阳离子类型合成沸石，如钙交换的沸石 A，可简写为 CaA；而 Ca 和 A 之间若加上连词符号 "-"，如 Ca-A，可以表示完全不同的沸石，即 Ca 交换 A＝CaA≠Ca-A。但这种命名法并不表示交换度，需要另外标明交换度，可用交换一价阳离子的百分数或用晶胞组成表示，如 $Ca_2Na_8（AlO_2）_{12}（SiO_2）xH_2O$ 即表明 33％的 Ca 交换。显然，凡通过离子交换、脱铝、脱阳离子等制备出来的合成沸石，母体沸石的任何变化都必须具体指示出来。

（二）分子筛的合成方法

合成沸石最初是按天然沸石形成的地球化学过程仿制的。人们在研究天然泡沸石时发现，菱沸石多存在于玄武岩的空洞中，或沉积在一些热源的出口处；丝光沸石也存在于玄武岩中；而钠菱沸石存在于火山活动的区域。因而推测天然泡沸石是在较高温度和压力下，由于强碱性溶液长期对岩石的矿化作用（水热过程）生成的。于是人们在实验中模拟这种天然的地球化学过程，使用压热容器，在较高温度和压力下合成了丝光沸石、方沸石和钡沸石。后来，经长期试验，总结出了较易操作和控制的合成方法，即水热合成法和碱处理法。

1. 水热合成法

水热合成法是将碱、氧化铝、氧化硅和水按一定比例配制，在热水溶液中，经胶化后再结晶合成沸石分子筛的一种方法。

碱可以是 Na_2O、K_2O、Li_2O、CaO、SrO 等，也可以是混合碱，如 Na_2O-K_2O、Na_2O-Li_2O、Na_2O-（CH_3）$4NOH$。

氧化铝原料可以是各种 $Al（OH）_3$，如三水铝石，也可以是一些铝盐，如硫酸铝、三氯化铝或废金属铝。

氧化硅原料可以是水玻璃、硅酸、硅溶胶、卤代硅烷和各种活性无定形硅石。

上述四种成分按照适当的比例充分混合均匀，放在密闭的容器中，加热一定时间，泡沸石便结晶出来。

也可以用矿物原料加工成活性无定型的氧化铝和氧化硅（如高岭土或叶蜡石煅烧活化）代替化工原料氧化铝和氧化硅，再加一定量的碱和水合成泡沸石。

2. 碱处理法

碱处理法也叫水热转化法，是在过量碱的存在下，将一些固体硅铝酸盐水热转化为沸石分子筛的方法。

碱处理法使用的原料可以是天然矿物，如高岭石、膨润土、硅藻土、水铝英石、火山玻璃等，也可以是人工合成的凝胶颗粒，如硅铝凝胶。一般高硅材料用于制备高硅沸石，低硅材料用于制备低硅沸石。

碱处理法的合成过程是将各种原料按比例混合成型然后在 50～60℃加热，并通水蒸气使团块被水饱和，为防止团块的碎裂，将团块浸入 1～10N 的 NaOH 反应液中，或放入合适的反应塔内，用反应液雾喷撒，控制温度在 70～110℃，经过一定时间后，便结晶成为泡沸石。

（三）分子筛的化学组成

分子筛的化学组成可用以下实验式表示：

$$M_{2/n}O \cdot Al_2O_3 \cdot xSiO_2 \cdot yH_2O$$

M 是金属离子，n 是 M 的价数，x 是 SiO_2 的分子数，也是 SiO_2/Al_2O_3 克分子比，y 是水分子数。

上式可以改写为：

$$M_{p/n}\left[(AlO_2)P \cdot (SiO_2)q\right] \cdot yH_2O$$

P 是 AlO_2 分子数，q 是 SiO_2 分子数，M、n、y 同上。

由上式可以看出：每个铝原子和硅原子平均起来都有两个氧原子，若金属原子 M 的化合价 $n=1$，则 M 的原子数等于铝原子数；若 $n=2$，则 M 的原子数等于铝原子数的一半。

各种分子筛的区别，首先是化学组成的不同，如经验式中的 M 可为 Na、K、Li、Ca、Mg 等金属离子，也可以是有机胺或复合离子。

化学组成的一个重要区别是硅铝克分子比的不同。例如，沸石 A、沸石 X、沸石 Y 和丝光沸石硅铝比分别为 $1.5 \sim 2$、$2.1 \sim 3.0$、$3.1 \sim 6.0$ 和 $9 \sim 11$。

当式中的 x 数值不同时，分子筛的抗酸性、热稳定性以及催化活性等都不相同，一般 x 的数值越大，耐酸性和热稳定性越高。

各种分子筛最根本的区别是晶体结构的不同，因而，不同的分子筛具有不同的性质。

（四）分子筛的基本结构单位

1. 分子筛的基本结构单元——四面体

分子筛最基本的结构单位是硅氧和铝氧四面体。因为硅是 +4 价、氧是 -2 价，故 (SiO_4) 四面体可在平面图上表示，如图 7-1（a）所示。实际上，硅原子四个化学键在空间互成一定角度，故可用立体图表示，如图 7-1（b）所示。图 7-1（b）中，小黑点表示 Si 原子，周围的大圆圈表示氧原子。由于每个氧原子为相邻两个四面体所共用（称氧桥），因此，硅和氧的化合价都得到满足。四面体间通过氧桥相互连接，便构成链状、层状及三维的立体骨架。

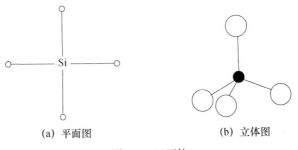

(a) 平面图　　　　　　(b) 立体图

图 7-1　四面体

在 (AlO_4) 四面体中，因为铝是 +3 价，故四面体带有负电荷，金属离子用以保持电性中和。

四面体中的硅和铝原子，通常用 T 表示。T-O 和 O-O 间的距离是各不相等的：Si-O$=1.61$Å、Al-O$=1.75$Å、O_{Si}-$O_{Si}=2.63$Å、O_{Al}-$O_{Al}=2.86$Å。

2. 环、笼和结构亚元

四面体通过氧桥相互连接，便形成环。由四个四面体组成的环是四元环，五个四面体组成的环叫五元环。还有六元环、八元环、十二元环及十八元环等。图 7-2（a）所示的六元环，可简化为六方型，如图 7-2（b）所示：每个顶角有一个 T（Si 或 Al）原子，每条边的中央有一个氧原子。通常两个铝氧四面体不能直接相连。环的当中是一个孔。各种环的孔直径为：四元环 1Å，六元环 2.2Å，八元环 4.2Å，十二元环 8～9Å。

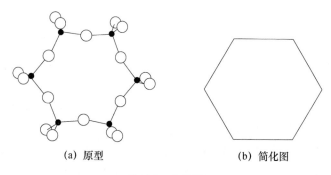

(a) 原型　　　　　　　　(b) 简化图

图 7-2　六元环

由于环可有不同程度的扭转，实际孔径与上述数据有一定出入。因此，同为八元环，孔径不一定相等。环的孔径与通常分子的大小差不多。六元环以下的孔径太小，分子钻不进去，除了离子交换之外，意义不大。由较大的环构成的沸石通道在分子筛的吸附及催化作用中是很重要的。

四面体通过氧桥连接成环，环上的四面体再通过氧桥相互连接，便构成三维骨架的孔穴（笼或空腔）。在分子筛的晶体结构中，含有许多形状整齐的多面体笼。如 A 型分子筛中，有 β 笼、α 笼、γ 笼，X 型和 Y 型沸石中有 β 笼、八面沸石笼和六方柱笼等。

γ 笼是一个立方体，由六个四元环组成，体积很小，一般分子进不到里面去。

六方柱笼是棱柱体，由六个四元环和两个六元环组成，它的体积也比较小。

β 笼也叫方钠石笼，因为方钠石结构中也有这种笼子，实际上是个削角或平切八面体（图 7-3），含有六个四角面，八个六角面和 24 个顶角。笼的空腔体积为 160Å³，平均直径 6.6Å。笼进一步相互连接，就可构成 A 型、X 型和 Y 型分子筛的骨架。

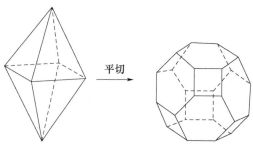

图 7-3　方钠石笼

α 笼和八面沸石笼留待下面讨论 A 型和 X 型、Y 型分子筛的结构时叙述。

二、A 型及 X 型分子筛

A 型分子筛主要有 4A、3A 和 5A 三种，X 型分子筛主要有 13X 和 10X 两种，它们是本课题的主要研究对象。

（一）A 型及 X 型分子筛的组成

常用 A 型及 X 型分子筛的组成特征可简要地归纳如下，见表 7-1。

表7-1 主要 A 型及 X 型分子筛的组成

名称		实验式	结构式
A 型	3A（NaA）	$Na_2O \cdot Al_2O_3 \cdot 2SiO_2 \cdot 4.5H_2O$	$Na_{12}（AlO_2）_{12}（SiO_2）_{12} \cdot 27H_2O$
	A4（KA）	$K_2O \cdot Al_2O_3 \cdot 2SiO_2 \cdot 4.5H_2O$	$K_{12}（AlO_2）_{12}（SiO2）_{12} \cdot 27H_2O$
	A5（CaA）	$CaO \cdot Al_2O_3 \cdot 2SiO_2 \cdot 4.5H_2O$	$Ca_{12}（AlO_2）_{12}（SiO_2）_{12} \cdot 27H_2O$
X 型	13X（NaX）	$Na_2O \cdot Al_2O_3 \cdot 2.5SiO_2 \cdot 6H_2O$	$Na_{86}（AlO_2）_{86}（SiO_2）_{106} \cdot 26H_2O$
	10X（CaX）	$CaO \cdot Al_2O_3 \cdot 2.5SiO_2 \cdot 6H_2O$	$Ca_{43}（AlO_2）_{86}（SiO_2）_{106} \cdot 26H_2O$

注：3A、5A 以 4A 为原料，10X 以 13X 为原料，经离子交换而成，表中数值以交换全部的 Na^+ 后的结果来表示 3A、5A 和 10X 的化学组成。

（二）A 型分子筛的结构

A 型分子筛的空间群为 P3，晶胞常数 $a_0 = 12.29Å$。

A 型分子筛的骨架结构与 NaCl 的晶体结构相似。在 NaCl 晶体中，钠离子和氯离子位于立方体的八个顶角上，若用 β 笼代替所有的钠离子和氯离子，并且相邻两个 β 笼间通过四元环用氧桥相互连接，这样便形成 A 型分子筛的骨架结构，如图 7-4 所示。

由图 7-4 可以看到，八个 β 笼相互连接后，在当中又形成一个新的笼子，称 α 笼，是个平切立方八面体，由 12 个四元环、8 个六元环和 6 个八元环组成，共 26 个面、48 个顶角。

α 笼比 β 笼还要大，它的平均直径为 11.4Å，空腔体积 760Å³，其饱和容量约折合 25 个水分子，或 19～20 个

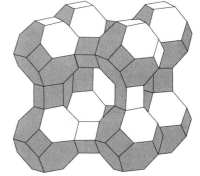

图 7-4 A 型沸石的 β 笼

NH_3，或 12 个 CH_3OH，或 9 个 CO_2，或 4 个 C_4H_{10} 分子。两个 β 笼当中形成立方体的 γ 笼。一个 α 笼周围有 8 个 β 笼和 12 个 γ 笼，α 笼与 β 笼通过六元环相互沟通。同时，一个 α 笼周围，还有 6 个 α 笼通过八元环相互沟通，八元环的直径约 4.2Å，是 A 型分子筛的主孔道。但不同阳离子类型的 A 型分子筛，直径有所变化（3A 主孔道为 3.0Å，5A 主孔道为 5.0Å）。

合成分子筛的晶胞可用以下的化学式表示：

$$Na_{12}[（AlO_2）_{12} \cdot （SiO_2）_{12}] \cdot 27H_2O$$

每个晶胞中含有 12 个可以交换的 Na^+ 离子。它们占据三种不同的位置，Na（Ⅰ）位有 8 个 Na^+ 离子，靠近六元环的中心。每个 α 笼有 8 个六元环，每个环上有一个 Na^+ 离子。Na（Ⅰ）离子和环上 6 个氧的距离是不等的，和其中 3 个氧最近（2.32Å），即主要和这三个氧配位。Na（Ⅰ）离子在这三个氧原子形成平面的 α 笼一侧，距平面 0.20Å。一般认为，Na（Ⅰ）-Na（Ⅰ）离子间的斥力使之进入 α 笼。在水合的情况下，Na（Ⅰ）离子更加深入 α 笼，距三个最近的氧为 3.36Å，与这三个氧形成的平面距离由 0.20Å 增加到 0.52Å。再脱水时，Na（Ⅰ）离子仍然向着这三个最近的氧移动。

Na（Ⅱ）位靠近四元环的中心，有 3 个 Na^+ 离子。α 笼有 6 个八元环，但在这种位置

上，只能有 3 个 Na$^+$ 离子。因为若 4 个 Na$^+$ 离子都在 Na（Ⅱ）位的话，它们之间的距离太近了。在水合时，Na（Ⅱ）离子也移入 α 笼，距八元环平面约 1Å。

最后一个 Na$^+$ 离子在 α 笼中，位于四元环的二次轴上，距 4 个最近的氧 2.5Å。在水合时，相应于 Na（Ⅲ）离子的位置在 X-射线衍射图中没有发现，可能由于充分水合靠近 α 笼中心的缘故。

由 Na$^+$ 离子的上述分布可见，特别在水合的情况下，NaA 沸石的所有 Na$^+$ 离子都深入到较大的 α 笼中，而比较容易实现完全的交换。不像 X 型和 Y 型沸石六方柱中的 Na$^+$ 离子很难交换。

A 型分子筛中的三种阳离子位置，从静电作用能方面考虑，Na（Ⅰ）位最稳定，其次是 Na（Ⅱ）位，而 Na（Ⅲ）位最不稳定。因此，在离子交换时，各种离子都相继竞争Ⅰ位。如在 CaA 分子中，单位晶胞的 6 个 Ca^{2+} 离子，都占据Ⅰ位。在用 K$^+$ 离子交换时，K$^+$ 离子直径 2.7Å，对于进入Ⅰ位而言太大了。因此，在交换度较低时，K$^+$ 离子只占据Ⅱ位。KA 分子筛（3A）吸附孔径的变小，看来就和 K$^+$ 离子占据八元环（A 型沸石的主通道）的位有关。

（三）X 型分子筛的结构

X 型分子筛的骨架结构同金刚石的结构相似。金刚石晶体由碳原子组成，碳原子的四个化学键在空间互成一定角度（约 109°）彼此相连，构型如图 7-5 所示。

若用 β 笼代替金刚石晶体中所有的碳原子，并且 β 笼和 β 笼之间通过六元环用氧桥相互连接（β 笼含有 8 个六元环，这里只用 4 个，一个隔一个地连接），这样便构成 X 型分子筛的骨架，如图 7-6 所示。

由图所知，当 β 笼这样相连时，在当中又造成一个新笼子，称八面沸石笼或超笼，把它单独拿出来，呈图 7-7 所示的形状。

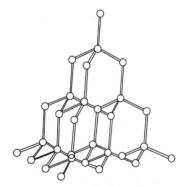
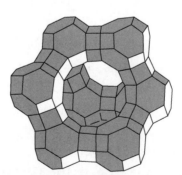
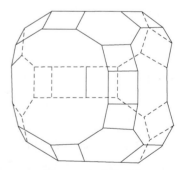

图 7-5　金刚石的晶体结构　　　图 7-6　沸石 X 的骨架结构　　　图 7-7　八面沸石笼

八面沸石笼由 18 个四元环、4 个六元环和 4 个十二元环组成，空腔 950Å^3，平均直径 12.5Å，饱和容纳量为 28 个水或 5.4 个苯或 4.1 个环已烷或 3.5 个正庚烷分子。这是 X 型分子筛的主要空腔。它通过六元环或四元环与周围的 β 笼相通，通过四元环与周围的六方柱笼相连，更重要的是通过 4 个十二元环和周围相邻的另外 4 个八面沸石笼相通。十二元环的直径约 8～9Å（13X 为 9.0Å，10X 为 8.0Å），是 X 型分子筛的主要通道。

X 型分子筛中阳离子的位置有四种，一般称作Ⅰ、Ⅰ′和Ⅱ、Ⅱ′。Ⅰ在六棱柱的中心；Ⅰ′位在方钠石笼中，与Ⅰ位共用棱柱氧原子的六元环。Ⅱ位稍离开空余六元环，移入超笼；Ⅱ′位在方钠石笼中，与Ⅱ位共用空余六元环。在单位晶胞中，Ⅰ、Ⅰ′和Ⅱ、Ⅱ′位的个数分别是16、32和32、32。X型分子筛完全脱水后，阳离子只占据Ⅰ、Ⅰ′和Ⅱ位。在未脱水或部分脱水的X型分子筛中，阳离子可以占据Ⅱ′位置。不同位上阳离子的可交换性不同。

三、分子筛的性能与应用

分子筛具有的固定大小的孔腔、静电和内表面能等特征，决定了分子筛具有的许多优良性能，使其有着广泛的用途。

1. 分子筛的吸附性能及应用

分子筛的吸附特性主要有三点：（1）根据分子大小和形状的不同作选择性吸附，或称为分子筛效应。常用A型和X型分子筛的名称、有效孔径、吸附分子及分子直径（举例）是：4A（NaA）、4.2Å，苯、$6.5 \sim 6.8$Å；3A（KA）、3.0Å、水、$2.7 \sim 3.2$Å；5A（CaA）、5.0Å、正丁烷、4.9Å；13X（NaX）、9.0Å、三丙胺、$8.1 \sim 9.1$Å；10X（CaX）、8.0Å、1、3、5三乙苯、$8.2 \sim 8.5$Å。（2）根据分子极性、不饱和度和极化率的选择吸附。（3）分子筛高效吸附，主要有低分压或低浓度下的吸附、高温状态下的吸附和高速吸附三个方面。

由于分子筛优良的吸附性能，故广泛应用于干燥领域、气体和液体的净化与分离领域。工业上大量用作干燥剂的是3A、4A、5A和13X分子筛。主要干燥的物质有：（1）气体：空气、N_2、H_2、天然气、裂解气等；（2）液体：丙酮、正庚烷、丙烯腈、苯、正丁烷、四氯乙烯、乙醇、汽油等。

分子筛在气体的净化与分离领域的应用主要有：（1）天然气和气体烃类的净化（4A、5A和13X分子筛）；（2）氢气的净化、回收以及稀有气体精制（5A分子筛）；（3）分离N_2和O_2制备氧气（5A分子筛，也可用SrX分子筛）。

分子筛在液体分离与净化领域的应用主要有：（1）分子筛脱蜡（5A分子筛）；（2）分子筛脱芳烃（10X分子筛，也可以用13X分子筛）；（3）宽馏分石蜡烃-烯烃的分离（X型分子筛）；（4）烯烃的分离（5A分子筛）；（5）液体的脱硫（13X分子筛）。

2. 分子筛的离子交换性能及应用

分子筛的阳离子性能一般是在水溶液中进行的。沸石分子筛的离子交换是可逆的，通过离子交换，改进了分子筛的吸附和催化性能，从而获得了更多种分子筛和更广泛的应用。例如：3A分子筛和5A分子筛分别是由K^+和Ca^{2+}交换4A分子筛中的Na^+而制备的；10X分子筛是用Ca^{2+}交换13X分子筛中的Na^+而制备的。沸石分子筛的离子交换性能本身就具有一定的应用前景。例如，4A分子筛中的Na^+很容易被溶液中的Ca^{2+}交换，因此，可以起到软化水的作用，从而用于洗衣粉中替代一定数量的三聚磷酸钠（STPP），减少了洗衣粉中磷对水体的污染。

3. 分子筛催化性能及应用

分子筛晶体具有均匀的多孔结构和很大的表面积及表面自由能，分子筛晶体含有带正电的阳离子和带负电的$[AlO_4]^-$四面体，也就是说，晶体中存在着静电场，在沸石电场的作用下，烃分子的C-H键被极化，生成正碳离子中间体，然后发生反应，这是沸石晶体具有催化活性的一个方面；沸石晶体内，平衡骨架阴离子电荷的金属阳离子，可进行离子交换，一些具有催化活性的金属也可以通过交换导入晶体，然后以极高的分散度还原为元素状态，从而提高催化的效果。这些性质使分子筛成为有效的催化剂和催化剂载体。

分子筛的催化活性一般随可交换阳离子电价的增高而增强。A 型分子筛对烃类没有什么催化活性；13X 分子筛的催化活性也很低，10X 分子筛可用于脂肪烃的异构方面。Y 型沸石、丝光沸石、稀土 X 型沸石和三价阳离子交换的 X 型沸石有较高的裂化活性，但它们都不属本项目研制的沸石，故不赘述。

第二节　高岭土制备分子筛的原理及工艺

高岭石矿物的实验化学式为：$Al_2O_3 \cdot 2SiO_2 \cdot 2H_2O$，与人工合成的 4A 沸石化学式：$Na_2O \cdot Al_2O_3 \cdot 2SiO_2 \cdot 5H_2O$ 极为相似，4A 沸石比高岭石多了一个 Na_2O 分子和 3 个水分子，因此，从化学组成的角度考虑，在 NaOH 的水溶液中就可制备出 4A 沸石。人工合成的 13X 分子筛化学式是：$Na_2O \cdot Al_2O_3 \cdot 2.5SiO_2 \cdot 6H_2O$，因此，用高岭土在补硅的 NaOH 水溶液中就能制备出 13X 分子筛。

高岭石的结构式是 $Al_4 [Si_4O_{10}] (OH)_8$，其结构是由一层 $[SiO_4]$ 四面体层和一层 $[Al(OH)_6]$ 八面体层复合组成的 1:1 型层状结构，内部的电价达平衡状态，所以，没有层间阳离子，它在正常情况下对酸和碱也都是稳定的。因此，要利用高岭石中的 Al_2O_3 和 SiO_2 合成分子筛，就必须破坏它的晶体结构，使 Al_2O_3 和 SiO_2 处于高度的化学活性状态，常用的方法就是煅烧。经适当温度煅烧的高岭土可以看成是 Al_2O_3 和 SiO_2 的混合物（通常称偏高岭石或变高岭石），用它在 NaOH 的水溶液中就可以制备出 4A 沸石和 13X 沸石，这就是利用高岭土制备分子筛的基本原理。

高岭土在形成的地质作用过程中都可能有一些杂质的带入，它们或者参与化学反应，影响沸石生成，或者不参与化学反应，以杂质形式残留到合成的沸石产品中，影响沸石的纯度和质量指标。自然界产出的纯净、优质的高岭土储量较小，因此，对大多数高岭土来说，在制备沸石分子筛以前还要进行选矿处理。

经过选矿和煅烧处理的偏高岭土是一种高活性 Al_2O_3 和 SiO_2 的混合物，这时，就可以依据偏高岭土粉中 Al_2O_3 和 SiO_2 的含量，以一定比例和水、NaOH 混合，像用化工原料合成分子筛那样操作，合成沸石分子筛，其主要工艺过程包括以下四个方面。

1. 配料与陈化

偏高岭土是活性 SiO_2 和 Al_2O_3 的均匀混合物，配料时主要考虑 NaOH、水、偏高岭土粉的用量。陈化的作用有两个：一是让偏高岭土与 NaOH 充分混合；二是让 NaOH 激发 SiO_2 和 Al_2O_3 的活性。陈化过程中有 SiO_2 和 Al_2O_3 在 NaOH 溶液中的溶解胶化作用，它和胶化过程没有严格的界线。

2. 胶化

胶化的主要目的是 NaOH 溶解 SiO_2 和 Al_2O_3 形成硅酸钠和偏铝酸钠，进而形成无定形的含水铝硅酸钠，这一阶段所需的温度较低，所以也叫低温胶化，其反应是（以 4A 分子筛为例）：

$$Al_2O_3 + 2NaOH \Longrightarrow 2NaAlO_2 + H_2O + Q$$

$$SiO_2 + 2NaOH \xlongequal{\quad} Na_2SiO_3 + H_2O + Q$$

$$2NaAlO_2 + 2NaSiO_3 + 6H_2O \xlongequal{\quad} Na_2O \cdot Al_2O_3 \cdot 2SiO_2 \cdot 4H_2O + 4NaOH + Q$$

3. 成核与晶化

这一阶段是由无定形含水铝硅酸钠转化成分子筛晶体的过程。这一过程是将胶化好的混合物继续加热，使温度升到80～100℃，并保持一定时间，就形成了沸石分子筛。当胶化好的混合物升温到结晶温度以后，分子筛并没有立即生成，这一阶段叫成核期，但当有晶种或非晶态定向剂加入时，成核期可缩短或消失。

4. 冲洗与烘干

分子筛在物理化学上属于亚稳定态物质，它在较浓的碱性溶液中可以逐步转变成稳定态的羟基方钠石，失去分子筛特性。因此，制备的分子筛必须冲洗，以除去多余的碱。冲洗的另一个目的是除去未完全晶化的胶体物质，这些残余的胶体在烘干时起到粘结剂的作用，使分子筛晶体粘结成团，影响粒度。在冲洗的早期，因 pH 值较高，分子筛晶体团聚，沉淀很快，20min 左右就可澄清，用倾析法分离较为便利，当 pH 值降至12～13 以下时，分子筛沉降很慢，实验中采取过滤的方法脱水（工业生产多用压滤机脱水）。一般使 pH 降到9～10。若进一步冲洗，不仅浪费水和时间，而且会产生部分 H$^+$ 化，影响分子筛的性能。烘干工序较为简单，一般在 105～120℃ 温度下烘干即可。

综上所述，高岭土制备分子筛主要包括选矿、煅烧、配料与陈化、胶化、晶化、冲洗、脱水和烘干几个工序，其工艺流程如图 7-8 所示。

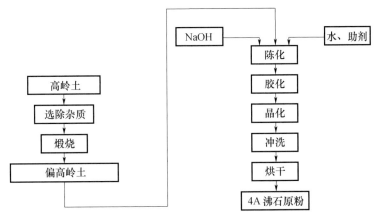

图 7-8　高岭土制备 4A 沸石工艺流程图

用高岭土制备分子筛的工艺流程可以分成两部分。第一部分包括高岭土的选矿提纯，其中间产品是偏高岭土。第二部分包括配料、陈化、胶化、晶化、冲洗、脱水、烘干，其产品是分子筛原粉。

第一部分是一般的高岭土加工厂都在从事的工作，即便是考虑产品作造纸填料、造纸涂料、白彩色电缆填料、白橡胶填料、塑料填料及分子筛原料用途对煅烧高岭土要求的差异，也只仅仅是生产工艺参数有所变化，其加工工序及工艺过程大同小异。所以，属非金属矿加工范畴。第二部分的内容和利用水玻璃、氢氧化铝、氢氧化钠和水生产沸石分子筛的工艺是完全相同的，只是工艺参数和具体操作方法有些差别，因此，这一部分应归属化学合成的范畴。

第三节　制备分子筛用高岭土的选择

风化型高岭土是在自然岩石风化的残余物，在开放体系中进行的风化、搬运和沉积作用都会带入杂质组分，它们对高岭土合成分子筛会有一定的影响，有些组分能直接参与化学反应，影响分子筛的生成，有些组分不参与化学反应，最终混入分子筛产品中，影响分子筛的纯度。因此，如何正确地评价和选择制备分子筛用高岭土是一个重要的实际问题。经过几年的科学实践，我们总结了以下几个选择制备分子筛用高岭土的指标和方法。

1. 外观特征

作为沸石分子筛用途的风化型高岭土的外观应该颜色均匀，基本为白色，细腻，无可见杂质。

另外，可用简单易行的煅烧试验的方法判别高岭土的质量。将高岭土置于马弗炉或其他氧化环境的窑炉中煅烧，温度控制在 850℃ 左右，煅烧 4～6h，若煅烧样品呈现白、浅黄、浅红（粉）等色，质量较好；若呈现深褐、深红、深黄等比较重的色调，说明铁含量较高，质量较差。

2. 化学成分

高岭土的化学成分主要分析 SiO_2、Al_2O_3、K_2O、Na_2O、CaO、MgO、Fe_2O_3、TiO_2 和烧失量（Loss）。生产分子筛用高岭土要求 SiO_2/Al_2O_3 在 2 左右（克分子比）；Fe_2O_3 和 TiO_2 的和在 1％ 以下，特别是 Fe_2O_3 在 0.5％ 以下，如果太高就要选矿处理，不然分子筛的白度较差；当将上述成分换算成无烧失量成分时，SiO_2 和 Al_2O_3 之和应在 90％～95％ 以上；K_2O 和 Na_2O 主要来源于伊利石和长石，CaO 和 MgO 主要来源于碳酸盐矿物，因此，它们含量的高低反映了杂质矿物的多少。另一方面，在高岭土预处理（特别是煅烧）过程和分子筛化学合成过程中，几乎所有的 CaO 和 MgO 被激发活化，有相当一部分 K_2O 也被激发活化，以离子状态参加分子筛的反应，它们对合成沸石分子筛是有害的，含量应尽量少，其原理可由阳离子对合成沸石分子筛的作用加以说明。

金属阳离子对沸石分子筛的合成有明显的影响。碱金属阳离子在可溶性硅酸盐溶液中和硅胶溶液中呈现有稳定作用，可作为硅酸和硅胶溶液的稳定剂或聚合物抑制剂。对硅铝酸盐凝胶、碱金属阳离子也有同样的稳定作用，可使胶团中的某些结构单元稳定。如采用 H^+ 离子替代 Na^+ 离子，则胶团发生"脱稳化"而导致沉淀或固化。并且 K^+ 离子和 Na^+ 离子也有明显的差别，它们对沸石骨架的形成速度有明显的影响，例如，在相同条件下，将反应体系中的 Na^+ 换成 K^+ 离子，则需要很长的时间才能形成相应的沸石，正是由于这个原因，人们在制备 3A 和 5A 沸石时，选择了先制备 4A 沸石，再用离子交换的方法生产 3A 和 5A 沸石的工艺路线，而不是在 KOH 或 Ca（OH）$_2$ 溶液中直接制备 3A 和 5A 沸石。

实验表明，沸石阴离子骨架的几何排列对于反应介质中存在的阳离子种类很敏感。例如，在一定组成的反应混合物中，阳离子为 Na^+ 时，可以生成 A 型、X 型沸石，而加入 Ca^{2+}、Mg^{2+}、K^+ 之类的离子时，则生成 B 型沸石；在合成 A 型沸石的条件下，加入烷基铵离子进行反应，则生成 ZK-5 沸石。而 Fe^{3+}、Ti^{4+} 等离子的加入对沸石的生成影响则不很明显。阳离子的这种控制作用是由于水合阳离子的大小不同，从而使阴离子骨架的排列也不同而造成的。

3. 矿物成分

高岭土以高岭石为主，此外，还含有一定量的蒙脱石、伊利石、埃洛石、珍珠陶石、方解石、叶蜡石、硬水铝石、三水铝石、长石、石英及铁的矿物（赤铁矿、黄铁矿、菱铁矿、褐铁矿）和钛的矿物（金红石、板钛矿、锐铁矿）。依据上述各种矿物特性及高岭土制备分子筛的工艺流程和质量要求，只有高岭石、埃洛石、珍珠陶石等高岭石族矿物可以看作有用矿物（矿石矿物），其他矿物均是无用矿物（脉石矿物），甚至有一些是有害矿物。

我们可以用 X 射线衍射分析或电镜分析等方法研究高岭土的矿物种类，参考化学分析资料，用示性矿物分析的方法计算高岭土中各种矿物的百分含量，依此来判断高岭土的质量。一般情况下，制备分子筛用高岭土中的有用矿物总量应大于 90%，最好在 95% 以上，有害矿物主要是指铁的矿物、钛的矿物和方解石，它们的含量越低越好。

4. 结晶程度

高岭石的结晶程度一般用 Hinckley 指数表示，它可在 X 射线衍射图上求得。结晶程度反映了高岭石的有序度，即高岭石晶体中各原子排列有序度的大小。一般情况下，高岭石的结晶程度越差，Hinckley 指数越小，晶体结构的破坏越容易；结晶程度越好，结构破坏越困难，Al_2O_3 和 SiO_2 越难充分活化，合成沸石就越困难。例如，有人用四川的叙永石（埃洛石型高岭土）不经煅烧活化工艺，就合成了钙交换量达 300mg $CaCO_3$/1g 干 4A 沸石的分子筛。

5. 可选性

如果高岭土的纯度不高，但其中的杂质较易选除（可选性好），那么，这种高岭土也不失为一种好质量的高岭土。例如，有些风化型高岭土中常含有大量的石英，就原矿的化学成分和矿物成分而言并不纯净，但这些高岭土呈松散的土状，石英颗粒比高岭石粗大得多，且二者呈解离状态，经捣浆、分散、沉淀就可将绝大多数石英除去，制得纯净的高岭土；其中的 Fe_2O_3 和 TiO_2 团聚成比较大的颗粒，也比较容易除去，这种高岭土经过简单的选矿，就可以作为生产沸石分子筛的原料。

第四节　4A 沸石原粉的制备

一、化学原料合成 4A 沸石的启示

A 型沸石（分子筛）是自然界中不存在的沸石品种，其化学组成通式可以写成：$Na_2O \cdot Al_2O_3 \cdot 2SiO_2 \cdot 5H_2O$，硅铝凝胶合成 A 型沸石的反应混合物的理想配比范围为：

$$SiO_2/Al_2O_3 = 1.3 \sim 2.4 \text{（克分子比，下同）}$$
$$Na_2O/SiO_2 = 0.8 \sim 3.0$$
$$H_2O/Na_2O = 35 \sim 200$$

在实际生产中，考虑 A 型沸石产品质量和经济两个因素，一般采用的配比是：$Na_2O : SiO_2 : Al_2O_3 : H_2O = 3 : 1 : 2 : 185$，具体操作过程可分成以下几个步骤：

1. 原料溶液的配制

硅酸钠溶液配置——使用模数（即 SiO_2/Na_2O）为 2.5 左右的工业水玻璃，以水稀释到密度为 $1.20\sim1.25g/cm^3$，通入蒸汽加热到沸腾约半小时，静置使杂质沉淀，然后将上部的清液送入贮存罐中备用，并标定浓度。一般情况下，溶液中 Na_2O 为 $1.0\sim1.2$ 克分子/升，SiO_2 为 $2.5\sim3.0$ 克分子/升。水玻璃模数对沸石的生成及种类有一定的影响，这个问题将在以后讨论。

铝酸钠溶液配置——将固体氢氧化钠加水溶解，配制成含 Na_2O $6\sim8$ 克分子/升的氢氧化钠溶液，加热至沸腾，按 $Na_2O/Al_2O_3=1.8\sim2.0$，在不断搅拌下慢慢加入氢氧化铝。待氢氧化铝完全溶解后，停止加热，并加水稀释，冷却至 $50℃$ 左右，用泵送入沉降罐中，静置一天。将清液送入贮存罐，标定浓度备用。一般情况下，铝酸钠溶液中含 Na_2O $2.0\sim2.7$ 克分子/升，含 Al_2O_3 $1.0\sim1.3$ 克分子/升。

氢氧化钠溶液配置——称取一定量的固体氢氧化钠，加入一定量的水溶解，配成含 Na_2O $3.0\sim4.0$ 克分子/升的 $NaOH$ 溶液。为了加速溶解过程，可加热并不断地搅拌。冷却后存于贮存罐中，标定浓度备用。也可以直接购买液碱使用，使用前也应稀释至 $3.0\sim4.0N$ 浓度，标定浓度，并注意用沉淀或过滤的方法，除去液碱在生产、运输、贮存过程中带入的机械杂质。

2. 反应混合物的配制

反应混合物的配制按照 $3Na_2O \cdot Al_2O_3 \cdot 2SiO_2 \cdot 18H_2O$ 的配比配制反应混合物，其中各组分的浓度为：Na_2O 0.90 克分子/升，Al_2O_3 0.30 克分子/升，先将铝酸钠溶液、氢氧化钠溶液及水放入反应釜中，在搅拌下预热到 $30℃$ 左右，再将水玻璃快速地投入釜内，继续搅拌 30min 左右，使成均匀的凝胶。曾经发现，混胶温度过低，则产品轻而松散，成形时强度较差，吸附量也较低。反应混合物配制过程的实质就是成胶过程，生成硅铝凝胶，其反应为：

$$Na_2SiO_3 + NaAlO_2 + NaOH + H_2O \longrightarrow [Na(AlO_2)b(SiO_2)cNaOH \cdot H_2O]$$

3. 水热反应

将配成的硅铝凝胶在搅拌下加热升温到 $(100\pm2)℃$，然后停止搅拌，保持 $100℃$ 左右的温度，使之在静态下晶化 $4\sim6h$，便生成了 4A 沸石晶体，产品沉淀于反应釜下部。

4. 冲洗、脱水和烘干

结晶完毕，往反应釜中加水，并搅拌，然后将料打入板框压滤机，压滤—冲洗反复进行，直至 $pH=9\sim10$ 时卸出滤饼烘干，即得到了 4A 沸石原粉（产品）。

从化学原料合成 4A 沸石的配比和方法可以得到高岭土合成 4A 沸石的诸多启示，我们将依据高岭土原料的特殊性，结合化学原料合成 4A 沸石的组分配比和条件，研究风化型高岭土生产 4A 沸石的方法。

二、高岭土制备 4A 沸石

制备 4A 沸石，配料是非常重要的，不同的配比，能形成不同的沸石。在配料方面，主要考虑 SiO_2/Al_2O_3、Na_2O/SiO_2、H_2O/Na_2O 和添加剂的类型与数量等因素。在陈化、胶化、晶化成核期和结晶期四个阶段对 4A 沸石质量的影响因素有：温度、升温速度、加热方式、时间、搅拌速度、H_2O/Na_2O（$NaOH$ 浓度）和分散剂、结晶助剂的种类与加入量、加入时间等因素。同时考虑偏高岭土细度、煅烧温度、气氛、保温时间、煅烧磨矿顺序、除杂质的方法、胶化与陈化的顺序等因素。

1. 偏高岭石的质量

（1）高岭土在 $550\sim950℃$ 温度下保温一定时间后，脱去结晶水，晶体结构破坏，形成活性的 SiO_2 和 Al_2O_3 不定形物，可以替代用化工方法生产的硅、铝原料制备 4A 分子筛，而伊利石、长石等其他矿物在此温度范围内很难分解成活性的 SiO_2 和 Al_2O_3，所以它们都是杂质成分。因此，高岭石的含量直接影响 4A 分子筛的质量，一般应使用高岭石含量在 90% 以上的黏土岩或煤矸石作为原料。

（2）高岭石的结晶程度是影响 4A 分子筛合成的另一个主要因素。高岭石结晶程度越高，晶体结构越难破坏，偏高岭土的活性越差。

（3）铁、钛是高岭土中的主要染色元素，特别是铁在强碱性溶液中很容易转变成 Fe_2O_3，分散性高，染色能力强，严重影响产品的白度。有资料介绍，铁、钛离子还可参与化学反应生成杂质相，我们工作的结果显示，Fe_2O_3 含量在 1.0% 以下时，对制备 4A 分子筛的钙交换能力影响不大（还需作进一步探讨，不能定论），在不加增白剂的情况下，$0.3\%\sim0.5\%$ 的 Fe_2O_3 对 4A 分子筛白度的影响就很显著了，所以，偏高岭土中的 Fe_2O_3、TiO_2、CaO、MgO 含量应严格控制（CaO、MgO 主要是影响 4A 分子筛的生成）。

2. 煅烧温度和保温时间的影响

高岭土在 $550℃$ 开始脱水，但要使结晶水完全脱除，则要求较高的温度和较长的时间，关于煅烧温度和保温时间与偏高岭土白度的问题已在前文作过介绍。这里着重指出，煅烧温度和保温时间会通过偏高岭土中 Al_2O_3 的活性影响制备分子筛的物料配比，影响制品的钙交换量（因过烧的 Al_2O_3 实质上也是一种杂质组分）；局部烧结影响制品粒度；碳质的不充分燃烧影响制品白度。因此，高岭土煅烧条件也是制备 4A 分子筛过程中的关键技术之一。

3. 偏高岭土细度的影响

偏高岭土的细度决定了它的表面积和表面化学能，对化学反应速度影响很大，因此，在特定时间内的反应过程中，粗粒中心部分未参加反应，从而影响 4A 分子筛晶体的生成量。另一方面，水热法合成 4A 分子筛有一定的配比关系，主要用 SiO_2/Al_2O_3、Na_2O/SiO_2 和 H_2O/Na_2O，在不补充 Al_2O_3 的情况下，配料中的 SiO_2/Al_2O_3 比在合成反应的各个阶段变化不大，而 Na_2O/SiO_2 有较大变化。我们可以设想，一个较大的偏高岭石颗粒的边缘与 NaOH 反应，而颗粒中心的 SiO_2 和 Al_2O_3 在一定时间内并未与 NaOH 溶液接触，也就是说，在各阶段中，实际参加反应的物质中，Na_2O/SiO_2 和 Na_2O/Al_2O_3 是不一样的，而不同的配料有不同的晶核生成，因此，偏高岭土的细度不同，最佳 Na_2O/SiO_2 有所差别，对制备的 4A 分子筛的钙交换能力影响较大。实验表明，制备 4A 分子筛的钙交换能力，随偏高岭土细度的增加而提高，但到一定细度后（1250 目），再提高偏高岭土细度，钙交换能力变化不大。

偏高岭土细度对制备的 4A 分子筛粒度的影响与它对制品钙交换能力的影响相似，不同之处是在偏高岭土达更高细度以后，才对 4A 分子筛粒度产生较小的影响。

分级试验结果表明，偏高岭土细度与白度的关系是：粗粉白度低，细粉白度高，更细的偏高岭土白度也较低，这个结论可能与样品性质有关。

4. 反应物料配比的影响

配料的 SiO_2/Al_2O_3、Na_2O/SiO_2、H_2O/Na_2O 对 4A 分子筛的钙交换能力有十分明显的影响，不适合的配比，不但会降低制品质量，而且还会生成大量的杂晶，甚至根本不生成 4A 分子筛晶体。

在化工原料合成 4A 分子筛时，SiO_2/Al_2O_3 对钙交换能力和粒度的影响是一致的，以 1.85～1.95 最好。而在用偏高岭土制备 4A 分子筛时情况有所不同。首先是最佳比值偏低，这可能与偏高岭土中 SiO_2 和 Al_2O_3 的活性差别有关。在一般情况下，SiO_2 溶于 NaOH 形成硅酸钠，而 Al_2O_3 的溶解性较差；活性 SiO_2 的煅烧温度范围较宽，而活性 Al_2O_3 的稳定范围较窄（在用高岭土生产聚合氯化铝的过程中也发现，Al_2O_3 出率很难越过 95%）。

其次，以钙交换能力为指标确定的最佳 SiO_2/Al_2O_3 条件下合成的 4A 分子筛，在偏光显微镜下观察时，晶粒很细，而粒度分析结果却显示粒度较粗。粒度偏大是由于用偏高岭土"水热法"合成 4A 分子筛并不是标准的水热合成，它实际上是"水热法"与"碱处理法"共同作用的结果，即溶液中进行水热合成，悬浮相很像碱处理法，也类似于地质学中的变质反应，因此，在较合适的配比条件下，固相直接转化成的 4A 分子筛晶体团聚在一起，形成较大的颗粒，在 325 目偏高岭土合成的 4A 分子筛中，立方体的 4A 沸石团聚在一起，总体形状呈不规则"片状"，如图 7-9 所示。

图 7-9 A 型沸石团聚体形态

SiO_2/Al_2O_3 对合成 4A 分子筛的白度也有一定影响，这种影响的程度可延续到 13X 分子筛的配比范围。同种偏高岭土合成的 4A 分子筛总是没有 13X 分子筛白，在生成 4A 分子筛范围内，SiO_2/Al_2O_3 越高，产品越白，补铝过多，会使 4A 分子筛样品明显发黄。这一现象可能与 $Fe(OH)_3$、Na_2SiO_3 和 $NaAlO_2$ 三种胶体的性质有关。

Na_2O/SiO_2、H_2O/Na_2O 对制备的 4A 分子筛的钙交换能力和粒度的影响与化工原料制备 4A 分子筛的情况相同，不再赘述。而 H_2O/Na_2O 比增加会使 4A 分子筛的白度稍有增加。

不同配料比例的混合物料或制备 4A 分子筛的途径不同，结晶动力学也有一定差别，如图 7-10 所示。

5. 合成温度与时间的影响

合成温度与时间是相关性很强的因素，二者还受偏高岭土细度、配料及添加剂的影响，一般规律是：较细高岭土、较低 H_2O/Na_2O 值，在温度不变时，可在较短时间内合成 4A 沸石。温度越高，合成时间越短；在低温下，长时间结晶，也能形成 4A 分子筛，如我们曾在 60℃下，18h 制得 4A 分子筛。陈化和胶化的适宜温度范围较宽，但最高温度界限却很严格，一旦温度太高，哪怕是很短时间，也会使 4A 分子筛质量明显下降，在制备 13X 分子筛时更为敏感。但升温速度对 4A 分子筛钙交换能力影响不大。

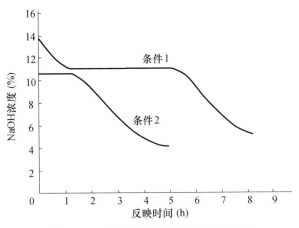

图 7-10　两种配比的结晶动力学曲线图

6. 搅拌和加热方式的影响

化工原料制备 4A 分子筛的混胶期要求强烈搅拌，而偏高岭土制备 4A 分子筛在低温胶化期对搅拌的要求不高，只要能使物料均匀悬浮即可，强力搅拌制备的 4A 分子筛质量没有明显提高。

化工原料合成 4A 分子筛时，在温度升到所要求的结晶温度后，一般停止搅拌，使其静态结晶；而偏高岭土制备 4A 分子筛的物料实际上没有纯胶体阶段，总是处于悬浮液状态，为防沉淀引起的物料不均匀，必需搅拌，并且搅拌速度太慢会对制品质量有不良影响。也许这种现象的产生原因是由我们实验采用的水浴加热时，其外壁与内部的温度差所引起的。

第五节　高岭土制备 13X 分子筛

一、硅铝凝胶合成 13X 沸石

X 型沸石在结构上与开然八面沸石相类似，其他化学组成可用下式表示：

$$Na_2O \cdot Al_2O_3 \cdot 2.5SiO_2 \cdot 6H_2O$$

合成 X 型沸石的反应混合物的组成范围比较窄，只在以下配比范围可以生成纯 X 型沸石：

$$SiO_2/Al_2O_3 = 3 \sim 5$$
$$Na_2O/SiO_2 = 1 \sim 1.5$$
$$H_2O/Na_2O = 35 \sim 60$$

合成 X 型沸石所用原料与合成 A 型沸石是相同的，原料凝胶的配制及反应混合物的配制方法也和 A 型沸石相同。合成 X 型沸石与合成 A 型沸石主要两个方面的不同：一是由于 X 型沸石的 SiO_2/Al_2O_3 比较高，生成较困难，所以，在凝胶生成后，要增加老化步骤，反应时间也较长；二是凝胶中的 SiO_2/Al_2O_3、Al_2O_3/Na_2O、H_2O/Na_2O 不同。

在合成 X 型沸石时，一般将水玻璃、铝酸钠、氢氧化钠和水等原料按照 $4.8Na_2O \cdot Al_2O_3 \cdot 3.7SiO_2 \cdot 180H_2O$ 的配比配制成反应混合物。其中各组分的浓度为：$Na_2O 1.48$

克分子/升，Al_2O_3 0.31 克分子/升，SiO_2 1.14 克分子/升。使生成的反应混合物凝胶在室温静置老化 5h，然后在 100℃静止晶化，约需 13～17h 晶化完成，其后按照 A 型沸石生产操作处理。母液中含 Na_2O 1.2 克分子/升，SiO_2 0.4 克分子/升，几乎不含 Al_2O_3，相当于模数很稀的水玻璃，可回收用于下次合成时配制的反应混合物中。

二、高岭土合成 13X 沸石

高岭土主要由高岭石组成，其化学组成是 $Al_2O_3 \cdot 2SiO_2 \cdot 2H_2O$，煅烧脱去结晶水后，化学组成是 $Al_2O_3 \cdot 2SiO_2$，而 13X 沸石的硅铝比例是 2.5-3，所以，合成 13X 沸石时必须补硅，这是与高岭土合成 A 型沸石不同之处（4A 沸石硅铝比和高岭石完全相同，所以，一般情况下不需补铝或硅）。

煅烧高岭土中补硅的方法有两种：一是用适当温度下煅烧的高岭土补硅。用适当温度下煅烧的高岭土补硅的机理是将 Al_2O_3 烧成 $\gamma\text{-}Al_2O_3$，使其失去化学活性，而 SiO_2 还处于高活性状态，这个适当温度范围就是 950～1250℃之间，但应注意的问题是，在高岭土中含有杂质时，由于共熔温度较低，相变的温度也会适当前移，因此，补硅用高岭土煅烧温度一般控制在 900～1050℃范围内。另一种补硅的方法是用水玻璃补硅，其操作方法与化工原料合成分子式时制备硅酸钠溶胶的操作相同，但应注意的是水玻璃的模数不同时，对合成沸石质量是有影响的。

对于可溶性硅酸盐（水玻璃）来说，它们在水溶液中形成水合的硅酸盐阴离子，这些阴离子常以聚合体的状态存在。在碱性比较强的溶液中，它们主要以 SiO_4^{4-} 单体的形式存在，其次是二聚体 SiO_7^{6-} 和三聚体 SiO_{10}^{8-}，也有复杂的环状四聚体 $[SiO_3]_4^{8-}$ 存在。随着溶液碱性降低，阴离子聚合度逐渐增大，例如，比值为 0.48 时，平均分子量为 60，比值为 2.09 时，平均分子量为 160；而比值为时 3.30 平均分子量为 320。不同模数或用不同方法处理过的水玻璃中阴离子的聚合度不同，因而合成反应的动力学特性也不同，所以对生成沸石类型有相当的影响。一般情况下，使用聚合度小的水玻璃容易得到类似于八面沸石的产品，而使用聚合度大的水玻璃，容易得到类似菱沸石的产品。

1. 第一批试验

为了节约试验次数，所以没有选用在适当温度下煅烧高岭土补硅的方法；又考虑到所制备的 13X 沸石属八面沸石类，所以，选用低聚合度的水玻璃（模数为 1）作为高岭土合成 13X 沸石补硅的原料。因 13X 沸石的合成工艺、原理及操作均与 4A 沸石相类似，只是各因素对 13X 沸石质量的影响程度与主次关系，最佳工艺参数与制备 4A 沸石不同，所以，下文主要以实验研究过程说明制备 13X 分子筛的影响因素，从各因素的量值变化对 13X 沸石质量的影响，也能观察到它们作用的大小。制备 13X 分子筛正交试验，见表 7-2。

表 7-2　制备 13X 分子筛正交试验表

样号	SiO_2/Al_2O_3	Na_2O/Al_2O_3	H_2O/Na_2O	13X 分子筛主峰强度	P 型沸石主峰强度
X_{01}	3.0	2.5	25	59	479
X_{02}	3.0	3.0	35	138	358
X_{03}	3.0	3.5	45	182	319

续表

样号	SiO_2/Al_2O_3	Na_2O/Al_2O_3	H_2O/Na_2O	13X 分子筛主峰强度	P 型沸石主峰强度
X_{04}	3.5	2.5	35	133	379
X_{05}	3.5	3.0	45	157	379
X_{06}	3.5	3.5	25	65	480
X_{07}	4.0	2.5	45	99	403
X_{08}	4.0	3.0	25	73	493
X_{09}	4.0	3.5	35	148	363
I	126.3	97.0	65.7		试验条件分析，以 13X 分子筛主峰强度为依据
II	118.3	122.7	139.7		
III	106.7	131.7	146.0		
R	19.6	34.7	80.3		

注：SiO_2/Al_2O_3 用模数为 1 的水玻璃调配，下同。

结论：

（1）H_2O/Na_2O 对 13X 沸石质量影响最大，比较好的比值是 45。

（2）Na_2O/Al_2O_3 对 13X 沸石质量影响较大，比较好的比值是 3.5。

（3）SiO_2/Al_2O_3 对 13X 沸石质量影响较小，比较好的比例是 3.0。

2. 第二批试验

因正交试验中较好的条件是 3.0、3.5 和 45，并且 Na_2O/Al_2O_3 的 3.5 较 3.0 对 13X 分子筛的质量提高不多。依据上述试验结果，设计第二批试验三个样的试验条件及测试结果见表 7-3。

表 7-3　第二批试验结果

样号	SiO_2/Al_2O_3	Na_2O/Al_2O_3	H_2O/Na_2O	13X 主峰强度	P 沸石主峰强度
X_{10}	3.0	3.5	45	271	242
X_{11}	3.0	3.5	55	240	247
X_{12}	3.0	3.5	65	244	227

结论：45 为 H_2O/Na_2O 的最佳条件。

3. 第三批试验条件及结果（表 7-4）

表 7-4　第三批试验条件及结果

样号	SiO_2/Al_2O_3	Na_2O/Al_2O_3	H_2O/Na_2O	晶化时间	13X 主峰强度	P 沸石主峰强度
X_{13}	2.5	3.5	45	8h	400	112
X_{14}	2.3_7	3.5	45	8h	110	120
X_{15}	2.5	3.5	45	10h	425	75

结论：

（1）2.5 为 SiO_2/Al_2O_3 最佳条件。

（2）将晶化时间由 8h 延长到 10h 有利于 13X 分子筛的生成。

4. 第四批试验条件及结果（表7-5）

表7-5　第四批试验条件及结果

样号	Na_2O/Al_2O_3	胶化温度（E）	成核温度（F）	13X主峰强度	P沸石主峰强度
X_{16}	4.0	65	90℃	467	93
X_{17}	3.5	65	90℃	445	57
X_{18}	3.5	55	90℃	374	63

注：未提及条件同X_{13}样。

结论：

（1）Na_2O/Al_2O_3最佳条件为4.0。

（2）胶化温度的最佳条件是65℃。

5. 第五批试验条件及结果（表7-6）

表7-6　第五批试验条件及结果

样号	Na_2O/Al_2O_3	H_2O/Na_2O	13X主峰强度	P沸石主峰强度
X_{19}	4.5	45	403	85
X_{20}	5.0	45	315	67
X_{21}	3.5	降低胶化时H_2O/Na_2O	417	60

结论：

（1）$Na_2O/Al_2O_3=4.0$确实为最佳条件。

（2）降低胶化时的H_2O/Na_2O，对合成13X分子筛不利。

6. 第六批试验条件及结果（表7-7）

表7-7　第六批试验条件及结果

样号	胶化	过渡期	晶化期	分散剂浓度	13X主峰强度	P沸石主峰强度
X_{22}	65℃，2h	75℃，3.5h	90℃，4.5h	0	500	53
X_{23}	75℃，2h	75℃，3h	90℃，5h	0	141	258
X_{24}	75℃，2h	75℃，3h	90℃，5h	0.5%	197	247

结论：

（1）X_{22}为最佳试验条件，再提高胶化温度十分有害。

（2）外加少量分散剂对13X分子筛合成较为有利。

7. 制备13X分子筛试验小结

经过大量试验，使13X主峰强度达到500，X-Ray曲线图上主要显示13X分子筛衍射峰，杂晶衍射峰已很低或不存在，为进一步提高13X分子筛质量，我们又做了第七批试验，主要改变胶化时间和晶化时间，结果证明X_{22}样条件为较理想的试验条件。静态吸水率是13X分子筛原粉的主要质量指标之一，所以，我们自测了质量较好的7个样品的静态吸水率（W），它和13X分子筛的主峰强度（b）呈正相关，和P型沸石主峰强度（c）呈负相关（表7-8和图7-11），相关方程式是：

$$A=b-1.4c \tag{7-1}$$

表 7-8 13X分子筛静态吸水率相关因素

样号	13X 主峰强度	P 型沸石主峰强度	静态吸水率（%）
X_{13}	400	112	24.6
X_{25}	417	40	27.2
X_{15}	425	75	27.1
X_{17}	445	57	27.3
X_{27}	447	47	29.0
X_{16}	467	93	29.0
X_{22}	500	53	29.9

从表 7-8 和图 7-11 可以看出，在一定试验条件下，P 型沸石杂晶对 13X 分子筛静态吸水率的影响是最主要因素，进一步的试验应主要通过降低杂晶含量来提高静态吸水率。

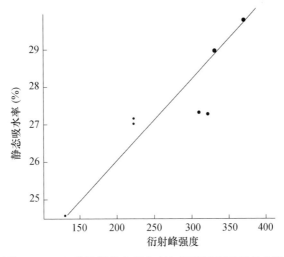

图 7-11 13X 分子筛静态吸水率与衍射峰强度相关曲线

8. 其他因素对制备 13X 分子筛的影响

偏高岭土的细度对制备 13X 分子筛与制备 4A 分子筛的影响基本相同。应该说，在其他条件不变的情况下，偏高岭土越细，比表面积越大，化学反应性越高，制备的 13X 分子筛越好，但我们将 325 目偏高岭土换成 1000 目偏高岭土时，在其他条件不变的情况下，杂晶含量反而增加，13X 分子筛主峰减弱，静态吸水率降低，其原因已在制备 4A 分子筛主要因素的影响一节中讲过，不再赘述。用较细的偏高岭土，同时改变其他条件，可使合成的 13X 分子筛质量有较明显的提高，证明细度与制备的 13X 分子筛质量成正相关，但不同细度条件下的其他试验条件则有一定的差别。

搅拌对制备 13X 分子筛也有一定的影响。搅拌的目的是使反应混合物中原料分布均匀，使其不存在温度梯度，因此，一般认为在陈化和胶化时期搅拌速度越快越好。经过我们对比试验，陈化和胶化时的搅拌对制备的 13X 分子筛的质量有很大的影响，并且不是越充分越好。在陈化和胶化不同阶段的搅拌就应区别对待，不合适的搅拌可使 13X 分子筛原粉的静态吸水率由 27.5％降到 19.1％。究其原因，可能是不恰当的搅拌影响了阴离子的聚合度。在成核与晶化阶段的搅拌影响不大，但像化工原料合成分子筛那样，混胶和升温结束后停止搅拌是不行的，这一点与合成 4A 分子筛情况相类似。

经以上几个方面的改进，X_{65} 号样品质量较好，又重复几样，质量稳定，静态吸水率达 30.82％，超过国家标准（28％）10％，X-Ray 曲线上基本上不显示杂晶衍射峰，13X 分子筛的主峰强度达 777，与一般化工原料合成的 13X 分子筛质量相当（河南某研究所实验厂用化工原料合成的 13X 分子筛的静态吸率为 30.4％，13X 分子筛的主峰强度为 763）。高岭土合成的 13X 分子筛与化工原料合成的 13X 分子筛的差别是容重较大。

第六节　3A、5A 和 10X 分子筛原粉的制备

3A、5A 和 10X 分子筛都属于阳离子交换型沸石，很难从硅铝溶胶直接合成。沸石的离子交换与离子交换树脂上的交换相类似，只是它们的结构不同，分子筛具有更高的热稳定性，但离子交换速率则比离子交换树脂小得多。

沸石的离子交换反应可用下式表示：

$$Na(z)+M(2)\longleftrightarrow M(z)+Na(s)$$

z 表示沸石相，s 表示溶液相，M（s）是溶液中取代沸石钠离子的交换离子。我们所合成的沸石都是钠型（NaA 型和 NaX 型），所以，在开始交换时，反应主要向右进行。在一定时间后，随沸石相 M 离子的增多和钠离子的减少，便达到该温度下的交换平衡，即两个方向的交换速度相等。

分子筛晶体结构中 Na^+ 离子迁移性决定了它的离子交换性能。就离子本身而言，它几乎可以被元素周期表中所有的金属离子交换，但 Na^+ 离子在沸石晶体结构中所处的结晶学位置也控制着它的交换性能，所以，A 型沸石和 X 型沸石的阳离子交换性有所差异。

一、3A 和 5A 分子筛的制备

1. 4A 沸石的离子交换性

3A、5A 和 10X 分子筛分别由 K^+、Ca^{2+} 交换 4A 沸石晶格中的 Na^+ 而制备。在脱水的 4A 沸石中，Na^+ 离子占据三种不同的结晶学位置，而在水合型中，单位晶胞的 12 个 Na^+ 离子有 8 个位于 β 笼和 α 笼之间的六元环处，其余 4 个在 α 笼中不能定位，与沸石水结合在一起。4A 型沸石的主通道约 4.2Å，因此，凡直径小于 4.2Å 的阳离子，都可取代 Na^+ 离子。

图 7-12 是几种阳离子交换的平衡等温线（25℃），横坐标 S_i 表示溶液中交换离子 i 的当量分数，纵坐标 Z_i 表示沸石中交换离子 i 的当量分数。$S_i=1$ 时（即溶液中只含交换离子 i），Z_i 的数值表示最大交换度。由图可见，除 Cs^+ 离子外，Li^+、K^+ 和 Ca^{2+} 都可以完全取代沸石中的 Na^+ 离子，但取代的情况各不相同，我们只讨论 Ca^{2+} 和 K^+ 的情况。

A 型沸石优先选择 Ca^{2+} 离子，溶液中 Ca^{2+} 当量分数为 0.1 时，沸石相可达以 60％上。一般情况下，A 型沸石对二价阳离子的选择性大于碱金属离子。这就是 4A 沸石可以替代三聚磷酸钠，用作洗涤剂助剂的原因。K^+ 离子交换的自由能变化（G）是正值，即交换后沸石体系的自由能增长，所以，K^+ 离子交换较 Ca^{2+} 离子比较困难。

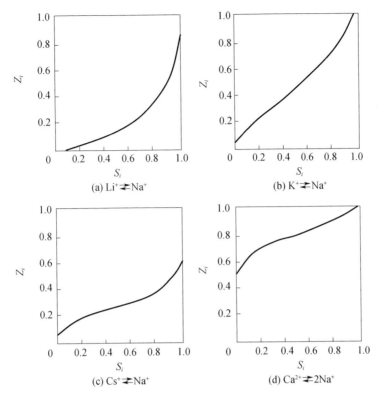

图 7-12　NaA 分子筛的离子交换等温线（25℃，总当量 0.1N）

合成 A 型分子筛的硅铝比常常在 2 以下，其晶胞组成可用下式表示：

$$Na_{12}[12AlO_2,12SiO_2]\cdot(0\sim1)NaAlO_2\cdot29H_2O$$

式中的 $NaAlO_2$ 不占据骨架位置，位于 β 笼中。因 β 笼通过直径 2.5Å 的六元环与主通道 α 笼相连接，因此，β 笼中的 Na^+ 离子不能被半径较大的离子或水合离子取代。在合成沸石结晶度相同的情况下，冲洗越不彻底，β 笼中的 $NaAlO_2$ 越多，可交换的 Na^+ 就越多，所以，在洗涤剂用 4A 沸石质量测试中，对 pH 值也有要求，若 pH 值达不到要求，测得的 Ca^{2+} 交换量数据也是不可靠的，不能作为衡量所合成沸石质量的依据。

在 4A 分子筛的离子交换中，有两种分子筛效应，临界数值约 4.2Å 和 2.5Å。直径大于 4.2Å 的离子完全不发生离子交换；小于 4.2Å 的离子可交换单位晶胞中的 12 个 Na^+ 离子，而直径小于 2.5Å 的离子或水合离子才能交换（包括 β 笼中的 Na^+ 在内）全部 Na^+ 离子。

高岭土合成分子筛的机理与化工原料合成分子筛有一定的差别，所合成的分子筛晶体之间的结合方式、双晶、连晶等性质有一定的差别，它们对离子交换性也有一定影响，我们以高岭土合成的 4A 沸石为原料，用正交试验来确定最佳交换条件（下同）。

2. 3A 分子筛的制备条件

3A 分子筛以 4A 分子筛为原料，用 KCl 溶液，通过离子交换（$K^+\rightarrow Na^+$）而制得。用化学原料合成的 4A 分子筛制备 3A 分子筛的交换条件是：0.2N KCl，70～80℃，2 克当量，一次交换，搅拌 30min，交换度可达 60% 以上。我们以此资料为基础，采用正交试验的方法，确定交换条件（表 7-9）。

表7-9 制备3A分子正交试验表

样号	K⁺/Na⁺（A）	K⁺（N）浓度（B）	交换温度（℃）	交换次数（D）	交换度（％）
3A1	1.2	0.1	70	1	60
3A2	1.2	0.2	80	2	85
3A3	1.2	0.3	90	3	90
3A4	1.3	0.1	80	3	90
3A5	1.3	0.2	90	1	60
3A6	1.3	0.3	70	2	85
3A7	1.4	0.1	90	2	75
3A8	1.4	0.2	70	3	85
3A9	1.4	0.3	80	1	70
I	78.3	75	76.7	63.3	
II	78.3	76.7	81.7	81.7	
III	76.7	81.7	75	88.3	
R	1.6	6.7	6.7	25.0	

由表7-9可知，用高岭土制备的4A沸石制备3A分子筛时，较理想的交换条件是温度80℃、1.2克当量、0.3当量浓度、每次交换30min，交换次数对交换度的影响很显著。

3.5A分子筛的制备条件

用$CaCl_2$溶液中的Ca^{2+}交换4A分子筛中的Na^+即可制得5A分子筛，较理想的条件用正交试验来确定。试验设计参考用化工原料合成的4A分子筛为原料制备5A分子筛的条件（0.5～1N $CaCl_2$，50～80℃，1克当量，一次交换，搅拌30min，交换度一般＞70％），试验结果见表7-10。

表7-10 制备5A分子筛正交试验表

样号	Ca^{2+}/Na^+	Ca^{2+}（N）浓度	交换温度（℃）	交换次数	交换度（％）
5A1	1.2	0.5	50	1	74
5A2	1.2	0.7	70	2	90
5A3	1.2	0.9	90	3	94
5A4	1.3	0.5	70	3	90
5A5	1.3	0.7	90	1	74
5A6	1.3	0.9	50	2	85
5A7	1.4	0.5	90	2	90
5A8	1.4	0.7	50	3	90
5A9	1.4	0.9	70	1	75
I	86	84.7	83	77.7	
II	83	84.7	85	88.3	
III	85	84.7	86	91.3	
R	30	0	3.0	13.6	

从表 7-10 可知，用高岭土合成的 4A 型沸石制备 5A 分子筛时，较理想的交换条件是：Ca^{2+}/Na^+ 取 1.2 当量，Ca^{2+} 当量浓度在 $0.5\sim0.9$ 范围内对交换度影响不大，应取 0.9，90℃，每次交换 30min，交换次数对交换度影响显著。

二、10X 分子筛的制备

1. X 型分子筛的离子交换

X 型分子筛的 I、I′ 和 II′ 位的阳离子位于六方柱笼或方钠石笼中，只有通过直径为 $2.2\sim2.5\text{Å}$ 的六元环，才能被其他离子交换，统称为小腔室离子。II 位及 X 射线衍射不能定位的其他离子位于超笼中，容易交换。

X 型分子筛的脱水晶胞常用 $Na_{85}\,[(AlO_2)_{85}\,(SiO_2)_{107}]$ 表示，硅铝比（SiO_2/Al_2O_3）为 2.5。结构分析表明，在 X 型分子筛的单位晶胞中，有 16 个小腔室 Na^+ 离子（水合型），其余的 Na^+ 离子在超笼中，即超笼中易交换的 Na^+ 离子占 81.2%，小腔室中较难交换的 Na^+ 离子占 18.8%，因此，用离子半径较小的 Li^+、K^+、Ag^+ 交换时，最高交换度可达 100%，而用离子半径较大的 Rb^+、Cs^+ 交换时，最高交换度只能达到 65%。Rb^+、Cs^+ 实际交换度达不到 81.2%，说明超笼中的 Na^+ 离子也未被完全交换。据认为，这是交换过程中将部分超笼的 Na^+ 离子挤入小腔室造成的。

图 7-13 是沸石 X 的 $Ca^{2+}-2Na^+$ 交换等温线。不难看出在开始交换时，沸石骨架对 Ca^{2+} 离子有很高的选择优势。实际的交换反应，有快慢两步特征，超笼中的离子比较容易交换，交换度约为 81%，而小腔室的 16 个 Na^+ 离子难于交换。在图 7-13 的 2 条曲线上，交换反应较快的一段只达到 60% 左右，说明 $Ca^{2+}-2Na^+$ 交换时，也有一部分超笼中的 Na^+ 被挤到了小腔室。Ca^{2+} 离子直径约 1.92Å，小于六元环孔径，但水合 Ca^{2+} 离子的体积大得多，要完全交换，必须首先剥除部分水合外壳，因而后来的交换速度较慢，因在不同的温度条件下，Ca^{2+} 离子水化外剥除速度不同，所以，图 7-13 中的曲线 1、2 有一定差别。这实际上就是用离子交换制备 10X 分子筛的情形，也是 X 型分子筛用作离子交换途径的一般规律。

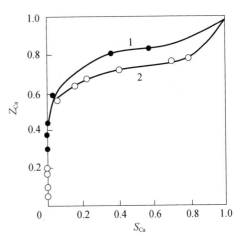

图 7-13　NaX 的离子交换等温线（25℃）
1—总当量浓度 0.051N；2—总当量浓度 0.103N

2. 10X 分子筛的制备条件

10X 分子筛以高岭土合成的 13X 分子筛为原料，用 $CaCl_2$ 溶液的 Ca^{2+} 交换沸石晶格中的 Na^+，一般交换条件是：$1\sim2N\ CaCl_2$，$70\sim80℃$，1.5 克当量以上，pH＝4.5，$2\sim3$ 次交换，每次 2h（搅拌）。用高岭土合成的 13X 分子筛有一定的特殊性，较理想的交换条件用正交试验确定，见表 7-11。

表 7-11　制备 10X 分子筛正交试验表

样号	Ca²⁺/Na⁺（A）	CaCl₂（N）浓度	pH 值	交换时间	交换度（%）
10X1	1.5	1.0	4.5	1	69.7
10X2	1.5	1.5	5.5	2	68.4
10X3	1.5	2.0	6.5	3	64.6
10X4	1.75	1.0	5.5	3	67.6
10X5	1.75	1.5	6.5	1	67.8
10X6	1.75	2.0	4.5	2	66.7
10X7	2.0	1.0	6.5	2	69.1
10X8	2.0	1.5	4.5	3	71.6
10X9	2.0	2.0	5.5	1	63.7
Ⅰ	67.6	68.8	69.3	67.1	
Ⅱ	67.9	69.3	66.6	68.1	—
Ⅲ	68.2	65.0	67.2	67.9	
R	0.6	4.3	2.7	1.0	

从表 7-11 可知，较有利的交换条件是：Ca^{2+}/Na^+ 取 2.0，$CaCl_2$ 当量浓度取 1.5，pH 值 4.5，75～80℃，交换 2h。进一步试验时，用此条件，一次交换度为 82.6%，2 次交换度为 96.7%。

第七节　高岭土制备的沸石分子筛原粉质量

一、洗涤剂用 4A 沸石

1. 矿物学特征

在 X-Ray 曲线图 $2\theta=5\sim50°$ 区间内（图 7-14），4A 沸石衍射峰有 30 个，其中较强的衍射峰有 12.30Å、8.71Å、7.11Å、5.51Å、4.107Å、3.714Å、3.292Å、2.985Å、2.626Å 等九条，杂晶很少，背景线较低（非晶态物质较少）。在扫描电子显微镜下，4A 沸石呈立方体形态，粒径一般在 1.2～2.0μm 之间，非晶态含量低，无杂晶，如图 7-15 所示。

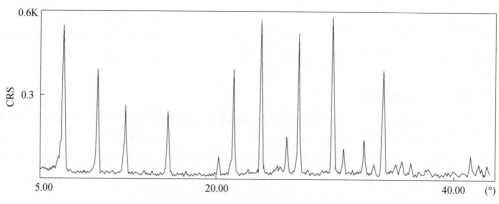

图 7-14　4A 分子筛样品 X-Ray 曲线图

2. 理化指标

4A沸石在洗衣粉中替代三聚磷酸钠是当今市场最有前途的利用方向，依据QB/T 1768—2003标准，测试了博爱高岭土（325目高岭土）合成的4A沸石的理化性能，原样的钙交换能力、pH值和灼热失重均达到了国家标准，在电子显微镜下，晶体粒径在$1\sim2\mu m$之间，所以，粒度不能达标是晶体聚集的结果，经研磨后，白度达到93%，粒度有明显的提高：$<10\mu m$含量100%，达到标准要求，$<4\mu m$含量72%。我们用中站高岭土厂325目高岭土合成4A沸石和河南某分子筛厂化工原料合成的4A沸石（出口产品）质量测试结果见表7-12。

图7-15 A型分子筛扫描电镜照片

表7-12 高岭土合成的4A沸石分子筛及对比样的理化性能

质量项目		计量单位	标准要求	合成样（4A-BT）	河南某厂出口产品
钙交换能力		mgCaCO₃/g 无水4A沸石	≥285	290	297
粒度	≤10μm	%	≥99	100	100
	≤4μm		≥80	72	46
白度（$w=y$）		%	≥93	93	—
pH值		—	≤11.3	10.6	—
灼烧失重		%	≤23	21.0	—
吸水率		%	≥24.0	24.8	25.3

由以上分析可知，我们用焦作中站高岭土厂325目高岭土合成的4A沸石分子筛，经磨矿分散后能达到了QB/T 1768—2003标准，可用于洗衣粉行业。

二、其他型号分子筛的质量

1. 矿物学特征

3A、5A、13X、10X分子筛的X射线衍射特征分别如图7-16至图7-19所示。主要衍射数据见表7-13。扫描电子显微镜下3A、5A沸石同4A沸石特征相同。13X沸石和10X沸石在扫描电子显微镜下呈八面体形态或浑圆形（可能是快速搅拌所致），没有发现杂晶，胶体含量很低，如图7-20所示。

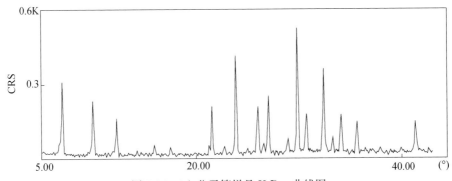

图7-16 3A分子筛样品X-Ray曲线图

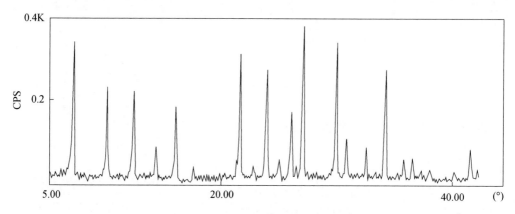

图 7-17　5A 分子筛样品 X-Ray 曲线图

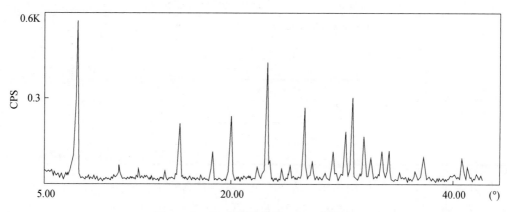

图 7-18　10X 分子筛样品 X-Ray 曲线图

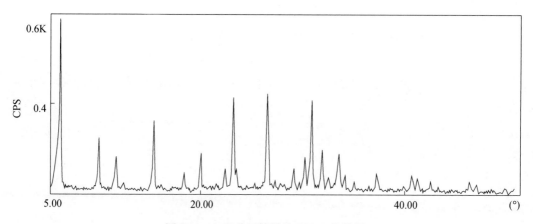

图 7-19　13X 分子筛样品 X-Ray 曲线图

表 7-13 3A、5A、13X 和 10X 分子筛的 X 射线衍射数据

型号	实验条件	主要衍射峰（Å）	特征衍射峰	备注
3A	靶：Cu 靶 电压 35KV 电流：30mA 速度：50°/min 步长：0.02 测试单位：郑州大学	12.51、8.82、7.18、5.54、5.06、4.12、3.73、3.35、3.30、2.995、2.909、2.761、2.631、2.519、2.180	与 4A 比较新增： 3.91 3.089	①背景线较低 ②杂晶衍射缝不显著 ③与 4A 沸石比较主峰强度降低
5A		12.48、8.79、7.14、6.18、5.52、4.11、3.71、3.41、3.29、2.982、2.898、2.749、2.621、2.51、2.46、2.17	与 4A 比较新增： 6.18	
13X		14.47、8.85、7.54、5.73、4.42、3.81、3.380、2.95、2.885、2.79、2.66、2.40	—	①背景线较低 ②杂晶衍射缝不显著
10X		14.72、5.76、4.82、4.43、3.82、3.34、3.05、2.945、2.89、2.79、2.66、2.619	与 13X 比较： 8.79 减弱 7.51 减弱	①背景线较低 ②杂晶衍射缝不显著 ③较 13X 主峰强度降低

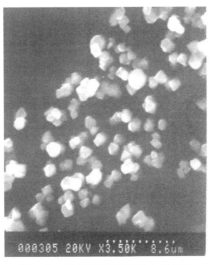

图 7-20 X 型分子筛扫描电镜照片

2. 理化指标

我国现在实施的 3A 分子筛标准是国家标准 GB/T 10504—2008，具体内容及质量要求见表 7-14，表 7-15 和表 7-16；正在实施的 5A 分子筛标准是国家标准 GB/T 13550—2015，具体内容及质量要求见表 7-17 和表 7-18；正在实施的 13X 标准是化工部行业标准 HG/T 2690—2012，具体内容及质量要求见表 7-19 和表 7-20。

表 7-14 条形 3A 分子筛技术要求

指标名称	$\varphi 1.5\sim1.7$mm			$\varphi 3.0\sim3.3$mm		
	优级	一级	合格	优级	一级	合格
磨耗率（%） ≤	0.25	0.35	0.50	0.60	0.80	1.00
堆积密度（g/mL） ≥	0.64	0.60	0.55	0.64	0.60	0.55
粒度（%） ≥	98.0	94.0	90.0	98.0	90.0	80.0

续表

指标名称		$\varphi1.5\sim1.7mm$			$\varphi3.0\sim3.3mm$		
		优级	一级	合格	优级	一级	合格
静态水吸附（％）　≥		20.0		19.0	20.0		19.0
抗压强度	单位面积抗压碎力（N/mm²）　≥	20.0	18.5	15.0	20.0	18.5	15.0
	抗压碎力变异系数　≤	0.5					
动态水吸附（％）　≥		20.0					
静态乙烯吸附（mg/g）　≤		3.0					
包装品含水量（％）　≤		1.5					

表 7-15　球形 3A 分子筛技术要求

指标名称		$\varphi2.00\sim2.80mm$		$\varphi2.80\sim4.75mm$	
		一级品	合格品	一级品	合格品
磨耗率（％）　≤		0.40	0.60	0.40	0.60
堆积密度（g/mL）　≥		0.68	0.60	0.68	0.60
粒度（％）　≥		96.0	95.0	96.0	95.0
静态水吸附（％）　≥		20.0	19.0	20.0	19.0
抗压强度	点接触抗压碎力（N/颗）　≥	44.0		59.0	
	抗压碎力变异系数　≥	0.3			
动态水吸附（％）　≥		20.0			
静态乙烯吸附（mg/g）　≥		3.0			
包装品含水量（％）　≤		1.5			

表 7-16　中空玻璃用 3A 分子筛技术要求

指标名称		$\varphi1.00\sim1.60mm$		$\varphi1.60\sim2.00mm$	
		一级品	合格品	一级品	合格品
磨耗率（％）　≤		0.20	0.30	0.20	0.30
堆积密度（g/mL）　≤		0.74	0.68	0.74	0.68
粒度（％）　≥		98.0	97.0	98.0	97.0
静态水吸附（％）　≥		20.0	19.0	20.0	19.0
吸水速率（mg/min）　≥		0.60	0.80	0.60	0.80
抗压强度	点接触抗压碎力（N/颗）　≥	14.0		20.0	
	抗压碎力变异系数　≥	0.3			
静态氮气吸附（mg/g）　≥		2.0			
包装品含水量（％）　≤		1.5			

表 7-17　条形 5A 分子筛技术要求

指标名称	$\varphi1.5\sim1.7mm$			$\varphi3.0\sim3.3mm$		
	优级	一级	合格	优级	一级	合格
磨耗率（％）　≤	0.20	0.35	0.50	0.40	0.55	0.60
松装堆积密度（g/mL）　≥	0.64		0.60	0.64		0.60

续表

指标名称		$\varphi1.5\sim1.7mm$			$\varphi3.0\sim3.3mm$		
		优级	一级	合格	优级	一级	合格
静态水吸附（%）　≥		20.0		19.0	20.0		19.0
静态正己烷吸附（%）　≥		12.0		10.5	12.0		10.5
抗压强度	单位面积抗压碎力（N/mm²）　≥	22		20	17		15
	抗压碎力变异系数（%）　≤	0.3		0.4	0.4		0.5
粒度	额定长度占总量百分数（%）　≥	98		94	94		90
	条径变异系数　≤	0.3					
包装品含水量（%）　≤		1.5					

表 7-18　球形 5A 分子筛技术要求

指标名称		$\varphi2.00\sim2.80mm$			$\varphi2.80\sim4.75mm$		
		优级	一级	合格	优级	一级	合格
磨耗率（%）　≤		0.20	0.35	0.50	0.20	0.35	0.50
松装堆积密度（g/mL）　≥		0.66		0.62	0.66		0.62
静态水吸附（%）　≥		20.0		19.0	20.0		19.0
静态正己烷吸附（%）　≥		12.0		10.5	12.0		10.5
抗压强度	点接触抗压碎力（N/颗）　≥	30		25	60		50
	抗压碎力变异系数　≤	0.3		0.4	0.3		0.4
粒度（%）　≥		96		95	96		95
包装品含水量（%）　≤		1.5					

表 7-19　条形 13X 分子筛技术要求

项目		指标					
		$\varphi1.5\sim1.7mm$			$\varphi3.0\sim3.3mm$		
		优等	一等	合格	优等	一等	合格
磨耗率（%）　≤		0.1	0.3	0.5	0.2	0.4	0.6
静态 CO_2 吸附（%）　≥		18.0	17.0	16.0	18.0	17.0	16.0
抗压强度	抗压碎力（N/条）　≥	30.0	25.0	20.0	45.0	40.0	35.0
	抗压碎力变异系数　≤	0.4		0.5	0.4		0.5
静态水吸附（%）　≥		23.5		23.0	23.5		23.0
松装堆积密度（g/mL）　≥		0.61		0.56	0.61		0.56
粒度	额定长度占总量百分数（%）　≥	90		85	95		90
	条径变异系数　≤	0.3					
包装品含水量（%）　≤		1.5					

表 7-20　球形 13X 分子筛技术要求

项目	指标					
	$\varphi1.70\sim2.36mm$			$\varphi2.36\sim4.75mm$		
	优等	一等	合格	优等	一等	合格
磨耗率（%）　≤	0.1	0.3	0.5	0.1	0.3	0.5
静态 CO_2 吸附（%）　≥	18.0	17.0	16.0	18.0	17.0	16.0

续表

项目		指标					
		$\varphi 1.70\sim 2.36mm$			$\varphi 2.36\sim 4.75mm$		
		优等	一等	合格	优等	一等	合格
抗压强度	点接触抗压碎力（N/颗）≥	25.0	20.0	15.0	65.0	60.0	55.0
	抗压碎力变异系数 ≤	0.3		0.4	0.3		0.4
静态水吸附（%）≥		23.5		23.0	23.5		23.0
松装堆积密度（g/mL）≥		0.64		0.59	0.64		0.59
粒度（%）≥		95		90	95		90
包装品含水量（%）≤		1.5					

沸石做分子筛用途时都是成型后才使用的，并且，分子筛的制备工艺有水热合成—成型工艺和碱处理法工艺两种，后者是先将配料成型，再生成分子筛，没有原粉的生产过程，因此，在制定国家或行业标准时没有原料质量要求的内容。我们用高岭土制备分子筛工艺与技术的特殊性在于制备原粉的过程中，成型技术与化工原料合成的分子筛原粉的成型没有什么不同，所以，我们不必要专门研究成型的问题，正是由于这个原因，我们没有办法直接用新的国家或行业标准来评价高岭土制备的分子筛原粉的质量。但是 GB/T 10504—2008 标准，GB/T 13550—2015 标准，HG/T 2690—2012 标准分别是参照沪 Q/HG 12—1010—82，沪 Q/HG 12—1014—82，沪 Q/HG 12—1012—82 和沪 Q/HG 12—1016—82 标准制定的，新老标准的质量要求大同小异，并且老标准中有原粉的质量指标，我们可以参照上海市化工局企业标准来评价我们用高岭土制备的分子筛原粉的质量，参照标准的具体内容及质量要求见表 7-21 至表 7-24。

表 7-21　3A 分子筛质量要求（沪 Q/HG 12—1010—82）

指标名称	指标					
	粉状	颗粒状	条状		球状	
			$\phi 3\sim 4$	$\phi 4\sim 5$	$2\sim 3\phi 3\sim 5$	$\phi 5\sim 8$
磨损强度（%）≥	—	—	85	85	85	90
吸水量（mg/g）≥	200	180	180	180	180	180

表 7-22　5A 分子筛质量要求（沪 Q/HG 12—1014—82）

指标名称	指标						
	粉状	颗粒状	条状 $3\sim 4\phi 4\sim 5$	球状			片状
				$2\sim 3\phi 3\sim 5$	$\phi 5\sim 8$		
磨损强度（%）≥	—	—	80	80	90		—
吸水量（mg/g）≥	240	210	210	210	210		210
吸正已烷（mg/g）≥	100	75	75	75	75		—
（BET 法）（mg/g）≥	130	105	105	105	105		
空气分离（35℃）	O_2vg（mL/g）≥	—	4.0	3.5	3.5	3.5	
	N_2vg（mL/g）≥	—	10.0	8.5	8.5	8.5	

表 7-23 13X 分子筛质量要求（沪 Q/HG 12—1012—82）

指标名称		指标				
		粉状	颗粒状	条状 3～4φ4～5	球状	
					2～3φ3～5	φ5～8
磨损强度（%） ≥		—	—	75	75	85
吸水量（mg/g） ≥		280	230	230	230	230
吸苯量，（BET 法）（mg/g） ≥		230	180	180	180	180
空气分离 (35℃) 色谱法	O₂vg（mL/g） ≥	—	3.5	—	—	—
	N₂vg（mL/g） ≥	—	7.5	—	—	—

表 7-24 10X 分子筛质量要求（沪 Q/HG 12—1016—82）

指标名称		指标				
		粉状	颗粒状	条状 3～4φ4～5	球状	
					2～3φ3～5	φ5～8
磨损强度（%） ≥		—	—	75	75	85
吸水量（mg/g） ≥		280	230	230	230	230
吸苯量（BET 法）（mg/g） ≥		230	180	180	180	180
空气分离 (35℃)	O₂vg（mL/g） ≥	—	4.0	—	—	—
	N₂vg（mL/g） ≥	—	8.0	—	—	—

依据 3A 分子筛 GB/T 10504—2008、5A 分子筛 GB/T 13550—2015、13X 分子筛 HG/T 2690—2012 标准，参考"上海市化工局企业标准－沪 Q/HG 12—（1010—1018）—82 标准"，对 3A、5A、10X 和 13X 四种型号分子筛原粉（未成型）有吸水率、静态乙烯吸附、吸正乙烷量和吸苯量指标，因经费、实验条件及样品数量的限制，我们依照标准规定的测试方法，测试了吸水率指标，为了提高测试结果的可信性，我们将河南某化工厂的出口产品和河南某研究所实验工厂化工原料合成的合格产品一起测试，结果见表 7-25。

表 7-25 3A、5A、10X 和 13X 分子筛性能

样品性质		吸水率（%）	交换度（%）	X-Ray 曲线上 14.47Å 峰强度
3A	合成样品	20.5	93	—
	某化工厂出口产品	21.0	92	
5A	合成样品	24.5	96	
	某化工厂出口产品	25.0	95	
13X	合成样品	30.8		777
	某实验厂合格产品	30.4		763
	某化工厂出口产品	32.2		1000
10X	合成样品	30.6	98	
	某化工厂出口产品	32.2	98	

通过以上测试分析可见，我们合成的 3A、5A、13X 和 10X 分子筛样品中杂晶没有显示，非晶态含量很低；三种离子交换沸石（3A、5A 和 10X）的特征衍射峰清楚可见，说

明各种沸石晶体均已形成，并且较纯净。因此，理化指标测得的吸水率能够较可靠地指示合成分子筛的质量（吸水率合格，交换度较高）。经比较，我们合成的 3A、5A、13X 和 10X 分子筛的质量接近河南某化工厂的出口产品，比河南某研究所实验工厂用化工原料合成分子筛的质量稍好（4A 沸石质量也是这样）。

第八节　高岭土制备分散剂用分子筛

一、分子筛的分散作用

目前，非金属矿湿法超细所用的分散剂，主要有三聚磷酸钠（STPP）、六偏磷酸钠、水玻璃和有机高分子分散剂 DC、PAS 等。它们多数是陶瓷行业常用的分散剂，在料浆中有较好的分散效果，但由于它们的水溶液都是胶体，因此，在干燥时属粘结剂，能将部分已经磨细的小颗粒粘结成较粗大的颗粒，使干燥时的团聚作用增强。流化床烘干机能减弱团聚效应，但分散剂的粘结作用对产品的粒度仍产生不良影响，因此，需要寻找一种新型分散剂，在矿浆中具有良好的分散作用，在干燥时又无粘结性。我们以此为目的进行了专门性研究，并发现了沸石分子筛的分散性能，现将其分散性能叙述如下。

1. 分子筛与三聚磷酸钠分散性能的比较

试验证明，分子筛单独使用效果不好，它与水玻璃或固体硅酸钠配合使用的效果也不好，与 DC、PAS 配合使用时有抵抗效应，降低了 DC 和 PCS 的分散效果。但是它和三聚磷酸钠（STPP）配合使用时，分散效果良好，见表 7-26 至表 7-28。

表 7-26　分子筛和 STPP 对 325 目重钙的分散效果（s）

分散剂用量（‰）	1	2	3	4	5	6
STPP	60	38.5	32	30.5	28	27（25）
分子筛	48	40	36	35	33	32（28）

表 7-27　分子筛和 STPP 对 1250 目偏高岭土的分散效果（s）

分散剂用量（‰）	1	2	3	4	5
STPP	71.5	49	41	37.5	37（28）
分子筛	44	37.5	35	33	32（26）

表 7-28　分子筛和 STPP 对 1250 目高岭土的分散效果（s）

分散剂用量（‰）	1	2	3	4	5	6
STPP	—	40	25	23	23	23
分子筛	—	43.5	32.5	27	24.5	23.5

从表 7-26 至表 7-28 可看出，分子筛对 325 目重质碳酸钙矿浆的分散性能不如三聚磷酸钠；它对 1250 目煅烧高岭土的分散作用，比三聚磷酸钠更好；对 1250 目高岭土的分散作用，与三聚磷酸钠相当。这些数据说明，新型分散剂的分散效果具有一定普遍性，对不同特性的物料的分散效果有一定的差异。

2. 分子筛分散效果与矿浆浓度的关系

表 7-29 是分子筛对不同浓度 325 目重质碳酸钙矿浆分散效果的试验数据。如将相同

矿浆度下，1‰三聚磷酸钠分散的矿浆，与 1‰三聚磷酸钠外加 6‰分子筛分散的矿浆流动时间之差，看出 6‰分子筛对矿浆分散效果的贡献，可绘制相应的曲线图（图 7-21）。从图 7-21 和表 7-29 可以看出，随矿浆浓度变稀，分子筛对矿浆分散性的贡献迅速减弱，当矿浆浓度小于 62.5% 以后，分子筛的分散效果已不明显；分子筛对 1250 目煅烧高岭土配制的矿浆的分散作用，与表 7-29 的结论十分相似，当矿浆浓度为 50% 时，分子筛的分

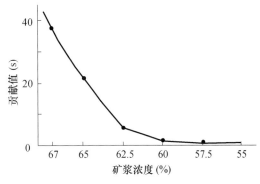

图 7-21　分子筛贡献与矿浆浓度关系曲线图

散效果很好；当矿浆浓度降到 40% 时，分子筛对分散效果的贡献已很小，所以，分子筛比较适合于在较浓的矿浆中使用。

表 7-29　分子筛对不同浓度 325 目重钙矿浆的分散效果（s）

分散剂 矿浆浓度（%）	STPP（‰）		1‰STPP 外加 6‰分子筛	分子筛 贡献值
	3	1		
67	43	90	52	38
65	24	51	29	22
62.5	16	24	18	6
60	13	16	14	2
57.5	12	13.5	12.5	1
55	11.5	12.5	11.8	0.7

二、分子筛的分散机理

分散作用可分为物理分散（即用机械搅拌、超声波和振动等物理方法使物料分散的作用）和化学分散（加入分散剂，以改变颗粒的表面性质，导致体系分散）两种，分子筛的分散机理属于化学分散。

化学分散的作用是极大地增强颗粒间的排斥作用，主要通过以下三种方式来实现：（1）增大颗粒表面电位的绝对值，以提高粒间的静电排斥作用，使颗粒分散，其典型代表是苏打和氢氧化钠，它们通过调节 pH 值，改变片状物料端面电性来实现；（2）通过高分子分散剂在颗粒表面的吸附层，产生强化空间位阻效应，使颗粒间产生强阻位排斥力，起到分散作用，典型代表是单宁和木质素类分散剂；（3）增强颗粒表面的亲水性，以提高界面水的结构化，加大水化膜强度，使颗粒间溶剂（水）排斥作用显著提高，三聚磷酸钠和六偏磷酸钠发散剂具有这一功能。

分子筛也是经过上述三种方式起分散作用的。首先，由于它的碱性，可以像苏打和 NaOH 一样，对矿浆的 pH 值起到一定的调节作用，改变片状物料端面电性，增大颗粒表面电位的绝对值和排斥力，起到分散的作用；其次，沸石晶体中的 Na^+ 离子，可以交换吸附在颗粒表面或溶解在矿浆中的 Ca^{2+} 和 Mg^{2+} 离子，并将它们禁锢在沸石晶体中，从而改变了矿浆的 ζ 电位，增加颗粒表面的亲水性，加大水化膜的厚度，起到分散作用；分子筛

分散剂在增强颗粒间位阻排斥作用方面比较特殊，它不溶于水，就不可能像高分子物质那样在颗粒表面吸附，而是像矿浆中的固体颗粒一样，在溶剂中不均匀地分布。因此，它对颗粒间位阻排斥作用的增强，很可能是通过本身的电性（暴露在晶体边缘的笼的电性）来实现的。当矿浆浓度较高时，它和固体颗粒的距离较小，静电场的作用较强，分散效果较好；当矿浆较稀时，它和其他颗粒相距较远，静电场的作用较弱，分散作用较差。

三、降低分散剂用分子筛生产成本的途径

分子筛的分散性能刚刚被发现，到目前为止，只发现它和三聚磷酸钠配用有较好的分散性能，原来期望的对非金属矿粉烘干时的抗团聚性能并不明显，它的分散效果也不如DC和PAS，所以，就目前市场及技术条件分析，分子筛分散剂的市场还是在陶瓷行业，因为它的分散性能与陶瓷行业现用的三聚磷酸钠相当，它的主要成分是 Al_2O_3、SiO_2 和 Na_2O，都是陶瓷原料中期望得到的成分，同时，由于 DC 和 PAS 等高分子分散剂，除价格较高外，还有明显的降低湿坯强度的作用，所以，DC 和 PAS 等高分子分散剂不可能在陶瓷坯料磨矿中大量替代三聚磷酸钠和分子筛分散剂。

从上文实验结果可知，分子筛分散剂的分散性能与聚磷酸钠相当，但需要两份分子筛才能产生一份三聚磷酸钠的分散效果；在市场上，三聚磷酸钠的价是 4300 元/吨，可用作分散剂的分子筛售价约 3000 元/吨，显然，用市场上现有的分子筛替代三聚磷酸钠是不合算的，因此，简化高岭土生产分子筛的工艺，降低生产成本是分子筛进入分散剂市场的关键。

分散剂用分子筛与其他用途的同类分子筛具有相同的组成和结构，因此，从总体上讲，生产工艺流程是相同的，但是由于被分散物料对分子筛分散作用以外的其他性能要求不高，所以可以采取一定措施，放宽某些生产条件的限制，形成分散剂用分子筛独特的生产工艺，在不降低分散性能的前提下，使生产成本大幅度降低是本节研究的主要内容。

首先，放宽原料要求，降低生产成本。依据分子筛的分散性能及市场需求情况，分散剂用分子筛主要应用领域是陶瓷行业，该行业对分散剂白度没有具体要求，陶瓷制品的白度一般也只有 40%～75%（煅烧后的白度），Fe_2O_3 含量一般控制在 1% 左右。据此，在 4‰ 左右用量的分子筛分散剂中，即是 Fe_2O_3 含量很高，对制品白度的影响也不会太大；此外，在化学合成分子筛时，Fe^{3+} 可部分地取代 Al^{3+} 进入分子筛晶格，对分子筛的生成影响不大。所以，生产分散剂用分子筛的高岭土中 Fe_2O_3 含量可适当放宽，许多无法生产深加工产品的高岭土或煤矸石可不经选矿直接作为原料使用，这样原矿价格低廉，是降低生产成本的一个方面。

第二，放宽粒度要求，降低生产成本。陶瓷行业所用坯体的粒度一般是 250 目，釉浆粒度也只有 325 目左右，因此，合成分散剂用分子筛时，高岭土只需磨到 325 目，与合成其他用途分子筛所用 1250 高岭土相比，可明显降低磨矿成本，也不需要超细设备的投资。

第三，缩短煅烧时间，降低生产成本。煅烧是高岭土制备分子筛的重要环节之一，其目的是煅烧活化（将高岭石烧成偏高岭石）和增白。分散剂用分子筛在陶瓷制品的烧成过程中还要经受 1100～1250℃ 的高温煅烧，因此，分子筛中残留的少量碳质不会对制品有任何影响，因此，在生产分散剂用分子筛时，可以只考虑煅烧活化，而不考虑除碳增白，从

而大幅降低煅烧成本。

第四，调整配料工艺参数，降低单位能耗。在高岭土制备洗涤剂及其他用途的分子筛时，为了满足粒度的要求，一般情况下必须用 1250 目的偏高岭土，因比表面积大，合成时配料浆体黏度大，为了搅拌方便，就要有较大的液固比（即 H_2O/Na_2O 较大），而生产分散剂用分子筛时，采用 325 目的偏高岭土，其比表面积小了很多，可将液固比降低 $1/2\sim1/3$（同时，应适当调整 SiO_2/Al_2O_3 和 Al_2O_3/Na_2O），此时，单釜产量提高，化学反应时间缩短（因 NaOH 浓度提高），单位重量分子筛的能耗降低，生产成本下降。

第五，免去冲洗工序，降低生产成本。碱（NaOH）在分散的浆体中可调节 pH 值，改善颗粒表面电性，起助分散作用，所以，分散剂用分子筛应没有碱度的要求，可以不冲洗或只用下次合成所需补充的水量冲洗一次，脱水后直接烘干。这一工艺的简化有三个优势：（1）减少工业软水用量；（2）不排污水，免去废水处理及排污成本；（3）可将全部剩余碱液直接利用，使碱和水的重复利用率达 100%。这三个方面的优势，可使分子筛的生产成本大幅度降低，同时减少冲洗及脱水设备的投资。

第六，分子筛从空气中吸附水和 CO_2 等物质后，晶体结构不变，对分散效果也没有明显影响，所以，分散剂用分子筛可采用较为经济的包装袋或简单成型后用单层编织袋包装，使包装费用适当降低。

四、生产分散和分子筛的工艺流程

依据前文分析，高岭土生产分散剂用分子筛较生产其他用途分子筛可以免去选矿、超细、冲洗三个工艺过程，并改善配料等工艺参数，使生产成本大幅度下降，其工艺流程如图 7-22 所示。

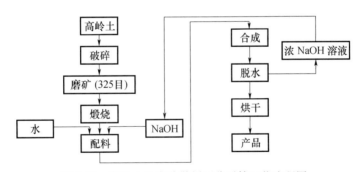

图 7-22　高岭土生产分散剂用分子筛工艺流程图

第九节　结　语

1. 关于本章内容的说明

高岭土生产沸石分子筛是我们原来承担的煤炭部项目"高岭土生产 A 型 X 型系列分子筛研究"的科研成果，研究时主要以煤系高岭岩为原料，课题结束后，应茂名兴煌公司邀请，进行了风化型高岭土生产沸石分子筛的研究。

由于煤系高岭岩生产沸石分子筛和风化型高岭土生产沸石分子筛的主要差别是煅烧活化以前的部分，在合成部分，特别是在合成了 4A 和 13X 分子筛，利用它们做原料，进一步生产3A、5A和10X分子筛时，生产工艺和技术条件是完全一样的，所以，本书大量地引用了2001年出版的《煤系高岭岩及深加工技术》中的资料，但是，生产13X分子筛的具体技术资料和技术参数是首次公布。

2. 高岭土合成分子筛的机理

我们的试验表明，"高岭土是在固体状态下，从溶液中吸收氢氧化钠，直接转化成沸石分子筛的，没有经过真正的胶化过程"，类似于地质学中讲述的变质反应。其理由有二：

第一，我们曾经把"胶化"的时间延长到14h，每隔0.5h取1个样品，把样品放在400倍的显微镜下观察合成物的形态，在28个样品中，没有一个样品是胶体状态，而都显示了高岭土原来的片状形态。将这种样品做X射线衍射分析，已经形成了4A沸石（已经晶化了），所以说，高岭土合成沸石时没有经历真正的胶体过程。

第二，在我们合成的4A沸石的扫描电镜照片中可以看到晶体完美的立方体沸石晶体，但是，它们的几何体显示了高岭土的片状形态，如图7-9所示。这种现象是固体状态下直接转化的有力证据，类似于地质学中描述的由变质反应生成的新矿物特征——保留了原来矿物的形状（形貌或晶体形态）。

3. 关于高岭土合成沸石分子筛质量稳定性问题

从很多文献报道中可以知道，很多人认为高岭土合成的4A沸石的钙交换能力不稳定，其实，这不是原料的错误，也不是这种方法不行，而是他们在研究高岭土合成4A沸石时少考虑了一个关键性因素。由于矿石质量的变化，该因素时而明显，时而轻微，导致产品质量不稳定，如果掌握了该因素及其处理方法，在基本不增加生产成本的情况下，可以使高岭土生产的4A沸石质量保持稳定。由于技术转让的限制，不能公布该技术，敬请谅解。

4. 关于风化型高岭土煅烧增白

煅烧增白是煅烧高岭土的主要技术之一，在超细煅烧高岭土生产、偏高岭土生产、电缆填料用煅烧高岭土生产和高岭土生产沸石分子筛中都要涉及煅烧增白问题。

众所周知，煤系高岭岩煅烧时，只要添加1%左右的氯化物就可以把三价的铁还原成二价，使其染色能力大为减退，起到煅烧增白的作用。但是，在风化型高岭土中，由于其生成环境、赋存状态、微量杂质的不同，利用煤系高岭土的煅烧方法不能奏效，还必须额外添加一种还原剂（由于技术转让的限制，不便公布具体名称，请见谅）。其目的是制造一个适当的还原气氛，如果不额外添加还原剂，而利用增强还原气氛的方法也可以起到一定的效果。

在此随便提一句，风化型高岭土煅烧增白只需遏制铁的染色效果就可以了，所以主要是制造还原气氛。在煤系高岭土煅烧增白时，既要遏制铁氧化产生的染色作用，又要把其中残余的分散有机质烧完，所以，在以北方煤系高岭土为原料，利用低温煅烧的方法生产白色偏高岭土时，低温快速脱碳技术就成了降低成本的关键，值得重视。

5. 关于合成分子筛用偏高岭土的活性

高岭土生产沸石分子筛的第一步是将高岭土煅烧成偏高岭土，偏高岭土的活性对分子筛的质量至关重要，但是，我们利用具有一定活性的偏高岭土与德国巴斯夫、焦作市煜坤矿业公司的高活性偏高岭土进行合成分子筛的对比试验，似乎合成分子筛用偏高岭土对煅烧温度的要求不像混凝土外加剂用偏高岭土那么严格。分析原因，可能是混凝土外加剂用偏高岭土是在混凝土中与氢氧化钙反应的，而合成分子筛是在高浓度的氢氧化钠溶液中进行的，由于氢氧化钠的活性远高于氢氧化钙，所以，混凝土外加剂用偏高岭土必须有很高的活性，而合成分子筛用偏高岭土的活性就可以适当低一些。

6. 高岭土合成的 4A 沸石不宜用作"洗涤剂用 4A 沸石"

我们和很多学者一样，研究高岭土合成 4A 沸石的初衷都是想合成"洗涤剂用 4A 沸石"，我们合成的 4A 分子筛的各项指标都达到了"洗涤剂用 4A 沸石"的国家标准，但是，由于以下三个原因使得高岭土合成的洗涤剂用 4A 沸石很难在洗衣粉行业应用：

第一，高岭土是在固体状态下直接转化成 4A 沸石的，样品的容重比较大，在洗衣粉中的悬浮性差，容易在洗衣机中沉淀。

第二，高岭土是一种自然界产出的矿产品，质量有一定的波动，其中最主要的就是着色元素铁的变化，铁含量的微小波动也会引起 4A 沸石样品白度的较大波动；此外，在现今技术经济条件下，很难使偏高岭土合成的洗涤剂 4A 沸石的白度达到化工原料生产的同类产品的白度。

第三，原来利用高岭土合成沸石的初衷是降低生产成本，而今，随着科技的进步，已经不再用氢氧化铝、氢氧化钠和水玻璃合成沸石了，而改用铝厂的中间产品偏铝酸钠生产沸石，使得原来的生产成本大幅度降低，削弱了高岭土生产沸石的经济优势（高岭土生产沸石仍然有一定的成本优势），使得高岭土生产的沸石在作为洗衣粉添加剂使用时的性价比降低，而不能进入既定市场。

7. 高岭土合成分子筛的主要应用领域

高岭土生产的沸石不能在原来设定的领域应用，并不等于该技术没有用处，综合多年的科研和本人对市场的了解，提出高岭土生产沸石的如下几个应用领域，供读者参考：

第一，吸附剂用分子筛和分散剂用分子筛。吸附剂用分子筛和分散剂用分子筛不要求产品的白度和悬浮性，所以，把高岭土生产的沸石分子筛用于该领域属于"避短"；由于高岭土原料便宜，合成时液固比小（用偏铝酸钠、氢氧化钠和水玻璃合成 4A 沸石的液体：固体的比值一般在 15 左右，而利用高岭土合成 4A 沸石的这个比值可以采用 5～8），由于液固比小引起的单釜产量高，单产能耗低的成本优势就十分显著，这一点属于"扬长"。

第二，把高岭土合成分子筛技术与地质聚合物涂料制备技术相结合，制备出具有吸附和净化空气用途的功能性地质聚合物涂料。该内容将在第十四章介绍，在此不再赘述。

参考文献

[1] 上海试剂五厂. 分子筛制备与应用 [M]. 上海：上海人民出版社，1976.

[2] 北京大学化学系物质结构小组. 沸石分子筛的结构 [J]. 化学通报，1974（4）.

[3] 吴豪等. 黏土合成 A 型及 13X 型分子筛的研究. 内部资料.

[4] 普康远. 对洗涤新型助剂 4A 型沸石粒度问题的探讨. 内部资料.

[5] 南京大学地质系岩矿矿教研室. 粉晶 X 射线物相分析 [M]. 北京：地质出版社，1980.

[6] 中国科学院贵阳地球化学研究所. 矿物粉晶 X 衍射鉴定手册 [M]. 北京：科学出版社，1978.

[7] 张锡秋等. 高岭土 [M]. 北京：轻工业出版社，1974.

[8] 李俊德. 应用统计方法 [M]. 郑州：河南科学技术出版社，1985.

［9］南京石油化工厂．分子筛脱蜡［M］．北京：石油化学工业出版社，1977.

［10］吉林大学化学系．沸石分子筛［M］．长春：吉林大学出版社，1981.

［11］徐如人等．沸石分子筛的结构与合成［M］．长春：吉林大学出版社，1987.

［12］李凯琦等．一种新型分散剂的性能与分散机理［J］．非金属矿，1999（5）.

［13］李凯琦等．高岭岩生产分散剂用分子筛工艺及经济分析［J］．非金属矿，2000（3）.

第八章 改性高岭土的生产与应用

第一节 概 述

目前，粉体制备已成为新材料开发的关键技术之一，而粉体表面改性作为一项新兴的粉体制备技术，对于研究开发新型功能材料、复合材料十分重要，因此受到了我国工程技术界的普遍重视。

一、粉体表面改性的目的及作用

粉体表面改性就是根据应用目的，用物理的、化学的或机械的方法，对粉体颗粒进行表面处理以改变其理化性能，如表面晶体结构和官能团、表面能、表面电性、表面浸润性、表面吸附性、分散性和化学反应特性等，从而开辟其新的应用领域，满足现代新材料、新工艺和新技术的需要。粉体表面改性不仅是表面化学中的热门课题，也是界面工程中的重要研究课题，实际上任何使固体表面性质发生变化的各种措施（化学或物理的）都可以认为是表面改性。

粉体表面改性也是当今非金属矿最重要的深加工技术之一。非金属矿物经过表面改性后，性能和功能得以改善，成为一种新型的高附加值产品，应用领域大大拓宽。

无机非金属矿物表面改性的最主要目的，是使其由一般的增量型填料变为功能型填料，为发展高分子材料及复合材料提供新的技术方法。高岭土、碳酸钙、滑石、硅灰石、石英、云母等无机非金属矿物，最早是作为普通的增量型填料直接用于塑料、橡胶、涂料等有机高分子材料中的，主要目的是取代一部分价格昂贵的聚合物基体，降低产品的生产成本。但是，由于无机矿物的表面能高、亲水疏油，与表面能低、亲油疏水的聚合物基体的界面性质不同，两者相容性差，因此难以均匀分散其中，直接充填很容易发生团聚；另一方面，这种填料与有机高分子之间的界面结合力较弱，过量的充填会影响复合材料的力学性能，这又限制了无机填料的填充量。通过表面改性可以改变这些矿物填料的表面物理化学性质，使其具有亲油疏水的低能表面，甚至成为一种新的功能型填料，不仅增大了与有机聚合物、树脂等基体的界面相容性、结合力，提高分散性，进而扩大填充量，最大限度地降低复合材料的成本，而且会显著地改善橡胶、塑料等高分子复合材料的机械物理性能，如弹性模量、硬度、耐磨性、绝缘性、阻燃性等，使复合材料表现出更好的综合性能。某些改性矿物粉体还能明显改善涂料、油漆的光泽、着色力、遮盖力、耐候性、耐热性、保光性和保色性等。

对矿物粉体进行表面改性，还能改善材料制品的可加工性，并使其具有良好的光学效应、视觉效果，增加观赏性。如加入适量的改性高岭土填料，能够显著改善复合材料的加工工艺，缩短胶料的混合周期，降低黏度，提高其可加工性，并使制品成型良好，外观优美。白云母经过氧化钛、氧化铬、氧化铁等金属氧化物处理后，表面覆盖上氧化物薄膜，当入射光通过透明或半透明的薄膜在不同深度的层面反射后，会显示出更强烈的珠光效果。当改性云母粉用于化妆品、涂料、塑料及其他装饰品中，因装饰效果增强会大大提高这些产品的档次。

为了保护生产者和使用者的身体健康、保护生态环境，对石棉等有害人体健康的矿物进行表面改性，用不伤害人体、不破坏环境、又不妨碍矿物使用效果的其他化学物质覆盖、封闭其表面活性点，消除有害性能，或在一定程度上改善其使用功能，可以维持这些矿物原料在未来矿产品市场中的地位，避免弃之不用造成的资源浪费。

改变矿物颗粒表面荷电性质，增加其与带相反电荷的纤维的结合强度，从而提高纸张强度和造纸过程中填料的留着率是造纸用填料矿物表面改性的主要目的。

此外，对某些精细铸造、油井钻探等需用的石英砂进行表面涂敷可以改善其粘结性能。对珍珠岩粉进行表面改性可以提高其在潮湿环境下的保温性能。对膨润土进行阳离子覆盖处理可以提高其在弱极性或非极性溶剂中的膨胀、分散、粘结、触变等应用特性。

显然，矿物原料种类、应用领域不同，表面改性的目的、作用及方法就不同。但总的目的是改善或提高粉体原料的应用性能以满足新材料、新技术发展或新产品开发的需要。

二、粉体表面改性方法与设备

1. 粉体表面改性方法

粉体表面改性的方法有多种，总体上可分为化学法和物理法两种。根据改性作用的性质、工艺等，又具体细分为表面包覆改性、沉淀反应改性、表面化学改性、机械力化学改性、胶囊化改性、高能处理改性以及酸碱处理、化学气相沉积（CVD）、物理气相沉积（PVD）等。

（1）表面包覆改性

表面包覆改性是利用无机物或有机物（主要是表面活性剂、水溶性或油溶性高分子化合物及脂肪酸皂等）对矿物粉体颗粒表面进行包覆以达到改性的方法，也包括利用吸附、附着及简单化学反应或沉积现象进行的包膜。该法常用来对矿物表面进行简单的改性处理。

（2）沉淀反应改性

沉淀反应改性是利用化学反应在矿物粉体颗粒表面生成沉淀物，形成一层或多层"包膜"，从而达到改善粉体表面性能的方法。该法常用于对无机颜料进行表面改性处理，如利用 TiO_2、Al_2O_3 等生产珠光云母以及钛白粉代用品等。

（3）表面化学改性

表面化学改性是通过表面改性剂与粉体颗粒表面进行化学反应或化学吸附的方式完成表面改性的方法。它是目前无机填料或颜料最主要的表面改性处理方法，特别适用于生产橡胶、塑料等有机高分子材料的补强填料。表面化学改性研究涉及表面化学的一些基本问题，如改性方法和机理、改性试剂（吸附剂）和无机填料（吸附质）之间的作用力性质、样品改性前后的吸附作用与润湿性能的变化规律性，以及界面层结构等。

表面化学改性所用的表面改性剂主要是偶联剂、高级脂肪酸及其盐、不饱和有机酸和有机硅等。高级脂肪酸及其盐是最早使用的表面改性剂，特别适用于表面含金属活性离子的矿物粉体。当前矿物粉体表面改性最常用的表面改性剂是偶联剂，根据化学结构又可分为硅烷类、钛酸酯类、锆铝酸盐类、有机铬类偶联剂等。

矿物粉体的表面化学改性及其应用主要有预处理法和整体掺合法两种途径。预处理法是先将矿物粉体进行表面改性处理，然后再与有机基体复合。根据改性时是否加水又将预处理法分为干式处理法和湿式处理法。整体掺合法是将矿物填料的表面改性工艺和塑料、橡胶等材料的制备工艺相结合的方法，即在矿物填料和高分子聚合物混炼时加入偶联剂，然后经成型加工或高速剪切混合挤出，直接制成母料。但整体掺合法可能会造成偶联剂分散不均匀，或偶联剂先行与有机聚合物发生化学反应，达不到矿物粉体颗粒表面改性的目的，因此该法的改性效果不如预处理法好。

（4）机械力化学改性

机械力化学改性是指在对矿物粉体进行超细粉碎时，施加的大量机械能不仅使颗粒细化，转化为颗粒表面能，而且还有一部分机械能用于改变颗粒表面的晶体结构和性能，使表面出现大量的断键、悬键，表面活性点或活性基团增加等，使粉体颗粒呈现出激活现象，从而达到增加与周围固体、液体和气体物质发生反应能力的效果。

机械力化学改性分为干法和湿法改性两种。利用球磨机等设备对矿物粉体进行超细粉碎也可认为是对其进行机械力化学改性。

此外，表面化学改性、表面包覆改性等任何有机械能输入的改性方法，都不同程度地存在机械力化学改性，因此机械力化学改性具有较高的研究、应用价值。

（5）胶囊化改性

胶囊化改性是在粉体颗粒的表面上覆盖一定厚度的均质薄膜的表面改性方法。粉体的胶囊化改性指的是壳体直径 $1\sim100\mu m$ 的微小颗粒胶囊化。胶囊化改性起源于因药品药效的缓释性需求而出现的固体药粉胶囊化处理。粉体胶囊化改性的方法有化学方法、物理化学方法和机械物理方法三大类，其中的某些方法与表面化学改性、沉淀反应改性等相同或类似。

（6）高能处理改性

高能处理改性是指利用紫外线、红外线、电晕放电和等离子体照射等方法对无机矿物等粉体进行表面改性的方法。该法主要用于纤维等增强材料的改性，如玻璃纤维和 $\gamma-Al_2O_3$ 经 γ 射线照射，可实现苯乙烯等单体在其表面的聚合接枝；但也有用于矿物粉体表面改性的报道，一般是作为激发手段用于单体烯烃或聚烯烃在矿物颗粒表面的接枝共聚改性，如以辐照和等离子处理碳酸钙，云母可分别在其表面进行乙烯单体接枝改性。

2. 表面改性设备

粉体表面改性设备最早是从化工、塑料、粉碎等行业引用过来的，近年来又开发出了专用设备。目前国内外的主要改性设备有混合机、高速搅拌机、高速捏合机、液态化床、能流磨和反应釜等。表 8-1 为日本制造的粉体表面改性处理设备（或装置）。

表 8-1　各种粉体表面改性处理装置

名称	生产企业	方法
Mechauomill	冈田精工	干式、转动涂层型
Mechauofusion	细川	干式、压缩摩擦
HYB 系统	奈良机械	干式、冲击式
Cosmos	川崎重工业	干式、冲击式
Dispacoat	日清制粉	湿式、液体涂层型
Coatmisel	友谊产业	湿式、喷雾涂层型
Serfusing	日本 NEWMURCH 工业	干式、加热

　　国内一般采用混合机或高速捏合机对矿物粉体进行表面改性处理。高速捏合机的结构与工作原理如图 8-1、图 8-2 所示。高速捏合机的搅拌速度可调，并利用电阻丝或在器壁夹套中通入蒸汽加热以调整改性反应温度。对粉体进行表面改性时，主要是利用机械力对物料的高速搅拌，辅之以温度、时间等，使物料与改性剂发生充分的界面接触和反应，从而达到较好的改性效果；另外，改性时强烈的剪切作用、冲击作用还会导致粉体进一步破碎、比表面积增大、化学活性增高，又会起到机械力化学改性的作用。其生产工艺流程一般为：填料—干燥—捏合机捏合（改性剂及助剂）—干燥分散—改性活化产品。操作上应控制好高速捏合机的工艺参数，否则易出现改性产品质量、性能不稳定等问题。

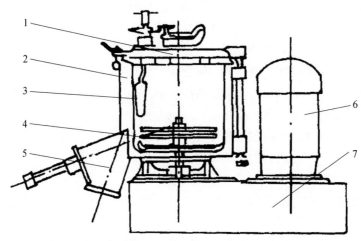

图 8-1　高速捏合机结构示意图（据郑水林，1995）

1—回转盖；2—混合锅；3—折流板；4—搅拌叶轮；5—排料装置；6—驱动电机；7—机座

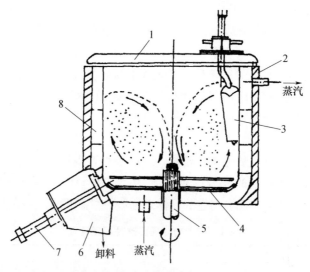

图 8-2　高速捏合机的工作原理（据郑水林，1995）

1—回转盖；2—外套；3—折流板；4—搅拌叶轮；5—驱动轴；6—排料口；7—排料汽缸；8—夹套。

　　反应釜主要用于使用液态表面改性剂和气态表面改性剂的表面化学改性，这种设备可以实现对温度、时间和压力等改性工艺参数的严格控制。

　　日本研制的 HYB 高速气流冲击式粉体表面处理机是专用表面改性设备的典型代表，

其主机结构和工作原理如图 8-3 所示。

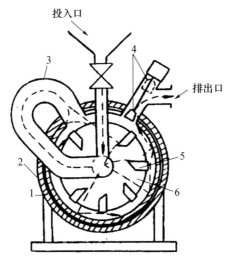

图 8-3 HYB 主机结构及工作原理示意图（据卢寿慈，1999）
1—夹套（冷却或加热）；2—定子；3—循环回路；4—排料阀；5—翼片；6—转子

利用该设备进行表面改性时，投入机内的粉体在转子、定子等部件的作用下被迅速分散，同时不断受到以冲击力为主的、包括颗粒相互间压缩、摩擦和剪切等诸多力的作用，在短时间内就可完成包膜和成膜改性。用于粒-粒包覆改性是该系统最成功的应用实例。

球磨机、振动磨机、介质搅拌球磨机等超细粉碎设备，同时可用作对粉体进行机械力化学改性的设备。

三、表面改性剂

粉体的表面改性，主要是依靠改性剂在颗粒表面的反应、吸附、包覆或成膜等完成的。因此，表面改性剂对于成功地进行表面改性十分重要。

1. 偶联剂

偶联剂是具有两性结构的物质，其分子具有亲无机基团和亲有机基团，前者能与无机矿物表面的各种官能团反应，形成强有力的化学键合，后者易与有机高分子发生化学反应或物理缠绕。因此，偶联剂能将无机矿物粉体与有机基体这两种性质差异很大的材料牢固结合起来，成为两者之间紧密结合的"桥梁"。此外，在橡胶、塑料等复合材料中使用偶联剂还可以提高填料的填充量，改善复合体系加工时的流变性能。当前，粉体表面改性使用的偶联剂主要有硅烷偶联剂、钛酸酯偶联剂、锆类偶联剂和有机铬偶联剂，最常用的是硅烷类和钛酸酯类偶联剂。

（1）硅烷偶联剂

硅烷偶联剂是研制开发较早、品种多达百余种、应用广泛的一类偶联剂。该类偶联剂是具有特殊结构的低分子有机硅化合物，其分子属于两性分子，在一个偶联剂分子中具有既能与无机填料表面结合的可水解基，又有能与有机基体相结合的有机官能团，分子式通式为：$RSiX_3$，其中 X 是在硅原子上结合的可水解基团，如氯代基、烷氧基、乙酰氧基等，工业生产中常常使用具有烷氧基的有机硅烷偶联剂；R 是与有机聚合物基体有亲和力和反应能力的有机官能团，典型的有乙烯基、甲基丙烯基、环氧基、巯基、氨基、酰氨基、氨丙基等。通常由于介入的短链烷基与硅原子相结合，这些偶联剂具有一定的化学稳定性及热稳定性。偶联剂分子的可水解基团 X，可以在水溶液中、空气水分中或无机填料表面的吸附水分作用下而受到分解，生成硅烷醇及 HX，其化学反应式如下：

$$RSiX_3 + 3H_2O \longrightarrow RSi(OH)_3 + 3HX$$

该反应生成了能够进一步在无机填料表面发生化学反应而形成化学键的硅烷醇。硅烷醇再与无机填料表面上的羟基及其他活性吸附点发生反应，形成氢键并缩合成—Si—O—M 共价键（M 表示无机填料表面）。同时，硅烷各分子的硅醇又相互缔合齐聚形成网状结构的膜覆盖在填料表面，从而使无机填料或颜料有机化，达到表面改性的目的。

硅烷偶联剂可用于多种矿物填料的表面改性处理，特别适用于酸性矿物如高岭石、石英和硅灰石等，对碳酸钙等碱性矿物则效果不佳。

（2）钛酸酯偶联剂

钛酸酯类偶联剂最早由美国 kenrich 石油化学公司于 20 世纪 70 年代中期开发生产，其分子通式和分子结构的 6 个功能区分别为：

$$\underbrace{偶联克机相}_{1} \cdot \underbrace{亲有机相}_{}$$

$$(RO)_M\text{-}Ti\text{-}\overset{2\ 3\ 4\ 5\ 6}{(OX\text{-}R'\text{-}Y)_N}$$

式中　$1 \leqslant M \leqslant 4$，$M + N \leqslant 6$；

R——短碳链烷烃基；

R′——长碳链烷烃基；

X——C、N、P、S 等元素；

Y——烃基、氨基、环氧基、双键等基团。

功能区 1　$(RO)_M$-是与无机填料作用的基团，一般为烷氧基团，它能与填料表面的羟基或质子发生化学反应，从而偶联到填料的表面形成单分子层，同时释放出异丙醇。一般单烷氧基型适合于干燥的仅含键合水的低含水量的无机填料，螯合型适合于高含水量的无机填料。

功能区 2　Ti-O-酯基转移和交联功能，能和有机高分子中的酯基、羧基等进行酯基转移和交联，使钛酸酯、填料、有机高分子之间发生交联，并促使体系黏度上升呈触变性。

功能区 3　X-连接钛中心带有功能性的基团，如长链烷氧基、酚基、羧基、磺酸基以及焦磷酸基等，它们决定着钛酸酯偶联剂的功能和特性。通过对这部分基团的选择，可使偶联剂兼有多种功效。

功能区 4　R-长链的纠缠基团（适用于热塑性树脂），一般为比较柔软的脂肪族碳链，能和有机基团进行弯曲缠绕，增强和基料的结合力，提高它们的相容性，引起无机填料的界面能发生变化，使体系的黏度大幅度下降，改善其可加工性能，并能提高无机填料的填充量，赋予复合材料新的功能。

功能区 5　Y-固化反应基团（适用于热固性树脂），当活性基团连接在钛的有机骨架上，就能使偶联剂和有机聚合物进行化学反应而交联。

功能区 6　N 为非水解基团数，至少应具有两个以上，既可以相同，又可以不同，可根据相容性的要求来调整碳链的长短，也可根据性能的要求部分改变连接钛中心的基团，适用于热塑性和热固性树脂。

根据分子结构和偶联机理，钛酸酯偶联剂可分为四种结构类型：一烷氧基型、单烷氧基焦磷酸酯型、螯合型及配位型。钛酸酯偶联剂对表面呈碱性的无机粉体进行改性能取得优良的偶联与增强效果，以前偶见用于对酸性矿物进行表面改性。

（3）锆类偶联剂

锆类偶联剂是 1983 年由美国 Cavendon 公司研制的一类液态偶联剂，由含铝酸锆的、相对分子量低的无机聚合物在分子主链上络合两种有机配位基组成。两种配位基分别赋予偶联剂良好的烃基稳定性和有机反应性。根据分子中的金属含量（即无机特性部分的比重）和有机配位基的性质，又可将锆类偶联剂分为 7 类。锆类偶联剂对碳酸钙、二氧化硅、高岭土、氧化钛等有较好的改性效果，改性后可分别适用于填充聚烯烃、聚酯、环氧树脂、尼龙、丙烯酸类树脂、聚氨酯、合成橡胶等。

（4）有机铬偶联剂

有机铬偶联剂即络合物偶联剂，于 20 世纪 50 年代初研制成功，它是由不饱和有机酸和三价铬原子形成的配价型金属络合物。该类偶联剂的适用范围、偶联效果均不及硅烷和钛酸酯类偶联剂，且品种单调（主要品种是甲基丙烯酸氯化铬络合物）。但有机铬偶联剂在玻璃纤维增强塑料中偶联效果较好，且成本较低。

除以上所述的四大类偶联剂外，有机铝、硼、磷化合物在碳酸钙填充热塑性塑料的应用中也获得了较好的效果，特别是由我国福建师范大学研制的铝酸酯偶联剂，性能非常优异，极有可能成为钛酸酯偶联剂的更新换代产品。

2. 高级脂肪酸及其盐

高级脂肪酸及其盐的分子结构中，一端为长链烷基（$C_{16} \sim C_{18}$），与有机聚合物基体有一定的相溶性；另一端为可与矿物表面官能团发生物理、化学吸附的羧基及其金属盐。因此，它具有类似偶联剂的表面改性作用。此外，高级脂肪酸及其盐本身具有一定的润滑作用，还可使复合体系内摩擦力降低，改善复合体系的流动性能。

该类表面改性剂常用的是硬脂酸和硬脂酸盐。另外，高级脂肪酸的胺类、酯类也可作为矿物粉体的表面改性剂。

3. 有机硅

有机硅是以硅氧烷链为憎水基，聚氧乙烯链、羧基、酮基或其他极性基团为亲水基的一类特殊类型的表面活性剂，俗称硅油或硅树脂，其主要品种有聚二甲基硅氧烷、有机基改性硅氧烷及有机硅与有机化合物的共聚物等。

此外，不饱和有机酸、聚烯烃低聚合物、超分散剂等也常作为无机矿物填料的表面改性剂使用。

四、粉体表面改性效果评价方法

1. 粉体对液体的润湿接触角法

粉体能被有机基体润湿是其用作填料或颜料的必要条件。一般常用润湿接触角评价液体（如水）对改性粉体表面润湿的程度。粉体在水中的润湿接触角越大，则其疏水性、亲油性越强，在有机基复合材料中的应用效果就越好。用有机表面改性剂对无机矿物填料改性后，改性剂在粉体表面包覆率越高，填料在水中的润湿接触角就越大。因此，润湿接触角可以反映粉体表面改性的效果，一般常用角度测量法、长度测量法和毛细管渗透速度法测定润湿接触角。

2. 表面自由能（表面张力）法

无机矿物粉体的表面自由能普遍较高，经过改性后表面包覆上一层有机改性剂，表面能降低，与有机基体的相溶性提高，甚至能被其充分润湿。所以，测定粉体表面能的变化可以对改性效果进行评价。目前常采用"临界表面张力"法测定粉体的表面张力（表面能）。

3. 活化指数法

大多数无机矿物粉体相对密度较大，表面呈极性状态且表面能高，因此能被水充分润湿而在水中自然沉降。粉体经表面改性处理后，由无机的、自由能高的极性表面变为有机的、自由能低的非极性表面，呈现出较强的疏水性和非浸润性，在水中能同油膜一样漂浮不沉。一般把样品在水中漂浮的部分的重量与样品总重量的比值称为活化指数，用 H 表示：

$$H=样品中漂浮部分的重量(g)/样品总重量(g) \qquad (8-1)$$

未经表面改性处理的无机粉体，$H=0$；改性处理最为彻底时，$H=1.0$。H 由 $0\sim1.0$ 的变化过程，可反映表面改性处理程度由小到大，也即表面处理效果好坏的情况。

活化指数法的优点是方便、快捷、易于观察，实验室常用来初步评价改性效果。但该法不能有效地反映无机矿物粉体表面改性的实际效果。

4. 表面包覆率及热分析法

表面包覆率及热分析法主要用来定量地测定表面改性剂的包覆量和包覆率，以确定表面改性剂的最佳用量、选择或控制最佳包覆条件、探索包覆层厚度或包覆率与材料性能的关系、测定包覆层中化学吸附与物理吸附的比例以及验证计算表面改性剂用量的数学模型等问题。表面包覆率需要根据表面包覆量和改性剂分子的断面积来计算，因此还需结合红外光谱、热分析、X 射线衍射等手段。

5. 水杨醛－乙醇显色测定

该法适用于经含有－NH₃基团的硅烷类偶联剂改性的粉体。由于表面改性剂与无机粉体表面有三种结合：即表面包覆、化学吸附和化学键合。前两者结合力较弱，而化学键合则是改性剂分子与粉体表面残缺露出的活性基团或表面羟基形成了结合力强的共价键，因此改性效果最好。由于氨基能与水杨醛反应生成黄色的 Schiff 碱，而硅烷类偶联剂又能溶于乙醇，所以，利用水杨醛－乙醇溶液与改性粉体混合，通过离心机分离就可以把表面包覆、化学吸附的那部分改性剂分离出来，而发生化学键合的改性剂由于结合力强而不能被萃取。然后把分离出来的水杨醛－乙醇溶液在入射光波长为 404nm 照射，测得其吸光值，再与标准溶液相比较就可得出溶液中硅烷偶联剂的含量，计算出与粉体表面发生化学键合的改性剂量，从而半定量地评价出改性效果。

此外，还可采用沉降性质法、黏度法、吸附试验法、吸油量法、吸水率法、水渗透速度法和红外光谱法等，对无机矿物粉体表面改性的效果进行评价。但最为有效的评价方法是粉体改性后的实际应用效果。例如，把改性高岭土填充的橡胶、塑料制品的机械物理性能，与未改性高岭土填充的进行比较，就能很好地判断改性效果。但这种方法操作繁琐、费用昂贵，而且难以迅速、及时地进行评价，因此，常常是先用活化指数法等前述方法进行初步评价及实验研究，最后再采用此法验证以确定最佳的改性工艺。

第二节　风化型高岭土表面改性

我国高岭土资源极其丰富，但长期以来，绝大部分高岭土仅用作陶瓷的原料或作为体积型非功能性填充材料，这种低层次的利用无疑是对高岭土矿产资源的一种浪费。因此，高岭土必须进行表面改性处理，才能在橡胶、塑料、涂料等有机高分子材料中得到广泛的应用。

一、高岭土及煅烧高岭土的理化性能

高岭土的理化性能是进行表面改性的基础，特别是表面官能团，决定着高岭石在一定条件下的吸附特性、化学反应活性、电性和润湿性等。高岭土表面改性的实质就在于改性剂分子与高岭石表面官能团之间发生的相互作用。

未煅烧高岭石的表面官能团主要是羟基（—OH），其次是 Si—O、Al—OH 和 Si—O—Al 等。在 550℃煅烧时，高岭石的晶体结构的羟基开始脱除；950℃煅烧后，高岭石的结构羟基基本全部脱除，不再是主要的表面官能团。在超细粉碎、煅烧过程中形成的 Si—O、Al—O 键成了主要的表面官能团，尤其是 Si—O—Al 键断裂后形成的 Al—O 键，将在改性反应中起到重要作用。此外，煅烧在高岭石表面形成的结构缺陷，也将成为改性化学反应的主要活性点。

高岭石煅烧后，除表面官能团发生变化外，内部结构也发生了变化，特别是当煅烧温度超过 600℃后，高岭石所有 X 射线衍射峰消失，红外光谱的谱峰也发生迁移、合并，表现出煅烧高岭石已处于一种无序的非晶质相。高岭石的这种结构无序化必将影响其理化性能，进而对高岭土的表面改性工艺、机理及效果造成影响。

煅烧高岭土由于脱掉了羟基，主要化学成分 SiO_2 和 Al_2O_3 的相对含量有所提高，其他成分的含量变化不大。

粒度分布是指粉体颗粒的粒径大小组合以及它们之间的数量关系。粒度分布对高岭土改性的影响非常大，它决定着偶联剂的用量和反应条件的确定等。同时，高岭土的粒度分布对其在橡胶和塑料工业中的应用也有着极大的影响。

高岭土的比表面积、表面能主要与其粒度组成关系密切。粒度越细，比表面积和表面能就越高，与有机化合物之间的结合能力就越强。此外，高岭土煅烧后，由于失去羟基、表面存在大量的断键等因素而显示出极大的表面活性，表面能也相应增加。但高岭土比表面积和表面能太高时易发生团聚现象，填充橡胶、塑料等有机高分子材料时不能均匀分散，反而不利于制品性能的提高。从这点说，必须对高岭土进行表面改性，以降低其表面能。

高岭土的 pH 值在 6～7 之间，煅烧后因脱去羟基而使得酸性增强，利用电位计测定煅烧高岭土的 pH 值一般为 5.6～6.1。因此，高岭土无论煅烧与否，表面均呈弱酸性，最适宜于用硅烷表面改性剂进行表面改性。

二、高岭土表面改性工艺

1. 改性方法

粉体表面改性的方法较多，不同的改性方式具有不同的特点，实际工作中需要根据粉体的性质、改性目的、要求和改性成本来选择改性方法。高岭土改性后主要是作为橡胶、塑料、涂料的填料，常采用表面化学改性的方法，这也是目前无机填料或颜料最主要的表面改性处理方法。

2. 表面改性剂类型、用量及用法

表面改性剂的种类、用量和使用方法直接影响着表面改性的效果。如果仅从表面改性剂分子与无机粉体表面相互作用的角度来考虑，当然是两者之间的相互作用越强越好，但是在实际操作中，还必须综合考虑改性产品的成本、应用目的等因素。例如，当煅烧高岭土改性后用作电缆绝缘橡胶、塑料的填料时，就需要考虑表面改性剂的介电性能及体积电阻率；如果改性高岭土是用作橡胶的补强填料，在选择改性剂时，不但要考虑改性剂与高岭土的粘结强度，而且还需要考虑改性剂分子与橡胶大分子之间的结合强度，只有使两者均达到最优，才是改性效果最好的表面改性剂。

表面改性剂的价格昂贵，所以其用量关系着改性产品的成本和应用效果。对于确定的粉体和表面改性剂，只有一个最佳的改性剂用量，多于此用量不但会增加改性产品的生产成本，而且当其用于橡胶、塑料等有机高分子材料中时，还可能会产生副作用，因此，必须通过试验确定最佳的改性剂用量。

在确定改性剂的用量时，必须结合具体情况，选择合理的工艺流程和工艺参数，其中改性剂的使用方法非常重要，使用方法得当，不仅可以提高表面改性效果，而且还会减少用量，降低生产成本。在对粉体进行表面改性时，必须保证改性剂在物料的表面分散均匀，此时可以通过添加适量的溶剂、稀释剂以及采用乳化、喷雾等方法，提高改性剂在粉体中的分散度。对于特定的应用目的，有时需要采用两种偶联剂进行混合改性，利用它们的协同效应进行改性，会取得意想不到的良好效果，但是应该注意两种改性剂的使用方法和添加顺序。

高岭石是表面呈酸性的矿物，因此，常用硅烷类偶联剂对高岭土进行表面改性，并取得了较好的改性效果，不足之处是硅烷类偶联剂的价格十分昂贵，致使改性成本较高。硅烷偶联剂的用量与偶联剂的品种及高岭土的比表面积等有关，可以按下式计算：

$$偶联剂用量 = \frac{填料量 \times 填料比表面积(m^2/g)}{偶联剂最小包覆面积(m^2/g)} \tag{8-2}$$

当不知道高岭土的比表面积时，可将偶联剂的用量初步定为被改性高岭土重量的 $0.5\% \sim 3.0\%$。

当高岭土用作电线电缆的填料时，需先经过超细粉碎、煅烧，再利用 $2\% \sim 3\%$ 的硅油进行表面改性，这种改性高岭土疏水性明显提高，不仅能够提高橡胶电缆的机械物理性能，而且还可以改善其电绝缘性能，尤其是在潮湿和寒冷环境下的电绝缘性能。硅油改性的缺点也是成本较高。

为降低高岭土的改性成本，也可采用高级脂肪酸及其盐、不饱和有机酸、有机胺等进行改性处理。另外，尽管钛酸酯偶联剂常用来对碱性矿物进行表面改性，但对高岭土进行表面改性也取得了一定的成功，其用量是要使偶联剂分子中的全部异丙氧基与高岭土颗粒表面所提供的羟基、活性点或质子发生反应，过量也没有必要，大致用量为填料重量的 $0.1\% \sim 3.0\%$ 左右，高岭土的粒度越细，比表面积越大，钛酸酯偶联剂的用量就越大。最适当的用量可以根据黏度测定法求出：高熔点的聚合物通常用低分子量的液体，如矿物油代替做模型实验，钛酸酯用量从高岭土重量的 0，0.25%，0.5%，0.75%，1.0%，1.5%，2.0% 及 3.0% 等做试验，黏度下降最大点，就是较合适的钛酸酯用量。

改性时还需加入其他助剂，偶联剂和助剂的用量必须根据实际情况和试验结果逐步作相应的调整，直至获得最合适的用量。

3. 改性工艺流程

利用表面改性剂对粉体进行表面化学改性主要是采用预处理法，工艺方法一般有三种：湿法、半干法和干法。湿法工艺由于需要制浆、脱水和干燥等过程，工艺复杂，效率较低。特别是脱水过程，如果矿物颗粒粒径小于 1250 目，将极为困难和复杂。半干法改性工艺是在搅拌器中边搅拌粉体，边将适量的水、改性剂及其助剂的混合物加入，同时加热到一定温度，反应一定时间后即完成改性剂与矿物粉体的偶联作用。反应后的产物呈非常黏稠状态，再经稍微干燥即得改性产品。半干法工艺省去了脱水过程，因此生产效率较高。由于在湿法和半干法工艺中加入了较多的水、偶联剂和助剂的混合物，再通过搅拌混合，粉体颗粒很容易全部与偶联剂分子接触，从而使改性剂分子容易均匀地包覆在颗粒表面。所以这两种工艺所需搅拌机的转速不要求很高，设备造价比较低。

干法改性工艺是将偶联剂及其助剂用微量的稀释剂稀释后，在高速捏合机中（每分钟转速在 1000 转以上），边搅拌边将其加入，或利用喷雾的方法加入，同时加热到一定温度，反应一定时间后完成偶联作用，得到改性产品。但是由于粉体与改性剂之间的充分混合与改性反应是通过高速捏合机的搅拌完成的，所以要求捏合机具有很高的转速（一般在 1000r/min 以上），使粉体物料能够不断地抛撒悬浮起来，达到与改性剂分子的完全接触和混合。因此，干法改性工艺对技术和设备要求比较高。该工艺完全省去了脱水和干燥过程，改性工艺简单，生产能力高，极大地提高了生产效率，故在工业生产中具有极大地推广应用价值。

高岭土的表面改性一般采用干法生产工艺，具体的工艺流程如图 8-4 所示。

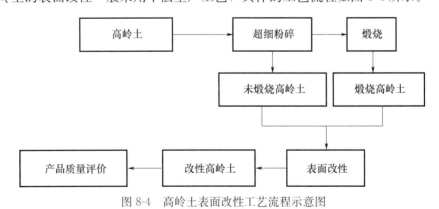

图 8-4 高岭土表面改性工艺流程示意图

4. 改性工艺参数和影响因素

改性工艺参数和影响因素主要是：偶联剂及助剂的类型、用量和用法（如加入顺序等）、改性温度、反应时间、搅拌速度等；生产中需要及时进行测试、分析，调整各个参数，直至取得较为合适的工艺参数为止。

表面改性剂这一因素前已述及，但加入助剂后某些偶联剂的改性效果更加显著。助剂的用量一般为高岭土用量的 0.5%～2%。不同的偶联剂应采用不同的助剂，如某些钛酸酯偶联剂不加助剂即可达到很好的改性效果，而某些硅烷偶联剂宜用脂肪酸盐助剂或醇胺类助剂。

控制好表面改性的反应温度和时间是十分必要的。反应温度过低，不能有效地激发高岭土和改性剂的化学反应活性，致使反应缓慢、反应时间长、改性效率低，甚至造成改性产品质量稳定性差；反应温度过高，表面改性剂可能会发生分解、挥发，反而会使改性效果更差。总体上说，随着温度的升高，改性产品的活化指数呈升高趋势，但存在一个最佳的反应温度点。反应时间过短，高岭土与改性剂不能充分混合，改性反应不彻底，甚至有的颗粒来不及与改性剂分子发生反应；如果当改性时间已经适中，加入的改性剂已经完全与物料发生反应，达到最佳的包覆率和改性效果后，再继续延长反应时间，不仅会浪费大量的能源，而且在过剩机械力的作用下，已经改性好的高岭土颗粒会重新被粉碎而产生新的未改性界面，因此反而会使改性效果下降。

干法改性工艺是依靠高速捏合机的搅拌将粉体物料抛撒扬起，达到与偶联剂的均匀接触和混合，因此改性设备的搅拌速率对改性效果也有较为重要的影响。如果转速低，高岭土不能全部被扬起，混合室底部可能留有死角，导致底部物料不能与偶联剂均匀接触。从这方面讲，搅拌机速率越高越好；但另一方面，速度太高易将高岭土颗粒破碎，从而出现新的未改性表面。所以，应保持捏合机的搅拌速度稳定，一般宜在1500r/min左右。

影响高岭土表面改性效果的因素还有许多，从上述分析可知，这些因素是相互作用，相互制约的，任何一个因素的改变，都会引起其他因素的作用效果发生变化。所以，必须根据高岭土原料的具体情况及应用目的，综合考虑所有的因素，通过多次实验，确定最佳的改性工艺方法、技术参数，从而达到最优的改性效果。

第三节　风化型高岭土表面改性机理

一般认为，利用有机偶联剂处理高岭土等黏土，偶联剂是以化学键合、化学吸附和表面覆盖等方式与黏土表面结合的，并在黏土表面形成低聚物而对黏土表面进行改性，达到改善界面的物理、化学性能的目的。但目前还没有实验验证这一改性理论。虽然近十年来高岭土的表面改性、深加工及应用取得了较大的进展，但是在理论上还不成熟，特别是表面改性机理，至今还没有令人信服的解释，大多是一些推断性结论。

一、高岭土表面改性机理

1. 硅烷类偶联剂的表面改性机理

目前，对于有机硅烷偶联剂在无机填料表面的作用机理，普遍认为是：①化学键；②氢键；③物理吸附；④形成交联结构的覆盖状物质；⑤从表面排除水等。实际上可以认为上述的这些作用在同时起作用，从而达到了较好的表面改性效果。更为实际的表面改性作用模式为Arkles模式，该模式包含了化学键、氢键及物理吸附，如图8-5所示。

不同的有机硅烷偶联剂，对不同的无机填料的表面改性效果差别很大。如果无机填料的表面极性小，以及偶联剂与无机填料的表面形成 Si—O—Si 结合的可能性小，则表面改性的效果不好。因此，在利用偶联剂进行高岭土表面改性时必须考虑以下必要条

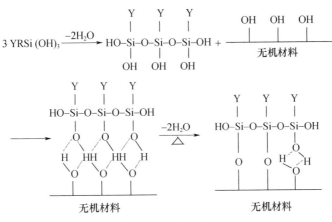

图 8-5 Arkles 模式

件：（1）有机硅烷偶联剂分子必须能够向高岭土表面迁移，而且其可水解基必须能够在高岭石表面发生取向作用；（2）在高岭土表面必须存在能够与－Si（OH）$_3$ 或－SiX$_3$ 相结合的表面官能团；（3）虽然高岭土表面和有机硅烷偶联剂的可水解基发生键合作用、吸附作用后，能使其表面包覆一层有机化层（硅烷偶联剂分子），但是当把改性高岭土用于高分子材料中时，偶联剂分子的亲有机基团还须和有机聚合物之间有紧密的结合才能达到较好的补强作用，所以在选择改性剂时，还须考虑硅烷偶联剂分子的有机官能团种类，及其与有机基体之间相互作用的化学特点。

2. 钛酸酯类偶联剂表面改性机理

尽管钛酸酯偶联剂类型不同，但它们对高岭土的改性机理是基本一样的，以偶联剂与高岭石的表面羟基发生偶联反应为主。

（1）单烷氧基型钛酸酯偶联剂对高岭土改性的反应过程如下：

（2）单烷氧基焦磷酸酯基型钛酸酯偶联剂，除单烷氧基与矿物表面的羟基发生偶联反应外，焦磷酸酯基还可分解形成磷酸酯基，结合一部分水。因此在与含有吸附水的高岭土进行干法改性时，发生如下的反应过程：

239

式中，R 为短碳链烷烃基；R′为长碳链烷烃基。

二、煅烧高岭土表面改性机理

高岭土煅烧后，羟基几乎脱失殆尽，所以，与未煅烧高岭土的改性机理显然是不同的。对改性煅烧高岭土进行的活化指数测试、差热分析、热重分析，以及其在橡胶中起到的较好补强作用，表明对煅烧高岭土的表面改性是成功。红外光谱测试也发现煅烧高岭土的表面有大量缔合羟基存在，证明偶联剂在高岭石表面包覆、相互缔合而生成了有机聚合薄膜。所以，确实存在有机偶联剂对表面没有羟基的煅烧高岭土进行表面改性事实。当这种改性煅烧高岭土用于高分子材料中时，薄膜外层的有机官能团能和有机基体产生相互结合，所以即使偶联剂分子和无机填料表面之间没有通过羟基相结合，也能达到较好的改性效果。

在利用钛酸酯偶联剂进行表面改性时，它有可能是通过与无机矿物界面上自由质子发生反应，生成具有有机功能性的单分子层而将无机与有机组分结合在一起的。另一方面，高岭土煅烧后，羟基脱去的地方成为新的活性吸附点，而且发生物相转变时又形成许多新的化学反应活性点，如 $Si-O^-$、$Al-O^-$，这些活性点都能与有机偶联剂分子发生化学键合作用，也可能是煅烧高岭土改性机理所在。

第四节　改性高岭土的应用

高岭土经过表面改性后，与有机高分子材料的相容性有了改善，在有机基体中的分散性提高，承受外界负荷的有效截面增加，使有机高分子材料制品的力学性能、耐磨性及化学稳定性等得到增强，功能性大幅提高，在橡胶、塑料等领域应用十分广泛。

一、改性高岭土在橡胶中的应用

在橡胶领域中，高岭土可替代白炭黑和炭黑，提供较好的力学性能和自身独特性能，具有白度高、粒度细、分散性好以及高分子化合物相容性好等特点，因其成本低、资源易得、易于操作，已广泛用于丁苯橡胶、顺丁橡胶和天然橡胶中，可赋予橡胶材料优良的力学性能、阻隔性能和热稳定性能，其复合材料在弹性、抗屈挠性、尺寸稳定性、拉断伸长率和压缩永久变形等方面具有相当优势。因此，高岭土在橡胶中具有广泛用途。

张玉德利用化学改性的高岭土和沉淀白炭黑作为增强剂，与丁苯橡胶进行熔融共混和乳液共混制备橡胶复合材料，并对其力学性能、气体阻隔性能、热稳定性能以及微观结构进行分析测试，结果表明：改性高岭土在丁苯橡胶基体中达到了纳米水平的均匀分散，片层多呈平行定向排列，对橡胶大分子具有圈闭限制作用，明显改善了复合材料的力学性能和热稳定性能；另外，高岭石片层的不可穿透性，有效延长了气体分子在橡胶中的渗透路径，复合材料的透气率降低了40%～60%，气体阻隔性能得到了显著的提高；而且，片状结构的改性高岭土比球状结构的白炭黑更具有阻隔优势。

武卫莉研究了高岭土对天然橡胶、丁苯橡胶、丁腈橡胶、顺丁橡胶、三元乙丙橡胶和氯丁橡胶的各种力学性能如拉伸强度、扯断伸长率、邵尔A硬度、磨耗及热老化性能的影响，以及在各橡胶中填充的最佳比例及适宜的橡胶；利用偏光显微镜测试分析了共混的相态结构，并通过红外光谱分析了高岭土填充各种橡胶的交联结构。实验表明：除扯断伸长率外，高岭土/橡胶具有优异的力学和耐热性能，高岭土与橡胶有较好的相容性，且适合刚性橡胶的补强。

王芳采用凝聚共沉法制备改性高岭土/NR复合材料，发现改性高岭土/NR复合材料具有优良的物理性能，且在拉伸过程中无应力发白现象，在改性剂乳酸钾溶液质量为5%、高岭土改性温度为80℃以及改性高岭土用量为40份的条件下，制备的改性高岭土/NR复合材料物理性能最佳。

改性高岭土不但对高温硫化硅橡胶（HTV）具有补强作用，而且可以大大提高HTV的抗老化能力。黄继泰研究了老化前后HTV力学性能的变化，结果表明未改性高岭土填充HTV老化后拉伸强度降低42%，撕裂强度降低43.8%。改性高岭土填充HTV老化后拉伸强度和撕裂强度分别降低14.7%和12.3%。

高岭土填充橡胶除了补强作用外，还可以改善和提高橡胶的其他性能，如EDPM、SBR的介电性能等。而且，高岭土属于白色填料，在和NR复合过程中，既可避免炭黑的污染，还可使橡胶具有彩色性等特殊性能，这是炭黑填料无法达到的。但是作为橡胶补强剂的高岭土，其Mn的含量必须小于0.007%～0.0045%，否则会加速橡胶的老化。此外，橡胶制品对高岭土的吸附性、酸碱性及粒度也有一定的要求。

二、改性高岭土在塑料中的应用

在塑料工业中，改性高岭土可作为PVC、PP、聚酯、尼龙及酚醛树脂等塑料的填充料，用来生产塑料地板和水管等。改性高岭土可使塑料制品表面光滑，提高其尺寸稳定性、耐化学腐蚀性能；抗冲击强度和变形温度等均有较大的提高；并可增加其填充量，降低生产成本。此外，在生产高绝缘电缆塑料时，改性高岭土可提高其电阻率，这是其他无机矿物填料无法比拟的。

郭蓉利用力学测试及扫描电镜分析等方法研究了改性高岭土对PVC性能的影响，并与未改性高岭土填充PVC体系进行了比较。结果表明改性高岭土粒度在1250目、填充量为30%时，断裂伸长率较未添加高岭土体系有所提高；改性高岭土较未改性高岭土的分散性与PVC体系的相容性以及PVC填充体系的力学性能都有一定提高。

刘雪宁通过将不同改性的高岭土与聚丙烯共混，制备了聚丙烯插层的PP/高岭土纳米复合材料。结果表明，有机改性过的高岭土可被聚丙烯完全剥离，且能有效促进PP的异相成核，提高PP的结晶速率和结晶温度，但对结晶速率常数影响不是很大。

任显诚等人的研究表明高岭土的添加可以提高聚合物的抗紫外老化性能和热变形温度

等。于中振研究了 KH560 改性高岭土在尼龙 6 基体中的分散行为，对熔体流变性和结晶性能的影响。结果表明，高岭土经 KH560 处理后，表面能及色散量、极性分量都与尼龙 6 较为匹配，有利于在尼龙 6 中的均匀分散，同时熔体黏度随之明显减小，改善了加工流动性；同时，表面改性后，高岭土与尼龙 6 的相容性增强，提高了尼龙 6 的晶体生长速率。

黄兆阁用差示扫描量热法研究了尼龙 6/高岭土复合材料的熔融结晶行为，并用 Jeziorny 法、Ozawa 法、Mo 法对复合材料的非等温结晶动力学进行研究。结果表明，3 种高岭土的加入均使复合体系的熔融峰变窄，熔点增加；结晶峰温和结晶起始温度提高，结晶速率增大；高岭土填料起到异相成核作用。

参考文献

[1] 卢寿慈主. 粉体加工技术 [M]. 北京：中国轻工业出版社，1999.

[2] 郑水林. 粉体表面改性 [M]. 北京：中国建材工业出版社，1995.

[3] 孙宝岐等. 非金属矿深加工 [M]. 北京：冶金工业出版社，1995.

[4] 梁星宇，周木英. 橡胶工业手册（第三分册）[M]. 北京：化学工业出版社，1992.

[5] 刘钦甫，朱在兴，许红亮，等. 煤系煅烧高岭土表面改性研究 [J]. 中国矿业大学学报，1999，28（1）：86-89.

[6] 李宝智. 改性无机填料在橡胶制品中应用效果的研究 [J]. 中国非金属矿工业导刊，2000（6）：14-15.

[7] Ji Tai Huang, Jing Cao Dai. Improving the combined state of rubber-clay composite interface by applying coupling agent. Chin. J. Struct. Chem. 1997，16（1）：72-77.

[8] Helaly F. M. , Sawy S. M. , Ghaffarm. A. . Physico-mechanical properties of styrene-butadiene rubber (SBR) filled with Egyptian kaolin. Journal of Elastomers and Plastice. 1994，26（4）：335-346.

[9] Washabaugh F. J. . Performance of surfacemodified kaolins in EPDM rubbers. Rubber World. 1987，197（1）：27-28.

[10] 王芳，王炼石，赵冶国，等. 凝聚共沉法改性高岭土/NR 复合材料的性能研究 [J]. 橡胶工业，2005，52（4）：197-200.

[11] 刘雪宁，胡南，张洪涛，等. 改性高岭土对 PP/高岭土纳米复合材料结晶性能的影响 [J]. 中国科学 B 辑化学，2005，35（1）：51-57.

[12] 任显诚，蔡绪伏，陈健中. 聚丙烯/高岭土复合材料抗紫外线性能研究 [J]. 中国塑料，2001，15（12）：36-39.

[13] 周淑平，李秀华，魏文杰，等. 聚合填充型高岭土/超高分子量聚乙烯复合料的制备及性能 [J]. 齐鲁石油化工，1998，26（3）：172-174.

[14] 于中振，欧玉春，陈金凤，等. 高岭土填充尼龙 6 的结晶行为 [J]. 高分子学报，1994（3）：295-300.

[15] 郭蓉，周安宁，曲建林. 改性高岭土填充 PVC 体系的性能研究 [J]. 塑料科技，2004，5：21-24.

[16] 黄兆阁，邹晓燕，方立翠. 尼龙 6/高岭土复合材料的非等温结晶行为研究 [J]. 现代塑料加工应用，2010，22（5）：40-43.

第九章 脱硅高岭土的制备及应用研究

第一节 高岭土的脱硅原理

高岭土的脱硅反应需借助于焙烧，将化学性质稳定的高岭石中的 SiO_2 转变为易与碱反应的非晶质 SiO_2，并使其中的铝保持"惰性"，这样才能借助于碱的作用浸出硅而保留铝。在加热焙烧过程中，550℃左右生成的偏高岭石（$Al_2O_3 \cdot 2SiO_2$），大部分 Al_2O_3 与 SiO_2 呈无定形，Al_2O_3 和 SiO_2 都易与碱反应。随着温度继续升高，在 950～1050℃ 范围内，非晶质的 Al_2O_3 转变为在常温常压下没有化学活性的 $\gamma\text{-}Al_2O_3$，而此时的 SiO_2 仍然保持良好的化学反应活性；温度升至 1100℃ 以上并延长时间，Al_2O_3 与 SiO_2 重新结合形成莫来石（$3Al_2O_3 \cdot 2SiO_2$），此时 Al_2O_3 与 SiO_2 都失去了化学反应活性；而且，莫来石化过程中 Al_2O_3 与 SiO_2 的重新结合，会降低脱硅率。因此焙烧温度应选在偏高岭石形成之后，莫来石形成之前（950℃到1050℃之间），并控制焙烧时间，以求最佳的脱硅效果。

在脱硅过程中，我们以 NaOH 为脱硅试剂，它与活性的 SiO_2 反应生成 Na_2SiO_3 溶液，反应如下：

$$2NaOH + SiO_2 \longrightarrow Na_2SiO_3 + H_2O$$

然后再通过过滤和冲洗，分离出 Na_2SiO_3 溶液，并将 pH 值降低至中性，剩下的固体渣就是脱硅高岭土。

根据高岭土的脱硅原理，设计脱硅工艺流程如图 9-1 所示。

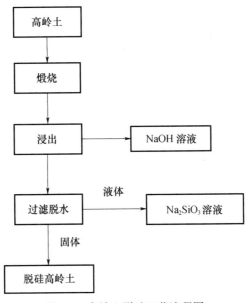

图 9-1 高岭土脱硅工艺流程图

第二节　脱硅高岭土的制备及成分研究

一、制备脱硅高岭土的影响因素

高岭土在马弗炉中煅烧至一定温度，用 NaOH 溶液进行二次浸取。浸出后过滤冲洗至中性，得到脱硅高岭土。在浸取过程中，主要的影响因素有煅烧温度、液固比、NaOH浓度、浸出温度、浸出时间、脱硅次数及保温时间等。

1. 煅烧温度的影响

煅烧温度是高岭土脱硅实验的关键条件之一，它决定着煅烧过程中物相的变化，高岭土的煅烧温度对脱硅效果的影响如图 9-2 所示。当煅烧温度低于 950℃时，生成偏高岭石，此时 Al_2O_3 和 SiO_2 均可与 NaOH 溶液发生反应。当煅烧温度高于 1000℃时，Al_2O_3 与 SiO_2开始反应形成莫来石，在 NaOH 溶液中无反应活性，并会降低脱硅率。因此，高岭土的煅烧温度就控制在偏高岭石生成之后，莫来石形成之前，即 950～1000℃。

图 9-2 给出的是液固比为 15，NaOH 浓度为 15%时，在 95℃浸出 2h，不同煅烧样的Al_2O_3 与 SiO_2 含量变化图。由图可知，在煅烧温度为 940℃、970℃和 1000℃时，实验结果变化不太明显，但以 1000℃时效果最佳。因此，确定煅烧温度为 1000℃。

2. 液固比的影响

图 9-3 是液固比及烧失量与铝硅比［即铝硅氧化物摩尔比，$n(Al_2O_3)/n(SiO_2)$］的关系图，NaOH 浓度为 10%时，浸出温度 95℃，浸出时间 2h。该图表明：烧失量和铝硅比均随液固比的降低而提高，其中烧失量提高的原因可能是 NaOH 与少量 Al_2O_3 和SiO_2反应生成了沸石类物质，而沸石类物质的存在会限制碱处理高岭土的用途，因此，应尽量降低烧失量，也就是提高液固比，但液固比的提高同时又会降低铝硅比。所以，液固比太高或太低对实验结果均有影响。最后确定的条件为二次脱硅，其中第一次脱硅的液固比较低，为 15，第二次脱硅的液固比提高至 30，从而在提高铝硅的同时适当降低烧失量。

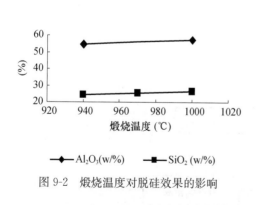

图 9-2　煅烧温度对脱硅效果的影响

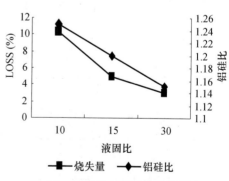

图 9-3　液固比对脱硅效果的影响

3. NaOH 浓度的影响

NaOH 浓度是影响脱硅效果的又一重要因素。NaOH 浓度与 Al_2O_3 和 SiO_2 含量的关系图（图 9-4）表明，随浓度的提高，SiO_2 含量下降，Al_2O_3 比例上升，铝硅比提高较明显。由此可见，提高 NaOH 浓度有助于 SiO_2 的浸出。

4. 浸出温度的影响

浸出温度决定着 NaOH 与 SiO_2 的反应速度。浸出温度与 Al_2O_3 和 SiO_2 含量关系如图 9-5 所示，从图中可看出：当浸出温度为 50℃时，与高岭土的组成相比，SiO_2 含量不但没有下降，反而从 44.79% 提高到了 49.22%，这是浸出温度过低，NaOH 与 SiO_2 反应微弱，而煅烧高岭土中结晶水脱除，烧失量下降的缘故所至。当温度提高至 70℃时，SiO_2 含量降低到了 38.36%，脱硅效果仍不明显。当温度升高到 90℃时，SiO_2 含量又降低了 8.14%，可见浸出温度的提高对脱硅效果的影响之大。由于浸出温度超过 95℃时对实验设备有一定的要求，会增加成本，因此，确定浸出温度为 95℃。

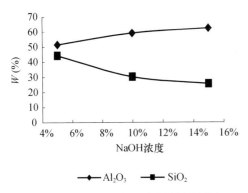

图 9-4　NaOH 浓度对脱硅效果的影响

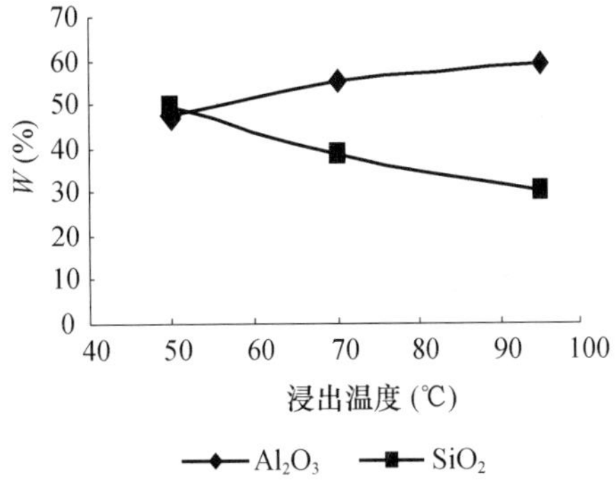

图 9-5　浸出温度对脱硅效果的影响

5. 脱硅次数的影响

从脱硅次数与 Al_2O_3 和 SiO_2 含量的关系图（图 9-6）可看出，二次脱硅的效果比一次脱硅有明显的提高，Al_2O_3 含量提高了 12.08%，SiO_2 含量降低了 5.28%；但在进行三次脱硅时，Al_2O_3 含量又开始下降，铝硅比降低，原因可能是随着脱硅次数的增多，煅烧高岭土中"惰性"的 γ-Al_2O_3 结晶不十分稳定，开始与 NaOH 溶液发生反应。因此，脱硅次数以二次为宜。

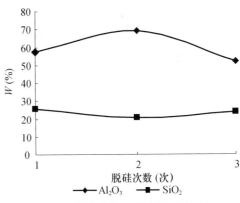

图 9-6　脱硅次数对脱硅效果的影响

6. 其他因素的影响

当保温时间从 40min 延长至 4h，Al_2O_3 含量变化不大，从 54.94% 升到了 54.98%，但 SiO_2 含量也从 26.41% 升到了 31.63%，原因是延长保温时间会增加莫来石的含量，而莫来石与 NaOH 不发生反应，从而脱硅率下降。因此保温时间不宜太长，确定为 40min。

另外，脱硅效果随浸出时间的延长而提高，当浸出时间提高 1h，SiO_2 含量降低 5.70%，Al_2O_3 含量升高了 0.86%。高岭土的细度、搅拌方式对脱硅效果的影响不大，但高岭土太细会影响后期的过滤洗涤，因此不建议采用太细的高岭土。

二、脱硅高岭土的化学成分及矿物组成

脱硅高岭土的化学成分见表 9-1，从表中可以看出，脱硅后 Al_2O_3 的含量为 76.96%，

SiO_2 为 9.8%，铝硅比从 0.85 提高到了 4.62。但是碱处理后，Na_2O 的含量为 3.3%，烧失量为 8.19%。Na_2O 含量的增加以及烧失量的存在证实了在选择性浸取的过程中，$NaOH$ 与 Al_2O_3 和 SiO_2 反应生成了少量沸石类物质。

表 9-1　高岭土脱硅前后的化学成分（%）

样品	SiO_2	Al_2O_3	Na_2O	Fe_2O_3	LOSS	Al/Si
高岭土	44.7	37.47	0.2	0.16	16.53	0.85
脱硅高岭土	9.8	76.96	3.3	0.55	8.19	4.62

注：Al/Si 比指铝硅克分子比。

图 9-7 是煅烧高岭土及脱硅高岭土的 X 射线衍射图。从图中可看出，煅烧高岭土中 SiO_2 和少量 Al_2O_3 以无定形状态存在，大部分 Al_2O_3 以 γ-Al_2O_3 相（$2\theta=19.4°$，$66.8°$）存在，但结晶不是很好；与煅烧高岭土相比，脱硅高岭土样品中衍射峰除了不与 NaOH 反应的 γ-Al_2O_3 的衍射峰外，还有沸石的衍射峰，且 γ-Al_2O_3 的含量有所增加，这是煅烧高岭土中非晶态的 SiO_2 被碱浸出后，它的含量相对增加的缘故所致。

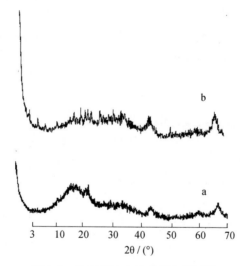

图 9-7　处理高岭土 X 射线衍射图谱

a—煅烧高岭土；b—脱硅高岭土

三、脱硅高岭土的应用领域

高岭土经过煅烧，用 NaOH 溶液进行浸出，制备出了铝硅比达 4.62 的脱硅高岭土，根据它的性质和特点，我们对其利用方向进行了研究。脱硅高岭土有以下几个潜在应用方向：

1. 生产高纯度莫来石

高岭土脱硅后剩下的固体残渣为没有活性的 γ-Al_2O_3 和部分没有被浸出的 SiO_2，其铝硅比高于莫来石的铝硅比。因此，把脱硅高岭土和适量的未煅烧的生高岭土粉混合，调节 Al_2O_3 和 SiO_2 的配比符合莫来石的理论组成，然后把二者的混合物经过磨矿、成型、煅烧，就可以制备出高纯度的莫来石。其中加入的未煅烧高岭土具有比较好的结合性，除了用于调节铝硅比外，还可以起到粘结剂的作用。

2. 多孔材料

高岭土中的 SiO_2 大部分被 NaOH 溶液浸出后，剩下的固体渣为一种多孔材料，根据对其孔隙大小、表面吸附及催化性能等方面的测试，研究了它作为石油冶炼的催化剂载体的可行性。这种多孔材料还可作为添加剂，增强主体材料的性能。

3. 铝质材料

煅烧高岭土脱硅后，其 Al/Si 大大提高，可以作为一种工业铝源，如用作电解铝硅钛合金及电解铝的原料。

脱硅高岭土的应用方向及流程如图 9-8 所示。

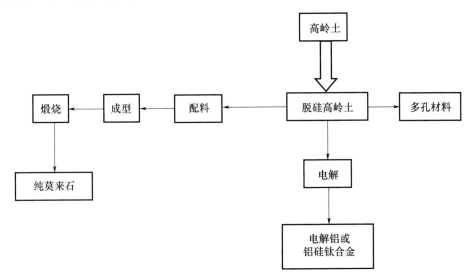

图 9-8　脱硅高岭土应用流程图

第三节　脱硅高岭土制备莫来石的研究

一、莫来石简介

莫来石是最常见且应用最广的一种矿物，日常生活中所接触的黏土烧制品，包括瓷器、陶器、砖瓦中都含有大量莫来石制品。我国工业上所使用的 $SiO_2\text{-}Al_2O_3$ 系列耐火材料中，也都含有大量的莫来石。然而，莫来石在自然界中很稀少，只在苏格兰西海岸的马尔岛（Isle of mull）有天然莫来石矿，我国在河北武安县和河南省林县也发现了天然莫来石，但都不具有工业价值。

1. 莫来石的特点及应用

莫来石与矽线石族矿物在晶体结构上颇为相似，以至于在很长时间内一些科学家不认为它是一种单独的矿物，人们也称莫来石为富铝红柱石。成分和结构的相似性，决定了莫来石和矽线石在物理性质上的相似性。莫来石的晶体结构可以看作是由矽线石的结构演变而来。

莫来石属斜方晶系，它的成分可以从 $Al_2O_3 \cdot 2SiO_2$ 到 $2Al_2O_3 \cdot SiO_2$ 连续变化，其典

型化学组成为 $3Al_2O_3 \cdot 2SiO_2$，在室温直到高温以及在标准大气压条件下，它在硅酸铝系统中是唯一稳定的晶相。

莫来石具有耐火度高、热膨胀和导热性低、蠕变性低、化学稳定性与热稳定性好、韧性和强度高、电绝缘性能强等优点，可用作玻璃窑和熔炼铁、铜、铝等金属熔炉的内衬、炉底、滑动水口等，或用作高铝砖的原料、不定型耐火材料的骨料和陶瓷制品用的匣钵、窑具等。莫来石生产的高级陶瓷还可以用作飞机和宇宙飞船导向前缘，火箭和飞机发动机排气装置和屏蔽等热保护材料。另外，莫来石在结构材料、电子材料、晶须材料以及光学材料等领域也具有很大的发展潜力。

正因为莫来石有如此广泛的应用，所以国内外早已开展了合成莫来石的研究，如美国、日本、前苏联、英国、德国、捷克、波兰、匈牙利及前南斯拉夫等国，并已应用于实际生产。

近年来，随着我国的炼钢、炼铝、炼铜、玻璃、水泥、化工及陶瓷生产厂对优质耐火材料的质量和数量的要求不断提高，我国有关单位对合成莫来石也做了大量的工作，并取得了可喜的成绩，如洛阳耐火材料研究所、上海耐火材料研究所、山东耐火材料厂、唐山耐火材料厂等用天然高铝原料试制成莫来石，其性能指标已接近国外同类产品水平。

2. 莫来石的生产历史

由于世界上没有具经济价值的天然莫来石矿产，工业所用莫来石全是人工合成的。在近代材料科学体系形成之前，人们只是在制作瓷器、陶器、砖瓦等黏土制品时无意地进行着莫来石的合成工作。现代材料科学的发展，为人们有意识地合成某种矿物提供了理论基础。而合成莫来石的理论基础是 Al_2O_3-SiO_2 二元相图。

莫来石的研究和生产历史，与莫来石有关的科学与技术的发展可大致分为三个阶段：第一阶段从 1920 年到 1950 年，主要的研究集中于探讨莫来石的结构特征；第二阶段始于 1950 年，主要集中于对 SiO_2-Al_2O_3 系统相平衡的研究；尽管相平衡的研究至今仍有疑义，但从 20 世纪 70 年代中期至今的第三阶段，则很明显地将重点转移到了对莫来石陶瓷在结构、光学、电子应用方面开发的研究。

莫来石的工业生产始于 20 世纪 60 年代，70 年代产量猛增。现在世界年产莫来石及其熟料制品超过 20 万 t。传统的生产莫来石的方法有烧结法和电熔法。1926 年用电熔法制得莫来石，1928 年用烧结法制得莫来石。

3. 合成莫来石的原料

人工合成莫来石的原料，可分为天然原料、工业原料和化学原料。目前所用来合成莫来石的天然原料主要有纯高岭土、铝矾土精料、焦宝石、粉煤灰、煤矸石、蓝晶石、红柱石和矽线石等；工业原料主要是工业氧化铝和石英；而化学原料主要用于化学方法生成莫来石，是一些高纯超细的活性化学原料，如正硅酸乙酯和硝酸铝等。由于工业原料与化学原料的成本很高，在目前情况下，不适合于大规模工业化生产，因此，人们都在寻找资源储量丰富、成本低廉且能生产高性能莫来石的天然原料。

实际上，在耐火材料工业中所用的莫来石熟料，大多是用天然矿物原料或者大部分采用天然矿物原料来合成。由于各个国家所具备的生产莫来石的矿产资源优势不一样，研究合成莫来石的原料的内容也不一样。如美国有丰富的蓝晶石资源，他们主要以蓝晶石为原料合成莫来石；南非、法国是红柱石生产大国，以红柱石为主要原料合成莫来石；印度控制着世界大部分的硅线石资源，则以硅线石为原料合成莫来石；而我国主要以铝土矿和高岭土为原料生产莫来石。

4. 莫来石的制备方法

传统的合成莫来石的方法主要有烧结法和电熔法。

烧结法就是将活性 Al_2O_3 和 SiO_2 按比例充分混合，在高温下，通过固体扩散来合成莫来石。该法合成的莫来石结晶细小，组织结构均匀，常有较高的气孔率（5%～25%）。

电熔法就是将高纯石英和工业氧化铝按比例混合后放在电弧炉中熔融，然后在冷却过程中结晶出莫来石晶体。该法制成的莫来石结晶较粗且常含有气孔，但总的气孔率较烧结莫来石块体小。我国电熔莫来石到 20 世纪 80 年代初期才逐渐引起重视，但由于成本较高，生产厂家不是很多。

与高纯电熔莫来石相比，采用全天然原料或部分天然原料用烧结法合成的莫来石具有成本低、性能适中的特点，因此具有较大的市场。用天然原料来合成莫来石时，为了调节原料的铝硅比，一般采用加入工业氧化铝或磨细石英粉等办法。有时也采用工业氧化铝的中间产品如氟化铝、氢氧化铝（水铝石）等。

用天然原料烧结合成莫来石的工艺流程随所用原料不同而有较大的变化，但一般可分为两大类，即湿法和干法。湿法流程为：

配料→混合细磨（湿法）→酸洗除铁→过滤→干燥→压块→烧成→熟料。

干法流程为：

配料→混合细磨（干法）→电磁除铁→压块→干燥→烧成→熟料。

用天然原料合成的莫来石熟料一般含有较多的玻璃相或其他杂质矿物，其性能也比用高纯工业原料合成的莫来石稍差。用高纯的天然原料可以合成性能优良的莫来石。如以特级高铝矾土和特级高岭石黏土为原料，在烧结过程中可以发生如下一系列物理化学变化：

$$Al_2O_3 \cdot n\,H_2O \xrightarrow{400\sim500℃} \alpha\text{-}Al_2O_3 + nH2O\uparrow (n=1,2,3)$$

$$Al_2O_3 \cdot 2SiO_2 \cdot 2H_2O \xrightarrow{400\sim550℃} Al_2O_3 \cdot 2SiO_2 + 2H_2O\uparrow$$

高岭石 　　　　　　　　　　　　　偏高岭石

$$Al_2O_3 \cdot 2SiO_2 \xrightarrow{930\sim960℃} Al_2O_{3(无定形)} + 2SiO_{2(无定形)}$$

$$3\gamma\text{-}Al_2O_3 + 2SiO_{2(无定形)} \xrightarrow{1100\sim1200℃} 3Al_2O_3 \cdot 2SiO_2$$

　　　　　　　　　　　　　　　　莫来石

由上述反应生成的游离刚玉（α-Al_2O_3）和无定形 SiO_2 在较高温度下再发生固相反应而生成莫来石：

$$3Al_2O_3 + 2SiO_{2(无定形)} \xrightarrow{1200\sim1500℃} 3Al_2O_3 \cdot 2SiO_2$$

α-刚玉 　　　　　　　　　　　二次莫来石

此反应通常被称为二次莫来石化，而由偏高岭石生成莫来石和游离石英的反应又被称为一次莫来石化。近几年开发的用高岭土合成莫来石的技术主要就是应用了以上反应原理。

20 世纪 80 年代以来，我国许多科技工作者对以矽线石族矿物（矽线石、红柱石、蓝晶石）为基本原料，配以适当比例的工业氧化铝或特级高铝矾土熟料通过高温煅烧莫来石的行为进行了研究，其中以林彬荫等的研究较为系统。这些反应可概括为：

$$3(Al_2O_3 \cdot SiO_2) \longrightarrow 3Al_2O_3 \cdot 2SiO_2 + SiO_2$$

莫来石

其中矽线石的分解温度最高，在 1500～1550℃，红柱石次之，在 1350～1400℃，蓝晶石分解温度最低，在 1250～1350℃，在反应的同时产生一定量的体积膨胀。其中天然蓝晶石为超高压矿物，因此有最大的体积膨胀。矽线石族矿物在转变过程中的膨胀性常被用来制作在使用过程中不收缩或微膨胀的免烧耐火制品。由上式反应产生的游离 SiO_2（方石英）继续与高铝原料中的 Al_2O_3 反应生成莫来石，即所谓的二次莫来石化。二次莫来石化也产生一定的体积膨胀。在碱性杂质较多的情况下，方石英进入熔融玻璃相。

随着莫来石在结构材料、电子材料和光学材料等领域内的应用，需要制备出莫来石微粉（微米级或纳米级）或晶须（微小、细长的状针状体），传统的烧结法和电熔法制得的莫来石已不能满足这些特殊要求。现代精细莫来石陶瓷，通常是指莫来石功能陶瓷和高强结构陶瓷。根据陶瓷制品的形状又分为块体材料、薄膜材料和纤维材料。

目前常见的超微莫来石粉料的制备主要有三种方法：机械涂层法、气相沉积法（CVD）和物理化学法。物理化学法是指在液相中，利用溶液中发生的物理化学变化来制备复合涂层粉料的一种方法。物理化学法又可分为：表面修饰法、导电性凝聚法、水解沉淀法、溶胶-凝胶法、成核生产法。其中有文献报导用于制备莫来石先驱体的主要为水解沉淀法、溶胶-凝胶法和成核生长法。用这些方法制备的微粉有一个共同的特点，就是化学活性高，并大部分处于非晶质状态。因此，微粉可以在较低的温度下烧结。特别是近几年来发展起来的复相超微粉制备技术和单相先驱体制备技术，克服了机械混合不均匀的困难，从而制备出了密度高、晶粒微细、性能优良的制品。

然而，即使是已达纳米级或分子级混合的复相超微粉，其莫来石化的过程与以黏土为原料的莫来石化过程有一定的相似性。但当 Al_2O_3 与 SiO_2 的混合达到级分子混合时（例如单相莫来石先驱体），莫来石的形成温度可降至 980℃。例如由化学气相沉积法或高温喷雾裂解法而产生的非晶质先驱体可以直接转化为莫来石。相反，当混合均匀程度在纳米范围时（例如复相先驱体），在莫来石形成之前通常要经过刚玉化阶段。这样就阻碍了莫来石的生成，致使莫来石的形成温度推迟到 1200～1300℃。如通过有机物或盐的快速水解而产生的粉末或凝胶一般为复相先驱体，因而在这些体系中也能观察到作为过渡相出现的立方氧化铝。由于氧化铝的结晶和莫来石的生成几乎是同一温度开始的（980℃），因此借助于反应的放热是难以将二者区分开的。

由于高岭石在 >980℃ 时分解成无定形 Al_2O_3 和无定形 SiO_2。这种分解产物也相当于一种复相超微粉，只是 SiO_2 的含量高于莫来石的理论组成。尽管高岭石具有由 $(Si_2O_5)^{2-}$ 与 $[Al_2(OH)_4]^{2-}$ 叠加的层状结构，但这种混合程度还不足以阻止游离 Al_2O_3 和游离 SiO_2 的出现，而不是在加热过程在（<980℃）直接出现莫来石。在继续升温过程中，游离的无定形 Al_2O_3 转变为 $\gamma\text{-}Al_2O_3$（>980℃）。莫来石的形成是在更高的温度下（1100～1200℃），即前面所讲的一次莫来石化。

综上所述，莫来石最早发现于自然界，但对莫来石的应用和研究却是人们对普通和耐火材料有了一定的科学认识才开始的。莫来石的广泛应用又进一步促进了理论莫来石矿物学的发展及 $SiO_2\text{-}Al_2O_3$ 体系相平衡的深入研究。较纯的莫来石制品有着优良的机械性能、热性能和化学性能，再加上原料廉价易得，因而在耐火材料领域里得到了广泛的应用。

20世纪80年代末和90年代初兴起的莫来石精细陶瓷热进一步开发了莫来石优异的机械性能、光学性能和电学性能。这些应用又为莫来石矿物学的理论研究奠定了基础。预计在未来的几年内，莫来石精细陶瓷将在机械、激光、微电子领域得到实际和更广泛的应用。

5. 国内外研究动向及进展

目前，人们对于莫来石的研究方向主要包括合成莫来石的原料、莫来石的制备方法以及莫来石的应用三个方面。而上述三个方面是相辅相成的，现介绍如下。

（1）传统陶瓷及耐火材料中莫来石合成的研究

近几年，我国对于生产莫来石的天然原料的研究有：

1994年，咸阳非金属矿研究所的李九鸣和谭玉芝以硅线石精矿为原料，添加高铝矿物，经过超细磨、粘结混合、压力成型、高温烧结，合成了莫来石。所获产品的莫来石含量为93.5%、刚玉5%、玻璃相微量，具有良好的物理化学性能。

1996年，山东耐火材料厂的严小鸿等采用特级煅烧焦宝石熟料微粉和α-Al_2O_3微粉为主要原料，加入适量添加剂，以木粉和聚苯乙烯为烧失物，采取可塑法成型，反应烧成、切磨加工等工艺手段，试制出了低成本、高性能的以莫来石为主晶相的莫来石轻质砖。

1997年，北京科技大学的倪文等，在煅烧后的煤矸石中加入部分工业氧化铝粉，一起混磨至800目筛余小于5%，再经加有机质成型和在1550℃×5h煅烧，制成了物相及各种性能指标达到从德国进口轻质莫来石砖的制品。

1999年，焦作工学院的孙俊民等利用粉煤灰与工业氧化铝合成了莫来石制品。他们将处理过的粉煤灰与工业氧化铝按不同比例配料，经湿法磨细、加压成型后，分别在二硅化钼高温电炉及高温隧道窑内进行烧结成莫来石的试验，获得了M70、M60、M50三个系列的品种，并利用部分合成产品进行了制砖试验。结果表明：当配料中Al_2O_3含量为60%左右，烧结温度为1550～1600℃时，莫来石晶体的生成量最高；M70与M60的理化性能达到国家一级莫来石标准，可代替商业莫来石用于工业生产；M50的性能基本相当于国内外同类产品。

以上研究都没有投入工业化生产，其主要原因是用高岭土（包括焦宝石、煤矸石）添加工业氧化铝合成莫来石时，1t高岭土中需加入790kg Al_2O_3或1208kg $Al(OH)_3$（理论计算值），原料成本仍然很高，生产企业很难接受；而用铝土矿或三石矿物制备莫来石的主要问题是有害杂质含量太高，只能生产一般用途的莫来石产品，若采用选矿的方法提高纯度，又提高了生产成本。到目前为止，国外的高纯度莫来石也没有用矿物原料合成，主要原料仍然是工业氧化铝和石英砂。

（2）精细陶瓷中莫来石的研究

1992年，Jia. G. Wang等通过在超细α-Al_2O_3（0.75μm）表面利用TEOS的水解涂上无定形SiO_2涂层，采用旋转碾压法制得生坯，最后在1000～1700℃的温度下烧成，得到硅铝比为72/28的莫来石，最大相对体积密度为94%。

1997年，M. Caligaris和N. Quaranta用溶胶-凝胶法合成莫来石。1998年，山东轻工业学院张旭东等采用化学法制备Al_2O_3-SiO_2粉料，在氟化物气相条件下经过高温合成制得均匀且长径比大的莫来石晶须，可用作陶瓷材料的补强增韧。

1999 年，四川大学的黄永前等以正硅酸乙酯和硝酸铝为原料，用溶胶-凝胶法制备出莫来石膜。

用上述方法虽可以生产出高纯度的莫来石或者莫来石晶须，但生产成本过高，有的技术还处于实验室阶段，目前还没有应用于工业化生产。

当今莫来石生产存在的主要问题是：采用化工原料纯度高，能满足新技术对产品质量的要求，但是生产成本高，利用领域受到一定的限制；采用矿物原料生产莫来石，成本较低，但由于大多数矿物原料铁、钛、钙、镁等有害元素含量高，产品质量不能保证。因此，莫来石的生产技术一直不能令人满意，要么牺牲成本，用昂贵的化工原料生产高纯度的莫来石；要么牺牲质量，用较廉价的矿物原料生产质量较差的产品。

对于用高岭土生产莫来石材料的研究，一般是用天然高岭土直接烧结形成莫来石或加入工业氧化铝然后进行烧结，但前者形成莫来石的纯度不高，其用途受到了限制，而后者由于加入工业氧化铝，提高了生产成本。因此，用脱硅后的高岭土制备莫来石是莫来石生产技术发展的一个新方向。

二、脱硅高岭土制备莫来石的原理

脱硅后的高岭土的主要成分为没有活性的 α-Al_2O_3 和部分没有被脱去的 SiO_2。我们可以根据莫来石的理论组成，在脱硅高岭土中再加入部分未煅烧的高岭土，加入的高岭土既可以作为莫来石成型的粘结剂，又可以用来调节莫来石的成分，然后再经过成型、煅烧，就可以制成莫来石制品。

三、制备莫来石的实验研究

首先以高岭土和工业氧化铝为原料制备莫来石。以高岭土（$<2\mu m$）和工业氧化铝为原料，将工业氧化铝在超细磨中磨 4h，按 100g 高岭土中加 60g 氧化铝的配比与高岭土混合，振动磨中再磨 2h，使配料能混合均匀，然后烘干，分别煅烧至 1300℃ 和 1500℃，保温 30min。

理论上，高岭土和氧化铝的反应将符合下面的反应式：

$$Al_2O_3 \cdot 2SiO_2 \cdot 2H_2O + 2Al_2O_3 \longrightarrow 3Al_2O_3 \cdot 2SiO_2 + 2H_2O$$

生成物相应该主要是莫来石。生成物的 X 射线衍射结果如图 9-9 和图 9-10 所示。

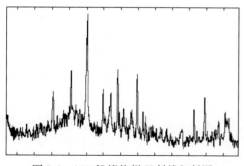

图 9-9　1300℃煅烧样 X 射线衍射图

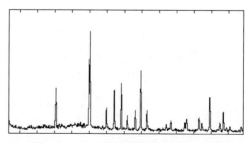

图 9-10　1500℃煅烧样 X 射线衍射图

从 X 射线衍射图上可以看出，煅烧烧温度为 1300℃ 时，生成的莫来石量不多，且生成很多非晶态物质，这说明煅烧烧温度太低。当煅烧温度为 1500℃ 时，生成物相主要为莫来石相，但结晶不是十分好，且还有少量的非晶相，说明反应温度略低，可将温度适当地提高或者延长保温时间。

通过上面的实验可以得出下面的结论：高岭土配以一定量的工业氧化铝，可以生成比较纯的莫来石。那么，高岭土经过脱硅以后，其 Al/Si 已达到或超过莫来石的组成，就可以不用添加氧化铝，在高温下煅烧生成莫来石。

将脱硅高岭土配生高岭土粉，使铝硅比符合莫来石的理论组成（在 100g 脱硅高岭土中加 66.6g 高岭土粉），煅烧至 1500℃，保温 2～3h，生成物的 X 射线衍射图如图 9-11 所示。

从脱硅高岭土生产莫来石材料的 X 射线衍射曲线上可以看出，生成物相主要为莫来石，还有极少量的氧化铝。这说明脱硅高岭土配适量的生高岭土粉可以生产出比较纯的莫来石材料。

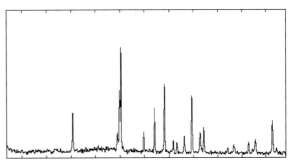

图 9-11 脱硅高岭土生产莫来石材料 X 射线衍射曲线

第四节　脱硅高岭土——一种新型多孔材料

一、非金属多孔材料概述

无机非金属多孔材料是以气孔为主相的一类材料，它的发展开始于 19 世纪 70 年代。初期仅作为细菌过滤材料使用，随着控制材料的细孔结构水平的不断提高，和玻璃纤维、金属等相比有优异的特性，气孔分布均匀，机械强度高和易于再生，作为在分离、分散、吸收功能以及流体接触功能方面，能发挥优良性能的蜂窝材料，而被广泛用于化工、石油、冶炼、纺织、制药、食品机械、水泥等工业部门。无机非金属多孔材料作为吸声材料，敏感元件和人工骨、齿根等材料也越来越受到人们的重视。随着无机非金属多孔材料的使用范围的扩大，其材质由普通黏土质发展到耐高温、耐腐蚀、耐抗热冲击性的材质，如 SiC、Al_2O_3、堇青石等。气孔孔径由毫米级到埃级，气孔率 20%～85%，使用温度由常温到高温（可达 1600℃）。给其应用带来了广阔的前景。目前，欧、美、日等国一般性的无机非金属多孔材料均有专门厂家生产。

（一）无机非金属多孔材料的类型

无机非金属多孔材料因其材质、孔径的不同，其性能和用途也相应改变。根据材质不同，主要有以下几类：

（1）高硅质硅酸盐材料：主要以硬质瓷渣、耐酸陶瓷渣及其他耐酸的合成陶瓷颗粒为骨料，具有耐水性、耐酸性，使用温度达 700℃。

（2）铝硅酸盐材料：以耐火黏土熟料、烧矾土、硅线石和合成莫来石质颗粒为骨料，具有耐酸性和耐弱酸性，使用温度达 1000℃。

（3）精陶质材料：组成接近第一种材料，以多种黏土熟料颗粒与黏土等混合，得到微孔陶瓷材料。

（4）硅藻土质材料：主要以精选硅藻土为原料，加黏土烧结而成，用于精滤水和酸性介质。

（5）纯碳质材料：以低灰分煤或石油沥青焦颗粒为原料，或者加入部分石墨，用稀焦油粘结烧制而成，用于耐水、冷热强酸、冷热强碱介质以及空气的消毒、过滤等。

（6）刚玉和金刚砂材料：以不同型号的电熔刚玉和碳化硅颗粒为骨料，具有耐强酸、耐高温特性，耐温可达 1600℃。

（7）堇青石、钛酸铝材料：因其热膨胀系数小，广泛用于热冲击的环境。

（8）以其他工业废料，尾矿以及石英玻璃或者普通玻璃构成的材料，视原料组成的不同具有不同的应用。

除了上述几种之外，日本近来还介绍了以叶蜡石及烧结多孔材料为基材制造的超微孔材料。

（二）无机非金属多孔材料的应用

无机非金属多孔材料具有分离、曝气功能，而应用于过滤、废水处理。无机非金属材料可分成作用条件截然相反的两种类型，一是用于两种物相的分离，二是用于把一种物相分散到另一种物相之中，亦即使两相结合。

1. 用于分离

（1）混合气体的分离

多孔体中的微孔孔径如果小到可以和气体的平均自由程相比的程度（$0.3\mu m$ 左右），则气体微孔中的流动状况，由黏性流（层流）变成分子流。在气体混合的情况下，隔一无机非金属材料分离器，在其低压侧便可得到与高压侧的气体组成不同的气体。作为这方面的应用，已经研究用多孔性玻璃隔膜来分离 H_2O_2，及研究了使六氟化铀通过 $\alpha\text{-}Al_2O_3$ 隔膜来浓缩铀 U_{285}。

（2）非混合性流体的分离

例如水和油这样的流体，在它们通过多孔体时，流体和多孔体的浸润性及表面张力都会影响其透过性能，像这种两相非混溶性液体，例如油以微小的油滴分散于水这样的液体中，从多孔体中通过，由于油滴粒子的直径变大，而且由于水和油的密度不同，即可将油与水加以分离。像这样由于通过多孔体而使油滴变大的现象，可称之为聚结现象，它可应用于油-水分离或药品和水的分离。在带烟雾的气体中也能观察到同样的现象，使带有烟雾的气体通过多孔体，从而造成粗大的烟雾，通过多孔体后，可采用简单的碰撞板将其分离。

（3）流体中含有微细粒子的分离

气体中含有微粒子时，使这些流体通过多孔体，其所含微粒即被多孔体过滤。这是由于比多孔体微孔孔径大的固体被直接阻挡于多孔体的表面；而比这些孔径小的固体，则由于惯性力，而且由于气孔弯曲，其惯性力增强，而沉积于多孔体内部。当然，随着沉积层的增大，由于所谓架桥现象，使微孔的入口阻塞。这样被捕集于多孔体上的固体粒子一增多，就增大了流体的渗透阻力。发生这样的问题时，就要视多孔体与固体粒子间或固体粒子间有无粘附性，从其反面进行反吹。对液固分离可利用架桥现象进行预涂层过滤，由于形成了预涂层，可得到比多孔体孔径要小得多的气孔，容易使液体澄清过滤。

2. 应用于曝气城市地下水、工业废水的处理

处理城市地下水、工业废水的方法之一是活性污泥的生物学处理方法。这种方法是在上述废水中通入好气性微生物-细菌作曝气处理，使废水中的有机物分解、净化。很早以前，就使用无机非金属材料作曝气处理用材料。为了提高曝气效果，重要的是使废水中微小气泡均匀分布并发泡。多孔材料的渗透速度增加，则其气泡直径增大。一般来说，多孔体孔径越小，气泡越小，气泡的表面积也就越大，以利于提高对氧的吸收效率。但孔径太小又影响其渗透量，因而根据需要，控制气孔孔径在一定范围。

（三）无机非金属多孔材料微孔构造方法

为使无机非金属材料具有优良的轻质、绝热、吸声、调湿、防火、抗震，以及吸附、干燥、脱色、过滤等使用功能，一般须通过一定的方法，使其形成微孔构造来实现。本文所述微孔构造，系泛指材料内部均匀分布的、大量的、孔径在毫米级及以下的洞孔或管孔。现将该领域几种目前可工业化的方法简介如下。

1. 加气法

该法利用一些可释放气体的化学反应物质，在具有胶凝性质的材料料浆中反应放气，待料浆凝固后，气泡均匀分布于材料内部，形成微孔构造。能产生气体的化学反应很多，如金属 Mg、Al、Zn 等置换水生成 H_2、H_2O_2、$NaHCO_3$、NH_4HCO_3，再分解释放出 O_2、CO_2、NH_3；CaC_2 遇水产生 C_2H_2 等。石灰石、白云石在强酸环境中，也能释放出 CO_2。常温下，具有胶凝性质的材料也很多，如水泥、熟石膏、轻烧镁、石灰、水玻璃、硅酸盐混合料（$CaO+SiO_2$）、磷酸及磷酸盐、高塑性黏土等。加气法生产微孔材料，能否形成微孔，主要取决于：（1）料浆的 TP、Eh、pH 环境与发气剂放气反应条件的平衡；（2）气体的生成速度与料浆稠化速度间的平衡。根据化学平衡原理，欲使生成物大量形成且稳定存在，必须有一个合理的 TP、Eh、Ph 环境。

2. 充气法

该法系利用一种具有均匀、细小、连通气孔的物质作充气介质，将压缩空气直接充入料浆，在已加入稳泡剂的情况下，于料浆内形成大量均匀微泡，待料浆凝固后即形成微孔构造。同加气法一样，本法也须使气泡膨胀速度与料浆稠化速度彼此协同，可通过控制充气压力和料温来实现。对于充气水泥制品，料温以 $40\sim50℃$、充气压力以 $0.02\sim0.06MPa$ 为宜。料浆中的稳泡剂可选择可溶油、月桂酸二乙醇胺、羧甲基纤维素钠等，亦可采用泡沫剂稳泡。由于充气法可连续充气，因此适于凝结速度较快的料浆，生产微孔石膏制品。当用此法生产水泥制品时，应选用早强型水泥或使用水泥促凝剂。

3. 泡沫法

此法的技术关键是选择合适的泡沫剂，使制得的泡沫均匀、细小、稳定，并具有一定的力学强度。欲制得稳定的泡沫料浆，可采用如下措施：

（1）尽量选择能降低水-气界面张力的泡沫剂。松香明胶、石油磺酸铝、树脂皂素以及水解蛋白（动物血、角、蹄、皮毛）等泡沫剂，不但降低界面张力的能力强，且力学强度高、泡沫持久，均可采用。

（2）尽量提高水溶液的黏度增厚泡壁防止并泡。可在水溶液中适当引入淀粉、羧甲基纤维素、琼脂、阿拉伯胶、聚乙烯醇，或硫酸铝、膨润土、海泡石等。

（3）使用稳泡剂。某些表面活性剂的抗溶能力和泡壁修复性较强，如氟蛋白、月桂酰二乙醇胺、锌皂、可溶油等，均具稳泡作用。

（4）提高混合强度，如采用高速搅拌、高压喷吹等，力求使泡沫均匀一致，防止气泡因压差而转移。

（5）适当提高料浆稠度加快其凝结速度。由于此法之料浆无需膨胀，不必降低其初期剪应力，故可采用较小的水胶比。

4. 换气法

该法利用沸石、硅藻土等天然多孔矿质的吸附能力和交换性能，实现载体放气，从而在料浆中形成微孔构造。首先将这类多孔矿质粉碎、烘干，排除原吸附水分，然后在空气中冷却，使之吸附空气。在将其与料浆混合后，由于 H_2O 分子极性较强，将优先进入上述矿质的微孔，交换出的原先吸附的空气将富集于矿粒表面，使料浆膨胀，形成微孔构造。

5. 凝胶法

该法是将可形成胶体的料浆，通过常温或高温反应，或经絮凝剂诱导，形成裹携大量水分子的凝胶，或具有网架状空间结构的晶体或晶簇，待干燥脱除胶体水、吸附水、结晶水后，便成为具有微孔构造的材料。硅胶、合成沸石、微孔硅酸钙、高水速凝水泥充填材料、海泡石保温涂料等，均据此原理制得。该法的第一步，须先制得稳定的胶体料浆。凝胶的合成，一般先将微粉态的矿料或化工原料制成悬浮液，再经过化学反应形成含水凝胶。事实上，为制得微孔材料，反应生成物颗粒并不一定限定在胶体范围，若能形成疏松的笼状构架，或以针刺状晶簇相互交叉，也能固定大量水分。但为使微孔尽量均匀，应尽量避免粗大晶体出现。

6. 侵蚀法

此法系对原先即存在微孔构造或不均匀结构的材料，通过烧蚀或化学侵蚀，除去不需要的组团，保留微孔构架而制成含微孔的材料。如用强酸处理钠钙硅酸盐玻璃，除去其中的硅酸钠组团后，形成微孔玻璃；用酸洗及焙烧方法，除去硅藻土孔洞中充填的碳酸盐和有机物后，形成纯净的硅藻土微孔材料；用 $ZnCl_2$、ZnO 等介质侵蚀后，再还原焙烧，除去木质纤维中的有机成分，形成具有微孔构造的活性炭；用加热法或离子交换法净化天然沸石等，均可列入此法。在选择侵蚀方式时，需根据处理对象的性质，确定侵蚀介质的强度、浓度、气氛等，去除不需要的部分，又完整保留原有的微孔构架。例如，当硅藻土微孔被 $CaCO_3$ 充填时，应选用盐酸，既不破坏硅藻土的 SiO_2 质构架，又可溶解孔洞中的 $CaCO_3$；而用硫酸时，所形成的 $CaSO_4$ 不易溶解迁出，仍不能移出孔洞充填物。若孔内杂质仅为有机物时，煅烧即可清除，但煅烧温度不宜超过 900℃。在 1200℃下煅烧 2h，硅藻土的微孔结构将被破坏。

7. 热胀法

该法是将一些含高温放气物质的矿物或矿物配合料，置高温下快速焙烧，使之在软化温度范围内膨胀和烧结，以形成微孔构造。凡玻璃质材料，如凝灰岩、珍珠岩、黑曜岩、废玻璃等，均无固定熔点，而仅存在一个"软化温度范围"。事实上，如黏土、黏土质页岩、煤矸石、沸石等细晶质硅酸盐体系，由于低共熔点多，或由于颗粒表面与内部的温差，也无固定熔点，而存在一个"类软化温度范围"。在此范围内，体系具有一定的黏度，既阻止气体转移和外逸，又能膨胀而形成气孔构造。另外，一些含层间水或层间化合物的层状构造矿物，如蛭石、酸化石墨等，受热也可膨胀，形成微孔构造。

8. 烧失法

该法是在塑性的或粉状硅酸盐物料中掺入一定体积的可燃性有机粉粒材料，然后高温焙烧，待可燃性材料烧蚀后，所遗空间成为微孔，从而形成具微孔构造的硅酸盐烧结体。与热胀法不同，它是在低于软化温度范围的焙烧温度上，通过缓慢烧结而成。由于烧结过程中不膨胀，因而较易制成形状规则的材料。常用烧结体原料为黏土、黏土质岩石或工业废料、火山玻璃及玻璃质工业废料、陶瓷原料、耐火黏土、硅藻土等。常用烧蚀材料有锯末、稻壳等植纤碎粒、废泡沫塑料碎粒、石煤渣、无烟煤、有机垃圾等。

9. 纤维化或空心球化法

该法是将硅酸盐物料加热至熔融，或将磷酸盐物料制成黏液，当料液流出时，采用高速离心或高压喷吹，使之形成纤维；或鼓入气体，喷射成雾，使之形成空心球粒。将这类材料集合在一起后，便构成了内部存在大量微细通道或孔洞的微孔材料。如岩棉、矿棉、玻璃棉、硅酸铝纤维、磷酸盐纤维、泡沫氧化铝等。

10. 复合法

即将上述各法复合使用。如微孔硅酸钙，利用了纤维化法、侵蚀法、胶凝法复合成孔；某些保温砂浆，则利用了热胀法生产的轻骨料，泡沫法形成的微孔胶结料，以及纤维化法形成的增强纤维复合使用。再如粉煤灰烧结陶瓷，也可看作是空心球法和烧蚀法的复合。

利用上述方法，可将许多无机非金属材料，尤其是硅酸盐材料，加工成具有微孔构造的材料，并可在建筑、化工等许多领域获得广泛应用。

二、脱硅高岭土的孔隙特性研究

1. 容重

将煅烧条件相同的大同高岭土加入一定量水，充分搅拌，然后过滤、烘干，使高岭土经历和脱硅高岭土相同的过程，然后分别测其容重。结果未经脱硅处理的高岭土的容重为 87.38 g/100mL，而脱硅高岭土的容重只有 44.7g/100mL。从测试结果我们看出，相同体积高岭土的质量约是脱硅高岭土的质量的 2 倍，这表明脱硅高岭中存在着大量的孔隙。

2. 形貌分析

脱硅高岭土的透射电镜照片如图 9-12 所示。从图中可看出，NaOH 溶液浸出了其中大部分的 SiO_2，但高岭石的层状结构并没完全坍塌。选择性浸取后的高岭土具有比较均匀的中孔分布，孔径大小为 3～5nm，孔间距为 5.5nm 左右，但是反应生成的少量沸石在一定程度上增加了孔隙分布的不均匀性。

3. 吸附性能测试

图 9-13 是脱硅高岭土的氮气吸附脱附等温线。从图上可知：样品的吸附-脱附曲线中几乎没有滞后环的出现。从 N_2 等温线计算得到样品的比表面积为 $106.4m^2/g$，在孔径 $D=8.97$Å 处对应着最大孔径体积为 6.060E-03cc/g，总孔体积为 9.703E-2cc/g。BJH 孔径分布曲线如图 9-14 所示，分析累计吸附孔体积为 8.106 E-2cc/g，计算出平均孔径为 36.47Å。

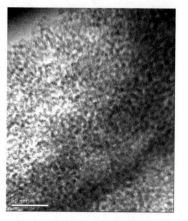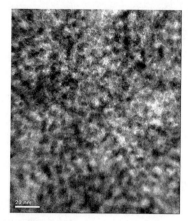

图 9-12　脱硅高岭土透射照片

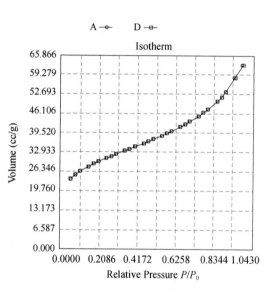

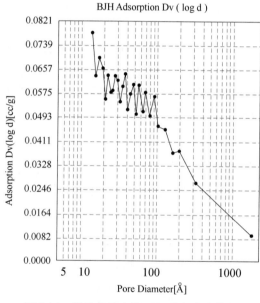

图 9-13　脱硅高岭土的 N2 吸附脱附等温线图　　　　图 9-14　脱硅高岭土的 BJH 孔径分布曲线

　　通过以上试验和分析，可以看出高岭土经过煅烧，用 NaOH 溶液进行浸取后，具备一些新的特征：铝硅比有很大的提高，是一种以 $\gamma\text{-}Al_2O_3$ 为主要成分的具有比较均匀中孔材料的多孔材料，比表面积达到 $106.4m^2/g$，平均孔径为 36.47Å。脱硅高岭土可能会用于石油的催化裂化、制备自律型调湿建材、制备高纯度莫来石材料、吸波材料及功能性填料等方面。

第五节　脱硅高岭土制备铝质材料

一、铝硅合金简介

　　铝硅系合金主要指铝硅系铸造合金和以硅为合金元素的其他铝基合金。如我国

GB3190-82 中的 LTl、LTl3、LTl7、LDII、LD2、LD5、LD6 等。随着汽车工业的发展及单台汽车用铝量的增加，对铝硅系合金的需求增长很快。为了减轻车的自身重量，提高燃料效率，减少环境污染，汽车用铝量的增长趋势还在继续。传统的铝硅合金的生产方法主要有熔配法、电热法和电解法三种。

1991 年杨冠群提出直接电解法生产铝硅钛合金新工艺，即以脱杂含铝矿物为原料制备硅钛氧化铝，再直接电解生产铝硅钛合金，是与传统的先生产氧化铝，后电解获得纯铝，再与硅混配的合金生产路线截然不同的方法，与传统法相比具有许多优点。现在研究较多的就是用高岭土生产硅铝钛合金。

图 9-15 是高岭土生产硅铝钛合金的流程图。

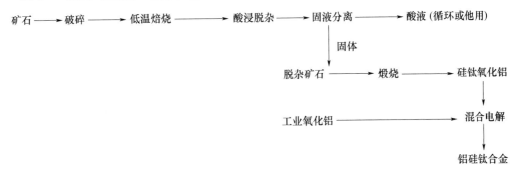

图 9-15　高岭土生产硅铝钛合金流程图

制备符合要求的硅钛氧化铝是实现高岭土生产铝硅钛合金的基础。硅钛氧化铝的制备主要有两个步骤，首先是脱除高岭土中的杂质，再对脱除杂质的高岭土进行煅烧。

高岭土制备符合冶金要求的硅钛氧化铝的关键是原料中杂质的脱除。高岭土化学成分中以硅和铝为主，是冶炼合金的主要原料；Fe、Ca、Mg、K、Na 等属杂质成分，它们含量高低不仅决定了合金的性能和质量，而且直接影响冶炼操作过程；Ga、V、稀土等成分能使合金的铸造、焊接及挤压轧制等性能得到明显改善，属有益成分；而 Ti 的作用具有双重性，当 Ti 含量低时是有益的，它可以细化铝硅合金的晶粒，提高其耐高温、耐腐蚀、耐磨等性能，当钛含量高时，会发生偏析现象，从而影响合金的性能。我国高岭土中 TiO_2 含量小于 2％，比较适中。所以脱杂就是尽可能地脱除高岭土中的 Fe、Ca、Mg、K、Na 等杂质，而同时尽最大限度地保留 Al、Si、Ti 和微量元素。

与传统工艺相比，新工艺流程短，物料循环量少，能量消耗低。实现该工艺流程的关键是脱除矿石中的杂质，而低温焙烧能提高其中杂质的活性，酸浸能脱除大部分杂质。

用高岭土直接电解生产铝硅钛合金具有广泛的应用前景，郑州轻金属研究总院在这一方面曾做了大量的工作。他们以高岭土为原料，制备了含钛 0.6％的铸造合金，制作成发动机活塞、缸体、缸盖等部件。试验结果表明，该合金具有良好的细化结晶组织，有较好的耐磨性和耐热性，能使活塞使用寿命延长。

二、脱硅高岭土生产铝硅钛系列合金

杨冠群等人的研究表明，在电解条件下，含硅不超过 11％，钛不超过 2％，铝硅钛能很好地化合成合金，成分均匀，没有明显的偏析现象。如果温度进一步降低，比如在铝锭浇铸温度下，则要求钛含量不超过 1.5％，由于铝硅钛系同步还原析出，不至于发生偏析，各成分分布十分均匀。东北工学院的研究成果还证实硅含量可以适当增加。因此适当科学的调整原料铝硅比，则可以获得一系列牌号的铝硅钛合金。

我们脱硅高岭土中的 SiO_2 含量为 9.80％，Al_2O_3 含量为 76.96％。如果在脱硅之前先进行酸浸除杂，除去其中大部分的 Fe、Ca、Mg、K、Na 等杂质成分；脱硅之后再除去 NaOH 浸取过程中带进的 Na，就可以作为电解生产铝硅钛系列合金的原料。

用脱硅高岭土电解生产铝硅钛合金的优点是在电解过程中不用或者只需加少量工业氧化铝，降低了生产成本。因此，以脱硅高岭土制备铝硅钛合金在技术上是可行的，在经济上是合理的，具有广泛的利用前景。

第六节　脱硅高岭土副产品的综合利用

一、概述

高岭土进行脱硅时，需用浓度较高的 NaOH 溶液进行浸取。NaOH 溶液与煅烧高岭土中活性的 SiO_2 反应，生产硅酸钠溶液。脱硅高岭土由于含有较多的硅酸钠溶液，呈强碱性，必须经过过滤和冲洗，直到 pH 值为到达约为中性时才能作为生产莫来石材料以及电解硅铝合金等的原料。一开始冲洗剩下的溶液是浓度较高的硅酸钠溶液。如果将此碱液直接排放的话，不但会污染环境，还会造成资源的浪费。如果将其回收利用，则可减少碱液的排放，还具有一定的经济价值。硅酸钠溶液回收利用的方向有两个：

1. 在硅酸钠溶液中加入石灰或 Ca（OH）$_2$ 溶液，它们与 Na_2SiO_3 溶液反应，生成水化硅酸钙沉淀，这是一种高白度、高活性的性能优良的胶凝材料，同时还可以实现 NaOH 的循环利用。

2. 按照不同的条件对硅酸钠溶液进行浓缩，可得到不同模数的水玻璃，从而实现低压湿法生产水玻璃。

二、脱硅高岭土副产品生产水化硅酸钙

水泥用一定量的水调和后，便形成能粘结砂石骨料的可塑性浆体，随后逐渐失去可塑性，变成具有强度的石状体。这是因为水泥拌水后产生了复杂的物理、化学与物理化学的变化，这些变化决定了水泥的建筑性能。

在水泥熟料中主要有以下四种矿物：硅酸三钙（C_3S）、硅酸二钙（C_2S）、铝酸三钙（C_3A）和铁铝酸四钙（C_2AF）。硅酸钙（C_3S 与 C_2S）在水泥熟料中的含量约占 75％左右，水泥石的性能在很大程度上取决于它们的水化作用及其生成物的性能。其中，硅酸三钙是熟料的主要矿物，其含量通常为 50％左右，有时甚至高达 60％。硅酸三钙凝结时间正常，水化较快，放热较多，强度最高，且强度增进率较大，如 28d 的 C_3S 强度可达到它一年强度的 70％～80％，但硅酸三钙的抗水性较差。硅酸二钙在熟料中的含量一般为 20％左右。硅酸二钙水化较慢，水化热较低，抗水性好，强度在早期较低，但在一年后可赶上硅酸三钙。

这两种硅酸钙与水反应后都析出氢氧化钙和水化硅酸钙。水化硅酸钙的 CaO/SiO_2 比

与浆体的水/灰比及温度有关。室温下，硅酸钙用水调和时，生成的水化产物和相应浓度的氢氧化钙溶液达到平衡。如果将平衡溶液滤去，再加水稀释时，则原有平衡被破坏，使水化生成物分解。在无限加水稀释的情况下，水化生成物最终分解成氢氧化钙与硅酸凝胶。

硅酸三钙与适量水的完全水化反应可用下式表示：

$$2(3CaO \cdot SiO_2) + 6H_2O \longrightarrow 3CaO \cdot 2SiO_2 \cdot 3H_2O + Ca(OH)_2$$

硅酸二钙完全水化反应可用下式表示：

$$2(2CaO \cdot SiO_2) + 4H_2O \longrightarrow 3CaO \cdot 2SiO_2 \cdot 3H_2O + Ca(OH)_2$$

硅酸三钙和硅酸二钙的水化产物的组成不是固定的，和水灰比、温度、有无异离子参与等水化条件都有关系。常温下水灰比（W/C）降低时，水化产物的钙硅比提高。

普通水泥本身的颗粒粒径通常在 $7\sim200\mu m$，但其约为 70% 的水化产物-水化硅酸钙凝胶（C-S-H 凝胶）尺寸在纳米级范围。经测试，该凝胶的比表面积约为 $180m^2/g$，可推算得到凝胶的平均粒径为 10nm，即水泥硬化浆体实际上是由水化硅酸钙凝胶为主凝聚而成的初级纳米材料。如果以化学方法制备出纯的纳米水化硅酸钙，这将是一种性能优良的胶凝材料。

脱硅高岭土进行过滤和冲洗时剩下溶液的主要成分是 Na_2SiO_3，它是一个碱性溶胶系统，其水解反应为：

$$Na_2O \cdot (SiO2)_n + mH_2O \longrightarrow 2NaOH + nH_4SiO_4$$

加入 $Ca(OH)_2$ 后，发生反应如下：

$$Ca(OH)_2 + H_4SiO_4 \longrightarrow CaH_2SiO_4\downarrow + 2H_2O$$

$Ca(OH)_2$ 与 Na_2SiO_3 溶液反应生成的 CaH_2SiO_4 沉淀就是水化硅酸钙（C-S-H）。

当水化硅酸煅烧至一定温度（具体温度可由差热曲线决定）时，将脱去其中的水分，生成硅酸钙：

$$CaH_2SiO_4 \longrightarrow CaSiO_3 + H_2O$$

由上面水泥水化原理我们可以看出，硅酸钙在水化过程中可以产生很强的胶结作用，水化产物有很高的强度。

华南理工大学的殷素红和文梓芸、中南工业大学的何伯泉等都做过这一方面的工作，他们的实验都证明，Na_2SiO_3 溶液中加入 $Ca(OH)_2$ 溶液，可以生成水化硅酸钙。但水化硅酸钙的生成与 Na_2SiO_3 溶液的浓度、反应温度以及反应时间有关，这些因素也在一定程度上影响生成的 C-S-H 的强度及各方面的性能。

用高岭土脱硅的冲洗液生产水化的硅酸钙，白度和纯度高，粒度细；其利用方向主要有两个：

（1）作为超细或纳米级粉体材料。

（2）把它经过几百摄氏度温度煅烧，脱水活化，生产出高纯度、高白度的硅酸钙材料，它可以作为生产高强度白水泥的原料，甚至可能会作为地质聚合物材料的重要组分。

脱硅高岭土副产品生产水化硅酸钙，具有以下几个优点：一是在反应过程中没有掺入杂质，反应的原料都比较纯，高岭土在脱硅之前又经过高温煅烧，因此生成的水化硅酸钙纯度和白度都较高；二是水化硅酸钙是通过化学反应制备的，颗粒细小，平均粒径为亚微米级到纳米级；三是用 $Ca(OH)_2$ 溶液与高岭土脱硅后的 Na_2SiO_3 溶液进行反应，可以回收利用 NaOH 溶液；四是相对水泥的生产而言，省去了高温煅烧这一工序，节省了费用。

三、脱硅高岭土副产品生产水玻璃

1. 水玻璃简介

水玻璃，又名泡花碱，是一种可溶性硅酸钠，分子式为 $Na_2O \cdot nSiO_2 \cdot xH_2O$，它的用途非常广泛，几乎遍及国民经济的各个部门。水玻璃在石油工业中可以用来制造硅铝催化剂；在化学工业中用来制造硅胶、硅酸盐类、分子筛、白炭黑等，还可以用作肥皂的填料；在建筑中用于制造快干水泥、耐酸水泥、耐火材料等；在机械制造业中用于铸造和金属防腐剂；在矿业中用于选矿、防水和堵漏等；木材在水玻璃中浸泡后，具有防火的特性；蛋类在水玻璃中浸泡后，可长期存放而不变质；在纺织工业中水玻璃用于助染、漂白和浆纱。随着现代经济的发展，水玻璃的应用领域也越来越广，需求量也逐渐增加。

2. 水玻璃传统生产方法

二氧化硅为大分子的原子晶体，化学性质很不活泼，不溶于水，也不溶于碱液中，在室温下仅有氢氟酸与之反应，生成四氟化硅。因此想要制取硅酸钠，必须在高温下让二氧化硅与氢氧化钠或碳酸钠进行反应才能完成。目前，国内外生产水玻璃的方法主要为高温熔融法，有干法和湿法之分。

干法生产就是由纯碱和硅砂在高温下熔融反应而得。干法生产工艺主要包括三个部分：配料与熔融、浸溶、浓缩。以干法中的碳酸钠法为例，其反应式为：

$$Na_2CO_3 + nSiO_2 \longrightarrow Na_2O \cdot nSiO_2 + CO_2\uparrow$$

干法生产工艺主要设备为反射炉、提升机、滚筒化料机、蒸汽锅炉、薄膜蒸发器等，设备投资大，工艺较复杂；在生产过程中，熔融温度越高越好，反应越完全，如果反射炉温度过低，反应温度不完全，会夹带未熔解的石英砂粒，影响产品质量；同时溶解用的蒸汽还要用燃料，这就决定于干法工艺能耗较大。因此，干法生产工艺成本较高，操作较难掌握。

干法工艺中还有硫酸钠法，将芒硝与碳粉按比例混合后，加石英砂，再进入反射炉反应，工艺过程与碳酸钠法相同。这种方法工艺不常用。

湿法生产工艺主要包括四个步骤：配料、反应，将配好的浆料泵入反应釜中，在 $(58.8 \sim 78.4) \times 10^4 Pa$ 压力下，于 $160 \sim 170 ℃$ 搅拌反应约 7h，然后过滤、浓缩。反应式为：

$$2NaOH + nSiO_2 \longrightarrow Na_2O \cdot nSiO_2 + H_2O$$

传统的湿法生产方法中，主要的问题就是反应条件要求太高，在 $58.8 \times 10^4 Pa$ 压力下搅拌反应 7h，这在一般的工业设备中较难实现。即使能实现，密封材料耗损也相当大，设备投资也较大，而且生产不出模数较高的水玻璃。这就是此法未能得到广泛推广的原因。

3. 水玻璃研究应用现状

山东矿业学院的黄仁和等以煤系铝矾土提取硫酸铝后废渣为原料，用湿法生产出了低模数的水玻璃，这种工艺能充分利用被抛弃的废渣，具有可观的经济效益和较好的社会效益。试验证明，生产硫酸铝的废渣是湿法生产水玻璃的较理想的原料。

目前以煤系高岭岩（或高硅铝矾土）为原料生产聚合铝时，普遍采用一次酸浸工艺，此工艺的原料利用率低，其中铝只有约 70% 的利用率，这不仅没有充分利用高岭岩中的铝，并且高岭岩酸浸渣也因铝浸出率低而成分不够单一，限制了其利用，故而硅渣只能全部作为废渣而丢弃。这既浪费资源，又造成环境污染。淮南工学院的薛茹君等研究采用两次逆向酸浸工艺，在不延长总反应时间、不增加盐酸用量的情况下，使高岭岩的铝浸出率由 70% 提高到近 100%，这不仅充分利用了高岭岩中的铝，而且使 $AlCl_3$ 溶液中的游离酸浓度大大降低，这样既节约盐酸的用量，也降低了调节 pH 值所需铝酸钙的量，并且使酸渣中的 SiO_2 含量也提高到了 95% 以上，其杂质含量大大降低。采用湿法加工工艺，通过加入适当助剂，在常压、低于 100℃ 的温和条件下，将活性硅渣与 NaOH 碱液反应，可制取水玻璃或聚合硅酸钠。当制取水玻璃时，酸渣中的 SiO_2 反应率可达到 95% 以上。这样既实现了煤系高岭土的综合利用，提高了其附加值，又简化了水玻璃的生产工艺，降低了水玻璃的生产成本。

中国矿业大学的冯诗庆等人针对传统的湿法生产水玻璃工艺中反应条件要求太高，而生产出的水玻璃模数较低的问题，研究在湿法生产水玻璃的过程中加入适当的添加剂，使硅石与烧碱的反应条件大为降低，而且可生产出各种牌号和级别的水玻璃（模数 2.2～3.7），改变了传统湿法只能生产低模数（2.2～2.5）单一产品的技术局限。

4. 脱硅高岭土副产品生产水玻璃

高岭土用 NaOH 浸出其中的活性 SiO_2 时，发生反应如下：

$$2NaOH + SiO_2 \longrightarrow Na_2SiO_3 + H_2O$$

由于脱硅时的 NaOH 浓度较大，反应生成的硅酸钠溶液浓度也较大。脱硅高岭土由于含有较多的硅酸钠溶液，呈强碱性，必须经过冲洗，直到 pH 值为约为中性时才能作为生产莫来石材料以及电解硅铝合金等的原料。一开始冲洗后剩下的溶液是浓度比较大的硅酸钠溶液，经过压缩后可生成模数较低的水玻璃或聚合硅酸钠。

在生产脱硅高岭土的过程中，充分利用冲洗碱液，在低温低压下生产了水玻璃产品，简化了水玻璃的生产工艺；但由于过滤和冲洗液硅酸钠溶液中还含有大量的 NaOH 和水，因此增加了浓缩过程中的能耗和生产成本，而且以这种方法只能生成模数较低的水玻璃，市场前景不好。

比较上述两种回收利用脱硅高岭土副产品的方法，我们认为用脱硅高岭土过滤和冲洗的硅酸钠溶液生产水化硅酸钙，同时重复利用 NaOH 的工艺比较合理，工艺流程如图 9-16 所示。

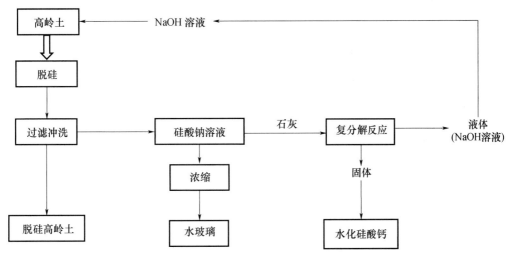

图 9-16　脱硅高岭土副产品综合利用图

参考文献

［1］刘平，叶先贤，陈敬中．莫来石研究及应用进展［J］．地质科技情报，1998，17（2）：18-19.

［2］李九鸣，谭玉芝．硅线石合成莫来石研究［J］．非金属矿，1994（4）：38-39.

［3］王静．国内外以微复合颗粒法制备莫来石的现状［J］．矿业科学技术，2000（3）：42-44.

［4］张旭东，何文，沈建兴．莫来石晶须的制备［J］．中国陶瓷，1998.34（6）：4-7.

［5］Okada k，Qtuska N. J. Am. Ceram. Soc.，1991，74（10）：2414.

［6］严小鸿，张瑛，冯延春，等．直接合成莫来石轻质砖［J］．山东冶金，1996，18（6）：22-24.

［7］孙俊民，程照斌，李玉琼，等．利用粉煤灰与工业氧化铝合成莫来石的研究［J］．中国矿业大学学报，1999，28（3）：247-250.

［8］黄永前，郑昌琼，胡英，等．溶胶-凝胶法制备莫来石膜的研究［J］．材料科学与工程，1999，17（3）：85-88.

［9］吕新彪．宝石款式设计与加工工艺［M］．武汉：中国地质大学出版社，1997：50-68.

［10］李凯琦，陆银平，贺晓玲．类莫来石质抛光粉的特性及制备原理［J］．宝石和宝石学杂志，2001，3（4）：33-35.

［11］许祥在，翟秋兰．多孔材料的孔径分布与渗透性测定［J］．分析仪器，1999（4）：48-52.

［12］汤慧萍，张正德．金属多孔材料发展现状［J］．稀有金属材料与工程，1997，26（1）：1-6.

［13］朱震刚．金属泡沫材料研究［J］．物理，1999（2）：84-88.

［14］Johnson W R，Mossner W R. Powermetallurgy in Defense Technology，1984（6）：176.

［15］戴劲草．纳米多孔粘土材料［J］．非金属矿，1998（4）：1-5.

［16］徐惠忠．无机非金属材料微孔构造形成方法［J］．非金属矿，1999，22（1）：4-7.

［17］张术根．国外无机非金属多孔材料的研究应用现状与发展趋势［J］．矿物岩石地球化学通报，1997，16：134-135.

［18］南京大学地质学系岩矿教研室．结晶学与矿物学［M］．北京：地质出版社，1978：460-462.

［19］杨冠群，赵劢，等．铝硅系合金不同生产工艺的比较［J］．有色金属，2000，10（4）：28-29.

［20］陈晏．电热法生产硅铝合金问题探讨［J］．轻金属，1989（9）：41-43.

［21］杨升，杨冠群，杨巧芳．电解法生产铝硅钛合金的现状与前途［J］．有色金属，1997（3）：15-17.

［22］邵群．关于煤系高岭岩制备铝硅钛合金几个问题的探讨［J］．矿产综合利用，1999（2）：43-45.

［23］南京化工学院，武汉建材学院，同济大学，等．水泥工艺原理［M］．北京：中国建材工业出版社，1979：65-87.

［24］殷素红，文梓芸．石灰岩-水玻璃系统灌浆材料的研究［J］．建筑石膏与胶凝材料．2001（1）：42-45.

［25］何伯泉，刘桂华，李小斌，等．浓碱中水合硅酸钙形成的研究［J］．中南工业大学学报，1998.29（3）：245-248.

［26］冯诗庆，黄小敏，刘光芬，等．水玻璃生产新工艺研究［J］．非金属矿，1994（3）：40-42.

［27］黄仁和，郑修伦，魏敏．利用硫酸铝废渣生产水玻璃工艺条件的研究［J］．山东煤炭科技，1996（2）：26-27.

［28］薛茹君，朱克亮．煤系高岭岩制取氯化铝和水玻璃实验［J］．矿物学报，2001，21（2）：169-173.

第十章　高岭土生产无熟料白水泥及干粉涂料

第一节　原理及工艺

一、原理

高岭土生产无熟料白水泥及干粉涂料的原理是将高岭土磨成粉后，在适当的温度下煅烧生成无定形的 Al_2O_3 和 SiO_2，其反应是：

$$Al_2O_3 \cdot 2SiO_2 \cdot 2H_2O \xrightarrow{650\sim950℃} Al_2O_3 \cdot 2SiO_2 + 2H_2O$$

再将它与白灰（CaO）、石膏（$CaSO_4 \cdot 2H_2O$）按一定比例混磨成粉，这种混合物在遇到水以后主要发生如下反应，使制品产生强度：

$$Al_2O_3 + 4CaO + 6.5H_2O \longrightarrow 4CaO \cdot Al_2O_3 \cdot 6.5H_2O$$

$$Al_2O_3 + 2CaO + 4H_2O \longrightarrow 2CaO \cdot Al_2O_3 \cdot 4H_2O$$

$$Al_2O_3 + 2CaO + 4H_2O \longrightarrow 2CaO \cdot Al_2O_3 \cdot 4H_2O$$

$$Al_2O_3 + 2CaO + 2.5H_2O \longrightarrow 2CaO \cdot Al_2O_3 \cdot 2.5H_2O$$

$$Al_2O_3 + 4CaO + 2H_2O \longrightarrow 4CaO \cdot Al_2O_3 \cdot 2H_2O$$

$$Al_2O_3 + 3CaO + 3H_2O \longrightarrow 3CaO \cdot Al_2O_3 \cdot 3H_2O$$

$$SiO_2 + 2CaO + H_2O \longrightarrow 2CaO \cdot SiO_2 \cdot H_2O（I 型）$$

$$SiO_2 + 2CaO + 1/2H_2O \longrightarrow 2CaO \cdot SiO_2 \cdot 1/2H_2O（II 型）$$

$$SiO_2 + 3CaO + H_2O \longrightarrow 3CaO \cdot SiO_2 \cdot H_2O$$

$$Al_2O_3 + 3CaO + 3CaSO_4 \cdot 2H_2O + 30H_2O \longrightarrow 3CaO \cdot Al_2O_3 \cdot 3CaSO_4 \cdot 32H_2O$$

$$Al_2O_3 + 3CaO + CaSO_4 \cdot 2H_2O + 10H_2O \longrightarrow 3CaO \cdot Al_2O_3 \cdot CaSO_4 \cdot 12H_2O$$

$$CaO + H_2O \longrightarrow Ca(OH)_2$$

当配料中有 Fe_2O_3 存在时，还可生成 $4CaO \cdot Al_2O_3 \cdot Fe_2O_3 \cdot 6.5H_2O$ 和水石榴石（$3CaO \cdot Al_2O_3 \cdot 3H_2O$-$3CaO \cdot Fe_2O_3 \cdot 3H_2O$-$3CaO \cdot Al_2O_3 \cdot 3SiO_2 - 3CaO \cdot Fe_2O_3 \cdot 3SiO_2$ 固溶体），其中，生成量较大，对制品有较大强度贡献的新生矿物有钙矾石（$3CaO \cdot Al_2O_3 \cdot 3CaSO_4 \cdot 32H_2O$）、低硫酸盐型钙矾石（$3CaO \cdot Al_2O_3 \cdot CaSO_4 \cdot 12H_2O$）、水化硅酸二钙（$2CaO \cdot SiO_2 \cdot H_2O$）和水化铝酸四钙（$4CaO \cdot Al_2O_3 \cdot 6.5H_2O$）。

高岭土生产无熟料白水泥及干粉涂料的硬化原理和水泥的硬练原理相同，而途径不同。水泥熟料中含有大量的硅酸三钙、硅酸二钙、铝酸四钙、七铝酸十二钙、铁铝酸四钙等矿物，它们遇水后水化生成相应的水化矿物，而化学反应生成的新矿物相较少；高岭土生产的无熟料白水泥及干粉涂料中没有任何熟料矿物，它的强度的产生是完全依靠化学反应过程中新生成的矿物相实现的。

高岭土生产的无熟料白水泥及干粉涂料强度产生的原理及配料组成与无熟料水泥相似，但新产品有三个明显的优势：第一，利用高岭土可生产出化学活性极高的无定形的 Al_2O_3 和 SiO_2，它比普通无熟料水泥所用混合材料的火山灰活性高得多，从而水化产物具有更高的硬练强度，可生产出高强度等级的制品；第二，利用先进的非金属矿加工技术和选矿技术，可使产品的白度大幅度提高，从这个意义上讲，新产品可以称为"超白无熟料水泥"（白水泥的白度一般为 70～80，新产品的白度可达 90 以上）；第三，几种配料和添加剂可单独加工后再混合，所以，不受粉体加工方式的限制，可在经济合理的原则下加工至很大细度，从而保证了产品光泽及装饰明亮效果的完美。

二、生产工艺

依据高岭土生产无熟料白水泥及干粉涂料的原理，可以利用高岭土生产出无熟料白水泥及其制品，也可生产出干粉涂料，因两种产品的用途不同，施工方法、操作条件及质量要求都有各自的特点和差异，因此两种产品的生产工艺也有差别，高岭土生产无熟料白水泥及其制品的工艺流程如图 10-1 所示，高岭土生产干粉涂料的工艺流程如图 10-2 所示。

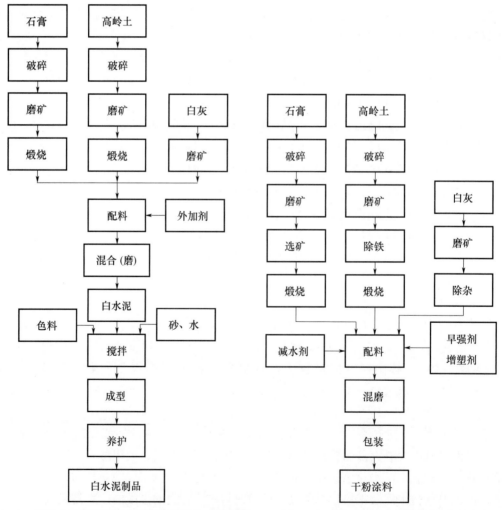

图 10-1　高岭土生产无熟料白水泥及其制品工艺流程　　图 10-2　高岭土生产干粉涂料工艺流程

第二节　原料的选择和预处理

一、高岭土的选择和预处理

生产无熟料白水泥及干粉涂料用高岭土的选择和预处理与生产分子筛用高岭土的选择和预处理是一致的，这在第九章已有详细的叙述。下面着重介绍石膏及石灰的选择和预处理。

二、石膏的选择和预处理

（一）石膏的选择

1. 石膏矿床成因分类及利用

石膏矿床的成因可分为三类，共八个亚类，并且，含矿岩系特征制约着石膏矿床的矿石类型和质量，见表 10-1。

表 10-1　石膏矿床的矿石类型

类	亚类	含矿岩系	矿石自然类型	Ca（SO₄）· 2H₂O（％）	矿石的矿物组分
沉积石膏、硬石膏矿床	海相沉积	碳酸盐岩-石膏、硬石膏	石膏、硬石膏、白云质或黏土质硬石膏	45～95	石膏、硬石膏、白云岩、黏土矿物
		碎屑岩-碳酸盐岩-石膏、硬石膏岩	石膏、硬石膏、黏土质或白云质硬石膏	65～95	石膏、硬石膏、黏土矿物、天青石等
		碎屑岩-石膏岩	石膏、黏土质石膏	75～90	石膏、黏土矿物等
	湖相沉积	碎屑岩-石膏岩、硬石膏岩	石膏、硬石膏、黏土质或白云质硬石膏	55～90	石膏、硬石膏、黏土矿物、方解石、白云石、石英、长石等
		碎屑岩-碳酸盐-石膏、硬石膏岩	石膏、硬石膏、白云质或黏土质硬石膏	57～89	石膏、硬石膏、碳酸盐、黏土矿物、长石、黄铁矿、菱铁矿等
		碳酸盐岩-石膏、硬石膏岩	石膏（硬）石膏、白云质（硬）石膏	55～90	石膏、硬石膏、白云石、有的含石英等
后生（硬）石膏矿床	层间裂隙充填	（粉）砂岩、黏土岩、石膏（硬）石膏岩，含纤维石膏脉	纤维石膏	90～99	纤维石膏、黏土矿物、石英等
	斜交层理裂隙充填	粉砂岩、砂岩、石膏、硬石膏脉	石膏（硬）石膏、含砂质石膏（硬）石膏	60～90	石膏、硬石膏、石英、黏土矿物等
	洞穴充填	白云质及硅质灰岩、洞穴灰岩、泥石膏岩	石膏、黏土质石膏	50～70	石膏、黏土矿物、白云石、方解石等
热液交代（硬）石膏矿床	与中性侵入岩有关	角页岩、白云质大理岩、大理岩、闪长岩、石英闪长岩或长石斑岩、蚀变闪长岩等	硬石膏、白云质硬石膏、石膏	50～95	石膏、黏土矿物、白云石、方解石等
	中性喷出岩类	安山岩、安山质凝质岩、凝灰质页岩、凝灰质角砾岩、粗面等	（含黄铁矿、明矾石）石膏、硬石膏	53～90	硬石膏、黄铁矿、明矾石、高岭石、石膏、赤铁矿等
	区域变质岩类	白云质大理岩、蛇纹岩、变粒岩、绿泥石片岩、滑石片岩	硬石膏、绿泥石石膏、滑石石膏	50～65	硬石膏、石膏、绿泥石、滑石、蛇纹石等

制备建筑装饰材料用石膏应有两个基本要求，一是 $CaSO_4$ 含量高，一般情况下，$CaSO_4$ 的含量应大于 95％，但是，若杂质是 $CaCO_3$（方解石、文石）、高岭石、埃洛石、珍珠陶石、地开石、叶蜡石和三水铝石等有用矿物时，可以从总成分中减去这些有用矿物，要求 $CaSO_4$ 在剩余成分中所占比例不低于 95％；二是加工处理（煅烧）后白度高，在制备无熟料白（彩色）水泥及其制品时，要求煅烧后白度不小于 70（若制备红、黄等暖色调彩色水泥时，可以放宽因 Fe_2O_3、MnO 对白度的影响）；在制备干粉涂料时，要求煅烧后白度不小于 80～90，依据上述要求，参考石膏矿床成因类型及各类型特征，用作制备装饰建筑材料的石膏应首选后生成因的裂隙充填型石膏，也可选用沉积型和热液型成因石膏矿床中 $CaSO_4$ ＋ $CaSO_4 \cdot 2H_2O$ 含量高的类型。

2. 石膏成分及来源分类及利用

（1）天然二水石膏

天然二水石膏是由两个结晶水的硫酸钙（$CaSO_4 \cdot 2H_2O$）为主要组成的层状沉积岩石。纯粹的二水石膏的重量组成为：CaO 32.57％，SO_3 46.50％，H_2O 20.93％。天然二水石膏为白色或无色透明，多因含有氧化铁、黏土质等杂质而呈黄、褐、灰、黑灰等色。质软可用指甲划痕。硬度（莫氏）为 1～2，密度约为 2200～2400kg/m³。在水中溶解度按 $CaSO_4$ 计为 2.05g/L。二水石膏按物理性质通常分为五类：

透明石膏：片状结晶，无色透明似玻璃。

纤维石膏：纤维状结晶，丝绢光泽。

雪花石膏：细粒块状，白色半透明。

普通石膏：致密粒状，不纯净。

土石膏：土状，不聚结或稍结，不纯净。

二水石膏属于单斜晶系，一般以柱状和板状形式进行结晶，往往形成犹如燕尾的双晶体，它的结晶格子是由 Ca^{2+} 和硫酸根 SO_4^{2-} 离子组成的离子结合层与水分子层交替形成的一种层状结构。Ca^{2+} 和 SO_4^{2-} 离子之间互相紧密结合，较之同水分子结合要牢固得多。加热二水石膏时，首先在水分子同 Ca^{2+} 和 SO_4^{2-} 离子之间结合力比较薄弱的地方发生解裂，然后从结晶格子中失去水。

天然二水石膏按其二水硫酸钙百分含量的多少，划分为五个等级（表 10-2）。

表 10-2　天然二水石膏的等级

等级	一	二	三	四	五
$CaSO_4 \cdot 2H_2O$（％）	≥95	94～85	84～75	74～65	64～55

天然二水石膏中常含有一定数量的杂质，其中碳酸盐类矿物方解石和白云石是最主要的杂质，但对于生产本章所涉及的建筑装饰材料而言，它们都可看作有用组分。此外，石膏中还含有少量的石英、长石、云母、蒙脱石、高岭石、绿泥石等矿物。一般情况下，生产建筑装饰材料和高强建筑石膏粉的二水石膏，其品位应达到二级以上。

（2）天然硬石膏

天然硬石膏是主要由无水硫酸钙（$CaSO_4$）所组成的沉积岩石。纯的硫酸钙重量组成为：CaO 41.19％，SO_3 58.81％，硬石膏的矿物层位于二水石膏层下面。硬石膏通常在水作用下变成二水石膏，在天然硬石膏中有时含有 5％～10％以上的二水石膏。

天然硬石膏纯净者透明，无色或白色，常因含杂质而呈暗灰色，有时带红色或蓝色。玻璃光泽，解理面珍珠光泽，硬度（莫氏）2.5～3.5；密度约为2900～3000kg/m³。

硬石膏的单晶体呈等轴状或厚板状，集合体常呈块状或粒状，有时为纤维状。双晶成接触双晶或聚片双晶。硬石膏的结晶格子是由每个网格内四个分子组成的单元结构，结晶格子紧密，与其他种类硫酸钙结晶格子相比它具有较高的稳定性。

（3）氟石膏

氟石膏是制备氢氟酸生产过程中排的废渣。萤石粉和硫酸按一定的比例配合经加热产生反应：

$$CaF_2 + H_2SO_4 \longrightarrow CaSO_4 + 2HF \uparrow$$

HF气体经冷凝收集成氢氟酸，$CaSO_4$残渣即氟石膏。由于氟石膏中常常残留一定数量的硫酸或氟化氢，呈酸性，故一般要用石灰水进行中和。

氟石膏以低温型无水硫酸钙为主要组分。在水合所需足够水分存在的条件下，经三个月左右几乎全部水合转化为二水硫酸钙，氟石膏一般情况下没有经过充分溶解和良好结晶过程，结晶体仍维持了细小形态，发育也不完整。

（4）磷石膏

磷石膏是在制造磷酸时获得的，其化学反应为磷灰石（常用含氟磷灰石，即氟磷灰石）和硫酸反应生成磷酸及石膏。

$$Ca_5F(PO_4)_3 + 5H_2SO_4 + 10H_2O \longrightarrow 3H_3PO_4 + 5[CaSO_4 \cdot 2H_2O] + HF$$

将磷酸分离出来之后，所剩残渣即磷石膏。其主要成分为二水石膏，含量可达85%以上。常含有2%左右的磷、氟、有机物等杂质，一般生产1t磷酸产生4t磷石膏。

磷石膏的结晶与天然二水石膏很接近。多数呈菱形板状，部分呈长板状，少量为燕尾双晶。

表10-3是氟石膏和磷石膏典型样品的化学组成。此外，氨碱法制碱过程中排出的废渣经废硫酸中和形成碱渣石膏，用石灰水净化含硫烟气形成排烟脱硫石膏以及盐石膏（海水制盐的副产品）等都可作为石膏胶凝材料的原料。

表 10-3 部分氟石膏、磷石膏的化学组成（%）

样号	SiO_2	Al_2O_3	Fe_2O_3	CaO	MgO	SO_3	F	结晶水
1号氟石膏	0.65	0.39	0.14	34.12	—	42.67	3.13	19.19
2号氟石膏	5.17	1.94	0.12	32.22	0.29	40.23	2.43	17.33
1号磷石膏	9.58	0.64	0.34	28.89	0.40	40.59	1.03	17.89
2号磷石膏	9.21	0.28	0.18	28.35	—	40.95	—	18.52

（二）石膏的预处理

1. 石膏的有关性质

图10-3和图10-4分别是石膏的差热曲线和热失重曲线，在石膏的差热曲线上，有两个吸热谷，一个在160～190℃，平均171℃，相应于石膏脱水转变成熟石膏的温度：

$$CaSO_4 \cdot 2H_2O \xrightarrow{171℃} CaSO_4 \cdot 1/2H_2O + 3/2H_2O \uparrow$$

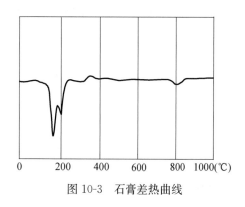

图 10-3　石膏差热曲线

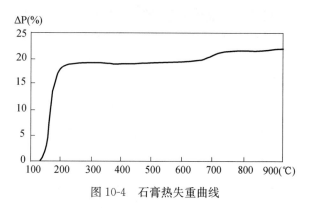

图 10-4　石膏热失重曲线

另一个在 180～210℃，平均 203℃，相应于熟石膏转变成硬石膏（无水 $CaSO_4$）：

$$CaSO_4 \cdot 1/2H_2O \xrightarrow{203℃} CaSO_4 + 1/2H_2O \uparrow$$

在石膏热失重曲线上，热失重发生在 130～200℃，这是脱水的结果。因此，石膏的热稳定性特征描述为三个阶段，160℃ 以前主要是石膏（$CaSO_4 \cdot 2H_2O$），160～203℃ 是半水石膏（$CaSO_4 \cdot 1/2H_2O$），203℃ 以后为无水硫酸钙。

图 10-5 是石膏的红外吸收光谱，$[SO_4]^{2-}$ 的反对称伸缩振动吸收带在 $1150cm^{-1}$ 和 $1120cm^{-1}$，为分裂不明显的强吸收带，$[SO_4]^{2-}$ 的弯曲振动吸收带在 $673cm^{-1}$、$663cm^{-1}$ 和 $604cm^{-1}$，$673cm^{-1}$ 和 $604cm^{-1}$ 分裂明显吸收较强，$663cm^{-1}$ 则吸收较弱。$465cm^{-1}$ 和 $310cm^{-1}$ 吸收带则为晶格振动。高频区的 $3560cm^{-1}$ 和 $3410cm^{-1}$ 吸收带为结晶水的伸缩振

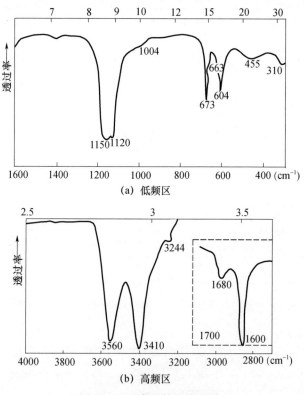

图 10-5　石膏红外吸收光谱

动，结晶水的弯曲振动造成 $1680cm^{-1}$ 和 $1617cm^{-1}$ 的吸收带。石膏的红外吸收光谱主要反映了 $[SO_4]^{2-}$ 的反对称伸缩振动吸收带和 $[SO_4]^{2-}$ 的弯曲振动吸收带，在 $250\sim700℃$ 温度下煅烧后，形成硬石膏，$[SO_4]^{2-}$ 的这种吸收带仍然存在，如图 10-6 所示，结合石膏的差热曲线及热失重曲线，可以认为石膏热处理时性质的差别可分成二水石膏、半水石膏、硬石膏三种类型，其硬石膏的稳定范围的上限可达 $900\sim1000℃$。

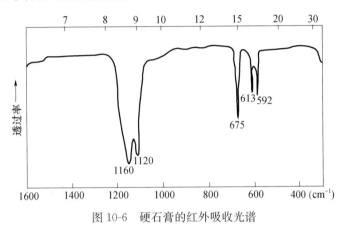

图 10-6　硬石膏的红外吸收光谱

2. 石膏的预处理

石膏的预处理主要包括磨矿、选矿和热加工三部分。为了获得较理想的选矿和煅烧效果，就要首先进行破碎和磨矿处理，其加工工艺和方法与高岭土的加工相似，不再叙述，下文主要介绍石膏的选矿和热加工的个性问题。

（1）石膏的选矿

在矿山，主要采用手选，将纤维石膏和泥质石膏分选开，为了提高质量还可用尖嘴钢锤或羊角镐剔除附在矿石上的夹石。对于小块的石膏与脉石的分离多采用光电选矿法（其原理是依据石膏和脉石颜色、反射率、荧光性、透明度、透射性的差异由光线测量后，用气流吹离，实现分选的目的）、重介质选矿（它是依据石膏和脉石矿物相对密度的差异来分选的，石膏的相对密度为 $2.3g/cm^3$，常见脉石白云岩、页岩、硬石膏等矿物和岩石的相对密度为 $2.6g/cm^3$ 以上，在重介质中，石膏上浮，脉石下沉而分离）和化学选矿。

对于含 Fe_2O_3 较高而影响白度的石膏矿粉，可以采用酸性化学的方法除铁，其基本反应是：

$$Fe_2O_3+3H_2SO_4 \longrightarrow Fe_2(SO_4)_3+3H_2O$$

在化学除铁时，不能采用 HCl，因为 HCl 与石膏反应，生成一定量的水溶性 $CaCl_2$，影响除铁效果，并增加 HCl 用量和除铁成本，为了提高除铁效果，可以添加连二亚硫酸钠等还原剂，将 Fe^{3+} 还原成 Fe^{2+}，增加铁的硫酸盐在水中的溶解度，也可以添加少量络合物，如柠檬酸（钠）、EDTA 等，络合除铁效果更好。

（2）石膏的热加工

从石膏的性能与转变条件可知，二水石膏可加工成半水石膏和无水石膏。半水石膏的加工方法主要有加压水蒸气法、人工陈化法、水溶液法、折衷法和烘烤法几种，但效果最好、最常用的是加压水蒸气法和在烘箱（炉）中烘烤法两种。

加压水蒸气法工艺流程：二水石膏经粗碎、加压水热（2~8 大气压，1.5~10h）后常压干燥（90～160℃，3～9h），破碎即成半水石膏。生产时，蒸汽压力和蒸压时间成反比关系。压力越大，所需蒸压时间越短。此外，石膏的块度也与蒸压和干燥速度有关，块度越大，时间越长。一般情况下，常用块度为15～50mm，最好在30mm左右。饱和水蒸气压以及处理时间与所制备石膏的物理性质关系密切，在低温下缓慢析出的半水石膏比高温下短时间析出的半水石膏的硬化体强度高。原料石膏块的密实程度对制品强度也有明显影响。一般情况是，原料石膏块越致密，越易形成需水量低、强度高的半水石膏，因此，细晶微细的石膏原料，要将粉末预先加工成砖块或充填于容器中，再进行热处理，才能形成较高强度的半水石膏。

烘烤法（灼烧法）的工艺很简单，先将天然二水石膏破碎、磨矿到100～200目，然后将其放在电热箱中加热2～4h即可。尽管石膏的差热曲线上吸热中心在171℃左右，但当加热到100℃时，已有明显的脱水现象发生，不同温度下结晶水损失量及石膏粉物理性能都有明显差别，见表10-4和表10-5。

表 10-4 不同温度下普通石膏的脱水程度

样号	煅烧温度（℃）	物相组成（%）			失水量（%）
		$CaSO_4 \cdot 2H_2O$	$CaSO_4 \cdot 1/2H_2O$	$CaSO_4$	
1	85	68.0	0.1	—	0.01
2	90	66.8	1.3	—	0.27
3	95	61.1	7.0	—	1.46
4	100	32.7	35.4	—	7.40
5	110	10.3	57.8	—	12.10
6	120	0	63.3	4.8	15.25
7	125	0	63.3	4.8	15.25

表 10-5 不同温度下石膏的物理性能

样号	煅烧温度（℃）	陈化时间（h）	细度（mm）	白度	标准稠度（%）	凝结时间（min）		强度（MPa） 2h	
						初凝	终凝	抗折	抗压
1	115	24	0.2	57	81	3	14	0.4	0.6
2	120	96	0.2	58	67	4.3	6.3	2.2	5.1
3	125	4	0.2	58	73	4	6	2.1	3.5
4	130	96	0.2	57	80	3.5	6.5	0.6	1.0
5	140	24	0.2	—	—	不凝	无强度		

当加热温度到140℃以上时，用石膏粉凝结强度就无法评价石膏粉的质量，但400℃石膏粉、700℃石膏粉及900℃以上石膏粉的性能还有明显差别。依据水泥工艺学提供的资料，我们在高岭土制备无熟料白水泥的过程中，先采用700℃煅烧2h的石膏粉作为硫酸钙的基本原料，其他温度下热加工而成的石膏粉对无熟料水泥强度的影响，将在确定基本配比条件以后做专题研究。

三、白灰的制备和预处理

(一) 石灰及其分解反应

华北石炭二叠系含煤地层之下，有丰富的石灰岩资源，它是制备白灰的优质原料，其矿物组成主要是方解石。此外，烧制白灰的原料还可以用大理岩、白垩等。方解石的差热曲线和红外吸收光谱曲线如图 10-7 和图 10-8 所示，方解石的吸热谷平均在 915℃，范围在 895～935℃，这个吸热谷是由于方解石结构破坏而吸热造成的。方解石加热逸出 CO_2 而失重，在热失重曲线上，从 400℃ 开始失重，在 600～700℃ 之后加剧，至 900℃ 左右热失重量达 44%（方解石中，CaO 含量 56%，CO_2 含量 44%）。

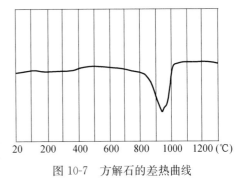

图 10-7 方解石的差热曲线

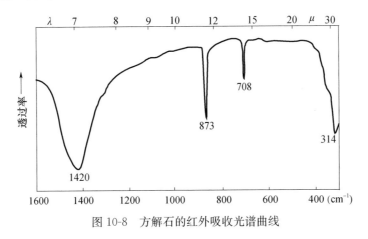

图 10-8 方解石的红外吸收光谱曲线

在方解石中，$[CO_3]^{2-}$ 有四个振动模式，垂直 C 轴的对称伸缩振动 V_1，垂直 C 轴的反对称伸缩振动 V_2，垂直 C 轴的面内弯曲振动 V_3 和平行 C 轴的面外弯曲振动 V_4，但由于对称伸缩振动 V_1 偶极矩为非红外活动。所以，曲线图上只有 708cm^{-1}，873 cm^{-1} 和 1420 cm^{-1} 三个吸收带。314 cm^{-1} 吸收带是 $[CO_3]^{2-}$ 相对于阳离子的平移和转动振动产生的，因此，当方解石加热到 900℃ 以上，破坏了它的晶体结构以后，这些吸收带就不复存在，所以，石灰岩或方解石煅烧制备白灰时温度应该在 900℃ 以上。

碳酸钙分解具可逆性。如果让反应在密闭的容器中，在一定温度下进行，则随着二氧化碳分压的增加，分解速度就逐渐由慢变为零。分解速度正好为零时的二氧化碳分压称为碳酸钙的平衡分解压力。碳酸钙在每一温度下，都有一个相应的平衡分解压力，图 10-9 中曲线 1 表示石灰在不同温度下的平衡分解压力，或者在不同大气压下的分解温度。曲线 2 是碳酸钙的分解速度常数。

设碳酸钙颗粒为球形，其特征粒径为 dk（在任何情况下，都可找到一个颗粒，它的分解率与总物料的分解率相等，这个颗粒的直径就是特征粒径），经时间 t 后，分解层厚度为 y，分解率为 ε。由于未分解的体积可写成 $1/6\pi (dk-2y)^3$，又写成 $1/6\pi dk^3 (1-\varepsilon)$，二者相等，则：

$$y=\frac{dk}{2}\left(1-\sqrt[3]{1-\varepsilon}\right) \tag{10-1}$$

式中　dk——碳酸钙的特征粒径；

　　　y——分解层厚度；

　　　ε——分解率。

设碳酸钙的平衡分解压力 P，气流中二氧化碳的分解压为 p，则碳酸钙的分解速度将与压力差成正比，而与二氧化碳分压成反比：

$$\frac{dy}{dt}=\frac{k\,(P-p)}{p} \tag{10-2}$$

式中　P——碳酸钙的平衡分压；

　　　p——气流中二氧化钙的分压；

　　　k——动力学常数（与物料性质有关）；

当温度一定时，P、p、k 都是常数，积分得：

$$y=kP\left(\frac{1}{p}-\frac{1}{P}\right) \tag{10-3}$$

在初始状态下，$c\to0$，则有：

$$y=kP\left(\frac{1}{p}-\frac{1}{P}\right) \tag{10-4}$$

将两个反映分解层厚度的方程式（10-1）和式（10-4）相连得：

$$\frac{dk}{2}\left(1-\sqrt[3]{1-\varepsilon}\right)=kP\left(\frac{1}{p}-\frac{1}{P}\right)t \tag{10-5}$$

在讨论分解时间时，将式（10-5）改写成：

$$t=\frac{dk}{k'\left(\frac{1}{p}-\frac{1}{P}\right)}\cdot\left(1-\sqrt[3]{1-\varepsilon}\right) \tag{10-6}$$

式中，k' 为碳酸钙分解速度常数，$k'=2kp$，k' 可从图 10-9 曲线 2 中求得。

随着温度的升高，分解速度常数和压力倒数差（$1/p-1/P$）都相应增加，特别是前者迅速增加，使分解时间明显缩短。由图 10-9 曲线 2 粗略估计，温度每升高 50℃，分解速度常数约增加一倍，分解时间约缩短 50%。因此，适当提高分解温度，使分解加速并充分进行，将有利于保证煅烧反应的顺利进行和产品（CaO）的质量。

煅烧温度过高或过低和煅烧时间长短都会影响石灰的质量。因为石灰的活性主要由其内比表面积和晶粒尺寸大小所决定。正常煅烧石灰石时，平均要分解出 40% 左右的 CO_2 气体，而其外观体积只缩小 10%～15%，因此，烧成的石灰呈多孔结构，其中晶粒尺寸为 0.3～1μm。当煅烧温度过高和时间延长时，石灰将逐渐烧结，石灰的密度也不断增大。完全烧结时，石灰的密度可达 3340kg/m³。在石灰烧结过程中，其晶粒尺寸不断增大，而内比表面积则不断减小。布特（M. BYTT）的实验表明：CaO 在 900℃时晶粒尺寸为 0.5～0.6μm；1000℃时为 1～2μm；1100℃时为 2.5μm；1200℃时，起初晶粒增大到 6～13μm，然后晶粒互相连生在一起；1400℃以上时，经过长时间恒温煅烧得到完全烧结的 CaO，这就是通常所说的死烧。图 10-10 为 $CaCO_3$ 在不同温度下烧成的石灰其内比表面积随煅烧时间的变化。它表明随着煅烧温度提高和煅烧时间延长，石灰的内比表面积将逐渐减小。

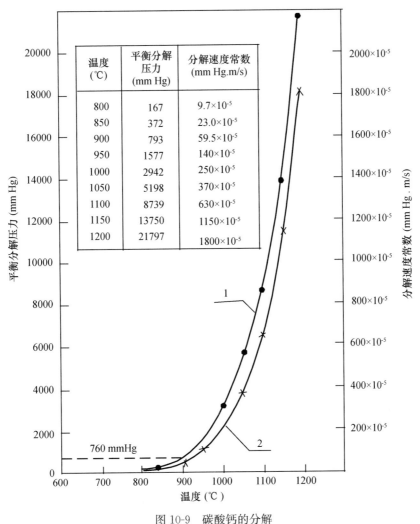

温度 (℃)	平衡分解 压力 (mm Hg)	分解速度常数 (mm Hg.m/s)
800	167	9.7×10^{-5}
850	372	23.0×10^{-5}
900	793	59.5×10^{-5}
950	1577	140×10^{-5}
1000	2942	250×10^{-5}
1050	5198	370×10^{-5}
1100	8739	630×10^{-5}
1150	13750	1150×10^{-5}
1200	21797	1800×10^{-5}

图 10-9 碳酸钙的分解

1—石灰石的平衡分解压力；2—生料中碳酸钙的分解速度常数

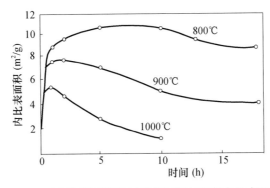

图 10-10 $CaCO_3$ 在不同温度煅烧时煅烧时间与石灰内比表面积的关系

过烧石灰的内部多孔结构变得致密，CaO 结晶变得粗大，消化时与水反应的速度极慢。在石灰浆中含有这类过烧石灰细粒，它在石灰浆使用以后才发生水化作用，于是将产生膨胀而引起崩裂、隆起等现象。煅烧温度过低和时间太短，石灰石烧不透，形成生烧，这种生烧石灰其产浆量将减少。

（二）石灰窑

烧石灰窑的种类很多，有（野）土窑、轮窑、立窑、回转窑以及沸腾窑和烧结机等，应根据原料的性能和结构、燃料的性质、对产品质量的要求、设备供应的条件等因素，从技术和经济的角度全面考虑，选用窑的形式。下面简略介绍常用的几种石灰窑。

1. 立窑

用立窑生产石灰比较广泛，它比其他石灰窑有许多优点。立窑在操作上可靠，燃料消耗比较低，并且可以得到优质的石灰。

石灰石在立窑中自上至下可划分为三个区：预热区、煅烧区和冷却区。石灰石和燃料从窑顶部加入，烧成的石灰由窑下部卸出，形成连续的操作过程。

在预热区，从下部煅烧区上升的气体将原料预热和干燥，而气体本身则被冷却。在此区，原料预热到石灰石开始分解的温度，燃料也同时被预热。

窑的中部为煅烧区，包括燃料煅烧和石灰石分解，是进行主要化学反应的窑区。冷却区内，燃料已经烧尽，烧成的石灰被下面上来的空气冷却，预热的空气上升。

最常用的立窑有普通立窑和混料式机械化立窑两种，普通立窑比机械化立窑结构简单、容易建造、投资小、钢材省、而且见效快。普通立窑是中小型石灰厂最广泛采用的石灰窑。

混料式机械化立窑是指采用机械加料和出料的混料式立窑。与普通立窑相比，不仅产量高、质量好、燃料消耗量低，而且能减轻工人劳动强度、改善操作条件。

2. 回转窑

此种窑用来煅烧松、软、强度低或小块的石灰石，如白垩、贝壳岩等原料。窑的装置原理与生产煅烧高岭土所用的回转窑相似，故不赘述。

3. 土窑（又称野窑）

土窑属于间歇作业窑，也是最简单和最古老的一种石灰窑。按构造，土窑可分为有固定窑壁的堆窑和没有固定窑壁的坑窑两种。窑用石灰石块砌成，外壁用黏土浆涂封，顶部有风孔以保证窑的通风。

土窑虽然投资少，但其生产能力低、燃耗大、石灰质量差、工人劳动强度大，操作条件十分恶劣。目前仅限于农村小手工业生产使用，或临时需要石灰而又不适于建造长期使用的窑时采用。

第三节　高岭土生产无熟料白水泥

一、白色水泥简介

（一）白色水泥的生产

水泥的生产工艺可以用"两磨一烧"来概括，就是原料的粉磨、熟料煅烧、水泥的粉磨。与普通硅酸盐水泥生产不同的是，在白水泥的生产过程中，需要采取各种措施控制着色成分的含量、状态以提高产品的白度。白水泥的生产分为以下四个阶段：

1. 生料的选择与制备

（1）原料、燃料的选用及着色剂的含量控制。影响白水泥白度的因素主要是着色剂的含量（表 10-6）。

表 10-6　着色剂对熟料亮度和色泽的影响

着色剂名称	对熟料亮度和色泽的影响
铁（Fe_2O_3）	影响显著，氧化煅烧并用水浴，冷却时使熟料呈黄色至棕色
铬（Cr_2O_3）	影响显著。含量很少时（与 Fe_2O_3 量相比）也明显降低熟料亮度，使熟料呈绿色
锰（Mn_2O_3）	氧化气氛下影响与 Cr_2O_3 相同，但使熟料呈紫至红紫光泽
钒（V_2O_5）	对亮度影响较小，但富含钒的熟料呈黄色
镁（MgO）	影响较小

白水泥原料可采用石灰石和高岭石、叶蜡石等不含层间水，具有 2～3 层二八面体硅酸盐的黏土矿物。原料可采用砂、铝化合物和白垩，其中白垩因其纯度和易烧性，常作为 CaO 组分。为控制着色剂的含量，在钻孔取样和采矿取样中，首先控制铁和铬的含量，在生料制备过程中，通过 X 荧光分析仪检测原料样品中的 Si，Al，Fe，Ca，Mg，S，Na，Cl，Mn，Cr，Ti 和 P 等组分，然后由计算机系统控制最佳配比，以便在满足熟料率值的同时，实现对着色剂含量的有效控制。另外，石灰石原料在破碎前，最好先用粗筛筛除细颗粒，因为细粒中通常含有较多的着色剂。

为了避免燃煤灰分中引入着色剂而影响白度，一般不用煤而采用重油或天然气作燃料，并避免使用高硫燃油，否则应设置旁路放风装置以排除硫的循环。

（2）生料的制备

白水泥生料制备应在没有铁及其氧化物沾污的条件下进行，石灰石破碎机的颚板不用铁质的。一般生料磨衬板用花岗岩（厚度约 90～100mm）、陶瓷或优质耐磨钢制成。研磨体用硅质卵石或相近的材料充当，若原料硬度不大，用硬瓷和高铝瓷材料制作。所有铁质输送设备需涂抹油漆，防止铁屑混入。

白水泥生产多半为干法生产，目前绝大部分水泥厂生料制备选用雷蒙磨，原料分别粉磨再按比例送入拌合磨混合成生料，有条件可使用空气搅拌以达生料均化的目的。

生料细度及其均匀程度对煅烧和熟料质量有很大影响。这是因为水泥熟料煅烧过程中多数化学反应是在固态下进行的固相反应。固相反应速度与比表面积大小有直接关系，当温度一定时，表面积越大，它们的反应速度就越迅速，因此生料必须粉磨至一定细度。固相反应速度还与物料混合的均匀程度有关。要保证生产出优质白水泥熟料，就必须制备化学成分均匀、稳定、波动在较小范围内的生料，这对于选择合理的煅烧制度、稳定窑内热工制度、提高熟料质量和降低能耗都具有重要的意义。

2. 熟料煅烧

（1）矿化剂的应用。与灰水泥不同，白水泥生料的三率值控制指标为 LSF（石灰饱和度）＝90～95，SM（硅酸率）＝3.5～5，（熟料 SM＝4～6，而灰水泥熟料 SM＝2.3～3.0），IM（铝酸率）＝14～18。由于过高的硅率及对熔剂矿物 Fe_2O_3 的严格控制，通常白水泥熟料的煅烧较为困难（煅烧温度可达 1500℃以上），因此生料配料中可加入氟化物（如萤石 CaF_2，冰晶石 Na_3AlF_6）或氯化物（$CaCl_2$，KCl）等矿化剂，但其掺量不得大于窑喂料量的 1%。

（2）烧成工艺的采用。烧成工艺不同，其熟料烧成热耗差别很大（表 10-7）。由表可知，采用 SP 窑或 NSP 窑，熟料热耗低。

表 10-7　不同烧成工艺的白水泥熟料热耗之比较

烧成工艺	物料入窑分解率（%）	窑速（r/min）	熟料热耗（kJ/kg）	备注
湿法长窑	0	1	8300	生料经机械脱水处理
干法长窑	—	—	高	仅适用于资金不足的老厂技改工程
多级预热器窑	30～40	2	＜6000	无二次风回收系统
预分解窑	≥90	3	5000～5200	

（3）窑速方案。为使生成的 CaO 很快地与 C_2S 反应生成 C_3S，以降低 $f\text{-}CaO$ 量，则窑的转速应与烧成工艺相匹配（表 10-7）。白水泥生料含铁量低，硅率高，熟料中熔剂矿物含量少。熔剂矿物少，意味着窑转动时，物料沿窑壁爬升的趋势降低，仅在窑气流中翻滚。窑速降低，物料翻滚次数减少，向底部下滑而不爬上窑壁，热交换仅在物料表层进行，大部分物料未达到所需的烧成温度。因此保持一定的窑速是煅烧优质白水泥熟料手段之一。

3. 熟料冷却

熟料冷却通常在窑出口开始。例如，煅烧温度从 1450℃每降低 100℃，其白度降低 5～6。在恒定的燃烧条件下，如窑内存在冷却带，熟料温度在窑出口每下降 200℃，则白度将分别下降 3～4；若温度下降 400℃，白度下降 5～6，甚至 10。这与窑内冷却带的氧化气氛有关，故当熟料仍在窑内，应尽可能避免被冷却。如冷却带内存在惰性或还原气氛，则熟料在窑内被冷却到 1250℃以上时，白度的降低较之在氧化气氛下要少。

白水泥熟料的冷却方式有以下几种：（1）水浴冷却法。即将温度为 1400～1500℃的炽热熟料从窑口直接排入水中，然后用拉链机拉出来，这时熟料含水 12%～16%，温度为 500～600℃，对其快速烘干以防产生水化现象；（2）喷水冷却法（两阶段冷却）。该法将水喷入单筒式冷却机、多筒式冷却机或直接喷入窑内，水的消耗量在 0.35kg/kg·熟料。采用该法虽然产生的水汽通过窑排出而增加出窑气体的热损失，但因熟料仅被冷却到 600℃，因而熟料热耗降低。然后用空气冷却，冷却空气吸收了熟料的部分热量，并作为助燃空气进入窑内。冷却后的熟料无须烘干，从而简化了工序，降低了投资和热耗。该冷却方法较之水浴冷却少耗热 420kJ/kg·熟料。经水浴冷却和两阶段冷却的熟料的白度大体上一样。但若用水浴冷却后，熟料温度仍在 600℃以上，则熟料白度将骤降，仅采用空气冷却，则熟料白度甚至比入窑生料的白度还差。

4. 熟料粉磨

水泥磨通常用长径比为 3～3.5 的两仓闭路管磨，一仓长度约为磨机总长的 30%，二仓温度若大于 100℃时，可向磨内喷水。

与粉磨灰水泥不同，白水泥因为有白度要求，故需注意以下因素：（1）研磨体材质。粉磨过程中，研磨体和衬板的磨损量取决于磨机类型、研磨介质和衬板的质量。若研磨体和衬板的金属磨损物不氧化，则对水泥的亮度和色泽影响不大。（2）粉磨细度。细度对白水泥亮度有明显影响。随着细度的增加，白水泥的反射率明显提高，但当细度达 $5000cm^2/g$ 时，则反射率将饱和，此时亮度不会再有提高。（3）窑灰掺量。水泥磨中加入多少窑灰，取决于窑灰对白度的影响及投资大小。（4）增白剂的应用。TiO_2 比白水泥白度高，其用量只有超过 1％才有明显的增白效果，但它对熟料性质有不良影响，故仅在需要满足水泥白度时方可掺用。

（二）白水泥产品技术指标及用途

白水泥产品的技术指标（GB/T 2015—2005）：熟料中 MgO 含量＜5.0％；水泥中 SO_3 含量＜3.5％；白度＞87；混合材掺加量 0～10％；水泥细度为 0.08mm 方孔筛筛余不得超过 10％；初凝不得早于 45min，终凝不得迟于 12h；安定性用沸煮法检验，必须合格。水泥强度指标见表 10-8。

表 10-8　白水泥强度控制指标

强度等级	抗压强度（MPa）		抗折强度（MPa）	
	3d	28d	3d	28d
32.5	12.0	32.5	3.0	6.0
42.5	17.0	42.5	3.5	6.5
52.5	22.0	52.5	4.0	7.0

白水泥是一种以白度较高为特征的特种水泥，广泛用于建筑装饰材料，如水磨石、地花砖、斩假石、水刷石、雕塑及各种建筑工程表面装饰等，在白水泥中掺入耐碱色素可制成彩色水泥，还可制作白色和彩色混凝土构件。

二、无熟料白水泥配方研究

（一）基本组分及配比的确定

依据高岭土制备无熟料白水泥的原理，CaO、$CaSO_4$、Al_2O_3、SiO_2 是最基本的组分，但因为 Al_2O_3 和 SiO_2 均由煅烧高岭石粉提供，比例总是 1：2 不变（克分子比），所以，在研究基本配比时，将白灰、石膏和煅烧高岭土看作三个基本组分，它们的配比是制备无熟料白水泥的关键技术之一。

白灰是无熟料水泥中唯一的碱性激发剂，它的质量和用量对制品质量影响极大，我们在试验初期，首先确定白灰的用量，考虑我国煤矿区的实际情况，选用焦作地区小型倒焰窑（土窑）中烧制的普通白灰。

煅烧高岭石粉是用焦作博爱优质高岭土煅烧而成，条件是 325 目，马弗炉中 850℃，6h，为提高制品白度，煅烧时加 2‰增白剂，煅烧高岭石粉白度为 94。

石膏原粉取自焦作纸面石膏板厂，属工业用普通石膏，细度为 250 目，在马弗炉中 700℃温度下，煅烧 2h。

用上述三种原料，按不同比例混合，加水至膏状，成型，在潮湿空气中养护 25d，用抗压强度仪测抗压强度。实验分以下几步进行：

1. 石膏和煅烧高岭石粉定比时，CaO 对强度的影响

具体如图 10-11 所示。

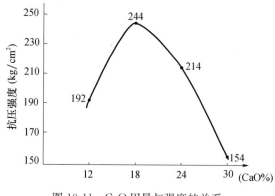

图 10-11　CaO 用量与强度的关系

2. CaO 用量一定时，CaSO₄ 与强度的关系

CaO 是碱性激发剂，又是化学反应过程中的一个必不可少的组分，因此，它的用量不仅影响组分配比，还影响着整个体系的碱度；同时，因 $CaSO_4$ 是一种强酸弱碱盐，在浆体中水解后，对体系的 pH 值也有一定的影响，因此，从理论上讲，随 $CaSO_4$ 用量的增加，CaO 最佳用量也应增加。依据上述分析，我们同时选用 CaO 的两个比例，即 18% 和 24%，做两个系列样，确定 $CaSO_4$ 的最佳用量，如图 10-12 和图 10-13 所示。

从图 10-12 和图 10-13 可知，CaO 用量为 18% 时，$CaSO_4$ 最佳用量为 20%，抗压强度为 244kg/cm²；当 CaO 用量提高到 24% 时，$CaSO_4$ 最佳用量提高为 24%，煅烧高岭土用量相应减少，这时，抗压强度为 254kg/cm²。因后一配比较前一配比的抗强度提高了 10kg/cm²，因此，可以认为 CaO 用量为 24%，$CaSO_4$ 用量为 24% 和相应的煅烧高岭土量的配比是高岭土制备无熟料白水泥的最佳配比。同时注意到，在最佳配比样的基础上，再增加 $CaSO_4$ 用量时，制品抗压强度突然下降，试样上出现大量龟裂纹，安定性不合格，这一现象产生的原因可能是过量的 $CaSO_4$ 在试样凝固呈刚性状态之后，又有大量钙矾石生成，体积膨胀所致，所以，从生产的可控制性和产品使用的安全性考虑，CaO 用量为 24%、$CaSO_4$ 用量为 24%、偏高岭土 52% 的配比条件还只能作为研究过程中的一个基本条件，而不能当作最终结果（应对安定性进行系统研究后才能定论）。

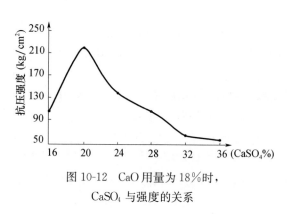

图 10-12　CaO 用量为 18% 时，
$CaSO_4$ 与强度的关系

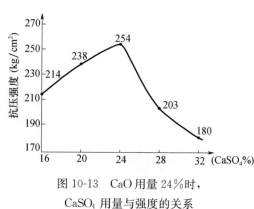

图 10-13　CaO 用量 24% 时，
$CaSO_4$ 用量与强度的关系

（二）增强剂对强度的影响

水泥增强机理很多，例如降低水灰比（加入减水剂）增强、添加三聚磷酸钠、水玻璃

增强，因无熟料水泥标准中允许有 8% 以下的熟料，添加白水泥熟料也是一种增强的方法，本次研究就从这几个方面研究它们对无熟料白水泥强度的影响。

1. 减水剂对强度的影响

测试数据见表 10-9。

表 10-9 几种减水剂的减水效果及其对强度的影响

编号	减水剂名称	减水剂用量（%）	减水率（%）	抗压强度（kg/cm²）
1	基本条件样	—	—	322
2	腐殖酸钠 1	1.0	10	157
3	腐殖酸钠 2	0.5	26	119
4	木质素	1.0	0	143
5	萘磺酸甲醛缩合物	0.5	23	429
6	聚丙烯酸钠	0.5	25	499

注：为了加快反应速度，$CaSO_4$ 用 400 目粉，煅烧高岭土用 600~800 目粉（下同）。

CaO、$CaSO_4$ 和煅烧高石粉用最佳配比的用量（基本条件样，下同）

从表 10-9 可知，减水剂对无熟料白水泥的抗压强度影响很大，总的规律是，减水效果和增强成正比，这是因为无熟料白水泥中没有任何水泥熟料矿物，而三种组分都有较大的需水量；CaO 加 H_2O 转变成 $Ca(OH)_2$，不仅消耗水分，而且体积膨胀，增加浆体的黏度；$CaSO_4$ 遇到 H_2O 后，会很快吸收水向半水石膏和二水石膏转化，并使体积膨胀，增加浆体黏度；950℃以下温度煅烧的高岭土，其形态以片状为主，Al-O 键和 Si-O 键的氧原子可以和水结合形成氢键，增加浆体黏度。在我们试验过程中发现，如果不加减水剂，无熟料白水泥制浆时的水灰比总在 1.0~1.2 之间，远大于普通硅酸盐水泥的水灰比（0.4~0.5），多加入的水分占据了一定的体积，使水泥凝固后的试件孔隙率大，结构松散，强度低。所以，减水剂是无熟料水泥降低水灰比，提高强度的主要途径之一。

6 号减水剂是聚丙烯酸铵，它有良好的减水效果，它对强度的影响与它的结构和减水机理有关。聚丙烯酸铵的聚合度一般在 100 左右，即 100 个左右的单体以 C-H 键连成长链，在其一侧为 100 个左右的羧酸铵，当铵在水中电离后，这个长链带负电，它的另一侧吸附在颗粒表面（疏水吸附），使所有颗粒带负电，由于提高了颗粒的 ζ 电位，又有很强的位阻效应而使颗粒分散，起到良好的减水效果，由于带同号电荷的颗粒相互排斥，严重地影响了水化反应和颗粒结合，使试样强度大幅度下降。

在电子显微镜下观察，对比样（基本条件样）中有形状不规则的孔洞，孔洞内充填针状钙矾石晶体，力学试验时的压裂纹经过孔洞，它是试样中的薄弱部位，如图 10-14 所示；未完全转化的氢氧化钙呈板状晶体，含量约 2%~3%，如图 10-15 所示；添加 4 号减水剂的试样中，孔洞的分布、充填及氢氧化钙残留量等方面没有太多变化，但试样较致密，如图 10-16 所示；水化硅酸钙凝胶也较发育，如图 10-17 所示。

综上所述，添加减水剂增强的原因主要是提高了试样密度的结果，此外，由于减水剂对浆体的减黏作用，有利于水化硅酸钙凝胶的运移和在力学薄弱部位的充填，也增加了试样强度。

图 10-14　孔洞内充填针状钙矾石晶体

图 10-15　未完全转化的氢氧化钙板状晶体

图 10-16　试样较致密

图 10-17　水化硅酸钙凝胶较发育

2. 白水泥熟料对强度的影响

在水泥分类中，将低熟料水泥和无熟料水泥划归一类，并规定，其中所用水泥熟料的量不得超过 8%，所以，我们选用 8% 的水泥熟料来考查水泥熟料对强度的影响，为了保持无熟料白水泥较高的白度，选用白水泥熟料。白水泥熟料的矿物组成与普通硅酸盐水泥相类似，主要熟料矿物是硅酸二钙（$2CaO \cdot SiO_2$），硅酸三钙（$3CaO \cdot SiO_2$）和铝酸三钙（$3CaO \cdot Al_2O_3$），在有石膏存在的情况下，在水溶液中有如下反应：

$$2CaO \cdot SiO_2 + H_2O \longrightarrow 2CaO \cdot SiO_2 \cdot H_2O$$

$$3CaO \cdot SiO_2 + H_2O \longrightarrow 3CaO \cdot SiO_2 \cdot H_2O$$

$$3H_2O + 2CaO \cdot SiO_2 \cdot H_2O + 3CaO \cdot SiO_2 \cdot H_2O \longrightarrow 2[CaO \cdot SiO_2 \cdot H_2O] + 3Ca(OH)_2$$

$$3CaO \cdot Al_2O_3 + CaSO_4 \cdot H_2O + 31H_2O \longrightarrow 3CaO \cdot Al_2O_3 \cdot CaSO_4 \cdot 32H_2O$$

由上述化学反应方程式可以看出，白水泥熟料的水化必然要新生成一部分 $Ca(OH)_2$，新生成的 $Ca(OH)_2$ 的数量与水泥熟料中硅酸二钙和硅酸三钙的含量有关，因此，我们在试验设计时，在白灰、石膏、煅烧高岭土基本配比的基础上，将 CaO 用量分别减少 6%、4% 和 2%，试验结果见表 10-10。

表 10-10　水泥熟料及用量对强度的影响

样号	白水泥熟料用量（%）	CaO 减少量（%）	水灰比	抗压强度（kg/cm^2）	备注
30	0	0	0.7	429	对比样
40	8	2	0.7	347	试样中间鼓起
41	8	4	0.7	227	试样裂纹发育
42	8	6	0.7	220	试样裂纹发育

从表 10-10 可知，添加 8% 白水泥熟料，同时减少 CaO 用量对试样强度非常不利，CaO 用量越少，强度越低，并且对无熟料水泥的安定性有不良的影响（试样裂纹发育）。在电子显微镜下观察 40 号样，多数孔洞被水化硅酸钙凝胶充填，力学试验时产生的压裂纹绕过充填有凝胶的孔洞，如图 10-18 所示；在电子显微镜下观察 42 号样时发现，孔洞中主要充填粒状的水化铝酸钙，部分孔洞中的粒状铝酸钙转变成了针状的钙矾石，裂纹也绕过充填的孔洞，如图 10-19 所示。从电子显微镜下观察结果看，添加水泥熟料对试样中的孔洞性质有明显改善，应该对强度有利，但水泥熟料加入以后，打破了原基础配比中各组分的比例平衡，特别是减少 CaO 用量以后，影响更为显著，这可能是试样强度降低的主要因素。此外，水泥熟料中含有大量的硅酸二钙、硅酸三钙、铝酸四钙等熟料矿物，它们的水化速度要比无熟料水泥中的其他几种组分反应的速度快得多，这样就形成了化学反应的不均衡体系（相当于给化学反应的均匀体系中加入了晶种或结晶定向剂），使化学反应及生成物的顺序紊乱，一种极有可能发生的情况是，在水化硅酸钙的激发下，化学反应也优先生成水化硅酸钙，或水化硅酸钙与钙矾石同时生成，使试样硬化，此后，还有部分钙矾石继续生长，因体积膨胀产生裂纹，影响安定性和试样强度，这一现象在 CaO 用量不足、碱度较低时更为明显，解决这一问题的方法应该是：适当提高 CaO 用量、加入钙矾石晶种及结晶定向剂，促进钙矾石的生长速度或减少 CaSO$_4$ 用量和细度，改善安定性。

图 10-18　压裂纹绕过充填有凝胶的孔洞

图 10-19　充填的粒状水化铝酸钙部分
转变成了针状的钙矾石

3. 三聚磷酸钠和水玻璃对强度的影响

在利用高岭土制备的无熟料水泥中，Al_2O_3 的含量明显偏高，SiO_2 含量较低，为了解决这一问题，外加一定量的三聚磷酸钠和水玻璃，使试样中生成聚磷酸钙和硅酸钙，以降低铝的矿物的相对含量，其试验结果见表 10-11。

表 10-11　三聚磷酸钠和水玻璃对强度的影响

样号	外加剂	加入量（%）	抗压强度（kg/cm²）	备注
62	—	—	415	对比样
63	三聚磷酸钠	4	248	有明显早强作用
64		6	177	
65		8	329	
66	水玻璃	4	248	有明显早强作用
67		6	251	
68		8	218	

从表 10-11 可以看出，聚磷酸钠和水玻璃的加入对无熟料白水泥强度的发展都很不利，并且规律不明显，但它们都具有明显的早强作用，因此，可以考虑在干粉涂料中时使用。

（三）提高白度及降低生产成本的研究

1. 提高无熟料白水泥白度的研究

用高岭土制备无熟料白水泥的白度主要取决于三种配料的白度。高岭土的选择及增白方法，石膏的选矿及提纯方法在"原料的选择与预处理"部分已有详细的叙述，为了提高白灰的白度可以选择较纯净的石灰岩原料，但在煅烧过程中总有未烧尽的石灰岩，并且，铁质、钛质也是难免的，因此，在制备工艺上，可以先将白灰加水消化，再沉淀除渣，用熟石灰替代生石灰来提高白水泥的白度。白灰消化的反应式如下：

$$CaO + H_2O \longrightarrow Ca(OH)_2$$

即生成 $Ca(OH)_2$ 重量是 CaO 重量的 1.23 倍，因此我们在煅烧高岭土和煅烧石膏比例不变的情况下，用 1.23 倍重量的 $Ca(OH)_2$（干）替代白灰进行试验。配料时发现，干粉体积增加很多［干 $Ca(OH)_2$ 粉比 CaO 粉容重小得多］，制浆时需水量增加（水灰比增大），初凝及终凝时间延长，抗压强度下降至 $211kg/cm^2$（对比样为 $429kg/cm^2$），试样白度由原来的 87 提高到 92。

在电子显微镜下观察，用 $Ca(OH)_2$ 替代 CaO 以后，试样的密实度较差，如图 10-20 所示；孔洞中很少有针状钙矾石充填，如图 10-21 所示。这说明，$Ca(OH)_2$ 替代 CaO 以后，需水量增加，孔隙率增大，体积密度降低，试样结构松散是影响强度的一个方面，由于无熟料水泥"水化热"较小（相当于普通硅酸盐水泥的 1/4 左右），在加水消化时放出大量的热，有利于化学反应的进行，而 $Ca(OH)_2$ 替代 CaO 以后，这一部分热能不复存在，化学反应速度减慢，延长了初凝及终凝时间，对试样的抗压强度也有不良的影响。但是，用 $Ca(OH)_2$ 替代 CaO，对白度提高很多，因此，在制备高白度无熟料水泥时，可以考虑使用 $Ca(OH)_2$ 煅烧成的 CaO 或使用高白度重质碳酸钙粉去生产 CaO。

图 10-20　试样的密实度较差

图 10-21　孔洞中很少有针状钙矾石充填

2. 降低白水泥成本的研究

（1）填充料的使用

在硅酸盐白水泥生产中，为了降低生产成本，往往在白水泥熟料中加入一定量的大理岩、硅质大理岩等白色岩石或矿物作填充料，在标号达到国家标准的情况下降低生产成本。我们也采用类似的方法进行试验，将基本配比的无熟料白水泥与 325 目重钙粉，按 1∶1 的比例混合，试样强度为 $239kg/cm^2$，较对比样的 $415kg/cm^2$ 下降较多；若将重钙粉换成石英粉，试样强度为 $327kg/cm^2$，强度下降较少，说明在高岭土制备的无熟料白水泥中用石英岩或石英脉粉作填充料较为适合。

（2）提高 CaO 用量

在用高岭土制备无熟料白水泥的三种配料中，CaO 是最便宜的一种材料，因此，在对强度影响不大时，可以考虑提高 CaO 用量，降低生产成本，由于 CaO 最佳同量与 $CaSO_4$ 用量关系密切，所以，在试验中，每提高一次 CaO 用量，都作一个系列样，寻求 CaO 与 $CaSO_4$ 的最佳配比，试验结果见表 10-12。

表 10-12　提高白灰用量的系列试验

样号	CaO 增加量（%）	$CaSO_4$ 增加量（%）	偏高岭土减少量（%）	抗压强度（kg/cm^2）	备注
30	0	0	0	429	对比样
43	3	0	3	217	—
44		3	6	165	柱向裂纹发育
45		6	9	286	
46		9	12	366	
47	6	0	3	199	脆裂明显
48		3	6	189	脆裂明显
49		6	9	236	
50		9	12	242	—

（3）不同类型石膏的影响

自然界有两种石膏，二水石膏和硬石膏（无水 $CaSO_4$）。用加热的方法，可将二水石膏加工成 α 半水石膏和 β 半水石膏，并且不同加热条件生产的石膏粉的性能和生产成本都有明显差别。一般情况下，将天然二水石膏加热到 $65 \sim 120℃$，就开始脱水生成半水石膏；$200℃$ 逐渐脱水，从半水石膏转变成无水石膏，但它与水接触又很快转变成半水石膏和二水石膏。$200 \sim 300℃$ 煅烧的产物仍为无水石膏，但凝结慢，凝结强度大，$300 \sim 450℃$ 煅烧的无水石膏凝结很快，但凝结强度较低；$700 \sim 800℃$ 煅烧的无水石膏成为一种新变种，它极难溶于水，加水后也不凝结。$800 \sim 1000℃$ 煅烧后，就有部分游离石灰出现，并放出 SO_3。依据上述原理，我们选用天然二水石膏、$120℃$ 加热石膏、$250℃$ 煅烧石膏、$400℃$ 煅烧石膏与对比样（$700℃$ 煅烧石膏）进行比较，试验结果见表 10-13。

表 10-13　石膏类型对强度的影响

样号	石膏类型	抗压强度（kg/cm^2）	备注
70	天然二水石膏	210	
71	120℃加热石膏	268	
72	250℃加热石膏	270	硬石膏细度 0. 1mm，
73	400℃煅烧石膏	319	其他样石膏细度 0. 043mm
74	天然硬石膏	288	
75	700℃煅烧石膏	354	—

（4）富铁高岭土

自然界产出的高岭土 Fe_2O_3 含量较高，除少数优质高岭土（内蒙古包头、山西大同等地储量较大）外，绝大多数高岭土要煅烧成白度很高的高岭土粉是比较困难的，选矿处理又会增加成本，因此，如何利用富铁高岭土是一个很现实的问题。

铁在高岭土中有很多存在形式，如黄铁矿（FeS_2）、菱铁矿（$FeCO_3$）、褐铁矿（$Fe_2O_3 \cdot nH_2O$）等，它们在高岭土的煅烧加工中都会生成 Fe_2O_3，其反应是：

$$2FeS_2 + 7.5O_2 \longrightarrow Fe_2O_3 + 4SO_3 \uparrow$$

$$FeCO_3 + Fe_2O_3 \longrightarrow Fe_2O_3 + CO_2 \uparrow$$

$$Fe_2O_3 \cdot nH_2O \longrightarrow Fe_2O_3 + nH_2O \uparrow$$

$700 \sim 800℃$ 温度和氧化气氛条件下，煅烧的高岭土呈红、黄等暖色调的原因是 Fe_2O_3 染色的结果。Fe_2O_3 的化学性质与 Al_2O_3 相似，在水泥水化时有如下化学反应：

$$4CaO + Al_2O_3 + Fe_2O_3 + nH_2O \longrightarrow 4CaO(Al_2O_3 \cdot Fe_2O_3) \cdot nH_2O$$

$$4CaO + Fe_2O_3 + nH_2O \longrightarrow 4CaO \cdot Fe_2O_3 \cdot nH_2O$$

$$3CaO + Fe_2O_3 + 3CaSO_4 + 32H_2O \longrightarrow 3CaO \cdot Fe_2O_3 \cdot 3CaSO_4 \cdot 32H_2O$$

$$3CaO + Fe_2O_3 + CaSO_4 + 32H_2O \longrightarrow 3CaO \cdot Fe_2O_3 \cdot CaSO_4 \cdot 32H_2O$$

Fe_2O_3 的这些反应和 Al_2O_3 有类似的性质可使试样产生强度。所以，富含 Fe_2O_3 的低品级高岭土可以在适当的条件下直接生产红、黄、褐等色调的彩色水泥，由于原料来源广、价格低，并能节约色料，可使彩色水泥成本大幅度降低。

在试验时，我们选用河南省焦作矿务局韩王矿高岭土厂生产的制备净水剂用轻烧黏土（700℃温度下煅烧高岭土粉），Fe_2O_3含量最高可达2.3％，细度250目左右，粉体呈红色，$SiO_2/Al_2O_3 \approx 2$（克分子比），按基本配比的比例制样，抗压强度达409kg/cm^2，和对比样相当（415kg/cm^2），说明富铁高岭土确实可以替代优质高岭土直接生产红、黄、褐色的无熟料水泥及其制品，并且色泽鲜艳，成本较低。

（四）配砂试验

用水泥配制砂浆是实际应用的必要步骤，为了考查我们研制的无熟料白水泥对配制砂浆的适应性，进行了配砂试验，其结果见表10-14。

表10-14　无熟料白水泥配砂

样号	灰砂比	抗压强度（kg/cm^2）	备注
34	1：0	429	对比样
36	1：1	239	
37	1：2	162	有泛砂现象
38	1：3	147	

从表10-14可以看出，无熟料白水泥配砂后强度迅速下降，与普通硅酸盐水泥配砂效果相差很大。将配砂样在电子显微镜下观察，孔洞中的钙矾石生长正常，如图10-22所示；砂粒与水化矿物结合正常，如图10-23所示；但配砂样结构松散，如图10-24所示。查其原因，是所配砂中泥粒含量过高（砂样取自建筑工地），证明了泥级颗粒对水泥试样强度的影响，也解释了我们研制的无熟料白水泥添加重质碳酸钙后强度下降的原因。

图10-22　孔洞中的钙矾石生长正常

图10-23　砂粒与水化矿物结合正常

图 10-24　配砂样结构松散

（五）养护条件的研究

无熟料白水泥中没有熟料矿物，水化热只相当于普通硅酸盐水泥的 1/4 左右，凝结缓慢，早期自由水分较多，蒸发后会使试样干裂，影响强度，所以，早期养护一定要注意保持潮湿多水的环境；无熟料白水泥的激发剂有 CaO 和 $CaSO_4$，分属碱性激发剂和硫酸盐激发剂，二者相比，CaO 的碱性激发作用更为重要。CaO 加水消化成 $Ca(OH)_2$ 的速度很快，但由于 $Ca(OH)_2$ 和 Al_2O_3、SiO_2 的反应速度较普通水泥水化速度慢得多，在养护初期，试样中仍残留有大量的 $Ca(OH)_2$，所以，试样脱模时间应该稍长一些，并不宜用煮沸法测试安定性。也就是说，高岭土制备的无熟料白水泥早期养护应注意两个问题，一是不能过早地脱模，二是要保持足够的湿度。

养护方法和水的 pH 值对试样强度也有明显的影响，见表 10-15。

表 10-15　养护方式及 pH 值对抗压强度的影响

样号	养护方式	水的 pH 值	抗压强度（kg/cm²）	备注
90	湿毛巾盖顶	7	423	顶面龟裂严重，侧、底面正常
91	水中浸泡	7	507	顶、侧、底面龟裂严重
92		8～9	476	顶、侧、底面龟裂较严重
93		9～10	332	顶、侧、底面龟裂较轻
94		10～11	306	顶、侧、底面龟裂很轻

从表 10-15 可以看出，凡试样与水直接接触的表面都有龟裂现象（以前的试验是在潮湿空气中养护，没有这种现象），并且，水的 pH 值越接近中性，龟裂越严重，但最终试样的抗压强度也越高。试验中发现，龟裂主要发生在养护的前几天。分析原因，可能由于配料中石膏偏多，或石膏颗粒偏大，在试样固化后又有较大数量钙矾石的生成，产生体积膨胀，引起龟裂。但因在水溶液中有充足的水和适宜的 pH 值，有利于后期水化硅酸二钙凝胶的生成，所制试样强度仍很高。据此分析，高岭土制备的无熟料白水泥的最佳养护条

件应该是中性的水中养护，但应将石膏磨得更细或减少用量。也可以考虑二段养护法，即前几天在潮湿空气中养护，待钙矾石全部形成后，再放入中性的水中养护。

温度对无熟料白水泥的凝结影响也很大。一般当温度低于10℃时，应采取保温措施，否则会影响试件强度。

制样和养护是一个连续的过程，若像普通硅酸盐水泥那样，将搅拌好的灰浆直接装模成型，则会发生溢浆现象，其原因是配料中的氧化钙和水反应生成氢氧化钙体积膨胀的结果。所以，无熟料水泥灰浆搅拌以后，应放置0.5～2h，然后才能装模成型。

（六）无熟料白水泥硬炼过程

1. 主要组分水化过程与水化速度

高岭土制备的无熟料白水泥的主要组分是白灰、偏高岭土和无水石膏，在遇水以后，它们分别溶于水，并发生化学反应，生成水泥石矿物（水化硅酸钙、水化铝酸钙和钙矾石等），而且主要组分在水中的溶解度和性状对水化反应有很强的制约作用，因此，在讨论无熟料水泥水化机理以前，应首先介绍一下三种主要组分的水化过程和水化速度。

（1）白灰的水化

白灰和水反应生成氢氧化钙，反应方程式是：

$$CaO + H_2O \longrightarrow Ca(OH)_2$$

其反应速度主要受温度、水灰比、$Ca(OH)_2$的溶解和扩散速度、颗粒大小以及其他可溶性盐类的控制。

CaO遇水后溶液立即显碱性，20～30min内，浆体变稠，这些现象说明，CaO和水的反应速度是很快的，二者一旦接触，立即就有水化反应发生，并且，在20～30min内，就会有相当多数量的$Ca(OH)_2$生成，导致浆体变稠。

将加水搅拌均匀的无熟料水泥样品立即装模成型，30～60min时段内，能观察到明显的溢浆（膨胀）现象，60min以后，溢浆现象基本停止，这种现象发生的原因也是CaO遇水生成$Ca(OH)_2$时体积增大的结果，所以可以认为，在无熟料水泥其他组分（无机盐）的影响下，CaO水化在1h内可基本结束，所对应的其他条件是：20～30℃，水灰比0.6～0.8左右，CaO粉细度150～200目。

（2）无水石膏的水化

无水硫酸钙（无水石膏）单独水化是非常慢的，加入1%的明矾作活化剂时，水化速度大大加快。

无水石膏在没有活化剂和在干燥的条件（室温25～30℃）下强度可以不断发展，28d抗压强度能达到14.3～17.1MPa，经差热分析和X射线分析发现，约有20%左右的无水石膏水化生成二水石膏。

无水石膏在活化剂的作用下，水化硬化能力增强，凝结时间缩短，强度提高。根据活化剂性能的不同可以分为硫酸盐活化剂［Na_2SO_4、$NaHSO_4$、K_2SO_4、$KHSO_4$、$Al_2(SO_4)_3$、$FeSO_4$及$KAl(SO_4)_2 \cdot 12H_2O$等］和碱性硬化活化剂（石灰2%～5%、煅烧白云石5%～8%、碱性高炉矿渣10%～15%、粉煤灰10%～20%等）两类。

图10-25是部分活化剂对无水石膏水化率的影响。从图中可以看出，几种活化剂的加入，都得到相似的水化率曲线线型，即1d之内水化较快，3d之后水化较慢。在活化剂中以$KAl(SO_4)_2$、煅烧明矾石、明矾和$NaHSO_4$效果较好，其硬石膏净浆试件的7d干燥强

度都在 60.0MPa 以上。从经济和实用来看，以煅烧明矾石为优。

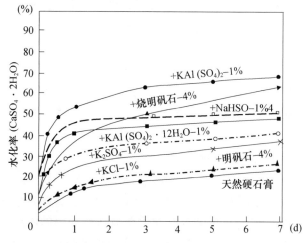

图 10-25　活化剂对无水石膏水化率的影响（$W/C=0.21$）

苏联学者布德尼可夫（Л. Л. Буднйков）在解释无水石膏水化机理时认为，无水石膏具有组成络合物的能力，在有水和盐存在时，无水石膏表面生成不稳定的复杂水化物，然后此水化物又分解为含水盐类和二水石膏。正是这种分解反应生成的二水石膏不断结晶，使浆体凝结硬化。据此，可以写出如下反应式：

$$mCaSO_4 + nH_2O \longrightarrow 盐\ mCaSO_4 \cdot nH_2O（复盐）$$

$$盐 \cdot mCaSO_4 \cdot nH_2O \longrightarrow mCaSO_4 \cdot 2H_2O + 盐 \cdot (n\text{-}2m)H_2O（活化剂）$$

不稳定的中间产物（盐·$mCaSO_4$·nH_2O）很难直接测定出来，而对固相反应产物进行 X 射线分析和电子显微镜观察，证明水化产物只有二水石膏。有人认为活化剂对无水石膏的水化加速作用是因为提高了无水石膏的溶解速度，但实际测试资料表明，明矾不仅降低了无水石膏的溶解度，同时也降低了二水石膏的溶解度。事实上纯无水石膏的溶解度比二水石膏的溶解度大，所以无水石膏可以水化成二水石膏。但无水石膏的溶解速度很慢，一般要 40～60d 才能达到平衡溶解度。加入活化剂后，由于同无水石膏生成不稳定的复盐，分解时生成二水石膏，并反复不断地通过中间水化物（复盐）转变成二水石膏。

无水石膏在悬浮体条件下的水化反应动力学研究，得到如图 10-26 所示的曲线。根据一般的水化理论，可分为三个时期：第一，诱导期，该阶段水化反应速度很慢，为晶核生成控制阶段。此阶段长短变化较大，影响因素较多，如无水石膏品种、温度、活化剂浓度、水灰比等。此阶段长短决定初凝时间的长短，加入少量二水石膏晶种，可以缩短诱导期，加速凝结。因此，无水石膏中含有少量二水石膏是有益成分。第二，加速期，反应速度迅速增加，此阶段是上阶段晶核生成达到临界尺寸后很快结晶的阶段，所以水化率直线上升。第三，减缓期，最活泼的反应阶段结束，反应速度逐渐减慢的阶段。此阶段晶体继续生成，但由于反应物浓度下降，溶液中离子浓度较低，总的反应速度下降较

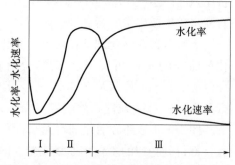

图 10-26　无水石膏的水化速度和水化率曲线

快并逐渐趋于平稳。

当掺有硅酸盐水泥熟料、碱性高炉矿渣、石灰等碱性活化剂时，除上述活化作用外，硫酸盐还可作为矿渣玻璃体的激发剂，反应结果能生成水化硫铝酸钙，使硬化石膏浆体强度进一步提高，抗水性也有所增强。

二水石膏在 $800 \sim 1000$℃煅烧，所得高温煅烧石膏磨成细粉即成为硬石膏胶凝材料。煅烧过程中，原料中夹杂的碳酸钙和部分石膏分解产生的氧化钙（约 $2\% \sim 3\%$）即作为硬化活化剂。高温煅烧石膏的凝结硬化，如上述一样，也是以活化剂作用下无水石膏转化生成二水石膏为前提条件的。

（3）煅烧高岭土与水溶液的作用

若不考虑少量杂质的影响，煅烧高岭土就可看作是化学活性很高的 Al_2O_3 和 SiO_2 按分子比 $1:2$ 的均匀混合物。其中，SiO_2 是酸性氧化物，Al_2O_3 是两性氧化物，和水的反应是：

$$H_2O + SiO_2 \longrightarrow H_2SiO_3$$

$\gamma\text{-}Al_2O_3$ 是一种两性氧化物，可中和酸而生成盐，例如：

$$Al_2O_3 + 6HCl \longrightarrow 2AlCl_3 + 3H_2O$$

又可中和碱而生成偏铝酸盐，例如：

$$Al_2O_3 + 2NaOH \longrightarrow 2NaAlO_2 + H_2O$$

在碱性溶液中，煅烧高岭土的两种组分均显酸性，对碱性溶液的中和速度也是很快的，在合成分子筛的结晶动力学实验中，$30min$ 可使 $NaOH$ 溶液的浓度明显降低，无熟料白水泥浆体是 $Ca(OH)_2$ 碱液，它与煅烧高岭土的相互作用及中和速度应该和合成分子筛的情况相似。

2. 钙矾石的生成条件及生成时期

在高岭土制备的无熟料白水泥水化过程中，钙矾石起着重要作用，它决定着试样的早期强度，为了更好地研究无熟料白水泥的水化过程，我们专门研究了钙矾石的生成条件及速度。

钙矾石的化学式是：$3CaO \cdot Al_2O_3 \cdot 3CaSO_4 \cdot 32H_2O$，呈针状，若 SO_3（石膏提供）含量较少，Al_2O_3 和 CaO 过剩，钙矾石会转化成粒状的单硫型硫铝酸钙，对制品强度产生不良影响。为了试验方便，我们用可溶性硫酸铝作为铝和 SO_3 的原料，与 CaO 合成钙矾石。

首先确定 Al_2O_3/SO_3 克分子比 $1:3$，变换 CaO/Al_2O_3，H_2O/CaO 和温度条件，用显微镜下观察到的针状体（钙矾石）的数量作评价指标，进行正交试验，试验结果见表 10-16。

表 10-16　合成钙矾石正交试验结果分析表

样号	CaO/Al₂O₃（A）	H₂O/CaO（B）	温度（℃）（C）	针状体含量（％）
1	3	10	27	70
2	3	15	40	80
3	3	20	53	80
4	5	10	40	2
5	5	15	53	30
6	5	20	27	2
7	7	10	53	30

续表

样号	CaO/Al$_2$O$_3$（A）	H$_2$O/CaO（B）	温度（℃）（C）	针状体含量（%）
8	7	15	27	10
9	7	20	40	1
I	76.7	34.0	27.4	A→C→B
II	11.7	40.0	27.7	
III	13.7	27.7	46.7	A$_1$B$_2$C$_3$
R	65.7	12.3	19.3	

　　进一步试验，采用 A$_1$B$_2$C$_3$ 条件，1h 出现钙矾石晶体，7h 针状晶体含量达 85%～90%，如图 10-27 和图 10-28 所示，试样 X-Ray 分析曲线如图 10-29 所示。用 CaO、Al(OH)$_3$ 和 CaSO$_4$·2H$_2$O 在常温下合成钙矾石，约需 5～8h 的时间。当浆（液）体的 pH 值低于 9 时，钙矾石停止生长。这些试验说明，钙矾石生成是非常快的，它应该是无熟料水泥早期强度的主要来源。

图 10-27　采用 A$_1$B$_2$C$_3$ 条件，
1h 出现钙矾石晶体

图 10-28　采用 A$_1$B$_2$C$_3$ 条件，
7h 针状钙矾石晶体含量达 85%～90%

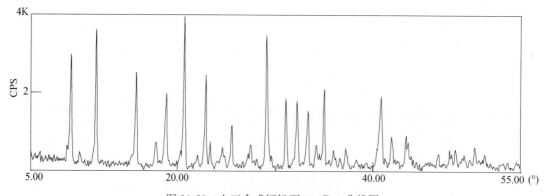

图 10-29　人工合成钙钒石 X—Ray 曲线图

3. 水化硅酸钙的作用及生成时期

普通硅酸盐水泥中有 C-S-H（I）和 C-S-H（II）两种水化硅酸钙，它们在 X-Ray 曲线图上表现为三个低而宽的衍射峰，d 值分别是 1.8Å、2.8Å 和 3.0～3.1Å，因这三个峰和天然矿物托勃莫来石（即雪硅钙石 $5CaO \cdot 6SiO_2 \cdot 5H_2O$）的三个强峰大致相等，所以，一般认为水化硅酸钙与雪硅钙石相似，但结晶要差得多，它是一种接近凝胶的物质，并且，CaO/SiO_2 比也不固定。在无熟料水泥中，水化硅酸钙与普通硅酸盐水泥水化生成的水化硅酸钙相似，化学组成大体上可用 $3CaO \cdot 2SiO_2 \cdot 3H_2O$ 表示，CaO/SiO_2 的变化受水灰比、温度及其他离子的影响。水化硅酸钙的形态主要有纤维状、网格状和不规则状三种，大小在 $0.3\mu m$ 以下，一般为 $0.1～0.2\mu m$。

水化硅酸钙的形成量很大，是无熟料水泥硬化体强度的主要影响因素，但形成较晚。在试验时发现，表面有严重龟裂纹的试样，28d 抗压强度反而很高（见上文），裂纹一般产生在 3～5d 龄期，是由于生成较晚的钙矾石所致，而后期强度较高的原因是有大量硅酸钙的生成。

4. 无熟料水泥硬练过程

无熟料水泥硬练体的矿物组成主要有水化硅酸钙（$3CaO \cdot 2SiO_2 \cdot 5H_2O$），属亚微米级胶体颗粒，钙矾石（$3CaO \cdot Al_2O_3 \cdot CaSO_4 \cdot 32H_2O$），呈针状，多位于孔隙中，此外还有一定数量的水化铝酸钙（$4CaO \cdot Al_2O_3 \cdot 19H_2O$），呈粒状，主要分布于孔隙中。残余石膏（$CaSO_4 \cdot 2H_2O$，板状晶体）和残余的氢氧化钙 [$Ca(OH)_2$，板状晶体]。当 Fe_2O_3 含量较高时，可生成一定数量的铁铝酸钙（$CaO \cdot Fe_2O_3 \cdot 3CaSO_4 \cdot 32H_2O$），其物理性质和作用与钙矾石相当。

无熟料水泥加水搅拌的同时，CaO 就开始与水反应，生成 $Ca(OH)_2$，反应式是：

$$CaO + H_2O \longrightarrow Ca(OH)_2$$

使浆体温度渐渐升高，有一部分 $Ca(OH)_2$ 溶于水，使浆液呈碱性。达到溶解度只需要很短的时间。

在很短的时间内，煅烧高岭土中的 γ-Al_2O_3 与 $Ca(OH)_2$ 溶液发生化学反应，开始形成偏铝酸钙，反应式是：

$$Ca(OH)_2 + Al_2O_3 \longrightarrow Ca(AlO)_2 + H_2O$$

这个反应属于中和反应，速度很快，大约在 30min 内即可完成。随后，偏铝酸钙又和 $Ca(OH)_2$ 发生化学反应，生成水化铝酸钙，因碱液（浆体）中 CaO 浓度很高，所以，生成产物是四钙型水化铝酸钙，反应式是：

$$3Ca(OH)_2 + Ca(AlO)_2 + 16H_2O \longrightarrow 4CaO \cdot Al_2O_3 \cdot H_2O$$

纯无水石膏水化速度很缓，但在无熟料水泥中，有大量 $Ca(OH)_2$ 存在，它们相当于激发剂，加速了无水石膏的水化和溶解，从而给针状钙矾石的生成提供了重要的物质基础。氢氧化钙、石膏和水化铝酸钙一起生成钙矾石，也可能是 Al_2O_3 直接与 $Ca(OH)_2$ 和 $CaSO_4 \cdot 2H_2O$ 化合，生成钙矾石，尽管三组分反应生成钙矾石的路径还不能肯定，但反应速度应该是很快的，根据试验，30h 内，已有大量的钙矾石生成，使无熟料水泥试样产生一定的强度。应该指出的是，如果无水石膏粉体太粗，不仅会影响配料的均匀性，给最终反应物中残留部分局部过剩的石膏和氢氧化钙，影响试样强度，更重要的是粗粒石膏在水泥试样硬化以前没有完全分解、转化，在后期又和 Al_2O_3、$Ca(OH)_2$ 反应生成钙矾石，产生内应力，引起试样开裂，影响无熟料水泥的安定性。当石膏掺入量太多时，也会发生上述现象，而石膏掺入量太少时，生成的钙矾石又会和过剩的铝酸钙发生反应，生成单硫型水化硫铝酸钙（$3CaO \cdot Al_2O_3 \cdot CaSO_4 \cdot 2H_2O$），反应式是：

$$2(3CaO \cdot Al_2O_3) + 3CaO \cdot Al_2O_3 \cdot CaSO_4 \cdot 32H_2O + 22H_2O$$
$$\longrightarrow 3CaO \cdot Al_2O_3 \cdot CaSO_4 \cdot 18H_2O$$

第四节　高岭土生产干粉涂料

一、建筑装饰涂料简介

建筑装饰涂料种类繁多，按涂料组成分类，有溶剂型涂料、水溶型涂料、乳胶漆类涂料等；按用途分类，有建筑内墙涂料、外墙涂料、地板涂料、防水涂料、防火涂料等；按涂料的储存、运输时的状态分类，有液体（浆状）涂料和干粉涂料。建筑涂料不仅种类繁多，难以计数，而且，新品种不断涌现、旧品种不断淘汰，因此，本书只介绍几种有代表性的涂料，使读者从涂料的具体品牌入手，对涂料有一定的了解，从而引入新研制涂料的性能、使用和成膜、硬化机理。

（一）建筑内墙装饰涂料（表 10-17）

表 10-17　建筑内墙涂料举例

产品名称	说明、用途及特点	施工注意事项	涂料颜色	备注
SJ-803 内墙涂料	无臭、无毒的水溶性涂料，成膜性及耐擦洗性好，可在稍潮湿的基层上施工；涂层表成光滑，粘结力强，干燥快，能调配各种不同颜色，并可喷刷各种图案；价格低廉，施工方便，装饰效果好；洗涤性＞100 次以上无变化，对宾馆、住宅、医院内墙装饰特别适宜	使用前须搅拌均匀，施工温度 10℃以上。冬季如有凝冻现象，可适当加温，但不能加水；墙面应清除浮灰，小孔麻面可用本涂料加适量滑石粉等调成腻子填平，然后再进行涂刷	白色	该涂遮盖力为 $300g/m^2$；附着力（划格法）为 100%；黏度（20℃）＞75s；耐水性浸泡：24h 无起泡脱落
BH-1 型干粉涂料	该涂料系粉状，具有运输方便。使用简单。施工方便。质量可靠等特点遮盖力≤84（干基）；细度：≥100μm	必须照产品说明配制	白色 其他色	—
YJ-8401 耐水耐擦洗内墙涂料	该涂料系以有机胶乳及无机胶乳为基料，加以各种填料、颜料加工而成。特性有： 1. 耐控洗性能好，表面被污染后，可用肥皂水擦抹 2. 耐水耐热性好，可用于潮湿基层及潮湿环境中，不起泡、脱皮、掉粉、开裂等 3. 粘结性强，适用于多种墙面。由于该涂料呈碱性故对碱性基层如混凝土、水泥砂浆等，具有更好的粘结强度 4. 干燥快可喷可涂，可配成各种颜色，施工方便	1. 本层处理：同上 2. 施工时应将涂料涂刷均匀，最好横竖各刷一至二遍 3. 该涂料干燥时间＜25min（吹棉球法），施工中应掌握这一指标 4. 本涂料可喷可涂	可配制成各种颜色，白色者白度为 82.1	该涂料耐擦洗性在压重 500g 下，用湿绸布往返拖擦＞300 次，不露底；粘结力（划格法）为 100%。耐水性浸水两个月无变化，耐热性在 80℃，120h，不发粘，无变化。沉降率为 24h＜2.5mm，黏度（涂一 4）为 15～40s

续表

产品名称	说明、用途及特点	施工注意事项	涂料颜色	备注
106内墙涂料	无毒、无臭，能在稍潮湿的新老内墙面上施工，粘结力强，干燥快，涂层表面光洁，能调配成各种颜色。价格低廉，施工方便。适用于内墙饰面	1. 基层要求干燥、清洁，如有蜂窝、孔眼、裂缝、不光洁等处，须用本涂料清漆制成腻子进行批嵌，待干燥后用砂皮打磨平整，再行涂刷。一般应涂2～3遍，每遍间隔24h 2. 本涂料系溶剂性涂料（溶剂为乙醇），须加强防火	奶白、奶黄、淡蟹青、玉绿	
XB-808内墙涂料	系以钙膨润土等为原料加入其他填料、颜料加工而成的一种水溶性涂料。它利用了天然矿物的独特性能，增强了涂料的悬浮性和稳定性。具有颗粒分散均匀、不结块、附着力强、耐摩擦、耐气候性好、无毒、无味、色彩鲜艳等特点	—	—	遮盖力：≤250g/m² 耐水性：常温浸泡10d无皱皮、起泡现象 表干时间：30min
汇丽水性内墙防霉涂料	无毒无味，不燃，耐水，耐酸碱，防霉性良好，施工方便，适用于食品厂、糖果厂。卷烟厂、罐头石、啤酒厂以及其他轻工及地下室工程易受霉的建筑物内墙、天棚等处。技术性能：耐霉性培养28d，0级；耐水性：浸水一个月无变化；耐碱性：pH值→13，碱水浸一个月，无变化；洗刷性：往复300次，涂层无破坏；耐酸性：pH→2，酸水浸一个月无变化；附着力：划格法100/100；稳定性：贮存6个月无沉淀、结块	基层要求：须坚硬牢固、表面密实、平整、干燥、无疏松、起壳、脱落及霉害之处。以水砂浆为宜，混保砂浆次之；施工工序：清洁杀菌批嵌涂刷，杀菌工序须用7%～10%磷酸三钠水溶液，用排笔刷1～2遍。这道工序必须砌底、细致；施工温度应>5℃；涂刷一遍后，须间隔一天左右，待第一遍干后再涂刷二遍	白色	1. 涂料应存放在无阳光直接曝晒的库内，贮存温度不得低于0℃，贮存期为6个月 2. 涂料以AB双组分配用 3. 涂料用量：3～4m²/kg（三遍）

（二）建筑外墙装饰涂料

建筑外墙装饰涂料种类很多，常见的有高级浮雕喷塑涂料、陶药涂料（实质上是喷塑涂料的一种）、砂胶外墙涂料等，现分别介绍于下。

1. 高级浮雕喷塑涂料

高级浮雕喷塑涂料又名高级浮雕喷塑漆，系由高抗碱性底漆、高粘结力浮雕主漆、高光泽耐老化饰面漆三层复合而成。其中，饰面漆最为重要，浮雕喷塑涂料质量的好坏，主要取决于饰面漆质量的优良与否。

高级浮雕喷塑涂料所用的底漆，必须具有优良的防水及防碱性能，渗透力要强，应能渗透到基层深处，为中间层及面层提供坚固的基础。属于这类涂料的有透明型、封闭型、充填型三种。

2. 陶药涂料

陶药涂料系以丙烯酸共聚乳液为基料，加以各种填料、颜料、辅料等优质材料，经配制加工而成，属水乳性丙烯酸建筑涂料系列；可用双色套喷成型专用喷涂工具，喷涂于建筑物的内外墙面，具有色彩丰富鲜艳、手感光滑明快；表面酷似天然大理石或瓷砖等特点；涂膜耐久性及耐污染性优良，施工快，有利于缩短工期，耐久性可达 10 年之久；适用于水泥砂浆面、石灰砂浆面及混凝土预制板、轻质混凝土板、混凝土块、硅酸钙板、石棉水泥板、胶合板等表面的涂饰。

陶饰涂料由底层涂料、中间涂料、面层涂料三层组合而成。底层涂料可刷可滚可喷，中层涂料必须使用陶药双嘴喷枪进行喷涂，面层涂料应采用喷涂。

3. 丙烯酸系凹凸花纹涂料

丙烯酸系凹凸花纹涂料系由苯-丙共聚乳液涂料及以该乳液为主要成膜物配制的厚浆涂料和罩面涂料三部分组成，也就是说，丙烯酸凹凸花纹涂料系由下列三部分组成：①底层涂料；②中间层涂料（又名主涂料）；③面层涂料（又名罩面涂料）。本涂料采用喷、滚结合的施工方法，能涂成凹凸花纹，具有色彩鲜艳、质感丰富、光泽良好、耐老化、耐水附着力强、化学稳定性好、花型自然、立体感强等特点。

4. 彩砂外墙涂料（砂胶外墙涂料）

彩砂外墙涂料又名砂胶外墙涂料，系以苯丙乳液为主要粘结剂，以石英彩砂或天然彩砂及瓷粒为骨料，加以多种助剂加工而成。该产品为水性涂料，无毒无味，施工方便，涂层干燥快，具有耐久性和耐水性优良、粘结力强、艳丽别致、装饰效果好（似天然石材）等特点。

二、高岭土制备干粉建筑装饰涂料的研究

当今，建筑装饰涂料的种类是非常多的，但归纳起来可依据涂料的状态分成液（浆）体涂料和干粉涂料两大类，高岭土制备的涂料属于干粉涂料，其优点是运输和储存方便。

建筑装饰涂料位于建筑物的最表层，易污染变脏，需要清洗和打扫，现有涂料的绝大多数是水溶性有机物起粘结作用，无机物（双飞粉、石膏粉、轻质碳酸粉等）作填料，因此，在擦洗或受潮以后，有机粘结剂变稀，强度下降，耐擦洗性较差；有机粘结剂可滋生细菌，使墙体表面出现霉点，并放出异味或有害气体，即使加了防霉剂，也只是在一定时段或一定条件下起作用；有些有机粘结剂还含有甲醛等对人体有害的物质。用高岭土制备的新型干粉涂料不含有机粘结剂，强度的产生主要依靠无机组分的化学反应而形成，所以，它是一种无公害的绿色涂料，并且，强度高出普通涂料的几倍到几十倍，是一种真正的可擦洗型涂料。

高岭土制备干粉涂料的机理与无熟料白水泥完全相同，而制作条件和具体要求不同，下文分述在无熟料白水泥基本配比的基础上研究干粉涂料的情况。

（一）附着力和涂膜外观性能研究

无熟料白水泥往往制成一定厚度或块度的预制件使用，附着力没有专门要求，而涂料使用时涂层很薄，附着力就成了一个重要指标；无熟料水泥制品的表面要求也不高，只要颜色均匀，裂纹不明显，较平坦即可，而涂料则要求成膜性好、表面光亮，为了改善这些性能，我们在无熟料白水泥基本配方的基础上，从样品细度和添加剂两个方面进行了试验，结果见表10-18。

表 10-18　干粉涂料附着性及成膜性试验

样号	试验条件	裂纹	附着性	光泽	起皮现象	3d 硬度
1	基本配比，外加 8‰减水剂	无	很差	差	无	≫4H
2	基本配比，2%高黏度 CMC	无	较差	较差	无	≫4H
3	基本配比，2%低黏度 CMC	无	差	较差	有	≫4H
4	基本配比，5%07 胶	无	较好	较好	无	≫4H
5	基本配比，5%白乳胶	无	好	好	无	≫4H
6	基本配比，超细（10μm）	无	好	很好	无	≫4H

养护条件：将配好的干粉涂料，按水料比 0.7～1.0 加水，搅匀呈膏状，用披灰刀涂于充分浸湿的水泥质墙面上，18～25℃温度下，保持潮湿状态 3d，观察裂纹、附着性、成膜性（光泽）和起皮现象，并用 4H 铅笔试硬度（一般涂料用 2H 铅笔试硬度）。

在上述试验的基础上，我们将 5、6 号样的条件结合起来，即给超细干粉涂料中加入 5%的白乳胶，得到了非常好的效果，硬度远大于 4H 铅笔（其实，其强度与水泥墙面的强度没有明显差别），但白度、光亮性远好于白水泥墙面。

（二）提高干粉涂料白度的方法和途径

白度是涂料的一个重要的技术指标，白灰、高岭土和石膏的白度决定了干粉涂料的白度，其中，提高石膏的白度已在本章第二节中详细地讲过，提高煅烧高岭土白度的方法在第九章中已有详细论述，下文主要讲一下如何提高白灰的白度。

白灰主要是向干粉涂料中引入 CaO 组分，因多数石灰岩中都含有一定量的 Fe_2O_3、TiO_2 等着色组分，为了提高涂料白度，可以选择 Fe_2O_3 和 TiO_2 等着色组分极低的方解石脉、重钙粉、大理岩、白垩、轻质碳酸钙等碳酸钙原料煅烧出高白度的白灰，也可以选用熟石灰粉作为原料，经煅烧处理，生产高白度的白灰，但是，这些原料都比石灰石贵得多，使干粉涂料的生产成本明显升高。

用高岭土生产的无熟料白水泥的抗压强度可达 550kg/cm² 以上，刻划硬度可达 3 以上，而涂料干燥后的强度多在 50～100kg/cm²，刻划硬度只要求大于 2H 铅笔的硬度，所以，为了提高白度而又不提高成本，可以用熟石灰粉替代白灰，配制出高白度的干粉涂料。熟石灰配制样的强度已在无熟料水泥一节中详细地研究和论述。

三、干粉涂料操作方法及技术性能

（一）高岭土绿色干粉涂料技术要求

为了便于新型干粉涂料的推广应用，也使读者对该产品有更深入的了解，我们参照《水溶性内墙涂料》（JC/T 423—91）标准（表 10-19），《合成树脂乳液内墙涂料》（GB/T 9756—1995）标准（表 10-20）、《仿瓷涂料试验方法》（DB41/T 014—1997）标准（河南省地方标准，表 10-21）和《高级抹墙料》（Q/BQD-02—1997）标准（广西博白庆达实业公司企业标准，表 10-22），制定高岭土绿色干粉涂料技术要求，见表 10-23。

表 10-19　水溶性内墙涂料行业标准（JC/T 423—1991）

序号	性能项目	技术要求	
		Ⅰ类	Ⅱ类
1	容器中状态	无结块、沉淀和絮凝	
2	黏度（s）	30～75	
3	细度（μm）	≤100	
4	遮盖力（g/m²）	≤300	
5	白度（%）	≥80	
6	涂膜外观	平整，色泽均匀	
7	附着力（%）	100	
8	耐水性	无脱落、起泡和皱皮	
9	耐干擦性（级）	—	≤1
10	耐洗刷性（次）	≥300	—

注：1) GB 1723 中涂—4 黏度计的测定结果的单位为"s"；2) 白度规定只适用于白色涂料

表 10-20　合成树脂乳液内墙涂料国家标准（GB/T 9756—2009）

项目	指标	
	一等品	合格品
在容器中状态	搅拌混合后无硬块	
施工性	刷涂二道无障碍	
涂膜外观	涂膜外观正常	
干燥时间（h）　不大于	2	
对比率（白色和浅色）不小于	0.93	0.90
耐碱性（21h）	无异常	
耐洗刷性（次）　不小于	300	100
涂料耐冻融性	不变质	

表 10-21　仿瓷涂料质量要求（DB41/T 014—1997）

项目	指标
在容器中的状态	搅拌混合后无硬块，呈均匀状态
固体含量（%）≥	45
遮盖力（g/m²）≤	300
白度注≥	80
涂膜的外观	涂漠平整光滑，色泽均匀
附着力（%）	100
干燥时间	2
耐干擦性	不大于1级
耐湿擦性	100次不漏底
耐水性，48h	涂膜无异常
耐碱性，24h	涂膜无异常

注：白度规定只适用于白色涂料

表 10-22　高级抹墙料企业标准（Q/BQD-02-1997）

项目	技术要求
涂层外观	光洁平整，质感细腻
白度^注	＞80
铅笔硬度	＞2H
抗冻性	-15℃±5℃24h，无开裂、起皱、脱粉现象
耐热性	50℃±2℃5h，无开裂、起鼓、脱粉现象
耐水性	浸水24h，无起鼓、脱粉、变色现象
耐碱性	饱和 $Ca(OH)_2$ 泡24h，无起鼓、脱粉、变色现象
耐洗擦性	＞500次

注：白度规定只适用于白色涂料

表 10-23　绿色干粉涂料技术要求

序号	性能项目	技术要求
1	在容器中状态	搅拌混合后无硬块，呈均匀状态
2	白度 ≥	85
3	涂膜外观	涂膜平整光滑，色泽均匀
4	附着力（％）	100
5	耐干擦性	不大于1级
6	耐湿擦性	500次不漏底
7	耐水性，48h	涂膜无异常
8	耐碱性，24h	涂膜无异常
9	铅笔硬度 ≥	4H

（二）操作方法及施工注意事项

1. 高岭土绿色干粉涂料，随用随调和，调和成浆体后，必须在12～20h内用完。

2. 调和时，1kg干粉加水0.7～0.9kg，与添加剂一起搅匀后方可使用。

3. 施工温度最好在20～35℃范围内，最低使用温度不低于12℃。

4. 以水泥质墙面为最佳，无需打底；涂刷前应使墙面充分湿润。

5. 潮湿环境中养护3～7d（温度高时，养护时间短，温度低时，养护时间长，在28d以内，随养护时间延长，涂层强度不断增加），需保持涂层表面潮湿。

6. 着色颜料最好选用无机矿物颜料，如群青、铁红、铬绿、锰黄等。

7. 涂层干燥后上腊，效果更为理想。

参考文献

[1] 向才旺. 建筑石膏及其制品 [M]. 北京：中国建材工业出版社，1998.

[2] 刘巽伯. 胶凝材料——水泥、石灰、石膏的生产和性能 [M]. 上海：同济大学出版社，1990.

[3] 苏峥，李贤林. 不同品种石膏对白水泥性能的影响 [J]. 房材与应用，1998（5）.

[4] 沈礼善. 磷石膏制白水泥 [J]. 现代化工，1994（8）.

[5] 余红发，刘普清. 硬石膏白水泥的研究 [J]. 沈阳建筑工程学院学报，2001，17（2）.

［6］M. T. Blanco-Varela，F. Puertas. Modelling of the burnability of white cement rawmixesmade with CaF$_2$ and CaSO$_4$. Cement and Concrete Research，1996，26（3）.

［7］J. García Iglesias，m. Menéndez Álvarez. Influence of gypsum' smineralogical characteristics on its grinding behaviour applied to cement fabrication. Cement and Concrete Research，1999. 29（5）.

［8］文寨军，范磊，隋同波. 偏高岭土的水活化及性能研究［J］. 建材技术与应用，2002（5）.

［9］陕西省建筑设计院. 建筑材料手册［M］. 北京：中国建筑工业出版社，1991.

［10］N. J. Saikia，P. Swngupta. Cementitious properties ofmetakaolin-normal Portland cementmixture in the presence of petroleum effluent treatment plant sludge. Cement and Concrete Research，2002. 32（11）.

［11］师瑞霞，杨瑞成. 低温合成白水泥的形成机理的研究［J］. 甘肃工业大学学报，2001. 27（1）.

［12］许霞，郑水林. 煅烧条件对煤系煅烧高岭土物化性能影响的研究［J］. 中国粉体技术，2000（6）.

第十一章 高岭土生产抛光粉

第一节 抛光粉简介

一、抛光粉的种类

在工业领域中，抛光粉已被广泛应用，根据不同用途分类，有工业用金刚石、氧化铝、氧化铁等多种类型，其中从 19 世纪末开始大约 40 年间，氧化铁一直被作为研磨平板玻璃光学玻璃的抛光材料。而稀土抛光粉开发的历史可追溯到第一次世界大战，美国及加拿大率先使用以氧化铈为主要成分的稀土抛光粉，用于高射炮的瞄准镜等精密军用机器的研磨，取代了氧化铁抛光粉。稀土抛光粉同氧化铁相比，抛光速度提高数倍，作业时污染少，抛光质量高。正是由于稀土抛光粉的开发，使玻璃的研磨表面精度得到了很大程度的改善，从而使稀土抛光粉在世界上被广泛地使用。

我国是全球稀土资源大国，稀土储量占世界总储量的一半以上。在国内，稀土抛光粉在抛光粉市场中所占份额最大。

目前，人们使用的抛光粉的种类主要有钻石粉、氧化铈、氧化铬、氧化铝、氧化铁、硅藻土、碳化硅、碳化硼等。其中，钻石粉价格很高，主要用于高档次宝石的抛光，市场销售量十分有限；氧化铬主要用于中低档次宝石和高档次石材的抛光；氧化铝抛光粉主要用于花岗岩、大理岩石材的初步抛光；氧化铁、硅藻土、碳化硅、碳化硼等抛光粉只用作特定领域的抛光或精细研磨作业中；氧化铈是当今使用最广泛的抛光粉，主要用于光学玻璃、工艺玻璃的抛光。

为了满足国内外市场的需求，我国开发了多个品种的铈系稀土抛光粉。据统计，我国已能生产 3 大级别（高级、中级、低级）、11 种牌号、19 个规格的铈系稀土抛光粉。

高级铈系抛光粉有 3 种牌号、4 个规格，代表性产品有高铈粉 A-1 和 A-8 型。

中级铈系抛光粉有 1 种牌号、2 个规格，代表性产品为 739 型。

低级铈系抛光粉有 7 种牌号、12 个规格，代表性产品有 771，795，797，817，C-500，H-500 型等。

以上各种稀土抛光粉均可工业化生产且产量较大。虽然目前已能生产多个品种的产品，但与国外相比尚有差距（国外已能生产约 30 种牌号、50 个规格）。今后，我国在抛光粉行业的发展方向是集中力量开发新的产品。

目前全国稀土抛光粉厂家很多，约有几十家，但生产能力超千吨的仅有 5 家，生产能力在 300～500t/a 的约 8 家，能力为 100t/a 的约 10 家，能力在 100t/a 以下的在 20 家以上。总的来看，生产能力较分散，产量不大，产品质量不一，在国内外市场中的竞争力不强。

这些不利因素直接影响了我国抛光粉行业的发展。应抓紧时机改革调整，重组资产，建立大型的骨干厂，在全国建立 4～5 个骨干企业（据知日本全国仅 4 个抛光粉大厂），以产供销一体化模式经营，把我国抛光粉的生产推向新的阶段。

二、抛光粉的应用领域

抛光粉目前应用于以下几种领域：

（1）宝石和玉石抛光。

（2）花岗岩和大理岩等石材抛光。

（3）显像管、照相机镜头、眼镜片、手表玻璃、装饰玻璃、液晶玻璃、平板玻璃、艺术玻璃等玻璃材料的抛光。

（4）电脑光片、芯片的抛光，显示器、LCD 玻璃、硅晶片、棱镜、光掩模等光学和电子元件的抛光。

（5）医疗器械、金属装饰品、金属工具、金属零部件等金属材料的抛光。

（6）已经装修在墙面或地面上的花岗岩、大理岩的抛光（宾馆、饭店等豪华住宅的翻新）。

三、抛光粉的质量要求

抛光粉的质量要求主要取决于产品的细度和磨削力。

细度决定了被抛光物件的最终质量，是抛光粉质量的最主要指标。一般要求抛光粉颗粒的最大粒径 $\leqslant 5\mu m$，平均粒径 $0.7～2.0\mu m$。如果产品的均一性更好，性能就更佳。

磨削力决定了抛光的速度，决定因素是抛光粉的硬度、粒度分布和颗粒的形状（尖锐程度）。

目前，我国还没有统一的抛光粉质量标准，大型企业的质量标准可以作为抛光粉标准的参考，包头新世纪稀土公司和内蒙古和发稀土科技开发股份有限公司抛光粉质量标准见下表 11-1 和表 11-2。

表 11-1　包头新世纪稀土公司抛光粉质量标准（Q/YBXT 3010—1999 标准）

产品型号	797－1	797－2	797－3	新世纪 1 号	新世纪 2 号	新世纪 3 号
平均粒径（μm）	0.2～1.0	$\leqslant 0.8$	0.5～1.5	0.4～1.5	0.5～2.0	0.7～3.0

表 11-2　内蒙古和发稀土科技开发股份有限公司抛光粉质量标准

牌号	F（%）	L.O.I（%）	TREO（%）	水分（%）	La_2O_3（%）	CeO_2（%）	d_{50}（μm）	d_{max}（μm）
HFP-1512	5～8	<1	>82	<0.8	—	>48	1.5～2.8	16
HFP-1312	2～5	<1	>93	<0.7	30±3	70±3	1.1～1.6	10
HFP-1212	4～8	<1	>92	<0.8	—	>60	1.1～1.5	12
HFP-1222	4～8	<1	>93	<0.8	—	>60	1.1～1.5	11
HFP-1102	<0.5	<1	>99	<0.8	—	>99	0.8～4	15

说明：

HFP-1512：适用于各种民用玻璃粗抛。

HFP-1312：适用于各种光学镜头抛光、精密器件、眼镜片、表蒙等的抛光。

HFP-1212：适用于各种电视玻壳、计算机显示器、光学镜头、精密器件、汽车玻璃抛光。

HFP-1222：适用于各种电视玻壳、计算机显示器、光学镜头、精密器件抛光。

HFP-1102：适用于芯片、光学镜头、精密器件抛光。

四、抛光粉质量测试与评价

在抛光粉质量要求中，各个企业只提出了对粒度分布、成分和密度的指标，这些指标都仅仅是抛光粉质量的间接指标，在实际应用中，更看重的是抛光粉的抛光效率（用"研削力"来评价）和抛光效果（用"光洁度和划痕"来评价），但是，由于不同牌号、不同种类和不同用途抛光粉的抛光效率和抛光效果各不相同，所以，没有统一的标准，其总的规律是抛光速度越快、光洁度越高，则抛光粉的质量越好。

鉴于上述情况，在评价一种新型抛光粉的质量时，只能在相同的条件下对新老抛光粉进行抛光试验，再用相同的方法测试其抛光效率和效果，通过对比，确定抛光粉的档次、应用领域和价位。

1. 抛光效率的检测

抛光效率检测的指标称之为"研削力"。用"XD-1型"抛光机在固定抛光条件下抛光（抛光机转速、抛光浆浓度、抛光时间等），将单位面积内玻璃重量的减少量称之为研削力。抛光机可以自制，只要能够控制转速、对抛光件的压力均匀、统一，抛光件可以固定即可。

抛光件一般用一种专门的抛光件 SF-5，也可以用平面玻璃代替，直径 50mm 为宜。

2. 抛光效果的检测

抛光效果的检测，一般在 40 倍 LUX 灯下观察抛光件表面的光洁度和划痕情况。因没有 40 倍 LUX 灯，所以，可以利用花岗岩、大理岩石材检测用光洁度仪检测抛光件的光洁度，在宝石显微镜、偏光显微镜或扫描电子显微镜下观察划痕的长度、密度等情况。

3. 粒度的检测

抛光粉的粒度和非金属矿产品类似，都是微米级颗粒，所以，可以利用激光粒度仪测试抛光粉的粒度和粒度分布状况，但是应该注意两个问题：

（1）测试前的分散方法和效果。

（2）从理论上分析，抛光粉的粒度应该很细，最大粒径应该在 $5\mu m$ 以下，但是，在很多厂家的宣传资料中，最大粒径竟然达到了 $16\mu m$，所以，抛光粉行业可能没有区分真假颗粒，这一点应该引起注意。

五、抛光粉的产量和市场

由于我国氧化铈的市场份额最大，所以很多资料都是有关氧化铈抛光粉的介绍，在研究开发初期，主要参考氧化铈抛光粉的资料进行研究工作。

1. 国际概况

国际上，氧化铈的产量约 5500t/a，主要生产国有美国、法国、前苏联、日本和中国。抛光粉的最大消费国是日本、美国和法国，国际市场的销售价格是 5～6 万元/吨。

2000 年国内市场销量约为 1000t，国际市场销量约为 1400t，主要销往日本、美国、欧洲、新加坡、泰国和韩国等，其中以销往日本的最多，约 900t。

2. 国内概况

在国内，氧化铈的生产厂家有四十余个，总产量约 2400～3000t/a，国内销售价格 3～

4 万元/吨。

高级铈系稀土抛光粉,主要适合于精密光学镜头的高速抛光,效果很好,但价格高,目前的使用量尚不多。

中级铈系稀土抛光粉,主要适用于光学仪器的中精度、中小球面的光学镜头的高速抛光。与高级铈粉相比,这种抛光粉液体的浓度下降了 11%,抛光速度提高了 35%。但由于使用范围较小,其用量还较少,有待今后开发新用途。

低级铈系稀土抛光粉适用于眼镜片、精密金属零件、电视机显像管、平板玻璃、光学仪器、摄像机、照相机镜头等的抛光,效果也较好。这类抛光粉的用量较多,约占全国总用量的 85%(年用量约 850t)。

目前普通抛光粉的价格在 2 万元/t 左右,去年下降到约 1 万元/t,高性能抛光粉价格在 5 万元/t 左右,比去年下降了 1 万元/t 左右。

除氧化铈抛光粉外,我国花岗岩和大理岩等石材抛光领域大量使用氧化铝抛光粉和人造红宝石粉,在光洁度要求高的高档次花岗岩和大理岩石材加工的最后工序也使用比较多的氧化铬抛光粉。

随着液晶平面显示技术、电子光学工业的不断发展,高性能稀土抛光粉在液晶显示屏、平面直角大屏幕彩电等平面显示产品、个人电脑、文字处理器以及汽车导航系统、光掩模、汽车工业等方面得到了广泛应用,尤其欧美、日本、韩国等发达国家和地区对用于液晶显示屏、大屏幕高清晰度彩电、光掩模抛光的高性能稀土抛光粉的需求量也在不断增加。

第二节　高岭土生产抛光粉的原理及工艺流程

一、高岭土生产抛光粉的原理

高岭石在煅烧过程中发生相变反应:500~900℃之间,高岭石脱除结晶水,生成偏高岭石,仍保持片状形态,硬度较低;980℃以后生成 Al-Si 尖晶石(硬度为 7)和非晶质的 SiO_2;1100℃开始向莫来石转变,加热到 1300~1400℃时形成莫来石(硬度为 8~8.5),同时,过剩的 SiO_2 转化成方石英(硬度为 7)。根据高岭石相变原理和宝石抛光粉的要求,经过高温煅烧的高岭土细粉就能抛光硬度比其小的宝石:高岭土煅烧至 980℃到 1100℃以上时,能抛光硬度≤7 的宝石;煅烧至 1300℃以上时,能抛光硬度≤8~8.5 的宝石。

高岭石在煅烧过程中生成非晶质的石英或方石英,因其硬度较低,影响抛光效果。为了合成高纯度的尖晶石或莫来石质抛光粉,可以对高岭土粉进行补 Al 试验,即按一定的比例配比高岭土和 Al(OH)$_3$,如在 100g 高岭土中加入 23.4g Al(OH)$_3$,Al 和 Si 在煅烧过程中完全反应,生成 Al-Si 尖晶石,其反应如下:

$$3(Al_2O_3 \cdot 2SiO_2) + 2Al(OH)_3 \longrightarrow 2(2Al_2O_3 \cdot 3SiO_2) + 3H_2O$$
$$(Al\text{-}Si\ 尖晶石)$$

在 100g 高岭土粉中加入 140.5g Al(OH)$_3$,Al 和 Si 在煅烧过程中完全反应,全部生成莫来石,其反应如下:

$$Al_2O_3 \cdot 2SiO_2 + 4Al(OH)_3 \longrightarrow 3Al_2O_3 \cdot 2SiO_2 + 6H_2O$$

依据上述原理，纯高岭土可以制备出尖晶石-方英石或莫来石-方英石质抛光粉；以适当的比例加入三氧化二铝或氢氧化铝以后，可以制备出纯净的尖晶石或莫来石质抛光粉。

二、高岭土生产抛光粉的工艺流程

高岭土产品依据细度分成刮刀级高岭土、气刀级高岭土和陶瓷级高岭土三种，其中，刮刀级高岭土的高岭石含量一般在 96% 左右，$-2\mu m$ 含量在 93% 左右，适合作为生产抛光粉的原料。

风化型高岭土（以刮刀级高岭土为原料）生产抛光粉的工艺流程主要包括分散、分级、干燥、配料、煅烧（有时还需要加入解聚工艺过程），具体的工艺流程如图 11-1 所示。

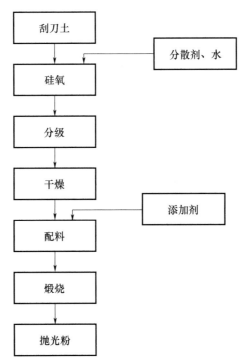

图 11-1　风化沉积型高岭土生产抛光粉工艺流程图

第三节　高岭土生产抛光粉的实验研究

一、高岭土生产抛光粉的目标和方向

1. 抛光粉的形貌特征

在扫描电子显微镜下，铁红、铬绿和氧化铈等常用抛光粉的形貌特征如图 11-2 至图 11-8 所示，最大粒径、一般粒径、价格和主要组分含量等数据见表 11-3。

图 11-2　铬绿电镜照片

图 11-3　铁红（细）电镜照片

图 11-4　氧化铈 JP 电镜照片

图 11-5　氧化铈 CP 电镜照片

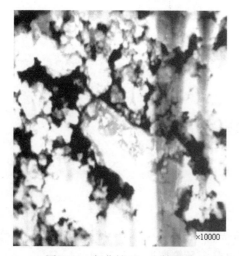

图 11-6　氧化铈 Cce 电镜照片

图 11-7　氧化铈 XP 电镜照片

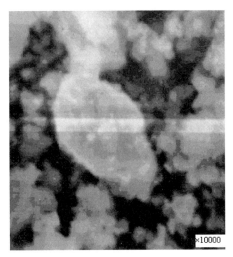

（a）板状大颗粒　　　　　　　　　　　（b）纺锤形颗粒

图 11-8　氧化铁红（粗）电镜照片

表 11-3　抛光粉性能特征

编号	抛光粉名称	价格（万元）	用途	电镜检测结果（μm）	Ce_2O_3含量（%）
1	铬绿	2.2	宝石、建材	最大粒径2.0，一般0.8	—
2	铁红（细）	—	精细手修镀莫	最大粒径0.5，一般0.2	—
3	氧化铈 JP	1.5	工艺玻璃	最大粒径1.2，一般0.4	60
4	氧化铈 CP	6.0	CD 液晶	最大粒径0.6，一般0.15	99
5	氧化铈 Cce	4.0	CRT 显像管	最大粒径3.2，一般0.8	99
6	氧化铈 XP	2.0	光学镜头	最大粒径5.0，一般1.1	92
7	铁红（粗）	—	石材抛光	最大粒径1.2，一般0.7	—

从上述图表可以得出以下基本规律：对于氧化铈抛光粉来说，决定抛光效果和价格的主要因素是细度和氧化铈含量，一般情况是粒度越细，价格越高，氧化铈含量越高，价格越高。氧化铈含量决定着有效组分的多少和抛光速度，细度决定着最终的抛光效果。

2. 抛光粉的粒度

本次试验采用激光粒度仪对氧化铁红、铬绿和氧化铈等常用的抛光粉进行粒度分析，各样品的粒度特征见表 11-4。

表 11-4　各种抛光粉的粒度分析结果

粒径（μm）	各样品粒度累计含量（%）					
	1号	2号	3号	4号	5号	6号
0.1	9.59	15.99	11.63	17.32	16.39	15.78
0.2	18.74	31.84	23.09	32.96	30.28	31.07
0.3	29.76	45.75	32.17	47.28	45.13	45.73
0.4	40.93	59.38	43.46	60.74	58.30	58.15

续表

粒径（μm）	各样品粒度累计含量（%）					
	1号	2号	3号	4号	5号	6号
0.5	51.26	70.12	51.48	71.82	69.23	68.90
0.6	59.99	80.23	58.89	80.21	77.47	77.27
0.7	66.18	86.65	64.88	86.34	85.58	83.59
0.8	72.10	89.18	69.73	90.82	90.38	88.38
0.9	77.02	91.20	73.73	94.17	93.47	91.08
1.0	81.23	93.74	77.19	96.54	96.77	93.89
1.2	88.65	96.47	83.45	98.48	98.38	97.33
1.4	94.74	98.69	89.17	100	100	98.73
1.6	96.78	100	93.57	—	—	99.89
1.8	99.36	—	96.38	—	—	100
2.0	100	—	98.98	—	—	—
2.2	—	—	100	—	—	—

从表11-4可以看出，粒度分析结果和电子显微镜分析结果基本相同。但是，由于粒度分析往往会漏掉少量的粗颗粒，并且也可能会把细颗粒团聚组成的假颗粒误判为粗大颗粒，所以，在上述两种分析方法产生分歧时，应当以电子显微镜分析结果为准；电子显微镜给出的是一个总体的图像，一般颗粒的数值是人为观察和总结的结果，所以，在平均粒径、粒度分布方面，应当主要采用激光粒度仪分析的资料。

3. 美国氧化铈抛光粉特征

美国氧化铈抛光粉的切削力和抛光效果优于我国，为了有目的地深入研究抛光粉特征，有必要介绍当前处于领先水平的美国抛光粉产品。

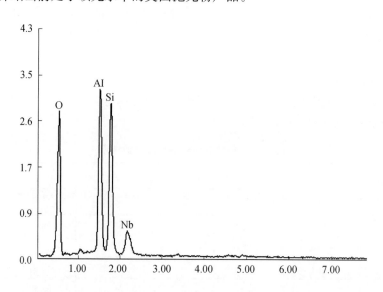

Element	Wt%	At%
OK	18.90	57.01
AlK	04.40	07.88
SiK	03.75	06.44
NbL	10.62	05.52
LaL	15.46	05.37
CeL	33.75	11.62
PrL	07.93	02.71
GeK	05.19	03.45

图 11-9　美国氧化铈抛光粉中不规则颗粒能谱分析

从图 11-9 可以看出，美国抛光粉成分比较复杂，能谱显示美国抛光粉的主要含 O、Al、Si，另有少量的 Nb。对其元素分子量百分比的计算，颗粒中 O、Al、Si 满足高岭石的分子个数比，可确定美国抛光粉中含有高岭土，以后的研究中应注意这一信息。

4. 高岭土生产抛光粉的主攻方向

综合上述资料，结合抛光粉的抛光机理和对安阳恒立、上海界龙等国内部分抛光粉企业的调研，把高岭土生产抛光粉的技术指标初步定在如下范围之内：

（1）细度

当前抛光粉产品颗粒一般在 $0.2\sim2.0\mu m$ 之间，最大颗粒期望控制在 $3.5\mu m$ 以下（国内相关企业的产品中，最大粒径可达 $7\sim8\mu m$），因此，把高岭土的颗粒控制在 $3\sim3.5\mu m$ 以下，最大颗粒也不能超过 $7\sim8\mu m$。

（2）粒度分布

从抛光粉的粒度分布和抛光速度的关系可知，粒度分布越集中，抛光速度越快，抛光粉的价格也越高，所以，尽可能地提高生产抛光粉用高岭土原料中的 $1\sim3\mu m$ 的含量。

（3）切削力

除细度和粒度分布以外，切削力的主要影响因素是颗粒的硬度，依据高岭土在高温下的相变规律，可以考虑铝尖晶石和莫来石两个物相作为目标晶相。

（4）煅烧抗团聚

煅烧过程中的团聚是高岭土生产抛光粉的主要障碍之一，也是研究的过程中必须解决的问题，否则，生产的抛光粉粒度就不会达到应用的要求。

二、高岭土生产抛光粉定性试验

1. 抛光效果评价依据

一般情况下，硬度≥宝石硬度的细粉可抛光宝石；硬度≥宝石硬度的粗粉可使宝石抛光面产生划痕或失去光亮；硬度＜宝石硬度的粗粉和细粉都不能抛光宝石，也不能使宝石抛光面产生划痕。

为了证明上述依据的可靠性，可用 1200℃ 下煅烧的高岭土与氢氧化铝以不同比例的混合物（325 目）进行抛光试验，结果发现：用软（毡）盘抛光时，全部样品均可抛光稀土玻璃（硬度 5）、水晶（硬度 7）、尖晶石（硬度 8）和立方氧化锆（硬度为 8.5），并且粗样也不留划痕；更有甚者，在用软盘抛光时，摩氏硬度为 3 的 $CaCO_3$ 细粉也能抛光水晶等宝石。所以，用软盘极易抛光宝石，但对抛光粉性能评价不利。

在用硬盘抛光时，1100～1250℃下煅烧高岭土的细粉（硬度在 7～8 左右）可抛光水晶，对尖晶石和立方氧化锆的抛光效果较差；1100～1250℃下煅烧高岭土的粗粉（硬度也在 7～8 左右）可使抛光的水晶、尖晶石和立方氧化锆表面失去光亮（宝石显微镜下可见到大量划痕）；950℃下煅烧的高岭土（硬度在 3～4 左右）和 $CaCO_3$ 细粉均不能抛光硬度大于 5 的宝石，也不能使其表面产生划痕，而使宝石表面黏附大量的铅（用铅盘抛光时）或铜（用铜盘抛光时）。

通过以上试验可以看出，如果在宝石表面产生划痕，说明抛光粉的硬度达到了要求，只是细度太粗；如果在宝石表面黏附有铅或铜（有粘铅或铜的现象），说明抛光粉的硬度太低，此时称为不可抛光。

2. 定性试验的预备实验

1 号样是 $-2\mu m$ 含量为 87% 的高岭土，煅烧温度为 1000℃、1100℃ 和 1200℃；2 号样是 100g 高岭土粉中配 23.4gAl$(OH)_3$，使 $SiO_2 \cdot Al_2O_3$ 的比例在生成 Al-Si 尖晶石的范围内，煅烧温度 1000℃、1100℃、1200℃；3 号样是 100g 高岭土中配 72.5gAl$(OH)_3$，使 $SiO_2 \cdot Al_2O_3$ 的比例在生成莫来石的范围内，煅烧温度为 1100℃、1200℃、1250℃。

1000℃下煅烧的 2 号样细粉可抛光稀土玻璃，但抛光较慢；1100℃、1200℃下煅烧的 2 号样细粉可抛光水晶、尖晶石和立方氧化锆，但 1100℃ 抛光尖晶石的效果较差；1100℃、1200℃下煅烧的 1 号样粗粉和 1100℃、1200℃ 和 1250℃下煅烧的 3 号样粗粉可使水晶和尖晶石抛光面失去光亮，1 号、3 号在预备试验时未做细粉试验。

从上述试验可以看出，1 号、2 号样与 3 号样有相同的抛光效果，但因 3 号样配方成本较高，所以，不再对 3 号样作进一步的试验。

3. 定性试验的正式试验

正式试验的抛光在铅质硬盘上进行，样品煅烧时均保温 1h，煅烧温度及抛光效果见表 11-5。

表 11-5 煅烧温度及抛光效果表

抛光效果 \ 制备条件		宝 石 材 料				备注
		稀土玻璃（5）	水晶（7）	尖晶石（8）	立方氧化锆（8.5）	
1 号	950℃	可抛，效果差	不可抛光	不可抛光	不可抛光	不烧结
	1100℃	可抛光	可抛光	不可抛光	不可抛光	烧结轻微
	1150℃	可抛光	可抛光	不可抛光	可抛光效果差	烧结
	1250℃	可抛光	可抛光	可抛光效果差	可抛光效果差	烧结严重
2 号	1100℃	可抛光	可抛光	可抛光效果差	可抛光效果差	烧结轻微
	1150℃	可抛光	可抛光	可抛光效果差	可抛光效果差	烧结
	1250℃	可抛光	可抛光	可抛光效果差	可抛光效果差	烧结严重

注：括号中数据为宝石材料的莫氏硬度

从表 11-5 可以看出如下规律：

（1）在合适温度下煅烧的高岭土可以当抛光粉使用。

（2）950℃煅烧的高岭土可以抛光玻璃，1100℃煅烧的高岭土可以抛光玻璃和水晶，1150℃以上温度下煅烧的高岭土才可以抛光硬度大于 8 的材料。

（3）可以抛光是指可以抛得光亮，但是，在所有样品的表面都存在一定数量的划痕，经过仔细分析研究，认为划痕是样品中存在的粗大颗粒所致。

三、高岭土生产抛光粉系统试验

第一批试验中所有样品的表面都存在一定数量的划痕，经过仔细分析研究，认为划痕是样品中存在的粗大颗粒所致，因此，第二批试验的主要任务是解决粗大颗粒问题。

（一）高岭土的精确分级试验

1. 精确分级的分散条件研究

分散是分级的基础，只有使不同大小的颗粒充分分散，才能实现各自的自由沉降和有效分离，因此，首先考虑矿浆浓度、pH 值、六偏磷酸钠和 DC 用量四个因素，以茂名刮刀级高岭土为原料，设计一个四因素三水平的正交试验，试验条件见表 11-6。

表 11-6　确定最佳配比的正交试验表

样号	固含量（%）A	六偏浓度（‰）B	DC 浓度（‰）C	pH 值 D	D60－D40（μm）
1	5	1	1	6.5	0.39
2	5	2	2	7.5	0.43
3	5	3	3	8.5	0.71
4	10	1	2	8.5	0.57
5	10	2	2	6.5	0.56
6	10	3	1	7.5	0.55
7	15	1	3	7.5	1.15
8	15	2	1	8.5	0.51
9	15	3	2	6.5	0.50
I	1.53	2.11	1.45	1.45	
II	1.68	1.5	1.5	2.13	最佳条件 $A_1B_2C_1D_1$
III	2.16	1.76	2.42	1.79	
R	0.63	0.61	0.97	0.68	

按照上述条件配备矿浆，让其自由沉降一段时间以后，弃去粗粒级部分，再让矿浆进行二次沉降，弃去细粒级部分，把中粒级高岭土作为样品进行测试，利用粒度分布表和粒度分布曲线求出每个样品的 D60 值和 D40 值以及它们的差值（D60－D40）。如果 D60-D40 数值小，就说明粒度分布集中，对应试验条件的分散和分级效果好，反之不好。各样品的 D60 值和 D40 值以及它们的差值（D60－D40）见表 11-7。

表 11-7　各样品的 D60、D40 值和 D60－D40 （μm） 数值

样号	1 号	2 号	3 号	4 号	5 号	6 号	7 号	8 号	9 号
D40	0.46	0.51	1.21	0.58	0.63	0.65	1.65	0.65	0.64
D60	0.85	0.94	1.92	1.15	1.19	1.2	2.8	1.16	1.14
D60－D40	0.39	0.43	0.71	0.57	0.56	0.55	1.15	0.51	0.50

依据表 11-7 数据，按照正交试验表要求的方法进行数据处理，计算出了各个因素、三个水平的 D60－D40 平均值以及它们的极差（R），进而得出如下结论：在选定的试验条件范围内，对分散作用影响由大到小的因素依次是 DC 浓度、pH 值、固含量和六偏磷酸钠浓度；最佳试验条件分别是 DC 浓度 1‰、pH 值中性、固含量 5％ 和六偏磷酸钠浓度 2‰。

2. 粒度与沉降速度的相关性研究

按照 DC 浓度 1‰、pH 值中性、固含量 5％ 和六偏磷酸钠浓度 2‰ 的试验条件，将茂名刮刀级高岭土配置成矿浆，搅拌后沉淀 12d，在容器的不同高度分别取出上中下三个矿浆样品，样品编号分别为 10 号样、11 号样和 12 号样，粒度测量结果见表 11-8。

表 11-8　上、中、下三个样品的粒度分布表

粒径（μm）	粒度累计含量（%）			粒径（μm）	粒度累计含量（%）		
	10 号样	11 号样	12 号样		10 号样	11 号样	12 号样
0.1	18.48	11.62	9.98	1.2	1.2	87.11	82.33
0.2	35.58	23.00	20.07	1.4	.1.4	92.38	86.41
0.3	50.15	33.88	30.22	1.6	1.6	95.9	90.41
0.4	62.1	43.84	39.9	1.8	—	98.09	95.4
0.5	71.56	52.46	48.42	2	—	99.32	96.4
0.6	78.75	59.47	55.32	2.2	—	99.92	97.4
0.7	84.09	65.25	61.01	2.4	—	100	99.03
0.8	88.1	70.33	66.13	2.6	—	—	99.82
0.9	91.23	75.14	70.16	2.8	—	—	100
1.0	93.69	79.63	75.01	—	—	—	—

最佳试验条件的验证及确定给测定不同粒度的沉降速度提供了便利。只需准确测量矿浆三部分的高度便可计算沉降速度。由表 11-9 可知沉降速度随着粒径的增大而增大，并可求出特定粒度沉降所需的时间。$1.5\mu m$ 高岭土颗粒的沉降速度约为 0.3cm/d，$2.0\mu m$ 高岭土颗粒沉降速度约为 0.4cm/d，$3.0\mu m$ 高岭土颗粒沉降速度约为 1.4cm/d。

表 11-9　不同粒径沉降速度的确定

颗粒粒径（μm）	沉降时间（d）	下沉距离（cm）	沉降速度（cm/d）
1.6	12	4.5	0.375
2.4	12	10	0.833
2.8	12	14.7	1.225

（二）精确分级的放大试验

自由沉降速度太慢，在工业上需要利用相应的机械设备。为了更好地与生产实际相结合，选用辽宁阳光机械厂生产的 G-45N 型超高速分离机（实验室使用的管式离心机）进行分级试验：先以电压 132V（对应的转速为 18000r/min）对高岭土矿浆进行处理，取出管内沉淀物作为粗粒样品，对溢流的矿浆再在电压 175V（对应的转速为 24000r/min）的条件下进行分级处理，取出管内沉淀物作为中粒样品，溢流作为细粒样品，粗、中、细粒三个样品的粒度分布特征见表 11-10。

表 11-10 G-45N 型超高速分离机分级试验结果

粒径（μm）	粒度累计含量（%）		
	粗粒样	中粒样	细粒样
0.1	4.61	9.48	21.3
0.5	22.7	42.6	67.2
1.0	38.2	65.7	91.6
2.0	62.7	90.5	98.4
最大粒径	7.0	4.0	2.3

从表 11-10 可以看出，对高岭土矿浆经过充分的分散处理和超高速分离机分级，可以使不同粒级的颗粒明显集中，但是，由于精确分级的原理属于重力分级，不同大小的颗粒按照各自的特点，在重力场中自由运动，所以，分离程度不仅与颗粒的大小有关，还与颗粒所处的位置有关。例如，在沉降法分级时，一个位于沉降槽底部附近的细小颗粒，即便是沉降速度很慢，也会比较早地沉降到底部并混入粗粒沉淀物中；又如，在利用管式离心机进行分级处理时，位于管子边缘附近的细小颗粒也很容易运动到管子的边缘沉淀下来，并混入粗粒沉淀物中，所以，要得到粒度分布很窄的高岭土样品（例如，要求得到以 1~2μm 粒级为主的产品或者说要得到 −2μm 含量大于 90%，1~2μm 含量大于 80% 的样品），就必须在上述最佳试验条件下进行多次分级处理，即把中粒级样品再配制成矿浆，进行 2 次或 3 次精确分级处理，使样品中的粗颗粒和超细颗粒越来越少，最终达到所需要的窄粒级的高岭土样品，该样品做生产抛光粉的原料应该是比较适合。

（三）高岭土生产抛光粉的系统试验

1. 确定煅烧温度和原料性质差异的试验

（1）试验条件：保温时间均为 2h，自然降温到第二天上午取出；手工抛光 20min。

（2）评价标准：

① 只有边缘抛光，中间未抛光。

② 边缘、中间均抛光，划痕密集。

③ 边缘、中间光亮，划痕较多。

④ 边缘、中间光亮，划痕较少。

（3）试验结果见表 11-11。

表 11-11　新汶和湛江煅烧高岭土对抛光效果的影响

样品编号	原料性质	煅烧温度	煅烧后特征	抛光效果
Xt1 号	新汶 6250 目高岭土	1150℃	结块多	③
Xt2 号		1100℃	结块较多	②
Xt3 号		1050℃	白色、无明显结块	③
Xt4 号		1000℃	白色、无明显结块	③
Xt5 号		950℃	白色、无明显结块	②
Xt6 号	湛江科华公司 刮刀级高岭土	1150℃	白色、无明显结块	②
Xt7 号		1100℃	白色、无明显结块	④
Xt8 号		1050℃	白色、无明显结块	③
Xt9 号		1000℃	白色、无明显结块	②
Xt10 号		950℃	白色、无明显结块	②

从表 11-11 可以看出，湛江科华公司样品和新汶 6250 目高岭土没有太大差别，为了研究方便，在以后的实验中主要选用湛江科华公司高岭土作为生产抛光粉的原料。

管式离心机分级中粒高岭土和管式离心机分级细粒高岭土相比较，前者稍好，以后研究以中粒高岭土为主，适当时候，再进行更全面的比较。

表 11-12　确定煅烧温度和原料性质差异的系统试验

样品编号	原料性质	煅烧温度	煅烧后特征	抛光效果
Xt11 号	管式离心机分级 中粒高岭土	1150℃	白色、无明显结块	③
Xt12 号		1100℃	白色、无明显结块	②
Xt13 号		1050℃	白色、无明显结块	②
Xt14 号		1000℃	白色、无明显结块	②
Xt15 号		950℃	白色、无明显结块	④
Xt16 号	管式离心机分级 细粒高岭土	1050℃	白色、无明显结块	②
Xt17 号		1000℃	白色、无明显结块	②
Xt18 号		950℃	白色、无明显结块	②

2. 确定添加剂种类的系统试验

（1）试验条件和评价标准同上。

（2）选择添加剂的目的和依据：

氯化铈添加剂的选择依据：氧化铈抛光粉的前聚物是氯化铈，氯化铈经过煅烧就得到了氧化铈抛光粉，而氯化铈可溶于水，那么，把氯化铈和高岭土矿浆配合，然后干燥，再经过煅烧处理，如果二者不发生化学反应的话，就应该是氧化铈抛光粉和煅烧高岭土的混合物，由于二者都具有抛光特性，所以，可以作抛光粉使用，并且，氯化铈可阻止高岭土颗粒的结合，就可能阻止高岭土的煅烧团聚，达到分散的目的。

重铬酸铵添加剂的选择依据：重铬酸铵在高温下分解，生成 Cr_2O_3，放出氨气，Cr_2O_3 具有尖晶石类结构，硬度 8 左右，是一种常用的抛光材料，并且，重铬酸铵在加热过程中体积膨胀，利用重铬酸铵的这一性能，可阻止高岭土的煅烧团聚。

（3）试验结果见表 11-13。

表 11-13　确定添加剂种类的系统试验

样品编号	原料性质	煅烧温度	煅烧后特征	抛光效果
Xt19 号	重铬酸铵	1050℃	绿色粉末、无结块	③
Xt20 号		1000℃	绿色粉末、无结块	③
Xt21 号		950℃	绿色粉末、无结块	④
Xt22 号	重铬酸铵与管式离心机分级细粒高岭土，30∶70	1050℃	灰绿、颗粒感明显	④
Xt23 号		1000℃	灰绿、颗粒感明显	④
Xt24 号		950℃	灰绿、颗粒感明显	④
Xt25 号	氯化铈	1050℃	灰白、有结块	④
Xt26 号		1000℃	灰黄、结块严重	③
Xt27 号		950℃	黑色、大部分结块	①
Xt28 号	氯化铈与管式离心机分级细粒高岭土，50∶50	1050℃	黄绿色、颗粒感明显	①
Xt29 号		1000℃	黄绿色、颗粒感明显	①
Xt30 号		950℃	黄绿色、颗粒感明显	①

从表 11-13 可以看出，重铬酸铵和氯化铈的添加，都没有解决团聚的问题，并且产生了明显的宏观颗粒，为了确定颗粒产生的原因，再对 1000℃温度下煅烧的重铬酸铵与高岭土混合样（23 号）和氯化铈与高岭土混合样（29 号），进行了 X 射线衍射分析，如图 11-10 和 11-11 所示。在图中分别检测出绿铬矿和方铈矿，而没有包含高岭石（Al_2O_3、SiO_2）和氧化铬、氧化铈两种成分的新物相的生成，即可认为高岭土和重铬酸铵、氯化铈之间没有发生化学反应，颗粒产生的原因是重铬酸铵、氯化铈和高岭土表面性质的差异在高温下各自收缩形成的，这种收缩形成的颗粒影响了抛光粉的性能，因此，不在使用上述两种添加剂。

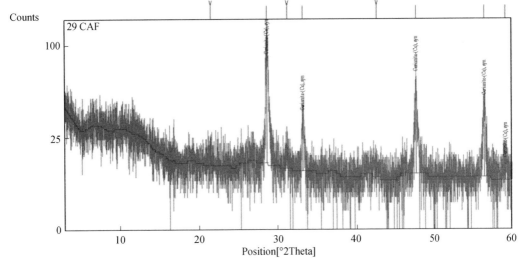

图 11-10　氯化铈和高岭土混合煅烧样的 X 射线衍射曲线图

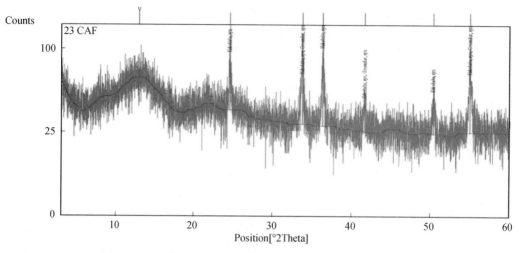

图 11-11　重铬酸铵和高岭土混合煅烧样的 X 射线衍射曲线图

四、新型抛光粉的工业抛光试验及评价

1. 抛光质量的工业评价标准

采用工艺玻璃作抛光材料，材料为直径 6cm 的圆形片状试样，抛光作业在国防工业集团公司焦作平原光学仪器厂进行，抛光机转速为 60r/min。

样品来源：①铬绿（开封生产），②铁红（烟台凯大公司生产），③氧化铈 JP（安阳恒立公司生产），④氧化铈 CP（安阳恒立公司生产），⑤氧化铈 Cce（安阳恒立公司生产），⑥氧化铈 XP（安阳恒立公司生产）。

抛光时间和样品数量：样品抛光时间为 2h 和 4h，每样用 3 个玻璃片，共 36 个试样（玻璃片）。

为了更精确地按计划进行试验，减少操作过程中人为因素的影响，制定操作过程控制表，见表 11-14。

表 11-14　抛光试验操作过程控制表

抛光粉编号	抛光时间（h）	玻璃片编号			样品袋编号	备注
1 号	2	31	32	33	1 号－2	
	4	34	35	36	1 号－4	
2 号	2	25	26	27	2 号－2	
	4	28	29	30	2 号－4	
3 号	2	19	20	21	3 号－2	
	4	22	23	24	3 号－4	
4 号	2	13	14	15	4 号－2	在右栏编号中，"－"
	4	16	17	18	4 号－4	后面的数字为抛光时
5 号	2	7	8	9	5 号－2	间，单位为 h
	4	10	11	12	5 号－4	
6 号	2	1	2	3	6 号－2	
	4	4	5	6	6 号－4	
7 号	2	37	38	39	7 号－2	
	4	—	—	—	7 号－4	

试验要求如下：

（1）试样所用材料相同，试样大小基本相同，在抛光前的研磨时间和强度要尽量一致。

（2）抛光时施加的压力要一致，转速相同。

（3）样品要编号，并称重。

（4）每次抛光前，要把原来的抛光粉清洗干净。

（5）抛光粉的加入要定量，比较均匀地加入：2h 加抛光粉 15g，4h 加 30g。

（6）氧化铁红的抛光速度比较慢，观察 4h 样品的光洁度，如果不够明亮，再做一个样品，直至抛光亮为止，并记录抛光时间。

2. 抛光粉质量评价方法

（1）切削力测试与评价方法

抛光粉的粒度及粒度分布对抛光粉性能有重要影响，对于一定组分和加工工艺的抛光粉，平均颗粒尺寸越大，则玻璃磨削速度和表面粗糙度越大。标准抛光粉一般有较窄的粒度分布，太细和太粗的颗粒很少，无大颗粒的抛光粉能抛光出高质量的表面，而细颗粒少的抛光粉能提高磨削速度。

按照抛光粉行业的现行做法，把在抛光过程中，单位时间内抛光物件损失的重量定义为切削力，据此，在精细研磨以后，实施抛光以前，对每一个玻璃试件进行称重（精确到 1/10000，即 0.0001g），在经过一段时间（2h 或 4h）抛光后，在精确称量，计算出每小时抛光过程中的重量损失。

（2）抛光效果测试与评价方法

参照中华人民共和国 GB/T 1185—2006 标准，将光洁度分为 10 级（据调研，对一般的光学仪器而言，Ⅳ级就是比较好的光洁度，国内的多数抛光粉的抛光效果仅仅是Ⅲ～Ⅳ级，本次试验过程中的最好光洁度达到了Ⅳ级），评价方法按照国家标准进行。中华人民共和国 GB/T 1185—2006 标准的相关内容摘录如下，供参考。

（3）光洁度评价标准（GB/T 1185—2006 标准-光学零件表面瑕疵）

本标准适用于光学零件完工后的抛光效果表面的检验。表面瑕疵病指麻点、擦痕、开口气泡、破点及破边。镀膜、胶合、刻度和照相工序所产生的瑕疵病，由其他技术文件予以规定。根据光学零件表面允许疵病的尺寸和数量，共分 10 级。0～Ⅲ-30 级适用于光学系统象平面上及其附件的光学零件，其允许疵病的尺寸和数量见表 11-15。Ⅱ～Ⅶ级适用于不为于光学系统表面上的光学零件，其允许的疵病的尺寸和数量见表 11-16。

表 11-15　光洁度评价标准

疵病等级	疵病的尺寸及数量						
	麻点					擦痕	
	麻点最大直径（mm）	D_0（mm）				最大宽度（mm）	总长度（mm）
		至 20	＞20～＞40	＞40～＞60	＞60		
		允许的麻点数量（个）					
0	在规定检验条件下，不允许有任何疵病						

续表

疵病 等级	疵病的尺寸及数量						
	麻点					擦痕	
	麻点最大直径 （mm）	D_0（mm）				最大宽度 （mm）	总长度 （mm）
		至 20	＞20～＞40	＞40～＞60	＞60		
		允许的麻点数量（个）					
Ⅰ-10	0.005	4	6	9	15	0.002	0.5D_0
Ⅱ-20	0.01	4	6	9	15	0.004	0.5D_0
Ⅲ-30	0.02	4	6	9	15	0.006	0.5D_0

注：① 直径小于 0.001mm 的麻点和宽度小于 0.0005mm 的擦痕，均不作疵病考核

② $D_0 \leqslant 60mm$ 时，零件表面任意象限内麻点数量不得超过 3 个，$D_0 > 60mm$ 时不得超过 5 个，任意两麻点内侧间距≥0.2mm

③ D_0 为零件的有效孔径（对于环形和非圆形零件，D_0 则是工作区面积的等效直径），单位为 mm

表 11-16　光洁度评价标准

疵病 等级	疵病的尺寸及数量					
	麻点			擦痕		
	直径 （mm）	总数量 （个）	粗麻点直径 （mm）	宽度 （mm）	总长度 （mm）	粗擦痕宽度 （mm）
Ⅱ	0.002～0.05		0.03～0.05	0.002～0.008		0.006～0.008
Ⅲ	0.004～0.1	0.5D_0	0.05～0.1	0.004～0.01		0.008～0.01
Ⅳ	0.015～0.2	0.8D_0	0.1～0.2	0.006～0.02	2D_0	0.01～0.02
Ⅴ	0.015～0.4	1D_0	0.2～0.4	0.006～0.02		0.02～0.04
Ⅵ	0.015～0.7		0.4～0.7	0.01～0.07		0.04～0.07
Ⅶ	0.1～1		0.7～1	0.01～0.1		0.07～0.1

注：各级表面粗麻点之数量不得超过允许麻点数量的 10%，粗擦痕总长度不得超过允许擦痕总长度的 10%。计算粗麻点数量时，计算结果按四舍五入凑整。

3. 抛光粉质量评价标准及抛光效果影响因素分析

抛光试验的主要目的是确定各种抛光粉的切削力和抛光效果（光洁度），试验和综合评价结果见表 11-17。

表 11-17　抛光粉性能综合评价表

编号	抛光粉 名称	价格 （万元）	用途	粒径的电镜 检测结果（μm）	有益组分含量	切削力 （mg/h）	光洁度
1	铬绿	2.2	宝石、建材	最大 2.0， 一般 0.8	Cr_2O_3 98%	30.95	＞Ⅶ
2	铁红 1	1.2	手修、镀膜、石材抛光	最大 0.5， 一般 0.2	Fe_2O_3 98%	33.25	Ⅵ
3	氧化铈 JP	1.5	工艺玻璃	最大 1.2， 一般 0.4	Ce_2O_3 60%	23.45	Ⅳ或＞Ⅶ
4	氧化铈 CP	6.0	CD 液晶	最大 0.6， 一般 0.15	Ce_2O_3 99%	43.8	Ⅳ

续表

编号	抛光粉名称	价格（万元）	用途	粒径的电镜检测结果（μm）	有益组分含量	切削力（mg/h）	光洁度
5	氧化铈 Cce	4.0	CRT 显像管	最大 3.2，一般 0.8	$Ce_2O_3\,99\%$	47.6	Ⅳ
6	氧化铈 XP	2.0	光学镜头	最大 5.0，一般 1.1	$Ce_2O_3\,92\%$	35.45	Ⅵ
7	铁红 2	1.0	石材抛光	最大 1.2，一般 0.7	$Fe_2O_3\,98\%$	52.2	>Ⅶ

通过对表 11-17 数据的分析，结合粒度分析结果，得出如下结论：

（1）影响抛光粉抛光效果的主要因素是抛光粉的细度。抛光粉越细自锐性越强，最终的抛光效果越好。

（2）影响抛光速度（切削力）的主要因素是抛光粉的粒度分布和粒度大小。粒度越集中，平均粒径越大。抛光速度越高。

（3）影响抛光粉总体质量和价格的主要因素是抛光效果和抛光速度（切削力）。

在利用高岭土生产抛光粉时，应以抛光效果和抛光速度（切削力）作为衡量标准，严格控制其粒度分布和粒径范围，把抛光粉的粒径、粒度分布及其影响因素作为主要研究对象，经过不断地试验和分析最终确定抛光粉生产的技术条件，使新抛光粉的质量达到市场现有产品质量，再利用新产品的价格优势，推向市场。

抛光过程是非常复杂的抛光化合物作用，它既是化学溶解又是机械研磨的作用，是物理性研磨与化学性研磨共同作用的结果。所谓物理性研磨主要是指抛光粉对研磨表面的机械磨削。所谓化学研磨就是指抛光粉对玻璃凸部进行微研磨的同时，抛光浆使玻璃表面形成水合软化层，导致玻璃表面具有某种程度的可塑性。一方面可理解成软化层填补低洼处后形成光滑表面，另一方面可理解成水合软化物很容易被稀土抛光粉机械磨削掉，目前化学研磨学说占主导地位，抛光机理看作物理性研磨与化学性研磨共同作用的结果更加有说服力。

4. 高岭土生产的抛光粉质量的工业评价Ⅰ

表 11-18 是系统试验后，对高岭土抛光粉进行的第一批工业抛光试验，试验的所有样品都没有达到工业Ⅶ级的要求，因此，只能进行比较性质的评价：从表 11-18 可以看出，原抛光粉样品编号为 Xt 18 的样品（管式离心机分级细粒高岭土，本次抛光试验编号为 6 号，其他样品编号的意义相类似）使被抛光件上产生大量的划痕，原因一定是煅烧团聚所致，在这种情况下，它的切削力就没有意义；Xt 21（氧化铬，1）样品、Xt 15（中土，5）样品，以及氧化铬、氧化铈和中土配比的样品上都没有划痕，说明中土有比较好的抛光效果，但是，切削力比较小，所以，下一批试验时，把改变中土的物相作为一个重要内容。

表 11-18　抛光粉质量的工业试验与评价Ⅰ

抛光粉编号	玻璃片编号	抛前重量（g）	抛后重量（g）	重量损失（g）	切削力（g）	光洁度
Xt 21 氧化铬 1	1	19.4250	19.4011	0.0239	0.0222	光亮、无划痕
	2	19.4825	19.4636	0.0189		光亮、无划痕
	3	19.6233	19.5994	0.0239		光亮、无划痕

抛光粉编号	玻璃片编号	抛前重量（g）	抛后重量（g）	重量损失（g）	切削力（g）	光洁度
Xt 31 氧化铬＋ 中土 2	4	19.3690	19.3394	0.0300		光亮、无划痕
	5	19.4210	19.3899	0.0311	0.0316	光亮、无划痕
	6	19.5993	19.5656	0.0337		光亮、无划痕
Xt 32 氧化铈 3	7	19.4666	19.3595	0.1071		边缘未抛光
	8	19.4070	—	—	0.1055	—
	9	19.3706	19.2721	0.1039		边缘未抛光
Xt 33 氧化铈＋ 中土 4	10	19.3822	19.3014	0.0808		光亮、无划痕
	11	19.5179	19.4482	0.0697	0.0734	光亮、无划痕
	12	19.6798	19.6101	0.0697		光亮、无划痕
Xt 15 中土 5	13	19.5014	19.4777	0.0237		光亮、无划痕
	14	19.5508	19.5288	0.0220	0.0230	光亮、无划痕
	15	19.3592	19.3358	0.0234		光亮、无划痕
Xt 18 细土 6	16	19.5773	19.5330	0.0443		严重划痕
	17	19.3291	19.2844	0.0447	0.0440	严重划痕
	18	19.4751	19.4321	0.0430		严重划痕
Xt 34 铁红 7	19	19.3634	19.2888	0.0746		光亮、无划痕、有色斑
	20	19.4964	19.4222	0.0742	0.0746	光亮、无划痕、有色斑
	21	19.7318	19.6568	0.0750		光亮、无划痕、有色斑

5. 高岭土生产的抛光粉质量的工业评价Ⅱ

表 11-19 中列举的氧化铈 XP、氧化铈 CP、氧化铈 Cce 和铁红都是现在工业上常用的抛光粉，其他样品为试验配制的新的抛光粉，从试验结果可以看出如下规律：

表 11-19　高岭土生产的抛光粉质量的工业评价Ⅱ

抛光粉 编号	玻璃片 编号	抛前 重量（g）	抛后 重量（g）	重量 损失（g）	切削力 （g）	光洁度
氧化铈 XP	1	9.0058	8.9838	0.0220		Ⅳ级
	2	8.9914	8.9681	0.0233	0.0212	Ⅳ级
	3	8.9121	8.8938	0.0183		Ⅳ级
氧化铈 CP	4	9.0915	9.0620	0.0295		Ⅳ级
	5	9.0593	9.0273	0.0320	0.0303	Ⅳ级
	6	8.8064	8.7768	0.0296		Ⅳ级
氧化铈 Cce	7	9.0792	9.0490	0.0302		Ⅳ级
	8	8.8840	8.8534	0.0306	0.0304 /0.0340	Ⅳ级
	9	9.1206	9.0793	0.0413		Ⅳ级

续表

抛光粉编号	玻璃片编号	抛前重量（g）	抛后重量（g）	重量损失（g）	切削力（g）	光洁度
Xt 34 铁红	10	8.8746	8.8533	0.0213		Ⅵ级
	11	8.9125	8.8945	0.0180	0.0196	Ⅵ级
	12	9.0988	9.0793	0.0195		Ⅵ级
中土 950	13	9.1371	9.1306	0.0065		Ⅵ级
	14	9.0479	9.0425	0.0054	0.0062	Ⅵ级
	15	9.0920	9.0852	0.0068		Ⅵ级
中土 1050	16	8.8747	8.8647	0.0100		Ⅶ～Ⅷ级
	17	8.8921	8.8824	0.0097	0.0104	Ⅶ～Ⅷ级
	18	8.8667	8.8551	0.0116		Ⅶ～Ⅷ级
中土 1150	19	9.0426	9.0294	0.0132		Ⅶ～Ⅷ级
	20	9.1067	9.0929	0.0138	0.0135	Ⅶ～Ⅷ级
	21	8.9031	8.8895	0.0136		Ⅶ～Ⅷ级
Cce：中土 7：3	22	8.9301	8.8870	0.0431		Ⅶ～Ⅷ级
	23	9.0403	9.0013	0.0390	0.0401	Ⅶ～Ⅷ级
	24	9.0046	8.9664	0.0382		Ⅶ～Ⅷ级
纳米级土 1150	25	8.9340	9.9146	0.0194		Ⅶ～Ⅷ级
	26	8.9128	8.8936	0.0192	0.0199	Ⅶ～Ⅷ级
	27	9.0394	9.0182	0.0212		Ⅶ～Ⅷ级

（1）氧化铈抛光粉的光洁度达到了 4 级，氧化铁红和研制的中土 950 达到了 6 级，其他样品的光洁度都在 7～8 级。6 级是光学玻璃抛光的最低要求，所以，研制的抛光粉基本达到了光学抛光的要求。

（2）研制的中土 950、中土 1050 和中土 1150 的切屑力都比较低。

（3）受美国抛光粉中添加有高岭土的启发，将氧化铈抛光粉 Cce 和高岭土按照 7：3 的比例配制成新的抛光粉样品，结果发现，它比纯氧化铈抛光粉具有更好的切削力，应该对这一现象做进一步的研究工作。

（4）纳米土 1150、中土 1050 和中土 1150 抛光粉的抛光效果只达到了 7～8 级，不能做光学抛光用途，但是抛光速度随温度的升高而略有提高。由于中土 1050 和中土 1150 采用的原料和中土 950 相同，所以，可以认为产生这种差异的原因是煅烧过程中的矿物相变或烧结所致。为了查明影响因素，对中土 950、中土 1050 和中土 1150 三个样品进行了 X 射线衍射分析，如图 11-12～图 11-14 所示。从图中可以看出，中土 950、中土 1050 和中土 1150 的矿物相确实存在差异，矿物相的不同是影响抛光速度的主要因素。烧结是影响最终抛光效果的主要原因，应该继续进行煅烧抗团聚的研究工作。

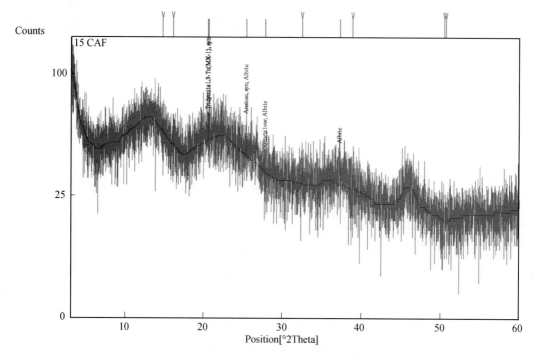

图 11-12　中土 950 抛光粉的 X 射线衍射曲线图

（矿物相：钛矿、钠长石、石英）

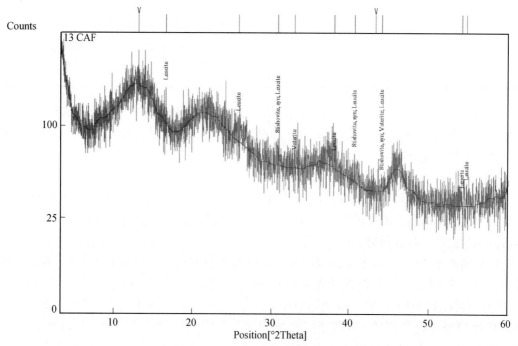

图 11-13　中土 1050 抛光粉的 X 射线衍射曲线图

（矿物相：白榴石、超石英；无明显结晶相）

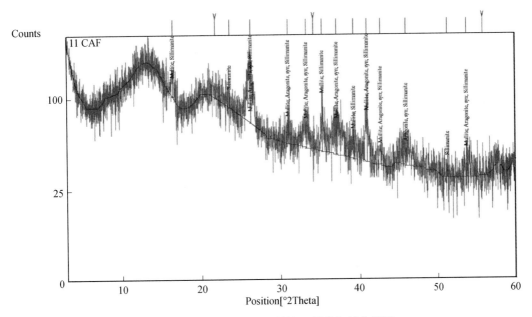

图 11-14　中土 1150 抛光粉的 X 射线衍射曲线图

（矿物相：多铝红柱石、硅线石）

参考文献

［1］薛茹君，朱克亮．煤系高岭岩脱硅技术［J］．非金属矿，2000，23（6）：9-11．

［2］B. B. Sabir，S Wild and J. Bai. Metakaolin and calcined clays as pozzolans for concrete：a review. Cement and Concrete Composites，2001，23（6）：201-207.

［3］李凯琦，刘钦甫，许红亮．煤系高岭土及深加工技术［M］．北京：中国建材工业出版社，2001：53-62．

［4］谌祺，严春杰，等．不同产地高岭土的结晶形态和有序度的研究［J］．电子显微学报，2002（3）：78-81．

［5］Chi-Sun Poon，Salman Azhar. Deterioration and Recovery ofmetakaolin Blended Concrete Subjected to High Temperature. Fire Technology，2003，1：112-115.

［6］Santiago Alonso and Angel Palomo. Calorimetric study of alkaline activation of calcium hydroxide-metakaolin solidmixtures. Cement and Concrete Research，2001，31（1）：55-62.

［7］施慧生，袁玲．高岭土应用研究的新进展［J］．中国非金属矿工业导刊，2002（6）：31-35．

［8］许霞，郑水林．煅烧条件对煤系煅烧高岭土物化性能影响的研究［J］．中国粉体技术，2000，6：34-45．

［9］Moisés Frías Rojas and Joseph Cabrera. The effect of temperature on the hydration phases ofmetakaolin-lime-water systems. Cement and Concrete Research，2002，32（1）：145-148.

［10］杜春生．莫来石的工业应用［J］．硅酸盐通报，1998（2）：57-60．

［11］刘平，叶先贤，陈敬中．莫来石研究及应用进展［J］．地质科技情报，1998，17（2）：18-19．

［12］李九鸣，谭玉芝．硅线石合成莫来石研究［J］．非金属矿，1994（4）：38-39．

［13］Andrea Boddy，R. D. Hooton，and K. A. Gruber. Long-term testing of the chloride-penetration resistance of concrete containing high-reactivitymetakaolin. Cement and Concrete Research，2001，31（5）：

95-98.

[14] 王静. 国内外以微复合颗粒法制备莫来石的现状 [J]. 矿业科学技术，2000 (3)：42-44.

[15] A. Shvarzman, K. Kovler. The effect of dehydroxylation/amorphization degree on pozzolanic activity of kaolinite. Cement and Concrete Research，2003，33 (3)：56-58.

[16] 张旭东，何文，沈建兴. 莫来石晶须的制备 [J]. 中国陶瓷，1998，34 (6)：4-7.

[17] Dekeyser W L. Reaction at the point of contact between Al_2O_3 and SiO_2. In Stewart G H, ed. Ceramics New York. Science of NY Academic Press，1963：243-257.

[18] K. A. Gruber, Terry RamlochanEtal. Increasing concrete durability with high-reactivitymetakaolin. Cement and Concrete Composites，2001，23 (6)：156-164.

[19] Joseph Cabrera andmoisés Frías Rojas. Mechanism of hydration of themetakaolin-lime water system. Cement and Concrete Research，2001，31 (2)：267-278.

[20] 严小鸿，张瑛，冯延春，等. 直接合成莫来石轻质砖 [J]. 山东冶金，1996，18 (6)：22-24.

[21] J. G. Wang. Clive B. Ponton and Peterm. Marquis. J. Am. Ceram. Soc.，1992，75：3457-3461.

[22] 黄永前，郑昌琼，胡英，等. 溶胶-凝胶法制备莫来石膜的研究 [J]. 材料科学与工程，1999，17 (3)：85-88.

[23] N. J. Saikia, P. Swngupta. Cementitious properties ofmetakaolin-normal Portland cementmixture in the presence of petroleum effluent treatment plant sludge. Cement and Concrete Research. 2002，32 (11)：325-331.

[24] 沈钟，王国庭. 胶体与表面化学 [M]. 北京：化学工业出版社，2003，3：219-223.

[25] V. Bindiganavile and N. Banthia. Fiber reinforced dry-mix shotcrete withmetakaolin. Cement and Concrete Composites，2001，23 (6)：16-23.

[26] 倪文，陈娜娜，赵万智，等. 莫来石的工艺矿物学特性及其应用 [J]. 地质与勘探，1994，30 (3)：26-32.

[27] 毕仲平，罗训樵. 我国煅烧高岭土行业现状及发展前景 [J]. 非金属矿，2001 (6)：56-59.

[28] 吴铁轮. 我国高岭土行业现状及发展前景 [J]. 非金属矿，2000，23 (2)：22-26.

[29] J. García Iglesias, m. Menéndez Álvarez. Influence of gypsum' smineralogical characteristics on its grinding behaviour applied to cement fabrication. Cement and Concrete Research，1999，29 (5)：269-274.

[30] Badogiannis, E.; Kakali, G.; Dimopoulou, G.; Chaniotakis, E.; Tsivilis, S. Metakaolin as amain cement constituent. Exploitation of poor Greek kaolins. Cement and Concrete Research in Greece，2005，27 (2)：197-203.

[31] 沈钟，王国庭. 胶体与表面化学 [M]. 北京：化学工业出版社，2003.

[32] R. Narayan Swamy. Polymer reinforcement of cement systems. Journal ofmaterials Science (Historical Archive)，1979，7：316-320.

[33] 李学舜. 稀土抛光粉的生产及应用 [J]. 中国稀土学报，2002，20 (5)：392-397.

[34] Roskill Inforation ServicesLtd. The Economics of Rare Earths and Yttrium [M]. Eleventh Edition，2001，7：301-312.

[35] Hedirck J B. Mineral Commodity Summaries Rare Earths [M]. US Geological Survry，1996-2000.

[36] 吕新彪. 宝石款式设计与加工工艺 [M]. 武汉：中国地质大学出版社，1997：50-68.

[37] 李凯琦，陆银平，贺晓玲. 类莫来石质抛光粉的特性及制备原理 [J]. 宝石和宝石学杂志，2001，3 (4)：33-35.

第十二章 偏高岭土制备技术研究

第一节 偏高岭土与混凝土外加剂简介

一、混凝土的概念

混凝土由水泥和骨料（砂和石子）组成，其性能主要由水泥质量和用量决定，而水泥的性能又取决于熟料的质量。此外，混凝土添加剂也起到了十分重要的作用。

能在空气中硬化，又能在水中硬化，并能把砂、石等材料牢固地胶结在一起的水硬性胶凝材料，统称为水泥。水泥的种类很多，目前已达一百余种，按性质和用途可以分为一般用途水泥和特种用途水泥。一般用途水泥如普通硅酸盐水泥（简称普通水泥）、矿渣硅酸盐水泥（简称矿渣水泥）、火山灰硅酸盐水泥（简称火山灰水泥）、粉煤灰硅酸盐水泥（简称粉煤灰水泥）、混合硅酸盐水泥（简称混合水泥）和砌筑水泥等。特种用途水泥（俗称纯熟料水泥或纯水泥），如快硬硅酸盐水泥、快凝快硬硅酸盐水泥、特快硬调凝铝酸盐水泥、特快硬铝酸盐水泥、硫铝酸盐水泥、快硬高强无收缩硅酸盐水泥（浇筑水泥）、高铝水泥、磷酸锌胶凝材料、硫磺水泥、耐铵聚合物胶凝材料、硅酸盐自应力水泥、铝酸盐自应力水泥、明矾石膨胀水泥、低热微膨胀水泥、石膏矾土膨胀水泥、抗硫酸盐硅酸盐水泥、低钙铝酸盐耐火水泥、油井水泥、白色硅酸盐水泥、白色硫酸盐水泥、彩色硅酸盐水泥、无熟料和少熟料水泥等。无熟料和少熟料水泥又可分成钢渣沸石（少熟料）水泥、石膏矿渣水泥、石灰矿渣水泥和赤泥硫酸盐水泥。

一般情况下的混凝土是由硅酸盐水泥、骨料、添加剂和水混合以后，再经过养护制成的。所以，下文主要介绍硅酸盐水泥的组成和水化。

二、混凝土的水化和硬练过程

硅酸盐水泥是混凝土的主要胶凝材料，硅酸盐水泥熟料的化学成分主要由氧化钙（CaO）、氧化硅（SiO_2）、氧化铝（Al_2O_3）和氧化铁（Fe_2O_3）四种氧化物组成，通常这四种氧化物总量在熟料中占95%以上，其余的5%以下为氧化镁（MgO）、硫酐（S_2O_3）、氧化钛（TiO_2）、氧化磷（P_2O_5）以及碱等。

在水泥熟料中，氧化钙、氧化硅、氧化铝和氧化铁等不是以单独的氧化物存在，而是经过高温煅烧后，两种或两种以上的氧化物反应生成的多种矿物集合体，其结晶细小，通常为$30\sim60\mu m$。因此，水泥熟料是一种多矿物组成的结晶细小的人造岩石。

在硅酸盐水泥熟料中主要形成四种矿物：

硅酸三钙 $3CaO \cdot SiO_2$，可简写为 C_3S；

硅酸二钙 $2CaO \cdot SiO_2$，可简写为 C_2S；

铝酸三钙 $3CaO \cdot Al_2O_3$，可简写为 C_3A；

铁相固溶体通常以铁铝酸四钙 $4CaO \cdot Al_2O_3 \cdot Fe_2O_3$ 作为其代表式，可简写为 C_4AF。

另外，还有一定数量的游离氧化钙（f-CaO）、方镁石（结晶氧化镁）、含碱矿物以及玻璃体等，用高岭土生产的混凝土添加剂的作用就是让它和水泥水化时产生的氧化钙（在水泥和混凝土浆体中，因为有水的存在，它以氢氧化钙的形式存在）反应，生成水化硅酸钙和水化铝酸钙，从而增加混凝土的强度和其他性能。

硅酸盐水泥的水化，由于是多种矿物共同存在，有些矿物在遇水的瞬间，就开始溶解、水化。因此，填充在颗粒之间的液相实际上不是纯水，而是含有各种离子的溶液。一般 C_3S 水化时迅速溶出 $Ca(OH)_2$，所掺的石膏也很快溶解于水，特别是水泥粉磨时部分二水石膏可能脱水成半水石膏或可溶性硬石膏，其溶解速率更大。熟料中所含的碱溶解也快，甚至 $70\% \sim 80\%$ 的 K_2SO_4 可在几分钟内溶出。因此，水泥的水化作用在开始后，基本上是在含碱的氢氧化钙、硫酸钙的饱和溶液中进行的。

根据目前的认识，硅酸盐水泥的水化可概括如图 12-1 所示。

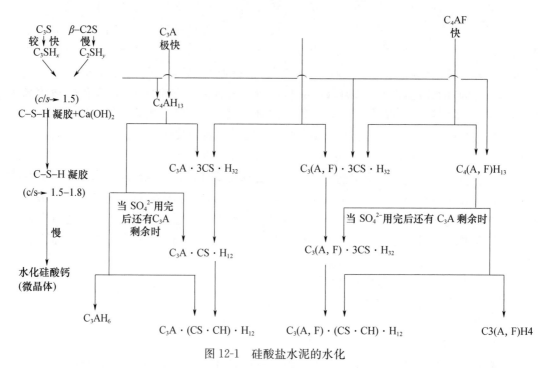

图 12-1　硅酸盐水泥的水化

水泥加水后，C_3A 立即发生反应，C_3S 和 C_4AF 也很快水化，而 C_2S 则较慢。在电镜下观测，几分钟后可见在水泥颗粒表面生成钙矾石针状晶体、无定形的水化硅酸钙以及 $Ca(OH)_2$ 或水化铝酸钙等六方板状晶体。由于钙矾石的不断生成，使液相中 SO_4^{2-} 离子逐渐减少，在 SO_4^{2-} 耗尽之后，就会有单硫型水化硫铝（铁）酸钙出现。如石膏不足，还有 C_3A 或 C_4AF 剩留，则会生成单硫型水化物和 C_4（A，F）H_{13} 的固溶体，甚至单独的 C_4（A，F）H_{13}，而后者再逐渐转变成稳定的等轴晶体 C_3（A，F）H_6。

值得注意的是，水泥既然是多矿物、多组分的体系，各熟料矿物不可能单独进行水化，它们之间的相互作用必然对水化进程有一定影响，例如，由于 C_3S 较快水化，迅速提高液相中的 Ca^{2+} 离子浓度，促使 $Ca(OH)_2$ 结晶，从而能使 β-C_2S 的水化有所加速。又如

C_3A 和 C_4AF 都要与硫酸根离子结合，但 C_3A 反应速度加快，较多的石膏由其消耗后，就使 C_4AF 不能按计量要求形成足够的硫铝（铁）酸钙，有可能使水化较少受到延缓。适量的石膏，可使硅酸盐的水化略有加速。同时，在 C-S-H 内部会结合进相当数量的硫酸根以及铝、铁等离子；因此 C_3S 又要与 C_3A、C_4AF 一起，共同消耗硫酸根离子。

另外，应用一般的反应方程式，实际上很难真实地表示水泥的水化过程。随着水化作用的继续进展，水泥颗粒周围的 C-S-H 凝胶层不断增厚，水在 C-S-H 层内的扩散速度逐渐成为决定性的因素。在这样的条件下，各熟料矿物就不能按其固有特性进行水化。所以，个别的水化速度虽在早期相差很大，但到后期就比较接近。同时浆体中的实际拌合用水量通常不多，并在水化过程中不断减少，水化是在浓度不断变化的情况下进行的，而且，熟料矿物的水化放热又使水化体系的温度并非恒定。因此，水化过程与在溶液中的一般化学反应有所不同，特别是离子的迁移较为困难，根本不可能在极短的时间内就反应完结。而是从表面开始，然后在浓度和温度不断变化的条件下，通过扩散作用，缓慢地向中心深入。更重要的是，即使在充分硬化的浆体中，也并不处于平衡状态。在熟料颗粒的中心，至少是大颗粒的中心，水化作用往往已经暂时停止。以后，当温、湿度条件适当时，浆体从外界补充水分，或者在浆体内部进行水分的重新分配后，才能使水化作用得以极慢的速度继续进行。所以，绝不能将水化过程作为一般的化学反应对待，对其长期处于不平衡的情况以及和周围环境条件的关系，也须充分注意。

混凝土的增强途经多是通过加入外加剂来实现的。外加剂的种类很多，除通常所说的减水剂、引气剂、缓凝剂、早强剂、加气剂、速凝剂等外，还有阻锈剂、防冻剂、防水剂、着色剂、泵送剂、流化剂、高性能引气减水剂、特殊水中混凝土用外加剂、超缓凝剂、减缩剂以及水化热抑制剂等。

三、混凝土外加剂

由胶结材（无机的、有机的或无机有机复合的）、颗粒状骨料以及必要时加入化学外加剂和矿物掺合料组分合理组成的混合料经硬化后形成的复合材料称为混凝土。

混凝土材料在历史上可以追溯到古老的年代。不过最初使用的胶结材是黏土、石膏、气硬性石灰，继后又采用火山灰、火山灰＋气硬性石灰等。

1824 年阿斯普丁发明波特兰水泥后，制作混凝土胶结材才产生了质的变化。此后，水泥与混凝土的生产技术迅速发展，混凝土的用量急剧增加，使用范围日益扩大。迄今为止，它已成为世界上用量最多的人造材料。这是因为混凝土具有原料丰富、造价低廉、制作简单、造型方便、坚固耐久、耐火抗震等许多优异性能。但混凝土也存在抗拉、抗折强度低，脆性系数大，容易裂缝，自重大等缺点，限制了混凝土的使用范围。为了改善混凝土的性能，克服这些缺陷，世界各国的材料科学工作者和土木建筑师们进行了不懈的努力。

1850 年，法国人 Lambot 用加钢筋的方法制造了一条小水泥船，此后，人们就用钢筋来增强混凝土，以弥补混凝土抗拉强度及抗折强度低的缺陷。

1887 年科伦首先发表了钢筋混凝土的计算方法。

利用膨胀水泥生产收缩补偿混凝土和自应力混凝土是混凝土技术的另一成就，其本质是通过改变混凝土的收缩本性为膨胀本性，以克服混凝土收缩裂纹的产生，并应用膨胀性能来张拉钢筋。自应力混凝土管就是利用这一原理制作的。膨胀水泥还广泛用于工业与民用建筑、路面、防水防渗结构、管道接头、构件接缝、二次灌浆等方面。

利用聚合物高分子材料的强渗透性和粘结性，制成了聚合物水泥混凝土和聚合物浸渍混凝土以及聚合物胶结混凝土，使混凝土由单一的无机材料进入了无机和有机材料复合的新阶段。这种复合的结果，使得混凝土的强度大幅度提高，最高的强度等级可达 C280，其抗渗性、抗冻性、耐腐蚀性均可大大提高。

纤维增强混凝土的出现，又把混凝土的抗裂性能提高了一大步。纤维增强材料已从单一的钢纤维发展到石棉纤维、耐碱玻璃纤维、有机合成纤维、金属纤维等。目前，纤维增强混凝土制品种类繁多，如玻璃纤维增强水泥制品（GRC）、石棉水泥制品、钢纤维增强水泥制品等，广泛用于道路、桥梁、涵洞、建筑物的内外墙板、屋面板及各种复合墙体材料中。

为了降低混凝土自重，加快墙体材料改革，出现了轻质混凝土制品及其构件。轻质混凝土主要指轻骨料混凝土和多孔混凝土。近 30 年来，由于新的建筑结构体系的建立和高层建筑的发展，使得轻质混凝土应用越来越广泛。混凝土空心砌块、加气混凝土制品、泡沫混凝土制品、轻骨料混凝土制品等，由于具有良好的保温隔热及隔声性能，表观密度小，自重轻，取代传统墙体材料的比例逐年提高。

高性能混凝土近年来发展很快，特别是高强混凝土在许多大型工程中已得到应用。强度等级在 C50 以上的应用较广泛，C80～C120 的高强混凝土也有用于工程的实例。

加强环境保护，变废为宝，利用工业废渣来生产混凝土一直是各国材料科学工作者矢志不渝的追求目标。

混凝土技术发展的同时，混凝土制品的生产技术、设备及工艺控制不断得到改进和提高，为生产高质量的制品创造了基础条件。

发展预拌混凝土和混凝土的商品化也是当今混凝土工业的发展方向。以原材料基地、原材料运送、配料、搅拌、输送、定量控制等形成的商品混凝土工厂，早在 20 世纪 40 年代有的国家就采用了，60 年代达到了顶峰。在城市与建设工程集中地区以合理的分布设置商品混凝土工厂，其优点是节约材料、能耗及其他资源，保证混凝土质量，改善施工环境，有效利用外加剂和混凝土掺合料，便于管理现代化。目前，发达国家有近 90％的水泥是制成商品混凝土出售，而不是以袋装水泥的形式提供给用户。发展商品混凝土也带来散装水泥事业的发展。

混凝土外加剂是在拌制混凝土过程中掺入，用以改善混凝土性能的物质，其掺量一般不大于水泥质量的 5％。随着建筑行业技术水平的提高，一般的混凝土已不能满足工程的需求，根据不同工程施工和技术条件的需要，人们研究出了能够改变混凝土各种性能的外加剂。如延缓混凝土凝结时间的缓凝剂，提高混凝土早期强度的早强剂，防止钢筋锈蚀的阻锈剂，增加混凝土流动性和提高强度的减水剂，提高混凝土抗冻融耐久性的引气剂，使混凝土能在冬季施工的防冻剂等。外加剂使混凝土的使用性能变得随心所欲，混凝土外加剂的应用是混凝土发展史上继钢筋混凝土和预应力混凝土后的第三次重大飞跃。

国外混凝土外加剂的使用，始于 20 世纪初，已有八十多年的历史。

早在 1957 年，工业发达国家一半以上的混凝土中就掺用了外加剂。

混凝土外加剂在近 30 年得到迅速发展，1985 年世界混凝土外加剂的销售额达 16 亿美元，为 1975 年的 4 倍，1990 年上升到 65 亿美元。

1980 年 9 月在挪威首都奥斯陆举行的"混凝土制备和质量控制"国际会议上，讨论并通过了混凝土、水泥砂浆和水泥净浆外加剂的定义：能对混凝土、砂浆或净浆的正常性能按要求而改性的产品称为混凝土外加剂。

欧、美、日等国几乎所有的水泥混凝土中都使用了外加剂。外加剂已成为除水泥、砂、石和水以外混凝土的第五种必不可少的组成材料。

国外混凝土外加剂品种较多，除通常所说的减水剂、引气剂、缓凝剂、早强剂、加气剂、速凝剂等外，还有阻锈剂、防冻剂、防水剂、着色剂、泵送剂、流化剂、高性能引气减水剂、特殊水中混凝土用外加剂、超缓凝剂、减缩剂以及水化热抑制剂等。据不完全统计，世界上目前至少有 400 种不同类型的外加剂，欧洲一些国家的市场上，经常保持着几十种甚至上百种外加剂在出售。

由于外加剂的出现和应用，使人们在力求改善混凝土性能的过程中获得了用其他方法难以达到的理想效果，这就使得外加剂身价倍增，成为混凝土工业的宠儿。外加剂也从早期对混凝土的单一改性发展到复合外加剂对混凝土的多重改性。从混凝土发展的快硬、高强、轻质、节能、改性等方面看，均离不开外加剂的参与。

硅酸盐水泥熟料中的主要矿物是硅酸三钙（$3CaO \cdot SiO_2$，简成 C_3S）、硅酸二钙（$2CaO \cdot SiO_2$，简成 C_2S）、铝酸三钙（$3CaO \cdot Al_2O_3$，简成 C_3S）、铁铝酸四钙（$4CaO \cdot Al_2O_3 \cdot Fe_2O_3$，简成 C_4AF）。其水化过程和水化产物分别是：

$$2(3CaO \cdot SiO_2) + 6H_2O \longrightarrow 3CaO \cdot 2SiO_2 \cdot 3H_2O + Ca(OH)_2$$
$$2(2CaO \cdot SiO_2) + 4H_2O \longrightarrow 3CaO \cdot 2SiO_2 \cdot 3H_2O + Ca(OH)_2$$
$$3CaO \cdot Al_2O_3 + 6H_2O \longrightarrow Al_2O_3 \cdot 3H_2O + 3Ca(OH)_2$$
$$4CaO \cdot Al_2O_3 \cdot Fe_2O_3 + H_2O \longrightarrow Al_2O_3 \cdot aq + Fe_2O_3 \cdot aq + Ca(OH)_2$$

水泥的水化产物主要有水化硅酸钙（以 C-S-H 型为主、水化铝（铁）酸钙及其固溶体和氢氧化钙，当有石膏存在时，还可生成水化硫铝（铁）酸钙固液体（钙矾石）。水泥石中的氢氧化钙是水泥碱度的主要来源之一，它制造的碱性环境能使水泥石和混凝土骨料之间发生化学反应，生成新的晶相，而新晶相生成产生的内应力是水泥构件开裂的主要原因；同时，$Ca(OH)_2$ 的强度比水化硅酸钙、水化铝酸钙的强度要低得多。将偏高岭土粉（$Al_2O_3 \cdot 2SiO_2$）加入混凝土后，会和其中的 $Ca(OH)_2$ 发生化学反应，生成水化铝酸钙和水化硅酸钙（钙矾石），偏高岭土中的 Fe_2O_3 可以和 $Ca(OH)_2$ 反应生成铁铝酸钙，从而增加了混凝土强度，降低水泥碱度。同时，由于 Fe_2O_3 和 Al_2O_3 都是两性氧化物，它们在混凝土中与 $Ca(OH)_2$ 首先发生中和反应，对混凝土浆体的 $Ca(OH)_2$ 含量影响很大，从而增加了水泥浆体的流动性，便于水泥浆的泵输送作业，对搅和混凝土的和易性也有明显的提高。

四、偏高岭土的概念与属性

偏高岭土（Metakaolin，简称 MK）是以高岭土（$Al_2O_3 \cdot 2SiO_2 \cdot 2H_2O$，$AS_2H_2$）为原料，在适当温度下（600～900℃）经脱水形成的无水硅酸铝（$Al_2O_3 \cdot 2SiO_2$，AS_2）。高岭土属于层状硅酸盐结构，层与层之间由范德华键结合，OH^- 离子在其中结合得较牢固。高岭土在空气中受热时，会发生几次结构变化，加热到大约 600℃时，高岭土的层状结构因脱水而被破坏，形成结晶度很差的过渡相，称之为偏高岭土。

用偏高岭土制造胶凝材料，作水泥混合材或是混凝土掺合料，可以单独作用，也可以先与其他材料做成混合料再使用。1980 年，前苏联就用偏高岭土制造水泥了。一种水泥中硅酸盐水泥熟料 89%～93%，石膏 4%～5%，混合材 3%～6%。混合材中含有偏高岭土 15%～20%，其他的材料是无定形硅、硫酸铝等。该水泥易磨性好、强度高，并且具有一定的膨胀性能。另一种方法是使用含硫酸盐激发剂的偏高岭土 54%～75% 作为水泥的混合材。再就是将偏高岭土与硫酸铝、硫酸铁、活性硅及改性木质磺酸钠混合成后作水泥混合材用。这样做都增加了水泥的水化活性。

前西德于 1984 年的一项专利，是用 20%～30% 的硅酸钾溶液〔浓度为 30%～65%，SiO_2/K_2O 为 (1.3～1.5):1〕，与 12%～25% 的偏高岭土及 45%～65% 的填料（铝土矿废料、云母、天然锆砂等）与金属丝网做成的机器底座，据称该硬化材料强度、表面硬度都很高。1994 年德国还将偏高岭土用于制造喷射水泥，该水泥中含硅酸盐水泥熟料、无水石膏、缓凝剂、塑化剂及强度促进剂。强度促进剂即偏高岭土或硅粉，该水泥特别适合于隧道的施工，强度增进率高、施工性能好。

美国的弧星公司于 1985 年开发出了两种用偏高岭土制备的掺合料。一种含有硅灰、另一种则不含，其他的材料是偏高岭土、干 KOH（或 NaOH）、矿渣、粉煤灰（或烧页岩、烧黏土）。上述混合料在配制混凝土时，掺量占水泥的 30%～60%，最佳范围是 35%～45%，也可用 20% 的粉煤灰代替水泥。用其制备的混凝土在适当的养护下，3d、7d、28d 的抗压强度均可超过硅灰和粉煤灰作添加剂的混凝土强度。

1987 年美国又开发出了一种高强快干水泥，又称 Pyrament，其重量份数组成范围是偏高岭土 0～10 份，硅酸盐水泥 50～80 份，高钙粉煤灰 13～35 份，矿渣 0～6 份，外加剂 0～4 份，碳酸钾 1～5 份。该水泥做成的混凝土 4h 抗压强度可达 18MPa 以上，一个月可到 82.8MPa。用其灌注机场跑道 6h 后，飞机可安全降落；灌注路面 4h，可承担繁忙交通；灌注室内地面 2h 即可使用。该水泥在低于冰点温度下施工、养护，强度能继续增长，所以可全天候使用。特别适合于炎热及严寒条件下抢修、修补工程。甚至不用热养也可制造预制构件及预应力构件。但只有偏高岭土至少为 4 份，碳酸钾至少为 2 份时，该水泥方可在冰点以下气温中使用，如果掺量较少（或不掺）时，则混凝土抗冻性变差。

在日本，也将偏高岭土用于制备胶凝材料。1992 年发明的一种水泥，是由偏高岭土、碱性激发剂、矿渣、沸石组成，矿渣与沸石最好是用防干缩剂浸渍过。据称该水泥硬化后在干燥气候中抗折强度很好。1994 年开发的一种制品中也用了偏高岭土，偏高岭土与碱金属硅酸盐溶液重量比为 2:1～1:5，混合后，再加入经过分级处理的无机填料，就可制造出建材产品。1995 年的一项专利中，公开了另一种制造方法，是将硅酸钾（钠）溶液与偏高岭土（各 100 份）、硅砂（200 份）、混合、成型、加热至 150℃，1h 浸入 5% 的 $MgSO_4$ 溶液中，15℃ 下硬化 4h，硬化体的抗压强度是 23MPa。

由于偏高岭土吸收 $Ca(OH)_2$ 的作用，法国、日本的研究人员还将其用于 E 型玻璃纤维增强的混凝土中，改善了玻纤混凝土的长期性能。用沸石、偏高岭土等代替部分硅酸盐水泥时，玻璃纤维的腐蚀明显减小了。

有的国家和地区已开始使用高活性偏高岭土（HRM）商品。HRM 是纯净高岭土的脱水产物，呈白色粉末状（白度大于 90），其粒径远远小于水泥的颗粒，但又不像硅灰那样细，由于 HRM 经过水处理除去了杂质，其成分几乎完全参加反应，故活性高。

鉴于偏高岭土优良的火山灰活性和对水泥或混凝土强度、耐久性等性能的改善作用，偏高岭土应该属于水泥混凝土用高活性矿物掺合料。

第二节　偏高岭土制备原理与研究现状

一、偏高岭土的生产原理

高岭土主要由高岭石组成，高岭石在高温下会发生一系列的变化，它的差热曲线如图 12-2 所示。

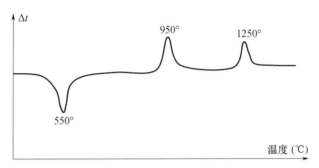

图 12-2　高岭石的差热曲线

在 550℃左右有一个吸热谷，这时失掉结构中的两个结晶水，层状结构收缩，成为无定形物质，称为偏高岭石，具有很高的化学活性，其反应式：

$$Al_2O_3 \cdot 2SiO_2 \cdot 2H_2O \xrightarrow{550℃} Al_2O_3 \cdot 2SiO_2 + 2H_2O \quad （吸热）$$

高岭石的脱水过程很长，直到 900℃以上才能完全脱掉结晶水。继续升高温度，在 950～1000℃有一个放热峰，这时偏高岭石分解为 SiO_2 和 Al_2O_3，同时无定形 Al_2O_3 激烈结晶成 $\gamma\text{-}Al_2O_3$，活性很差，而 SiO_2 仍为无定形，化学活性很高。

$$Al_2O_3 \cdot 2SiO_2 \longrightarrow \gamma\text{-}Al_2O_3 + 2SiO_2 \quad （放热）$$

进一步升高温度，还有一系列的物相变化，但与用作混凝土添加剂无关，所以，在用作混凝土添加剂时，从活化的角度考虑，高岭土的煅烧温度应在 600～950℃之间。由于高岭土中的杂质在煅烧时起矿化剂的作用，实际煅烧温度应低于 950℃。不同产地的高岭土结晶程度和杂质的种类与含量不同，最佳及最高煅烧温度也有所差别。

高岭石煅烧时逐渐失去结晶水和结构水（羟基），表面活性点裸露，并发生物相转变，部分或全部改变了结构性能，例如在原有的-OH 位置形成新的活性吸附点、Si-O 和 Al-O 键长改变、结构变型、表面和结构空隙度增加等，从而使其化学反应活性得以改善，应用领域扩大。影响煅烧高岭土化学反应活性的主要因素是煅烧温度，但升温速度、恒温时间等也是重要的影响因素。

但也有人认为高岭土在 700℃左右煅烧时，表面性质发生了很大变化，具有极高的表面活性。在利用煤系高岭岩生成净水剂聚合氯化铝时发现，煅烧温度和 Al_2O_3 的浸出率有很大关系，从而反映了煅烧温度和化学反应活性之间具有一定的关系。可见，为了提高化学反应活性，对于特定用途的煤系高岭岩，煅烧温度并非越高越好。

升温速度、恒温时间也是影响煤系高岭岩（土）脱除碳质、羟基的重要因素。升温速度控制适当，羟基才会脱失彻底。高岭石在550～600℃大量脱失羟基的吸热过程中，适当降低升温速度，延长保温时间，有利于表面羟基和内部羟基充分脱除。当然，升温速度和恒温时间的选择还需考虑入料粒度、煅烧方式，特别是煅烧温度等因素的影响。在某一特定温度之上，煅烧高岭土的化学反应活性与恒温煅烧时间不会有太大的关系。

综上所述，高岭土煅烧过程中发生的物相变化，化学活性、理化性能的提高，与高岭岩的原矿特性、入料粒度及粒度分布、煅烧温度、升温速度、恒温时间、煅烧气氛等有关，煅烧时必需综合考虑这些影响因素。其中煅烧温度是影响高岭土物相和理化性能的变化、决定煅烧高岭土应用领域的关键因素。

美国根据煅烧温度的不同，将煅烧高岭土划分为不完全煅烧土和完全煅烧土。不完全煅烧土的煅烧温度为550～600℃，脱羟基，密度2.4～2.5g/cm^2。完全煅烧土的煅烧温度为1000～1050℃，此时已出现少量莫来石晶体，产品密度2.7g/cm^2，具有更高的白度和光散射性质。

不同煅烧温度下的偏高岭土的微观结构分析如图12-3所示。偏高岭土的脱水温度较宽（450～850℃）。从图12-3可以看出，在上述脱水温度范围内脱水产物的XRD图相似。即使如此，每个煅烧温度下生成的偏高岭土的活性也不一样。由于高岭土本身的结晶状态和脱水程度不同，而引起热稳定性、结构、溶解度、表面积的差异从而造成偏高岭土活性的不同。

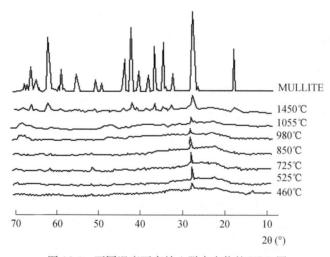

图 12-3　不同温度下高岭土脱水产物的 XRD 图

我国将煤系高岭岩（土）的煅烧划分为低温煅烧、中温煅烧和高温煅烧三种，但具体的划分方案不一。一般认为600～1000℃为低温煅烧，1000～1200℃为中温煅烧，1200℃以上为高温煅烧。由于煅烧温度不同，发生的化学反应、晶体结构转换不同，煅烧高岭土的理化性能和最适宜的应用领域也不同。低温煅烧的高岭土，可用于制备活性土、分子筛、聚合氯化铝、白炭黑、塑料和橡胶的功能性填料等。中温煅烧的产品白度高、不透明度高，适用于造纸、涂料工业的填料，是价格昂贵的钛白粉的优质替代材料。高温煅烧的高岭土已经转变为莫来石和方石英，可用作耐火材料的熟料、陶瓷材料等。

高岭土生产混凝土添加剂就是要生产出低温煅烧土，或者叫做偏高岭土。

二、偏高岭土的研究现状

1. 偏高岭土制备技术研究现状

高岭石煅烧时逐渐失去结晶水和结构水（羟基），表面活性点裸露，并发生物相转变，部分或全部改变了结构性能，例如在原有的-OH 位置形成新的活性吸附点，Si-O 和 Al-O 键长改变、结构变型、表面和结构空隙度增加等，从而使其化学反应活性得以改善，应用领域扩大。

但也有人认为高岭土在 700℃左右煅烧时，表面性质发生了很大变化，具有极高的表面活性。在利用高岭土生成净水剂聚合氯化铝时发现，煅烧温度和 Al_2O_3 的浸出率有很大关系，从而反映了煅烧温度和化学反应活性之间具有一定的关系。可见，为了提高化学反应活性，对于特定用途的高岭土，煅烧温度并非越高越好。升温速度、恒温时间也是影响高岭土脱除碳质、羟基的重要因素。升温速度控制适当，羟基才会脱失彻底。高岭石在 $550\sim600℃$ 大量脱失羟基的吸热过程中，适当降低升温速度，延长保温时间，有利于表面羟基和内部羟基充分脱除。当然，升温速度和恒温时间的选择还需考虑入料粒度、煅烧方式，特别是煅烧温度等因素的影响。在某一特定温度之上，煅烧高岭土的化学活性与恒温煅烧时间不会有太大的关系。

近几年国内也有类似研究报道，李克亮等人从煅烧温度、煅烧时间和高岭土 Al_2O_3 和 SiO_2 含量等因素着手，研究了高活性偏高岭土的制备条件。采用正交试验，比较胶砂强度来分析偏高岭土活性，判断偏高岭土活性影响因素及其影响程度。最终确定影响偏高岭土活性的主要因素是高岭土品质，即（$Al_2O_3+SiO_2$）总含量，其次是煅烧温度，再次是煅烧时间。文寨军等人也研究了不同煅烧温度、（$Al_2O_3+SiO_2$）总含量等因素对偏高岭土活性的影响。当偏高岭土中的活性组分含量较低时（约为 65％），其早期强度与空白水泥相当，28d 强度可增长 10％左右。随着（$Al_2O_3+SiO_2$）总量的提高，水泥强度也逐步增加，当偏高岭土中的（$Al_2O_3+SiO_2$）总含量达到 80％以上时，水泥的早期强度也出现了明显的增长。其 3d 强度较空白样增长约 5％，7d 强度增长 16％，28d 强度增长 22％。研究表明偏高岭土中 Al_2O_3 和 SiO_2 是主要的活性组分，其含量越高，偏高岭土的活性也越高。

杨晓昕等人利用氧化铝溶出法与强度对比法研究了热工制度对煅烧高岭土活性的影响，并进行了相关机理的研究，结果表明：快速升温提高了高岭土的脱水温度，加大升温和冷却速度均提高脱水高岭土的活性，高岭土的最佳煅烧条件为 850℃下急烧急冷。其作用机理是快速升温加大了-OH 的脱除时对晶体结构的冲击力，造成更大的晶体缺陷，提高冷却速度，可以防止脱水产物结晶，保持脱水产物的高温状态，因而提高其活性。

偏高岭土作为新一代水泥混合材，在国外的研究已取得了较大的进展。在偏高岭土的生产方面，法国的研究则走在前列，法国 Salvador 等人研究出了快速煅烧、生产偏高岭土的方法，将高岭土粉末在 $500\sim1000℃$ 的热气体中悬浮燃烧，由于颗粒之间相对隔离、传热速度快，故在几秒钟之内就可完成相的转变过程。

综上所述，高岭土煅烧过程中发生的物相变化、化学活性、理化性能的提高，与高岭岩的原矿特性、入料粒度及粒度分布、煅烧温度、升温速度、恒温时间、煅烧气氛等有关，煅烧时必需综合考虑这些影响因素。其中煅烧温度是影响高岭土物相和理化性能的变化、决定煅烧高岭土应用领域的关键因素。

2. 偏高岭土质量检测方法研究现状

目前国内外研究偏高岭土活性测试方法主要采用氢氧化钠常温浸泡碱吸收法、三氧化铝浸出率法、氢氧化钙饱和溶液浸泡钙吸收法和测试混凝土制品 28d 强度的方法等。

在国外多采用氢氧化钠常温浸泡碱吸收法、氢氧化钙饱和溶液浸泡吸碱法和测试添加偏高岭土混凝土制品 28d 强度法研究偏高岭土的活性质量。根据相关研究报道，氢氧化钠常温浸泡法不适合作为评价偏高岭土活性的方法，氢氧化钙饱和溶液浸泡法的测试结果与偏高岭土活性的相关性只有 65% 左右，仍然不能准确地测出偏高岭土产品的活性高低。测试混凝土制品 28d 强度的方法是最能准确评价偏高岭土活性，但此方法耗时太长不利于实际应用。

在国内郭文瑛等人采用多种方法对不同煅烧制度制备的偏高岭土进行活性评价。结果表明：只采用 X 衍射光谱的分析方法是不能说明煅烧出来的偏高岭土是否具有良好的活性；采用碱吸收法可区分偏高岭土是否具有活性，但其吸收量的规律与 3d 抗压强度的规律不一致；钙吸收法不适用于评价该系统中偏高岭土的活性；采用压缩测强法可以较好评价偏高岭土的活性大小。然而最有效评价偏高岭土活性的方法是直接用偏高岭土制备土壤聚合物并养护到一定龄期下的强度来评价。

李凯琦教授等人研究了各种测试方法测得的吸碱量和国标 GB/T 18736—2002《高强高性能混凝土用矿物外加剂》中规定的活性指数的关系，由于地质聚合物的强度和无熟料白水泥的强度至少需要 3d 时间才能稳定，时间太长，物相分析法（X 射线衍射、热重分析、扫描量热分析和红外吸收光谱等）对不同火山灰活性的偏高岭土几乎没有区别，所以，选择了以下 6 种方法进行比较深入的研究，测试结果见表 12-1。

表 12-1   各种方法测试的偏高岭土活性数据与国标中活性指数的关系

序号	测试方法名称	测试方法的主要内容	与活性指数的相关系数
1	氢氧化钠浸泡法	把 10g 样品在 100mL 5% NaOH 溶液中浸泡 24 h，测 NaOH 损失量	0.123
2	水泥蒸养法	制备两个相同的水泥样品，在一个样品中添加 10% 的偏高岭土。蒸 2 h，充分过滤，对比 $Ca(OH)_2$ 减少量	0.694
3	石膏-石灰-样品蒸养法	制备无熟料水泥的原理，检测并计算 $Ca(OH)_2$ 损失量	0.303
4	三氧化铝浸出法	用盐酸浸取样品中的 Al_2O_3，测试 Al_2O_3 浸出率	0.570
5	氢氧化钙浸泡法	把 10g 样品在 100mL 饱和的 $Ca(OH)_2$ 溶液中浸泡 24 h，测 $Ca(OH)_2$ 损失量 [要防止 $Ca(OH)_2$ 碳化]	0.650
6	晶种-碱吸收法	把样品和适当的晶种一起放在一定浓度的 NaOH 溶液中，加热搅拌 6 h，测 NaOH 损失量	0.956

从表 12-1 可以看出，利用晶种-碱吸收法可以在 6h 内检测出偏高岭土的火山灰活性，其检测结果和国标 GB/T 18736—2002《高强高性能混凝土用矿物外加剂》中规定的活性指数的关系的相关系数达到了 0.956，样本数为 8，经检验，可靠性水平很高。

从上述分析可知，偏高岭土的快速检测方法已经基本完善，我们完全可以利用晶种-碱吸收法用于偏高岭土的生产控制。

3. 我国偏高岭土生产现状

在地质学和非金属矿加工利用领域，把高岭石含量在 $50\%\sim100\%$ 的黏土岩叫做高岭土，把经过 $550\sim950℃$ 温度下煅烧后，具有一定火山灰活性的煅烧高岭土叫做轻烧黏土或偏高岭土。这种火山灰活性比较低的偏高岭土作为生产聚合氯化铝、硫酸铝和冰晶石的原料已经生产了十几年，国内生产量非常巨大，仅河南省焦作市的产量就能达到每年 10 万t。这种偏高岭土所用原料的高岭石含量偏低，磨矿细度偏粗，煅烧条件没有很好地把握（由于在生产上述几种产品时，偏高岭土的质量只影响 Al_2O_3 得率，而不影响下游产品质量，所以，生产者从成本方面考虑得多，没有人进行提高质量的专门研究），这种偏高岭土中含有一定数量的非高岭石类黏土矿物，还含有一定数量的过烧高岭石和一定数量的欠烧高岭石，它们在混凝土中的作用相当于泥土，是十分有害的。也就是说，如果利用这种偏高岭土作混凝土外加剂使用，就相当于给混凝土中加入高活性矿物掺合料的同时，又加入了部分泥土，它们的综合作用效果就可想而知了。这就是部分从事混凝土研究的学者认为偏高岭土使用效果不好的原因。

为此，我们专门研究高活性偏高岭土的生产技术，以期望得到高活性的偏高岭土生产，服务相关行业，同时，提升高岭土的加工利用水平。

第三节　偏高岭土用原料

一、偏高岭土用原料的选择

高岭土是在自然界形成的松软未成岩的沉积物或沉积岩，在开放体系中进行的风化、短距离搬运和沉积作用都会带入杂质组分，它们对偏高岭土的质量有很大影响。经过几年的科学研究实践，我们总结了以下几个选择偏高岭土用高岭土原料的指标和方法。

1. 宏观特征

高岭土的宏观特征主要包括结构、构造和颜色三个方面。

（1）较纯净的高岭土一般呈泥质结构（肉眼看不到矿物颗粒，表面光滑，断口呈贝壳状）或显晶质结构（肉眼能见到高岭石蠕虫状晶体和解理面）；呈砂状结构（肉眼观察表面粗糙，断口呈参差状）的高岭土含有较多的碎屑矿物石英和长石，质量较差。

（2）沉积岩的微细层状构造的单层是一个微环境下沉积的产物，众多微细单层组成的微细层理构造和薄层状构造是沉积环境多变下沉积的，所以成分上也必然较复杂，质量较差；煤系高岭土中的结核是在成岩作用或后生作用过程中形成的，多由菱铁矿、黄铁矿组成，所以，含有结核的高岭土质量也较差；而呈厚层状，矿石呈块状构造的高岭土质量较好。

（3）高岭土呈黑色和灰色是同沉积的炭质染色的结果，炭质本身对高岭土质量影响不大（因为它可在煅烧过程中除去），但它标志着还原沉积环境，在还原性环境中，Fe^{3+} 被还原成 Fe^{2+}，溶解度明显增强，这时，只要没有 $FeCO_3$ 和 FeS_2 等矿物的沉积，高岭土中 Fe_2O_3 含量是比较低的。另一方面，黑色指示的还原环境又是沉积期水动力条件较弱的标志，一般很少有碎屑矿物的沉积，因此，在一般情况下，呈黑色和灰色的高岭土质量较好；除炭质以外，铁是高岭土最主要的着色元素，它可以使高岭土呈现红、褐、黄、棕、绿、蓝等色调，因此，呈现上述色调的高岭土中铁的含量较高，质量较差。特别是带有上述色调的深灰色高岭土是因为炭的黑灰色没有遮盖住铁的成色所致，所以，这种高岭土的铁含量一定很高。

另外，用简单易行的煅烧试验的方法也可以定性地判别高岭土的质量。将高岭土碎片或粉置于马弗炉或其他氧化环境的窑炉中煅烧，温度一般控制在 $800 \sim 1100$℃左右，将高岭土的黑灰色烧褪，这时它呈现铁的染色效果，若煅烧样品呈现白、浅黄、浅红（粉）等色，质量较好；若呈现褐黄、红、有黑色团块或气泡，说明铁含量较高，质量较差。

2. 矿物成分

高岭土以高岭石为主，此外，还含有一定量的蒙脱石、伊利石、埃洛石、珍珠陶石、方解石、叶蜡石、硬水铝石、三水铝石、长石、石英、及铁的矿物（赤铁矿、黄铁矿、菱铁矿、褐铁矿）和钛的矿物（金红石、板钛矿、锐铁矿），有的煤系高岭土中含有较多的有机碳。依据上述各种矿物特性及高岭土生产混凝土添加剂料的工艺流程和质量要求，只有高岭石、埃洛石、珍珠陶石等高岭石族矿物和三水铝石、叶蜡石，含铁矿物（生产白色混凝土添加剂时除外）可以看作矿石矿物（有用矿物），其他矿物均是脉石矿物（无用矿物），甚至有一些是有害矿物，因此，我们可以用 X 射线衍射分析、偏光显微镜分析、电镜分析等多种方法研究高岭土的矿物种类，参考化学分析资料，用示性矿物分析的方法计算高岭土中各种矿物的百分含量，依此来判断高岭土的质量。一般情况下，制备混凝土添加剂用高岭土中的有用矿物总量应大于 90%，最好在 95% 以上，有害矿物主要是钛的矿物、方解石、石英等，特别是其他非高岭石族黏土矿物，它们的含量越低越好。

3. 化学成分

高岭土的化学成分主要是 SiO_2、Al_2O_3 和 H_2O。较纯净的高岭土，其化学成分同高岭石族黏土矿物的理论成分相近，因此不少工业部门以化学成分来划分矿石的工业品级，作为鉴别原矿纯度的标准。成分中常含有少量的 Fe_2O_3、TiO_2、MnO_2、CaO、MgO、K_2O、Na_2O、SO_3 等，这些杂质的存在对高岭土制品或多或少都有影响，属有害杂质。

4. 结晶程度

高岭石的结晶程度一般用 Hinckley 指数表示，它可在 X 射线衍射图上求得。结晶程度反映了高岭石的有序度，即高岭石晶体中各原子排列有序度的大小。一般情况下，高岭石的结晶程度越差，Hinckley 指数越小，晶体结构的破坏越容易；结晶程度越好，结构破坏越困难，Al_2O_3 和 SiO_2 越难充分活化。例如，山西晋城矿务局王台铺矿三号煤的高岭土夹矸，其中高岭石的 Hinckley 指数高达 1.22，在 740℃温度下煅烧时，总是残留有部分高岭石的衍射峰（组），说明高岭石的晶体结构没有完全破坏，烧至 940℃时，已出现了新的晶相，如图 12-4 所示，用这种高岭土作混凝土添加剂的效果很差。

5. 可选性

如果高岭土的纯度不高，但其中的杂质较易选除（可选性好），那么，这种高岭土也不失为一种好质量的高岭土。例如，中国南方的风化型高岭土中常含有大量的石英，就原矿的化学成分和矿物成分而言，都不如中国北方的煤系高岭土纯净，但南方高岭土呈松散的土状，石英颗粒比高岭石粗大得多，且二者呈解离状态，经捣浆、分散、沉淀就可将绝大多数石英除去，制得纯净的高岭土，甚至在矿山用水力采矿，矿浆经溜槽流动分异或在沉砂池中简单沉淀就能除砂提纯，生产纯净高岭土的成本很低，经济效益良好。北方煤系

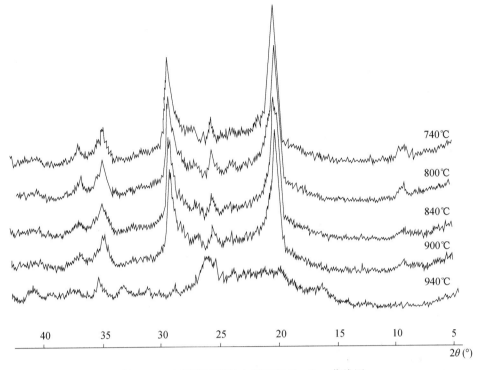

图 12-4　山西晋城高岭土煅烧样 X－Ray 曲线图

高岭土有硬质、半软质和软质之分，杂质的矿物成分种类及其与高岭石的镶嵌、解离性也有很大差别，因此，经简单的磨矿解离试验，或在显微镜下研究杂质矿物与高岭石的镶嵌关系就能对矿石的可选性做出评价。常用的方法是将高岭土磨到 325 目，配制成固含量 10% 左右的矿浆，加入分散剂使颗粒充分分散，沉淀 10～20min 得粗粒样品，再倾出悬浮液，经过滤得细粒样，用化学分析的方法确定粗、中、细三个样的成分，若成分差别较大（一般是细样质量好），说明可选性良好，否则可选性较差。

二、试验用高岭土的特征

本次研究中主要选取广东茂名水洗高岭土；另外，为了对比及降低生产成本也选用了大陆其他一些地区的高岭土，并研究了台湾和美国高岭土的一些特征。现将不同地区高岭土的主要特征介绍如下：

（一）广东茂名高岭土

1. 广东茂名高岭土的产出状态及成因

茂名高岭土主要属于风化残积型和近代现代海湾沉积亚型两种。前一种类型以沙田、大坡、浮山岭、白石矿等地为代表。这种矿床主要是花岗岩、混合岩风化而成。后一种类型以茂名盆地的山阁、霞池、文林、上洞、西涌等地为代表，矿体的分布范围为 25km² 左右，厚度达 20～60m，呈层状、似层状。主要含矿层为上第三系老虎岭组和黄牛岭组、尚村组，是我国目前发现的罕见的特大型沉积矿床。

据不完全统计，全市已发现高岭土矿床（点）共 58 个，分布在 48 个乡镇。其中以茂南区山阁、霞池、金塘；电白县的大同、西涌；高州市的沙田、顿梭以及化州市的打坡等地最为著名。根据勘探资料概算，目前，全市已探明高岭土工业储量大于 2.8 亿 t，占全国砂质高岭土总量的 40%，远景储量约 8 亿 t，可与世界规模最大的美国佐治亚的高岭土矿床相媲美。

2. 茂名高岭土特征

（1）茂名高岭土的化学成分

茂名高岭土的化学成分见表 12-2。

表 12-2　茂名高岭土化学成分（%）

矿石类型	SiO_2	Al_2O_3	Fe_2O_3	TiO_2	CaO	MgO	K_2O	Na_2O	烧失量	$-2\mu m$
原矿	87.40	8.23	0.32	0.16	0.14	0.05	0.32	0.07	2.87	13%
瓷土产品	51.25	33.80	0.66	0.25	0.15	0.06	1.62	0.08	11.47	30%
气刀级产品	48.20	35.83	0.53	0.24	0.12	0.02	0.35	0.06	13.60	75%
刮刀级产品	46.80	37.50	0.64	0.20	0.14	0.05	0.46	0.05	14.20	94%

（2）茂名高岭土的矿物成分

茂名高岭土原矿的矿物成分主要是高岭石和石英，有少量的伊利石、多水高岭石和长石。微量矿物有白云母、金红石、锐钛矿、褐铁矿、锆石、独居石、磁铁矿、电气石等。经过水洗选矿以后，高岭土产品的有害组分含量就非常低，在气刀级高岭土产品中，主要是高岭石，有少量的伊利石、多水高岭石和石英（图 12-5）。在刮刀级高岭土中，几乎全是高岭石，石英已很少存在，其他矿物已经不再存在。

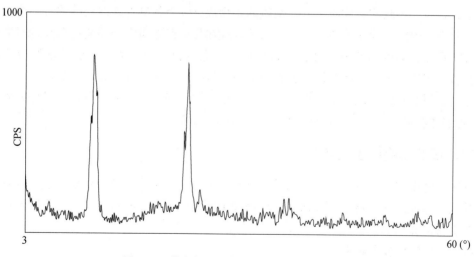

图 12-5　茂名气刀级高岭土的 X 射线曲线图

从表 12-2 和图 12-5 可以看出，茂名高岭土原矿 SiO_2 含量高，Al_2O_3 含量低，而水洗高岭土的 SiO_2 含量、Al_2O_3 以及 Si/Al 的比值和高岭石的理论值比较接近，Fe_2O_3、TiO_2、CaO、MgO、K_2O、Na_2O 的含量都很低，并且主要是高岭石，所以，茂名的水洗高岭土是优质的高岭土，对生产混凝土添加剂十分有利。

（二）山东新汶高岭土

1. 新汶高岭土化学成分

新汶高岭土化学成分见表 12-3。

表 12-3　山东新汶高岭土化学成分

样号	产地	Al$_2$O$_3$	SiO$_2$	Fe$_2$O$_3$	TiO$_2$	Loss
1号	南区	35.52	45.50	0.28	0.28	16.19
2号	北区	34.34	45.08	0.51	0.33	16.09

2. 新汶高岭土的矿物成分

新汶高岭土矿物由 X 射线衍射分析确定，分析结果是：1 号和 2 号样基本相同，主要由高岭石组成，在低角度区域（2θ 角 5°附近）有比较明显的衍射峰存在，说明样品中有一定数量的绿泥石等非高岭石类黏土矿物。X 射线衍射分析如图 12-6 和图 12-7 所示。

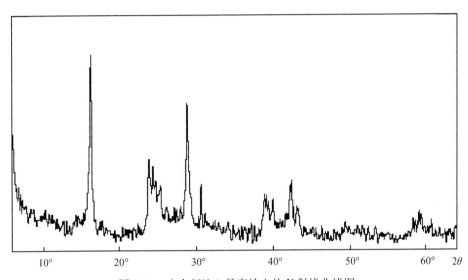

图 12-6　山东新汶 1 号高岭土的 X 射线曲线图

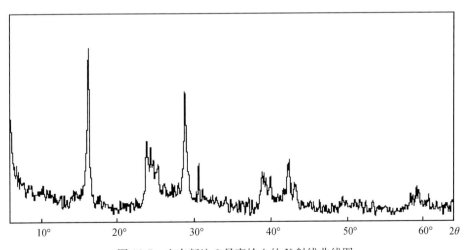

图 12-7　山东新汶 2 号高岭土的 X 射线曲线图

从表 12-3 和图 12-6、图 12-7 可以看出，新汶高岭土原料中含有比较多的非高岭石类黏土矿物（绿泥石），在 X 射线衍射图上，在 2θ 角 5°附近有明显的衍射峰出现，直接合成

4A 沸石样品的性能均比较差，需要添加外加剂。但是，由于生产混凝土添加剂比生产 4A 沸石对原料的要求稍低，而我们这次采用的新汶高岭土又比较细，所以推测新汶高岭土是生产混凝土添加剂比较好的原料，应在今后的研究中进行扩大研究和大规模的工业试验，争取使其早日用于工业生产。

（三）河南济源市宏达高岭土

1. 济源市宏达高岭土的产出状态及成因

河南济源市宏达高岭土所用原矿产于二叠纪含煤地层中，属全国罕见的高纯度沉积型硬质煤系高岭岩，探明储量 500 万 t 以上，该矿对高岭土与煤同时开采，有专人负责矿石开采和运输，保证了矿石质量的稳定。

2. 济源市宏达高岭土的化学成分

该矿高岭土矿石的突出特点是高岭石含量高、有害杂质含量低、矿石质量稳定，从而拓宽了它的利用途径，其化学成分见表 12-4。

表 12-4　济源市宏达高岭土矿石化学成分一览表

矿石类型	SiO_2 （%）	Al_2O_3 （%）	Fe_2O_3 （%）	TiO_2 （%）	K_2O （%）	Na_2O （%）	CaO （%）	MgO （%）	烧失量 （%）
1 号	45.1	38.56	0.35	0.71	0.15	0.18	0.57	0.25	14.34
2 号	45.4	38.18	0.37	0.81	0.20	0.20	0.65	0.25	14.13

（四）河南焦作高岭土

焦作矿区位于太行山南麓的河南省焦作市境内，是我国重要的无烟煤基地。矿区内高岭石黏土矿主要赋存在中石炭统本溪组，其次是二叠系下石盒子组、二叠系山西组二₁煤层夹矸及伪顶的高岭岩质量也较好，但因厚度薄、储量小而不具开采价值。

矿区内本溪组赋存有铁铝矾土、硬质黏土、高岭土和含砂高岭土，以及"山西式铁矿"、硫铁矿。本溪组的高岭土可以分为三个矿层，下矿层位于本溪组中下部，在新艾曲、南坡和西岭后矿段发育，矿层夹于铁质黏土岩中，呈透镜状至似层状，厚度小于 1～1.4m，矿石中含有大量铁质鲕粒；中矿层为本区主要含矿层位，储量占全区总储量的 90% 以上，矿层多为似层状，厚度 0.62～6m，主要分布在长山街、茶棚、大洼、西张庄、南坡、新艾区、西岭后一带；上矿层位于岩系上部砂岩之上，多夹在斑杂色泥岩中，厚度一般小于 0.6～0.9m，全区仅洼村一带形成有价值的矿床。

根据已提交的地质报告计算，矿区共获得高岭岩储量 1557.8 万 t。此外，在矿区东部和西部的广大范围内，仍有高岭土矿层分布，因此，焦作矿区煤系高岭土的远景储量巨大。

本区矿石主要为高岭土和砂质高岭土，灰白至灰绿色，被铁浸染后呈黄褐至红褐色，质软，粉末具有滑感，土状至蜡状光泽，不平整至似贝壳状断口，泥质构造或块状构造，遇水呈胶泥状，有的含铁质鲕粒、石英碎屑和黑色有机碳。高岭土主要由片状高岭石组成，含量在 80% 以上，$-2\mu m$ 粒级的高岭石含量达 90% 左右；其次为伊利石，含量达 10% 以下，粒度均小于 $1\mu m$；微量矿物为铁的氧化物、氢氧化物、叶蜡石、蒙脱石、埃洛石、水铝英石、石英、长石等。砂质高岭土的矿物组成与高岭土有所不同。矿区内各个矿点高岭土的化学成分见表 12-5。

表 12-5 河南焦作市高岭土矿石化学成分一览表

| 矿段 | 化学成分（%） | | | | | | | | | 高岭石含量（%） | 伊利石含量（%） |
	SiO₂	Al₂O₃	Fe₂O₃	TiO₂	CaO	MgO	K₂O	Na₂O	烧失量		
新艾曲	49.40	32.78	0.89	1.79	0.24	0.35	1.81	0.18	12.49	91.29	8.71
西岭后	56.93	28.07	0.64	1.52	0.60	0.22	1.63	0.14	10.19	86.77	13.28
洼村	47.11	33.97	1.26	1.88	—	—	—	—	12.67	100	0
交口	45.99	35.87	0.64	1.61	0.20	0.22	0.76	0.15	14.06	91.49	8.51
南坡	44.51	36.90	0.88	1.62	0.28	0.30	1.32	0.17	13.50	82.04	17.96
茶棚	44.13	36.90	0.82	1.86	0.28	0.39	0.89	0.16	12.76	97.06	2.94
长山街	46.12	36.29	0.61	1.60	1.02	0.48	1.30	0.29	13.56	90.05	9.95
西张庄	51.96	31.87	0.96	1.62	0.43	0.26	0.52	0.16	11.02	96.05	3.95
大洼	47.84	34.59	0.84	1.84	0.25	0.38	1.74	0.44	12.47	87.91	12.09
大刘庄	43.54	37.15	1.28	1.82	0.10	0.26	0.89	0.00	12.24	—	—
上白作	58.73	25.91	1.14	1.35	—	—	—	—	8.92	—	—

从化学分析结果可以看出，焦作煤系高岭土的质量总体上非常优良，其高岭石含量大多在 90% 以上，不足之处是 TiO_2 含量普遍较高，其次是个别矿段伊利石含量较高，达 10% 以上，甚至过渡为伊利石黏土岩。另外，局部矿体中石英含量较高，SiO_2 高达 50% 以上，转变为砂质高岭土。由于含有有机碳，影响了矿石的自然白度，白度最小值 41，最大值 69，一般为 50～60。

在本次研究中采用因地制宜的方法对不同地区的高岭土进行了有针对性的研究，采取同中求异的方法，找到各个地区高岭土生产混凝土添加剂的优势所在，为各地区生产混凝土添加剂提供丰富的原料保证。

第四节 偏高岭土制备条件的研究

高岭土作混凝土添加剂的工艺参数主要是煅烧高岭土原料的选择、磨矿细度、煅烧温度、保温时间、升温速度、降温速度、添加剂的选择等。本次针对这些技术关键进行了研究，以找到最合适的工艺参数为目的。

一、研究方法概述

1. 破碎和磨细

以高岭石为主要成分的岩石依其物理性质可分为软质、硬质和半软质高岭石黏土岩。软质高岭石黏土岩（如羊脂矸）遇水后立即分散成糊状，由于本身的粒径很小，因此，不必破碎和磨细，在一定温度条件下经煅烧提高其活性后就可制备混凝土添加剂。半软质高岭石黏土岩遇水后崩解成小片状，因此一般不需要破碎，在湿法磨矿的初期就能崩解。而煤系硬质高岭石黏土岩致密坚硬，块度较大，所以，必须采用破碎和磨矿两个步骤。

破碎的粒度以磨矿设备的要求而定，通常采用颚式破碎机即可。在实验室，我们采用小型颚式破碎机破碎矿石。

在磨矿时，可以采用球磨机（我们在实验室用小型球磨机磨矿），也可以用雷蒙磨。在制备混凝土添加剂时，对高岭土的粒度根据情况可以采用不同的磨矿设备。

2. 原料的选矿提纯

高岭土是在自然界的开放系统中沉积形成的天然矿物原料，其质量优劣不一，对于质量比较好的高岭土，我们可以直接作为生产混凝土添加剂的原料或经过简单手选加工后使用，例如济源高岭土、焦作高岭土等，而对于质量比较差的高岭土则要经过选矿处理，例如新汶的高岭土中含有较多的杂质，如长石、石英、伊利石、蒙脱石和云母等矿物，染色的铁、钛矿物及有机质，必须对原料进行选矿处理，尽可能地除掉这些杂质。

3. 煅烧加工

高岭土的煅烧有两个目的：一是用煅烧的方法破坏高岭石晶体结构，获得活性的 SiO_2 和 Al_2O_3 的不定形物；另一个目的是增加白度，以满足白色混凝土产品对白度的要求。

煅烧活化是本次研究的主要内容，放到后文做系统的研究，在此主要介绍煅烧增白问题。

铁、钛等着色元素及有机碳都是影响高岭土白度的主要因素。煅烧可以除掉高岭土中的绝大多数有机碳，使白度大大提高；在高岭土中加入某种氯化物或盐类物质，可使高岭土中的主要着色元素铁形成不呈色的铁矿物，提高偏高岭土的白度。

有机质在高温下易于燃烧，因此，煅烧是除去高岭土中有机碳最经济、有效的方法。煅烧除炭的影响因素主要有以下几个方面：①炭质及煤的变质程度，也可以叫有机质成熟度；②高岭石结晶程度及黏土的结构；③高岭土的细度；④煅烧温度；⑤保温时间；⑥煅烧气氛。升温速度与降温速度对煅烧除炭影响不大。一般情况下，煤层变质程度越高，伴生高岭石黏土岩有机质的成熟度越高，高岭石的结晶程度（有序度）也越高，除炭就越困难，需较高的煅烧温度、较大的细度和较长的保温时间。煅烧气氛对除炭影响很大，氧化气氛有利于炭质的燃烧脱除，还原气氛对除炭不利。在还原或弱氧化气氛下，高岭土中的有机碳可转变成 CO，当通风不佳、温度较低时，CO 分解成 CO_2 和分散状的炭质，这就是低温沉炭作用。正是由于这个原因，当煅烧温度较低，氧化气氛较弱时，产品表层呈灰色。

煤系硬质高岭石黏土岩比较致密，因此，高岭土的细度对煅烧除炭影响很大。一般情况下颗粒直径大于 0.1mm 的高岭土煅烧后白度较差，325 目或更细的高岭土烧后白度较高。应当指出，尽管有机质很易燃烧，但赋存于致密状高岭土中的有机质的完全脱除也是十分困难的。我们在实验中发现，325 目粉煅烧以后白度较高，但当进一步细磨到 800 目至 1000 目时，总是又分解出一部分有机质（在水中沉积时，这些有机质往往形成一个黑灰色夹层），有资料介绍，即使是磨细到 1250 目，也很难除掉高岭土中全部的有机碳。

当高岭土中的有机质基本烧掉以后，影响白度的主要因素就是铁、钛杂质，特别是铁对白度的影响更大，为了提高煅烧高岭土的白度，人们做了许多工作，大体可分做两类。一是在还原气氛下煅烧，将三价铁还原成二价铁，这样可大大削弱铁的呈色能力；二是在原料中加入某种添加剂，使铁形成一种不呈色的铁矿物或用添加剂将呈色铁矿物包裹起来，也可使铁形成可挥发性物质除掉。这些方法对生产高白度的混凝土产品都是很有效的。我们通过大量试验，选择了较理想的增白剂，当加入量为 0.1%～0.3% 时，有明显的增白效果，不经选矿处理的焦作 325 目高岭土，加增白剂煅烧后白度可达 94。

从以上分析可知，煅烧工序肩负着高岭土活化和增白的双重任务，影响因素很多，衡量煅烧条件好坏，应以偏高岭土的化学活性和白度为依据，并且以前者为主。偏高岭土活性的鉴定方法很多，如合成 4A 沸石的钙交换量、高岭土的吸蓝量等，用 Al_2O_3 浸出率作为活性指标较为方便、易行，也很可靠。

煅烧高岭土设备的种类很多，在本次研究中采用马弗炉和回转窑相结合进行研究，回转窑的装置原理与生产煅烧高岭土所用的立窑相似，故不赘述。

二、煅烧温度对混凝土强度的影响

该研究选用的是茂名气刀级高岭土，煅烧时均采用 St_1（min）升至所需温度，保温时间为 Bt_3（min），均为 Jt_8（min）降至 JT_1（℃）。19 号样、1 号样、2 号样和 3 号样煅烧曲线如图 12-8 所示，测试结果如表 12-6、图 12-9、图 12-10、图 12-11 和图 12-12 所示。

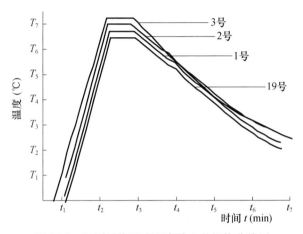

图 12-8　不同煅烧温度下高岭土的煅烧曲线图

表 12-6　煅烧温度对混凝土强度的影响

样号	煅烧温度（℃）	空白样强度（MPa）			煅烧样强度（MPa）			强度差值（MPa）		
		3d	7d	28d	3d	7d	28d	3d	7d	28d
19 号	T_6^1	41.8	48.0	57.5	42.5	57.0	68	0.7	9.0	10.5
1 号	T_6^2	46.1	58.4	68.1	50.4	64.1	78.8	4.3	5.7	10.7
2 号	T_6^4	41.8	48.0	57.5	43.7	54.2	68.9	1.9	6.2	11.4
3 号	T_7^3	41.8	48.0	57.5	43.5	60.8	64.4	1.7	12.8	6.9

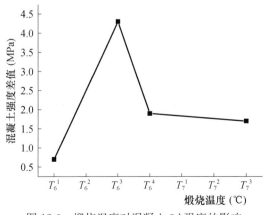

图 12-9　煅烧温度对混凝土 3d 强度的影响

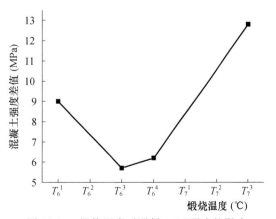

图 12-10　煅烧温度对混凝土 7d 强度的影响

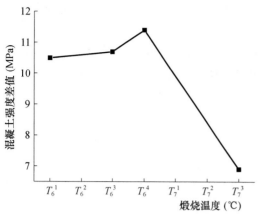

图 12-11　煅烧温度对混凝土 28d 强度的影响

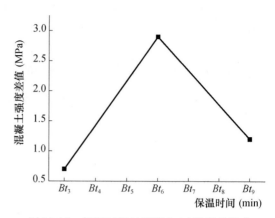

图 12-12　保温时间对混凝土 3d 强度的影响

从表 12-6 和上述各图可以看出，煅烧温度在 T_6^4 时，对混凝土强度有较大的增强作用，T_7^3、T_6^3 明显不如 T_6^4 条件对混凝土的增强效果好，所以将 T_6^4 作为最佳的煅烧温度条件。

三、保温时间对混凝土强度的影响

该组试验所选用的均是茂名气刀级高岭土，煅烧时均采用 St_1（min）升至所需温度，经过不同的保温时间后，均为 Jt_8（min）降至 JT_1（℃）。19 号、22 号、23 号样保温时间依次增大；煅烧曲线如图 12-13 所示，所不同的是保温时间（即与横轴平行的一段距离）不同。结果如表 12-7、图 12-14 和图 12-15 所示。

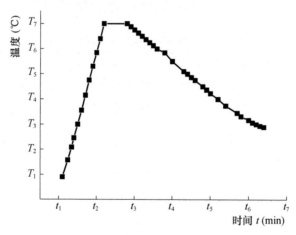

图 12-13　高岭土的煅烧曲线图

表 12-7　保温时间对混凝土强度的影响

样号	煅烧温度（℃）	保温时间（min）	空白样强度（MPa）			煅烧样强度（MPa）			强度差值（MPa）		
			3d	7d	28d	3d	7d	28d	3d	7d	28d
19 号	T_6^4	Bt_3	41.8	48.0	57.5	42.5	57.0	68	0.7	9.0	10.5
22 号		Bt_6				44.7	57.5	62	2.9	9.5	4.5
23 号		Bt_9				43.0	58.4	63.4	1.2	10.4	5.9

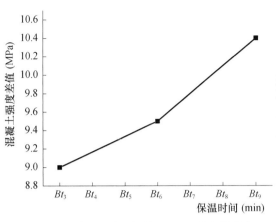

图 12-14 保温时间对混凝土 7 天强度的影响　　图 12-15 保温时间对混凝土 28 天强度的影响

以上数据表明，延长保温时间时，对早期强度发展有利，但对后期强度不利，考虑最终强度是最主要的指标和能源的节约，把保温时间定为 Bt_3 是最合理的。

四、不同地区高岭土对偏高岭土质量的影响

1. 新汶高岭土

在本次研究过程中，我们利用新汶 6250 目高岭土进行了生产混凝土添加剂的试验，试验结果见表 12-8。

表 12-8　新汶高岭土生产的混凝土添加剂样品的性能

样品性质	3d 强度（MPa）	7d 强度（MPa）	28d 强度（MPa）
空白样	41.8	48.0	57.5
用硅灰替代 10% 的水泥	43.7	55.8	67
用煅烧高岭土替代 10% 的水泥	45.6	59.1	66

由新汶高岭土作混凝土添加剂的测试结果表明，研究已经超过了现在市场上使用的硅灰（硅灰现在的销售价格约 2300 元/t）。新汶高岭土适合生产混凝土添加剂产品，建议进行放大试验或工业性试验，同时进行应用性试验和市场的调查研究工作，最后确定新汶高岭土在该领域应用的可行性。

2. 济源高岭土

本次采用济源 1250 目高岭土进行了混凝土增强试验，试验结果见表 12-9。

表 12-9　济源高岭土生产的混凝土添加剂样品的性能

样品性质	3d 强度（MPa）	7d 强度（MPa）	28d 强度（MPa）
空白样	41.8	48.0	57.5
用硅灰替代 10% 的水泥	43.7	55.8	67
用煅烧高岭土替代 10% 的水泥	45.1	57.7	70

由表 12-9 可以看出济源高岭土作混凝土添加剂无论是 3d、7d 还是 28d 强度都超过了硅灰。

不同地区高岭土对混凝土强度的影响的实质是高岭土综合质量对混凝土强度的影响。由于各地区高岭土的化学成分和矿物成分的不同，导致高岭土煅烧后所生成的偏高岭土活性的差异，从而使其对混凝土的强度的影响有所不同。

通过对茂名、焦作、新汶和济源等地区的高岭土作混凝土添加剂的研究表明，这些地区的高岭土都适合作混凝土添加剂，所以根据条件采用各地区高岭土的最佳工艺生产出符合要求的制品。这样既提高了高岭土产品的附加值，又弥补了中国大陆同类产品靠进口的空白。

五、不同粒度煅烧高岭土对混凝土强度的影响

为了研究不同粒度的煅烧高岭土对混凝土强度的影响，选用了焦作中站同兴高岭土公司提供的 325 目、1250 目高岭土（31 号、32 号）和焦作玄韩庙的 325 目、1250 目高岭土（35 号、36 号）进行了试验。试验测试结果见表 12-10。

表 12-10 不同粒度的煅烧高岭土对混凝土强度的影响

样号	煅烧温度（℃）	样品粒度（目）	空白样强度（MPa）			煅烧样强度（MPa）			强度差值（MPa）		
			3d	7d	28d	3d	7d	28d	3d	7d	28d
31 号	T_6^4	325	29.7	39.7	50.4	30.6	44.9	55.6	0.9	5.2	5.2
32 号		1250				30.4	44.2	60.8	0.7	4.5	10.4
35 号		325				30.8	42.8	59.4	1.1	3.1	9.0
36 号		1250				29.5	43.7	58.4	−0.2	4.0	8.0

通过表 12-10 可知，粒度对 3d 和 7d 强度没有大的影响，但是粒度细的（1250 目）的高岭土 28d 强度明显高于粒度粗的（325 目）高岭土对混凝土添加剂的影响。但是用玄韩庙的 325 目高岭土作为样品和用 1250 目高岭土的性能相当，所以还可以考虑在条件合适的情况下进一步降低对高岭土原料的粒度要求，以降低生产成本。

通过对不同煅烧温度、不同保温时间、不同升温速度、不同降温速度、不同产地和不同粒度的高岭土的增强试验研究表明在采用最佳的煅烧温度 T_6^4，最佳的保温时间 Bt_3 时，混凝土的增强效果最好；而升温速度和降温速度对混凝土的增强影响并不是很大，这需要因地制宜，并从节省能源的角度出发来确定最佳的升温和降温速度；对于不同地区的高岭土我们应根据运输费用和高岭土综合质量等多种因素进行合理的规划；对于粒度的影响，应该尽可能以降低生产成本为目的采用低粒度高岭土原料。

第五节 偏高岭土制备条件的系统研究

一、快速评价方法的选择

偏高岭土水化活性测试一般是用一定数量（如 10%）的偏高岭土替代相同数量的水泥，制备成混凝土，与不加偏高岭土的原始混凝土样品在相同条件下养护，然后，对比两

者28d强度来确定偏高岭土的质量（化学反应活性）。但是，该方法对偏高岭土水化活性的测试需要28d的时间，无法在生产过程中控制产品的质量；同时，在试验研究阶段，偏高岭土样品质量的评价时间也过长，严重影响研究的进度。所以，我们在系统研究偏高岭土制备条件以前，有必要首先确定偏高岭土质量的快速评价方法。

依据偏高岭土的 $Al_2O_3 \cdot 2SiO_2$ 与碱反应的原理，选用不同的化学试剂［NaOH、$Ca(OH)_2$］对上述所制得的偏高岭土进行化学滴定试验。

在本次研究中，我们让煅烧高岭土样品与 NaOH 和 $Ca(OH)_2$ 反应，用 NaOH 和 $Ca(OH)_2$ 的消耗量作为样品质量的衡量标准。

试验用样品是北京建筑工程研究院进行过混凝土增强试验后剩余的偏高岭土样，在测试后，对比碱吸收量与混凝土强度的相关性，如果相关性好，说明该方法可行，相关性不好，说明该方法不行。

我们用一定浓度的碱液（具体数值见表下注释）100mL，偏高岭土用量为10g（煅烧高岭土要求过量）。

在进行系统试验以前，我们先进行了预备试验，结果证明，在80～90℃的高温条件下，两个小时以后，偏高岭土对碱的吸收量不再增加，所以我们把试验条件定为80～90℃，2h，然后取样，对偏高岭土吸收过剩余的碱进行系统的滴定测试。

在测试 NaOH 和 $Ca(OH)_2$ 消耗量时，采用 HCl 滴定法。用 HCl 测试碱与偏高岭土反应后的剩余量，从而计算出碱的消耗量。

经过测定我们得出了混凝土测试强度与碱吸收量的相关性曲线图，如表 12-11 和图 12-16、图 12-17 所示。

表 12-11　化学滴定与混凝土强度分析对照表

样号	混凝土强度试验			10g 样品吸收 NaOH 量（g）	1g 样品吸收 $Ca(OH)_2$ 量（g）
	3d	7d	28d		
1	50.4	64.1	78.8	0.201	2.717
4	45.4	49.4	71.2	0.130	2.717
9	44.9	55.3	71.2	1.335	2.761
12	44.2	52.3	75.0	0.195	2.674

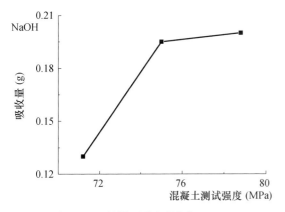

图 12-16　混凝土测试强度与 NaOH 吸收量的相关性曲线

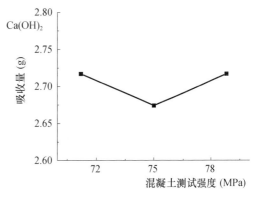

图 12-17　混凝土测试强度与 $Ca(OH)_2$ 吸收量的相关性曲线

由图中可以看出 NaOH 吸收量与北京建筑工程研究院测试的混凝土强度相关性非常好，而 $Ca(OH)_2$ 吸收量则明显偏离混凝土强度的测试结果，这说明 NaOH 浸泡法可作为偏高岭土活性评价的方法。

二、偏高岭土活性的系统研究

从上一节的试验及分析可知，NaOH 的消耗量与混凝土强度的测试结果比较吻合，但是对应测试的样品只有 4 个，可靠性比较差，所以，有必要进行进一步的研究。

由于混凝土测试时需要的样品数量比较大，我们在实验室做的样品数量比较少，所以，只有 1 号、4 号、9 号和 12 号样品的剩余样品数量比较多，可供快速测试研究使用，为了进一步确定 NaOH 的消耗量与混凝土强度的相关性，我们采用如下方法：重新做一批偏高岭土样品，用 NaOH 的消耗量的方法进行测试，然后总结最佳试验条件，如果新的测试方法得出的试验条件与混凝土强度法得出了相同的结论，说明新方法的测试是可信的；重新做样品的另一个目的是进一步验证试验条件的可靠性。

由于新试验时的温度、时间等条件的间距与上一批样品不同，所以，全部试验样品重新编号，并给样品编号前冠以 NH，表示 NaOH 的消耗量的测试方法。

1. 煅烧温度和保温时间对样品活性的影响

煅烧温度和保温时间是煅烧高岭土样品活性的主要影响因素，依据资料和以往研究经验，我们首先选择 A1、A4、A6 三个温度和 B1、B2、B3 三个保温时间水平进行试验，试验结果见表 12-12。

表 12-12　煅烧温度和保温时间的试验

样号	试验条件	HCl 消耗量（mL）	剩余碱浓度（%）	消耗碱浓度（%）	耗碱量（g）	耗碱量平均（g）
NH0	台湾样品（标样）	7.2	2.886	0.13	0.13	0.13
NH1	A6，B1	7.4	2.966	0.005	0.05	
NH2	A6，B2	7.4	2.966	0.005	0.05	0.05
NH3	A6，B3	7.4	2.966	0.005	0.05	
NH4	A4，B1	7.0	2.806	0.21	0.21	
NH5	A4，B2	7.3	2.926	0.09	0.09	0.14
NH6	A4，B3	7.2	2.886	0.13	0.13	
NH7	A1，B1	7.3	2.926	0.09	0.09	
NH8	A1，B2	7.4	2.966	0.05	0.05	0.09
NH9	A1，B3	7.2	2.886	0.13	0.13	

从表 12-12 可以看出，A4 是最佳煅烧温度，保温时间以 B1 为最好。所以进一步试验，应该是缩小温度区间。

2. 缩小煅烧温度和保温时间区间的试验

从表 12-13 可以看出，A5 明显不如 A2 条件对样品的活性有利，再结合上表结果，A4 和 A2 条件下煅烧样品的活性差别不大，所以将 A3 [A3＝（A2＋A4）/2] 作为最佳的煅烧温度条件。

表 12-13 缩小煅烧温度和保温时间区间的试验

样号	试验条件	HCl 消耗量 (mL)	剩余碱浓度 (%)	消耗碱浓度 (%)	耗碱量 (g)	耗碱量平均 (g)
NH10	A5，B1	7.3	2.921	0.08	0.08	
NH11	A5，B2	7.3	2.921	0.08	0.08	0.12
NH12	A5，B3	7.0	2.801	0.20	0.20	
NH13	A2，B1	7.1	2.841	0.16	0.16	
NH14	A2，B2	7.3	2.921	0.08	0.08	0.15
NH15	A2，B3	7.0	2.801	0.20	0.20	

3. 高温阶段保温时间的影响试验

从表 12-14 可以看出，在自然升温，急速降温条件下，保温 B1 的样品的耗碱量最高，化学反应活性最好，所以，将 B1 作为最佳的保温时间。

表 12-14 高温阶段保温时间的影响试验

样号	试验条件	HCl 消耗量 (mL)	剩余碱浓度 (%)	消耗碱浓度 (%)	耗碱量 (g)
NH20	自然升温，急速降温，保温 B1	17.8	2.851	0.151	0.151
NH21	自然升温，急速降温，保温 B2	18.0	2.883	0.119	0.119
NH22	自然升温，急速降温，保温 B3	18.3	2.931	0.071	0.071

4. 保温时间的影响试验

从表 12-15 可以看出，停电以后的保温时间对煅烧高岭土的化学反应活性有很大的影响，停电以后 C1 小时已经可以得到比较好的样品，停电以后 C2 小时，样品的质量已经很好，所以可以把 C2 小时作为最佳条件，应该注意的是 NH25 号样品出现奇点，以后重复验证。

表 12-15 降温时间的影响试验

样号	试验条件	HCl 消耗量 (mL)	剩余碱浓度 (%)	消耗碱浓度 (%)	耗碱量 (g)
NH23	自然升温，保温 B1，停电后到取出的时间 C1	17.7	2.833	0.169	0.169
NH24	自然升温，保温 B1，停电后到取出的时间 C2	17.5	2.801	0.201	0.201
NH25	自然升温，保温 B1，停电后到取出的时间 C3	18.2	2.913	0.089	0.089

测试条件：NaOH，0.7502mol/L，3.002%；HCl，0.2001mol/L

5. 降低样品粒度要求的试验

以前的试验用的都是 1250 目高岭土，为了降低生产成本，我们进行了降低高岭土细度要求的试验，又考虑到煤系高岭土利用的可能性，我们选用济源生产的 800 目高岭土作为样品，同时对其他因素也作了相应的调整，试验条件和试验结果见表 12-16。

表 12-16　降低样品粒度要求的试验（济源，800 目样品）

样号	试验条件	HCl 消耗量（mL）	剩余碱浓度（%）	消耗碱浓度（%）	耗碱量（g）
NH25	A1，B1，自然升温，自然降温	18.0	2.881	0.121	0.121
NH27	A2，保温 B1，自然升温，自然降温	17.7	2.833	0.169	0.169
NH28	A5，保温 B1，自然升温，自然降温	18.5	2.961	0.041	0.041
NH29	A3，保温 B1，自然升温，自然降温（小炉）	17.6	2.817	0.185	0.185

测试条件：NaOH，0.7502mol/L，3.002％；HCl，0.2001mol/L

注：NH29 为在小马弗炉中煅烧样，其他均为在大马弗炉中煅烧样

从表 12-16 可以看出，用济源生产的 800 目高岭土作为样品和用茂名 1250 目的气刀级高岭土的性能相当，所以还可以考虑进一步降低对高岭土原料的粒度要求。

从上述研究结果比较可以看出，在共同考察的最佳煅烧温度、保温时间、升温速度、降温速度和原料粒度等几个方面都得出了相同或相似的结论，所以，用 NaOH 的消耗量作为偏高岭土活性（产品质量）的快速测试方法是可行的。

第六节　偏高岭土应用

一、偏高岭土的结构

活性高岭土（偏高岭土）是由高岭土在适当温度下脱水形成的产物，而高岭土是黏土矿物，因此活性高岭土属于人工火山灰中的烧结黏土材料，但它又不是一般意义上的烧结黏土材料。由于其水化活性高，国外许多国家已对其进行了较广泛的研究，并用制造出各种胶凝材料制品，而国内还未见有关该课题研究与应用的文献。由核磁共振分析结果得出的偏高岭土结构示意图如图 12-18 所示。

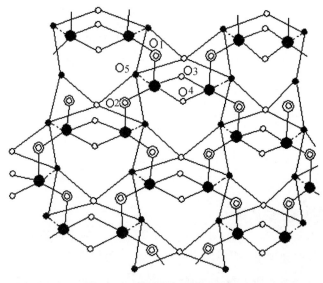

图 12-18　偏高岭土结构示意图

○—硅原子；●—铝原子；○—氧原子；·—层面上的氧原子

二、偏高岭土的应用领域

由于混凝土是一个复杂的多相体系，偏高岭土的加入，对混凝土的其他性能有一定影响，所以，应该将它和其他原料复配制成复合型混凝土添加剂使用。

用作生产混凝土添加剂的高岭土，应该有较高的高岭石含量，伊利石和蒙脱石等黏土矿物的存在，相当于在该混凝土中加入了土或未淘洗的砂，由于黏土矿物的表面积很大，将消耗较多的水泥熟料，从而使制品强度降低，所以，应严格控制伊利石、蒙脱石等其他非高岭石族黏土矿物的含量。应该指出，煅烧不充分的高岭土也将起到这种坏的作用。但是在该用途中，非金属加工业中十分讨厌的 Fe_2O_3 倒成了有用矿物，其含量可以不做要求。磨矿细度 400 目可满足要求，煅烧条件和高岭土生产分子筛、聚合铝、氧化铝的煅烧条件基本相同。

偏高岭土的用途有混凝土添加剂、矿井锚喷支护、白色混凝土添加剂等。在这次研究中主要对其作混凝土添加剂的原理、方法和工艺进行研究，确定它的增强效果，并对增强机理和过程等理论问题做了适当的探索性研究。

本次研究，重点对偏高岭土作混凝土添加剂进行了研究，找到了合适的工艺参数，试验表明其效果非常好。

喷射混凝土是一种具有特殊性能的混凝土材料，近年来发展迅速，应用日益广泛，建筑物的加固及结构修复，热工窑炉衬里的施工等都应用此种喷射混凝土，尤其在地下隧道、矿山井巷支护中，这种锚喷支护技术应用的比例越来越高。但喷射混凝土与其他混凝土一样，具有脆性大、塑性低等特点，这就使喷射混凝土在井巷锚喷支护中产生以下缺点：①不能适应巷道变形，因而使喷层易脱落，限制了喷射混凝土在矿井开采深度大、围岩压力大、围岩变形大的井巷中的使用；②施工中回弹率高，粉尘大，作业环境差。

近年来有些学者利用玻璃纤维、硅灰等掺加到喷射混凝土中以改善混凝土的塑性，并取得了一定的效果。本次实验研究将偏高岭土掺加到硅酸盐水泥中，配以外加剂，制成一种强度高、塑性大的喷射混凝土，这种混凝土具有原料广、成本低、配制过程简单等特点，可广泛应用于目前巷道（隧道）支护工程。

对白色混凝土添加剂的研究，主要研究了原料的选择。原料选择南方的水洗高岭土比北方的煤系高岭土要经济得多。因为，北方的高岭土为黑色，含碳量太高，而除碳所需的费用相对较高。南方的水洗高岭土本身的白度就很高，所以免去了除碳所需的大量费用。

三、偏高岭土对混凝土结构及性能的影响

根据上述，把高岭岩或高岭土加工成适当粒度的细粉，采用合适的工艺，在 $500\sim950℃$ 的温度下煅烧，就制备成了偏高岭土。偏高岭土的主要技术指标是化学反应活性，即在常温常压下和 $Ca(OH)_2$ 反应的能力。影响偏高岭土活性的主要因素有高岭土（岩）的纯度，磨矿的细度，煅烧的温度、时间、气氛、升温速度等因素，只要控制好上述因素，就能生产出高活性的偏高岭土。

加入偏高岭土的硅酸盐水泥水化硬化后，其水泥石中 $Ca(OH)_2$ 含量大大减少了，C-S-H 含量相应增多，同时形成硅酸盐水泥水化产物中不存在的 C_2ASH_8。法国的 Bredy 等微观分析表明，此时水泥石中结晶物质数量比不加偏高岭土时要少，水泥石中孔径尺寸趋于

变小，但掺量超过 20％后孔隙率要高于未掺偏高岭土的水泥。法国的 Ambroise 等人的研究，也发现与上述一致的结果。澳大利亚的 Ray 等则用含量为 40％的偏高岭土混合水泥做成砂浆试体，在 175℃下压蒸养护，发现 C-S-H 中铝的取代现象很明显，就像是加入了水铝矿。法国的 Pera 与 Murat 等还发现，AS_2-CH-水体系中 62d 的强度与 C-S-H、C_2ASH_8 的形成量呈线性关系，其中 C-S-H 的含量是决定性因素。

通常认为，晶体键合材料比凝胶型材料的强度更高，但实际上晶型的复合材料强度要低于凝胶型材料。这与凝胶向晶体转变所产生的体积变化有关；当脆性基材中凝胶向晶体转化时，体积增大。这种转化的结果是增加了连通孔及发生微裂纹，这又导致强度降低。因此，缝隙空间的填充程度是强度高的主要依据。

偏高岭土也可用于高铝水泥中，抑制其水化产物的转化。高铝水泥水化产物 CAH_{10} 及 C_2AH_8 是介稳相，会转变为立方晶格的 C_3AH_6 稳定相，在湿热条件下转化速度更快。相转变时，放出大量游离水，固相体积减小，孔隙率增加，引起强度下降，并易受硫酸盐溶液浸蚀。因此高铝水泥不作结构材料使用。英国研究人员发现，含偏高岭土或含矿渣的高铝水泥，其水化产物水化铝酸钙介稳相在潮湿环境中可生成 C_2ASH_8，可防止由于晶型转化引起强度损失，克服了高铝水泥的耐久性问题，最终有可能作为结构材料使用。

偏高岭土还有延缓水泥石自动收缩的作用。自动收缩是胶凝材料在一定温度下没有任何重量变化的一种收缩现象。50 年前 Davis 就指出，自动体积变化对大坝混凝土有重大影响。日本的研究人员发现，用拒水粉处理过的偏高岭土及硅粉分别掺入水泥后，都可减少水泥石的自动体积收缩。最新研究表明，自动体积收缩与干缩相反，随水灰比减少而增加，水泥石结构变得更密实。上述材料的作用可能是因为增大了固相与孔中水的接触角，从而减少了孔中水的负压作用。

第七节　年产 10 万吨偏高岭土项目的可行性分析

近几年来，在山东、安徽、河南、河北、山西、内蒙古、湛江、茂名、北海等地出现了一些偏高岭土生产厂家。国内偏高岭土企业的特点有二：第一，所用原料都是煤系硬质高岭土或者叫做高岭岩，到目前为止，国内还没有利用风化型高岭土生产偏高岭土的先例。第二，国内多数偏高岭土生产企业的技术建立在"轻烧黏土"的基本概念上，产品质量很差，不能用作高性能混凝土的矿物外加剂（或称掺合料）。

山西和内蒙古各有一家高岭土公司利用国外技术生产白色偏高岭土，但是，由于煤系高岭土中的碳含量高，偏高岭土煅烧温度低等原因，产品仍然呈现灰白色，且白度不稳定，造成产品定位高不成低不就的窘况。

焦作市煜坤矿业有限公司和河南理工大学合作研究了偏高岭土生产技术，通过了河南省科技厅组织的鉴定，技术水平达到国际先进水平，并获河南省科技进步奖。焦作市煜坤矿业有限公司利用该项研究成果建设了一个年产 1 万 t 的偏高岭土厂，产品质量稳定，生产成本较低，比较适合中国市场。

风化型高岭土生产偏高岭土在原理和技术等方面与煤系高岭土类似，作者曾利用茂名和湛江风化型高岭土的刮刀土、气刀土和陶瓷级高岭土产品做过制备偏高岭土的试验，制备条件和样品的活性指数指标都和煤系的优质高岭土生产的产品相当。同时，风化型高岭土中有机碳含量很少或不存在，使得生产白色偏高岭土时更具优势。

作者试图依据硬质高岭土生产偏高岭土生产线的建设经验和对风化型高岭土的了解，介绍风化型高岭土生产偏高岭土工业化的几个重点问题。

一、市场需求分析

偏高岭土在水泥和混凝土中的作用和应用前景已经得到了众多专家的肯定，用偏高岭土经激发所得的麦特林水泥具有良好的力学性能、耐腐蚀耐久性好、耐高温耐热、界面结合强度高、能固定有毒离子、水化热低、体积稳定性好、化学收缩小、生产过程污染小等特点，使用寿命可达 100 年以上，是一种新型的生态水泥，可广泛应用于高强高性能混凝土及轻质混凝土、预应力混凝土、纤维混凝土及耐腐蚀混凝土等方面，发展前景不可估量。

据目前得到的市场信息，德国、日本、韩国、香港、澳大利亚、以色列等国家和地区都有比较大的偏高岭土市场需求。

在国内，由于中国的市场不很规范，低档次的活性矿物掺合料往往冲击高质量产品的市场，国内高档次偏高岭土的市场刚刚起步，只有在一些大型混凝土工程，例如体育场馆、机场跑道、涵洞、跨海大桥和军事工程等得到了使用，白色偏高岭土已经在建筑装饰领域开始使用。

据今为止，偏高岭土的确切用量还没有权威的统计和报道，所以，我们只能进行宏观的技术分析和依据现有商业信息中总结。

我国每年水泥用量为 15 亿 t 左右，高强高性能混凝土约占混凝土总量的 20％，既高强高性能混凝土所用水泥 3 亿 t，在高强高性能混凝土中，偏高岭土的用量约占水泥的 10％，既每年国内对偏高岭土产品的潜在需求量约为 3000 万 t！

与偏高岭土同属高性能混凝土矿物外加剂的产品还有硅灰、磨细沸石、磨细矿渣和超细粉煤灰 4 种，考虑到各种材料都具有自身的优势和劣势，偏高岭土凭借高活性、保水性、抗盐碱性等独特性能，应该能够占据较大的市场份额。

二、市场价格分析

1. 普通偏高岭土产品价格

我国是硅铁产品生产大国，在硅铁和金属硅生产过程中，从烟囱中回收的微粉称之为"SiO_2 微粉"或"硅灰"，它也具有很高的化学反应活性，所以，国内用作高性能混凝土矿物外加剂的主要是"硅灰"产品，现在，1 级硅灰的销售价格约 2500 元/t（有些硅灰价格很低，但质量差，不能和偏高岭土进行价格比较）。从替代硅灰的角度考虑，白度很低或者说不考虑白度的偏高岭土产品在国内的市场价格约为 2500 元/t。

2. 白色偏高岭土产品价格

从台湾得到的偏高岭土白度为 71，细度在 400 目左右（粒度分布：$-2\mu m$，14.1％；$-4\mu m$，27.3％；$-6\mu m$，36.0％；$-8\mu m$，41.5％；$-10\mu m$，50.9％；$-35\mu m$，98.0％；$-38\mu m$，100％），活性指数为 105 左右，价格为 4500 元/t。

德国某公司的白色偏高岭土产品，白度为 82，活性指数为 117，在我国的零售售价格为 8500～1200 元/t。

从以上资料分析，考虑该产品刚刚进入市场，需要向用户适当让利等因素，利用风化型高岭土生产的高活性白色偏高岭土产品在国内的销售价格应该在 3500 元/t 为宜。

计算经济效益时，原料用气刀土，售价按照白色偏高岭土计算。

三、投资概算

投资概算按照年 10 万 t 偏高岭土规模计算。

（1）开办费：1000 万元（技术转让费、设计费、培训费和环评费等）；

（2）流动资金：2000 万元；

（3）土地和土建投资：2880 万元，详细情况见表 12-17；

（4）设备和安装费用：3680 万元，详细情况见表 12-18。

总投资（合计）：10060 万元。

表 12-17　土建项目投资汇总表

序号	项目名称	单位	数量	单价	总价（万元）
1	土地	亩	60	30 万元/亩	1800
2	生产车间	m²	4000	1200 元/m²	480
	仓库	m²	5000	4000 元/m²	200
3	给水排水	—	—	—	200
4	道路、绿化、化验、生活	—	—	—	200
合计				2880 万元	

表 12-18　设备和安装费用概算

序号	设备名称	数量	单价（万元）	总价（万元）
1	打散机	4	25	100
2	混合机	4	20	80
3	内热式煅烧窑	2	1200	2400
4	打散机	4	25	100
5	高位料仓	4	30	120
6	低位料仓	4	30	120
7	斗式提升机	4	5	20
8	除尘器设备	2	30	60
9	供电	—	—	100
10	包装机	6	10	60
11	安装费			300
12	其他	—	—	200
合计		—	—	3680

四、经济效益分析

1. 产品出厂价格

产品平均含税出厂价按 3500 元/t 计。年销售收入为：

$$3500 \text{ 元/t} \times 10 \text{ 万 t} = 35000 \text{ 万元}$$

2. 生产成本

偏高岭土生产成本计算见表 12-19。

表 12-19 偏高岭土生产成本计算表

序号	项目	单位	单价（元）	单耗	每吨成本（元）
1	气刀土	元/t	1250	1.3	1625
2	煅烧成本	元/t	—	—	200
3	包装	个	1.4	50	70
4	维护费	元/t	—	—	10
5	工资	元/t	—	—	50
合计		—	—	—	1995

3. 税金

综合税率按产值的 13% 计，年上缴税金为：

$$35000 \text{ 万元} \times 13\% = 4550 \text{ 万元}$$

4. 销售费

销售费用以产值的 5% 计，年销售费用为：

$$35000 \text{ 万元} \times 5\% = 1750 \text{ 万元}$$

5. 管理费

管理费用以产值的 5% 计，年管理费用为：

$$35000 \text{ 万元} \times 5\% = 1750 \text{ 万元}$$

6. 财务费

财务费以产值的 5% 计，年财务费用为：

$$35000 \text{ 万元} \times 5\% = 1750 \text{ 万元}$$

7. 利润

$$利润 = 销售收入 - 生产成本 - 税金 - 销售费 - 管理费 - 财务费$$
$$= 35000 - 1995 \text{ 元/t} \times 10 \text{ 万 t} - 4550 - 1750 - 1750 - 1750$$
$$= 5250 \text{ 万元}$$

8. 投资回收期

$$总投资 \div 年利润 + 1 \text{ 年建设期}$$
$$= 10060 \div 5250 + 1$$
$$\approx 2.9 \text{ 年}$$

五、环境影响评价

环境保护是我国的一项基本国策，是关系到国计民生、造福子孙的大事。本项目贯彻执行《中华人民共和国环境保护法》，执行建设项目"三同时"的原则。保护环境、美化环境，创一流企业、一流产品、一流环境。

1. 主要污染源介绍

（1）废水

偏高岭土采用干法生产，没有工业废水排放。

生活废水主要来自办公、卫生间等生活设施，生活污水排放对环境影响不大。

（2）废气

主要来自煅烧设备。

（3）粉尘

本项目的粉尘飘尘点主要为：打散机、混合机机和包装机。

（4）噪声

噪声污染源主要来自打散机及辅助生产设备运行时产生的噪声。

2. 污染防治依据

《中华人民共和国环境保护法》；

《污水综合排放标准》（GB 8978—1996）；

《工业企业厂界环境噪声排放标准》（GB 12348—2008）；

《声环境质量标准》（GB 3096—2008）；

《锅炉大气污染物排放标准》（GB 13271—2014）。

3. 综合利用及治理方案

（1）废水处理

对生活污水经化粪池处理后排入厂区污水系统。

（2）废气治理

本项目为回转窑提供热源的燃气热风炉采用天然气为燃料，热值高、燃烧充分、易于控制，设备带有燃烧控制检测装置，燃烧排出的烟气通过烟囱排出，不会对环境产生污染及有害影响。

（3）粉尘治理

本项目在设备操作飘尘点按设备、分单元设置高压脉冲布袋除尘器，全部采用负压操作，使排尘浓度小于 $50mg/m^3$，达到国家粉尘排放标准。

（4）噪声治理

在设备选型时即选用噪声较低的产品，并在设备上配置减振装置和消声器，同时在工艺设计时考虑集中布置的方法，并在建筑上做隔离、隔声、吸声处理。通过采取上述措施，可满足《工业企业厂界环境噪声排放标准》（GB 12348—2008）规定。

第八节　结　语

1. 偏高岭土具有巨大的市场潜力和投资价值

偏高岭土产品的开发价值和市场潜能可以从两个方面论证：

（1）偏高岭土市场的宏观分析。偏高岭土的重要应用领域是水泥混凝土，它在混凝土中具有保水、增强、抗渗、抗碳化、抗氯离子渗透、抗收缩等诸多优良性能你，在混凝土中的用量是水泥量的 10% 左右。我国每年水泥产销量为 15 亿 t 左右，如果有 20% 的水泥用于生产高强高性能混凝土，其中有一半用偏高岭土，那么，我国每年的偏高岭土需求量是 1500 万 t！

（2）偏高岭土性能与竞争力分析。偏高岭土是一种优良的"高强高性能混凝土用矿物掺合料"，其中的无定形 Al_2O_3 和 SiO_2 具有很高火山灰活性（化学反应活性）。目前，高强高性能混凝土用矿物掺合料共有 4 种，即超细粉煤灰、磨细矿渣、磨细沸石和硅灰。

从性能分析，超细粉煤灰和磨细矿渣的活性比较低，不具有和偏高岭土竞争市场的可能；优质磨细沸石和一级硅灰的活性略低于偏高岭土，可以与偏高岭土竞争市场，但是天然沸石资源有限，特别是纯净的天然沸石资源更少，以至于在去年的"高强高性能混凝土用矿物掺合料"编制修编时，不少专家以供货不足为理由，要求在新标准中去掉磨细沸石品种；硅灰是碳化硅、硅铁等工业的副产品，每个企业的产量都很有限，收集起来形成一定规模，由此而来的就是质量稳定性问题。此外，硅灰密度太小，运输成本高，施工时搅拌困难，需水量大，收缩大，由于上述诸多劣势，使得硅灰的竞争力下降，而偏高岭土不但在上述诸多方面具有优势，而且，利用风化型高岭土生产的偏高岭土为白色，可以用于白色和彩色的混凝土及砂浆领域，优势更为显著。

（3）从偏高岭土开发阶段分析。第一，到目前为止（2016 年 8 月）我国尚无偏高岭土的国家标准或行业标准，唯一的一个偏高岭土标准是焦作市煜坤矿业有限公司的企业标准（QB/YK01—2008），从此信息足见偏高岭土产品开发处于初期阶段。第二，尽管国内的生产厂家很多，但是绝大多数是原来的轻烧黏土产品，按照《高强高性能混凝土用矿物掺合料》标准中的检测方法评价，它们不但不会增加混凝土的强度，而且会降低混凝土的强度，根本不能用作"高强高性能混凝土用矿物掺合料"，不具竞争资格。

综合上述分析偏高岭土具有巨大的市场潜力和投资价值。

2. 风化型高岭土生产白色偏高岭土具有先天性优势

北方煤系高岭土、南方风化型高岭土和蚀变型高岭土都可以生产偏高岭土产品。但是，相比之下，只有南方风化型高岭土最适合生产白色偏高岭土。

第一，我国南方和东南亚有少量白色的蚀变型高岭土，经过我们的试验可以生产偏高岭土，但是，这种矿石本身的开采和运输费用决定了它比较高的价格，同时，它需要超细磨矿，进一步提高成本，并且，该类高岭土资源量有限，对于一个庞大的偏高岭土市场而言，竞争力有限。

第二，北方煤系高岭土资源丰富，价格低廉，但是，煤系高岭土中含有一定数量的分散有机质，在生产偏高岭土的低温条件下很难把其中的有机碳烧掉，经过我们的低温快速脱碳试验，我们发现了几种低温脱碳剂，但是，有的脱碳剂含有氯，对设备有害，有的脱碳剂含有重金属，对人体有害，到目前为止，我们还没有找到对设备、人体和环境都无害的脱碳剂，在此条件下，北方煤系高岭土要想生产白色偏高岭土，就必须用更长的煅烧时间，由此带来的负面影响是产品活性降低、成本提高和设备产能的大幅度降低，这个结果是不可接受的。所以，可以得出结论：在现今技术经济条件下，北方煤系高岭土不适合生产白色偏高岭土。

综上所述，风化型高岭土生产白色偏高岭土具有得天独厚的先天优势。

3. 偏高岭土应用技术研究是一个重要方向

问题很简单，偏高岭土处于开发应用的早期，市场空间巨大，前景无限。同时，市场的适应性、接受程度都比较低，需要进行应用市场和应用领域的开发，例如高强高性能混凝土、海工混凝土、高速公路用混凝土、机场跑道用混凝土、军事工程、地下工程等应用领域。

由于技术转让的限制，本章只是从原理、原料、影响因素和检测方法等方面介绍了偏高岭土的生产技术，希望能给读者一定帮助，而没有公布偏高岭土生产的实际数据，也没有公开最新的偏高岭土质量快速检测方法，敬请包涵。

参考文献

［1］李凯琦等．煤系高岭岩及深加工技术［M］．北京：中国建材工业出版社，2001：1-30，156-161.

［2］吴铁轮．我国高岭土行业现状及发展前景［J］．非金属矿，2000（2）：46-48.

［3］袁树来．中国煤系高岭岩加工利用［M］．北京：中国建材工业出版社，2000：1-11.

［4］南京化工学院等校合编．水泥工艺原理［M］．北京：中国建筑工业出版社，1980：3-7.

［5］向才旺等．水泥应用［M］．北京：中国建材工业出版社，1999：1-3.

［6］重庆建筑工程学院，南京工学院．混凝土学［M］．北京：中国建筑工业出版社，1981：2-6.

［7］Razak，H. Abdul. Strength estimationmodel for high-strength concrete incorporatingmetakaolin and silica fume. *Cement and Concrete Research*，2005. 35（4）：688-695.

［8］陈寒斌，陈剑雄，等．煅烧细磨煤矸石作高性能混凝土掺合料的研究［J］．建筑石膏与胶凝材料，2002：10-11.

［9］Zongjin Li，Zhu Ding. Properly improvement of Portland cement by incorporating withmetakaolin and slag. Cement and Concrete Research，2003，33（4）：579-584.

［10］杨蔚清．硅粉、脱水高岭土及低钙粉煤灰对混凝土耐化学性的影响［J］．江苏建材，2003：10-12.

［11］沈钟，王国庭．胶体与表面化学［M］．北京：化学工业出版社，2003：313-379.

［12］丁铸，张德成，王向东．偏高岭土火山灰活性的研究与利用［J］．硅酸盐通报.1997（4）：57-63.

［13］谌祺，严春杰，等．不同产地高岭土的结晶形态和有序度的研究［J］．电子显微学报，2002.

［14］刘菁．茂名高岭土的造纸涂布性能研究［J］．矿产综合利用，2001（4）：31-34.

［15］余琳．茂名高岭土资源的特点及其开发利用［J］．国土与自然资源研究.1999（2）：53-54.

［16］蔡建．茂名地区高岭土资源开发利用［J］．非金属矿，2001，24：36-38.

［17］E. BADOGIANNIS；G. KAKALI；G. DIMOPOULOU. Metakaolin as amain cement constituent. Exploitation of poor Greek kaolins. Cement & concrete composites，2005，27（2）：197-203.

［18］H. S. Wong，H. Abdul Razak. Efficiency of calcined kaolin and silica fume as cement replacementmaterial for strength performance. Cement and Concrete Research，2005，35（4）：696-702.

［19］肖仪武，白志民．煅烧高岭土的火山灰活性［J］．矿冶，2001，10（3）：47-51.

［20］S. T. Lee，H. Y. Moon，R. D. Hooton. Effect of solution concentrations and replacement levels ofmetakaolin on the resistance ofmortars exposed tomagnesium sulfate solutions. Cement and Concrete Research，2005，35（7）：1314-1323.

［21］Ivan Smallwood，Stan Wild，Edwardmorgan. The resistance ofmetakaolin（MK）-Portland cement （PC）concrete to the thaumasite-type of sulfate attack（TSA）--Programme of research and preliminary results. Cement & concrete composites，2003，25（8）：931-938.

［22］许霞．影响煅烧高岭土物化性能的煅烧工艺研究［D］．北京：北京工业大学，2001.

［23］寒斌，陈剑雄，等．煅烧细磨煤矸石作高性能混凝土掺合料的研究［J］．建筑石膏与胶凝材料，2002（5）：10-11.

［24］Chi-Sun Poon，Salman Azhar，Mike Anson. Performance ofmetakaolin concrete at elevated temperatures. Cement & concrete composites，2003，25（1）：83-89.

［25］郑水林，李杨，许霞．煅烧时间对煅烧高岭土物化性能影响的研究［J］．非金属矿，2002，25（2）：17-19.

[26] 郑水林，李杨，许霞．升温速度对煅烧高岭土物化性能的影响 [J]．非金属矿，2001，24（6）：15-16．

[27] Karl J. Bois, Reza Zoughi. A Decision Process Implementation formicrowave Near-Field Characterization of concrete Constituentmakeup, Subsurface Sensing Technologies and Applications：Springer Science+Businessmedia B. V., Formerly Kluwer Academic Publishers B. V., 2001, 2（4）：363-376.

[28] Chi-sun Poon, Salman Azhar. Deterioration and Recovery ofmetakaolin Blended Concrete Subjected to High Temperature. Fire Technology, 2003, 39（1）：35-45.

[29] Shreeti S. Mavinkurve, Prablr C. Basu, Vijay R. Kulkarni. High performance concrete using high reactivitymetakaolin. The Indian Concrete Journal, 2003, 77（5）：1077-1085.

[30] Badogiannis, E., Kakali, G., Dimopoulou, G., et al. Metakaolin as amain cement constituent. Exploitation of poor Greek kaolins. Cement and Concrete Research in Greece, 2005, 27（2）：197-203.

[31] 钱晓倩，詹树林．掺偏高岭土的高性能混凝土物理力学性能研究 [J]．建筑材料学报，2001，4（1）：75-78．

[32] 文寨军，范磊，隋同波，等．偏高岭土的水活化及性能研究 [J]．建材技术与应用，2002（5）：3-6．

[33] martin Cyr, Claude Legrand. Study of the shear thickening effect of superplasticizers on the rheological behaviour of cement pastes containing or notmineral additives, Cement and Concrete Research, 2005, 30（9）：1477-1483.

[34] 丁铸，张德成，丁杰．偏高岭土对水泥性能的影响 [J]．混凝土与水泥制品，1997，10（5）：8-11．

[35] Bai J., Wild S., Ware JA., et al. Using neural networks to predict workability of concrete incorporatingmetakaolin and fly ash. Advances in Engineering Software, 2003, 34（11）：663-669.

[36] H. Abdul Razak, H. S. Wong. Strength estimationmodel for high-strength concrete incorporatingmetakaolin and silica fume. Cement and Concrete Research, 2005, 35（4）：688-695.

[37] H. ABDUL RAZAK, H. K. CHAl, H. S. WONG. Near surface characteristics of concrete containing supplementary cementingmaterials. Cement & concrete composites, 2004, 36（7）：882-889.

[38] Jamalm. Khatib, Rogerm. Clay. Absorption characteristics ofmetakaolin concrete. Cement and Concrete Research, 2004, 34（1）：19-29.

[39] J. M. Khatib, J. J. Hibbert. Selected engineering properties of concrete incorporating slag andmetakaolin. Construction and Buildingmaterials, 2005, 19（6）：460-472.

[40] 高占武．喷射混凝土施工工艺 [J]．铁道建筑技术，1994：5-10．

[41] 戴光林，林东才．光爆锚喷施工技术 [J]．煤炭工业出版社，1992：30-35．

[42] 申爱琴．水泥与水泥混凝土 [M]．北京：人民交通出版社，2000：1-5．

[43] 姚嵘，张玉波，温运峰．高强增塑喷射混凝土的实验研究 [J]．煤炭科学技术，2002，23（8）：42-44．

[44] 丁铸，李宗津，吴科如．含偏高岭土水泥与高效减水剂相容性研究 [J]．建筑材料学报，2001，4（2）：105-109．

[45] Rafael Talero. Performance ofmetakaolin and Portland cements in ettringite formation as determined by ASTM C 452-68：kinetic andmorphological differences. Cement and Concrete Research, 2005, 35（7）：1269-1284.

[46] E. Badogiannis, V. G. Papadakis, E. Chaniotakis. Exploitation of poor Greek kaolins：Strength development ofmetakaolin concrete and evaluation bymeans of k-value. Cement and Concrete Research, 2004, 34（6）：1035-1041.

［47］Ben Bradley，Michelle L. Wilson. Using Supplementary Cementitiousmaterials. The Construction Specifier，2005，58（6）：34-41.

［48］W. Z. Chen，W. S. Zhu，S. C. Li，et al. Evaluation of Reinforced Concrete Design for an Underground Outletmanifold in Shanxi Yellow River Diversion Project. Rockmechanics and Rock Engineering，2004（7）：213-228.

［49］Badogiannis，E. Metakaolin as supplementary cementitiousmaterial：Optimization of kaolin tometakaolin conversion. *Journal of Thermal Analysis and Calorimetry*，2005，7（2）：457-462.

［50］李凯琦，刘宇．高岭土（岩）生产无熟料白水泥的研究［J］．非金属矿，2002，25（6）：15-16.

［51］李继业．新型混凝土技术与施工工艺［M］．北京：中国建材工业出版社，2002：3-9.

第十三章 偏高岭土在混凝土中的应用研究

第一节 高性能混凝土的研究概况

一、高性能混凝土及应用

（一）高强混凝土的概念及应用

随着科学技术的进步和发展，现代建筑不断向高层、大跨、地下、海洋方向发展。高强混凝土由于具有耐久性好、强度高、变形小等优点，能适应现代工程结构向大跨、重载、高耸发展和承受恶劣环境条件的需要，同时还能减小构件截面、增大使用面积、降低工程造价，因此得到了越来越广泛的应用，并取得了明显的技术经济效益。

高强混凝土指采用常规的水泥、砂子为原材料，采用一般的制作工艺，主要依靠添加高效减水剂或添加一定数量的活性矿物掺合料，使新拌混凝土具有良好的工作性，并在硬化后具有高强高密实性能的水泥混凝土。在我国，通常将强度等级等于和超过 C50 的混凝土称为高强混凝土，这一标准比较适合我国的国情。美国至今仍采用 ACI（美国混凝土协会）在 1984 年提出的以圆柱抗压强度标准值达到或超过 42MPa（相当于我国的 C50）的混凝土作为高强混凝土的分类标准，但也有许多国家将这一界限定得更高。

与传统的混凝土相比，高强混凝土在原材料上有两点不同：低水胶比和多组分。其目的是为了增加混凝土的密实程度，改善骨料和水泥浆体之间的界面性能，从而达到高强度和良好的耐久性。为了大幅度地提高混凝土强度，很早以前就有人开展研究工作。1930 年日本发表了通过加压振捣与高温养护得到 100MPa 高强混凝土的报告，其他一些国家的研究成果也有过一些报道。但当时高强混凝土还只是处于研究阶段，没有在实际工程中得到应用，直到 20 世纪 60 年代由于高效减水剂的开发与逐步推广应用，才使得高强混凝土迅速走向实用化。到了 80 年代末，以无水石膏为主要成分的高强混凝土掺合料的开发，与高效减水剂性能继续地改善，即使采用普通的振捣与常压养护方法，也能够制备 80～100MPa 的超高强混凝土并使其得到应用。同时，以北欧为代表，通过硅粉和高效减水剂复合使用，得到了强度为 100MPa 以上的高强混凝土。随着混凝土材料技术不断的发展与完善，混凝土的强度与性能将得到不断的提高与改善。最初，高强混凝土主要应用在高层建筑中，即将高强混凝土用于底层墙柱中，这样就可大幅度减少混凝土用量，增加建筑使用面积和缩短施工工期，带来了明显的经济效益。高强混凝土改变了钢结构在超高层建筑中的统治地位，现在世界上最高的房屋建筑已不再是钢结构，而是让位于由钢筋混凝土建造的马来西亚吉隆坡的 Petronas Towers，这一双塔大厦高 450m，底层受压构件用 C80 高强混凝土。目前，已用于实际高层建筑中，强度等级用得最高的仍是 1988 年和 1989 年建于美国西雅图的两幢钢-混凝土组合结构 Two Union Square 和 Pacific First Centre，其 3m

和 2.2m 直径的钢管混凝土柱中的混凝土强度等级相当于 C120，最高达到 C130。桥梁结构中采用高强混凝土有着更大的潜力：高强混凝土能有效降低桥梁结构自重并且增加结构刚度，有利于增大桥跨，减少桥墩，增高桥下净空，更为重要的还在于降低平时维修的费用和增长使用寿命；预制件厂生产的预制混凝土制品和预应力制品也是高强混凝土的一个重要领域；高强混凝土能耐腐蚀和海浪冲刷，所以很适合建造码头、船坞、防波堤、采油平台等港口和海洋工程。

我国对现代高强混凝土的研究和应用起步并不晚，早在 1980 年前后，就在海军大型拱形防护门（宽 13m、高 21m）中采用了坍落度达 15cm、强度达到 88.4MPa 的高强混凝土，在湘桂铁路复线的红水河斜拉桥中采用了高坍落度的高强混凝土（其实际强度超过 C60 级）。由于技术、经济、政策上的一些因素及缺乏相应的设计施工条例，还由于我国不少工地的施工管理落后，高强混凝土的推广在以后几年中非常滞缓。近几年来随着我国城市建设高潮兴起，高强混凝土在技术及经济效益上的巨大优势日益为人们所认识，并在一些地方和部门中的应用取得了突破性的进展。90 年代，在较多城市的高层建筑中应用 C60 混凝土，1995 年以来，C80 级高强混凝土已在上海世纪广场、辽宁物产大厦、北京静安中心、广州建和中心等工程中局部试用；张璐明等用粉煤灰掺料制备出 80～90MPa 高性能混凝土。王一光等采用 3%超细矿渣等量取代水泥，利用裹砂石工艺配制出 C80～C90 高性能混凝土。蒲心诚等运用常规的材料及通用的工艺方法研制成功了超高强高性能混凝土，其 28d 龄期抗压强度最高达到了 130MPa。

（二）高性能混凝土的概念与应用

随着混凝土研究及应用的发展，其使用性能得到更多的关注，特别是近年来普遍产生的混凝土劣化和失效，使人们对高强度、低渗透性、抗冻融性等具有高性能的混凝土的生产与应用的兴趣日益增加。一般情况下，人们往往只对混凝土的强度特别感兴趣，但是，很多工程的钢筋混凝土结构往往会发生过早破坏，其原因不在于强度，而是由于耐久性不足，这使很多设计者意识到耐久性的重要性。1980 年 3 月 27 日，北海 Stavanger 近海钻井平台 Alexander Kjell 号突然破坏，乌克兰境内的切尔诺贝利核电站，由于钢筋混凝土结构的泄漏，造成大面积的放射性污染，导致 123 人死亡，生态环境遭到了严重的破坏。1983 年日本的小林一辅教授，在 NHK 电视台的讲话中强调：当前，日本混凝土的主要问题是耐久性问题，而碱-骨料反应问题又是重中之重。在日本海沿岸，许多港湾建筑、桥梁等，再建成后不到 10 年的时间，混凝土表面开裂、剥落、钢筋锈蚀外露，其主要原因是碱-骨料反应。在中国，北京的三元立交桥桥墩建成后不到 2 年，个别地方发生"人字形"的裂纹，有人认为是碱-骨料反应。由于耐久性不足而导致结构破坏的现象日益增多，因此带来的经济损失也是十分巨大的。P. K. Mehta 指出，在工业发达国家，建筑工业总投资的 40%以上用于现存结构的修理和维护，60%以下用于新的设施。在桥梁方面，目前已有 253000 座桥的面板不同程度的劣化，而且每年还以 35000 座的速度增加，修复这些桥面板需要 500 亿美元，而修复或更新所有劣化的混凝土结构将花费 2000 亿美元。如此多的工程事故及维修费用，使人们意识到，在结构设计时，考虑混凝土强度的同时，应同样重视耐久性的设计。

1990 年美国 NIST 与 ACI 召开会议，首先提出高性能混凝土（HPC）这个名词，其研究和开发受到了各国政府的高度重视。1996 年，美国联邦政府 16 个机构联合提出了一个在基础设施工程建设中应用高性能混凝土的建议，并决定在 10 年内投资 2 亿美元进行研究和开发。1986～1993 年，法国由政府组织包括政府研究机构、高等院校、建筑公司等 23 个单位开展"混凝土新方法"的研究项目，进行高性能混凝土的研究，并建成了示范工程。如 Civaux 核电站 2 号反应堆预应力钢筋混凝土安全壳，高 85m，直径 44m，混凝土强度等级为 C70，其水泥用量只有 240kg/m³，有很高的气密性。1996 年，法国公共工程部、教育与研究部又组织了为期 4 年的国家研究项目"高性能混凝土 2000"，投入研究经费 550 万美元。

近年来，我国高强高性能混凝土的研究、应用在有限的经费支持下发展较快，但缺乏统一规划和计划，并由于经费不足而缺乏系统研究，有很多研究只是在低水平地重复。

高性能混凝土（HPC）名词的出现至今只有十几年，不同国家不同学者对高性能混凝土有不同的定义和解释，但共同的观点是：高性能混凝土是一种新型的高技术混凝土，是在大幅度提高常规混凝土性能的基础上，采用现代混凝土技术，选用优质原材料，在妥善的质量控制下制成的。除采用优质水泥、骨料和水外，必须采用低水胶比和掺加足量的矿物细掺合料与高效外加剂。混凝土的耐久性明显取决于微观结构，尤其是浆体的孔隙率。正由于高强混凝土的孔隙率很低，因此与浆体中水或侵蚀介质输送过程有关的物理和化学侵蚀作用便会削弱。所以说，在本质上高强混凝土比普通混凝土更耐久，故有理由把高强混凝土称为高性能混凝土。但高性能混凝土是否必须高强，则有不同看法。

不少学者认为，高性能混凝土也应该是高强混凝土，或者更确切地说应具有高的强度、高的工作度（流态、可泵）、高的体积稳定性（硬化过程中不开裂、收缩徐变小）和高的抗渗（耐久）性。法国将圆柱抗压强度超过 60MPa 并具有良好工作度和其他优良特性的混凝土称为高性能混凝土，并对强度超过 100MPa 的称为 Very High-Performance Concrete。加拿大从事高性能混凝土研究的国家协作网 Concrete Canada 称高性能混凝土是按专门用途设计的混凝土，并将专用于回填废矿井巷的 1mPa 低强混凝土，以及高达 200～800MPa 的活性粉料混凝土（RPC）都列入高性能混凝土之列。在日本，将高流态的自密实免振混凝土称为高性能混凝土，这种混凝土并不一定具备高强的特点，但也特别强调其耐久性，认为流态自密实可以消除混凝土表面或内部缺陷，同时混凝土组分中使用大量矿物掺合料可减少水化热，避免出现裂缝，这些都是保证耐久性所必需的。

高性能混凝土不仅是对传统混凝土技术的重大突破，而且在节能、节料、工程经济、环境等方面都具有重要意义，是一种环保型、集约型的新型材料，并为建筑工程自动化准备条件，有学者预言过，高性能混凝土是 21 世纪的混凝土，是近期混凝土技术的主要发展方向。

（二）高性能混凝土研究动向

在高性能混凝土今后的发展过程中，还有许多材料与工程方面的难题需要解决。这些问题的解决对材料与工程技术的进展将起到有力的推动作用，主要有以下几个方面的课题：

1. 水泥基材料的组成结构与性能的关系

材料组成结构与性能的关系是近代材料科学的一个核心问题。为使高性能混凝土的各种性能得到进一步提高，必须对材料组成的粒子尺寸、级配、孔结构、骨料界面区结构以及组分间的相互作用、物理力学、热学性质的差别等进行研究。

2. 高效减水剂与复合外加剂

高效减水剂解决了高性能混凝土的低水胶比和低用水量与工作性之间的矛盾，因而成为高性能混凝土不可缺少的组分。但必须对高效减水剂与水泥和矿物掺合料之间、复合使用外加剂时的几种外加剂之间的相容性，以及如何更好地发挥叠加效应等问题进行研究。

3. 矿物掺合料

矿物掺合料不仅有利于水化作用和强度、密实度和工作性，增加粒子密集堆积，降低孔隙率，改善孔结构，而且对抵抗侵蚀和延缓性能退化等都有较大作用。扩大稳定矿物掺合料的来源，充分发挥其有利作用，将有利于扩大高性能混凝土的应用范围。为了稳定产品性能，方便使用，应研究掺合料的科学分类和品质标准，为此还应对不同矿物掺合料、不同来源但却是同种矿物掺合料的活性进行机理性的研究。

4. 复合化超叠加效应的研究与应用

高性能混凝土是一种多组分复合材料，各组分性能的叠加甚至超叠加效应表现得十分明显。因此，可选用两种以上矿物掺合料加上两种以上外加剂（包括矿物外加剂，如膨胀剂）同时掺加，以进一步改善性能和取得某种特性。高性能混凝土中胶凝材料与外加剂等多组分复合所产生的超叠加效应要比玻璃纤维增强塑料（玻璃钢）的复杂，包含着不同层次的粒子（中心质）及其与相应介质的界面，对各种性能的改进起着各自的作用。因此，必须在复合化原理的基础上，采用现代研究手段与方法，各个学科协同进行研究。

5. 对水泥熟料进行改革，发展环保型胶凝材料

在熟料烧成上向低钙化发展，解决耐久性、能耗和环境保护方面的缺陷，提高胶凝材料的绿色度。

6. 配合比选择和施工质量控制的计算机化

高性能混凝土属于现代混凝土，其优越的工作性和可靠性可使施工进度大幅度加快，改善劳动环境，减轻劳动强度，有利于采用计算机技术以至让机器人参与施工，提高自动化的程度。高性能混凝土对原材料质量和施工管理水平都比普通混凝土更加敏感，因此应当使配合比选择和施工控制计算机化，以提高混凝土工程质量和效率。目前，不少人围绕计算机化试图建立有关数学模型，但多数人所依据的数据量都不足，以致都有实用的局限性。在现阶段亟须做的工作是，尽快建立原材料的数据库，并逐渐扩展，建立可靠而易于操作的系统。

虽然人们已对高性能混凝土从材料的选择到配制、从宏观性能到细观现象分析等已取得了可喜的成果，但随着人们对新型建筑的追求的不断发展，要求人们对高性能混凝土在建筑工程中的应用的研究必须不断创新，不断突破。我们也坚信随着 HPC 技术的不断发展，我国建筑业的整体水平将得到很大的提高。

二、高性能混凝土的原材料

高强高性能混凝土的原材料主要包括水、水泥、砂石骨料、化学外加剂、矿物掺合料等。由于高强高性能的要求和配制特点，原材料原来对普通混凝土影响不明显的因素，对高强高性能混凝土的影响就可能很显著。因此，原材料的正确选择，对配制高强高性能混凝土是至关重要的。

（二）胶凝材料

胶凝材料是影响混凝土强度的主要因素，也是水泥石自身强度产生的根源。

高强高性能混凝土要求胶凝材料的流动性好，具有适宜的早期强度、水化放热速率慢等优良性能。

1. 水泥

用于配制高强高性能混凝土的水泥应具备：较高的强度等级、相对稳定的质量和良好的流变性。水泥强度要高，以保证混凝土的高强和超高强，水泥和高效减水剂应具有良好的相容性，以使水泥获得低用水量、大流动性且经时损失少。具体说来，可以使用硅酸盐水泥、普通硅酸盐水泥、中热水泥，其水泥强度等级等于或大于 42.5 级；其标准稠度用水量要低，能使混凝土在较低水灰比下具有良好的工作性；C_3A 含量、碱含量和硫酸盐含量要低，以避免坍落度经时损失较大或产生假凝现象；其水化热要低，在大体积混凝土中可以降低绝热温升，避免内外温差过大而引起裂缝。在国外，高性能混凝土所使用的水泥多由硅酸盐水泥与硅粉、矿渣等超细粉末组成的调粒水泥或有水泥熟料经过特殊粉末加工工艺制成的球状水泥。

2. 矿物掺合料

矿物掺合料是具有较大比面积的磨细矿物微粉。配制高强高性能混凝土，掺入超细活性矿物掺合料是十分必要的技术措施，它是实现混凝土高性能的重要组成材料之一，可称为辅助胶凝材料，主要有硅灰、磨细矿渣、磨细粉煤灰和磨细沸石粉以及偏高岭土。磨细矿物掺合料加入新拌混凝土中，可以改善其黏聚性、稳定性，减少离析和泌水现象，提高水泥浆和骨料界面密实程度；可降低坍落度损失，有利于输送、浇筑和振实；矿物掺合料可以提高混凝土的密实度，生成新的水化产物，提高混凝土强度，改善了混凝土的耐久性。

以下是几种常见的矿物掺合料。

（1）硅灰

硅粉是生产硅铁时产生的烟灰，故也称硅灰。硅灰是由以无定形 SiO_2 为主要成分的超细颗粒组成，活性大，主要用于配制高强混凝土。据有关资料介绍，1kg 硅灰相当于 3kg52.5 级普通硅酸盐水泥的作用，混凝土掺入硅灰可以起到早强和增强的作用，这是由于硅灰中的大量氧化硅与水泥水化产生的氢氧化钙发生"二次水化反应"，形成类似水泥的水化物——水化硅酸钙胶凝，促进混凝土强度的增长。由于硅灰颗粒细、吸水率高，因此硅灰需要配合减水剂使用。硅灰与减水剂配合使用，既可满足混凝土施工工艺的需要，又可起到增强的作用。近年来，硅灰主要与高效减水剂共同使用配制高强混凝土，或与超细矿渣、高效减水剂共同使用配制高强高性能混凝土。

硅灰是高强混凝土配制中应用最早、技术最成熟、应用较多的一种掺合料。硅灰中活性 SiO_2 含量达 90% 以上，比表面积达 15000m^2/kg 以上，火山灰活性高，且能填充水泥的空隙，从而极大地提高混凝土密实度和强度。硅灰的适宜掺量为水泥用量的 5%～10%。

研究结果表明，硅灰对提高混凝土强度十分显著，当外掺 6%～8% 的硅灰时，混凝土强度一般可提高 20% 以上，同时可提高混凝土的抗渗、抗冻、耐磨、耐碱-骨料反应等耐久性能。但硅灰对混凝土也带来不利影响，如增大混凝土的收缩值、降低混凝土的抗裂性、减小混凝土流动性、加速混凝土的坍落度损失等。

（2）磨细矿渣

通常将矿渣磨细到比表面积 350m²/kg 以上，从而使混凝土具有优异的早期强度和耐久性。掺量一般控制在 20%～50% 之间。矿粉的细度越大，其活性越高，增强作用越显著，但粉磨成本也大大增加。与硅灰相比，增强作用略逊，但其他性能优于硅灰。

（3）粉煤灰

粉煤灰是由燃煤热电站烟囱收集的灰尘。粉煤灰能有效地提高混凝土的耐久性，降低水化热，显著改善混凝土拌合料的工作度并具有减水功能，增加可泵性。配制高强高性能混凝土应采用 I 级粉煤灰，利用其内含的玻璃微珠润滑作用，降低水灰比，以及细粉末填充效应和火山灰活性效应，提高混凝土强度和改善综合性能，掺量一般控制在 20%～30% 之间。I 级粉煤灰的作用效果与矿粉相似，且抗裂性优于矿粉，需水量比小于 100%。尽管我国有关标准规定 I 级灰烧失量小于 5%，II 级灰小于 8%，但用于高强混凝土时，最好是低于 3%。只要含碳量很低，对细度要求可不必太严。有国外学者认为：粉煤灰应该看作混凝土的第四组分，即除了水泥、水和骨料外的一个独立成分，而不是作为水泥的替代品，只有这样才最能充分发挥粉煤灰在混凝土中的作用。

（4）沸石粉

天然沸石含大量活性 SiO_2 和微孔，磨细后作为混凝土掺合料能起到微粉和火山灰活性功能，比表面积 500m²/kg 以上，能有效改善混凝土黏聚性和保水性，并增强了内养护，从而提高混凝土后期强度和耐久性，掺量一般为 5%～15%。

（5）偏高岭土

偏高岭土是由高岭土 $Al_2O_3 \cdot 2SiO_2 \cdot 2H_2O$ 在 700～800℃ 条件下脱水制得的白色粉末，平均粒径 1～2μm，SiO_2、Al_2O_3 含量 90% 以上，特别是 Al_2O_3 较高。在混凝土中的作用机理与硅粉及其他火山灰相似，除了微粉的填充效应和对硅酸盐水泥的加速水化作用外，主要是活性 SiO_2 和 Al_2O_3 与 $Ca(OH)_2$ 作用生成 C-S-H 凝胶和水化铝酸钙（C_4AH_{13}、C_3AH_6）、水化硫铝酸钙（C_2ASH_8）。由于其极高的火山灰活性，故有超级火山灰（Super-Pozzolan）之称。

有资料研究表明，掺入偏高岭土能显著提高混凝土的早期强度和长期抗压强度、抗弯强度及劈裂抗拉强度。由于高活性偏高岭土对钾离子、钠离子和氧离子的强吸附作用和对水化产物的改善作用，能有效抑制混凝土的碱-骨料反应和提高抗硫酸盐腐蚀能力。J·Bai 的研究结果表明，随着偏高岭土掺量的提高，混凝土的坍落度将有所下降，因此需要适当增加用水量或高效减水剂的用量。A·Dubey 的研究结果表明，混凝土中掺入高活性偏高岭土能有效改善混凝土的冲击韧性和耐久性。

总之，在混凝土中加入较大掺量的矿物掺合料，可改善新拌混凝土的工作性能，有效降低温升，增加后期强度，并改善混凝土的内部结构，提高抗腐蚀能力。尤其是矿物掺合料对碱-骨料反应的抑制作用已引起国内外专业人员的极大兴趣。因此国外将其称为高性能（不仅高强）混凝土不可缺少的组分。矿物掺合料在低水胶比混凝土中的作用显著，主要因为此时水泥的水化条件优于纯水泥混凝土，纯水泥混凝土中，水泥因水分不足而难以充分水化，留下未水化的颗粒内芯，加上这种水泥用量大的混凝土放热量大，温度升高，影响了强度的发展；而在掺有矿物掺合料的混凝土中，矿物掺合料的水化要比水泥缓慢，使水泥水化初期比较充分，而后期矿物掺合料的水化不仅消耗了薄弱的氢氧化钙结晶，而且生产物填充了较少的空隙（因水胶比低，混凝土的自由水明显减少），使混凝土更加密实，强度得到提高。

（二）骨料

1. 细骨料

细骨料应选用天然河砂，要求级配良好的中砂或粗砂。其技术产品要求应符合《普通混凝土用砂质量标准及检验方法》。砂的粗细程度对混凝土强度有明显的影响，当混凝土胶结材总量、水胶比和掺合料品种及掺量相同时，砂细度模数越大，混凝土的强度越高。配制 C70～C90 的混凝土用砂宜选用细度模数大于 2.3 的中砂；对于 C90～C100 的混凝土用砂宜选用细度模数大于 2.6 的中砂或粗砂。

2. 粗骨料

高强混凝土必须选用强度和弹性模量高的、低吸水率的粗骨料。由于高强高性能混凝土的砂浆量较大，对石子级配并不十分敏感，但对石子的粒形非常敏感。宜选择表面粗糙、外形有棱角、针片状含量低（不宜大于 5%）、级配良好的硬质砂岩、石灰岩、花岗岩、玄武岩碎石；为保证足够的黏聚性和抗堵塞性能，宜选择较小的粒径，石子的最大粒径不应大于 25mm，以 10～20mm 为佳。

（三）外加剂

高强高性能混凝土不仅要求其新拌混凝土应具有良好的工作性，包括大流动性、可泵性、均匀性、稳定性和自流平，而且要求硬化的混凝土具有高强度和良好的耐久性。因此这种混凝土是一种低水胶比而且混凝土坍落度大且经时损失小的大流动性混凝土。要实现上述性能，必须选用高效外加剂。外加剂的品种要依据其减水率和其与水泥的相容性确定。实验证明，复合外加剂是必不可少的技术措施。它不仅可以提高混凝土的流动性、稳定性和减少坍落度，而且提高混凝土强度和耐久性。

1. 外加剂的发展

20 世纪 60 年代，日本、德国分别研制成功了减水率高达 20% 的高效减水剂，较简便地配制了 80MPa 高强混凝土。由于高效减水剂等混凝土外加剂的开发应用，混凝土的性质和功能得到很大的改善和提高，使建筑工程得到了更好的施工质量和更大的使用价值。目前，世界各国都非常重视开展混凝土外加剂的研究和应用，特别是一些工业比较发达的国家把外加剂作为除水泥、砂、石和水之外的第五种必不可少的组分大量应用于混凝土工程。

近 30 年来，我国不仅在混凝土外加剂的研究方面取得了可喜的成果，并在外加剂的应用技术方面也有较大的提高，混凝土外加剂的产量比 1986 年增加了两倍，使用外加剂的混凝土量也增加了两倍，普通减水剂、高效减水剂、早强减水剂、膨胀剂、速凝剂、早强剂、防冻剂等已广泛用于高层建筑、水利工程、桥梁、道路、港口、井巷、隧道、硐室、深基础等混凝土工程，解决了不少难题，取得了良好的技术经济效益。

当前，混凝土正向高性能方向发展。高性能混凝土是一种具有良好施工性能、高强度、体积稳定性好及高耐久性混凝土，是混凝土进入高科技时代的产物。高性能混凝土最重要的特征是其优异的耐久性，耐久性可达到 100～500 年，是普通混凝土的 3～10 倍。混凝土要达到高耐久性，首先要降低水灰比和达到高强，也就是说高性能混凝土必须是高强混凝土。

混凝土达到高性能的最重要技术途径是使用优质的高效减水剂和矿物外加剂（亦称矿物外掺料）。前者能降低混凝土的水灰比、增大坍落度和控制坍落度损失，赋予混凝土高密实度和优异的施工性；后者能填充胶凝材料的孔隙，参与胶凝材料的水化反应，改善混凝土的界面结构，提高混凝土的密实性、强度和耐久性。随着社会的发展，要求采用高强混凝土以减少建筑体积和材料消耗，要求加快施工速度以缩短工期和提高经济效益，对减水型、早强型、速凝型、防冻型、防裂型、防水型等外加剂的需求量将显著增加。也可以说，矿物外加剂的开发应用，使混凝土进入了高性能时代。

2. 外加剂的分类

混凝土外加剂是指在拌制混凝土过程中掺入的用以改善混凝土性能的物质，其掺量一般不大于水泥质量的5%（特殊情况除外）。按上述定义，混凝土外加剂不包括水泥生产过程中的大量混合材，调凝剂（石膏）及助磨剂等。

混凝土外加剂的品种很多，据不完全统计，目前全世界混凝土外加剂产品多达四百余种，我国生产的外加剂约有两百多个牌号。按主要功能可分为以下几类：

（1）改善新拌混凝土流变性能的外加剂，包括各种减水剂、引气剂、泵送剂等。

（2）调节混凝土凝结时间以及硬化功能的外加剂，包括缓凝剂、早强剂、速凝剂等。

（3）改善混凝土耐久性的外加剂，包括引气剂、防水剂、阻锈剂等。

（4）改善混凝土性能的外加剂，包括引气剂、膨胀剂、防冻剂、着色剂、阻锈剂、防水剂、防裂密实剂等。

按化学成分可分为以下几类：

（1）无机外加剂，主要为一些电解质盐类，如 $CaCl_2$、$NaSO_4$ 等早强剂，另有一些金属粉末，如铝粉、镁粉等加气剂。

（2）有机外加剂，大都为表面活性物质，还有一些有机化合物盐类。表面活性剂类外加剂又分为阴离子型、阳离子型和非离子型三种，其中阴离子型表面活性剂是目前应用最多的。

（3）复合外加剂，通常有无机和有机化合物而成，一般具有多种功能。

3. 高强高性能混凝土中常用高效减水剂

混凝土达到高强高性能的最重要途径是使用优质的高效减水剂和矿物掺合料。使用高效减水剂能带来较大的社会、经济效益。在水泥用量相等和不降低强度的情况下，可生产出易于浇筑的混凝土；用较低的用水量生产正常工作度的高强混凝土在坍落度和强度相同时，可以明显节约水泥用量。

减水剂作为一种表面活性物质，可以改善混凝土的和易性，或者可以用来减少混凝土的拌合用水量，从而提高混凝土的强度和耐久性，改善混凝土的其他物理力学性能，或者用来减少水泥用量。正是由于减水剂的特别作用和使用它所带来的良好的社会经济效益，使得人们对减水剂的研究与应用情有独钟。高强高性能混凝土中的减水剂的主要作用为：

（1）改善混凝土的和易性——保持混凝土的用水量不变，掺加减水剂后可以改善混凝土的和易性，用于钢筋密集或复杂断面结构混凝土的浇筑、泵送混凝土等。

（2）提高混凝土强度——保持水泥用量不变，减少混凝土用水量，降低水灰比，可以提高混凝土强度和早龄期强度，可提前拆除模板或放松预应力，增加预制构件产量或加快混凝土工程进度。

（3）节省水泥用量——保持混凝土强度不变，减少混凝土用水量同时减少水泥用量，可用于水泥用量较多的混凝土或大体积混凝土，由于减水剂费用低于节省水泥的金额，常收到一定的经济效益。水泥供应不足时，效益更为显著。

（4）节省部分水泥用量、部分提高强度——掺加减水剂一部分用来节省水泥，一部分用来提高混凝土强度。

第二节　偏高岭土在混凝土中的应用研究现状

一、偏高岭土作矿物掺合料的研究现状

国内外水泥混凝土的研究成果表明，合理采用活性矿物掺合料，不仅是节能降耗与环保的迫切要求，而且是实现水泥混凝土高性能化的一个重要途径。合理使用高效减水剂和活性细掺合料是实现混凝土高性能化的最重要的技术途径，前者主要用于降低混凝土的水灰比，大幅度提高混凝土的工作性和密实度；后者主要用于填充混凝土的空隙，参与胶凝材料的水化反应，不仅能增加混凝土的密实度，还能改善混凝土的界面结构，从而提高混凝土的强度和耐久性。水泥混凝土中掺加矿物掺合料历史由来已久，前期的使用主要是基于降低成本的初级应用，真正上升到以提高混凝土耐久性的应用研究仅有十余年时间。其中主要技术途径是通过控制掺合料的粒形、粒径及分布等来改善混凝土的工作性、强度和耐久性。

目前对掺加高活性掺合料（如硅灰）的高性能混凝土研究和应用较多，而应用较好的混凝土掺合料主要有硅灰、矿渣和粉煤灰。其中硅灰是国内外公认的活性最好的优质矿物掺合料，它主要由最大粒径 $1\mu m$、平均粒径 $0.1\mu m$、比表面积 $20m^2/kg$ 的超细 SiO_2 粒子组成，可用于制备高性能混凝土、高强混凝土和超高强混凝土等。

然而由于硅灰资源存量有限，价格昂贵，且使用不便，从而限制了它的进一步应用。为此人们一直在探索寻求一种新型的矿物掺合料，它应具有活性高、可操作性好、存量广泛、组成和性能稳定、与水泥适应性好、易于工业化等特点。偏高岭土正是适应这些技术经济特性要求而产生的一种新型矿物掺合料。

近年来，英、美、法等国也陆续报道了这种新型矿物掺合料——偏高岭土的研究成果，初步证实了它对混凝土性能，主要是强度和耐久性的优化效应。法国 MuratM. 及 AmbroiseJ. 等也系统地报道了偏高岭土的组成、制备和实验条件等对其水化硬化特性的影响。美国 CaldroneM. A 及 Gruber K. A 通过对不同掺合料的性能对比研究表明，偏高岭土的性能堪与硅灰相媲美。因此偏高岭土有望成为新一代的硅灰替代型高活性矿物掺合料。

偏高岭土可改善水泥的性能，如美国的 Pyrament 水泥中，由于使用了偏高岭土，使该水泥可全天候施工，特别适合于炎热天气以及低温条件下抢修、修补工程。在－20 ℃寒冷条件下施工时，强度也能较快增长，即使不用热力养护也可制备预制混凝土及预应力混凝土构件。

根据 Caldarone 等人的研究，用高活性偏高岭土制备混凝土，可以较大幅度提高混凝土的早期和后期强度，特别是混凝土的后期强度。当偏高岭土掺量与硅灰相同时，其强度

相当于或超过硅灰混凝土的强度，在与硅灰达到相同的流动度时，可减少高效减水剂用量。最近有关文献报导了利用偏高岭土制备高性能混凝土的进展情况。

二、偏高岭土在混凝土中的作用

（一）偏高岭土在混凝土中的反应

偏高岭土是一种高活性火山灰材料，在水泥水化产物 $Ca(OH)_2$ 的作用下发生火山灰反应，生成的水化产物与水泥类似，起辅助胶凝材料的作用，是优质的活性矿物掺合料。A. S. Taha 等人研究偏高岭土、石灰、石膏及水的反应，结果表明当石膏掺量为 5%～10% 时，生成 C_2ASH_8，强度随石膏掺量增加而增加。当石膏掺量为 15%～20% 时，阻止 C_2ASH_8 的形成，使钙矾石含量增加。M. Murat 等研究了偏高岭土作为混凝土矿物掺合料时的水化发应，是偏高岭土、氢氧化钙与水的反应。随着偏高岭土 $Al_2O_3 \cdot 2SiO_2$，（简式 AS_2）与 $Ca(OH)_2$（简式 CH）比率和反应温度的不同，会生成不同的水化产物，包括托勃莫来石（C-S-H-I）、水化钙铝黄长石（C_2ASH_8）及少量水化铝酸钙 C_4H_{13}。不同 AS_2/CH 比率下的反应式如下：

$$AS_2/CH = 0.5，AS_2 + 6CH + 9H \longrightarrow C_4AH_{13} + 2C\text{-}S\text{-}H$$

$$AS_2/CH = 0.6，AS_2 + 5CH + 3H \longrightarrow C_3AH_6 + 2C\text{-}S\text{-}H$$

$$AS_2/CH = 1.0，AS_2 + 3CH + 6H \longrightarrow C_2ASH_8 + C\text{-}S\text{-}H$$

（二）偏高岭土作矿物掺合料的原理

偏高岭土是一种高活性的人工火山灰材料，偏高岭土中的 SiO_2 和 Al_2O_3 在水泥水化热和碱性激发剂的作用下，可与水泥水化时产生的 $Ca(OH)_2$ 发生化学反应，生成水化硅酸钙、水化铝酸钙等水泥石矿物：

$$SiO_2 + Ca(OH)_2 \longrightarrow CaO \cdot SiO_2 \cdot H_2O$$

$$Al_2O_3 + Ca(OH)_2 \longrightarrow CaO \cdot Al_2O_3 \cdot H_2O$$

由于上述反应，把混凝土中的 $Ca(OH)_2$ 转化成水泥石，提高了混凝土的强度；降低了混凝土中的 $Ca(OH)_2$ 含量，减少了碱-骨料反应，提高了耐久性，减少巷道维护费用；偏高岭土的细度在 1250 目（$10\mu m$）左右，比水泥颗粒小一个数量级，所以，具有良好的填充性能，可以提高混凝土的密实性，在矿井工程中减少或防止漏水现象的发生。此外，由于 Al_2O_3 是两性氧化物，它在新搅拌混凝土中首先与 $Ca(OH)_2$ 发生中和反应，降低了混凝土的碱性，对搅拌混凝土的和易性有明显的提高，该性能有利于提高喷射混凝土的可操作性。

偏高岭土之所以能提高混凝土的强度及其他性能，主要在于它加速水泥水化反应及其填充效应和火山灰效应。加速水泥水化是它能大幅度提高混凝土强度的重要原因，填充效应居次，火山灰效应则发生在 7～14d 之间。

1. 加速水泥水化效应

偏高岭土是介稳态的无定形硅铝化合物，在碱激发下，硅铝化合物由解聚到再聚合，形成一种硅铝酸盐网络结构。偏高岭土掺入混凝土中，其活性 Al_2O_3 与 SiO_2 迅速与水泥水化生成的 $Ca(OH)_2$ 起反应，促进水泥的水化反应进行。

2. 填充效应

混凝土可视为连续级配的颗粒堆积体系，粗骨料的间隙由细骨料填充，细骨料的间隙由水泥颗粒填充，水泥颗粒之间的间隙则要更细的颗粒来填充。细磨的偏高岭土在混凝土中可起这种细颗粒的作用。另一方面，水化反应生成具有填充效应的水化硅酸钙及水化硫铝酸钙，优化了混凝土内部孔结构，降低了孔隙率并减小了孔径，使混凝土形成密实充填结构和细观层次自紧密堆积体系，从而有效地改善了混凝土的力学性能及耐久性。

3. 火山灰效应

偏高岭土的加入能改善混凝土中浆体与骨料间的界面结构。混凝土中浆体与骨料间的界面区由于富集 $Ca(OH)_2$ 晶体而成为薄弱环节。偏高岭土有大量断裂的化学键，表面能很大，迅速吸收部分 $Ca(OH)_2$ 产生二次水化反应，促进 AFt 和 C-S-H 凝胶生成，从而改善了界面区 $Ca(OH)_2$ 的取向度，降低了它的含量，减小了它的晶粒尺寸。这不仅有利于混凝土力学性能的提高，也改善耐久性。

（三）偏高岭土作矿物掺合料的优点

我国是世界上最早发现并在工业中利用高岭土的国家之一。我国非煤建造型高岭土资源储量居世界第五位，截至 2003 年底，对我国 21 个省市 232 处产地统计，基础储量为 5.46 亿 t。而我国含煤建造沉积型高岭土资源储量占世界首位，探明远景储量及推算储量 180.5 亿 t，主要分布在东北、西北和石炭～二叠纪煤系中，以煤层中夹矸、顶底板或单独形成矿层独立存在，其中以内蒙古准格尔煤田的资源最多，达 8.1 亿 t。我国是世界上主要的高岭土生产国，产量占世界总产量的 78%；目前我国高岭土矿点有七百多处，2003 年，中国高岭土的总产量达到 360 万 t，其中机选土达到了 50%。

掺混合材的水泥一般都是早期强度低，凝结时间长。随着现代化工程的发展，混凝土朝着高强、高耐久性，即高性能方向发展。在今后工程标准不断提高的形势下，一些掺混合材的低强度等级水泥已不能满足工程的需要，会越来越不受欢迎。这些水泥大多数是以降低熟料强度与性能为代价的，在某种程度上说掺混合材的低强度等级水泥不仅浪费了资源也浪费了能源，还污染了环境，从长远看是不可取的。因此可持续发展的环保型混凝土掺合料的研究开发将是一项十分迫切的任务。当前世界各个国家正在研究利用高活性偏高岭土作细磨掺合料生产高性能混凝土，国内一些科研部门也已开始了这方面的研究和应用，使偏高岭土在水泥混凝土行业的应用得到很大升级，产生了更高的使用价值。

偏高岭土作为新一代混凝土掺合料，正在为人们所认识。由于它能改善硬化混凝土的性能，抑制碱-骨料反应，减小水泥石自收缩，特别是可以用于建筑装饰工程，所以，偏高岭土在混凝土行业具有广泛的应用前景。

偏高岭土作为硅酸盐水泥的混合材科，主要应用于一些特殊要求的工程中。目前的水泥工业从经济成本的角度出发，一般选用粉煤灰或矿渣作为混合材。随着社会的发展，对高性能混凝土的需求量越来越大。作为混凝土的第六组分，高性能掺合料显示出越来越重要的地位。如前文所述，矿渣、粉煤灰、硅灰、偏高岭土等水泥混合材都可被用作混凝土的掺合料，但在高性能混凝土中，硅灰和偏高岭土能达到其他掺合料所不能达到的性能。但硅灰因为资源问题，发展受到限制，因而偏高岭土在混凝土工业中将占据重要的位置，国外混凝土工业中，高活性偏高岭土已作为产品面世。偏高岭土和其他超细火山灰材料相比，不仅资源丰富，而且具备如下的优点：

（1）同其他超细火山灰材料比起来，纯净高活性偏高岭土（HRM）可以更多地消除空气作用，使抗冻融能力更加可靠。同硅灰相比，偏高岭土用于水泥制品和混凝土时，使用的水量少，可使得水泥制品和混凝土不容易产生塑性收缩裂缝，并可以避免水泥制品和混凝土性能发生退化。硅灰细度大，贮存运输难度大，另外超细的硅灰粉末对环境的污染也很大，而偏高岭土在细度较硅灰粗一个数量级的情况下，能达到硅灰的活性，运输贮存都较硅灰方便。

（2）偏高岭土属于人工火山灰中的烧结黏土材料，我们可以通过选材，控制加工条件使偏高岭土的火山灰活性超过其他火山灰材料。

（3）偏高岭土颜色浅，颜色协调性优于其他矿物掺合料。传统混凝土掺合料（硅灰、磨细高炉矿渣、粉煤灰和天然沸石等）是工业废料或天然矿物，质量不稳定，而偏高岭土是人工控制生产的矿物材料。偏高岭土显著特点是产品白度高，不会对混凝土产品着色，所以偏高岭土还可以用于建筑装饰工程中。

（4）生产高性能混凝土急需大量硅灰。由于硅灰资源有限，现有的硅灰数量还不能满足工程建设的需要。偏高岭土是一种人工制造的火山灰材料，用偏高岭配制的混凝土的主要性能如强度、抗氯子性能等均高于对比的波特兰水泥混凝土，与硅灰混凝土相当。偏高岭混凝土的其他性能亦与硅灰混凝土相似，个别性能还优于硅灰混凝土。因此，偏高岭完全有可能作为硅灰的替代材料用于高性能混凝土的生产。

（四）偏高岭土对混凝土性能的影响

偏高岭土的这种经高岭土脱水得到的铝硅酸盐，虽然还存在着某种程度上的有序，但主要是以无定型的形式存在。偏高岭土本身不具有水硬性，但它可与 $Ca(OH)_2$ 等反应生成具有一定强度的水化产物，反应方程式如下：

$$AS_2 + 5CH + 3H \longrightarrow C_3AH_6 + 2C\text{-}S\text{-}H$$

偏高岭土之所以可以提高混凝土的强度及其他性能在于它具有 3 种效应，即填充效应、加速水泥水化效应及火山灰效应。偏高岭土加速水泥的水化是其能够大幅度提高混凝土强度的重要原因，而填充效应次之。偏高岭土的掺入，可以很好地提高混凝土的性能。

1. 偏高岭土对混凝土工作性能的影响

由于偏高岭土具有较高的比表面积，亲水性好，加入混凝土中，可改善混凝土拌合物的和易性及黏聚性，保持水分、减少泌水。

Michael A. 等人对比了高活性偏高岭土与硅灰。在相同掺量、相同坍落度的情况下，掺偏高岭土的拌合物黏稠性小，比掺硅灰的可节约高效减水剂 25%～35%。陈益兰认为微细偏高岭土有相当高的活性，可替代硅灰。当偏高岭土掺量 7.5% 时，对混凝土流动度影响不大，能保持很好的工作性能。

钱晓倩等的研究结果表明，减水剂掺量 1% 时，混凝土的坍落度随偏高岭土掺量的增加而减小。当偏高岭土掺量在 10% 以内时，对坍落度的影响较小（下降值小于 10%）。当偏高岭土掺量 15% 时，坍落度从 220mm 降到 175mm，下降 20% 左右。与掺等量硅灰相比，偏高岭土对坍落度的影响较小。此外，由于偏高岭土巨大的比表面积，混凝土的黏聚性和保水性得到极大改善。

2. 偏高岭土对混凝土力学性能的影响

高性能混凝土的一个要求是具有高强度，因此偏高岭土研究的一个重要方面就是对力学性能的影响。偏高岭土中的 Al_2O_3 与 SiO_2 可吸收水化析出的氢氧化钙生成二次 C-S-H 和具有胶凝性质的 C_2ASH_8，所以在混凝土中掺入偏高岭土，能提高其早期和长期强度。

国内外有关偏高岭土力学性能研究表明，偏高岭土能提高混凝土的力学性能，尤其是早期力学性能。与目前的超细粉比较，偏高岭土同样具有填充效应及火山灰特性，因此偏高岭土同样能提高和混凝土的力学性能。

曹征良等人研究，在相同流动性的情况下，含10%偏高岭土的砂浆，28d抗压和抗折强度提高6%～8%；掺偏高岭土的混凝土早期强度发展明显快于标准混凝土，偏高岭土掺量低于15%时，混凝土强度随偏高岭土掺量的增加而增加，偏高岭土的掺量高于20%时，混凝土强度随偏高岭土掺量的增加而减小。含偏高岭15%的混凝土与基准混凝土相比，3d轴压强度提高84%，28d轴压强度提高80%；而静力弹性模量3d提高9%，28d提高8%。

钱晓倩等表明，偏高岭土掺量5%、10%时，混凝土轴拉强度分别比基准混凝土增加30%和59%。随偏高岭土掺量的提高，抗压及抗弯强度显著增长。掺5%、10%和15%偏高岭土的混凝土，28d抗压强度分别比基准提高21%、69%和84%。3d强度增长率更大，分别比基准提高30%、76%和87%。掺量10%和15%时，28d抗弯强度分别比基准提高32%和38%。但掺量5%时幅度较小。掺偏高岭土的混凝土拉压比和弯压比均随掺量的提高而下降。

Zhang等对比了偏高岭土和硅灰对混凝土抗压性能的影响，结果是，当掺量为10%时，两者均大幅度提高混凝土的抗压强度，不同的是，偏高岭土对提高混凝土早期强度比较有利，而硅灰对后期强度有更多贡献。

3. 偏高岭土对混凝土收缩的影响

混凝土的自收缩主要发生在混凝土凝结硬化初期，高水灰比的普通混凝土由于毛细孔中存有大量水分，并且孔隙尺寸较大，自干缩的收缩张力小，收缩数值小。但低水灰比的高强混凝土不同。清华大学的研究结果：水灰比0.27的混凝土1周龄期自收缩达320×10^{-6}，相当于温度变化35℃的干缩量，水灰比越低，自收缩越大。

日本的研究员发现，用处理过的偏高岭土及硅灰分别掺入水泥后，都可减少水泥石的自收缩，其作用可能是因为增大了固相与孔中水的接触角，减少了孔中水的负压。Wild等研究了含5%～25%偏高岭土的水泥浆体自收缩和化学收缩，结果表明在45d龄期内，浆体的自收缩和化学收缩均增加，前者在掺量为10%时达到最大，后者在15%时最大。然后随掺量增加，两者均降低。原因可能是水化产物中C_2ASH_8增加，C_4AH_{13}减少，反应产物的总体积之差相当于增加的结果。

Ding等研究了用5%～15%偏高岭土取代水泥制备的混凝土的自由收缩和限制收缩。取代量为5%，10%，15%时28d自由收缩较基准混凝土分别降低15%，25%和40%。在受限情况下，随着取代量增加，混凝土稳定裂纹宽度减小，但开始出现裂纹的时间提前。

Brooks等测定了用0～15%偏高岭土取代水泥制备的混凝土200d龄期的总的收缩和自收缩值，发现随着偏高岭土取代量的增加，混凝土的总收缩降低；对于自收缩，偏高岭土取代较少（5%）时使得混凝土早期（从初凝开始测定）和后期（24h以后测定）自收缩均增大，特别是后期自收缩增加幅度较大；但随着取代量的增加，早期和后期自收缩又逐渐减小，其中取代量为10%和15%的混凝土的早期自收缩值已低于基准混凝土，而后期自收缩值仍高于基准混凝土。

4. 偏高岭土对混凝土耐久性的影响

高性能混凝土要有优异的耐久性。研究结果表明，用适量偏高岭土取代水泥可有效提高水泥混凝土的抗渗性和耐蚀性，抑制碱-骨料反应。

（1）抗渗性

矿物掺合料从两方面改善混凝土的抗氯离子渗透性。一方面是其功能效应，使高性能混凝土内部形成小孔径，低孔隙率，优化水泥石-骨料过渡区的微观结构，提高了混凝土对氯离子的扩散阻力；二是由于其对氯离子的物理吸附和二次水化产物的化学固化，使高性能混凝土对氯离子有较大的固化能力，提高了高性能混凝土的抗氯离子渗透性能。

Boddy 和 Gruber 等研究了偏高岭土取代量为 0.8% 和 12%，水胶比为 0.3 和 0.4 的混凝土氯离子渗透性，结果表明偏高岭土可以大大降低混凝土的氯离子渗透性，水灰比为 0.4 的掺加 8% 和 12% 偏高岭土的水泥混凝土中 Cl 的扩散系数，低于水灰比为 0.3 的基准混凝土中 Cl 的扩散系数。

李鑫等研究了单掺偏高岭土时，水灰比在 0.6 至 0.3 之间，掺量越多，混凝土的氯离子导电量越小，水灰比为 0.45 左右时，偏高岭土能最有效地降低混凝土的渗透性。他认为掺入偏高岭土降低混凝土中氯离子的导电量，主要原因有两个：一是偏高岭土形成过程中，产生了大量断裂化学键，有很大的表面能（很高的火山灰活性），因此它吸收 CH 的能力很强。掺偏高岭土的水泥水化时，偏高岭土中的活性 Al_2O_3 与 SiO_2 迅速与水化生成的 CH 反应，降低 CH 在浆体中的含量，生成钙矾石和 C-S-H 凝胶；加速水泥的水化，使混凝土的密实度增加、界面结构改善、抗渗性提高，氯离子扩散系数减小。二是水泥石化学成分变化。当偏高岭土取代混凝土中的部分水泥后，偏高岭土中的 Al_2O_3 与 CH 作用，生成大量的水化铝酸钙。

Zhang 和蒋林华分别研究了掺加偏高岭土和硅灰的混凝土的抗氯离子渗透性，在水胶比相同的情况下，用 8%～10% 偏高岭土取代水泥可使 28d 和 90d 龄期混凝土中氯离子扩散系数降低至基准混凝土中 1/6～1/8，且略低于掺硅灰混凝土中的扩散系数。

（2）抗冻性

相对于偏高岭土对混凝土其他性能的影响，其对混凝土抗冻性的影响方面已有的研究结果较少。Caldarone 对掺加偏高岭土及硅灰混凝土和基准混凝土进行了 300 次冻融循环试验，所有试件强度和质量均无明显下降，表明均有很高的抗冻性，但这一结果只说明偏高岭土对混凝土抗冻性无不利影响。Zhang 等的研究也得到了类似结果，从其给出的 300 次冻融循环后试件膨胀率、脉冲速度和共振频率变化及耐久性指数看，掺加偏高岭土后混凝土抗冻性略有提高。如含偏高岭土混凝土和基准混凝土的耐久性指数分别为 100.3% 和 98.3%，前者与掺加硅灰的相当。

（3）耐蚀性

文献资料表明，偏高岭土的加入能显著提高水泥砂浆的耐蚀性，使砂浆试件的膨胀率减小，强度提高。耐蚀性随取代量的增大而提高。作者认为抗硫酸盐侵蚀能力的提高可归因于孔的细化和 CH 含量的降低。前者阻止硫酸盐侵入，后者降低钙矾石和石膏的形成。

Khatib 等研究了偏高岭土对不同 C_3A 含量水泥砂浆抗 Na_2SO_4 溶液侵蚀性的影响。在 5% Na_2SO_4 溶液中浸泡至 520d 的结果表明，在试验的取代量范围内（最高取代量为 25%），偏高岭土可以显著提高水泥砂浆的耐蚀性，砂浆试件的膨胀率减小，强度提高；

耐蚀性随取代量的增大而提高，取代量为 20％和 25％时砂浆试件至 520d 的膨胀率接近为零，即不产生硫酸盐侵蚀破坏。试验结果还表明，当取代量低于 10％时，Na_2SO_4 溶液中养护砂浆试件强度均较水中养护试件有不同程度降低，而当取代量高于 15％时，Na_2SO_4 溶液中养护砂浆试件强度反而高于水中养护试件。Khatib 等认为抗硫酸盐侵蚀能力的提高可主要归因于孔的细化和 $Ca(OH)_2$ 含量的降低。前者阻止硫酸盐渗入，后者降低钙矾石和石膏的形成。

陈益兰等认为偏高岭土掺合料的加入使浆体中的游离 CH 含量降低，并且 CH 处于不渗透的水化硅酸钙（C-S-H）凝胶周围，不利于膨胀盐类（如石膏和钙矾石）的形成，从而改善抗硫酸盐性能。此外，硅灰和偏高岭土能与铝酸盐反应，降低水泥浆中与硫酸盐反应的膨胀复盐如钙矾石的形成。因此，经过腐蚀实验后，有掺合料的混凝土的强度保持率较高些。

（4）抑制碱-氧化硅反应

偏高岭土作为一种火山灰质材料，与硅灰一样具有抑制混凝土碱-氧化硅反应（ASR）的作用。ASR 是碱-骨料反应的一种，即碱与骨料中的活性氧化硅发生反应。掺入偏高岭土所形成的水化产物包裹了孔溶液中的钾、钠离子，降低了孔溶液的 pH 值从而抑制了反应的进行。

Aquino 等研究了偏高岭土和硅灰对用高碱（0.46％Na_2O，1.06％K_2O，1.175Na_2O_2）水泥和含 5％蛋白石的骨料制备的砂浆的碱-骨料反应膨胀量，结果表明偏高岭土和硅灰均能降低碱-骨料反应膨胀量。偏高岭土和硅粉取代量为 10％时，在 80℃，1mol/L NaOH 溶液中放置 21d 后砂浆柱试件的膨胀率，分别较基准水泥砂浆试件降低 60％和 50％。

Ramlochan 和 Gruber 等研究了高活性偏高岭土的抑制碱-氧化硅反应的作用。用 0～20％偏高岭土取代高碱波特兰水泥，用硅质石灰石和硬砂岩-泥质岩卵石为骨料，发现随偏高岭土掺量增加，各龄期试件膨胀率和水泥石孔溶液 OH^- 浓度大大降低，试件膨胀率的降低与孔溶液碱度的降低有良好的相关性。对于不同种类粗骨料混凝土，偏高岭土掺量为 10％～15％时可使混凝土的膨胀率控制在＜0.04％。Ramlochan 等认为孔溶液中碱离子浓度降低的原因主要是由于偏高岭土的火山灰反应产物对碱离子的束缚。

邢锋等采用玻璃砂浆棒法，研究了偏高岭土煅烧温度和掺量对抑制 ASR 的影响，比较了偏高岭土、粉煤灰、硅灰和矿渣对 ASR 的抑制效果。结果表明：掺 20％偏高岭土抑制 ASR 能力较好。与硅灰（8％）、粉煤灰（15％）和矿渣（15％）相比，偏高岭土抑制 ASR 效果更好。

第三节　偏高岭土在高性能混凝土中的应用研究

随着高强高性能混凝土的应用，现代工业对其性能要求也越来越严格，用偏高岭土作为一种高活性矿物掺合料加入高强高性能混凝土中，通过研究偏高岭土对高强高性能混凝土的影响，如对凝结时间的影响、对标准稠度需水量的影响、抗压强度的影响、耐久性的影响，进而找出偏高岭土的最佳掺量，分析偏高岭土在高强高性能混凝土中的优势和不足之处，提出改进方法。

一、实验原料与实验方法

1. 实验原料及仪器

（1）偏高岭土：我们在正式试验以前，先用河北、安徽、河南等地的偏高岭土和进口偏高岭土做了比较，试验表明，只有德国巴斯夫和焦作市煜坤矿业有限公司的偏高岭土性能优良，再考虑价格因素，我们最终选用焦作市煜坤矿业有限公司生产的 1250 目的偏高岭土，化学成分见表 13-1，物理性能见表 13-2。

表 13-1　偏高岭土产品的化学成分（%）

成分	SiO_2	Al_2O_3	Fe_2O_3	TiO_2	CaO	MgO	K_2O	Na_2O	LOSS
含量	54.01	44.43	0.89	0.61	0.21	0.23	0.22	0.06	0.72

表 13-2　偏高岭土产品的理化性能

颜色	白度	细度		活性指数	吸碱量 (mg/g)
		粒度分布	网筛目数		
白色	≥80	$-10~\mu m \geq 90$	1250 目	110	312

活性指数：按国家标准《高强高性能混凝土用矿物外加剂》GB/T 18736—2002 规定测试和计算。

吸碱量：在一定条件下，每克偏高岭土样品对 NaOH 的吸收量，该方法测试的数据与国标中规定的活性指数的相关度达到了 90% 以上。

（2）水泥：焦作市坚固水泥有限公司生产的坚固牌普通硅酸盐水泥，P·O42.5，水泥的化学组成、矿物组成及物理性能见表 13-3、表 13-4 和表 13-5。

表 13-3　坚固牌 42.5 级水泥的化学组成（%）

SiO_2	Al_2O_3	CaO	MgO	Fe_2O_3	Loss	$f\text{-}CaO$
21.84	5.23	65.23	2.76	3.30	0.19	0.92

表 13-4　坚固牌 42.5 级水泥的矿物组成（%）

C_3S	C_2S	C_3A	C_4AF
56.1	20.31	8.26	10.03

表 13-5　坚固牌 42.5 级水泥的物理性能

品质指标	细度 (%)	初凝 (h：min)	终凝 (h：min)	煮沸安定性	烧失量 (%)	3d 抗压 (MPa)	3d 抗折 (MPa)
标准值	≤10	0：45	≤10	合格	≤3.5	≥16.0	≥3.5
检测值	1.2	2：49	3：49	合格	2.45	25.4	5.1

由以上数据显示，该批普通硅酸盐水泥参照 GB 175—2007 标准检验，各项指标较好，适用于高强高性能混凝土使用。

（3）砂子：种类为机制砂，细度模数为 3.0，泥块含量 0.0%；坚固性（压碎指标）15%；该批机制砂所检项目按 GB/T 14684—2011《建筑用砂》标准检验符合中砂 I 类要求。

（4）石子：种类为卵石，泥块含量为 0；含泥量小于 0.5；颗粒级配按 GB/T 14685—

2011《建筑用卵石、碎石》标准检验Ⅰ类要求，符合标准。

（5）高效减水剂：北京建筑材料设计研究院生产的AH4000聚羧酸高效减水剂，棕色粉末。

（6）水：焦作市自来水。

（7）仪器：NJ-160A水泥净浆搅拌机；水泥标准稠度及凝结时间测定仪；HJW-30型单卧轴强制式混凝土搅拌机；100mm×100mm×100mm试件；混凝土振动台；SKZY—2000型压力试验机；HS40型抗渗仪；KDR-V型快速冻融试验机；混凝土碳化试验箱；NEL氯离子检测系统；JSM-6390LV钨灯丝扫描电镜。

2. 实验方法

实验方法参照《水泥标准稠度用水量、凝结时间、安定性检验方法》（GB/T 1346—2011）、《普通混凝土力学性能试验方法标准》（GB/T 50081—2002）。选用尺寸为100mm×100mm×100mm试件9块养护至3d、7d、28d进行抗压强度试验。

高强高性能混凝土在标准条件下采用标准养护的试件，在温度为（20±5）℃的环境中静置一天，然后编号、拆模；拆模后应立即放入温度为（20±2）℃，相对湿度为95%以上的标准养护室中养护。其他实验的养护条件为自然状态下养护，试件彼此间隔10~20mm，表面应保持潮湿。依照《普通混凝土长期性能和耐久性能试验方法》（GB/T 50082—2009）进行耐久性测试。

二、偏高岭土最佳掺量的研究

本次实验参照高强高性能混凝土配比设计方案，配合比采用：胶凝材料∶砂子∶石子＝1∶1.40∶2.33，水泥用量为500kg/m³，水灰比0.33，高效减水剂为胶凝材料用量的2%，初始坍落度为（19±2）cm左右，各组试样偏高岭土等量取代水泥用量分别为：5%、10%、15%、20%、25%，制作试件步骤完全按照《普通混凝土力学性能试验方法标准》（GB/T 50081—2002）混凝土试件制作过程完成：

表 13-6　不同偏高岭土掺量的混凝土配合比（kg/m³）

编号	偏高岭土	水泥	砂子	石子	用水量	减水剂	水胶比
MK0	0	500	700	1150	165	10	0.33
MK5	25	475	700	1150	165	10	0.33
MK10	50	450	700	1150	165	10	0.33
MK15	75	425	700	1150	165	10	0.33
MK20	100	400	700	1150	165	10	0.33
MK25	125	375	700	1150	165	10	0.33

注：胶凝材料∶砂子∶石子＝1∶1.40∶2.30，减水剂掺量2%

表 13-7　偏高岭土掺量不同的混凝土的抗压强度

编号	3d抗压强度（MPa）	提高（%）	7d抗压强度（MPa）	提高（%）	28d抗压强度（MPa）	提高（%）
MK0	42.7	—	52.1	—	62.4	—
MK5	40.6	−5	55.7	7	64.2	3
MK10	44.1	3	59.5	14	68.3	9
MK15	48.9	15	65.3	25	78.9	26
MK20	44	3	57.6	11	79.0	27
MK25	44.2	4	58.2	12	75.2	21

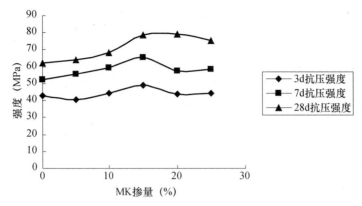

图 13-1 不同偏高岭土掺量对混凝土抗压强度的影响

从表中数据，图示曲线可以看出，偏高岭土不同掺量（内掺）对混凝土强度会产生不同的影响，整体是随着偏高岭土掺量的增加，强度都有所增加，3d 强度不是很稳定，7d 和 28d 强度都有明显提高，其中掺量 15％时候强度提高最多：3d、7d、28d 比基准样提高约 25％左右。当掺量达到 20％以上时候，28d 强度增加缓慢，甚至有下降趋势，所以我们可以得出偏高岭土最佳掺量约为胶凝材料的 15％。

三、偏高岭土-水泥标准稠度需水量的研究

由于水泥的凝结时间对混凝土的凝结时间乃至性能有着重要的影响，故此对偏高岭土对水泥凝结时间的影响进行研究。要测定不同偏高岭土掺量下水泥的凝结时间，就要先确定不同偏高岭土掺量下水泥的标准稠度需水量。

试验过程参照国家标准水泥净浆标准稠度需水量的测定方法，偏高岭土等量取代水泥分别为 5％、10％、15％、20％、25％、30％。试验步骤如下：（1）检查测定仪金属杆是否能自由滑动；并调整至试杆指针对准零点，搅拌机应运转正常等。（2）用湿布擦拭搅拌锅和搅拌叶，称取 500g 水泥试样置于搅拌锅内。将锅放到搅拌机座上，升至搅拌位置，开动机器，同时按预设水量徐徐加入拌合水，慢速搅拌 120s，停伴 15s，接着快速搅拌 120s 后停机。（3）拌合完毕，立即将水泥净浆一次装入已置于玻璃底板的试中，用小刀插捣，并振动数次，刮去多余净浆，抹平后，迅速放到试杆下面的固定位置上。（4）将试杆降至净浆表面，指针对准标尺零点；拧紧螺丝，然后突然放松，让试杆自由沉入净浆中，30s 时记录试杆下沉深度，升起试杆后立即擦净，整个操作应在搅拌后 1.5min 内完成；当试杆距圆模底板 6mm 时，此净浆为标准稠度净浆，此时用水量为标准稠度需水量。实验配比及结果见表 13-8。

表 13-8 不同偏高岭土掺量的水泥胶凝材料标准稠度需水量比较

编号	水泥（g）	偏高岭土（g）	标准稠度用水量（g）	标准稠度用水量（％）
A-1	500	0	142	28.5％
A-2	475	25	146.5	29.3％
A-3	450	50	149	29.8％
A-4	425	75	151	30.4％
A-5	400	100	153.5	30.7％
A-6	375	125	157	31.4％

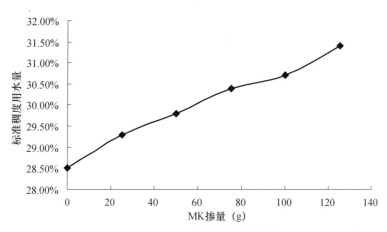

图 13-2　偏高岭土不同掺量对胶凝材料标准稠度需水量的影响趋势

从表中看出，随着偏高岭土掺量的增加，掺加偏高岭土的水泥胶凝材料标准稠度需水量也随之增加，都高于空白样。在等量取代水泥 25％时，水泥胶凝材料标准稠度需水量比空白样增加约 3％，可以知道，偏高岭土标准稠度需水量高于水泥，相同用水量的情况下，掺加偏高岭土的水泥胶凝材料要比水泥样稠度大。这是因为偏高岭土是高岭土脱水制成，引起比表面积增加导致需水量增加，这会降低水泥混凝土的施工性能，因此施工时需要增加适量减水剂。

四、偏高岭土-水泥凝结时间的研究

本次实验所用 P·O42.5 水泥，考查偏高岭土不同掺量下对偏高岭土水泥胶凝材料标准稠度凝结时间的影响。实验当天室内温为 20℃左右。

测初凝终凝的试验方法如下参照《水泥标准稠度用水量、凝结时间检验方法》（GB/T 1346—2011）操作步骤如下：（1）将圆模放在玻璃板上，在圆模内壁稍涂上一层机油。（2）调整凝结时间测定仪使试针接触玻璃板时指针应对准标尺下端零点。（3）按照标准稠度配比搅拌偏高岭土水泥，将已搅和好的偏高岭土水泥浆体一次装入圆模，振动数次后刮平，然后自然放置。记录开始固液混合的时间为凝结时间的起始时间。（4）5min 后进行第一次测定。测定时，将圆模放在试针下，使试针与净浆面接触，拧紧固定螺钉，1～2s 突然放松，试针垂直自由沉入净浆，观察试针停止下沉时指针读数。（5）当试针沉至距地板 2～3mm 时，即是拌合物达到初凝状态；临近初凝时，每隔 2min 测定一次。到达初凝状态时立即重复测一次，当两次结论相同时才能定位到达初凝状态。由开始固液混合至到达初凝状态的时间即为该拌合物的初凝时间。（6）当试针下沉不超过 1～0.5mm 时为偏高岭土水泥拌合物达到终凝状态。临近终凝时，每隔 5min 测定一次，到达终凝状态时应重复测定一次，当两次结论相同时才能定为终凝时间。由开始固液混合至到达终凝状态的时间即为偏高岭土水泥的终凝时间。

试验测试结果见表 13-9。

表 13-9　不同偏高岭土掺量对偏高岭土水泥标准稠度凝结时间的影响

样号	水泥（g）	偏高岭土（g）	标准稠度用水量（g）	初凝（h：min）	终凝（h：min）
B-1	500	0	28.5	2：43	3：44
B-2	475	25	29.3	2：35	3：40
B-3	450	50	29.8	2：30	3：34
B-4	425	75	30.4	2：20	3：15
B-5	400	100	30.7	2：07	3：02
B-6	375	125	31.4	1：38	2：54

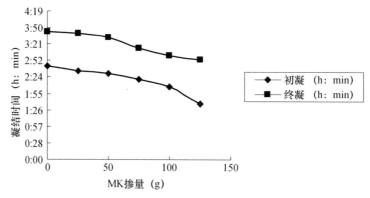

图 13-3　偏高岭土掺量不同的胶凝材料凝结时间趋势

从表中凝结时间趋势可以看出，在不掺偏高岭土时空白样水泥初凝时间为 2h43min，终凝时间为 3h44min；随着偏高岭土代替水泥量的增加，初凝和终凝时间都比不加偏高岭土的基准样低，且从图中趋势可以看出随着偏高岭土掺量的增加，其初凝、终凝时间都有缩短的趋势。

当偏高岭土代替水泥的量为 25％即 125g 时，初凝时间缩短 1h5min，终凝时间缩短 50min 左右，偏高岭土能够明显地缩短水泥净浆的初凝和终凝时间，这也说明偏高岭土有加快水泥净浆快速凝结的作用，可以起到速凝的效果。

这是因为水泥遇水后生成 C-S-H 及 CH，偏高岭土中的活性 Al_2O_3 迅速与 CH 及石膏水化反应生成钙矾石，增加了水泥浆体中钙矾石的含量，因而缩短了水泥的凝结时间。其他的偏高岭土则与水泥熟料水化出的 CH 继续反应生成 C-S-H 凝胶、C_3AH_6、C_4AH_3 等，消耗了水泥浆体中的 CH 含量，增加了水泥浆体中有效水化产物的含量，从而改善了硬化水泥石的结构，提高了水泥石的强度。

五、偏高岭土-混凝土和易性研究

从以上试验可知，加入偏高岭土的混凝土和易性明显低于空白样，这是因为偏高岭土是高岭土在高温条件下失水所得，偏高岭土的需水量明显高于水泥的缘故，如果想保持和空白样一样的和易性，就需要加入适量的减水剂。

新拌制的混凝土拌合物，是一种由水和分散粒子组成的体系，其和易性的试验，目前还是以测定其坍落度为主。新拌制的混凝土，随着时间的推移，会逐渐变稠、变硬，并产生强度，这就是混凝土的凝结硬化过程。

坍落度测试试验参照步骤如下：（1）用水湿润坍落度筒及其他用具，并把坍落度筒放在已经准备好的刚件水平 600mm×600mm 的铁板上，用脚踩住两边的脚踏板，使坍落度筒在装料时保持在固定位置。（2）把按要求取得的混凝土试样用小铲分两层均匀地装入筒内，使捣实后每层高度为筒高三分之一左右。每层用捣棒沿螺旋方向由外向中心插捣 25 次，各次插捣应在截面上均匀分布。插捣筒边混凝土时，捣棒可以稍稍倾斜。插捣底层时，捣棒应贯穿整个深度，插捣第二层和顶层时，捣棒应插透本层至下层的表面。插捣顶层过程中，如混凝土沉落到低于筒口时，则应随时添加，揭完后刮去多余的混凝土，并用抹到抹平。（3）清除筒边底板上的混凝土后，垂直平稳地在 5～10s 内提起坍落度筒。从开始装料到提坍落度筒的整个过程应不间断地进行，并应在 150s 内完成。（4）提起坍落度筒后，测量筒高与坍落后混凝土试体最高点之间的高度差，即为该混凝土拌合物的坍落度值。坍落度筒提离后，如混凝土发生崩坍成一边剪坏现象，则应重新取样另行测定。测试坍落度试验结果见表 13-10。

表 13-10　减水剂掺量的增加对混凝土坍落度的影响

编号	偏高岭土（kg）	水泥（kg）	砂子（kg）	石子（kg）	水胶比	减水剂（%）	初始坍落度（cm）
C-1	0	6	8.4	13.8	0.33	2	18
C-2	0.9	5.1	8.4	13.8	0.33	2	15
C-3	0.9	5.1	8.4	13.8	0.33	2.2	18
C-4	0.9	5.1	8.4	13.8	0.33	2.4	20
C-5	0.9	5.1	8.4	13.8	0.33	2.6	22
C-6	0.9	5.1	8.4	13.8	0.33	3	21
C-7	0.9	5.1	8.4	13.8	0.33	3.5	19
C-8	0.9	5.1	8.4	13.8	0.33	4	16

从表中可以看出，在保持相同配比和水灰比的情况下，减水剂用量，坍落度有明显的不同，掺加 15% 偏高岭土的混凝土要达到和空白样一样的坍落度，只需再添加 0.2% 的减水剂即可，即可保持混凝土搅拌的和易性。

我们还可以看出，并不是减水剂加入量越多，坍落度越大，当减水剂增加到胶凝材料的 3% 时，坍落度不再增加，当增加至 4% 时，坍落度有下降趋势。所以减水剂并不是加入得越多越好，而且随着掺入量的增加，成本也在增加，所以减水剂的掺量应适中。

六、偏高岭土-减水剂协调性研究

在保持和基准样同样坍落度的情况下，也就是保持混凝土的可操作性，我们在增加减水剂的同时降低水胶比，以达到提高强度的目的，试验结果见表 13-11。

表 13-11　相同坍落度下减水剂和水灰比的关系

编号	坍落度（cm）	偏高岭土（kg）	水泥（kg）	砂子（kg）	石子（kg）	减水剂（%）	水胶比
D-1	18	0	6	8.4	13.8	2	0.33
D-2	18	0.9	5.1	8.4	13.8	2.2	0.33
D-3	18	0.9	5.1	8.4	13.8	2.4	0.32
D-4	18	0.9	5.1	8.4	13.8	2.6	0.30
D-5	18	0.9	5.1	8.4	13.8	3	0.32
D-6	18	0.9	5.1	8.4	13.8	3.5	0.31

从表中可以看出，在保持相同初始坍落度的情况下，增加减水剂的用量，可以适当降低水的用量，即降低水胶比。当减水剂增加到胶凝材料的2.6%时，用水量最低，即水胶比为0.30，减水剂增加至胶凝材料的3.5%时，水胶比为0.31，要想保持相同的坍落度，水胶比已经下降不明显。测试此时不同减水剂掺量、不同水胶比下的混凝土强度，结果见表13-12。

表13-12 不同减水剂掺量和不同水胶比下的混凝土强度比较

编号	坍落度（cm）	减水剂（%）	水胶比	3d抗压强度（MPa）	7d抗压强度（MPa）	28d抗压强度（MPa）
D-1	18	2	0.33	43.6	54.3	65.4
D-2	18	2.2	0.33	47.7	68.5	79.3
D-3	18	2.4	0.32	48.3	69.0	79.5
D-4	18	2.6	0.30	51.4	71.6	84.6
D-5	18	3	0.32	48.0	69.0	79.6
D-6	18	3.5	0.31	48.0	70.4	81.3

从表中可以看出，在保持相同坍落度的情况下，增加减水剂的用量，可以降低水胶比，而强度也有所升高，当减水剂增加至2.6%，水胶比达到0.30的强度显示最强，高于其他配比，28d强度可以达到84.6MPa。

七、偏高岭土-混凝土的耐久性研究

一般混凝土工程的使用年限约为50～100年，不少工程在使用10～20年后，有的甚至使用9年以后，即需要维修。据美国一项调查显示，美国的混凝土基础设施工程总价值约为6万亿美元，每年所需维修费或重建费约为3千亿美元。美国50万座公路桥梁中20万座已有损坏，平均每年有150～200座桥梁部分或完全坍塌，寿命不足20年；美国共建有混凝土水坝3000座，平均寿命30年，其中32%的水坝年久失修；而对二战前后兴建的混凝土工程，在使用30～50年后进行加固维修所投入的费用，约占建设总投资的40%～50%以上。回看中国，我国20世纪50年代所建设的混凝土工程已使用40余年。如果平均寿命按30～50年计，那么在今后的10～30年间，为了维修这些新中国成立以来所建的基础设施，耗资必将是极其巨大的。而我国目前的基础设施建设工程规模宏大，每年高达2万亿人民币以上。照此来看，约30～50年后，这些工程也将进入维修期，所需的维修费用和重建费用将更为巨大。耐久性对工程量浩大的混凝土工程来说意义非常重要，若耐久性不足将会产生极严重的后果，甚至对未来社会造成极为沉重的负担。

水泥混凝土的耐久性是指混凝土抵抗气候作用、化学腐蚀、磨损或者任何其他破坏过程的能力，在暴露于环境中时，耐久性混凝土应保持其形态、质量和使用功能。迄今为止，影响混凝土耐久性的主要类型：（1）冻融作用；（2）侵蚀性化学介质的侵蚀；（3）钢筋锈蚀；（4）骨料的化学反应；（5）磨损；（6）人为因素等。影响混凝土耐久性的内在因素如混凝土建筑物的设计水平、材料选择、施工质量等，这些因素只要引起重视，采取相应措施，可以将其对耐久性的影响降到最小，影响混凝土耐久性的内在因素则无疑首推材

料本身的性能。

本试验主要研究偏高岭土对混凝土耐久性的影响，试样配比见表13-13。

表13-13　偏高岭土高强高性能混凝土配合比

编号	偏高岭土（kg/m³）	水泥（kg/m³）	配合比	水胶比	减水剂掺量（%）
E-1	0	500	1：1.40：2.30	0.30	2.6
E-2	75	425	1：1.40：2.30	0.30	2.6

混凝土耐久性测试一律参照《普通混凝土长期性能和耐久性能试验方法》（GB/T 50082—2009）执行。

1. 偏高岭土-混凝土抗渗性研究

混凝土渗水是由于内部的孔隙形成连通的渗水通道，这些孔道主要来源于水泥浆中多余水分的蒸发而留下的气孔，水泥浆泌水所形成的毛细孔，以及粗骨料下部界面水富集所形成的孔穴。另外，在混凝土施工成型时，振捣不实产生的蜂窝、孔洞都会造成混凝土渗水。混凝土的密实度及内部孔隙的大小和构造是决定抗渗性的重要因素。

混凝土的抗渗性是指抵抗压力水渗透的能力。混凝土渗透能力的形成，是由于混凝土中多余水分蒸发后留下了孔洞与孔隙，同时新拌混凝土因泌水在粗骨料与钢筋下缘形成的水膜，或泌水留下的孔道和水囊，在压力水的作用下会形成内部渗水的管道。再加上施工缝处理不好、捣固不密实等，都能引起混凝土渗水，甚至引起钢筋的锈蚀和保护层的开裂、剥落等破坏现象。通常采用的降低渗透性的措施都能提高混凝土的耐久性，诸如降低水胶比、使用矿物掺合料、延长养护时间等。特别是矿物掺合料，如硅灰、粉煤灰和矿渣等作为胶凝材料加入混凝土中，能起到增大混凝土的密实度，改善混凝土的孔结构，细化孔隙的作用，能明显提高混凝土的渗透性。

混凝土的抗渗性是决定混凝土耐久性最基本的因素，若混凝土的抗渗性差，不仅周围水等液体物质易渗入内部，而且当遇有负温或环境水中含有侵蚀性介质时，混凝土就易遭受冰冻或侵蚀作用而破坏，对钢筋混凝土还将引起其内部钢筋的锈蚀，并导致表面混凝土保护层开裂与剥落。因此必须要求混凝土具有一定的抗渗性。混凝土是一种多相非均质材料，从微观上看是多孔结构，水通过这些孔隙在混凝土中渗透。一般认为，混凝土的渗透性越低，水及腐蚀性介质越不易渗入，即耐久性越好。

混凝土渗透性测试参照（GB/T 50082—2009），试验设备和材料如下：（1）混凝土渗透仪：HS40型；（2）成型试模：上口直径175mm，下口直径185mm，高150mm；（3）螺旋加压器、烘箱、电炉、浅盘、铁锅、钢丝刷等；（4）密封材料：如石蜡，内掺松香约2%。

试验步骤如下：（1）试件的成型和养护应按（GB/T 50082—2009）标准规定执行，以六个试件为一组。（2）试件成型后24h拆模，用钢丝刷刷去两端面水泥浆浆膜，标准养护至28d要求。（3）试件养护到试验前一天取出，擦干表面，用钢丝刷刷净两端面。待表面干燥后，在试件侧面涂一层熔化的密封材料。然后立即在螺旋加压器上压入经过烘箱或电炉预热过的试模中，使试件底面和试模底平齐。待试模变冷后，即可缓解压力，装至渗透仪上进行试验。（4）实验时，水压从1MPa开始，每隔8h增加水压1MPa，并随时注意观察试件断面情况，一直加至六个试件中有三个试件表面发现渗水，记下此时的水压力，即可停止试验。劈开试件测量透水深度。试验结果参见表13-14。

表 13-14　混凝土抗渗试验结果

混凝土试样	施加压力（MPa）	承压时间（h）	平均渗水深度（mm）
E-1	4.0	8	34
E-2	4.0	8	28

试验结果表明，这些混凝土均具有优异的抗渗透性能，抗渗等级均在 S40 以上，这也表明，研究所得的 C70、C80 高强高性能混凝土混凝土抵抗压力水渗透的压力很高，内部结构致密，基本上不渗水。掺加偏高岭土的混凝土抗渗性能明显优于不掺偏高岭土的空白样，平均渗水深度相差 6mm，能降低渗水深度达 18%，效果显著。主要是因为偏高岭土的物理化学作用，使水泥水化产物中的 Ca(OH) 减少，C-S-H 凝胶数量相对增加，毛细孔进一步细化，提高了浆体的强度，而且也有阻断毛细孔通道的作用，从而提高了抗渗能力。

2. 偏高岭土-混凝土氯离子渗透性研究

在海洋环境、使用除冰盐的道桥工程及盐湖和盐碱地区域，涌入混凝土中的 Cl^- 是造成其中钢筋锈蚀的主要原因，而钢筋腐蚀又是造成钢筋混凝土结构破坏最重要的原因之一，这往往决定了混凝土结构的使用寿命，是混凝土结构耐久性的重要问题。渗入混凝土中的 Cl^- 以三种形式存在：一是与水泥中 C_3A 的水化产物水化铝酸盐相及其衍生物反应生成低溶性的单氯铝酸钙 $3CaO \cdot Al_2O_3 \cdot CaCl_2 \cdot 10H_2O$，即所谓 Friedel 盐，称为 Cl^- 的化学结合；二是被吸附到水泥水化产物中或未水化的矿物组分中，称作 Cl^- 物理吸附；三是 Cl^- 以游离的形式存在于混凝土的孔溶液中。被混凝土组分材料结合的 Cl^- 基本上不会对钢筋构成危害，只有残留在混凝土孔隙液中的游离 Cl^- 才会对钢筋造成破坏。因此，混凝土对 Cl^- 的结合能力显得尤其重要。

氯离子渗透性试验采用 NEL-PD 型混凝土渗透性检测系统测试。NEL 法是迄今为止开发得最快的氯离子渗透扩散性实验方法，实验结果令人满意，是一种极具前途的氯离子渗透性实验方法。试验步骤如下：（1）溶液配制：用分析纯 NaCl 和蒸馏水搅拌配制 4M NaCl 盐溶液，静停 24h 备用。（2）试样制备：将混凝土试件切割成 100mm×100mm×50mm 的试样，上下表面应平整且表面不得有浮浆层。（3）真空饱盐：试样浸泡入饱和食盐水中 24h。（4）扩散系数测定：将饱盐后混凝土试样放入夹具的两紫铜电极间，用 APT 测试软件检测混凝土中的氯离子扩散系数。（5）试验完毕后，清洗试样夹具，检查仪器工作状态是否正常。

参照 NEL 法评价标准试验测试结果见表 13-15。

表 13-15　混凝土氯离子渗透试验结果

试样编号	28d 强度（MPa）	氯离子扩散系数 D_{NEL}（10^{-10} m^2/s）	混凝土渗透等级	混凝土渗透性评价
E-1	71.5	31.5	V	很低
E-2	83.5	20.7	V	很低

从表中可以看出参照 NEL 法评价标准，二者的渗透性都属于很低，但掺加偏高岭土的混凝土的氯离子渗透系数明显低于基准混凝土。氯离子扩散系数降低 34%，效果较好。这主要是由于高岭土石层状结构的铝硅酸粘土矿物，经 700～800℃ 高温脱水后，留下了许

多孔隙，煅烧生成的偏高岭土内表面积极大地增加，由于高温受热脱水，偏高岭土中原子排列不规则，呈现热力学的介稳状态，在适当的激发下具有胶凝性。偏高岭土形成过程中，产生了大量的断裂化学键，具有很大的表面能，具有很高的火山灰活性，因此它吸收 $Ca(OH)_2$ 的能力很强，掺偏高岭土的水泥遇水水化时，偏高岭土中的火山灰活性物质 Al_2O_3 和 SiO_2 迅速与水泥熟料水化生成的氢氧化钙反应，降低了 $Ca(OH)_2$ 在浆体中的含量，生成大量的钙矾石和硅酸钙凝胶，同时也加速了水泥的水化，使混凝土的密实度增加，界面结构改善，抗渗性提高，氯离子扩散系数减少。

3. 偏高岭土-混凝土抗冻性研究

混凝土受冻融作用而破坏的原因，是由于混凝土内部孔隙中的水在负温下结冰膨胀造成的静水压力和因冰水蒸气压的差别推动未冻水向冻结区的迁移所造成的渗透压力。当这两种压力所产生的内应力超过混凝土的抗拉强度，混凝土就会产生裂缝，多次冻融使裂缝不断扩展直至破坏。混凝土的密实度、孔隙构造和数量、孔隙的充水程度是决定抗冻性的重要因素。

按照国家标准规定，当相对弹性模数下降至 60% 或重量损失率达 5% 的冻融循环次数，即为试件的抗冻强度等级。现行的混凝土抗冻性的试验方法大体上可分为快冻法与慢冻法两大类，评价指标有相对弹性模数、抗压强度损失和重量损失等。本实验采用快冻法《水工混凝土试验规程》（DL/T 5150—2011）测试掺加偏高岭土的混凝土和未掺偏高岭土的空白混凝土的抗冻性能试验结果见表 13-16。

表 13-16　混凝土抗冻试验结果

编号	28d 强度 (MPa)	300 次冻融循环后		
		强度损失（%）	相对动弹性模数（%）	重量损失率（%）
E-1	71.5	20.6%	85.3	0.84
E-2	83.5	14.7%	90.2	0.37

从试验结果来看，掺加偏高岭土的混凝土在相同条件下，相对弹性模数、重量损失率、相对耐久性指数等指标都明显优于基准样。强度损失只有基准样的 29%，相对动弹模数提高 6%，重量损失降低 56%，掺加偏高岭土的混凝土抗冻性能远远优于基准样，经过 300 次冻融循环后，偏高岭土混凝土的相对弹性模量大于 90%，而重量损失率仅为 0.37%，显示出偏高岭土混凝土优异的抗冻性能。这主要是由于掺加偏高岭土的高强高性能混凝土用水量少、水胶比低，结构致密，在经受冻融循环时内部孔隙和毛细孔中可结冰水的含量低，而且细化的孔结构还使毛细孔中水的冰点降低，所以抗冻性优良。

4. 偏高岭土-混凝土抗碳化性研究

混凝土的基本原料是水泥、水、砂和碎石，在其形成过程中，核心的化学反应是水泥与水发生的水化反应。水化反应是将散粒状的砂与碎石粘结在一起，生成自身具有强度的水泥石。混凝土是一个多孔体，在其内部存在着许多大小不同的毛细管、孔隙和气泡。空气中的 CO_2 首先渗透到混凝土内部的孔隙和毛细管中，然后溶解于毛细管中的液相物质，再与水泥水化过程中产生的 $Ca(OH)_2$、硅酸三钙和硅酸二钙 C_2S_3 等水化产物发生化学反应，生成 $CaCO_3$，主要的化学反应方程式如下：

$$CO_2 + H_2O \longrightarrow H_2CO_3$$

$$Ca(OH)_2 + H_2CO_3 \longrightarrow CaCO_3 + 2H_2O$$
$$3CaO \cdot SiO_2 \cdot 3H_2O + 3H_2CO_3 \longrightarrow 3CaCO_3 + SiO_2 + 6H_2O$$

由以上 3 个反应式可以看出，混凝土的碳化是同时在气相、液相和固相中进行的一个复杂的化学反应过程。

在某些情况下，混凝土的碳化会增加其密实性，但大部分情况下，混凝土的碳化对混凝土是一个有害的化学反应过程。碳化会降低混凝土的碱度，破坏钢筋表面的钝化膜，造成钢筋的锈蚀。同时混凝土的碳化会加剧混凝土的收缩，有可能导致混凝土的开裂和结构的破坏，对钢筋混凝土结构的耐久性极为不利。混凝土碳化的速度取决于 CO_2 的扩散速度以及与混凝土成分的反应性，而 CO_2 的扩散速度主要受混凝土的密实度、环境中 CO_2 的浓度、环境温度和湿度等条件的影响。

水泥混凝土抗碳化性能的检验采用（GB/T 50082—2009）方法进行。以 CO_2 浓度为 20%，温度为 20℃，相对湿度 70% 的条件下进行碳化试验，试件尺寸为 100mm×100mm×100mm 立方体试件。碳化龄期为 3d、7d、28d，试件的五面封蜡，在碳化箱中养护到规定的龄期后，测定混凝土的抗压强度和碳化深度，试验结果见表 13-17。

表 13-17　混凝土抗碳化试验结果

编号	碳化前强度 (MPa)	碳化 28d 强度 (MPa)	强度损失率 (%)	碳化深度（mm）		
				3d	7d	28d
E-1	71.5	66.2	7.4%	3.7	4.3	4.7
E-2	83.5	80.3	3.8%	3.4	3.9	4.2

研究表明，偏高岭土混凝土具有较好的抗碳化性能，经 28d 碳化后混凝土的强度损失率在 4% 以内，比基准样降低 48%，碳化深度能降低 10% 左右，从碳化系数和碳化深度数值来看，偏高岭土混凝土的抗碳化性能明显优于基准混凝土。

第四节　偏高岭土-混凝土的应用领域

通过试验研究，我们已经知道，掺加偏高岭土的高强高性能混凝土相对于普通的混凝土有较高的强度、优异的耐久性、抗渗系数较低、抗冻性能较强、氯离子渗透系数较低，还有很强的抗碳化能力等优势，我们可以推广其在如下领域中使用，以期达到可观的经济效益和社会效益。

一、偏高岭土-混凝土在水利工程上的应用

掺加偏高岭土的高性能混凝土具有优异的抗渗性能，在水利工程上使用，将大大降低水的渗漏，减少水的损失，降低水资源的浪费，达到防水、节水等功效。

南水北调工程是我国在建的大型工程，其中中线工程需新建渠道、渡槽、涵洞、桥梁、泵站、交叉建筑物、分流建筑物等一千多项混凝土建筑物工程，很多建筑物都采用了 C50 的高强高性能混凝土。使用偏高岭土混凝土不但能满足强度等级要求，也能满足耐久性方面的要求。

目前，我国渠道防渗主要有土料防渗、水泥土防渗、膜料防渗、砌石防渗、沥青混凝

土防渗等几种形式，其中混凝土防渗是近年来使用较为普遍的渠道防渗形式。我国在20世纪60年代开始使用混凝土防渗，它的特点是防渗效果好，一般能减少渗漏损失。渠道防渗是减少输水损失、控制地下水位和提高渠道水利用系数的工程措施。渠道防渗工程技术就是为减少渠床土壤透水性或建立不易透水的防护层而采取的各种工程技术措施。用作渠道防渗的技术措施种类较多，选择的基本要求是：防渗效果好，减少渗漏值一般应达50%～80%，因地制宜、就地取材，施工简便，造价较低廉，寿命长，具有足够的强度和耐久性，能够提高渠道的输水能力和抗冲能力，减少渠道的断面尺寸，便于管理养护，维修费用低。

灌溉渠道在输水过程中只有一部分水量通过各级渠道输送到田间为作物利用，而另一部分水量却从渠底、渠坡的土壤孔隙中渗漏到沿渠的土壤中，不能进入农田为作物利用，这就是渠道渗漏损失。研究表明，其渗漏损失约占总引水量的30%～50%，有的高达60%，这就是说，如果渠道渗水，灌溉用水的50%以上将在渠道输水途中被渗漏掉，水资源浪费极其严重，使用抗渗性能较好的混凝土在渠道的建设上，将是水利工程急需解决的问题。

综上所述，鉴于水利工程上对混凝土的使用要求，偏高岭土混凝土在南水北调工程，渠道防渗、在渠道修建上的建设都有很强的应用价值。也因为偏高岭土高性能混凝土良好的抗渗性能，还可以用在以下方面：（1）工业与民用新、旧建筑等各类混凝土构筑物，如电厂、水坝、水池、水塔、隧道、地下室等工程的防水；（2）可用于无菌制药车间、酒厂、食品加工厂、粮库、军工仓库等的防渗、防潮、防霉变；（3）用于文物、古迹保护及化工防腐工程的防腐、防风化；（4）用于机场跑道、隧道等增加混凝土强度，且无冰冻的危害。

二、偏高岭土-混凝土在道路的应用

随着对交通运输要求的日益提高发展"长寿命低维护路面"，采用高性能道面混凝土，路面设计不但要有平均强度要求，还应有耐久性要求。这就要求道路用混凝土必须是高强高性能的，高强高性能混凝土具有高施工性、高体积稳定性、高耐久性及足够的力学强度，为此它能相对长时间承受随冲刷、磨耗、冰冻、水的渗入、侵蚀等恶劣环境，在道路应用中，高强高性能混凝土其耐久性优点极为突出，一方面它可以提高路基施工质量，确保路基不下沉；另一方面需解决道路混凝土强度等级低，水泥用量少，从而形成了水泥用量少与耐久性要求之间的矛盾。

高强高性能混凝土配制的基本思想是：通过对原材料进行选择，优化混凝土配比，掺入复合高效外加剂，同时掺入一些经过处理的工业废料如硅灰、粉煤灰、矿渣、偏高岭土等，并从混凝土拌合物的流动性、施工工艺方面考虑以获得高流态、低离析、质量均匀的高强混凝土。同时其耐久性要大大优于普通混凝土。提高混凝土路面表面的致密性、抗渗性都是很重要的而这是需要通过高强高性能混凝土来实现的。高强高性能混凝土路面一般指路面混凝土的抗压强度不低于40～45MPa，新拌混凝土具有良好的流动性、黏聚性、和易性，同时保证混凝土具有较强的抗冻性、耐磨性和耐疲劳性能。

通过试验研究，由偏高岭土配制的高强高性能混凝土不仅具有较高的强度，节省了水泥，而且还具有较好的耐久性能：密实性，防渗透性能较好，良好的抗冻性能，减少了防冻剂对路面的危害。高强高性能偏高岭土混凝土符合交通运输道路的要求，可以更好地应用在混凝土高速公路、公路和铁路的边坡处理等方面。

三、偏高岭土-混凝土在桥梁工程上的应用

近年来我国投入巨资建设的超大型结构如大跨度桥梁等投资巨大，施工周期长，维修很困难，因此对结构物的耐久性提出了更高的要求，而且一些工程设计，提出使用寿命至少100年，高强高性能混凝土正是具有很好的耐久性，减少维修等一系列的优点，才被广泛地用于大跨度桥梁建设工程当中的，其在桥梁工程中应用的优点是：跨径更长；主梁间距更大；构件更薄；耐久性增强。延长桥梁的使用年限和获得更好的经济效益，耐久性、养护的难易程度以及建设的经济性已成为工程建设的目标。

高性能混凝土广泛用于很多离岸结构物和长大跨桥梁的建造，它们主要用于主梁、墩部和墩基，在恶劣的使用条件下寿命长、高强度、高流动性与优异的耐久性。偏高岭土高强高性能混凝土的抗渗性能远远优于基准混凝土，也显著提高混凝土抗海水腐蚀的能力，偏高岭土混凝土还具有较高的碳化速度系数。桥梁工程中，大跨度桥梁的自重往往占总荷载中的大部分。采用偏高岭土高强高性能混凝土，可以降低截面高度和减轻自重等，获得相当可观的经济效益和社会效益。

虽然偏高岭土高强高性能混凝土在成本上比普通混凝土要高一些，但由于减小了截面尺寸，减轻了结构自重，降低了钢筋用量，这对自重占荷载主要部分的混凝土结构具有特别重要的意义。一般情况下，混凝土强度等级从C30提高到C60，对受压构件可节省混凝土30%～40%，受弯构件可节省混凝土10%～20%，以年产15亿 m^3 混凝土中有20%，采用高性能混凝土，以商品混凝土350元/m^3计算，可节约资金210亿元，具有巨大的直接经济效益；同时由于截面尺寸减小，不但改变了结构上肥梁胖柱的不美观问题，而且可增加使用面积和有效空间，因而可获得较大的间接经济效益。在建设阶段通过节约混凝土用量，可以节约土地、煤、水、矿石、砂等能源和资源的消耗量，从而减少有害气体和废渣的排放，使用阶段可减少养护维修费用，实现节能，带来可观的社会效益。值得在今后的工程实践中大力推广。

四、偏高岭土在喷射混凝土中的应用

喷射混凝土是一种原材料与普通混凝土相同，而施工工艺特殊的混凝土。它是将水泥、砂、石按一定的比例混合搅拌后，送入混凝土喷射机中，用压缩空气将干拌合料压送到喷头处，在喷头的水环处加水后，高速喷射到巷道围岩表面，起到支护作用的一种支护形式和施工方法，是一种不用模板，没有浇筑和捣固工序的快速、高效的混凝土施工工艺。在矿山井巷、地下工程、隧道隧洞等工程中，采用与锚杆支护相结合的喷射混凝土支护，取代原有的料石砌碹、混凝土衬砌，取得了明显的效果。

由于喷射混凝土具有良好的性能及施工方便的特点，目前经常被用于结构物的修复和加固。喷射混凝土可用于修复加固因地震、火灾、腐蚀、超载、冲刷、振动、爆炸和碰撞等因素引起的建筑结构损害，以及修补因施工不良造成的混凝土及钢筋混凝土结构的严重缺陷。喷射混凝土的加固具有快速高效、经济合理、质量可靠等优点，喷射混凝土在施工工艺、材料及结构等方面与普通现浇混凝土相比有许多特点：

（1）不需振捣。喷射混凝土集混合料的运输、浇灌和捣固为一道工序，喷射混凝土以较高的速度（30～120m/s）喷向受喷面，先喷到受喷面上的混凝土受后喷混凝土的强烈冲击和压密，从而使混凝土结构密实，强度较高，不需要人工捣固。

（2）早期强度高。喷射法施工在拌合料中加入速凝剂，使水泥在10min内终凝，使混凝土喷射后能很快获得强度，有利工程进度，但要注意其后期强度会有所下降。

（3）广泛的适用性。可通过输料软管在高空、深坑或狭小的工作区间向任意方位施作薄壁的或复杂造型的结构；不用或只用单面模板，施工占地面积小、机动灵活、节省劳动力。

（4）喷射施工时，由于高速高压作用，喷射出的混凝土能射入宽度2mm以上的裂缝，能有效地封闭裂缝，并与被加固的结构紧密结合，形成整体共同工作，阻止原结构继续变形位移和开裂。

（5）喷射混凝土不是依赖振动来捣实混凝土，而是在高速喷射时，由水泥与骨料的反复连续撞击而使混凝土压实，同时又可采用较小的水灰比（0.4～0.45），因而它具有较高的力学强度和良好的耐久性。

喷射混凝土最高强度等级可达C15～C20，从来没达到过C30，掺硅灰能达到C30，但从没有人用，实际上煤矿用最多的为C16～C17。也可在混凝土中加入钢纤维，一般为3～4mm长，用来提高强度，国外已有使用，但国内很少。

由徐永红试验研究的偏高岭土喷射混凝土在实验室已经取得了很好的效果，也通过焦作赵固一矿井下现场试验表明：喷射回弹率较普通喷射混凝土降低50%；在原来漏水的地段使用偏高岭土以后，消除了漏水现象，新型喷射混凝土的强度达到了煤矿常用浇注混凝土的强度（C40）。

试验研究还证明，偏高岭土能缩短水泥的凝结时间，偏高岭土混凝土应用的喷射混凝土中，可以减少速凝剂的用量，可以减少速凝剂对混凝土强度的损失。

高强高性能偏高岭土喷射混凝土的高性能主要体现在粘结力、强度、耐久性和密实性。黏度高，可以减少回弹、强度的增加，可以考虑减少喷涂层的厚度，同时减少岩巷的开挖、耐久性好，可以减少返修，从而大大节约巷道建设和维护成本。

新拌掺偏高岭土的混凝土的主要特点有：第一，黏性大，在混凝土的运输和施工过程中不易离析分层，与岩石、老砂浆、砖等材料粘结性好，用于喷射混凝土工程回弹量小；第二，泌水性小，混凝土在浇灌振实后，表面不泌水，不易产生沉缩裂缝，混凝土表面较为光滑。可以用在煤矿井下巷道的锚喷支护、金属矿山巷道的锚喷支护、矿井井筒的建设。

通过上述分析，把偏高岭土应用到矿井建设和煤矿生产用混凝土中，能够显著改善现在煤矿用混凝土的性能；另外，我国高岭土矿产资源丰富，分布很广且质量较为稳定，这为研究偏高岭土作为矿物掺合料奠定了良好的基础。通过本研究，不仅为我国高岭土矿产资源的利用开辟一个新的领域，而且将为我国水泥混凝土材料的制备提供一种能够替代硅灰的、优质可靠的高活性矿物掺合料，以期为我国高性能混凝土的研究和应用在煤矿建井及生产建设起到积极的作用。

第五节　偏高岭土在高性能混凝土中的作用机理分析

偏高岭土对高强高性能混凝土的作用机理研究，主要是在扫描电子显微镜下，掺入偏高岭土后混凝土的水化过程、水化产物后水泥水化物的形态、结构，偏高岭土高强高性能高耐久性形成机理分析。

一、水化物的形貌特征

下面是几种常见的水化物的特征及其观测要点：

（1）水化硅酸钙（C-S-H）

用扫描电镜（SEM）观测时，可以发现水泥浆体中的 C-S-H 有各种不同的形貌，S. 戴蒙德认为至少有以下四种：

第一种为纤维状粒子，称为 I 型 C-S-H，为水化早期从水泥颗粒向外辐射生长的细长条物质，长约 $0.5\sim2\mu m$，宽一般小于 $0.2\mu m$，通常在尖端上有分叉现象。亦可能呈现板条状或卷箔状薄片、棒状、管状等形态。

第二种为网络状粒子，称为 II 型 C-S-H，呈互相联锁的网状构造。其组成单元也是一种长条形粒子，截面积与 I 型相同，但每隔 $0.5\mu m$ 左右就叉开，而且叉开角度相当大。

第三种是等大粒子，称 III 型 C-S-H，为小而不规则、三向尺寸近乎相等的颗粒，也有扁平状，一般不大于 $0.3\mu m$。通常在水泥水化到一定程度后才出现，在水泥浆体中常占相当数量。

第四种为内部产物，称 IV 型 C-S-H，即处于水泥粒子原始周界以内的 C-S-H，其外观呈皱纹状，与外部产物保持紧密接触，具有规整的孔隙或紧密集合的等大粒子。典型的颗粒尺寸或孔的间隙不超过 $0.1\mu m$ 左右。

一般说来，水化产物的形貌与其可能获得的生长空间有很大的关系。C-S-H 除具有上述的四种基本形态外，还可能在不同场合观察到呈薄片状、珊瑚状以及花朵状等各种形貌。另外，据研究，C-S-H 的形貌还与 C_3S 的晶型有关：三方晶型的 C_3S 水化成薄片状；单斜的为纤维状；而三斜的则生成无定形的 C-S-H。

（2）钙矾石（AFt）

通常为针状或等大柱状，六角棱柱结晶，在尺寸上比 C-S-H 大得多；养护几天后即可观察到。钙矾石属三方晶系，为柱状结构。用扫描电镜测得的钙矾石的立体形貌，图中可清晰地看到表面完好的针状物，针棒状的尺寸和长径比虽有一定变化，但两端挺直，一头并不变细，也无分叉现象。据透射电镜观测，有一些钙矾石以空心管状出现，在组成上可能有一定差别。

（3）氢氧化钙 [$Ca(OH)_2$]

氢氧化钙具有固定的化学组成，纯度较高，属三方晶系。其晶体构造属于层状。其层状构造为彼此联接的 [$Ca(OH)_6$] 八面体。结构层内为离子链，结构层之间为分子键。氢氧化钙的层状结构决定了它的片状形态。

当水化过程到达加速期后，较多的 $Ca(OH)_2$ 晶体即在充水空间中成核结晶析出。其特点是只在现有的空间中生长，如果遇到阻挡，则会朝另外方向转向长大，甚至会绕过水化中的水泥颗粒而将其完全包裹起来，从而使其实际所占的体积有所增加。在水化初期，$Ca(OH)_2$ 常呈薄的六角板状，宽约几十微米，用普通光学显微镜即可清晰分辨；在浆体孔隙内生长的 $Ca(OH)_2$ 晶体，有时长得很大，甚至肉眼可见。随后，长大变厚成叠片状。$Ca(OH)_2$ 的形貌受到水化温度的影响，对各种外加剂也比较敏感。

（4）单硫型水化硫铝酸钙（AFm）

AFm属三方晶系，但呈层状结构。在水泥浆体中的单硫型水化硫铝酸钙，开始为不规则板状，成簇生长或呈花朵状，再逐渐变为发育良好的六方板状。

二、各种成分的水化机理

硅酸盐水泥是混凝土的主要胶凝材料，硅酸盐水泥熟料的化学成分主要由氧化钙（CaO）、氧化硅（SiO_2）、氧化铝（Al_2O_3）和氧化铁（Fe_2O_3）四种氧化物组成，通常这四种氧化物总量在熟料中占95%以上，其余的5%以下为氧化镁（MgO）、硫酐（S_2O_3）、氧化钛（TiO_2）、氧化磷（P_2O_5）以及碱等。

在水泥熟料中，氧化钙、氧化硅、氧化铝和氧化铁等不是以单独的氧化物存在，而是经过高温煅烧后，两种或两种以上的氧化物反应生成的多种矿物集合体，其结晶细小，通常为$30\sim60\mu m$。因此，水泥熟料是一种多矿物组成的结晶细小的人造岩石。

在硅酸盐水泥熟料中主要形成四种矿物，高性能混凝土中会发生水化反应的成分主要包括：普通硅酸盐水泥中的硅酸三钙（C_3S）、硅酸二钙（C_2S）、铝酸三钙（C_3A）、铁铝酸四钙（C_4AF）、矿物掺合料中的活性Al_2O_3、SiO_2等。水化产物的主要成分是呈纤维状的水化硅酸钙凝胶（CSH）和六角板状的氢氧化钙晶体$Ca(OH)_2$。

关于水泥的水化机理，通常认为，在水化早期，由于有充分的水，水泥颗粒的水化主要在溶液中进行；在水化后期，离子的迁移受到限制后，剩余的水泥颗粒的水化在无水的水泥化合物的表面进行。

高性能混凝土的宏观性能与其组成成分的性质有很大关系，下面介绍各主要成分的水化机理：

（1）硅酸三钙（C_3S）

$$C_3S + nH \longrightarrow C\text{-}S\text{-}H + (3-x)CH$$

C-S-H为水化硅酸钙的简写；H为H_2O的简写；CH为$Ca(OH)_2$的简写。

C_3S在水泥熟料中的含量约占50%左右，有时高达60%以上，硬化水泥浆体的性能在很大程度上取决于C_3S的水化作用、产物以及所形成的结构。C_3S的水化速度很快，与水反应生成的水化硅酸钙几乎不溶于水，而以胶体微粒析出，并逐渐凝聚成凝胶体。

（2）硅酸二钙（C_2S）

$$C_2S + mH \longrightarrow C\text{-}S\text{-}H + (2-x)CH$$

β型硅酸二钙的水化过程和C_3S极为相似，也有诱导期、加速期等。但其水化速率很慢，约为C_3S的1/20左右。有一些观测结果表明，$\beta\text{-}C_2S$的某些部分水化开始较早，与水接触后表面会很快变得凹凸不平，与C_3S的情况及其类似，甚至在15s以内就会发现有水化物形成。不过以后的发展极其缓慢。所形成的水化硅酸钙与C_3S生成的C/S比和形貌等方面都无大差别，故也统称为C-S-H。

（3）铝酸三钙（C_3A）

铝酸三钙与水反应迅速，水化放热较大，水化产物受水化条件影响很大。在常温、无石膏存在时，铝酸三钙迅速地水化生成水化铝酸钙（C_4AH_{13}）。

$$2C_3A + 21H_2O \longrightarrow C_4AH_{13} + C_2AH_8$$

生成的C_4AH_{13}为六方片状晶体，在室温下它能稳定存在于水泥石的碱性介质中，其数量增长很快，故需加入石膏调节凝结时间。有石膏存在时，C_3A 的反应为：

$$C_3A + 3C\overline{S}H_2 + 26H \longrightarrow AFt$$

在硫酸盐得到充分保证的时候，钙矾石是一种稳定的水化产物。当石膏耗尽时，铝酸三钙还会与钙矾石反应生成单硫型水化硫铝酸钙（AFm）：

$$AFt + C_3A + 4H \longrightarrow AFm$$

$3C\overline{S}H_2$ 为 $CaSO_4 \cdot 2H_2O$（石膏）的简写；AFt 为 $C_6A\overline{S}_3H_{32}$（钙矾石）的简写；AFm 为 $C_4A\overline{S}H_{12}$（单硫型水化硫铝酸钙）的简写。

（4）铁铝酸四钙（C_4AF）

$$4CaO \ Al_2O_3 \ Fe_2O_3 + 7H_2O \longrightarrow 3CaO \ Al_2O_3 \ 6H_2O + CaO \ Fe_2O_3 \ H_2O$$

C_4AF 的水化与铝酸三钙极为相似，氧化铁基本上起着与氧化铝相同的作用，只水化反应速度较慢，水化热较低。

以上各种矿物的水化速率大小顺序为：$C_3A > C_3S > C_4AF > C_2S$；

水化热大小顺序为：$C_3A > C_3S > C_4AF > C_2S$；

对强度贡献大小顺序为：$C_3S > C_2S > C_3A > C_4AF$。

（5）活性 Al_2O_3、SiO_2

矿物掺合料中的活性 Al_2O_3、SiO_2 与水泥水化生成的 $Ca(OH)_2$ 发生二次水化反应：

$$Al_2O_3 + x \ Ca(OH)_2 + (n-1) \ H_2O \longrightarrow xCaO \ SiO_2 \ nH_2O$$

$$SiO_2 + x \ Ca(OH)_2 + (n-1) \ H_2O \longrightarrow xCaO \ Al_2O_3 nH_2O$$

（6）高效减水剂的作用机理

在混凝土体系中，水泥的水化作用对减水剂分散性有很大的影响。Flatt 研究了聚羧酸减水剂加入水泥浆后水泥化学作用对减水剂分散作用的影响。他将加入水泥中的减水剂的作用分为三部分：第一部分，由于有机矿物相的形成，减水剂以胶束和共沉淀的形式消耗；第二部分吸附在水泥颗粒的表面起到分散作用；第三部分是过量的减水剂，既没有被消耗也没有被吸附，而是溶解在水相中。因此，对于某种特定的水泥，加入等量的减水剂，如果消耗的部分过多，则其分散效果就相应降低。减水剂采用直接添加或延缓添加的方法，在水泥层表面会有不同的吸附作用。直接添加，使更多的减水剂形成胶束和共沉淀，这一部分对水泥起不到分散的作用；延缓添加则又有助于水泥分散。

高效减水剂大都属于阴离子型表面活性剂，掺入水泥浆体中吸附在水泥粒子表面，并离解成亲水和亲油作用的有机阴离子基团。对于萘系高效减水剂一般用 Zeta 电位表征分散作用的大小。通常，Zeta 电位值越大，水泥胶粒间的静电斥力越大，分散作用越显著。而对于聚羧酸系高效减水剂，其 Zeta 电位值较低，但掺入水泥浆体同样具有优异的分散性，而且坍落度损失小。

解释聚羧酸系减水剂的机理目前公认的是"空间位阻学说"，其理论核心是最低位能峰。通常认为聚羧酸系减水剂的减水效果关键是大分子链上的羧基产生的阴离子效应和中性聚氧乙烯长侧链的空间阻碍作用。聚羧酸高效减水剂大分子链上一般都接枝不同的活性基团，如具有一定长度的聚氧乙烯链、羧基、磺酸基、—COOH 和 —SONa 等能对水泥颗粒产生分散和流动作用的极性基团。正是由于上述活性基团的作用使得聚羧酸类减水剂具有不同于其他高效减水剂减水的机理。不仅减水效果明显，而且坍落度损失很小（1h损失小于 1cm）。各种基团的比例、链长都对减水剂的分散性有很大影响。

　　如图 13-4 所示，聚羧酸系减水剂成梳妆吸附在水泥层上，一方面由于其空间作用使得水泥颗粒分散，减少凝聚。另一方面，其长的 EO 侧链在有机矿物相形成时仍然可以伸展开，因此聚羧酸减水剂受到水泥的水化反应影响就小，可以长时间地保持优异的减水分散效果，使坍落度损失减少。

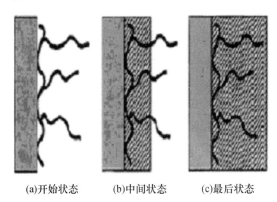

(a)开始状态　　　(b)中间状态　　　(c)最后状态

图 13-4　聚羧酸减水剂成梳状吸附在水泥层的示意图

　　对于聚羧酸系减水剂的减水作用机理，Morin 认为水泥颗粒表面存在静电荷，部分正电荷被空气中的自由电荷中和，但负电荷仍然在不平衡状态。在没有加入减水剂时，负电荷被阳离子层（钙离子）屏蔽，形成所谓的双离子层。当颗粒间的距离远远大于双离子层间的距离的时候，静电屏蔽力占优势。显然，中性的颗粒由于表面张力的作用和静电排斥力的消失而团聚，水泥浆流动性很低。加入减水剂后，吸附在水泥颗粒表面的减水剂大分子链可以慢慢减少带负电粒子附近的正离子的浓度，从而增大了屏蔽层的作用。粒子间的排斥力的作用范围也增大了。总的来说，静电排斥力仍然存在，并且将颗粒分散开。另外，当减水剂降低了表面张力，表面张力导致的粒子间的粘结力也就降低了。

　　聚羧酸减水剂的加入，硬化水泥浆体孔结构与减水剂对水泥颗粒的分散效果有关，分散效果好的减水剂破坏水泥的絮凝结构，释放更多自由水，对应浆体孔结构中小孔数量多，大孔数量少，混凝土密实度就好。

三、偏高岭土-混凝土的显微结构及形貌

　　实验采用实验室配备 JSM-6390LV 钨灯丝扫描电镜一台，它是在 JSM-6360LV／JSM-6380LV 的基础上，将电子光学系统进行技术革新，并保留了 JSM-6380LV 良好的操作界面和出色稳定的控制系统。主要特点为全数字化控制系统，高分辨率、高精度的变焦聚光镜系统，全对中样品台及高灵敏度半导体背散射探头；用于各种材料的形貌组织观察、金属材料断口分析和失效分析。

1. 试样制备

（1）用切割机切取不同龄期的各种配合比的混凝土试块，并在试块中间部分取两片没有缺陷的混凝土试样，试样厚度不超过 2cm。

（2）将准备观察的试样表面用丙酮溶液清洗干净，然后将试样置于烘箱中，在 60℃下烘 6 个 h 左右。

（3）立即将烘干的试样送去抽真空并镀膜，如果不能及时送去抽真空，则用丙酮溶液

浸泡试样，使其中止水化。

（4）试样进行扫描电镜试验前，应对试样表面进行喷金处理，喷金后应使导电膜均匀、连续，导电膜的厚度为 20～30nm。

2. SEM 图像分析

试样按标准养护到 28d 龄期，对掺加偏高岭土 15％的高强高性能混凝土和空白试样分别用扫描电镜观察，观测不同放大倍数下的微观结构、形态如图 13-5 和图 13-6 所示。

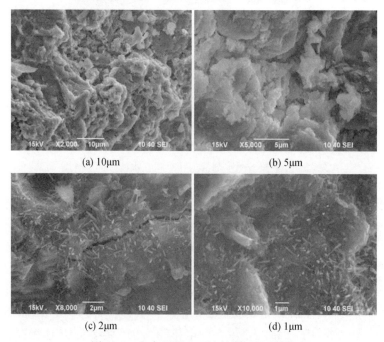

图 13-5　空白混凝土 28d 龄期 SEM 图像

图 13-6　掺加偏高岭土 15％的混凝土 28d 龄期 SEM 图像

从图中可以看出，基准样图 13-5 中有大量的网络状的 II 型 C-S-H、不规则板状的单硫型水化硫铝酸钙、少量 III 型 C-S-H 和部分薄板状 $Ca(OH)_2$ 生成及大量的针状钙矾石。也明显看到裂缝，有较大的孔隙。与基准样相比，掺加偏高岭土的试样水化产物增多，低钙硅比的水化硅酸钙 C-S-H 凝胶、少量的氢氧钙石 CH 和水化铝酸钙 C_3AH_6，其微观结构非常致密，孔结构细化，过渡孔和毛细孔大为减少，凝胶孔所占的比例很高，总孔隙体积也大大降低，未见裂缝，这说明偏高岭土有较好的填充效果。网络状的 II 型 C-S-H 尺寸变小且逐渐减少，III 型 C-S-H 增多，偏高岭土中的活性 Al_2O_3、SiO_2 与水泥水化生成的 $Ca(OH)_2$ 发生二次水化反应，又由于偏高岭土的粒度较小，充填了水泥水化物间的孔隙，使混凝土的强度得到了很大的提高。

混凝土中的孔隙是氯离子扩散渗透的通道，掺加偏高岭土的混凝土空隙率低，孔径分布向小孔方向移动，密实度较高，所以就会降低氯离子的渗透和扩散，减少腐蚀。CH 和 C_3AH_6 是混凝土内易受腐蚀的水化产物，掺加偏高岭土的混凝土中 C_3AH_6 的数量相对较少，火山灰反应显著降低 CH 含量并减小了其晶体尺寸。此外，掺加偏高岭土的混凝土火山灰反应导致混凝土内形成了大量的低 C/S 比的 C-S-H 凝胶，其结构致密，也是混凝土耐久性提高的原因。

第六节　结　语

1. 偏高岭土-混凝土的抗渗性能显著提高，所以，在地铁、地下室、涵洞等工程中使用可以显著提高工程的防水性能，值得推广；同时，由于偏高岭土-混凝土优良的抗渗性，我们有理由推测偏高岭土在砂浆中同样具有抗渗的特性，所以，可以考虑把偏高岭土用于防水砂浆中。

2. 偏高岭土-混凝土的氯离子扩散系数降低 30％以上，该优良性能使得偏高岭土混凝土至少具有以下三个利用方向：

(1) 降低氯离子扩散的性能在海工水泥和海工混凝土中具有广阔的应用空间。

(2) 降低氯离子扩散的性能在高速公路建设中的应用可以减轻融雪剂对钢筋的锈蚀，延长服务年限。

(3) 降低氯离子扩散的性能可以抵消洗涤不充分的海砂中氯离子对钢筋的锈蚀，所以，偏高岭土是海滨城市利用海砂作为建筑工程原料时防止氯离子的又一道技术屏障。

3. 我们利用河北、安徽、河南等地的偏高岭土和进口偏高岭土做了偏高岭土-混凝土的强度试验，结果发现，国内多数偏高岭土产品的活性很低，应该称为轻烧黏土（作净水剂的原料），而德国巴斯夫和焦作市煜坤矿业有限公司的偏高岭土活性很高，在选用偏高岭土产品时应该引起重视。

参考文献

[1] 吴中伟. 高性能混凝土及其矿物细掺料 [J]. 建筑技术，1999，30 (3)：160-163.

[2] 高德虎，柯昌君. 偏高岭土作混凝土掺合料的研究 [J]. 新型建筑材料，2001 (4)：38-40.

[3] 李继雄. 高强高性能混凝土的试验研究 [D]. 兰州：甘肃工业大学，2002.

［4］陈肇元，朱金铨，吴佩刚，等．高强混凝土及其应用［M］．北京：清华大学出版社，1996．

［5］陈建奎．混凝土外加剂的原理与应用［M］．北京：计划出版社，1996．

［6］陈肇元．高强高性能混凝土的发展与应用［J］．土木工程学报，1997（10）：45-48．

［7］吴中伟．混凝土耐久性与高性能混凝土［J］．预应力技术简讯，1996（9）：8-10．

［8］周履．高性能混凝土（HPC）发展的综合评述［J］．建筑结构，2004（06）：22．

［9］张璐明．80～90MPa粉煤灰高性能混凝土研制及其性能［J］．高强高性能混凝土，清华大学1997：
30-47．

［10］王一光．裹砂石法配制C80～C90高性能混凝土试验建筑技术［J］．1991（1）：6-9．

［11］蒲心诚．100～150MPa超高强高性能混凝土的配制技术［J］．混凝土与水泥制品，1998（6）：3-7．

［12］P. K. Mehta．混凝土的结构、性能与材料（祝永年、沈威、陈志源译）［M］．上海同济大学出版
社，1991．

［13］冯乃谦，邢锋．高性能混凝土技术［M］．北京：原子能出版社，2002．

［14］安玲，黎海南．高强高性能混凝土的发展及工程应用［J］．甘肃科技，2003，19（5）：58-60．

［15］冷发光，韩跃伟．高强和高性能混凝土的发展与应用以及对高性能混凝土的讨论［J］．工业建筑，
2000，30（11）：75-78．

［16］吴中伟，廉慧珍．高性能混凝土［M］．北京：中国铁道出版社，1999．

［17］杨帆．高性能混凝土应用的发展［J］．中国建材科技，1996（03）：12-14．

［18］缪昌文．高性能混凝土在建筑工程中的应用［J］．混凝土与水泥制品，2000（05）：3-4．

［19］陈桂萍．高强高性能混凝土对组成材料的要求和C100高性能混凝土的配制［J］．辽宁省交通高等
专科学校学报，2003，5（3）：1-3．

［20］陈兵，姚武，李悦．微硅粉在混凝土工程中的应用［J］．新型建筑材料，2000（11）：5-7．

［21］胡国平，孙永华．掺硅粉和粉煤灰配制高强混凝土［J］．江西建材，2001（21）：21-22．

［22］王厚义，曹颖骥．偏高岭土作高性能混凝土掺合料的研究进展［J］．广东建材，2006（4）：11-14．

［23］周国恩，虞孝伟．高强高性能混凝土配制与应用［J］．广西土木建筑，1999，24（2）：87-90．

［24］申爱琴等．水泥与水泥混凝土［M］．北京：人民交通出版社，2000．

［25］陈文豹等．混凝土外加剂及其在工程中的应用［M］．北京：煤炭工业出版社，1998．

［26］丁铸，李宗津，吴可如．含偏高岭土水泥与高效减水剂相容性研究［J］．建筑材料学报，2001，4
（2）：105-109．

［27］Ramlochan T，Thomasm，Gruber K A. The effect of metakaolin on alkali～silica reaction in concrete
J. Cement and Concrete Research，2000（3）：339-344．

［28］陈建奎．混凝土外加剂原理与应用［M］．北京：中国计划出版社，2004．

［29］钱晓琳，黄小彬，赵石林．混凝土减水剂的若干物化特性及其作用［J］．混凝土与水泥制品，2002
（01）：17-20．

［30］叶露，汪功伟．高强高性能混凝土在高速公路工程中的应用［J］．城市道桥与防洪，2003（3）：
26-30．

［31］Chi～Sun Poon，Salman Azhar，Mike Anson. Performance ofmetakaolin concrete at elevated tempera-
tures. Cement & concrete composites，2003（1）：83-89．

［32］李克亮，黄国泓，王冬．高活性偏高岭土的研究［J］．混凝土，2005，193（11）：49-53．

［33］文寨军，范磊，隋同波等．偏高岭土的活化及性能研究［J］．建材技术与应用，2002（5）：3-5．

［34］杨晓昕，王春梅，杨克锐．不同煅烧制度对煅烧高岭土活性的影响［J］．山东建材，2006（6）：
41-45．

［35］郭文瑛，吴国林，文梓芸．偏高岭土活性评价方法的研究［J］．武汉理工大学学报，2006，28
（3）：76-80．

［36］朱清江等．高强高性能混凝土研制及应用［M］．北京：中国建材工业出版社，1999.

［37］吴中伟．高性能混凝土（HPC）的发展趋势与问题［J］．建筑技术，1998（10）：8-14.

［38］Thomas Telford，FIP Commission on Concrete～Working Group on condensed Silica Fume in Concrete，State～of～the～Art Report on condensed Silica Fume in Concrete，1988.

［39］m．H. Zhang etal. Efect of Silica Fume on Pore Structure and Chlo ride Diffusion of low porosity Cement pastes. Cem. And Concr . Re s．，Vo l. 15：10 06-1014，1991.

［40］R．F. Feldm an and H．Cheng Y i. Properties of Portl and Cement～Silica Fume Pastes. 1. Porosity and Surface Properties，Cem. And Concr. Res.，Vo l. 15 7 65-774，1985.

［41］Caldaronem A et al. High～reactivitymetakaolin：a new generationmineral admixture. Concrete In t. 1994. 6（11）：37-40.

［42 Caldarone etal . High reactivitymetakaolin for high performance concrete. Am. Concer. lnst. SP 1995：815-827.

［43］Andrea Boddy，R. D. Hooton，and K A Gruber . Long～term testing of the chloride～penetration resistance of concrete containing high～reactivitymetakaolin［J］. Cement and Concrete Research，2001，31（5）：759-765.

［44］K. A. Gruber，Terry Ramlochan Increasing concrete durability with high～reactivitymetakaolin［J］. Cement and Concrete Composites，2001，23（6）：479-484.

［45］murat. M Hydrationre action and hardening of calcined clays and re latedminerals. 1. Preliminary investigation onmetakaolin［J］. Cement Concr. Res. 1983，13（2）：259-266.

［46］De Silva P S etal. Hydration of Cements based onmetakaolin：thero chemistry. Adv. Cem. Res. 1990，3（12）：167-177.

［47］Taha A Setal . Hydration Characteristics o fmetakaolin lime gypsum. Thermoch in. Acta. 1985（9）：287-296.

［48］曹征良，李伟文，陈玉伦．偏高岭土在混凝土中的应用［J］．深圳大学学报（理工版），2004（02）．

［49］吴小缓，王文利．我国高岭土市场现状及发展趋势［J］．非金属矿，2005，28（4）：1-3.

［50］王智宇．偏高岭土的制备及其在混凝土中的应用［J］．建材技术与应用，2006（5）：6-8.

［51］陈益兰，赵亚妮，雷春燕．掺偏高岭土的高性能混凝土研究［J］．新型建筑材料，2003（11）：41-42.

［52］钱晓倩，李宗津．掺偏高岭土的高强高性能混凝土的力学性能［J］．混凝土与水泥制品，2001（1）：16-19.

［53］卢迪芬．高活性偏高岭土微粉的制备及复合效应的研究［J］．混凝土，2003（9）：28-29.

［54］高安平．崔学民偏高岭土在水泥及混凝土领域的研究进展［J］．广西大学学报，2006，31（6）：168-173.

［55］曹征良，李伟文，陈玉伦．偏高岭土在混凝土中的应用［J］．深圳大学学报（理工版），2004（2）：183-186.

［56］ZHANGm H，MALHOTRA Vm. Characteristic of a thermally activated alumino～silicate pozzolanicmaterial and its use in concrete［J］. Cem Concr Res，1995，25（8）：17l3 － 1725.

［57］方永浩，郑波，张亦涛．偏高岭土及其在高性能混凝土中的应用［J］．硅酸盐学报，2003（8）：801-805.

［58］WILD S，KHATIB J，ROOSE I J. Chemical and autogenous shrinkage of portland cement～metakaolin pastes［J］. Adv Cem Res，1998，l0（3）：109-119.

［59］DING J T，LI Z J. Effect ofmetakaolin and silica fume on the properties of concrete［J］. ACImater J，

2002，99（4）：393-398.

[60] BROOKS J J，MEGAT JOHARIm A. Effect ofmetakaolin on creep and shrinkage of concrete ［J］. Cem Concr Comput，2001，23（6）：495-502.

[61] BODDY A，HOOTON R D，GRUBER K A. Long～term testing of the chloride～penetration resistance of concrete containing high～reactivitymetakaolin ［J］. Cem Concr Res，2001，31（5）：759-765.

[62] GRUBER K A，RAMLOCHAN T，Boddy A，et al. Increasing concrete durability with high～reactivitymetakaolin ［J］. Cem Concr Comput，2001，23（6）：479-484.

[63] 李鑫，邢锋，康飞宇. 掺偏高岭土混凝土导电量和氯离子渗透性的研究 ［J］. 混凝土，2003（11）：36-38.

[64] 蒋林华. 赛高岭混凝土的研究 ［J］. 硅酸盐通报，2001（5）：51-54.

[65 CALDARONEm A，GRUBER K A，BURG R G. Highreactivitymetakaolin：a new generationmineral' admixture ［J］. Concr Int，1994（11）：37-40.

[66] KHATIB Jm，WILD S. Sulphate resistance ofmetakaolinmortar ［J］. Cem Concr Res，1998（1）：83-92.

[67] 陈益兰，赵亚妮，李静，曹德光. 偏高岭土替代硅灰配制高性能混凝土 ［J］. 硅酸盐学报，2004（04）.

[68] 刘来宝. 掺偏高岭土高性能混凝土的性能研究 ［D］. 绵阳：西南科技大学，2005.

[69] AQUINO W，LANGE D A，J OLEK. The influence ofmetakaolin and silica fume on the chemistry of alkali～silica reaction products ［J］. Cem Concr Comput，2001，23（6）：485-493.

[70] RAMLOCHAN T，THOMASm，GRUBER K A. The effect ofmetakaolin on alkali～silica reaction in concrete ［J］. Cem Concr Res，2000，30（3）：339-344.

[71] GRUBER K A，RAMLOCHAN T，Boddy A，et al. Increasing concrete durability with high～reactivitiesmetakaolin ［J］. Cem Concr Comput，2001，23（6）：479-484.

[72] 邢锋，刘伟，陆晗，等. 偏高岭土抑制 ASR 效果试验研究 ［J］. 2004，174（4）：45-47.

[73] 胡炳成. 浅谈提高混凝土耐久性能的技术途径 ［J］甘肃科技，2008，24（17）：130-131.

[74] 混凝土耐久性研究与工程应用手册 ［M］. 北京：中国科技文化出版社，2005.

[75] 赵铁军. 水胶比、掺合料和龄期对混凝土渗透性的影响 ［J］. 混凝土，1998（2）：19-22.

[76] 李多权，姚直书，韩兴腾. 混凝土抗渗性能研究 ［J］. 科技信息，2008（16）：161-162.

[77] 胡红梅，马保国. 矿物功能材料改善混凝土氯离子渗透性试验研究 ［J］. 混凝土，2004（2）：16-20.

[78] 周奇峰，罗小勇，宋文理. 混凝土在冻融循环下耐久性研究现状 ［J］. 甘肃科技，2008，24（2）：132-133.

[79] 刘应应，赵海明，刘海红. 混凝土掺合料与混凝土耐久性 ［J］. 山西建筑，2003，29（7）：122-124.

[80] 强晟，朱岳明，许朴，郭磊，陈守开. 南水北调高性能混凝土温度边界条件的试验研究 ［J］. 三峡大学学报，2008，30（3）：10-12.

[81] 朱中华. 中小型渠道防渗工程技术 ［J］. 甘肃水利水电技术，2005，41（2）：139-140.

[82] 潘樾，吴敏. 高性能混凝土在公路桥梁上的应用 ［J］. 东北公路，1999（3）：65-67.

[83] 张勃蓬，王常青，马讯. 浅议高性能混凝土及其在桥梁工程中的应用 ［J］. 山西交通科技 2007（3）：53-55.

[84] 程良奎，杨志银. 喷射混凝土与土钉墙 ［M］. 北京：中国建筑工业出版社，1998.

[85] 王科. 喷射混凝土在钢筋混凝土结构加固工程中的应用研究 ［D］. 成都：西南交通大学，2006.

［86］申爱琴等．水泥与水泥混凝土［M］．北京：人民交通出版社，2000（4）：87-93．

［87］沈威，黄文熙，闵盘荣．水泥工艺学［M］．武汉：武汉工业大学出版社，2002．

［88］邵艳霞，郗英欣．高效减水剂对水泥分散作用的研究［J］．化学建材，2003（5）：47-49．

［89］胡国栋，游长江，刘治猛，贾德民．聚羧酸系高效减水剂减水机理研究［J］．广州化学，2003，28（01）：48-53．

［90］MorinV，CohenTenoudji F. Superplasticizer effects on setting and structurationmechanisms of ultra-high～performance concrete. Cement and Concrete Research，2001（31）：63-67.

第十四章　偏高岭土地质聚合物涂料的研究

第一节　绪　论

一、地质聚合物的研究现状

1. 地质聚合物的概念

地质聚合物的英文名称为 Geopolymer，其原意是指通过模仿地质合成作用或者是利用地球化学作用而生成的一类铝硅酸盐类的人造岩石，但这一概念发展到今天，则包含所有的由固体废弃物和天然矿物制备的，由〔AlO_4〕和〔SiO_4〕共同聚合而形成的具有准结晶态和非结晶态的三维网状的铝硅酸盐凝胶体。由于这种类型的胶凝材料的硅铝成分和黏土中的硅铝成分较为相似，且都具有与有机聚合物相似的大分子结构和三维网络状结构，因此被命名为 Geopolymer。当今，国内很多学者把 Geopolymer 一词译成土聚水泥、地聚物、矿物键合材料、土壤聚合物、碱激发胶凝材料、化学键合成陶瓷等。由于该类胶凝材料具有绿色环保、早强快硬、耐高温、耐酸碱等优良特性，因此在涂料、抢修、仿瓷等领域具有广阔的应用前景。

2. 地质聚合物的结构及性能特点

地质聚合物的化学组成主要是铝硅酸盐，它的基体相主要呈非晶质至半晶质，具有〔SiO_4〕和〔AlO_4〕随机分布形成的三维网状的结构，碱金属或者是碱土金属离子分布在三维网状结构的空隙中用来平衡电价，网络结构的基本结构单元是硅铝氧链、硅铝硅氧链和硅铝二硅氧链。由于网络结构中的电荷不平衡，导致 K^+、Na^+ 在网络结构中受电价约束而成为非自由离子。地质聚合物的这种结构和工程塑料的三维网状结构较为相似，工程塑料的主链是碳碳主链，地质聚合物的主链是硅氧铝主链，从主链结构上看，无机聚合物应该具有比有机聚合物更优异的性能。正是由于地质聚合物材料具有的这种类似与有机聚合物的链状结构，并且可以通过脱羟基作用和矿物颗粒表面的四面体形成化学键，因此具有无机聚合物和有机聚合物的共同特点，其最终产物表现出如下优良特性：

（1）原料来源广泛，价格低廉。其主要构成元素氧、硅、铝在地壳中的储量分别为47％、27％、8％。

（2）生产过程耗能低，与塑料、陶瓷、钢相比，其能耗只有塑料的 1/50，陶瓷的 1/20，钢的 1/70。

（3）强度高，其主要力学性能指标均优于玻璃和水泥，可以和陶瓷、钢等材料相媲美。

（4）良好的耐酸性。地质聚合物在 5％的盐酸溶液中，分解率只有硅酸盐水泥的 1/

12，在5%的硫酸溶液中，分解率只有硅酸盐水泥的1/13，且水化不会产生钙矾石等硫铝酸盐矿物，因而能耐硫酸盐侵蚀。此外，地质聚合物在各种有机溶剂中也表现出了良好的稳定性。

（5）良好的耐高温性。地质聚合物在$1000\sim2000℃$的温度下较难被氧化分解，导热系数是$0.24\sim0.38W/(m\cdot K)$，可以和轻质耐火黏土砖$[0.3\sim0.4W/(m\cdot K)]$相媲美。

（6）良好的快硬固化性。地质聚合物通常在成型硬化前4h，所获得的强度就可以达到最终强度的30%，类似于快硬水泥，但是其物理性能却远远优于快硬水泥。

（7）低的渗透率。由于地质聚合物的结构较为致密且强度高，因而抗渗性能好，又由于孔洞溶液中电解质浓度较高，因而耐冻融循环能力强。

（8）良好的耐久性。由于地质聚合物是由无机的$[SiO_4]$和$[AlO_4]$聚合而成的三维网状凝胶体，且具有有机聚合物的键接结构，因此，它兼有有机高聚物和硅酸盐水泥的特点，但又不同于它们，与有机高分子相比，地质聚合物不老化、不燃烧，耐久性好，与硅酸盐水泥相比，能经受环境的影响，耐久性远远优于硅酸盐水泥。

（9）绿色环保。由于制备地质聚合物的原料主要为铝硅酸盐矿物，其成分和天然矿物的成分比较接近，因此，不会产生二次污染，且生产能耗较低，二氧化碳排量少，对环境保护较为有益。

（10）良好的界面结合能力。普通的硅酸盐水泥与基材结合时在连接处会出现过渡区造成的界面结合力减弱现象，导致与基材粘结能力下降，而地质聚合物材料则避免了此类现象的出现，它是通过在结合面上形成硅酸盐类的物质并渗透到基材的空隙中，在界面上形成一层致密的连接层，从而使得与界面的结合能力大大提高。

3. 地质聚合物的聚合机理

国内外对地质聚合物聚合机理的研究较多，但都没有一个统一的答案，很多期刊文献在进行地质聚合物聚合机理的描述时大多数引用的都是Davidovits的观点，其观点主要是用KOH或者是NaOH激发偏高岭土的反应为例，对地质聚合物的聚合机理进行了说明：

第一步，偏高岭土在水与强碱的作用下，发生Si-O和Al-O的共价键的断裂。可以认为在水溶液中生成硅酸和氢氧化铝的混合溶液，溶液之间部分脱水缩合生成正铝硅酸而被吸附在分子键周围，用来平衡铝所带的负电荷，反应式如下：

$$n(SiO_2O_5,Al_2O_2)+2nSiO_2+4nH_2O+NaOH(KOH)\longrightarrow$$

$$Na^+(K^+)+n(OH)_3-Si-O-\underset{(OH)_2}{\overset{Al^-}{|}}-Si-(OH)_3$$

第二步，正铝硅酸分子上的羟基在碱性溶液中或干燥条件下是极不稳定的，可以相互吸引形成氢键，并进一步脱水缩合形成聚铝硅氧大分子链，反应式如下：

$$n(OH)_3-Si-O-\underset{(OH)}{\overset{Al^-}{|}}_2-Si-(OH)_3+NaOH(OH)(Na^+,K^+)\longrightarrow$$

$$(-\underset{|}{Si}-O-\underset{|}{Al^-}-O-\underset{|}{Si}-O-)+4nH_2O$$

对于不同原料、不同用途的地质聚合物，其具体反应机理有所不同，但是其骨干反应都是相同的，仍为上述反应。地质聚合物缩聚大分子的结构通式为：$M_x[-(SiO_2)_z-$

（AlO_2）$-] n \cdot WH_2O$，其中 M 表示碱金属，x 表示碱金属离子数目，"$-$"表示化学键，Z 表示硅铝比，n 表示缩聚度，W 表示化学结合水的数目（$W=0\sim4$）。

4. 地质聚合物的应用

由于地质聚合物所具有的较多优良特性，使其具有广泛的发展应用前景，应用主要表现为以下几个方面：

（1）固封有毒废料

由于地质聚合物所具有的特殊的三维网状结构，使其能够吸附一些有毒的化学废料和重金属离子，并通过固化反应将其固封起来，因此，对于清除重金属污染和放射性物质的危害较为有效。当今，核电站和一些其他的核设备在工作中会产生大量的放射性的核废料，如果我们能够有效地利用地质聚合物无机胶凝材料的特殊结构对放射性元素进行固封，将会比水泥固封方法的工艺更简单，比陶瓷固封方法更稳定，那么核污染也将会大大地减少。

（2）建筑工程和快速修补材料

由于地质聚合物胶凝材料具有早强快硬的优良特性，因此应用于建筑工程中，可以很好地减少工程脱模所用的时间，从而使工程的施工速度得到提高，同时又由于地质聚合物胶凝材料所具有的早强的优良特性，因此可作为混凝土工程中的一种快速修补材料，加速工程的使用时间。

（3）耐高温和防火材料

由于地质聚合物胶凝材料具有良好的耐高温性能和防火性能，因此可用于制作炉膛、管道等耐火隔热材料，可广泛适用于非金属铸造、冶金等行业。

（4）地质聚合物复合材料

由于地质聚合物材料具有原料来源广泛、价格低廉、生产工艺简单、养护周期短，且具有良好的耐化学腐蚀性、耐久性、机械性，因此可广泛应用于建筑工程领域的板材和块体材料上。另外，又由于地质聚合物胶凝材料具有良好的可加工特性，加工的产品具有各种天然石材所具有的外观形态并且较容易成型，因此可被用于制作耐久性较好的装饰材料。

（5）地质聚合物涂料

由于地质聚合物具有较好的界面结合力，水化后能够形成结构致密的膜，且绿色环保，因此将地质聚合物引入到涂料行业制备地质聚合物涂料，具有广泛的前景。

5. 地质聚合物国内外研究进展

（1）地质聚合物国外研究进展

美国的 Purdon 在研究波特兰水泥的硬化机理时发现：少量的 NaOH 在水泥硬化过程中可以使得水泥中的 Si、Al 化合物比较容易溶解而形成硅酸钠和偏铝酸钠，所形成的硅酸钠和偏铝酸钠进一步和氢氧化钙反应形成硅酸钙和铝酸钙矿物，进而使水泥产生硬化并且重新生成 NaOH，NaOH 又再次催化下一轮的反应，据此他提出了"碱激活"理论。

Glukhovsky 提出了关于铝硅酸盐的碱激活反应理论模型，把地聚物所发生的聚合反应的过程分成了三个阶段：①在强碱的条件下铝硅酸盐发生溶解；②［SiO_4］和［AlO_4］发生缩聚，从而使体系凝胶化；③形成的凝胶结构进行重新整合、聚合，从而使凝胶体系硬化。

前苏联科学家研究开发了可以用于建筑工业的地质聚合物胶凝材料，并进而提出了较为复杂的"碱液反应"固化机理：富钙相的溶解；硅酸盐凝胶的形成和复杂晶态产物的形成。

美国科学家开发出了 28d 抗压强度可达 84.6MPa 的"Pyrament"牌碱激发火山灰凝胶材料，被应用于临时机场和快速道路的修建工程中，芬兰以粉煤灰、磨细矿渣和火山灰等作为主要原料，在碱性激发剂和木质素磺酸盐的激发作用下，生产出了已被用于建筑工业中的"F 牌胶凝材料"。

Malone 等人研究了碱激发矿渣水泥的水化反应过程：首先是碱金属及碱土金属的离子进入到溶液当中并在颗粒表面形成胶状的硅酸钠层；然后是铝氧化物被直接溶于 Na_2SiO_3 当中，形成水化铝酸钙和半晶状态的托贝莫来石，并把多余的水分排出；最后不同组分的类沸石相和沸石相便生成。

Palomo 等以偏高岭土为主要原料，硅砂作为增强组分，并加入超细粉末或者纤维素制备出了机械性能良好、抗压强度可达 84.3MPa 的地质聚合物产品。

宾州大学的 Della. M. Roy 教授于 1987 年在"Science"杂志上发表了一篇利用硅酸盐水泥作对照，详细描述化学键合成陶瓷的优良特性，并对其发展应用前景进行预测的综述性的文章。通过此文章的阅读提高了世界各国人们研究土聚水泥凝胶材料的热情。

Van Jaarsveld 和 Van Deventer 等研究了利用粉煤灰等工业固体废弃物为原料，地质聚合物材料的制备及其应用技术。ＪＧＳ 和 Van Jaarsveld 等以粉煤灰为主要原料制备出了地质聚合物，其 7d 抗压强度可达到 58.6MPa。

Foder A 和 J 等通过添加碳纤维制备出了抗弯强度可达 245MPa，抗拉强度可达 327MPa，并且在 800℃的高温条件下抗弯强度仍可保持原始强度的 63％的耐高温地质聚合物材料。

墨尔本大学的 X Hua、JSJ Van Deventer 等利用 16 种不同状态的天然硅酸盐矿物制备出了不同类型的地质聚合物材料。研究结果发现：矿物种类的不同会影响聚合反应的程度以及生成的地质聚合物的抗压强度，其中架状结构和岛状结构的辉沸石的聚合度最高。

Fernandez 等通过 TEM、SEM 等方法对粉煤灰基土聚水泥的微观结构随时间的变化特征进行了研究，进而提出了粉煤灰基土聚水泥的水化机理：①硅铝相的溶解；②碱液的扩散；③硅铝凝胶体的形成；④硅铝凝胶体的沉积。

Criado 等通过 X 射线衍射、扫描电镜以及带魔角自旋的固体核磁共振等的测试方法研究了不同养护制度下粉煤灰经碱性激发剂激发后的反应产物的纳米结构特点，进而提出了粉煤灰基土聚水泥的纳米结构模型。

（2）地质聚合物国内研究进展

经过很多年的研究，现在国内对地质聚合物凝胶材料在理论方面的研究也取得了一定的阶段性的成果。

中国地质大学的马鸿文教授以钾长石尾矿、富钾板岩提钾后的废渣和粉煤灰为原料，制备出了性能优异的、耐酸碱侵蚀的、平均抗压强度可达 52.8MPa 的地质聚合物试样。

同济大学的吴怡婷等人以偏高岭土为原料，研究了碱性激发剂的掺量、种类、水土比、促硬剂以及养护条件等因素对地质聚合物抗压强度的影响，研究结果表明：①碱性激发剂的掺量对地质聚合物抗压强度的影响比较大，尤其是对 28d 抗压强度的影响；②不同种类的激发剂对样品早期强度影响较大，但对其后期强度的变化无显著差别；③在保证碱激发剂和偏高岭土质量比不变的情况下，地质聚合物的抗压强度随着用水量的增加逐渐增大，但存在一个最大值，超过其最大值随着水量的掺加，强度反而减小；④促硬剂的加入对地质聚合物的抗压强度的提高有显著的影响；⑤采用蒸养养护时对其强度的提高无明显作用，但是能够显著地减短其凝结时间。

华南理工大学的张书政、龚克成利用有机聚合物和无机聚合物进行复合的方法，制备出了具有较高机械性能的地质聚合物复合材料。

东南大学的张云升等利用环境扫描电镜测试原位定量追踪的方法对 K-PS 型和 K-PS-DS 型地质聚合物在相对湿度为 80％时水化产物的生成、发展及其演化的全过程进行了研究。

中科院王鸿灵等人研究了在同种碱性激发剂条件下，不同活性的偏高岭土对地质聚合物产生聚合反应的影响，结果发现：地质聚合物的结构的密实性和连续性以及聚合反应度均随着偏高岭土的活性的增大而增大。

广西大学的曹德光等人通过对磷酸基地质聚合物材料的合成方法及结构的研究分析，提出了一种理论——矿物键合理论，并且还申请了用铝硅质和磷酸材料为原料来制备矿物键合材料及其复合材料方法的专利。

清华大学的李化建等人以改性的 Na_2SiO_3 溶液作成岩剂，研究了煤矸石质硅铝基凝胶材料的硬化机理，认为其水化过程是由铝硅酸盐之间的缩聚、C-S-H 凝胶，以及硅凝胶之间相互作用的结果。

东南大学的张云升等人在评价偏高岭土的分子结构的基础上，建立了偏高岭土的结构代表模型，并对该模型在强碱作用下的溶解的全过程进行了研究。结果发现：偏高岭土在 KOH 溶液中较 NaOH 溶液中难溶。

同济大学的段瑜芳等人研究了碱激发偏高岭土凝胶材料的硬化机理，将其分为初始期、诱导期、加速期、减速期以及稳定期。初始期主要是偏高岭土对碱激发剂溶液的表面进行吸附；诱导期主要是具有活性的 Si、Al 的溶出；加速期主要是硅铝四面体的聚合；减速期由于扩散阻力的增大，偏高岭土反应面积的减小，使得液相中的碱含量降低使水化速度减慢；稳定期水化结束达到稳定状态。

中国地质大学的聂轶苗等人提出了用碱硅酸盐混合溶液激发偏高岭土和粉煤灰来合成地质聚合物胶凝材料的反应机理：首先是偏高岭土和粉煤灰在强碱条件下发生溶解，使 Al-O 键和 Si-O 键发生断裂；其次是断裂之后的 Si、Al 组分在碱金属离子的作用下形成 Si、Al 的低聚体；再次是随着各种离子浓度和溶液组成的变化，Si、Al 低聚体开始形成类沸石相的前驱体；最后是形成的类沸石相的前驱体脱水形成无定形相物质。

华南理工大学的周新涛等人以偏高岭土和磷酸为原料，利用水热合成的方法制备出了一种分子筛——磷酸硅铝分子筛。

广西大学的崔学民等人用溶胶-凝胶方法制备出了形貌类似陶瓷的地质聚合物样品。

济南大学的陶文宏等人研究了高岭土的煅烧温度、水玻璃的模数和碱掺量对地质聚合物性能的影响，并对其发生聚合反应后反应产物的种类、形貌进行了表征和分析，得出了地质聚合物胶凝材料的聚合机理。

南京工业大学的王爱国等人利用淮北的煤系高岭土作为原料，研究了水玻璃的掺量、模数，高岭土的煅烧温度、保温时间以及养护制度对地质聚合物抗压强度的影响。研究发现：750～850℃煅烧，保温 2h 的煤系高岭土经模数为 1.0，碱掺量为 8% 的水玻璃溶液激发，自然条件下养护可得到早强、高强的地质聚合物。

西安建筑科技大学的王峰等人研究了制备的地质聚合物的水化程度和抗压强度。结果表明：用 NaOH 激发矿渣制备的地质聚合物具有水化速度快、早强高强等优良特性。

南京工业大学的樊志国等人以偏高岭土为原料，并加入少量的粉煤灰和矿渣来制备地质聚合物凝胶材料，研究了粉煤灰和矿渣的掺量、水玻璃的模数及养护制度对地质聚合物性能的影响。研究结果表明：当粉煤灰掺量为 35%、矿渣掺量为 10%、水玻璃模数为 1.2，常温条件下养护时制备的地质聚合物 28d 的抗压强度达到 70MPa，80℃ 条件下养护时抗压强度达到 80MPa。

中国矿业大学的李鼎、韩敏芳以地质聚合物（地聚物）为主要原料，使用酸碱改性的方法对其进行了改性，研究了改性前后的地聚物对甲醛的吸附特性。结果表明：酸改性后的地聚物对甲醛的吸附效果较碱改性后的地聚物强。

江西景德镇陶瓷学院的朱国振等以偏高岭土为原料，经碱性激发剂激发制出了地聚物材料，并研究了 H_2O 和 Al_2O_3 的摩尔比（M）对地聚物抗压强度的影响，以及不同煅烧温度保温 2h 后地聚物的质量变化、线收缩率和微观结构。结果表明：当 M 为 13.02 时，地聚物的抗压强度达 83.56MPa，煅烧温度小于 600℃ 时地聚物的结构较为稳定，且具有低的质量损失和线收缩，600℃ 保温 2h 后抗压强度为 83.27MPa，体积密度为 1.34g/cm³。

二、涂料的研究现状

（一）涂料的概念

涂料就是一种涂抹在物体表面，形成的粘结比较牢固、具有一定的强度、能够对物体起保护和装饰作用的膜层。涂料在物体表面上所形成的膜层一般被称为涂膜，也可以称作漆膜或涂层。人们对涂料的研究可以追溯到很久以前，最早人们所使用的涂料被叫做油漆，是因为它主要是由一些天然的树脂（如生漆、松香等）、植物的油脂（如亚麻籽油、桐油等）以及动物的油脂（如鱼油、牛油等）等制备而成的。但是随着科技的飞速向前发展和人类社会的不断进步，动植物油脂已几乎全部被合成树脂所代替，因此，当今人们把它称之为涂料。现在人们给涂料下的定义是：在一定条件下能够涂抹于物件的表面，并且能够在表面上形成具有标志、装饰、保护或其他特殊性能（例如防火、防腐蚀、隔热等）的涂层的一类液态或固态材料的总称。

（二）涂料的成膜机理

涂料涂抹于物体表面后，由不连续的粉末状态或者是液体状态逐渐转变成结构致密且连续的固体薄膜的过程，被称之为涂料的成膜过程。不同类型的涂料其成膜机制也是不相同的，成膜机制主要是由它的成膜的物质来决定的。当今由于涂料的组成比较复杂，大多数的涂料都是由几种不同的成膜方法共同作用成膜的，因此，成膜反应也各不相同。根据涂料成膜过程中的各组分是否发生变化，通常把成膜机理分为物理成膜和化学成膜两大类：

1. 转化型成膜机理即化学成膜机理。这种类型的涂料在成膜的过程中，主要是由于各组分之间发生了化学反应（如自动氧化聚合反应、催化聚合反应和缩聚固化反应等）。由于不同的反应类型，导致了不同的反应机理。虽然反应机理有些不同，但总体来说都是由于涂料的组分之间发生聚合反应形成高聚物，从而形成固体膜。

2. 非转化型成膜机理即物理成膜机理。物理成膜主要包括两类，即涂料中的分散介质或者是溶剂在空气中挥发成膜和高聚物聚合成膜。物理成膜的涂料基本上都是由于高聚物聚合联结固化或者是溶剂的挥发使得湿膜干燥而最终得到固体膜的过程，在成膜的过程中涂料的固态成分基本不发生化学变化，例如乳液类、沥青漆、树脂类等的涂料成膜都属于物理成膜。

（三）涂料的技术要求

1. 外墙涂料

外墙涂料主要起到保护和装饰外墙墙面的用途。我们常用的外墙涂料主要包括丙烯酸酯系外墙涂料、苯乙烯-丙烯酸酯乳液涂料、聚氨酯系外墙涂料等。任何一种外墙涂料若想在实际工程中得到应用均需满足以下的技术要求：

（1）具有良好的耐水性。由于外墙涂层长期裸露在空气中，不可避免地要经受雨水的冲刷，因此必须具有较好的耐水侵蚀性。

（2）具有良好的耐候性。由于外墙涂层长期裸露在空气中，不断地受到雨水、太阳、冷暖变化、风沙等作用的侵袭，致使涂膜产生变色、干裂、剥落等现象，从而使得涂膜的保护和装饰作用不复存在。若涂层耐候性良好将不会出现此类现象，因此，要想在规定的使用年限内不产生损坏必须具备良好的耐候性。

（3）具有良好的耐污性及易清洗性。由于外墙墙面的涂层长期暴露在空气中，空气中含有大量的灰尘及其他污染物质，就会使得涂层受到污染，失去装饰效果。因此，具备较好的耐污特性以及被污染后容易清理等特性是涂层所必需的。

（4）具有良好的装饰性。外墙涂料要想达到一定的装饰效果，必须具备色彩多样性以及较好的保色性，只有这样装饰效果才能够保持长久。

（5）具有施工及维修方便等特性。由于建筑物外墙的面积较大，施工时间较长，因此，在保证质量的前提下要求外墙涂料必须具有施工操作简便的特点，同时为了保持较好的装饰效果，需要对涂层进行经常性的清理和重涂，因此，要求涂层必须具备重涂施工方便等特性。

2. 内墙涂料

内墙涂料主要起到保护和装饰内墙墙面的用途。由于内墙涂料与人的接触较为密切，并且大多数是近距离地去看，因此必须具有较好的环保性和装饰性。常用的内墙涂料有聚醋酸乙烯乳液涂料、106内墙涂料、醋酸乙烯-丙烯酸酯有光乳液涂料等，其技术要求如下：

（1）具有良好的耐水、耐粉化、耐碱特性。通常情况下室内湿度较高，在进行内墙清理时不可避免地要与水发生接触，因此要求涂料必须具备良好的耐水性以及被水侵蚀后不易粉化的特性。又由于内墙面的基层常常带有碱性，因而涂料必须具备较好的耐碱性才不致被腐蚀。

（2）具有良好的透气性。室内常常会有水汽，若涂料的透气性不好，则易在墙面产生结露、挂水现象，对人体有害，不利于居住，因此良好的透气性是内墙涂料必须应具备的性能。

（3）具有丰富的色彩。内墙装饰效果的好坏主要是由质感、线条和色彩三个要素所决定。当使用涂料作为装饰材料时，其主要决定因素是色彩，内墙涂料对色彩的要求一般为明亮、淡雅的颜色，但是不同的人对色彩的喜爱程度也大不同，因此就要求涂料的色彩丰富多样，能够满足不同人的喜好。

（4）涂刷方便，重涂容易。人们为了保持较好的居住环境，因此经常对内墙墙面进行翻修，以达到想要的效果。由于翻修遍数较多，为了节省人力就要求必须具备重涂施工方便等特性。

（四）无机涂料的研究进展

无机涂料主要是指以硅酸盐类的化合物作为胶粘剂，并加入不同的助剂和填料而制备成的涂抹在物体表面，能够形成的具有一定的强度、粘结比较牢固、对物体起保护和装饰作用的一类涂料，其涂料中的硅酸盐类化合物分为两类即硅溶胶和碱金属硅酸盐。

随着人们环保意识的提高，"绿色环保"型涂料的发展将成为涂料行业的主要发展方向。当今，由于有机涂料的很多优良特性（如种类多样性、良好的装饰性等），使其在涂料行业中受到了青睐。但是，由于石油、煤以及天然气等是生产有机涂料的主要原料，因此在加工生产和使用过程中存在大量的挥发性的溶剂和有毒气体的释放，这些有害物质的释放不仅对我们生活的环境造成了较大的污染而且还浪费了较多的能源，而生产无机涂料的主要原材料来源于一些工业废渣、矿渣以及储量较为丰富的天然矿石（如高岭石、石灰石等），且其生产加工工艺较为简单，耗能量较低，可以很好地解决当今有机涂料存在的一些弊端，但是目前对有机涂料的研究还有待于进一步的深入，有机涂料和无机涂料相比各有其优缺点，主要性能对比见表 14-1。

表 14-1　有机涂料和无机涂料性能对比

项目	有机涂料	无机涂料
资源保存量	资源有限	资源丰富
防火性	可燃	不燃
耐候性	不好	很好
硬度	软，易擦伤	硬，耐磨
耐污性	易污染	难污染
耐腐蚀性	较弱	很好
柔韧性	优异	较差
美观性	优异	较差
涂层透水性	较差	优异
成膜性	良好	较差
储存稳定性	良好	差
耐油、耐溶剂型	差	良好
对大气、水质污染性	污染较大	污染小

无机涂料的种类较多，其涂层的优良特性主要表现在以下的几个方面：

（1）稳定的物化特性。无机涂料的涂层具有较好的耐高温性，可耐 400～1000℃的高温，而且具有较好的保色性，能够长期暴露于空气中保持基本不变色。

（2）良好的机械特性。无机涂料的涂层所具有的耐磨性和高硬度是很多有机涂层所不能够达到的。

（3）良好的耐久性。由于无机涂料大多数为硅酸盐类的物质，和硅酸盐水泥相比，它们的变化系数较为相似，因此对环境变化和气候变化的适应性较强，并且由于其自身所具有稳定的物化特性，因此使其具有优良的耐久性。

（4）良好的耐化学腐蚀性。由于无机涂料自身的化学性质和成膜后的理化性能均较为稳定，因此，能够耐很多有机物质和酸碱类物质的腐蚀。

（5）良好的界面结合力。由于无机涂料和无机基材之间的结合是通过化学反应生成硅酸盐，而硅酸盐被沉积到基材的孔隙当中，形成牢固的结合层，因此使得涂层的结合力得到提高。

无机涂料因其所具有的较多的优良特性使其在各个领域得到了广泛的应用。其中，无机富锌涂料是出现最早的无机涂料之一。无机富锌涂料中含有较多的大量的单质锌，其涂层成膜后不仅具有物理屏蔽作用，而且对金属基材能够起到电化学保护作用，因此被广泛应用于桥梁工程、管道工程以及海洋船舶工程中。近几年来，研究开发的水性无机富锌涂料还具有阻燃、耐高温、可焊接以及绿色环保等优良性能，这使得无机富锌涂料被越来越多的人所接纳，成为防锈防腐无机涂料的新的发展方向。无机涂料和有机涂料相比，其成膜性、柔韧性以及储存稳定性均较差，这使得无机涂料的发展应用受到了一定的限制。为了解决此问题，人们提出了复合涂料，即把有机材料和无机材料复合在一起来制备涂料，使其兼有有机和无机两者的优点。目前，对复合型涂料的研究已经取得了一定的研究业绩。在我们生活中被实际应用的复合型涂料有硅溶胶与硅烷偶合剂和有机树脂的复合、蒙脱石和聚氧化乙烯的复合等，并且有机无机复合涂料通过改性被应用到导电性材料、润滑性材料、防腐蚀性材料以及亲水性材料等方面，也进而拓宽了无机涂料的应用领域。

由于无机涂料所具有的优良的界面结合力，且其原料来源广泛，价格低廉，生产加工工艺简单，为此，人们把无机涂料的应用目标投到了建筑、玻璃、板材等众多基材上，并希望通过对无机涂料进行改性，使其在这些基材上能够得到广泛的应用。

（五）地质聚合物无机涂料的研究进展

地质聚合物无机涂料是地质聚合物在建筑材料方面的一个应用，最近几年来有很多科研人员对其进行了研究，制备出了具有优良性能的地质聚合物无机涂料。其中广西大学的崔学民以地质聚合物为基料制备出了地聚物基无机涂料，且其各项性能指标均达到了国家的相关标准，成功地被应用到金属材料的防腐蚀以及建筑涂料等领域。湖南大学的郑娟荣等以偏高岭土为原料，水玻璃为碱激发剂，通过添加一些颜填料制备出了地质聚合物无机涂料，并对其耐化学腐蚀性进行了研究，得出：地质聚合物基涂料具有优良的耐海水、耐淡水、耐盐水以及耐稀硫酸等性能。重庆大学的祁学军以偏高岭土作为主要原料，水玻璃作为碱性激发剂，制备出了地聚物凝胶材料，并以此作为基料，并通过添加合适的阻燃剂和颜填料，制备出了地聚物基厚涂型钢结构非膨胀型防火涂料，探讨了阻燃剂和颜填料对其性能的影响，并对其进行了各项性能指标的测试。研究结果表明：当涂层厚度为25mm时，涂料的粘结强度、耐化学腐蚀以及耐冷热循环等性能都可以达到国家的相关标准要求，其耐火时间可达2.8h。

地质聚合物无机涂料是以地质聚合物作为胶粘剂的一种水性涂料，它不但具有无机涂料所具有的一般特点，如良好的物化稳定性和界面结合力等，而且还具有原材料来源广泛、价格低廉、操作工艺简单、环保等优良特性。正是由于地质聚合物无机涂料所具有的这些优良特性使其具有了广阔的发展前景。但是，目前国内外对地质聚合物无机涂料的研究还是处于探索性的阶段，关于应用的研究还较少。

本文就是在前人对地质聚合物无机涂料研究的基础上，对其应用范围进一步地开拓使其具有更多的功能性，从而制备出了具有吸附特性的功能型地质聚合物涂料。

（六）地质聚合物无机涂料存在的问题

地质聚合物涂料虽然具有较多的优良特性，但与有机涂料相比，也存在一些不足之处：

1. 涂层起皱。如果涂料一次性喷涂过厚，涂层的表面就会变得粗糙并且容易起皱。如果在湿冷天气或者是非常炎热的天气里喷涂，就会使得涂层的表层干燥速度较涂层的底层干燥速度快，导致起皱。若把没有固结的涂层裸露在较为潮湿的环境中也会导致涂层起皱。

2. 涂层开裂、脱落。如果涂料的粘结力和柔韧性不好，并且在使用前墙面或者基层的表面没有处理好以及过度地稀释涂料，那么涂层老化后就会出现脆化和硬化现象，导致涂层开裂并脱落。

3. 涂层泛黄。普通的涂料经常受到紫外线照射、阳光曝晒以及其他的物体玷污之后，涂层就较易产生变色泛黄的现象。

针对当今涂料存在的一些问题我们采取了一些解决措施，制备出了粘结力强、柔韧性好、涂层不开裂、不脱落、不起皱且有特殊功能的功能型地质聚合物涂料。

三、本课题研究目的和意义

随着工业社会的迅速发展，环境问题也变得越来越严重，尤其是挥发性有机物对环境的影响更是引起了人们的高度关注。在人类的生活和生产当中虽然有机物排放量仅占全球排放量的15％，但是，在人口较为密集的地区，它对环境的危害却是非常严重的，而在人类生活生产过程中所排放的有机物中，涂料的生产加工和应用所排放的有机物位居第二位，被视为是空气污染的重要来源，它也对人类的生命健康造成了严重的影响。因此开发研究绿色环保型无机涂料是必然的趋势，地质聚合物涂料就是一种绿色环保型的无机涂料，因此对它进行研究有着重要的意义。

第一，显著的环保意义。地质聚合物涂料是以传统的工业废弃物为原料，在制备过程中不需要高温煅烧，具有能量消耗低、工业三废排放量少等优势，且晶化一定时间后可以转化为4A沸石，具有一定的吸附二氧化碳的功能，因此对环境保护意义重大。

第二，显著的经济效益。制备地质聚合物涂料的原料来源较为广泛、价格低廉，且生产工艺简单，因此制备的地质聚合物涂料产品价格低廉，具有较强的市场竞争力。例如火山灰、凝灰岩、矿物矿渣、粉煤灰等都可以作为制备地质聚合物涂料的原料，高岭土等矿物或岩石经过简单加工以后也可以作为生产地质聚合物涂料的原料。因此，原料的选择范围较为广泛，而且生产工艺比较简单。所以，对地质聚合物涂料进行研究具有良好的经济效益。

第三，优良的性能，用途较为广泛，应用前景较为开阔。地质聚合物涂料具有快硬、早强、耐酸碱、耐高温、耐盐、耐水等优良性能，在板材、防火、隔热、内外墙等领域有着广泛的应用，市场前景开阔。

第四，研究地质聚合物涂料的配比及聚合过程，可丰富、充实和完善无机胶凝材料学科的理论基础。

因此选择本课题进行研究，不仅提高了当今市场上已有涂料的性能，而且拓宽了地质聚合物涂料的应用领域，使其不仅可以应用到内外墙上，起到装修装饰作用，而且可以应用到板材上起到装修装饰以及特定的吸附功能，这对地质聚合物涂料的应用研究作出了应有的贡献。

四、本课题研究内容

本课题是以偏高岭土和水玻璃为原料，制备偏高岭土地质聚合物材料，并以此作为成膜物质，通过改变水和助剂的加入量，制备性能优良的偏高岭土地质聚合物涂料，并在此基础上通过对碱激发剂种类的改变来制备功能型地质聚合物涂料，并研究其应用和形成机理，具体研究内容如下：

（1）通过正交实验研究水玻璃模数、碱掺量以及水土比等因素对偏高岭土地质聚合物性能的影响，从而确定偏高岭土地质聚合物的大致配方。

（2）通过单因素实验研究高岭土煅烧温度、水玻璃状态、水土比以及养护方式对偏高岭土地质聚合物性能的影响，从而确定高岭土煅烧温度、水玻璃状态、水土比以及养护方式的最佳值。

（3）以偏高岭土地质聚合物为基础，研究地质聚合物涂料的配方以及施工工艺。

（4）研究偏高岭土地质聚合物涂料的性能，并确定偏高岭土地质聚合物涂料的最佳养护方式。

（5）通过 XRD、IR、SEM、DSC－TG 等手段对偏高岭土地质聚合物涂料的微观结构进行测试。

（6）研究功能型地质聚合物涂料的制备技术及应用。

五、技术路线

技术路线如图 14-1 所示。

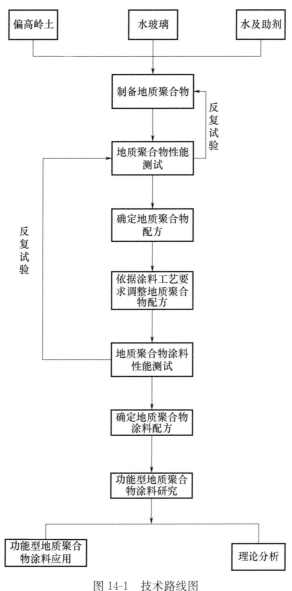

图 14-1　技术路线图

第二节　实验条件及实验测试方法

一、实验原料及实验设备

1. 实验原料

（1）偏高岭土

偏高岭土是以高岭土（$Al_2O_3 \cdot 2SiO_2 \cdot 2H_2O$）为原料，在适当的温度（$600 \sim 900℃$）下经脱水形成的无水硅酸铝（$Al_2O_3 \cdot 2SiO_2$）。本文中所使用的偏高岭土为焦作市煜坤矿业有限公司所生产，其化学成分和理化性能分别见表 14-2 和表 14-3。

表 14-2 偏高岭土的化学成分（%）

成分	SiO_2	Al_2O_3	CaO	MgO	Na_2O	K_2O	Fe_2O_3	TiO_2	loss
含量	54.01	44.43	0.21	0.23	0.06	0.22	0.89	0.61	0.72

表 14-3 偏高岭土的理化性能

颜色	白度	细度		吸碱量（mg/g）	活性指数
灰色	≥80	粒度分布－10μm≥90	网筛目数 1250 目	312	110

其中活性指数是按国家标准《高强高性能混凝土用矿物外加剂》（GB/T 18736—2002）规定测试计算，吸碱量是在一定条件下，每克偏高岭土样品对氢氧化钠的吸收量，该方法测试的数据与国标中规定的活性指数的相关度达到了 90% 以上。

（2）水玻璃

水玻璃俗称泡花碱，是一种水溶性的硅酸盐，由碱金属氧化物和二氧化硅组成，其中，二氧化硅与碱金属氧化物的摩尔比 n 称为水玻璃的模数，水玻璃模数越大，其水玻璃溶液的黏度也越大。本论文中所使用的水玻璃为市场上所售，模数为 3.28，其中 SiO_2 的含量为 26%，Na_2O 的含量为 8.2%。

（3）固体硅酸钠

固体硅酸钠的种类有无水硅酸钠、五水偏硅酸钠和九水偏硅酸钠，本文中所使用的固体硅酸钠为焦作市百仕达工贸有限责任公司生产的模数为 1.0 的无水硅酸钠。

（4）氢氧化钠

本文中所使用的氢氧化钠为颗粒状，由天津市大陆化学试剂有限公司生产，纯度为分析纯。

（5）其他试剂

本文中用到的其他试剂包括减水剂、分散剂、融合剂、保水增稠剂，均为市售。

实验中用到的水均为城市自来水。

2. 实验设备

本实验中所用的主要实验设备以及生产厂家见表 14-4。

表 14-4 主要实验设备和生产厂家

仪器名称	型号	生产厂家
电子天平	BS24S	北京赛多利斯仪器系统有限公司
架盘天平	JYT-20	常熟市金羊砝码仪器有限公司
黏度计	T-4	上海安德仪器设备有限公司
马弗炉	XL-2	鹤壁市仪表厂有限公司
电动喷枪	HD3020	浙江普莱得电器有限公司
电热恒温鼓风干燥箱	101-3AD	鹤壁市仪表厂有限责任公司
精密增力电动搅拌器 水泥静浆搅拌机 快速搅拌机	JJ-1 NJ-160A ZZJ-03	常州国华电器有限公司 无锡市建筑材料仪器机械厂 广东中山仪器有限公司
混凝土抗压试验机	DZE-300B	无锡双牛建材仪器设备厂
恒温加热搅拌器	85-2	巩义市予华仪器有限责任公司

其他实验仪器：烧杯、玻璃棒、温度计、钥匙、移液管、棉球、4H 铅笔、附着力测试仪、40mm×40mm×40mm 的生铁模具等。

二、偏高岭土地质聚合物的性能测试方法

（1）抗压强度测试

将配制好的偏高岭土地质聚合物注入到尺寸大小为 40mm×40mm×40mm 的生铁模具中，24h 后脱模，脱模后进行一定时间的养护，养护后将其置于混凝土抗压试验机上进行抗压强度测试。

（2）耐久性测试

将配制好的偏高岭土地质聚合物试样注入到尺寸大小为 40mm×40mm×40mm 的生铁模具中，24h 后进行脱模，并在自然条件下养护，养护一定的天数后分别称其质量并测试其抗压强度，并将称取质量后的试样分别放入 1mol/L 的 H_2SO_4 溶液、1mol/L NaOH 溶液、1mol/L 的 NaCl 溶液和水中浸泡 7d，7d 后将试样从浸泡液中取出，取出后对各试样用清水进行冲洗，冲洗后用毛巾把表面的水分擦除掉，并再次称取各试样的质量和测试其强度。通过计算各试样的质量损失率和强度损失率的大小来评价偏高岭土地质聚合物耐久性的好坏，质量损失率和强度损失率的计算公式如式（14-1）和式（14-2）所示：

$$质量损失率（\%）=\frac{M_0-M_1}{M_0}\times100\%$$（14-1）

$$强度损失率（\%）=\frac{R_0-R_1}{R_0}\times100\%$$（14-2）

式中　M_0——样品浸泡前的质量（g）；

M_1——样品在水、酸、碱、盐中浸泡 7d 后的质量（g）；

R_0——试样浸泡前的强度（MPa）；

R_1——试样在 HCl、NaOH、NaCl 和水中浸泡 7d 后的强度（MPa）。

（3）耐高温性测试

将制备好的偏高岭土地质聚合物试样在自然条件下养护，养护一定天数后对其进行质量和抗压强度的测试，测试后分别将试样放入 500℃和 900℃的马弗炉中保温 2h，经 2h 保温后测其质量和强度，并计算损失率。通过损失率的大小进行耐高温性能的评价，其质量损失率和强度损失率的计算公式如式（14-1）和式（14-2）所示。其中 M_0 为样品经 500℃和 900℃保温 2h 前的质量，M_1 为样品经 500℃和 900℃保温 2h 后的质量，R_0 为样品经 500℃和 900℃保温 2h 前的强度，R_1 为样品经 500℃和 900℃保温 2h 后的强度。

三、偏高岭土地质聚合物涂料的性能测试方法

1. 黏度测试

测试黏度的方法有转桶法、落球法、阻尼振动法、涂-4 黏度计法、毛细管法等。按照《涂料黏度测定度》GB 1723—1993 的要求，本实验所使用的方法是涂－4 黏度计法。

测试条件：将制备好的偏高岭土地质聚合物涂料浆体置于涂－4 黏度计中，待涂－4 杯装满后，将多余的浆料刮去，并启动秒表，待浆料截流时按下秒表，记录时间，平行操作三次，取平均值即为偏高岭土地质聚合物涂料的黏度。

2. 硬度测试

硬度是指涂层对碰撞、压陷、擦划等力学作用的抵抗能力以及涂层表面对其作用在上的另一个硬度较大的物体所呈现出来的阻力的大小。测试硬度的方法有摆杆阻尼硬度法、划痕硬度法、压痕硬度法等。按照国标 GB/T 6739－2006 的要求，本实验中所使用的方法为划痕硬度法。

测试条件：首先将养护好的偏高岭土地质聚合物涂料样板置于平整的台面上，涂有涂料的一面朝上，然后用较均匀的力度对有涂料的一面进行刻划，若 4H 铅笔划不动，则表示硬度大于 4H，若可以划动，则表示硬度小于 4H。

3. 附着力测试

附着力测试方法有划圈法、划格法、拉开法等。按照国标《色漆和清漆 漆膜的划格试验》（GB/T 9286—2009）的要求，本实验中所采用的方法为划格法。

测试条件：将涂有涂料的试板面朝上放置在平直、坚硬的平面上，然后用手握住刀具，并使之垂直于试板面，均匀地用力划出线线间距为 1mm 的 11 条切割线，并以同样的画法做出线线间距为 1 mm 的 11 条垂直线，画完后将掉粉渣清扫干净，贴上胶带，悬空 5min，并以与样板表面尽可能成 60°的角度，快速将胶带撕掉，撕掉后观察涂层的脱落情况。如果脱落 0 个格数，那么附着力就是 100%，如果脱落 1 个格数，那么附着力就是 99%，按照此情况依次往下推，进行附着力大小的计算。

4. 表干和实干时间测试

表干时间的测定方法有指触法和吹棉球法，实干时间的测定方法有压棉球法和压滤纸法。按照《漆膜，腻子膜干燥时间测定法》（GB 1728—1979）的要求，本实验中所采用的表干时间和实干时间的测定方法分别为吹棉球法和压棉球法。

测试条件：吹棉球法，在涂层表面放置一个 1^3 大小的脱脂棉球，嘴距棉球 10～15cm，沿水平方向吹，如果脱脂棉球被吹走，而且涂层表面没有棉丝留下，则认为涂层表干。压棉球法，在放置于涂层表面上的脱脂棉球上轻放一个 200g 的砝码，30s 后将砝码和棉球拿掉，并放置 5min，5min 后观察涂层表面有无棉球的痕迹及失光现象，如果涂层上没有棉丝或留有 1～2 根棉丝，但用手可以轻轻弹掉，均认为涂层已实干。

5. 耐久性测试

按照 GB/T 9265—2009 的要求，将养护一定天数的偏高岭土地质聚合物涂料试板分别放入 pH＝2，浓度为 0.005mol/L 的 H_2SO_4 溶液；pH＝13，浓度为 1mol/L 的 NaOH 溶液；pH＝7，浓度为 1mol/L 的 NaCl 溶液中浸泡 7d，然后取出用清水冲洗，观察有无脱落失光现象。按照《漆膜耐水性测定性》（GB/T 1733—1993）的要求，将偏高岭土地质聚合物涂料试板放入（23±2）℃左右的水中浸泡至规定的时间观察有无脱落起泡现象。根据涂层有无脱落、软化、失光现象来评价偏高岭土地质聚合物涂料的耐久性的好坏。

6. 耐热性测试

将养护一定天数的偏高岭土地质聚合物涂料试样放入马弗炉中分别置于 500℃ 和 900℃ 条件下保温 2 h，观察有无脱落、起泡、开裂现象。

7. 微观性能测试

（1）X 射线衍射（XRD）测试

技术原理：根据待测样的晶胞大小，晶体结构类型以及晶胞中原子、离子、分子的位置和数目确定物质的化学成分以及存在状态。

实验参数：CuKα，Kα＝1.54060Å；管压管流选择：40mA，40kV；发散狭缝光阑：0.6000mm，接收狭缝光阑：0.1000mm，扫描角度：5.000°～90.000°，试样长度：10.00mm。

（2）红外光谱（IR）测试

技术原理：首先用仪器把待测物质的红外吸收光谱测试出来，然后根据不同物质的特征吸收峰的位置、相对强度、数目和峰宽等参数，推断出该物质中存在哪些基团，最后确定该物质的分子结构。

实验参数：该实验采用的是溴化钾压片法。将待测样品和溴化钾按照1∶200的比例进行均匀混合，混合后将其研磨至一定细度并烘干。扫描范围$500\sim4500cm^{-1}$。

（3）扫描电镜（SEM）测试

技术原理：由电子源发出的电子束经聚光镜会聚后，被与显示器扫描同步的电子光学镜筒中的扫描线圈控制，并在样品表面的一个微小区域内进行逐点逐行扫描。入射电子和待测物质相互作用后发出的信号被收集后便在显示器上形成和待测样形貌、组织以及结构等一一相对应的放大图像。

实验参数：实验前先对样品进行处理，在样品表面上喷上一层薄薄的金，喷金后进行测试，测试时的加速电压为10kV。

（4）差示扫描量热（DSC）和热重（TG）测试

TG分析原理：物质在受热条件下，会发生不同程度的物理变化或者化学变化，因此质量也随之发生变化，通过测试物质质量的变化来研究物质的变化过程称为热重分析。

DSC分析原理：在程序控温（降温、升温、恒温）过程中，通过测定样品和参照物之间的热流差来表示全部的和热效应相关的物理变化和化学变化的过程。

实验参数：升温速率为20.0K/min，气氛条件是氮气，温度范围为25～1000℃。

第三节　偏高岭土地质聚合物的制备

一、偏高岭土地质聚合物制备的工艺

偏高岭土地质聚合物的工艺流程如图14-2所示。

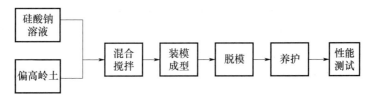

图14-2　偏高岭土地质聚合物制备的工艺流程

偏高岭土地质聚合物制备步骤如下：

（1）硅酸钠溶液配制

① 若采用模数为3.28的液体硅酸钠为激发剂，配制不同模数的溶液时需加入一定量的氢氧化钠和水进行激发剂溶液的配制。

② 若采用固体硅酸钠为激发剂（模数为 1.0），配制溶液时只需加入一定量的水溶解即可。

（2）称取一定质量的偏高岭土，并将其与配制好的硅酸钠溶液均匀混合，混合后放置于水泥净浆搅拌器中进行搅拌，搅拌时间为 4min，得到偏高岭土地质聚合物。

（3）将得到的偏高岭土地质聚合物装入尺寸大小为 40mm×40mm×40mm 的生铁模具中，并于振实台上进行振动，振动次数为 120 次，其目的是为了改善试样的密实度。

（4）静置固化。振实后静置 24h 脱模，脱模后对地质聚合物试块进行养护。

（5）将养护一定天数的地质聚合物试块进行性能测试。

二、偏高岭土地质聚合物制备的正交实验

通过阅读文献得知，水玻璃模数、碱掺量（以水玻璃溶液中 Na_2O 含量占偏高岭土的质量分数计）以及水土比对偏高岭土地质聚合物性能的影响较大。因此在本实验中以碱掺量、水土比、水玻璃（液态）模数为三因素，进行了三因素三水平的正交试验，实验结果及分析见表 14-5。

表 14-5　正交实验结果及分析

序号	碱掺量（%）	水土比（%）	模数	3d 强度（MPa）
A1	6	20	1.0	1.22
A2	6	25	1.4	1.82
A3	6	30	1.8	1.38
A4	8	20	1.4	4.10
A5	8	25	1.8	1.18
A6	8	30	1.0	12.58
A7	10	20	1.8	2.93
A8	10	25	1.0	23.04
A9	10	30	1.4	5.88
Ⅰ	1.47	2.75	12.28	
Ⅱ	5.95	8.68	3.93	
Ⅲ	10.62	6.61	5.49	
R	9.15	5.93	8.35	

其中 R 叫做极差，它所表示的是Ⅰ、Ⅱ、Ⅲ三个水平中最大值和最小值的差值，通过 R 的大小可以判别各因素对偏高岭土地质聚合物性能的影响程度。由表中的 R 值可以看出：碱掺量对偏高岭土地质聚合物强度的影响最大，其次是水玻璃模数，再次是水土比。

由表 14-5 可以看出，随着碱掺量的增大偏高岭土地质聚合物的抗压强度逐渐增大。在碱掺量为 10% 时偏高岭土地质聚合物的抗压强度较大，为了增大偏高岭土地质聚合物的抗压强度，在实验中采取逐渐增加碱掺量进行实验，结果发现：当碱掺量大于 10% 时，偏高岭土地质聚合物试块的泛碱现象较为严重，不具有研究的价值。泛碱的原因可能是由于加入的碱的量过多，导致过量的碱和空气中的二氧化碳发生反应生成了碳酸盐所致，所以，确定最佳的碱掺量为 10%。

由表 14-5 可以看出，随着水玻璃模数的增加，偏高岭土地质聚合物的抗压强度降低。在水玻璃模数为 1.0 时，偏高岭土地质聚合物的抗压强度最大。原因是由于水玻璃模数大于 1.0 时，提供的［SiO_4］单体的量较多，不利于偏高岭土的解聚和聚合，导致地质聚合物抗压强度减小。为了增加偏高岭土地质聚合物的抗压强度，采用了减小水玻璃模数进行了实验，结果表明：当水玻璃模数低于 1.0 为 0.8 时，3d 的抗压强度较低，且得到所需模数的硅酸钠时需要加入较多的氢氧化钠，并且配制的溶液在较短时间内就很容易固化，因此，不适于在实际的生产中应用。所以，确定最佳的水玻璃模数为 1.0。

由表 14-5 还可以看出，随着水土比的增加，偏高岭土地质聚合物的抗压强度表现出了先增加后减小的趋势。原因是由于聚合反应的发生必须有水的参与，随着水土比量的增加，聚合反应更加完全，使得抗压强度增大。但当水土比达到一定值后再增加水土比，就会使得剩余的游离水充填在偏高岭土地质聚合物的内部，导致聚合反应受阻，抗压强度降低。因此，确定最佳的水土比为 25％。

通过正交实验以及实验结果的分析，得出制备偏高岭土地质聚合物的最佳实验参数：碱掺量 10％，水玻璃模数 1.0，水土比 25％。

三、偏高岭土地质聚合物的单因素分析

（1）高岭土煅烧温度对地质聚合物性能的影响

偏高岭土是由高岭土经过煅烧得到，是制备地质聚合物的主要原料之一。其活性的高低对偏高岭土地质聚合物抗压强度的影响较大，而其活性的高低又是由高岭土煅烧温度所决定，因此要想得到活性较高的偏高岭土，确定高岭土的煅烧温度非常重要。

实验中以高岭土的煅烧温度作变量进行实验研究，实验参数：碱掺量为 10 ％ 水玻璃模数为 1.0，水土比为 25％。实验结果如图 14-3 所示。

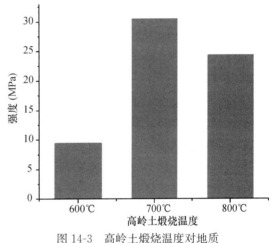

图 14-3　高岭土煅烧温度对地质聚合物抗压强度的影响

由图 14-3 可以看出，偏高岭土地质聚合物试块的抗压强度随着高岭土煅烧温度的增加表现出了先增加后减小的趋势。当高岭土煅烧至 700℃时，地质聚合物试块的抗压强度最大；当高岭土煅烧至 800℃时，地质聚合物试块抗压强度有所减小。原因是由于高岭土的主要成分是 Al_2O_3 和 SiO_2，随着高岭土煅烧温度的增加，Al_2O_3 和 SiO_2 活性增大，但当煅烧温度达到一定值时继续升高温度，Al_2O_3 和 SiO_2 活性便开始降低，此时碱激发能力减弱，导致偏高岭土地质聚合物的抗压强度减小。

因此，确定制备偏高岭土地质聚合物的最佳土样为 700℃煅烧的高岭土。

（2）水土比对地质聚合物性能的影响

通过上述的正交实验和单因素实验确定了制备偏高岭土地质聚合物的实验参数：

700℃煅烧高岭土，碱掺量 10％，水玻璃模数 1.0，水土比 25％。但是在实验过程中发现过少的水不利于偏高岭土地质聚合物试块的成型。因此，为了便于偏高岭土地质聚合物的成型，在实验中需要引入一定量的游离水。

本实验以水土比为变量配制偏高岭土地质聚合物试样，脱模后于自然条件下养护，养护后进行抗压强度的测试，测试结果如图 14-4 所示。

由图 14-4 可以看出，随着水土比的增大，偏高岭土地质聚合物试块的抗压强度逐渐减小。原因是随着水土比的增加，偏高岭土地质聚合物试块的孔隙率增大，导致偏高岭土地质聚合物试块的密实度降低，使得抗压强度减小。但是实验结果发现当水土比为 30％时，偏高岭土地质聚合物试样的成型较为容易且抗压强度降低较小，因此为了保证偏高岭土地质聚合物的成型又不致使抗压强度降低较多，在下面的实验中采用 30％ 的水土比。

（3）水玻璃的状态对地质聚合物性能的影响

由上述实验结果知，水玻璃的模数为 1.0 时是较好的实验参数。而实验中采用的水玻璃是模数为 3.28 的液态水玻璃，因此调配至 1.0 的模数时需要加入较多的 NaOH，并且调配后需要陈化一定时间，所以，存在稳定性差，储存、运输、操作不方便等问题，为了解决此问题，对水玻璃的状态进行了实验研究。

实验中采用模数为 1.0 的固态水玻璃和液态水玻璃进行对比实验。由于固态水玻璃和液态水玻璃中的含水量不同，因此用固态水玻璃作碱激发剂时的水土比应换算为液态水玻璃中的量进行计算。

固态水玻璃又包括无水偏硅酸钠、五水偏硅酸钠和九水偏硅酸钠，由于实验中加入的水量有限，并且五水偏硅酸钠和九水偏硅酸钠在自然条件下较难溶于水，因此，实验中采用的固态水玻璃为无水偏硅酸钠，实验结果如图 14-5 所示。

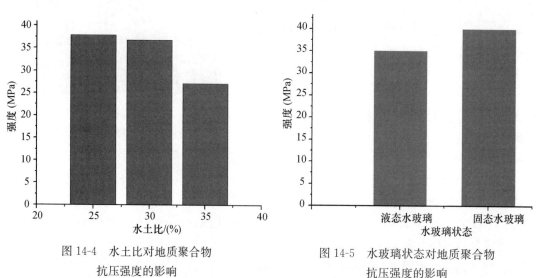

图 14-4　水土比对地质聚合物　　　　图 14-5　水玻璃状态对地质聚合物
　　　抗压强度的影响　　　　　　　　　　　　抗压强度的影响

由图 14-5 可以看出，采用模数为 1.0 的固态水玻璃为激发剂时制得的偏高岭土地质聚合物试块的抗压强度较高，并且固态水玻璃稳定性较好，运输、储存、操作比较方便，所以，在下面的实验中均采用模数为 1.0 的固态水玻璃作为碱激发剂。

（4）养护制度对地质聚合物性能的影响

在很多关于偏高岭土地质聚合物制备的文献期刊当中，对养护制度的要求不尽相同，但是其目的一致，均是为了提高偏高岭土地质聚合物的抗压强度。

本实验中分别选用了自然条件下养护、水中养护、养护箱养护、先养护箱养护再自然养护四种不同的养护制度进行实验，结果如图14-6所示。

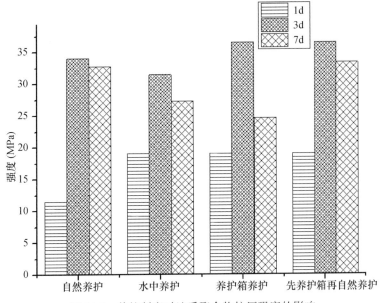

图14-6　养护制度对地质聚合物抗压强度的影响

由图14-6可以看出，偏高岭土地质聚合物试样早期在自然条件下养护时抗压强度较低，而其他三种条件下养护时抗压强度都较高。可能原因是由于偏高岭土地质聚合物试样早期在自然条件下养护时，内部较易失去水分而发生收缩变形，产生一些收缩裂缝，导致抗压强度降低。

由图14-6也可以看出，偏高岭土地质聚合物试样在自然条件下养护和先养护箱再自然养护的3d和7d的抗压强度均较高，而在养护箱中养护和在水中养护时，3d的抗压强度较高，7d的抗压强度较低。可能原因是在水中养护时，较短时间内促进了聚合反应的进行使抗压强度增大，而随着时间的延长，部分碱性激发剂溶于水中，使得碱浓度降低，聚合反应程度也由此下降，从而导致抗压强度下降。而在养护箱中养护时，聚合反应发生较快，使得抗压强度较高，随着养护时间的延长，加速了聚合反应物中水分的损失，而偏高岭土地质聚合物在发生聚合物反应时又必须有水的参与，因此导致抗压强度降低。

综上可知：偏高岭土地质聚合物试样只有先养护箱养护再自然养护时得到的早期抗压强度、3d抗压强度和7d抗压强度均较高，应为最好的养护制度。但是在实际的工业生产中考虑到生产操作的方便性，我们认为自然条件下养护较为适合。因为采用自然条件下养护时得到的偏高岭土地质聚合物试样的后期强度与先养护箱养护再自然养护时得到的试样的后期强度差别较小，且自然条件下养护较为方便并能降低生产成本，因此，如果对产品的早期强度要求不高时均应采取在自然条件下养护。

四、偏高岭土地质聚合物的性能测试

1. 强度发展稳定性

强度发展的稳定性的好坏对偏高岭土地质聚合物的应用影响较大，如果偏高岭土地质聚合物试块的强度发展不稳定，在使用的过程中将很可能导致结构的破坏，从而可能导致应用受到一定的限制，因此，强度发展的稳定性是评价偏高岭土地质聚合物性能的一项重要指标。

实验参数及养护条件：700℃煅烧高岭土，碱掺量10%，模数1.0的固体硅酸钠，30%的水土比，自然条件下养护，结果如图14-7所示。

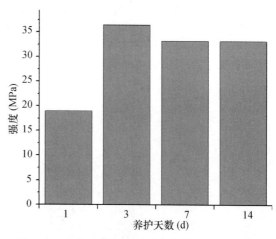

图14-7　养护天数对地质聚合物抗压强度的影响

由图14-7可以看出，偏高岭土地质聚合物试样养护1d时抗压强度较低，养护至3d时，其抗压强度达到36.48MPa，之后随着养护时间的延长，强度又有所降低。可能原因是养护1d时，偏高岭土地质聚合物发生的聚合反应不够完全，强度较低，随着反应时间的延长聚合反应程度趋于完全使强度逐渐增大；养护3d时强度达最大，之后又随着养护时间的延长，水分被蒸发散失，而聚合反应的发生必须有水的参与，因此导致聚合反应减弱，从而导致强度有所下降，但下降速度逐渐较小直至趋于稳定。由此可以看出，偏高岭土地质聚合物试块养护7d后强度发展较为稳定。

2. 耐久性

耐环境腐蚀性也是衡量材料性能的一个重要指标。一种材料如果耐环境腐蚀性不好，就可能会给工程造成威胁，带来巨大的损失。因此材料若想在工程上得到推广应用就必须具有良好的耐环境腐蚀性。

偏高岭土地质聚合物材料作为一种新型的绿色环保型的胶凝材料，要想应用于实际工程中耐环境腐蚀性必须要达到一定的要求。因此，实验中对偏高岭土地质聚合物的耐久性进行了测试，并通过强度损失率和质量损失率两个指标对偏高岭土地质聚合物的耐久性进行评价，测试结果见表14-6。

表14-6　地质聚合物的耐久性

实验项目	强度损失率（%）	质量损失率（%）
耐水性	−10.56	1.75
耐酸性	25.63	17.56
耐碱性	−46.63	0.75
耐盐性	−36.09	0.11
耐500℃高温	43.79	31
耐900℃高温	84.07	34.41

（1）耐水性

由表 14-6 可以看出，经水侵蚀后偏高岭土地质聚合物试样的质量有所减少，但减少的量很小，而强度增大。可能原因是因为在水中浸泡时物质间的交换较为简单，主要为 Na_2SiO_3 的溶出以及水参与偏高岭土地质聚合物材料的聚合反应，因此质量变换较小，但又由于偏高岭土地质聚合物试块处于水环境中，碱能够更容易地与偏高岭土发生聚合反应，从而使得强度增大。由此知，偏高岭土地质聚合物具有良好的耐水性。

（2）耐酸性

酸性环境是自然界中存在的较为普遍的环境，尤其是随着工业社会的迅速发展，导致酸雨的量越来越多，酸性环境越来越严重，也由此使得硅酸盐水泥的表面结构受到一定程度的破坏，而表面结构一经被破坏，其抗冻融能力、抗碳化能力以及抗渗能力就将会大大降低，从而导致硅酸盐水泥的寿命大大缩短。所以，要想制备出耐久性良好的凝胶材料，耐酸性的考虑是必需的。

由图 14-8 和图 14-9 可以看出，偏高岭土地质聚合物试块经 H_2SO_4 腐蚀后，其质量损失率达 17.56%，强度损失率达 25.63%，但是其整体形状还基本保持着原来的立方体形状。可能原因是由于偏高岭土地质聚合物试块养护时间较短，其强度发展不够，而经 H_2SO_4 侵蚀后，偏高岭土地质聚合物内部的 Na^+ 便会溶出与 H_2SO_4 中的 SO_4^{2-} 发生反应，而生成一种易溶于水的 Na_2SiO_4，从而使得偏高岭土地质聚合物试块的质量减小。而偏高岭土地质聚合物试块内部的 Na_2SiO_3 被溶出时，也会有 H_2SO_4 侵蚀到偏高岭土地质聚合物的内部，因此使得偏高岭土地质聚合物的结构造成了一定的破坏，密实度降低，强度下降。

图 14-8 H_2SO_4 腐蚀后

图 14-9 NaOH 腐蚀后

（3）耐碱性

由表 14-6 和图 14-9 可以看出，偏高岭土地质聚合物试块经 NaOH 侵蚀后，质量增长 0.75%，强度提高 46.63%，整体形状仍保持着原来的立方体形状。由此可以说明偏高岭土地质聚合物在碱性条件下对其强度的增长是有利的。因为偏高岭土地质聚合物在养护初期聚合反应不够完全，经碱浸泡后促进了聚合反应的进行，使其成为偏高岭土地质聚合物的一部分，从而使得质量和强度增加，并且在碱性条件下，物质间的交换只是在表面进行，经过长时间的腐蚀后表面不会发生裂纹，仍保持原来的形状。由此知，偏高岭土地质聚合物的耐碱性较好。

（4）耐盐性

由表 14-6 可以看出，偏高岭土地质聚合物试块在 NaCl 溶液中浸泡 7d 后其质量基本不变，强度增长 36%。可能原因是因为偏高岭土地质聚合物在 NaCl 溶液中浸泡时物质间的交换相对比较简单，并且在 NaCl 溶液中，比表面积大的偏高岭土还会对 Na$^+$ 进行吸附，且这些反应均是发生偏高岭土地质聚合物试块的表面，表面反应结束后还会阻止偏高岭土地质聚合物内部物质继续发生反应，因此质量变化较小。又由于偏高岭土地质聚合物在养护时间较短时，强度发展不够，而在 NaCl 溶液中，Na$^+$ 的存在促进了反应的进行，使聚合反应更趋于完全，因此使得强度增大。由此可知，偏高岭土地质聚合物的耐盐性较好。

3. 耐高温性

普通的硅酸盐水泥受热并开始失水分解的温度均在 600℃ 以下，但是如果硅酸盐水泥长期处于超过 35℃ 的环境中，其水分便会大大丢失，弹性模量和抗压强度也会因此减小。尽管硅酸盐水泥在经受高温作用时间较短时，强度可能会慢慢恢复，但是它给建筑物带来的危险性却是无法预测的。因此，我们认为普通的硅酸盐水泥不具有耐高温性。

有机高分子材料的耐高温性也是远远不及无机高分子材料的。绝大多数的有机聚合物在高温条件下都会发生变形、软化乃至燃烧的现象，且燃烧后会产生烟尘和一些有毒气体，这不仅破坏了建筑材料自身的结构，而且还会危及人类的生命健康安全。很多已经发生的火灾现场，导致大量人员伤亡的直接原因就是因为有机材料燃烧产生的有毒气体及烟尘造成的。因此，开发一种不仅具有耐高温性能，而且经高温作用后仍能保持可靠的结构性能且不释放有毒物质的建筑材料是技术进步的需要。而偏高岭土地质聚合物从其反应产物的矿物成分而言就具备这一优良的性能，下面对偏高岭土地质聚合物试块的耐高温性能进行了实验，实验结果如图 14-10 所示。

(a) 500℃   (b) 900℃

图 14-10 地质聚合物经高温煅烧

由图 14-10 中可以看出，偏高岭土地质聚合物试块经 500℃ 的高温煅烧后，形状基本没有发生变化，但质量和强度均有损失，质量损失率为 31%，强度损失率为 43.79%。可能原因是偏高岭土地质聚合物在 100～600℃ 这一温度区间范围里，游离水和结构水逐渐脱去使其质量发生损失，虽然质量有损失但是在其样品表面未能找到肉眼可见的明显的裂纹，说明地质聚合物虽然在脱水后结构发生变化，但这种变化是渐进的和连续的，不像硅酸盐水泥那样产生突降，又由于水分的脱去使得聚合反应无法继续进行，导致强度降低。随着温度的继续增加，其结构的破坏加剧，强度降低幅度增加。当煅烧温度提高至 900℃ 时，偏高岭土地质聚合物试块的质量损失率变化不大，但强度急剧降低，强度损失率达到 84%。可能原因是因为煅烧至 600℃ 时，偏高岭土地质聚合物的游离水和结构水已经完全失去，因此，随着温度的升高质量变化较小，而当温度升高至 900℃ 时，偏高岭土地质聚合物的内部结构发生了变化，使得强度降低较多。虽然偏高岭土地质聚合物高温煅烧后强度和质量均降低，但是在 900℃ 时仍能保持约 16% 左右的原始强度，具有比普通硅酸盐水泥优异的耐高温性能。

五、小结

本章以偏高岭土为原料，水玻璃为碱激发剂，制备出了偏高岭土地质聚合物材料。通过正交实验和单因素实验研究了各因素对其性能的影响，得出了偏高岭土地质聚合物的最佳配方及养护制度，并对其性能进行了测试，具体结论如下：

（1）碱激发剂种类和掺量、水玻璃模数、水土比、高岭土煅烧温度及养护条件等都会不同程度地影响偏高岭土地质聚合物的性能。

（2）在影响偏高岭土地质聚合物抗压强度的众多因素中，碱掺量为最主要因素，其次是水玻璃模数，再次是水土比。当水玻璃模数为 1.0，掺量为 10%，水土比为 30% 时制备的偏高岭土地质聚合物性能较好。

（3）高岭土经 700℃ 高温煅烧得到的偏高岭土活性较高，用此偏高岭土制备的地质聚合物抗压强度较大。

（4）养护条件不同时得到的偏高岭土地质聚合物强度也不同。经过实验得知，在对偏高岭土地质聚合物早期强度要求不高的情况下最佳的养护方式是自然条件养护。

（5）经实验研究得出，偏高岭土地质聚合物的强度发展较为稳定且具有良好的耐碱性、耐水性、耐盐性以及耐高温性，但耐酸性稍差，若想提高它的耐酸性可以试图通过改变其配方或其制备方案得到耐酸性好的地质聚合物。

第四节　偏高岭土地质聚合物涂料的制备

一、偏高岭土地质聚合物涂料的制备工艺

通过对偏高岭土地质聚合物的研究，确定了其制备的最佳配方：固体硅酸钠模数为 1.0、掺量 10%，水土比 30%。在本章的实验中以偏高岭土地质聚合物的配方为基础，通过改变水土比来改变涂料的可刷涂性，通过添加不同助剂来改变涂料的性能进行偏高岭土地质聚合物涂料的制备，其制备工艺流程如图 14-11 所示。

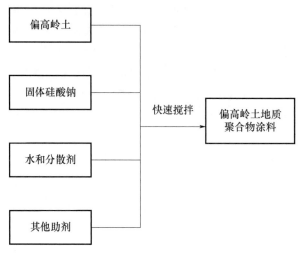

图 14-11　偏高岭土地质聚合物涂料的制备工艺流程

二、偏高岭土地质聚合物涂料的影响因素分析

1. 水的加入量对地质聚合物涂料性能的影响

偏高岭土地质聚合物的强度随着水的加入量的增大，显著降低。原因是随着水量的增加，偏高岭土地质聚合物的孔隙率增大，孔隙率的增大导致了偏高岭土地质聚合物的密实度下降，进而导致强度的降低。通过实验研究发现，当偏高岭土地质聚合物的水土比含量为60%时，强度较低，但是在该水土比的条件下，制备出的偏高岭土地质聚合物凝胶材料呈黏稠的矿浆状态，并且该试样在很短的时间内就会发生固结，根本无法制成适于喷涂的涂料。为了让偏高岭土地质聚合物涂料变成适于喷涂的涂料产品，采取继续增大水土比进行实验。实验条件为：以偏高岭土地质聚合物的配比为实验基础，增加水土比进行实验。结果见表14-7。

表 14-7　不同水土比对地质聚合物涂料性能的影响

序号	水量（%）	黏度（s）	表干时间（min）	实干时间（min）	硬度	流挂性	开裂情况
1	100	29	28	55	>4H	不易流挂	开裂严重
2	110	27	28	58	>4H	流挂较弱	开裂严重
3	120	24	30	60	>4H	有流挂	厚处轻微开裂
4	130	22	33	63	>4H	流挂严重	厚处轻微开裂
5	140	19	33	65	>4H	流挂严重	厚处轻微开裂

由表14-7可以看出，随着水的加入量的增大，偏高岭土质聚合物涂料的黏度逐渐降低，即流动性逐渐变好；表干时间和实干时间逐渐增大；流挂性越来越严重；开裂情况逐渐减轻；硬度变化不大。原因是随着水量的增加，偏高岭土地质聚合物涂料的分散效果逐渐变好，水分蒸发变慢，收缩变形减小，因此流动性变好，流挂性严重，开裂情况减轻。为了保证地质聚合物涂料的适宜的黏度、可刷涂性以及流挂性，初步确定偏高岭土地质聚合物涂料的水土比为120%。

2. 助剂种类与用量对地质聚合物涂料性能的影响

助剂是涂料生产过程中是必不可少的试剂，通过助剂的加入可以改善涂料的施工性能、生产工艺以及贮存稳定性，进而提高涂料的质量和经济效益，改善涂料的装修和装饰效果。

（1）保水增稠剂

保水增稠剂在地质聚合物涂料中的作用主要是保留水分和增加黏度。此外，它还具有改善施工性能和防止开裂的作用。保水的目的主要是使得浆体减缓水分的蒸发，从而使地质聚合物涂料能够得到充分的聚合时间，保证地质聚合物涂料的强度；增稠的目的主要是让浆体或者是溶液保持均匀稳定，防止涂料泌水或分层；施工性能主要是使得地质聚合物涂料浆体具有良好的润滑性和易操作性。而涂料在生产应用过程中最常见的问题是开裂问题，在涂料中加入保水增稠剂可以增加涂料的可塑性和粘结性，从而减小材料的收缩变形，使开裂问题得到解决。

由于保水增稠剂的保水增稠效果较好，加入量较多时会使涂料变得很稠无法喷涂，因此实验过程中采取的加入量分别为 1％，0.5％和 0.2％。结果发现，加入量为 1％时涂料变得很稠，无法进行喷涂，加入量为 0.5％和 0.2％时涂料的喷涂效果较好且均不开裂，由于保水增稠剂价格较贵，为了降低生产成本，实验中采取 0.2％的掺量为最佳值。

（2）分散剂

通过分散剂的加入可以减少材料完全分散所需要的时间和能量，稳定所分散的材料的分散体，提高材料的光滑程度、上色能力和遮盖能力，防止材料出现絮凝和沉降以及浮色发花问题。

常见的分散剂的种类有很多，包括三聚磷酸钠、六偏磷酸钠和硅酸钠等，本实验中所选用的分散剂为三聚磷酸钠。采取的加入量分别为 1.5％、2.0％、2.5％、3.0％、3.5％。通过实验发现，随着三聚磷酸钠加入量的增加，地质聚合物涂料的颗粒感逐渐减弱，流动性逐渐变好，当加入量达到一定值时再继续增大加入量，地质聚合物涂料的流动性反而变差。原因是三聚磷酸钠加入量过多时，端面的吸附作用达到饱和后，过量的处于扩散层的 Na^+ 就会被挤入吸附层，使得颗粒的 ζ 电位下降，导致颗粒之间的排斥力降低，引起材料发生絮凝，而使得涂料的流动性减弱，因此确定三聚磷酸钠的最佳加入量为 3.0％。

（3）融合剂

本实验中所选用的融合剂是一种易溶于水，溶液呈乳白色的阴离子表面活性剂。它具有分散、乳化、润湿、消泡等作用，此外它还能够使亲水亲油性差别较大的物质很好地融合在一起，因此被广泛应用于涂料、印染、造纸等行业。

涂料在搅拌过程中因引入空气，使得气泡较多，喷涂效果较差，影响了涂料产品的质量，因此考虑到加入融合剂的方法来解决此问题。

实验中采取的加入量分别为 0.1％、0.2％、0.3％、0.4％，实验结果发现：当加入0.1％的融合剂时消泡效果不明显，气泡仍较多；当加入 0.2％的融合剂时，发现气泡明显减少，如图 14-12a 所示；当加入 0.3％的融合剂时发现气泡已基本完全消除，如图 14-12b所示；当加入 0.4％的融合剂时，发现消泡效果和加入 0.3％的融合剂消泡效果无明显差别，而融合剂的加入量较大时又会对涂料的成膜质量造成一定的影响，因此采用融合剂的最佳掺量值为 0.3％。

(a) 加入量0.2%　　　　　　　　　　　　　　　(b) 加入量0.3%

图 14-12　融合剂对涂料性能的影响

（4）减水剂

减水剂的加入能够改善涂料的和易性，使其在保证流动度的情况下减少水的用量，从而提高涂料产品的致密性和强度。减水剂的种类有很多，比较常见的有脂肪族高效减水剂、聚羧酸减水剂、木质素磺酸钠盐减水剂、萘系高效减水剂等。

实验条件：以偏高岭土地质聚合物的配方为基础，添加 120％的水，0.2％保水增稠剂，0.3％的融合剂，三聚磷酸钠的量根据减水剂的加入量进行调整，但保持 3％的总量不变，进行实验，实验结果见表 14-8。

表 14-8　减水剂的加入量对涂料性能的影响

序号	三聚磷酸钠（％）	减水剂（％）	黏度（s）	开裂情况
6	3.0	0	17	无
7	2.7	0.3	16.35	无
8	2.5	0.5	14	无
9	2.0	1.0	15	无

由表 14-8 可以看出，减水剂加入量的多少对地质聚合物涂料的开裂情况无影响，但对黏度大小影响显著。随着减水剂的加入量的增大，地质聚合物涂料的黏度逐渐降低，当减水剂的加入量达到一定值时继续增大加入量，地质聚合物涂料的黏度反而有所上升。原因是随着减水剂量的增加，地质聚合物涂料分散效果变好，使得黏度降低，但当掺量增加到一定值后，再继续增大加入量，地质聚合物涂料便开始出现泌水现象，使其流动性降低，黏度反而增大。

由此可知，减水剂的加入量并不是越多越好，而是存在一个最佳值。根据实验结果确定减水剂的最佳加入量为 0.5％。在减水剂的掺量为 0.5％时，地质聚合物涂料的流挂性较为严重，涂刷效果较差，为此考虑到通过减少水的加入量来调节其流挂性。因此，在保证地质聚合物涂料的可喷涂性的基础上对水的加入量进行了实验。

实验条件：以偏高岭土地质聚合物的配方为基础，添加 0.2％的保水增稠剂，0.3％的融合剂，2.5％的三聚磷酸钠，0.5％的减水剂，实验结果见表14-9。

表14-9　水的加入量对涂料性能的影响

序号	水的加入量（％）	黏度（s）	开裂情况	可喷涂情况
A1	120	14	无	可以
A2	110	15	无	可以
A3	100	19	无	可以
A4	90	30	有	不可以

由表14-9可以看出，随着水量的减小，地质聚合物涂料的黏度逐渐增大。当水的加入量为100g时地质聚合物涂料的黏度为19s，可以进行喷涂且无开裂情况；当水的加入量为90g时，地质聚合物涂料黏度增加较大为30s，无法喷涂且出现开裂情况。原因是因为水量过少时地质聚合物涂料分散不够均匀，导致流动性变差，黏度变大，而水量较少时，水分的蒸发散失较快，导致地质聚合物涂料成型过程中收缩变形较大，致使开裂。因此，在加入减水剂时既能保持涂料的较好的流动性又不致开裂的最佳的水的加入量为100％。

3. 喷涂工艺对地质聚合物涂料性能的影响

涂料常见的喷涂方法有刷涂、滚涂和喷涂等。由于刷涂和滚涂施工速度慢，需要的工程时间长，不适于工程量大的工程，因此，为了节省时间和人力，在本实验中采用的喷涂方式是压缩空气的HD3020型电动喷枪人工喷涂。喷涂时对地质聚合物涂料的黏度要求是14～23s，由于是人工进行喷涂，因此喷涂工艺的好坏，对涂层的性能有直接的影响。

喷涂时对涂层的技术要求：表面光滑平整，流挂性适宜，涂层的厚度均匀且不出现漏喷、露底现象。所以要想达到涂层的技术要求，在喷涂时就必须把握好喷枪和待喷涂样板之间的距离以及喷涂的速度。

实验参数：以偏高岭土地质聚合物的配方为基础，添加100％的水，0.2％的保水增稠剂，0.3％的融合剂，2.5％的三聚磷酸钠，0.5％的减水剂。

搅拌方式：增力电动搅拌器搅拌。

根据上述实验参数及搅拌方式进行了实验研究，结果如图14-13和图14-14所示。

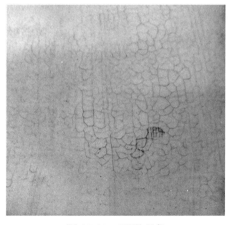

图14-13　开裂现象

图14-14　麻点现象

由图 14-13 和图 14-14 可以看出，涂层的开裂和麻点现象较为严重。开裂原因可能是因为一次性喷涂太厚，喷涂量太多，使得涂层干燥过程中收缩变形严重，导致开裂，因此喷涂时一次喷涂不宜过厚过多。出现麻点的原因可能是因为喷枪喷涂时压力过大，与板材距离过近，导致喷涂时气压卷入，将一些异物带到了漆膜当中，带进的异物使得涂料喷涂之后附着在样板的表面上，产生了麻点。因此为了避免这种现象的出现，喷涂时必须把喷枪的喷涂压力控制在 0.2～0.4MPa 的范围内，并且与板材的距离应保持适当距离，若距离板材过近，就会形成如图 14-14 中的麻点现象，过远时，喷雾就会不均匀，且会造成喷雾在喷涂中飞散，浪费材料，一般情况下与板材的距离应控制在 30～40cm。为了避免上述现象的产生，在喷涂过程中还应注意以下几点：①喷涂场所应保持干净，墙壁地板应保持湿润状态，以防止喷涂期间引起灰尘飞扬；②板材上在使用前应清洗干净且保持干燥；③喷枪在使用前应确保喷嘴喷涂的流畅性，避免喷涂过程中发生堵塞，导致涂层喷涂不均匀；④涂料在使用前，应充分混合搅拌，防止涂料混合不均匀。

4. 养护制度对地质聚合物涂料性能的影响

为了探索养护制度对地质聚合物涂料性能的影响，本实验选用的养护方式有自然条件下养护和 23℃恒温养护箱养护。

实验参数：以偏高岭土地质聚合物的配方为基础，添加 100%的水，0.2%的保水增稠剂，0.3%的融合剂，2.5%的三聚磷酸钠，0.5%的减水剂。

搅拌方式：精密增力电动搅拌器搅拌。

喷涂方式：电动喷枪人工进行喷涂。实验结果如图 14-15 和图 14-16 所示。

图 14-15　自然条件下养护　　　　　　图 14-16　23℃烘箱养护

由图 14-15 和图 14-16 可以看出，自然条件下养护的涂层颜色较深，且涂层上出现类似水印的不均匀状况和斑点，严重影响了涂层的美观及性能，而 23℃烘箱养护的涂层外观颜色较为均一，没有斑点和类似的水印出现。究其原因可能是因为空气中湿度较大，水分的蒸发散失较慢，使得成膜过程较慢，并且空气中的水分在一定程度上还影响了 SiO_2 颗粒的交联反应，致使漆膜干燥后在表面产生这种水印以及不均匀且量较多的斑点。由此得知：地质聚合物涂料的最佳养护方式为 23℃烘箱中养护。

5. 搅拌方式对地质聚合物涂料性能的影响

实验过程中采用的搅拌方式有精密增力电动搅拌器搅拌和快速搅拌器搅拌两种，通过不同的搅拌方式改善地质聚合物涂料流动性，进而提高地质聚合物涂料产品的质量。

实验中采用的实验配比：以偏高岭土地质聚合物的配方为基础，添加 100% 的水，0.2% 的保水增稠剂，0.3% 的融合剂，2.5% 的三聚磷酸钠，0.5% 的减水剂，进行地质聚合物涂料的配制，配制后采用不同的搅拌方式搅拌并测试其流动性。实验结果发现：使用精密增力电动搅拌器搅拌的地质聚合物涂料没有气泡，且流动性较快速搅拌器搅拌的地质聚合物涂料的流动性好。可能原因是地质聚合物涂料是一种塑性体，也叫宾汉体（Bingham），其流变曲线是一条与切应力轴 τ 交在 τ_y 处而不经过原点的直线，亦即只有当 $\tau > \tau_y$ 时，才能拆散该结构使体系产生流动。所以 τ_y 就相当于是使地质聚合物涂料浆体开始流动所必须消耗的力，即最小力，如图 14-17 所示。而用快速搅拌器搅拌时虽然搅拌的速度很快，但是力没有达到让浆料流动所需的最小的力 τ_y，因此浆体不流动，黏度较大，所以最佳的搅拌方式应为精密增力电动搅拌器搅拌。

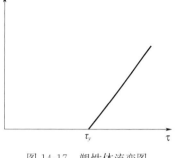

图 14-17　塑性体流变图

三、偏高岭土地质聚合物涂料的物相分析

通过对偏高岭土地质聚合物涂料的影响因素的分析得出了其制备的最佳配方。以偏高岭土地质聚合物涂料的最佳配方进行地质聚合物涂料的配制，配制后用精密增力电动搅拌器搅拌，搅拌均匀后用电动喷枪人工喷涂，并养护 28d，养护后对其进行 XRD、SEM、IR 和 TG-DSC 测试。

（1）偏高岭土地质聚合物涂料的 XRD 分析

偏高岭土地质聚合物涂料的 XRD 分析结果如图 14-18 所示。

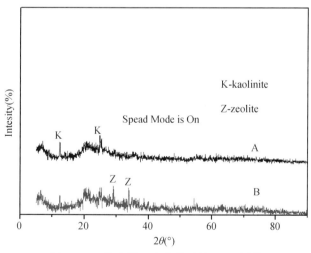

图 14-18　偏高岭土聚合前后的 XRD 图谱

A—偏高岭土；B—偏高岭土地质聚合物涂料

由图 14-18 可以看出，偏高岭土的 XRD 衍射图，主要呈无定形状态，但是在 20°～30°之间存在着一个较宽的馒头峰，这表明了偏高岭土中有高岭石存在，原因是因为高

岭土没有煅烧完全。与偏高岭土的 XRD 图相比，地质聚合物涂料的 XRD 衍射图与其大致相同，基本仍为无定形状态，高岭石的衍射峰依然存在，但是在 20°～30°之间的宽大的馒头峰有所变窄，另外又有少量的类沸石的特征衍射峰出现，这说明了偏高岭土地质聚合物涂料在发生聚合反应时可能生成了少量的类似于沸石晶体的结晶物质，而偏高岭土中的高岭石没有参加反应。由文献知：在室温条件下聚合反应后生成的产物为无定形状态的铝硅酸盐化合物，但是在较高的温度条件下可能会生成类似于沸石的晶体结构。因此，偏高岭土地质聚合物涂料随着时间的延长是否生成了沸石晶体需要进一步的研究验证。

（2）偏高岭土地质聚合物涂料的 IR 分析

偏高岭土地质聚合物涂料的 IR 分析结果如图 14-19 所示。

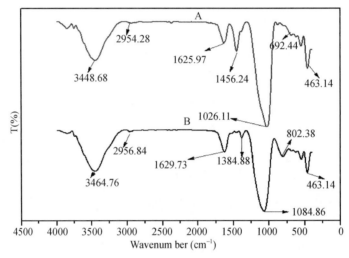

图 14-19　偏高岭土聚合前后的红外光谱图

A—偏高岭土地质聚合物涂料；B—偏高岭土

由图 14-19 可以看出，偏高岭土在中频区 $1629.73cm^{-1}$ 和 $1384.88cm^{-1}$ 处的吸收峰为 H-O-H 键的弯曲振动吸收峰，$1084.86cm^{-1}$ 处的吸收峰为 Si-O-Si 键和 Al-O-Si 键的非对称伸缩振动峰，低频区 $802.38cm^{-1}$ 处的吸收峰为 AlO_4^{4-} 键的特征吸收峰，$463.14cm^{-1}$ 处的吸收峰为 SiO_4^{4-} 键的弯曲振动吸收峰。与偏高岭土的红外吸收光谱图进行比较，地质聚合物涂料的红外光谱吸收峰产生了显著的变化，$1084.86cm^{-1}$ 处的 Si-O-Si 和 Al-O-Si 的非对称伸缩振动引起的吸收峰向低波数发生了移动，出现在 $1026.11cm^{-1}$ 处，原因是因为 Si-O-Si 键中的 Si 被 Al 取代引起，偏高岭土中的 Si-O-Si（Al）键在碱性激发剂的作用下不断地发生断裂，使玻璃网络结构遭到损坏，使得合成过程中的 AlO_4 基团占据了原偏高岭土中 Si-O-Si 键上的部分 SiO_4 基团，造成 SiO_4 基团周围的环境发生了变化，从而影响了体系的内部结构，致使 Si-O-Si 的伸缩振动峰受到一定的影响，表现出峰位移动。同时也说明了偏高岭土和碱发生反应生成了新的物质——铝硅酸盐凝胶物质。$802.38cm^{-1}$ 附近的吸收峰明显减弱并且分裂成两个吸收带，这可能是由于 Si-O-（Al）中嵌入较多的 Na^+ 引起的，而 $463.14cm^{-1}$ 处的吸收带为 Si-O 键和 Al-O-Si 键的弯曲振动和对称伸缩振动引起，但该部分峰受聚合反应的影响较小。

（3）偏高岭土地质聚合物涂料的 SEM 分析

偏高岭土地质聚合物涂料的 SEM 结果如图 14-20 所示。

(a) 放大4000倍　　　　　　　　　　　(b) 放大20000倍

图 14-20　偏高岭土地质聚合物涂料的 SEM 图

由图 14-20 可以看出，当放大倍数为 4000 倍时，偏高岭土地质聚合物涂料的整体结构较为均匀，为单个的团聚状态，这说明了偏高岭土地质聚合物涂料的聚合度较高；当放大倍数为 20000 倍时，能够明显地看到偏高岭土地质聚合物涂料聚合在一起呈无定形的团絮状态，无结晶物质出现，和 XRD 分析结果一致。

（4）偏高岭土地质聚合物涂料的 DSC-TG 分析

偏高岭土地质聚合物涂料的 DSC-TG 分析结果如图 14-21 所示。

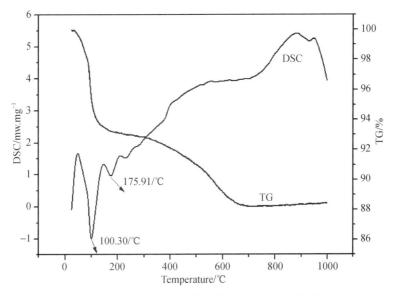

图 14-21　偏高岭土地质聚合物涂料的 DSC-TG 图

由图 14-21 中的 DSC 曲线可以看出，地质聚合物涂料存在两个明显的吸热峰，第一个吸热峰出现在 100.3℃处，可能原因是偏高岭土地质聚合物涂料中的处于游离状态的水失去而吸热导致。第二个吸热峰出现在 176℃附近，可能原因是偏高岭土地质聚合物涂料中的结构水逐渐失去而吸热导致。

由图 14-21 中的 TG 曲线可以看出，在 $100\sim650℃$ 之间失重较为缓慢，可能是因为开始升温时脱去的是游离水，速度较快，游离水脱去后结构水便开始脱去，而结构水脱去速度较游离水慢，因此反应在曲线图上质量减少较慢，当结构水完全脱去后质量保持不变，而反应到 DSC 曲线上时在该温度范围内却是放热，可能原因是偏高岭土地质聚合物涂料在结构水完全脱去过程中发生了晶相的转变，也因此使得能量发生转变，由高能量向低能量转变而放出热量，但是放出的热量较结构水完全失去所吸收的热量高，所以在 DSC 图上表现出放热峰。

四、偏高岭土地质聚合物涂料的性能测试

通过对偏高岭土地质聚合物涂料性能的影响因素的分析，得出了偏高岭土地质聚合物涂料的最佳配方以及工艺条件，制备出了性能优良的偏高岭土地质聚合物涂料产品，参照有关国家标准，对偏高岭土地聚物涂料的各项性能指标进行了测试，结果见表 14-10。

表 14-10　偏高岭土地质聚合物涂料综合性能测试结果

项目	测试结果	标准状态
容器中状态	无结块，搅拌后呈均匀状态	无硬块，搅拌后呈均匀状态
施工性	喷涂两道无阻碍	喷涂两道无障碍
涂膜外观	光滑平整	正常
黏度（s）	19	—
表干时间（min）	40	120
实干时间（min）	60	—
硬度（H）	>4	>4
附着力（划格法）（%）	100	100
耐盐性	168h 无起泡、脱落、皱皮	—
耐碱性	168h 无脱落、起泡	48h 无异常
耐酸性	168h 无起泡、脱落、皱皮	—
耐水性	168h 无变色、脱落、失光、起泡	96h 无异常
耐高温性（500℃）	2h 无起泡、无开裂	—
耐擦洗性（次）	>300	>300

五、小结

本章以偏高岭土地质聚合物的配方为基础，通过改变水土比和添加不同助剂制备出了性能优良的偏高岭土地质聚合物涂料产品，通过对地质聚合物涂料的搅拌方式、喷涂工艺及养护制度等条件的优化使涂料产品性能得到进一步的改善，并对性能优良的涂料产品的微观组织结构进行了分析，测试了其各项性能指标，其具体结论如下：

（1）通过不同助剂对偏高岭土地质聚合物涂料性能的影响实验的研究，得出：保水增稠剂可以很好地解决涂料的开裂问题，其最佳掺量为 0.2%；三聚磷酸钠和减水剂可以很好地解决涂料分散问题，其掺量分别为 2.5% 和 0.5% 时效果最好；融合剂可以很好地解决涂料中的气泡问题，其最佳掺量为 0.3%。

（2）通过实验得出了偏高岭土地质聚合物涂料的最佳搅拌方式：精密增力电动搅拌器

搅拌。

（3）通过实验得出了偏高岭土地质聚合物涂料的最佳养护制度：23℃养护箱养护。

（4）通过 XRD、IR、SEM 和 DSC-TG 等手段对偏高岭土地质聚合物涂料的微观组织结构的测试分析得知：偏高岭土地质聚合物涂料是一种呈团聚状的无定形的铝硅酸盐胶凝物质，存在沸石的前驱体，通过改变条件能够转化为沸石。

（5）通过对偏高岭土地质聚合物涂料的各项性能指标的测定得出：偏高岭土地质聚合物涂料各项性能指标均达到了国家标准要求。

第五节　功能型地质聚合物涂料的研究

一、功能型地质聚合物涂料的概念与特性

1. 功能型地质聚合物涂料的概念

偏高岭土在碱性激发剂的条件下，通过添加一定量的水和助剂制备出的能够涂覆于物体的表面，形成一层粘径比较牢固、具有一定强度，且能够对物体表面起到保护作用和装饰作用的膜层称为偏高岭土地质聚合物涂料，这种涂料在一定条件下能够转化为 4A 沸石（分子筛），从而具有分子筛的效应，所具有的这种效应称之为地质聚合物涂料的功能性，具有这种功能的地质聚合物涂料称之为功能型地质聚合物涂料。

2. 功能型地质聚合物涂料的特性

由于功能型地质聚合物涂料可以转化成分子筛，因此它具有分子筛的一些特性，分子筛所具有的特性如下：

（1）选择吸附性。分子筛对极性分子（如氨气、水、硫化氢等）的吸附能力较非极性分子（如氧、甲烷等）的吸附能力强，对具有极矩的分子（如氮、二氧化碳、一氧化碳等）的吸附能力较无显著极矩的分子（如氧、氢等）强，对不饱和物质的吸附能力较饱和的物质的吸附能力强，且不饱和性越大，吸附能力就越强。

（2）催化活性和离子交换特性。分子筛在合成时所引入的平衡阳离子为 Na^+，Na^+ 可以通过其他的金属阳离子交换出来。

（3）较高的热稳定性。分子筛在 700℃ 以下可以保持原有的晶格及性能，具有较高的催化活性，除了酸和浓碱之外（使用范围在 pH＝5～11），它对一些有机溶剂的抵抗力较强并且遇到水不容易发生潮解。

分子筛具有很多优良特性，而在功能型地质聚合物涂料中所应用的特性主要是选择吸附性。涂料的这种选择吸附作用能够吸收人体呼出的 CO_2，使得周围的 CO_2 浓度降低，从而有利于我们的工作和生活，正是由于涂料的这种特殊的吸附作用使其在很多领域有了较为广泛的发展应用前景。

二、功能型地质聚合物涂料的制备技术

1. 常温下转化的实验研究

地质聚合物涂料在常温下养护 28d 的 XRD 分析结果如图 14-22 所示。

由图 14-22 可以看出，地质聚合物涂料在常温下养护 28d 后，高岭石的衍射峰依然存

在，但是没有明显的 4A 沸石的特征衍射峰出现，因此又将偏高岭土地质聚合物涂料放置 90d，结果如图 14-23 所示。

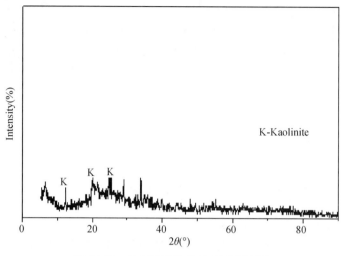

图 14-22　地质聚合物涂料 28dXRD 图

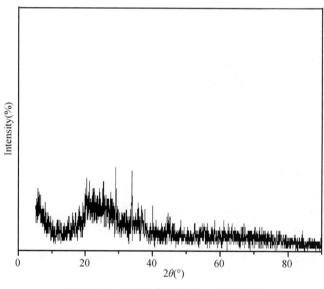

图 14-23　地质聚合物涂料 90dXRD 图

由图 14-23 可以看出，地质聚合物涂料在常温下养护 90d 的衍射图和 28d 的衍射图基本相同，仍然没有明显的 4A 沸石的特征衍射峰出现，因此我们初步确定，地质聚合物涂料在常温下不能生成 4A 沸石，即地质聚合物涂料在常温下不能产生分子筛效应。因此我们考虑通过改变条件看其是否能够生成 4A 沸石。

2. 加热条件下转化的实验研究

通过常温下对地质聚合物涂料养护的 XRD 分析结果得知，常温下地质聚合物涂料不能够转化为 4A 沸石。因此在本节实验中采用水浴加热的方法对其进行转化的实验研究，制备方法如下：

（1）制备偏高岭土地质聚合物涂料浆体。

（2）将浆体进行 12h 陈化。

（3）90℃加热晶化 12h。

（4）烘干。

（5）进行 XRD 和 SEM 测试，XRD 测试结果如图 14-24 所示，SEM 测试结果见图 14-25 所示。

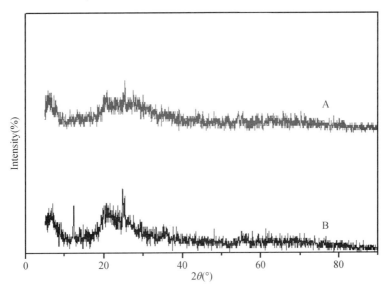

图 14-24　偏高岭土聚合前后的 XRD 图

A—地质聚合物涂料；B—偏高岭土

图 14-25　地质聚合物涂料的 SEM 图

　　由图 14-24 可以看出，地质聚合物涂料在温度为 90℃条件下晶化 12h 的衍射图和偏高岭土的衍射图大体上保持一致，为无定形状态。图中的衍射峰为高岭石的衍射峰，说明了高岭石没有参与反应。

　　由图 14-25 可以看出，经过 90℃，12h 晶化后的地聚合物涂料没有晶体物质出现，仍为无定形的团絮状物质，和 XRD 分析结果一致。

通过地质聚合物涂料 90℃温度下晶化 12h 的 XRD 图和 SEM 图的分析得知：经 90℃加热，地质聚合物涂料仍不能够转化为 4A 沸石。因此考虑通过改变地质聚合物涂料的配方使其转化为 4A 沸石。

3. 改变配方的实验研究

沸石的种类有很多，如 A 型沸石，X 型沸石和 Y 型沸石等。由于 A 型沸石的生成比较容易，因此在实验中试图通过改变配方使地质聚合物涂料转化成 A 型沸石。A 型沸石又包括 4A 型沸石、3A 型沸石和 5A 型沸石，3A 型沸石和 5A 型沸石可以由 4A 型沸石通过钾离子和钙离子交换得到，又由于偏高岭土本身的硅铝比和 4A 型沸石的硅铝比一致，因此在实验中考虑让地质聚合物涂料转化成 4A 型沸石。

4A 型沸石的生成对各组分的摩尔比有一定的要求，因此在实验中按照生成 4A 型沸石所需的各组分的比例进行了 4A 型沸石的研究。由于偏高岭土中 $n(SiO_2)/n(Al_2O_3)$ ＝2，所以用偏高岭土制备 4A 型沸石时不需要补充硅源，因此用 NaOH 代替 Na_2SiO_3 作碱激发剂进行 4A 型沸石的研究。

实验中分别研究了不同钠硅比、水钠比、晶化时间与晶化温度对生成 4A 型沸石的影响。

（1）实验配比：$n(H_2O)/n(Na_2O)＝10$，$n(Na_2O)/(SiO_2)＝0.4$ 进行了实验研究，方法如下：

① 以偏高岭土为原料，NaOH 为碱激发剂，按照水钠比和钠硅比的比值进行 4A 型沸石的制备。

② 将制备好的样品进行 12h 陈化。

③ 将陈化好的试样进行不同温度不同时间的晶化。

④ 将晶化好的样品烘干并进行测试，结果如图 14-26 所示。

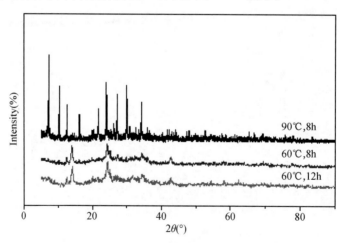

图 14-26　钠硅比为 0.4 不同晶化温度和时间的 XRD 图

由图 14-26 可以看出，60℃时晶化 8h 和 12h 的衍射图基本一样，均为无定形状态，没有 4A 沸石的特征峰出现，而 90℃晶化 8h 可以看到有明显的 4A 沸石的特征峰出现，且峰的强度较强。由此可知，温度对 4A 沸石的生成有较大的影响，因此在下面研究中均采用90℃条件下晶化。

（2）实验配比：$n(H_2O)/n(Na_2O)=40$，$n(Na_2O)/(SiO_2)=1.0$，90℃条件下不同晶化时间的试样进行测试并分析，结果如图14-27所示。

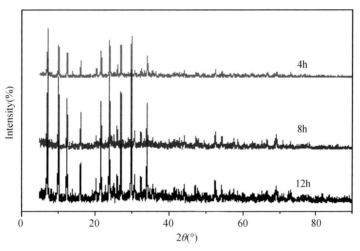

图14-27　钠硅比为1.0不同晶化时间的XRD图

由图14-27可以看出，温度为90℃时不同晶化时间下均出现了明显的4A沸石的特征衍射峰，并且衍射峰的强度随着晶化的时间的增加逐渐变强，晶化至8h时衍射峰的强度最强，之后又随着晶化的时间的延长，衍射峰的强度有所减弱。这说明了晶化时间的长短对生成4A沸石的量的多少影响较大，当晶化的时间较短时，生成的4A沸石的量较少，表现出来的衍射峰的强度较弱，当晶化时间过长时，又可能会使4A沸石发生转晶，导致4A沸石的量较少，表现出来的衍射峰的强度较弱，因此，4A沸石的生成需要一个最佳的晶化时间。

（3）当$n(H_2O)/n(Na_2O)=40$，$n(Na_2O)/(SiO_2)=1$时，90℃条件下不同晶化时间可以生成4A沸石，下面通过保持水钠比不变，改变钠硅比对其能否生成4A沸石进行研究。此时选择$n(H_2O)/n(Na_2O)=40$，$n(Na_2O)/(SiO_2)=0.18$进行不同时间的晶化，结果如图14-28所示。

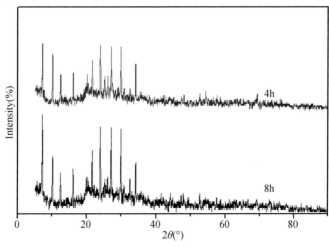

图14-28　钠硅比为0.18不同晶化时间的XRD图

由图 14-28 可以看出，晶化 4h 和 8h 时均出现了明显的 4A 沸石的特征衍射峰，但晶化 8h 的衍射峰的强度较 4h 时强。

通过以上实验研究得知：用 NaOH 代替 Na_2SiO_3 作激发剂时选择不同的硅钠比和水钠比并在适当的温度下晶化一定的时间均可以生成 4A 沸石，这使得用地质聚合物涂料来制备 4A 沸石成为可能。因此在下面的实验中对地质聚合物涂料能否转化成 4A 沸石进行研究。把地质聚合物涂料中的碱激发剂 Na_2SiO_3 用 NaOH 代替，NaOH 的量为 Na_2SiO_3 的量换算成 Na_2O 的摩尔比计算得出，由此计算出地质聚合物涂料中 $n(SiO_2)/n(Al_2O_3)=2$，$n(H_2O)/n(Na_2O)=34$，$n(Na_2O)/(SiO_2)=0.18$，该比例符合生成 4A 沸石所需的各组分的比例，因此能够用其制备 4A 沸石，制备方法如下：

① 用 NaOH 代替 Na_2SiO_3，其他的量保持不变，制备地质聚合物涂料浆体。

② 将制备好的地质聚合物涂料浆体进行 12h 的陈化。

③ 将陈化好的试样在 90℃ 温度为下进行不同时间的晶化。

④ 将晶化好的样品烘干并测试，结果如图 14-29、图 14-30 和图 14-31 所示。

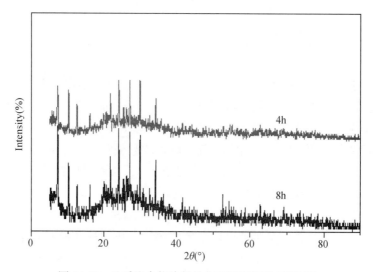

图 14-29　地质聚合物涂料晶化不同时间的 XRD 图

图 14-30　地质聚合物涂料晶化 4h 的 SEM 图

图 14-31　地质聚合物涂料晶化 8h 的 SEM 图

由图 14-29 可以看出，制备偏高岭土地质聚合物涂料的碱激发剂 Na_2SiO_3 换成 NaOH 时，在 90℃ 温度下晶化 4h 时便出现了明显的 4A 沸石的衍射峰，且峰的强度随着晶化的时间的增加有所增强。

由图 14-30 和图 14-31 可以看出，晶化 4h 时有明显的 4A 沸石晶体生成，但量很少，而晶化 8h 时生成的 4A 沸石晶体的量明显增多，和 XRD 分析的 8h 的衍射峰强度较 4h 强结果一致。晶化 8h 时虽然生成了较多的 4A 沸石晶体，但是纯度还不够高，仍有很多非结晶物质存在，可能原因是由于原料的纯度、涂料的配比及晶化的条件没有达到完全生成 4A 沸石所需要的条件，因此导致生成的 4A 沸石晶体的纯度不够，因此在今后的实验中应尽可能地将原料的纯度提高，并更多地探索实验配比以及晶化条件，使其生成较纯的 4A 沸石晶体。

通过上述 XRD 和 SEM 测试得知：地质聚合物涂料通过改变配方并加热可以转化成 4A 沸石，4A 沸石的生成赋予了地质聚合物涂料一定的功能性，因此称之为功能型地质聚合物涂料。

三、功能型地质聚合物涂料的应用

功能型地质聚合物涂料是一种无机涂料，在使用过程中不仅不会释放出对人体有害的物质，而且具有特殊的功能——选择吸附功能。在我们日常生活中要不断地呼出二氧化碳，吸收氧气，因此使得周围的空间里二氧化碳浓度较高，由此给我们的工作生活带来一定的负面影响，而功能型地质聚合物涂料的使用便能解决此问题。它能够吸附二氧化碳，使其浓度降低，给我们的工作和生活带来很大益处。它的这种特殊的选择吸附功能以及环保特性使其具有了较为广阔的应用发展前景。

功能型地质聚合物涂料虽然具有较好的环保性和一定的功能性，但是与有机涂料进行比较也存在一些自身的局限性。有机涂料涂层较易产生强度，而功能型地质聚合物涂料涂层则需要一定的聚合时间才能够产生强度，如果聚合时间不够，产生的强度就会较低甚至不产生强度。在实验过程中我们将功能型地质聚合物涂料喷涂于内外墙时，均不能够产生强度，原因是由于功能型地质聚合物涂料的强度的产生需要一定的聚合时间，而聚合反应的发生则必须要有水的参与，但是功能型地质聚合物涂料中的水分却是有限的，其中的水分还没有参与反应就已被墙体和外界吸收，因此没有多余的水分使其发生聚合反应，没有聚合反应的发生也就没有强度的产生。实验过程中我们试图通过给内外墙打底以及喷过涂料后再在涂料上涂抹一层保湿剂的方法来保留水分，使其充分发生聚合反应，这样虽然起到了一定的作用，但是强度还达不到涂料所要求的强度，并且施工比较麻烦，因此功能型地质聚合物涂料不适于在内外墙上应用。针对功能型地质聚合物涂料生成的条件和自身应用的局限性，我们把功能型地质聚合物涂料应用到装修板材上。

日程中常见的装修板材有玻镁板、硅酸钙板、蒸氧纤维水泥板、石棉纤维板等，由于条件的限制，在实验中只研究了功能型地质聚合物涂料在水泥基板材如玻镁板和硅酸钙板上的应用，下面对玻镁板和硅酸钙的生产过程进行说明：

（1）玻镁板

玻镁板也叫氧化镁板，是由 MgO、$MgCl_2$、水和改性剂一起配制而成的一种镁质凝胶材料，增强材料为中碱性玻纤网，以轻质材料（如锯末屑、农作物秸秆及谷壳、有机泡沫、珍珠岩、灰石灰粉或滑石粉等）为填充物复合而成的新型装饰材料，具有防火、防水、无毒、不燃、施工方便、高强质轻和使用寿命长等优点。

玻镁板的生产工艺较为简单，就是把各组分按照一定的比例混合搅拌后，倒入成型机的漏斗中，当模板和玻纤布放置好以后，将漏斗中装的浆体放下，并同时启动成型机，这样一张尺寸衡定、薄厚均匀的板材就形成了，然后将板材放于架上并进行 12～18h 的蒸氧养护，养护好后进行脱膜，脱模后根据所需要的尺寸大小进行切割并在自然条件下养护 15d 之后即可出厂。

（2）硅酸钙板

硅酸钙板是以生石灰、石英砂、硅灰石、木质纤维、水泥、外加剂和水等为原料制成的一种无机建筑板材，具有导热系数低、高强度、耐火性好、涨湿率小等优点。

硅酸钙板的生产流程：①原料制备。主要包括木质纤维和石英砂的磨制与打浆、生石灰的破碎与消化等工序。②制浆工艺。将打好的木质纤维浆放到搅拌机中，并分别放入符合要求的一定量的消石灰、水泥和石英粉等，放好后经搅拌机搅拌充分混合后投到储浆池中，然后再经过单盘磨浆机进行磨制和预搅拌罐进行搅拌，最后以一定的浓度和流量将流浆放到流浆制板机中进行制板作业。③流浆制板。将流出的浆料经过滤水以及脱水缠绕在直径为 160cm 的成型筒上，当缠绕的厚度符合要求厚度时，按照板坯的设计尺寸进行板坯的切割，使之成为 2 张标准板，然后用 1 张钢模 1 张板的方法对标准板进行堆垛。④板材压实。将成型的板在 7000t 压实机下加压 30min，使之脱水密实。⑤预养和脱模。将湿板置于预养温度为 50～70℃的预养窑中进行 4～5h 的预养护，待板产生一定的强度后进行脱模。⑥蒸压养护。将脱模后的板放到温度为 190℃蒸汽压为 1.2MPa 的蒸压釜中进行蒸压养护。⑦板坯的烘干。将蒸压养护好的板放到烘干机上进行烘干。⑧板坯的砂光和磨边。将烘干过的板放到磨边机上进行磨边和抛光。⑨经质量检验合格后出厂。

由玻镁板和硅酸钙板生产流程可以看出，它们的生产均需要在一定温度下蒸氧养护，而功能型地质聚合物涂料的生成也需要给予一定的温度，因此把功能型地质聚合物涂料应用到此类板材上，具有可行性。

当今随着人们环境保护意识和健康意识的增强，对板材的环保性和功能性也提出了新的较高的要求，因此把功能型地质聚合物涂料应用到板材上，使板材不仅具有环保性，而且使板材具有了一定的功能性——选择吸附功能。正是由于功能型地质聚合物涂料的这种特殊作用使其具备了较为广泛的应用前景。上海的亚士漆企业生产的黄金板就是涂料在板材上的一个应用实例。

根据功能型地质聚合物涂料的优良特性，通过实验使其在板材上的应用达到了较好的效果，在以后的工作中将进一步研究，使其实现工业化生产。

第六节 结 语

（1）偏高岭土地质聚合物涂料的最佳配比为：水土比 100%，保水增稠剂 0.2%，融合剂 0.3%，减水剂 0.5%，分散剂 2.5%。偏高岭土地质聚合物涂料的最佳养护条件是 $23℃$，养护箱中养护。

（2）按照 4A 沸石中的硅铝比、钠硅比、水钠比制成偏高岭土地质聚合物涂料，将其喷涂在水泥基板材表面，再在 $90℃$ 或更高温度下老化，可以转化 4A 沸石分子筛，从而具有吸附特点物质的功能，即成为功能型地质聚合物涂料。偏高岭土地质聚合物涂料具有耐腐蚀性、耐高温性、无毒无害等优良性能，特别是功能型偏高岭土地质聚合物涂料更赋予板材净化空气的环保宜居性能，是一种优良的室内装饰涂料。

（3）目前，我们只研究了 4A 型沸石类地质聚合物涂料的制备方法和工艺，可以考虑研究 X 型、Y 型及其他类型的沸石分子筛类功能型涂料的制备条件和方法，拓展地质聚合物涂料的功能，拓宽其应用领域。

（4）地质聚合物涂料的质量与偏高岭土质量关系密切，我们利用河北、安徽、河南等地的偏高岭土和进口偏高岭土做了比较，只有德国巴斯夫和焦作市煜坤矿业有限公司的偏高岭土能够制备出高性能的偏高岭土地质聚合物，说明原料的选择十分重要。

由于技术转让的原因，在本章内容中只是系统地阐述了地质聚合物涂料的制备原理和方法，某些辅料或化学试剂只用了笼统的名称，敬请谅解。

参考文献

[1] 杨德权，薛彩红. 粉煤灰地质聚合物的研究进展 [J]. 现代经济信息，2014（22）：430-430.

[2] 孙国胜，王爱国，胡普华. 地质聚合物的研究与应用发展前景 [J]. 材料导报，2009（7）：61-65.

[3] 袁玲，施惠生，汪正兰. 土聚水泥研究与发展现状 [J]. 房材与应用，2002（4）：21-24.

[4] 代新祥，文梓芸. 土壤聚合物水泥 [J]. 新型建筑材料，2001（6）：34-35.

[5] 施惠生，胡文佩，等. 地聚合物 [J]. 硅酸盐学报，2015，43（2）：174-183.

[6] 翁履谦，宋申华. 新型地质聚合物胶凝材料 [J]. 材料导报，2005，19（2）：67-80.

[7] 苏达根，朱锦辉，周新涛. 矿物键合材料研究进展 [J]. 广州化工，2005，33（5）：8-9.

[8] 刘振. 地质聚合物基外墙外保温材料的研制 [D]. 广西：广西大学，2011.

[9] 李新凤. 单组分地聚物涂料流变学的研究 [D]. 广西：广西大学，2013.

[10] XuH，Van Deventer JSJ. The geopolymerisation of alumino-silicateminerals [J]. International Journal ofmineral Processing，2000，59（3）：247-266.

[11] Palomo A，Grutzeekm W，Blancom T. Alkali-activated fly ashes：A cement for the future [J]. Ce-

ment and Concrete Research，1999，29（8）：1323-1329.

［12］Roy Dm. Alkali-activated cements Opportunities and challenges［J］. Cement and Concrete Research，1999，29（2）：249-254.

［13］Buchwald A，Schulzm. Alkali-activated binders by use of industrial by products［J］. Cement and Concrete Research，2005，35（5）：968-973.

［14］郑娟荣，覃维祖. 地聚物材料的研究进展［J］. 新型建筑材料，2002（4）：11-12.

［15］J Davidovits，L Courtois. Differential thermal analysis（DTA）detection of intra-ceramigeopolymeric setting lnarchaeological ceramics andmoaars. 21rst Archaeometry Symposium，Brookhaven Nat. Lab，New York，1981.

［16］Glukhovsky V D. Soil silicates，their properties，technology andmanufacturing and fields of application［D］. Kiev：Civil Engineering Institute，1965.

［17］Purdon A O. The action of alkalis on blast-funrace slag，Soc CheInd，1940，59：191-202.

［18］王国东. 粉煤灰基地质聚合物的制备及其性能研究［D］. 南京：南京工业大学，2009.

［19］Palomo A，Blanco-VarelamT. Chemical stability of cementitiousmaterials based onmetakaolin. Cement and Concrete Research. 1999，29：997-1004.

［20］Palomo A，Blanco-VarelamT. Chemical stability of cementitiousmaterials based onmetakaolin. Cement and Concrete Research. 1999，29：997-1004.

［21］Kriven WM，Bell J，Gordonm. Geopolymer refractories for glassmanufacturing Industry. Ceramic Engineering and Science Proceedings. 2004，25（1）：57-79.

［22］Silva F J，Thaumaturgo C. Fibre reinforcement and fracture response in geopolymericmortars. Fatigue and Fracture of Engineeringmaterials and Structures. 2003，26（2）：167-172.

［23］Wang HL，Li HH，Yan FY Reduction in wear ofmetakaolinite-based geopolymer composke though filling of PTFE. Wear 2005，25（8）：l562-l566.

［24］Weng L Q，Kwesi S C，Trevor B. Effects of aluminates on the formation of Geopolymers. Materials Science and Engineering. 2005，117：163-168.

［25］Yip CK，Lukey G Van Deventer J S J. The coexistence of geopolymeric gel and calcium silicate hydrate at the early stage of alkaline activation. Cement Concrete Research. 2005，35：1688-1697.

［26］Dellam Roy. New strong cementmaterials：chemically bonded ceramics，Science，1987，235：651-658.

［27］Van Jaarsveld J G S，Lukey G C，Van Deventer J S J. The stabilization ofmine tailings by reactive eopolymerization［J］. Pubi A ust ralas lnstminmetail，2000，5：363-371.

［28］Hua Xue，Van Deventer J S J. The Geopolymerization of Alumino-Silicateminerals［J］. International Journal ofmineral Processing，2000（59）：247-266.

［29］Foden A J，Balaguru P Lyon R E. Mechanical Properties and Fire Response of Geopolymer Structural Composites［J］. Int Sampe Symp Exhib，1996，41：748-758.

［30］Foden A J，Balaguru P，Lyon R E etal. Flexural Faigue Properties of An Inorganicmatrix Carbon Fiber Composite［J］. Int Sampe Symp Exhib，1997，42：1345-1354.

［31］Hua X，Van Daventer J S J. Geopolymerisation of multipleminerals［J］. Minerals Engineering，2002，15：1131-1139.

［32］Jannie S J，Daventer J S J，Xu H. Geopolymerisation of Alumino-Silicates：Relevance to theminerals Industry［J］. The Aus IMM Bulletin，2002（1）：20-27.

［33］Fernandez-Jimenez A，Palomo A，Criadom. Microstructure development of alkali-activated flyash cement：A descriptive model［J］. Cemconcres，2005，35（6）：1204-1209.

［34］Criadom，Palomo A，Fernandez-Jimenez A. Alkali activation of fly ashes. Part I：Effect of curing conditions on the carbonation of the reaction products [J]. Fuel, 2005, 84 (16): 2048-2054.

[35] 马鸿文, 凌发科, 杨静, 等. 利用钾长石尾矿制备矿物聚合材料的实验研究 [J]. 地球科学, 2002, 27 (5): 1-9.

[36] 王刚, 马鸿文, 任玉峰, 等. 利用粉煤灰制备矿物聚合材料的实验研究 [J]. 化工矿物与加工, 2004, 5: 24-27.

[37] 吴怡婷, 施惠生. 制备土聚水泥中若干因素的影响 [J]. 水泥, 2003 (3): 1-3.

[38] 张书政, 龚克成. 地聚合物 [J]. 材料科学与工程学报, 2003, 21 (3): 430-436.

[39] 张云升, 孙伟, 林玮, 等. 用环境扫描电镜原位定量研究 K-PS 型地质聚合物水泥的水化过程 [J]. 东南大学学报: 自然科学版, 2003, 33 (3): 351-354.

[40] 张云升, 孙伟, 郑克仁, 等. ESEM 追踪 K-PSDS 型地质聚合物水泥水化 [J]. 建筑材料学报, 2004 (1): 8-13.

[41] 王鸿灵, 李海红, 冯治中, 等. 不同活性高岭土矿物聚合反应的研究 [J]. 材料科学与工程学报, 2004, 22 (4): 550-583.

[42] 曹德光, 苏达根, 路波, 等. 偏高岭土-磷酸基矿物键合材料的制备与结构特征 [J]. 硅酸盐学报, 2005 (11): 1385-1389.

[43] 李化建, 孙恒虎, 肖雪军. 煤矸石质硅铝基胶凝材料的试验研究 [J]. 煤炭学报, 2005, 30 (6): 778-782.

[44] 张云升, 孙伟, 李宗津, 等. 用半经验 AMl 算法研究地聚合反应中的溶解过程 [J]. 建筑材料学报, 2005, 8 (5): 485-494.

[45] 彭佳, 颜子博. 地质聚合物的研究进展 [J]. 中国非金属矿工业导刊, 2014 (1): 16-19.

[46] 聂轶苗, 马鸿文, 杨静, 等. 矿物聚合材料固化过程中的聚合反应机理研究 [J]. 现代地质, 2006 (2): 340-346

[47] 周新涛, 苏达根, 钟明峰. 偏高岭土水热合成磷酸规律分子筛及其表征 [J]. 硅酸盐学报, 2007 (9): 1243-1246.

[48] 郑广俭, 崔学民, 张伟鹏, 等. 溶胶-凝胶法制备具有碱激发活性的无定形 Al_2O_3-2SiO_2 粉体 [J]. 稀有金属材料与工程, 2007, 8 (36): 137-139.

[49] 陶文宏, 付兴华, 孙凤金, 等. 地聚物胶凝材料性能与聚合机理的研究 [J]. 硅酸盐学报, 2008, 27 (4): 730-738.

[50] 王爱国, 孙道胜, 胡普华, 等. 碱激发偏高岭土制备土聚水泥的试验研究 [J]. 合肥工业大学学报, 2008 (4): 617-621.

[51] 王峰, 张耀君, 宋强, 等. NaOH 碱激发矿渣地质聚合物的研究 [J]. 非金属矿, 2008, 31 (3): 9-11.

[52] 樊志国, 王国东, 卢都友. 偏高岭土基地质聚合物的制备 [J]. 材料导报, 2009 (23): 430-432.

[53] 李鼎, 韩敏芳. 酸/碱改性地质聚合物对甲醛吸附性能的研究 [J]. 硅酸盐通报, 2014, 33 (8): 2139-2141.

[54] 朱国振, 汪长安, 高莉. 高强度碱激发地质聚合物的热稳定性 [J]. 硅酸盐学报, 2013, 41 (9): 1176-1179.

[55] 李桂林. 涂料配方的设计与涂料发展概述 [A]. 中国环氧树脂应用技术学会 "第十三次全国环氧树脂应用技术学术交流会" 论文集 [C]. 26-40.

[56] 徐峰, 邹侯招, 等. 环保型无机涂料 [M]. 北京: 化学化工出版社, 2004: 1-50.

[57] 张雪芹, 徐峰. 无机建筑涂料的研究与发展 [J]. 新型建筑材料, 2004, 7: 33-37.

[58] 刘泗东, 李新风, 崔学民, 等. 地质聚合物基反射隔热涂料的研制及性能研究 [A]. 2011 中国功能材料科技与产业高层论坛文集 (第一卷) [C]. 175-179.

[59] 郑娟荣. 地聚物基涂料的试验研究 [J]. 新型建筑材料，2004，5：54-55.

[60] 祁学军，彭小芹，徐国伟，等. 地聚物基厚涂型钢结构防火涂料的制备 [J]. 新型建筑材料，2009，12：5-8.

[61] 张云升. 高性能地聚合物混凝二土结构形成机理及其性能研究 [D]. 南京：东南大学，2003.

[62] 杨晓昕，王春梅，杨克锐. 不同煅烧制度对煅烧高岭土活性的影响 [J]. 山东建材，2006，27（6）：41-44.

[63] 吴静. 新型地聚合物基建筑材料的研究 [D]. 武汉：武汉理工大学，2007.

[64] Lee W K W，Van Deventer，J S J，The effects of inorganc salt cintamination on the strength and durability of geopolymers，Colloeds and Surfaces A：Physicochem. Eng，Aspect，2002（21）：115-126.

[65] A Ferma'ndez-Jime'nez，A Palomo. Composition and microstructuer of alkali activated fly ash binder：Effect of the activator. Cement and Concrete Research 2005（35）：1984-1992.

[66] 刘秀伍，李静雯，周理，等. 介孔分子筛的合成与应用研究进展 [J]. 材料导报，2006，20（2）：89-90.

[67] 冯铭，杨聪武. 浅谈硅酸钙板的生产与应用 [J]. 新型建筑材料，2012（11）：82-83.

第十五章　偏高岭土在耐火浇注料中的应用

第一节　耐火浇注料简介

一、不定形耐火材料的概念与分类

1. 不定型耐火材料的概念

不定形耐火材料（monolithic refractory），是由一定粒度级配的耐火骨料和粉料、结合剂、外加剂等混合而成的耐火材料，又称散状耐火材料。不定形耐火材料用于热工设备衬里，不经烧成工序，直接烘烤使用。同烧成耐火制品相比，其具有如下特点：（1）生产工艺简单；（2）使用不受结构形状限制；（3）整体性好，可降低热损失；（4）机械化施工方便，省时省力；（5）衬体使用寿命长、降低耐火材料消耗。因此，不定形耐火材料在生产中得到广泛应用，冶金工业中使用不定形耐火材料的比例已占耐火材料总量的一半以上。

2. 不定形耐火材料的分类

不定形耐火材料有多种分类方法，常用分类方法有以下三类标准：按骨料的种类、结合剂品种、施工方法分类等。

（1）按结合剂品种来分，一般分为无机、有机和复合三大类，具体分类情况见表 15-1。

表 15-1　不定形耐火材料按结合剂品种的分类

结合剂			不定形耐火材料	
种类		结合剂举例	胶结形式	硬化条件
无机	水泥	硅酸盐水泥、高铝水泥、铝-60 水泥、纯铝酸钙水泥、钡水泥、白云石水泥等	水合	水硬性
	化合物	水玻璃、磷酸、磷酸盐、卤水等	化学聚合	气硬、热硬
	黏土	软质黏土	凝聚水合	气硬、热硬
	超微粉	活性氧化硅、氧化铝	凝聚水合	气硬、热硬
有机		纸浆废液、焦油沥青、酚醛树脂	化学粘附	气硬性
复合		软质黏土与高铝水泥等	水合凝聚	气硬性

（2）不定形耐火材料按骨料的品种可分为高铝质、黏土质、半硅质、硅质、镁质和其他。具体分类情况和主要化学成分及示例见表 15-2。

表 15-2　按耐火骨料的品种分类

耐火骨料		不定形耐火材料	
品种	材料举例	主要化学成分（%）	主要矿物
高铝质	矾土熟料、刚玉	Al_2O_3　50～95	莫来石、刚玉
黏土质	黏土熟料、废砖	Al_2O_3　30～55	莫来石、刚玉
半硅质	硅质黏土、蜡石	$SiO_2>65$，$Al_2O_3<30$	方石英、莫来石
硅质	硅石、废硅砖	$SiO_2>90$	鳞石英、方石英
镁质	镁砂	$MgO>87$	方镁石
其他	碳化硅	$SiC>50$	碳化硅
	铬渣	$Al_2O_3>75$，$Cr_2O_3>8$	铝铬尖晶石
	多孔熟料	$Al_2O_3>35$	莫来石、方石英
	陶粒、页岩	$SiO_2>90$	方石英

（3）按施工制作法分类可分为浇注料、可塑料、捣打料、喷涂料、涂抹料、投射料、压入料和耐火泥等。

我们所研究的是偏高岭土在浇注料性能改善和降低配料成本中的作用，即偏高岭土在耐火浇注料中的应用。

二、耐火浇注料的配料

耐火浇注料原材料包括耐火骨料、耐火粉料、结合剂和外加剂等。用不同性质的原材料，可配制成不同性能、使用温度和使用范围的不定形耐火材料。为使耐火物料结合为整体，一般都需要加入适当品种适当数量的结合剂；同时也可以添加少量增塑剂、减水剂等来改进耐火物料的可塑性或减少其用水量；有时为满足其他特殊要求，还需要加入少量其他外加剂。

1. 耐火集料

不定形耐火材料的粒状的原材料总称为耐火集料。耐火集料包括骨料和粉料。

骨料是颗粒粒径大于 0.088mm（或 0.074mm）的集料，在不定形耐火材料中起骨架作用。骨料又分为粗骨料和细骨料，颗粒尺寸大于 5mm 的为粗骨料，5～0.088mm 的颗粒称为细骨料。骨料临界粒度根据施工制作方法不同而制定，目前，耐火骨料临界一般用 8mm 或 5mm，泵送料为 3mm。

粉料是颗粒小于 0.088mm（或 0.074mm）的集料，粉料负责包埋骨料或充填于骨料颗粒之间的空隙，能改善施工和易性。其中 0.088mm 至 $5\mu m$ 的称为细粉，小于 $5\mu m$ 的称为超细粉（或微粉）。粉料是不定形耐火材料组织结构的基质之一，赋予或改散不定形耐火材料的作业性能基质密度；高温煅烧时连接骨料，使耐火材料获得较好的物理力学性能和较高的使用性能。在不定形耐火材料中，耐火骨料用量一般为 63%～73%，耐火粉料用量为 15%～37%。假想当粗骨料所造成的空隙恰好能被细骨料所填满，与此同时粗细骨料间的空隙又恰好被耐火粉料所填充，这种状态便是达到了理想的颗粒级配，因此物料达到最大堆积密度而获得最佳的性能。

矾土熟料是工业生产中常见的耐火集料，它是天然铝矾土在 1400～1800℃ 范围内煅烧而得，冶金部对高铝矾土熟料的质量有标准要求，详细情况见表 15-3。

表 15-3　冶金部高铝矾土熟料 YB 2212—1982 标准

指标　等级		化学成分（%）			耐火度（℃）	体积密度（g/cm³）
		Al_2O_3	Fe_2O_3	CaO		
特级高铝		>85	≤2.0	≤0.6	≥1790	≥3.00
一级高铝		>80	≤3.0	≤0.6	≥1790	≥2.80
二级高铝	甲	70～80	≤3.0	≤0.8	≥1790	≥2.65
	乙	60～70	≤3.0	≤0.8	≥1770	≥2.55
三级高铝		50～60	≤2.5	≤0.8	≤1770	≥2.45

我国铝矾土原料丰富、价格较低，但铝矾土中所含碱性物质、TiO_2 和铁的含量不同程度地影响着耐火材料的烧结性能，如膨胀和可缩性、抗渣侵蚀性、抗热震性。莫来石含量和玻璃相百分比影响着上述性能；较高的莫来石含量，较低的玻璃相对烧制品性能有促进作用。由于 SiO_2、Fe_2O_3、TiO_2 等杂质成分会使高温阶段的液相生成量增加，矾土骨料制得的浇注料体积密度会随着热处理温度升高明显增大，表现出较大程度收缩，显气孔率快速下降。为降低减小杂质成分对浇注料高温性能的影响，必须加入适当适量的添加剂。

2. 结合剂

结合剂，是指使骨料和粉料胶结起来有一定强度的材料，也称胶结剂，它能使浇注料在常温下也能产生结合并获得初期强度。不定形耐火材料的结合一方面要求具有较好的冷态和热态结合强度，另一方面还要求具有合适的施工性能（有时又称作业性能）和高温使用性能。烧结之前的浇注料靠结合剂普通粘结为整体，经过热处理后，产品性能会受到结合剂影响。充分利用结合剂的有利作用，尽可能减少或避免其对材料制品带来不利影响。结合剂是不定形耐火材料的主要成分之一，它决定着成型后和使用中的材料的结构强度，选用结合剂须遵循如下原则：

（1）结合剂性质须与被结合材料性质匹配。酸性、中性耐火材料用酸性、中性和弱碱性结合剂；碱性材料只能使用中性或碱性结合剂，不能用酸性结合剂；含碳、碳化硅不定形耐火材料须用含高残碳的有机类结合剂。

（2）选用的结合剂必须适应于材料作业性能。耐火浇注料一般选用在常温下即可产生凝结、硬化的结合剂，如水化结合的或化学结合的结合剂。

（3）选用的结合剂必须与适应于材料的高温使用性能。尽可能小程度地降低材料的高温结构强度等使用性能。如高铝质浇注料能采用普通铝酸钙水泥，而刚玉质浇注料应采用反应性氧化铝或纯铝酸钙水泥来做结合剂。

常用的结合剂按化学性质可作如下分类，见表 15-4。

表 15-4　不定形耐火材料结合剂按化学性质的分类

分类		举例
无机	水泥类	高铝水泥、氧化铝水泥、ρ-氧化铝、铝酸钡水泥、锆酸盐水泥、白云石水泥、镁质水泥
	硅酸盐	水玻璃（硅酸钠，硅酸钾）、硅酸乙酯
	磷酸（盐）	磷酸、磷酸二氢铝、磷酸铝、磷酸镁、聚磷酸钠
	硫酸盐	硫酸铝、硫酸镁
	氯化物	氯化镁、聚合氯化铝
	硼酸（盐）	硼酸、硼砂、硼酸铵
	氯酸盐	氯酸钠、氯酸钙
	溶胶	铝溶胶、硅溶胶
	天然料	软质黏土、氧化物超微粉 SiO_2、Al_2O_3、Cr_2O_3、TiO_2、ZrO_2
有机	树脂	酚醛树脂、聚丙烯
	天然粘结剂	糊精、淀粉、阿拉伯胶、糖蜜
	粘着剂、活化剂	CMC、PVAC、PVA、木质素、聚丙烯酸
	石油和煤分离物	焦油沥青、蒽油沥青

按照 Sychev 的分类方法，不定形耐火材料的结合剂又可分为粘着结合、凝聚结合、反应结合和水化结合等四大类。结合剂结合性能优劣主要看制品的强度，即高温处理后的抗折强度和抗压强度。

把铝酸钙熟料细磨制成的水硬性铝酸钙胶凝材料，具有快硬、高强、耐高温、抗侵蚀等特点。铝酸盐水泥的结合性能主要依靠铝酸钙的水化作用来实现的。铝酸钙水泥中可能有的矿物其耐火性能和水化性能见表 15-5。

表 15-5　铝酸盐水泥中各矿物的性质

名称	化学式	简写	熔点（℃）	水化速度	限量
铝酸一钙	$CaO \cdot Al_2O_3$	CA	1608	快	≤7%
二铝酸钙	$CaO \cdot 2Al_2O_3$	CA2	1770	慢	—
七铝酸十二钙	$12CaO \cdot 7Al_2O_3$	C12A7	1455	很快	—
铁铝酸四钙	$4CaO \cdot Al_2O_3 \cdot Fe_2O_3$	C4AF	1415	弱，早强	—
钙黄长石	$2CaO \cdot Al_2O_3 \cdot SiO_2$	C2AS	1590	不水化	—
$a\text{-}Al_2O_3$	Al_2O_3	A	2050	凝聚	—
镁铝尖晶石	$MgO \cdot Al_2O_3$	MA	2135	不水化	—
硅酸二钙	$2CaO \cdot SiO_2$	C2S	2130	很慢	—

铝酸盐水泥水化后形成强度的原因是片状、针状水化产物与胶态 AH_3 交织在一起，把材料紧密连接起来，形成一个坚固的整体。从表 15-6 列出几种水化矿物对形成强度的贡献大小顺序为 $CAH_{10} > C_2AH_8 > C_3AH_6$。

表 15-6　铝酸盐水泥水化产物的性质

水化产物	结晶状态	结晶形状	稳定性质	密度（g/cm³）
CAH_{10}	六方	片状针状	亚稳	1.72
C_2AH_8	六方	片状针状	亚稳	1.95
C_3AH_6	立方	颗粒	稳定相	2.52
AH_3	胶体	无定形	亚稳	2.42

浇注料在成型和养护时，温度对产品性能影响很大。养护温度低时比养护温度高时寿命短，由下面方程式所示的主要反应机理可知，浇注料应保持合适的养护温度。

$$<20℃ \qquad CA+10H \longrightarrow \qquad CAH_{10}$$

$$20\sim30℃ \qquad 2CA+9H \longrightarrow \qquad C_2AH_8+AH$$

$$\geqslant35℃ \qquad 3CA+8H \longrightarrow \qquad C_3AH_6+2AH$$

5℃养护的浇注料整个试样 $CaO \cdot 6Al_2O_3$ 晶粒大、结构粗糙；30℃养护浇注料 $CaO \cdot 6Al_2O_3$ 晶粒小、结构较细密，这种差异可造成其耐蚀性能的不同，故寿命长短有别。

3. 外加剂

外加剂是用以改善不定形耐火材料作业性能（又称施工性能）、物理性能、组织结构和使用性能的物质，又称添加剂。添加剂加入的量须根据添加剂的性能和功能差异考虑，通常多则百分之几，少则万分之几。外加剂通常在材料混合拌合前或拌合时添加。

不定形耐火材料用外加剂按化学成分、性质及作用功能来分类。

按化学成分和性质分成无机物、有机物两类：（1）无机物类包括各种无机盐电解质、金属单质及金属化合物、氧化物、氢氧化物、无机矿物等。（2）有机物类基本属于表面活性剂，分成亲水基和憎水基两种。其中亲水基团又分成离子型表面活性剂（在水中电离）和非离子型表面活性剂（在水中不电离）。

按作用功能分有以下几类：（1）改善作业性能类，包括有减水剂、胶凝剂、增塑剂、解胶剂；（2）调节凝结、硬化速度类，包括有促凝剂、缓凝剂、迟效促凝剂、闪凝剂等；（3）调整内部组织结构类，包括发泡剂、消泡剂、防缩剂等；（4）保持材料施工性能类，包括酸抑制剂、保存剂、防冻剂等；（5）改善使用性能类，包括矿化剂、快干剂、助烧结剂、防爆剂等。

对于用铝酸钙水泥、氧化物微粉作结合剂的耐火浇注料，采用的减水剂可分为无机类和有机类：无机类的有三聚磷酸钠、四聚磷酸钠、六偏磷酸钠、焦磷酸钠、超聚磷酸钠、硅酸钠等；有机类的有木质素磺酸钠（钙）、萘系、水溶性树脂系以及聚丙烯酸钠和柠檬酸钠等。在铝酸盐水泥耐火浇注料中，掺加 MF、烷基磺酸盐、木钠等，减水效果较好，但缺点是缓凝较重，早期强度受到影响；而用酒石酸、柠檬酸和三聚磷酸钠等单独作减水剂时，又有较大泌水，提高了浇注料的密实性，但减水效果却不大；减水剂最好复合使用。

耐火浇注料选用外加剂种类及其用量时应该根据铝酸盐水泥品种不同而有区别，一般需用实验来确定。保证浇注料原有性能不变的基础上，加入减水剂可适当降低铝酸盐水泥用量，既可降低成本，又可提高浇注料的使用性能。低水泥浇注料常采用的外加剂主要是分散剂和高效减水剂，包括 NNO、MF、NF、JN、SM，酒石酸和腐殖柠檬酸等及其盐类，三聚磷酸钠、六偏磷酸钠和硼酸等，用量一般为 $0.03\%\sim1.0\%$。选用外加剂时，应注意以下几点：（1）与超微粉匹配；（2）材料的来源、可操作性及成本；（3）有机外加剂减水、分散效果优于无机外加剂；（4）根据需要可选掺蓝晶石和硅线石等使低水泥浇注料高温下微膨胀；（5）用量标准，防止材料分离、气泡；（6）采用后掺法易被水泥吸附；（7）搅拌时间，少引气的条件下混均匀；（8）掺外加剂后应降低水泥量和水量。

三、不定形耐火材料的组成和性质

耐火材料性质，取决于材料制品的化学矿物组成。

1. 不定形耐火材料的化学组成

化学组成是耐火材料制品的基本性质，分为主成分、杂质成分和添加成分。主成分构成耐火基体，是耐火材料的特性基础，主成分的性质和数量决定制品的性质。按主成分的化学性质可分为酸性、中性和碱性耐火材料。杂质成分是天然矿物的耐火原料中自带的，这些杂质通常能与耐火基体作用，从而使耐火性能降低。添加成分是生产中加入的少量的矿化剂、稳定剂、烧结剂等，目的是促进其高温变化和降低烧结温度。

2. 不定形耐火材料的矿物组成

耐火制品是矿物组成体，制品性质是组成矿物与微观结构的综合反映。制品的矿物组成取决于其化学组成和工艺条件，通过调整和改变材料的基质成分可以有效改善制品性能。耐火材料中的矿物相分为结晶相和玻璃相。主晶相的性质、数量及其间的结合状态直接决定制品性质；基质位于大晶体或骨料间隙，对制品的高温性质和耐侵蚀性起决定性作用。制品的显微组织结构有两种类型：胶结晶体颗粒的结构类型和晶体颗粒直接交错结合成结晶网，结晶网的高温性能远优于胶结晶体结构。

3. 耐火材料的组织结构

耐火材料是由固相（结晶相和玻璃相）和气孔两部分构成，气孔率、体积密度、真密度是评价耐火材料质量的重要指标。耐火制品的热震稳定性、气体透过性以及导热性等之间密切关联，体积密度和气孔率之间也密切关联。

材料制品的气孔是由原料中气孔和成型后颗粒间的气孔两种构成。气孔有闭口气孔、开口气孔和贯通气孔三类，外界介质通常通过贯通气孔侵入基体中加速耐火制品的损坏。气孔的容积、形状及大小的分布对耐火材料的性质有很大影响。气孔率指耐火材料基体中开口气孔量，耐火制品的气孔率一般从 0 到 $75\%\sim80\%$ 大小不等。气孔容积、形状及大小分布对材料的性质有很大的影响，体积密度大，气孔率小，外部侵入机会小，制品使用寿命长，所以致密化是提高耐火材料质量的一条重要途径。工业生产对于原料煅烧后及砖坯的体积密度和制品的烧结程度均有一定控制。

4. 耐火材料的热学性质

耐火材料的热膨胀是指其体积或长度随着温度升高而增大的物理性质。线膨胀率是指由室温至实验温度间，试样长度的相对变化率。耐火材料的热膨胀对制品的热震稳定性有直接的影响。

5. 耐火材料的力学性质

耐火材料的力学性质指材料在不同温度下的强度、弹性和塑性性质。通常用检验耐压强度、抗折强度、抗拉强度、扭转强度、耐磨性、弹性模量和高温蠕变等来判断耐火材料的力学性质。

（1）常温力学性质

常温耐压强度是指常温下耐火材料在单位面积上能承受的最大压力。耐压强度可以表明制品烧结情况，与组织结构有关性质，还可以间接评定制品的耐磨性、耐冲击性以及烧制品的结合强度等，工业生产中常常用耐压强度检验制品的均一性和工艺状况。

抗拉、抗折和扭转强度是指耐火材料使用过程所受的拉应力、弯曲应力和剪应力。影响抗拉和抗折强度的主要因素是材料的组织结构，较细颗粒结构促进抗拉、抗折强度的提高，抗折强度约比耐压强度小 1/2～1/3，而抗拉强度则小 4/9～9/10。

耐磨性指材料抵抗坚硬物或气体磨损作用的能力，往往决定材料的使用寿命。耐磨性与制品的矿物组成、组织结构密切相关。气孔率低，常温耐压强度高，组织结构均匀致密，制品耐磨性较好。

（2）高温力学性质

高温耐压强度是材料在高温下单位截面所能承受的极限压力。该指标能反映制品高温结合状态的变化。当加入结合剂的浇注料在高温状态结合状态发生变化时，用高温耐压强度来表征制品的性能。

高温抗折强度是高温下单位截面所能承受的最大弯曲应力，表征材料在高温下抵抗弯矩的能力。化学矿物组成、组织结构和生产工艺决定着高温抗折强度，熔剂和烧成温度对高温抗折强度也有很大影响。

6. 耐火材料的高温使用性能

耐火材料的高温使用性能包括耐火度、高温荷重变形温度、高温体积稳定性和热震稳定性。

耐火度是材料在无荷重时抵抗高温作用而不融化的性质。制品的化学矿物组成及其分布是决定耐火度的最基本因素，杂质成分会很大程度地降低制品的耐火度。尽可能提高原料的纯度是提高耐火材料耐火度的主要途径。

高温荷重变形温度是耐火材料对高温和荷重同时作用的抵抗能力，同时呈现材料明显塑性变形的软化范围。通常测定荷重软化温度为试样压缩 0.6%、4% 和 40% 时的温度，荷重软化点是指压缩 0.6% 时的变形温度。

高温体积稳定性是耐火制品在高温下长期使用过程其外形、体积保持稳定不发生变化的性能。高温体积稳定性对耐火材料使用具有重要意义。较差的稳定性容易导致制品的剥落损坏，使得材料的整体性和抗侵蚀性降低。

热震稳定性是材料抵抗温度的急剧变化而不被破坏的性能。材料随温度的升降，产生膨胀或收缩，当这一行为受约束时，材料内部就会产生热应力。热应力在机械约束的条件下产生。非均质相之间的热膨胀系数的差别，单相中热膨胀系数各向异性，均为产生热应力的根源。材料制品的热震稳定性好是较好使用效果的前提。

7. 耐火浇注料的施工性质

不定形耐火材料的作业性能用来评估材料施工操作难易程度，也称施工性能。作业性能的优劣直接影响施工效率及施工质量。不定形耐火材料的作业性能包括和易性、稠度、可塑性、流动值、触变性、铺展性、附着率、马夏值、凝结性和硬化性等。适用于所有不定形耐火材料的作业性能暂时还不明确，下面简单介绍耐火浇注料的施工性能。

堆积密度是指干料自身堆积的密度，用标准容积的容器中的重量除以容器的体积计算。

湿度一般用含水量表示，测定含水量的方法一般用烘干和称重法。为了运输等的方便，不定形耐火材料干料的含水量越低越好，一般要求含水量小于 0.5%。

可塑性是泥团在外力作用下变形而无裂纹，外力撤除后保持新形状而不恢复原形的性能，可塑性的测定方法有塑性指数法和塑性指标法。

耐火浇注料的稠度是实验料加水或结合液体混匀后在重力或其他外力作用下流出一定容积容器所需的时间（单位为 s）。加水量是浇注料获得优良的流动性时最少的加水重量。

工作性质是和易性及工艺性能的总称。浇注料的工作性通常用流动值、坍落度和工作度三个指标表示。

施工时间和凝结性能，通过测定耐火浇注料的初凝和终凝时间，以确定施工时间，同时也表明材料的硬化性能。

四、耐火浇注料工作性能的影响因素

流动性是耐火浇注料的一项重要指标，它决定了浇注料施工性的难易程度。耐火浇注料的流动性和流变行为直接影响到浇注料的施工性能，进而影响浇注料的使用性能，是决定浇注料能否正常应用的关键因素之一。通常，浇注料基质浆体的流变性可以用来表示浇注料流变行为，但这些流变性能只代表基质浆体的，当我们另外引入粗颗时，其流变性能与纯基质浆体或有差异。这些粗颗粒总含量超过 60%，最大颗粒粒径大至 8mm；因此研究浇注料的流变性，必须研究含有颗粒料的全组分浇注料的流变性能，而这些性能与浇注料作业性的关系更直接。

不定形耐火材料尤其是耐火浇注料的流变性研究日益受到耐火材料工作者的重视，这方面的研究内容包括加水方式、材料组成、粒度分布、减水剂、絮凝剂和约束状态等对流变性的影响。这些研究对改善耐火浇注料的作业性能和使用性能具有重要的理论指导意义。

对高铝质超低水泥浇注料流动性能来说，所研究的六个因素除水泥添加量外，其余五个因素均为显著性因素，其显著水平按由大到小的顺序，依次为：（1）水添加量；（2）超微粉添加量；（3）分散剂添加量；（4）骨料颗粒级配；（5）细粉添加量。然而，由于大的水添加量会恶化浇注料的强度等性能，大的超微粉添加量会增大浇注料的成本造价，所以研究者认为，在工程实际中欲改善高铝质超低水泥浇注料流动性能时先考虑（1）颗粒级配，（2）细粉添加量，（3）分散剂添加量，（4）超微粉添加量，（5）水添加量。

1. 颗粒级配及颗粒形态

颗粒形状及粒度组成对浇注料流动性的影响是非常重要的。从理论上讲，规则颗粒间摩擦力较小，其中球形颗粒摩擦力最小，有利于在重力的作用下自行填充和致密化。在实际生产应用中，球形颗粒不易得到，接近于球形的颗粒也很少，因此粒度组成这一因素就显得尤为重要。耐火浇注料的粒度组成决定着混合料成型后的紧密堆积程度，影响着材料制品的气孔率和常温强度，进而对材料烧结后的体积密度、抗折抗压强度等物理性能和使用性能产生影响，因此粒度组成是影响耐火材料性能的重要因素。

研究者们一直在追寻和探索用理论来指导耐火材料颗粒级配，下面的经典理论为研究者探索颗粒级配提供了巨大的指引作用，它们包括王维邦的"两头大，中间小"的经验颗粒级配原则、Andressen 提出的连续粒度颗粒堆积理论、Furnas 的不连续粒度的颗粒紧密堆积理论，以及 Dinger 和 Funk 对 Andressen 方程的修正。随着不定形耐火材料的发展，对耐火浇注料粒度组成与性能之间关系的研究会变得越来越细致，也越来越深入。研究者最常用 Andreassn 粒度分布方程式（15-1）所示，用来表示颗粒级配，并用这一方程作为浇注料试样的物料级配依据，

$$CPFT = 100 \ (D/D_L)^q \tag{15-1}$$

式中　CPFT——某一粒度 D 以下累计百分数（％）；

　　　　D——颗粒尺寸（mm）；

　　　　D_L——最大颗粒粒度（mm）；

　　　　q——粒度分布系数。

这个过程中主要是控制粒度分布系数 q 值，q 值是根据物料的作业性能和物理性能要求来确定的。吴芸芸认为当临界粒度为 8mm 或 5mm 时，q 值取 0.27～0.29；临界粒度为 3mm 时，q 值取 0.29～0.31 时材料有较好的流动性。

流动是颗粒相互之间移动的作用。100％的堆积密度使颗粒之间不能移动，从而妨碍流动。因此，对浇注料来说，粒度分布对堆积密度和流动特性均是重要的，它最终决定了应用的难易性。一般来说，耐火材料生产厂家都想获得致密的结构。然而，对于浇注料而言，由于需要流动性，就必须综合考虑密度与流动性（易于施工）；加水提高了流动性，但是会产生带气孔的结构；从理论上讲，可以预期取得 100％的密度，但是对于流动性来说是个反论。

振动成型浇注料达到最紧密堆积主要取决于成型过程中浇注料的流动性，即振动作用下浇注料（骨料-细粉-液体）体系的滑移行为：骨料颗粒自重与细粉浆体蠕滞力近似于平衡时产生的整体移动；随着 q 值的增大，物料中粗颗粒部分逐渐增多，细粉减少，这会逐渐恶化骨料-细粉-液体体系的滑移，使浇注料流动性减小而难以达到最紧密堆积；反之，细粉增加虽然有利于提高浇注料的流动性，但会使成型水量增加而同样导致浇注料结构的致密程度下降。因此，只有在合适的粒度组成下，浇注料才能获得最佳流动性，从而达到最大成型密度，并因此而获得较高强度。

2. 结合剂的影响

结合剂是能使耐火骨料和粉料胶结起来显示一定强度的材料。为使不定形耐火材料即使在常温下也能产生结合并获得初期强度而添加的物质，也称胶结剂。结合剂一方面要求具有较好的冷态和热态结合强度，另一方面要求有好的作业性能和高温使用性能。结合剂对不定形耐火材料的粒料有分散性、润滑性和硬化方面的作用。不定形耐火材料的性能很大程度上取决于结合剂使用技术。

泥浆黏度随微粉加入量的增加而增加，这是由于泥浆的稠度增加，流动度下降，因而黏度上升。有研究者认为，当微粉加入量达到 14％时，微粉填充毛细孔的作用加强，释放的自由水增加，使泥浆的触变结构减弱，黏度下降；当微粉加入量达 18％以后，过多微粉的参与作用占主导，使得泥浆中悬浮颗粒的浓度和总吸附性增加，黏度又上升，因而黏度曲线在 18％处出现；强度和烧后强度基本呈上升趋势，线收缩率也增大，体积密度增加，显气孔率降低。上述结果的原因在于随微粉量的增加，浇注料的孔隙被越来越多的微粉填

充，致密度增加，常温下表现出机械强度的增加；另一方面，大量的微粉及其所带入的 R_2O 使浇注料在高温下形成较多的液相，促进了浇注料的烧结。

硅微粉能够通过与水的水化反应来大幅度降低基质泥浆的体系黏度，增大基质泥浆的流动性。硅微粉的用量增加之后能够通过自身的减水机理来降低浇注料中的加水量；耐火浇注料中分级搭配中表观上的密致并不是最紧密的堆积，这是因为水填满了胚体中的大量空隙。当硅微粉加入到浇注料之后，硅微粉会代替水对这些空隙进行填充，原来空隙中的水就会被置换出来，从而达到减少浇注料需水量的目的。当硅微粉的量增加时，就会有更多的空隙被其填充，空隙中的水就会更加减少，从而大大地降低了浇注料的需水量，增强其振动流动性。

而且由于硅微粉的粒子呈现球形的特性，使硅微粉能够进入到微小的空隙中而提高了减水效果。二氧化硅微粉在冷凝时的气、液、固相变的过程中受表面张力的作用，形成呈大小不一的圆球状，且表面较为光滑，有些可能是两个或多个圆球粒黏凝在一起的。对于掺有硅微粉的物料来说，这种微小光滑的球状体可以起到润滑作用，减少了物料颗粒之间的摩擦力，从而改善物料的可加工性能同时可以相应降低用水量，提高材料的性能。

硅微粉还有另一个优点，具有很大的比表面积，能够很好地填充在浇注料的微小空隙间。随着硅微粉加入量的增加，材料的填充程度变大，从而体积密度增大，显气孔率降低，这是因为 SiO_2 微粉中有大量的超细粒子，具有较大的比表面积。在水中，这些粒子表面通过吸附表面活性剂带电，具有一定的 ζ 电位，带有同种电荷的微粒之间存在静电排斥力使微粒分散开来，形成均匀、低黏度的浆体，分散在骨料颗粒之间，降低了骨料颗粒之间的摩擦力，起润滑作用，改善了浇注料的流动性。但当硅微粉加入量过多时，一部分硅微粉存在于空隙之外，增加了颗粒之间的摩擦阻力，使得浇注料流动性能下降。另外，硅微粉用量太大将降低浇注料的高温使用性能。

向浇注混合料中添加更多量的硅微粉，会降低流动性和增加浇注料的用水量，因为硅微粉占据了水泥表面，因此阻碍了水泥的溶解。可能表明硅微粉质量对浇注料的流动有显著影响。这一观察与 Mhyre 报道的低纯度硅微粉可显著降低流动和耐火浇注料系统中的水量相符合。而且，应该注意到，提高流动和施工性能有许多技巧，如：使浇注料基质合理分散开，使用圆形颗粒形状和更高纯度的氧化铝原料，材料中添加高质量的硅微粉，增加使用的粗糙氧化铝的数目，扩宽配比中的粒度范围。许多因素，如：总水量、最初堆积密度（或气孔率）、随后的粒径分布、硅微粉的数量和质量对自流低水泥浇注料的致密化性能有显著的影响。

氧化铝微粉对浇注料流动性能的影响是两方面的：一是对毛细孔的充填作用，释放出其中的自由水，提高体系的溶剂比程度，使触变结构减弱，黏度下降；二是使悬浮颗粒浓度和总的吸附活性增加，表现出参与作用，使黏度上升。当超细粉加入量少时，有大量毛细孔存在，超细粉主要表现充填作用；当加入量大时，毛细孔已被饱和充填，超细粉主要表现为参与作用。

在一定范围内，随着 $a\text{-}Al_2O_3$ 微粉量的增加，浆体的粒度分布趋于最佳，微粉填充到细粉颗粒的空隙中，这种填充作用可以使空隙或絮凝结构中的游离水释放出来，起到促进分散的作用；在加水量相同情况下释放出的游离水，一方面起到润滑作用，减小了颗粒之间的摩擦阻力，另一方面有利于悬浮液中的粒子更好地溶剂化，降低浆体黏度和剪应力。但是，当 $a\text{-}Al_2O_3$ 微粉量过高时，在浆体中不能很好地分散，导致浆体黏度增大。

加入的水泥量不同，在水化后释放出 Ca^{2+}，Al^{3+} 的数量不一样，从而会使泥浆具有不同的 pH 值，进而影响到水化粒子的 ζ 电位，使得流动性发生变化。浇注料中的水泥起的是细填料和结合剂的作用，并精心地调整粒度分布以便提供颗粒与颗粒之间的紧密堆积，来获得较高的强度。加入到浇注料中的水对最终性能和浇注料特性有显著和直接的影响：过量的水能降低强度并增加收缩，而少量的水在浇注料中产生空隙，使凝固变差，并产生较弱的多孔结构。水泥含量在基质中降低，稠度用水量显著降低（只有水泥结合材料才在水化状态下消耗水）。

用溶胶替代水泥结合剂是耐火材料领域中的一种新的方法。在各种无水泥的结合剂中，研究了各种溶胶（包括二氧化硅、氧化铝、氧化镁和氧化锆）。由于硅溶胶相对易于生产和具有较高的稳定性，故得到了广泛的认可。硅溶胶结合剂由分散在碱介质中的纳米大小的胶体的硅颗粒组成；碱介质在硅颗粒上产生负电荷，相互排斥，产生了稳定性。由于带正电荷离子（Na^+ 或 NH_4^+）的存在或 pH 值（水分蒸发）的变化，当排斥作用减弱时，溶胶转变成凝胶。在该过程中，颗粒表面上的羟基凝固，脱除了水分，形成 Si-O-Si 结合，产生了胶着与结合。

研究者实验得出当浇注料流动性最大时，SiO_2、Al_2O_3 这两种微粉加入量均为 4％时，混合料的流动值最大，大于 4％时，流动性下降；同时谈到 SiO_2 微粉的粒径比 Al_2O_3 微粉小，形状浑圆，润滑作用明显，SiO_2 的填充作用也优于 Al_2O_3，因此，SiO_2 微粉加入量的增加使其填充作用发挥得越充分，浇注料的流动性逐渐提高；但是当 SiO_2 微粉的量过多时，其需水量也相应增多，同时浇注料黏度增大，这样反而使体系中的自由水含量降低，因此使得浇注料的流动性下降。

3. 外加剂的影响

不定形耐火材料用外加剂：用于改善不定形耐火材料的作业性能（施工性能）、物理性能、组织结构和使用性能的物质称为外加剂（或称添加剂）。外加剂的加入量是随外加剂的性能和功能差异而不同，为不定形耐火材料组成物总量的万分之几到百分之几。一般是在不定形耐火材料的组分拌和时或拌和前加入。

分散剂的工作原理基本上为：一方面通过在胶体粒子表面双电层重叠而产生的静电斥力来降低界面能，使粒子之间的吸附和絮凝降低；另一方面胶体粒子通过对分散剂的吸附而形成溶媒层。

SM 高效减水剂是高分子聚合物，它的主要成分为磺化三聚氰胺甲醛树脂。加入 SM 到纯铝酸钙水泥的浇注料中，其施工性能及各项力学性能指标会大大增强及改善；将高分子聚合物加入到纯铝酸钙水泥结合的浇注料中，可以大大改善其施工性能及提高各项力学性能指标。这种高效减水剂溶于水后，吸附在粒子表面上，增大粒子的斥力，释放出由微粒子组成的凝聚结构中包裹的游离水，压缩了水泥颗粒的水化层厚度，使水化层的部分水变成了自由水，起着润湿和分散作用，从而增加了浇注料的流动值。随 SM 加入量增加，浇注料体积密度先增大后减小，显气孔率先减小后增大，当 SM 加入量达到 0.2％时，体积密度达最大值，显气孔率达最小值。这是因为随 SM 加入量增大，用水量减少，提高了浇注料的密实度，气孔减少；当超过 0.2％时，水泥颗粒表面因吸附大量减水剂，使水化反应受到抑制，浇注料变得不密实，气孔也增多；在试验范围内，随着 SM 加入量增加，浇注料流动值增大，当 SM 超过 0.25％时，增大趋势减缓；浇注料体积密度增大，显气孔率降低；抗折强度、耐压强度提高。

三聚磷酸钠和六偏磷酸钠是浇注料中常用的无机磷酸盐减水剂。聚磷酸盐中的聚磷酸钠在水中电离出阴离子基团聚磷酸钠根，它们通过物理吸附或化学吸附的方式吸附于胶态粒子表面。具体来说，聚磷酸钠根表面活性作用不显著，但与高价的 Ca^{2+}，Al^{3+} 等具有强烈的亲和作用，因此主要表现为化学吸附的方式吸附于胶态粒子表面，ζ 电位增大，胶态粒子间产生静电斥力，防止粒子絮凝，从而达到分散、稳定的目的。有机高分子减水剂，具有强烈的表面活性作用，其亲油基一端主要以物理吸附的方式吸附于胶态粒子表面并进入固定吸附层（stem 层），改变胶态粒子的双电层中 stem 面上电位，它们的分散机理除了静电斥力外还有空间位阻的作用。自流浇注料实验中，添加适量六偏磷酸钠的试样流动性最好，减水效果最好。

聚阴离子型高分子合物，在水中电离出阴离子基团对氧化铝颗粒产生选择性吸附，使微粒带有同种负电荷而相互排斥；同时，它们还通过高分子链产生空间位阻作用。因此，当分散剂用量适当时，浆体中的微粒倾向于分散，浆体黏度减小。当分散剂加入量不足时，颗粒表面未被分散剂完全覆盖，某颗粒上吸附了分散剂的带负电部分，这一部分与其他颗粒表面未被分散剂覆盖的带正电的部分相互作用，从而使吸附在某一表面上的高分子链以"桥连"的方式将两个或更多的粒子连接在一起而形成凝聚。当分散剂加入量过多时，过剩的分散剂会缔合成胶束，使溶液黏度上升，同时电离出的阴离子对双电层产生压缩作用，使双电层变薄，ζ 电位下降，粒子间斥力减弱，絮凝结构重新形成，游离水再次被包裹，浆体的黏度增大。

无机分散剂，在水中电离出的阴离子基团 $(PO_3)_n$。吸附在氧化铝颗粒表面，利用静电稳定机制而避免浆体中的微粒产生团聚；当分散剂过量时，体系的电解质浓度增加，压缩了微粒表面的双电层，降低了微粒间的斥力，微粒倾向于凝聚，浆体的黏度增大。

添加剂的加入有助于提高试样的常温强度，添加剂能减少浇注料的加水量，增加原料颗粒的紧密堆积程度，从而提高试样的常温强度。相关研究表明，未加减水剂的耐火泥料需要 8％的水才可发生触变流动，而加有三聚磷酸钠、六偏磷酸钠的耐火泥料需 6％～6.5％的水，加有机减水剂的耐火泥料需要 5％～5.5％的水就能流动；用聚丙烯酸钠作减水剂，当加入量为 0.1％时，耐火浇注料可获得较高的流动性；而当加入量为 0.15％时，用水量仅为 4.5％就可自流，有机减水剂的作用比聚磷酸盐更为显著。促硬剂对浇注料性能影响：加入硫酸钙、氯化理、碳酸钠之后，作为浇注料结合剂的铝酸钙水泥浆体流动值变小，初凝与终凝时间缩短，耐压强度高于未加促硬剂的纯铝酸钙水泥浆体强度，其中，以加入氯化锂对纯铝酸钙水泥前中期强度的提高最为明显。

高铝水泥结合浇注料的组成成分为高铝水泥、氧化铝细粉、分散剂及凝结调节剂。提高高铝水泥中的 Al_2O_3 含量，就是为改善水合结合，应用氧化铝水泥在分散凝集方面比较适用，因为它利用了氧化铝细粉的凝集效果，所以考虑选用它作为凝集结合的一种结合剂；高铝水泥结合浇注料所采用的添加剂为羟基羧酸盐、碳酸钠、聚丙烯酸盐、聚甲基丙烯酸盐、磺酸系阴离子表面活性剂等。

第二节 偏高岭土替换浇注料中的硅灰和氧化铝的研究

一、研究的目的和意义

耐火浇注料又称浇注料，是目前耐火工业最普遍的一种不定形耐火材料。普通的浇注料一般用于构筑各种加热炉内衬，优质品种则常用于冶炼炉，由低钙和纯高铝水泥结合的浇注料就是其中一种，其氧化铝含量高，烧结良好。性能良好的优质浇注料通常由优质粒状和粉状料构成，因此耐火工业的发展实为耐火材料的发展。耐火浇注料由适当的胶凝材料、耐火骨料、掺合料和水按一定比例配制而成的特种混凝土。骨料为不同粒度的耐高温砂子，掺合料为耐高温粉料，胶凝材料为一定比例的高铝水泥、硅灰、氧化铝微粉或两三种的结合。

硅灰是一种活性很高的火山灰物质，它粒度细、圆球状、比表面积大，加入到浇注料中可以起到填充和润滑的作用，掺有硅灰的浇注料需水量降低，材料致密度高、强度得到提高，大大提高了使用性能。然而硅灰是工业冶炼副产物，产品质量不够稳定；另外，硅灰主要成分是 SiO_2，为了平衡耐火浇注料的硅铝比，要加入约一定比例的超细氧化铝，从而使得配料成本大幅度上升。

偏高岭土是一种高活性矿物掺合料，是超细高岭土经过低温煅烧而形成的无定型硅酸铝，它的化学成分主要是 Al_2O_3（约为 43%）和 SiO_2（约为 54%），与现在耐火浇注料中配置 5% 硅灰和 4% 氧化铝或 4% 硅灰和 3% 氧化铝的化学组成基本相当，火山灰活性类似，但是，偏高岭土的价格和硅灰相当，只有氧化铝价格的一半，所以，利用活性偏高岭土等量地替代硅灰和超细氧化铝，可以显著降低耐火浇注料的配料成本。

同时，偏高岭土和沸石、钙基蒙脱石等非金属矿物相结合，还可以吸收固定部分氢氧化钙和氢氧化钠，从而抑制浇注耐火材料的泛碱现象。

本文从研究偏高岭土替代耐火浇注料中的硅灰和氧化铝后对耐火浇注料性能的影响，力图在保证耐火浇注料基本性能的前提下，大幅降低耐火浇注料的成本，并在一定程度上抑制普遍存在的耐火浇注料泛碱问题。

二、实验原材料

（1）偏高岭土：焦作市煜坤矿业有限公司生产，其化学成分和理化性能分别见表 15-7 和表 15-8。

表 15-7 偏高岭土的化学成分

成分	SiO_2	Al_2O_3	CaO	MgO	Na_2O	K_2O	Fe_2O_3	TiO_2	loss
含量（%）	54.01	44.43	0.21	0.23	0.06	0.22	0.89	0.61	0.72

表 15-8 偏高岭土的理化性能

颜色	白度	细度		活性指数
灰色	≥80	粒度分布 10μm≥90	网筛目数 1250 目	110

其中活性指数是按国家标准（GB/T 18736—2002）规定测试计算，吸碱量是在一定条件下，每克偏高岭土样品对氢氧化钠的吸收量。

（2）耐火骨料：5～8mm，3～5mm，1～3mm，0～1mm 特铝耐火骨料。

（3）粉料：180 目耐火粉料。

（4）水泥：secar-71 高铝水泥。

（5）硅灰：含 SiO_2 90%，1800 元/t。

（6）氧化铝：α-氧化铝，济源所产，4200 元/t。

（7）分散剂：三聚磷酸钠。

（8）水：焦作市自来水。

（9）其他：减水剂。

浇注料的组成见表 15-9。

表 15-9　浇注料主要组成（%）

原料		1 号	2 号	3 号	4 号（先制浆）
特铝矾土	8～5mm	23	23	23	23
	5～3mm	13	13	13	13
	3～1mm	17	17	17	17
	1～0mm	17	17	17	17
180 目粉料		14	14	14	14
71 铝酸盐水泥		6	6	6	6
三聚磷酸钠		0.15	0.15	0.15	0.15
硅灰（92%）		6	2	4	4
氧化铝（济源）		4	1	2.5	2.5
偏高岭土		0	7	3.5	3.5
三项成本估算		276 元/t	204 元/t	240 元/t	240 元/t

三、偏高岭土替代硅灰和氧化铝后对耐火浇注料性能的影响

1. 试样制备及检测

按表 15-9 提供的原料组成比例称取原料（原料总量 2.5kg）手动混合，再把浇注料在强制搅拌机内干混 1min 后加预定水量，强制搅拌 3min 后将浇注料按要求测定流动值；所得浇注料按要求成型规格为 40mm×40mm×160mm 的试样，然后自然养护 24h 后脱模；按要求将试样经 110℃×24h，1100℃×3h 和 1300℃×3h 的热处理。并按照国家或行业标准对浇注料试样的烧后线变化率与体积密度（YB/T 5200—1993）、抗折强度与耐压强度（YB/T 5201—1993）进行检测。

2. 实验数据

4 种配方样品所需水量与常温、高温的各项指标见表 15-10。各项指标的对比图分别如图 15-1、15-2、15-3、15-4、15-5 所示，替代样与标准样部分成本对比如图 15-6 所示。

表 15-10 替代样与标准样常温和高温各项指标对比

样号		1 号	2 号	3 号	4 号（先制浆）
110℃×24h	体密（g/cm³）	2.86	2.73	2.8	2.82
	抗折（MPa）	17.9	11.8	15.2	12.4
	耐压（MPa）	130.7	58.5	66.9	82.9
1100℃×3h	体密（g/cm³）	2.87	2.71	2.8	2.82
	抗折（MPa）	9.3	9.8	13.8	13.1
	耐压（MPa）	142.7	69.3	96.4	96.3
	线变化（%）	−0.72	−0.06	−0.16	−0.3
1300℃×3h	体密（g/cm³）	2.87	2.7	2.77	2.81
	抗折（MPa）	13.8	9.3	12.7	10
	耐压（MPa）	139.1	50.5	71.1	53.2
	线变化（%）	−0.11	−0.24	−0.17	−0.25
配比（%）	微硅粉	6	2	4	4
	氧化铝粉	4	1	2.5	2.5
	71 水泥	6	6	6	6
	偏高岭土	0	7	3.5	3.5
	水	4.6	7	6	5.8

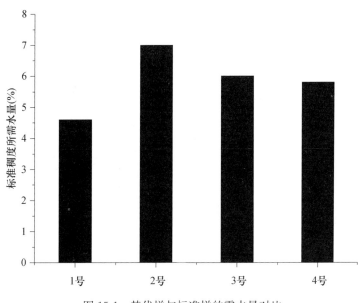

图 15-1 替代样与标准样的需水量对比

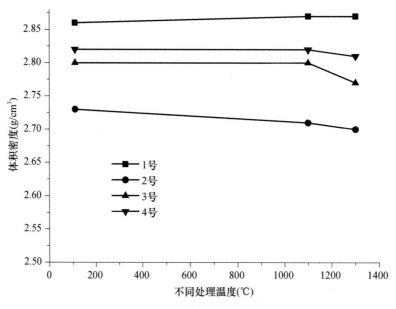

图 15-2 不同处理温度下体积密度的对比

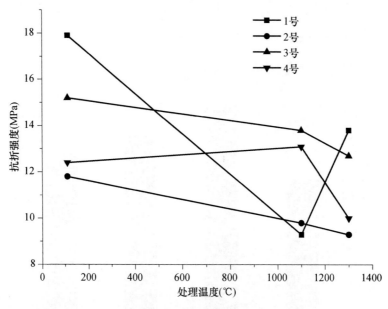

图 15-3 不同处理温度下抗折强度的对比

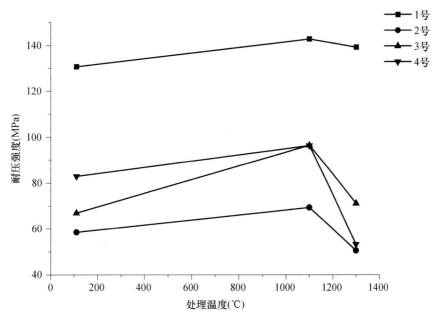

图 15-4　不同处理温度下耐压强度的对比

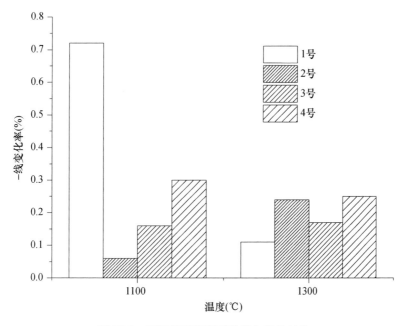

图 15-5　不同处理温度下线变化率的对比

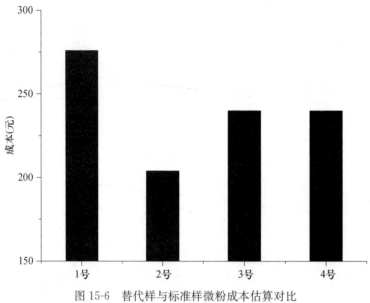

图 15-6　替代样与标准样微粉成本估算对比

3. 现场实验小结

（1）偏高岭土替代硅灰和氧化铝以后，耐火浇注料性能主要变化有三：第一，成型时标准稠度的需水量增大，替代的量越多，所需的水量越大；第二，110℃干燥后，体积密度、抗折强度降低，抗压强度显著降低；第三，1100℃煅烧后，体积密度降低，抗折强度提高，线收缩减少，抗压强度显著降低；1300℃煅烧后，体积密度降低，抗折和抗压强度均降低，线收缩增加。并且偏高岭土替代硅灰和氧化铝越多，上述现象越明显。

（2）用偏高岭土替代硅灰和氧化铝以后，耐火浇注料的需水量显著增加，干燥强度、煅烧强度都显著降低，考虑需水量增大和体积密度减小的基本事实，可以认定，导致上述缺陷的主要原因是需水量引起的耐火浇注料密实性降低，所以，试验研究工作的重点是用偏高岭土替代硅灰和氧化铝后，如何提高耐火浇注料的流动性。

四、提高耐火浇注料流动性的试验

1. 实验仪器和需水量测定

实验室小样实验中所用的主要实验设备以及生产厂家见表 15-11。

表 15-11　主要实验设备

仪器名称	型号	生产厂家
电子天平	BS24S	北京赛多利斯仪器有限公司
电子天平	JYT-20	常熟金羊砝码仪器有限公司
黏度计	T-4	上海安德仪器设备有限公司
激光粒度仪	Rise-2006	济南润之有限公司
电热恒温鼓风干燥箱	101-3AD	鹤壁市仪表厂有限责任公司
坍落度仪	无	南京精科宇盛有限公司
高速搅拌机	ZZJ-03	广东中山仪器有限公司

标准稠度需水量的测定方法：①将耐火骨料、粉料、水泥、硅灰、氧化铝、三聚磷酸钠按照表 15-9 所列配比称取混合后把浇注料干混 1min 后加预定水量，强制搅拌 3min 后将浇注料按要求测定流动值；使坍落度为 170mm±5mm，此实验平行三次，三次平均需水量即为标准需水量。②然后按照表 15-10 比例用偏高岭土全部替代硅灰和氧化铝，用①的方法测试实验室小样的需水量。所得实验结果与大样的对比结果见表 15-12。

表 15-12 大样与小样需水量对比

样品	标准样需水量（%）	MK 样需水量（%）
现场 2.5kg 样	4.5	7.3
实验室 200g 样	6	9.5

2. 偏高岭土煅烧温度与产地对需水量的影响

取 670℃、730℃、850℃三种温度的大同偏高岭土和 670℃、730℃、850℃、900℃四种温度的同兴偏高岭土，全部替代混合料中的硅灰和氧化铝，所得实验结果如图 15-7 所示。

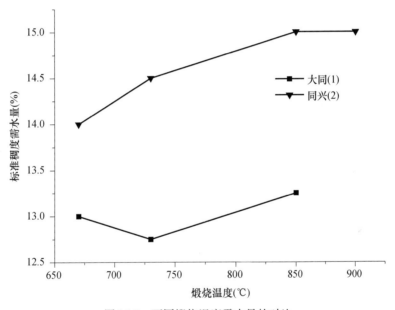

图 15-7 不同煅烧温度需水量的对比

实验小结：1 系列 3 种样品的需水量对比，2 系列四种样品的需水量对比都说明在其他条件相同的情况下，较低的煅烧温度有利于提高混合料的流动性；两种系列同温的三组样品对比，说明大同样品较同兴样品有利于提高混合料的流动性。

3. 偏高岭土磨矿时间对耐火浇注料需水量的影响

取分散样 1.8kg，加入三聚磷酸钠，加水 280mL，搅拌磨磨 12h，每 2h 取样一次，每次一勺。每取出一次，往搅拌磨里添加少许水，防止太稠。取出的样品用水、0.5mm 铜筛将小球与研磨液分开，把液体烘干待用。得到的一系列样品对比试验，按照标准稠度需水量的测试方法，测出不同研磨时间的样品需水量，实验结果如图 15-8 所示。

实验小结：用搅拌磨将样品进行湿法研磨，会使标准稠度需水量减小，随着研磨时间的增长，需水量会逐渐下降。0～4h 之间需水量显著下降，4～6h 之间需水量有一定程度

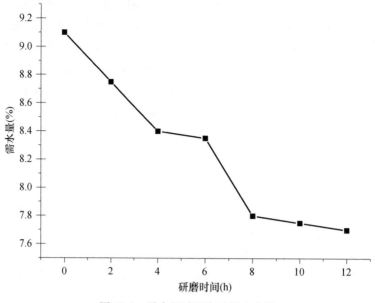

图 15-8 需水量随研磨时间改变图

的下降，6～8h 需水量显著下降，8～12h 需水量下降幅度较小。考虑到生产成本和生产效率，可以选择 4h 研磨或 8h 研磨，此处研究选择 8h 研磨时间。

4. 偏高岭土分级对耐火浇注料需水量的影响

（1）分级偏高岭土样品制备

① 直接分级：取分散样品 1.3kg 先用 3g 三聚与 3L 水混合，再加 27g 三聚 7L 水搅拌沉降 2h，取底样待烘干，烘干样品为 3-1，上层悬液继续沉降，62h 后，取 1/2 底样待烘干 3-2，上部悬液继续沉降；另外 1/2 底，用 9g 三聚 3L 水混合另一桶静置 3 天 2 夜取底样待烘干 3-3，上部悬液与前面的悬液混合一起继续沉降一星期，取底样待烘干 3-4。

② 研磨 2h 再分级：1.3kg 解聚样，加入 3g 三聚分散，适量水混合，稠状，湿法搅拌磨研磨 2h。磨后样品与小球分离，少量水冲。称取 27g 三聚磷酸钠溶于 10 L 水中沉降 2h，取底样待烘干 4-1，上层悬液继续沉降，62h 后，取 1/2 底样待烘干 4-2，上部悬液继续沉降；另外 1/2 底，用 9g 三聚 3L 水混合另一桶静置 3 天 2 夜取底样待烘干得样品 4-3，上部悬液与前面的悬液混合一起继续沉降一星期，取底样待烘干得样品 4-4。

（2）分级偏高岭土样品需水量测定

分别取上述制得样品按照标准稠度需水量的测试方法测得各样品的需水量与标准样、原样对比结果如表 15-13 和图 15-9 所示。

表 15-13　分级偏高岭土样需水量对比

样号	样品性质	需水量（g）	需水量（%）
0	硅灰＋氧化铝	13.0	6.5
1	煜坤公司偏高岭土产品	19.0	9.5
2	MK-1 次改型处理	18.2	9.1
3-1	MK-1 次改型处理-1 次分级（粗）	20.2	10.1

续表

样号	样品性质	需水量（g）	需水量（%）
3-2	MK-1 次改型处理-1 次分级（中）	18.5	9.25
3-3	MK-1 次改型处理-2 次分级（中）	18.9	9.45
3-4	MK-2 次改型处理-1 次分级（细）＋2 次分级（细）	16.5	8.25
4-1	MK-2 次改型处理-1 次分级（粗）	19.9	9.95
4-2	MK-2 次改型处理-1 次分级（中）	18.2	9.1
4-3	M-2 次改型处理-2 次分级（中）	18.2	9.1
4-4	MK-2 次改型处理-1 次分级（细）＋2 次分级（细）	15.8	7.9

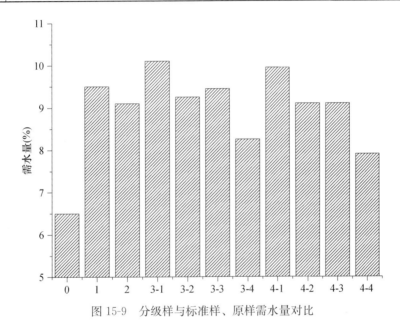

图 15-9　分级样与标准样、原样需水量对比

（3）实验小结

① 分级较粗样品需水量比未分级前多；分级较细样品需水量比未分级样品少，而中等样品与未分级样品的需水量比较接近。经过两次分级后的较细样品进行替代实验，标准稠度需水量明显下降，说明分级能明显降低需水量。

② 系列三与系列四对比，四系列每个沉降时间所得的样品都比三系列同一时间的样品所需水量少。说明经过 2h 时间的研磨对降低需水量起一定的作用。

③ 此实验说明，研磨与分级均能降低需水量，此法分级的减少需水量的效果较研磨 2h 时间显著。

实验启示：尝试采取研磨更长时间的方法来降低需水量。

5. 常用减水剂对耐火浇注料需水量的影响

用煜坤公司的偏高岭土分散样 20g，骨料 140g，粉料 28g，水泥 12g，同样按照标准稠度需水量的测试方法，测出加入不同量的分散剂和 DC 减水剂用量对需水量的影响，数据记录见表 15-14，分散剂的量对需水量的影响效果见图 15-10，DC 减水剂的量对需水量的影响效果如图 15-11 所示。

表 15-14　分散剂和减水剂用量对需水量影响

样号	添加剂及用量	需水量（g）	需水量（％）
1-1	0.15％三聚	18.8	9.4
1-2	0.2％三聚	18.5	9.25
1-3	0.25％三聚	18.5	9.25
1-4	0.3％三聚	18.5	9.25
1-5	0.35％三聚	17.5	8.75
2-1	0.025％减水剂	18.7	9.35
2-2	0.05％减水剂	18.2	9.1
2-3	0.075 减水剂	17.9	8.95
2-4	0.1％减水剂	17.5	8.75

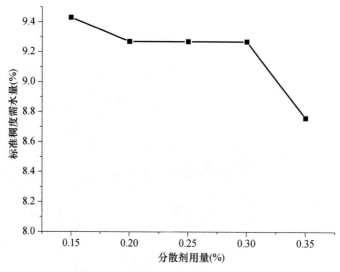

图 15-10　分散剂用量对需水量的影响

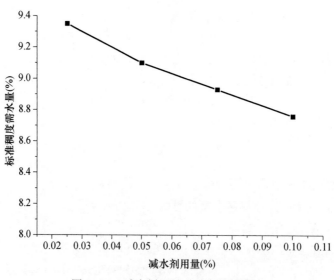

图 15-11　减水剂用量对需水量的影响

实验小结：（1）在保持其他条件不变的情况下，逐步增加三聚磷酸钠的用量，混合浇注料的标准稠度需水量逐步减小。这说明增加分散剂的用量，会提高浇注料的流动性。当 0.15％～0.2％之间的三聚磷酸钠对需水量有显著的降低效果；0.2％～0.3％之间需水量基本一样，而 0.3％～0.35％之间需水量又显著下降。因此采用 0.2％或者 0.35％的三聚磷酸钠的量来分散根据所需情况来定，企业一般考虑成本可采用 0.15％～0.2％。

（2）减水剂对需水量的降低有一定的作用，加入减水剂后，而且样品加水搅拌过程中一直很均一。必要的情况下可以增加 0.1％的 DC 提高浇注料的流动性。

实验启示：除了 DC 可以尝试其他添加剂对需水量的影响。

6. 其他添加剂对需水量的影响

用煜坤公司的偏高岭土分散样 20g，骨料 140g，粉料 28g，水泥 12g，同样参照按照标准稠度需水量的测试方法，额外加入 0.3g 4 种不同的添加剂，数据记录见表 15-15，不同添加剂对需水量的影响如图 15-12 所示。

表 15-15　不同添加剂对需水量影响

序号	添加剂种类和用量	需水量（g）	需水量（％）
1	0.3g 蔗糖	16.5	8.25
2	0.3g $CaCl_2$	22	11
3	0.3g 固体 DC	16	8
4	0.3ml 液态 DC	15.5	7.75

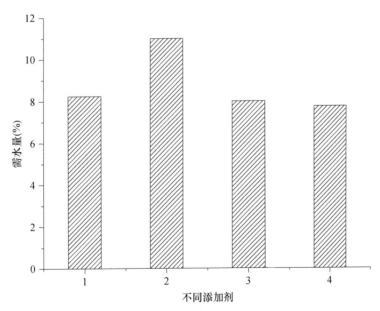

图 15-12　不同添加剂对需水量的影响

实验小结：四种添加剂中蔗糖、固态 DC、液态 DC 对需水量都有一定程度的降低作用，而加入 $CaCl_2$ 需水量不降反而明显增加，且混合料很均一，触变性失去。降低需水量，可考虑加入少量液态 DC，效果较为明显。

7. pH 值对需水量的影响的对比

用盐酸、氢氧化钠配成 pH＝3，4，5，6，7，8，9，10，11 的弱酸性至弱碱性的水，代替自来水加入配好的混合料中，看对所需水量的影响效果，其效果如图 15-13 所示。

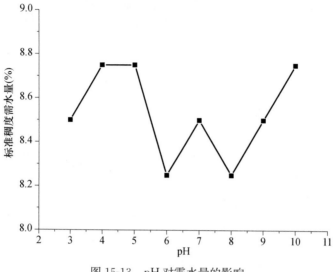

图 15-13　pH 对需水量的影响

实验小结：随着 pH 的增大，pH＝3~4 间需水量减小，pH＝4~5 持平，pH＝5~6 之间显著下降，pH＝6~8 之间起回徘徊，pH＝8~10 间显著增大，综合考虑用 pH＝6~8 的水来降低需水量。企业可以通过加入一定量的弱酸性或弱碱性的盐来实现。

8. 偏高岭土磨矿方式对需水量的影响

研究了不同磨矿方式对需水量的影响，结果如表 15-16 和图 15-14 所示。

表 15-16　不同磨矿方式对需水量影响

序号	不同方式磨的样品	需水量（g）	需水％
1	硅灰、氧化铝	13.5	6.75
2	气流磨矿 A	18	9.00
3	气流磨矿 B	18.5	9.25
4	气流磨矿 C	19	9.38
5	搅拌球磨-实验室磨	17	8.50
6	工业搅拌球磨	17.5~18	8.88
7	冲击式气流磨矿 D	19	9.50

实验小结：选用不同的磨矿方式，搅拌球磨机磨矿方式较气流式冲击磨矿的偏高岭土样品更容易降低标准稠度需水量。尤其是实验室磨的样品降低需水量效果明显，可能是因为实验室自己用小型磨矿机磨样品，实验条件更便于灵活控制而达到更好的效果。

9. 实验室小样实验总结

考虑实验室测试条件，搅拌情况与企业现场有差别，大样和小样有差别，故在实验室测得硅灰和氧化铝零替代情况下 200g 小样的需水量作为标准进行对比，使得在节约成本的基础上，实验数据尽可能科学可靠。

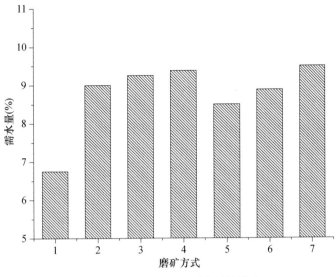

图 15-14　磨矿方式对需水量的影响

比较了各种不同情况偏高岭土对应的耐火浇注料的需水量分别是：不同煅烧温度与产地对需水量的影响，分级后偏高岭土产品对需水量的影响，磨矿方式与磨矿时间对需水量的影响，常用分散剂和减水剂用量及其他添加剂对需水量的影响，水的 pH 值对需水量的影响。实验得出较低温度（630～730℃）煅烧、搅拌球磨机磨矿 8h、四级分级处理的细样品，pH 在 6～8 之间几种条件下偏高岭土样品替代硅灰和氧化铝后的混合料达到标准稠度的需水量显著降低，另外加入三聚磷酸钠作为分散剂时，加入量 0.15％～0.2％时需水量的降低有明显效果，当额外添加减水剂，液态 DC 有一定的效果。

五、现场的对比性试验

选取研磨 8h 和 4-4 分级样偏高岭土样品，制成 2.5kg 总料，各材料的配比参照表 15-17，需水量及计算结果见表 15-18。

表 15-17　第二次实验现场反馈材料配比及需水量

材料名称	材料所占百分比（%）	1-厂样	2 - 8h 样	3-分级样
5～8 骨料	25	625g	625g	625g
3～5 骨料	15	375g	375g	375g
1～3 骨料	13	325g	325g	325g
0～1 骨料	12	300g	300g	300g
80 目粉料	23	575g	575g	575g
耐火水泥	5	125g	125g	125g
六偏磷酸钠	0.15	3.75g	3.75g	3.75g
水	5.2	130mL	183～185mL	185mL
硅灰	4	100g	—	—
a-氧化铝	3	75g	—	—
偏高岭土	—	—	175g	175g
需水量（%）		5.2	7.36	7.4

表 15-18　现场试验需水量

项目	第一次现场调研				第二次现场反馈		
MK（%）	0	7	3.5	3.5	0	7	7
需水量（%）	4.6	7	6	5.8	5.2	7.36	7.4
多用水含量（%）	—	52.2	30.4	26.1	—	41.5	42.3

现场反馈实验小结：企业原料配比发生改变，因此标准样的需水量增大，替代样的需水量也相继增大，所以两次现场实验不能对比需水量的绝对数据，采用两次替代后多加水占标准需水量的百分含量的方法作比较更合理。从表中数据得出，两次偏高岭土替代硅灰氧化铝含量同为7%时，相对增水量由第一次的52.2%下降为41.5%和42.3%。将偏高岭土改型起到了降低需水量的作用，这将为我们下一步研究奠定了基础。

第三节　偏高岭土替代氧化铝和硅灰提高流动性机理分析

本文在上一章从不同条件对偏高岭土改型和改性，尝试了从煅烧温度、偏高岭土的形态、粒度、添加剂、基质的pH等不同条件，主要采取了对偏高岭土进行不同条件的处理，包括对偏高岭土进行了几种方式的研磨、沉降分级等。结果偏高岭土替代硅灰和氧化铝后浇注料的流动性有一定程度的改善。实验得出较低温度（630～730℃）煅烧，搅拌球磨机磨矿8h，沉降分级处理的第四级样品，pH在6～8之间几种条件下偏高岭土样品替代硅灰和氧化铝后的混合料达到标准稠度的需水量显著降低，另外加入三聚磷酸钠作为分散剂时，加入量0.15%～0.2%时需水量的降低有明显效果，当额外添加减水剂，液态DC有一定的效果。

对上述几种条件下需水量减小的原因进行如下分析，归结为如下几个方面：

一、偏高岭土煅烧温度对流动性的影响机理

有大量研究者对煅烧温度对偏高岭土活性的影响，总结如下：

高岭土煅烧制备偏高岭土的过程中，500℃左右开始脱去结晶水，750℃ a-石英转变为 a-鳞石英，伴随键的破裂和重建，950℃出现镁铝尖晶石，1000℃莫来石晶体生成，新矿物的出现使活性降低；如果高岭土脱水的温度过低，高岭土脱水不完全，形成的偏高岭土量较少，而脱水温度过高，则偏高岭土又进一步转变为结晶完好、结构稳定的铝硅尖晶石或莫来石，这些矿物物基本上没有活性。

同时在生成偏高岭土的过程中，A1 的配位由高岭石的六配位（Al^{VI}）转变为偏高岭石的四配位（Al^{IV}）、五配位（Al^{V}）和六配位（Al^{VI}）。高岭土脱去结构水的过程中，高岭土虽保持原来的层状结构，但原子间已发生较大位错，呈现热力学介稳状态，形成了结晶度很差的偏高岭土。继续升高温度或长时间煅烧可以使高岭土中的OH全部脱去，但是我们得到的将不再是活性偏高岭土，偏高岭土中不定形的 Al_2O_3 和 SiO_2 会发生重结晶现象而失去部分或全部活性。这种不饱和配位结构使偏高岭土具有较好的胶凝活性，与水泥发生水化反应和胶凝反应，变成聚合胶凝材料。

不同原料的高岭土煅烧生成偏高岭土的最佳温度不同，原矿高岭土和纯高岭土有明显差别，所以选用一种偏高岭土做原料前可选用其不同温度样品进行活性对比，挑选活性好

的使实验之用，本文通过对同兴和大同2种偏高岭土原料的对比中得出，同兴670℃需水量最小，大同730℃需水量最小。2种温度下对应的偏高岭土与其他温度相比，不定形活性成分更多，因而胶凝反应更充分。另外活性高的偏高岭土比表面积较大，更有利于填充颗粒间空隙，因而与同系列其他温度偏高岭土相比需水量更小。

活性较高的偏高岭土，替代硅灰和氧化铝达到保准稠度的需水量就越小。

二、偏高岭土粒度和形态对流动性的影响机理

企业调研出厂原偏高岭土替代硅灰和氧化铝，替代样较标准样需水量大很多，为比较分析偏高岭土与硅灰和氧化铝的差别，用激光光粒度仪分析出厂原偏高岭土样与硅灰氧化铝粒度分布，三者粒度分布图如图15-15至图15-17所示，各样品对应的D_{50}、D_{97}和比表面积值在对应图下分别加以说明。

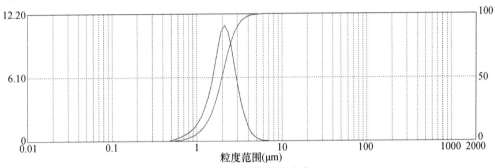

图15-15　硅灰粒度分布

说明：$D_{50}=1.847\mu m$；$D_{97}=3.478\mu m$；$S/V=2.988m^2/cm^3$。

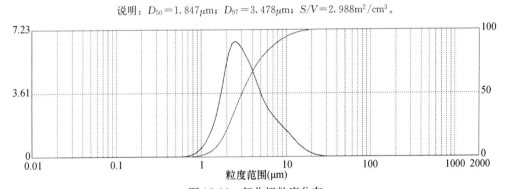

图15-16　氧化铝粒度分布

说明：$D_{50}=2.821\mu m$；$D_{97}=11.520\mu m$；$S/V=1.903m^2/cm^3$。

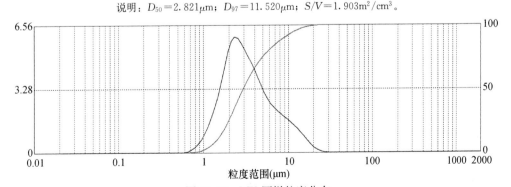

图15-17　MK原样粒度分布

说明：$D_{50}=2.763\mu m$；$D_{97}=12.981\mu m$；$S/V=1.824m^2/cm^3$。

　　图 15-15、图 15-16、图 15-17 的信息对比可得出，出厂原偏高岭土样粒度与氧化铝接近，比表面积也接近；与硅灰相比，粒径大很多，比表面积小很多。分析可得，替代样粒径较粗。为进一步找出偏高岭土样与硅灰氧化铝的区别，对样品进行 SEM 扫描分析，所得三种样品的分析图如图 15-18 至图 15-20 所示。

图 15-18　硅灰 SEM

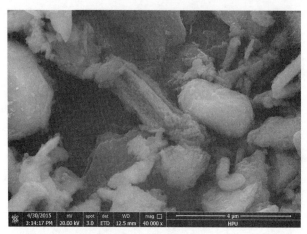

图 15-19　氧化铝 SEM

图 15-20　厂里原 MK 样 SEM

图 15-18、图 15-19、图 15-20 对比看出，硅灰粒度细，形状规则，为圆球状；氧化铝粒度大，形状不规则，有条状、块状，还有片状；偏高岭土粒度也较大，为薄片状，片与片之间常常聚集成大团。

因此得出偏高岭土需水量大的可能原因：偏高岭土易团聚成大块，不规则的薄片状和较大的粒度。鉴于以上对比分析，故在本文研究过程中采用了将原样进行打散的一次改型处理，之后对一次改型样进行多级沉降分级和一定时间的研磨的方法，通过一系列的方法从一定程度上对偏高岭土的粒度和形貌进行改变。用所制得的偏高岭土改型样进行替代实验结果，使得需水量明显较小，说明改型方法初见成效。

对改型样做粒度分析和电镜分析，结果和相关说明分别如图 15-21 至图 15-26 所示。

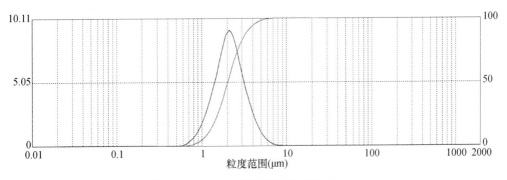

图 15-21　一次改型处理 MK 样粒度分布

说明：$D_{50}=1.900\mu m$；$D_{97}=4.968\mu m$；$S/V=3.472m^2/cm^3$。

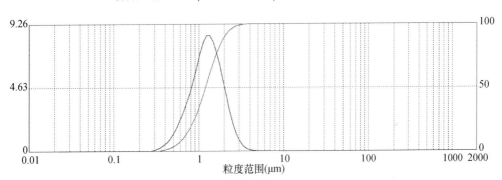

图 15-22　一次改型后，沉降分级第四级的 MK 粒度分布

说明：$D_{50}=1.117\mu m$；$D_{97}=2.373\mu m$；$S/V=6.005m^2/cm^3$。

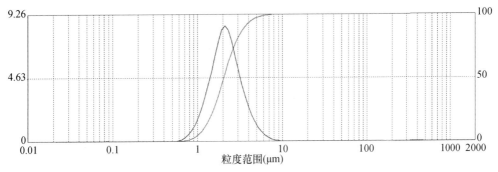

图 15-23　一次改型后，搅拌磨研磨 8 小时的 MK 粒度分布

说明：$D_{50}=1.916\mu m$；$D_{97}=4.606\mu m$；$S/V=2.256m^2/cm^3$。

图 15-24　解聚偏高岭土 SEM

图 15-25　第四级分级样 SEM

图 15-26　研磨 8h 样 SEM

　　图 15-17 与图 15-21 对比，粒度减小，比表面积增大；图 15-20 和图 15-24 对比，团聚大块减小变成团聚小块。说明片状的偏高岭土一层层叠加团聚，使得偏高岭土的粒径增大，比表面积减小。

图 15-24 和图 15-26 对比可以看出，研磨 8h，团聚块遭到很大程度的分散，不规则片状的偏高岭土经过 8h 的研磨，部分棱角被磨圆，微粒之间堆积变得集中。

图 15-24 和图 15-25 对比，较大块的团聚偏高岭土在前几次沉降过程中被筛选，留下来的四级为团聚程度小的较细的偏高岭土样。

对比分析与实验结果得出：当把偏高岭土和硅灰加入浇注料中，为达到相同流动度，不规则片状偏高岭土较之圆球形结构的硅灰，需水量肯定会大；同时偏高岭土容易团聚成大块，既阻碍了与水泥的反应，又妨碍了对空隙的填充，更多地表现出参与作用，因而混合料的黏度增大，流动性降低，需水量增大。

为进一步验证偏高岭土团聚会增大材料的黏度，为寻找有效的分散方法，将偏高岭土配成一定浓度的浆液，用高速搅拌机打散，测量不同打散时间浆液的黏度。称取 500g 偏高岭土固体，1.5g 三聚磷酸钠，加入 270mL 水搅拌均匀，对浆体分别进行 0、10s、20s、30s、40s、50s、60s、70s、80s、90s 的累计时间打散，并用 T-4 黏度计分别测量浆体的黏度。所得偏高岭土料浆的黏度随打散时间的变化图如图 15-27 所示。

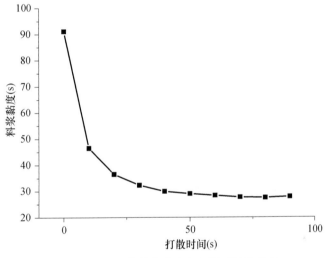

图 15-27　MK 的料浆黏度与打散时间的关系

图 15-27 表明，料浆黏度随打散时间增加而降低，累计时间 60s 以后黏度基本无变化，这种浓度的偏高岭土浆料打散 1min 为宜。偏高岭土的团聚体阻碍了其在水中的分散。将其打散促进偏高岭土在水中分散，因而黏度下降，流动性提高。董军对分散偏高岭土作了专门的研究，掺加分散后的偏高岭土对比未分散的偏高岭土，分散后的反应更充分，浆体结构更致密，力学性能更强。

偏高岭土的不规则片状使其在材料的分散能力和填充能力相对硅灰有一定程度的差距，其容易团聚成大块的特点增大了偏高岭土的粒径，又降低了偏高岭土的比表面积，使得其活性减弱，加入浇注料中替代硅灰和氧化铝表现了较大程度的参与作用，黏度增大，流动性将低，需水量增大。

三、水的 pH 对流动性的影响机理

浇注料的流动性能与料浆中的 Zeta 电位密切相关，通常情况下料浆中的黏土颗粒带

负电，会吸附料浆中的阳离子平衡自身的电荷，并在其周围形成吸附层和扩散层，在吸附层和扩散层间会形成一个电位差（即 Zeta 电位）。不同的 pH 值，进而影响到水化粒子的 ζ 电位，使得流动性发生变化。

pH 值＝6～8 范围之间逐渐升高时，黏土颗粒吸附的 H^+ 逐渐减少，碱金属离子逐渐增多，而碱金属离子的正电性较强，Zeta 电位高，黏土颗粒间的斥力较大，流动值会增大。

pH 值＞8 时，硅微粉中含有的碱土金属离子会取代碱金属离子，造成 Zeta 电位降低，流动值降低。

H^+ 能延缓水泥的水化，对流动性有所帮助，pH 值＜6 时，较多的 H^+ 开始置换浆体吸附层的 Ca^{2+} 离子，使 Zeta 电位降低，流动值减小。

因此在本文水的 pH 对需水量影响的实验中，得到 pH 值＝6～8 之间的需水量较小，在此范围之外，pH 值的减小或增大，都会增加浇注料的需水量。

四、添加剂对流动性的影响机理

本文实验研究过程中选用不同的分散剂进行，三聚磷酸钠分散作用明显；进一步研究三聚磷酸钠的用量时，加入量为 0.15％～0.2％时，需水量的降低有明显效果；当额外添加减水剂，液态 DC 对需水量的降低有一定的效果。

分散剂的工作原理基本上为：一方面通过在胶体粒子表面双电层重叠而产生的静电斥力来降低界面能，使粒子之间的吸附和絮凝降低；另一方面胶体粒子通过对分散剂的吸附而形成溶媒层。三聚磷酸钠和六偏磷酸钠是浇注料中常用的无机磷酸盐减水剂。聚磷酸盐中的聚磷酸钠在水中电离出阴离子基团聚磷酸钠根，它们通过物理吸附或化学吸附的方式吸附于胶态粒子表面。

减水剂溶于水后，吸附在粒子表面上，增大粒子的斥力，释放出由微粒子组成的凝聚结构中包裹的游离水，压缩了水泥颗粒的水化层厚度，使水化层的部分水变成了自由水，起着润湿和分散作用，从而增加了浇注料的流动值。

三聚磷酸钠在水中电离出三聚磷酸根，表面活性作用较小，基本不表现物理吸附作用，但其与高价的 Ca^{2+}，Al^{3+} 等具有强烈的亲和作用，因此主要表现为以化学吸附的方式吸附于胶态粒子表面，ζ 电位增大，胶态粒子间产生静电斥力，阻止粒子絮凝，从而达到分散、稳定的目的。

DC 是一种高效有机减水剂，具有强烈的表面活性作用，其亲油基一端主要以物理吸附的方式吸附于胶态粒子表面并进入固定吸附层（stem 层），改变胶态粒子的双电层中 stem 面上电位，它们的分散机理除了静电斥力外还有空间位阻的作用，释放出一部分自由水而达到减水的目的。

第四节　结　语

一、主要结论

（1）偏高岭土的煅烧温度、产地，沉降分级，磨矿方式、分散剂和减水剂的种类、用量，水的 pH 值对需水量都有影响，最佳试验条件是：煅烧温度 630～730℃、搅拌球磨机磨矿 8h、沉降分级第四级样品（细粒部分），中性至碱性水（pH＝6～8），三聚磷酸钠作为分散剂，用量 0.15％～0.2％。用上述条件下处理的偏高岭土（7％）替代 4％硅灰和3％氧化铝后，耐火浇注料的需水量比未处理的偏高岭土和原条件成型时显著降低。

（2）用 7％的偏高岭土替代 4％硅灰和 3％氧化铝后，每吨耐火浇注料的配料成本约降低 200 元，经济效益显著。

二、前景展望

（1）在试验研究中，我们把注意力放在改进偏高岭土性能，提高耐火浇注料流动性方面，但是，在试验中也注意到偏高岭土替代硅灰和氧化铝后，耐火浇注料的泛碱现象明显减弱。这一现象的实质是偏高岭土与水泥水化产生的氢氧化钙反应生成水化硅酸钙和水化铝酸钙，降低了耐火浇注料中水溶性组分含量的结果，值得做进一步的研究工作。

（2）该项研究的主要内容是如何提高添加偏高岭土的耐火浇注料的流动性，其实质是如何提高偏高岭土的流动性。所以，该项研究成果和进一步的深入研究，可以提高偏高岭土-混凝土和偏高岭土-砂浆的流动性，对高性能泵送混凝土、高性能特种砂浆和超高强混凝土的配制具有重要的借鉴意义。

参考文献

[1] 韩行禄. 不定形耐火材料 [M]. 北京：冶金工业出版社，1994.

[2] 邓勇跃，王玺堂，张保国. a-Al$_2$O$_3$ 微粉和水泥对刚玉质自流浇注料性能的影响 [J]. 耐火材料 2003，37（1），43-44.

[3] 柏玲. 不定形耐火材料用结合剂探讨 [J]. 本钢技术，2008（5）：21-23.

[4] 王战民等. 不定形耐火材料流变性研究新进展 [J]. 耐火材料，2011，23（34）：109-126.

[5] 李再耕，王战民，张三华，等. 不定形耐火材料流变学 [J]. 耐火材料，2006.40（特刊）：53-76.

[6] 曹喜营，王战民，李少飞，等. 全组分流变仪的现状及应用 [C] //2007 年全国不定形耐火材料学术会议论文集，2007：227-241.

[7] 王战民等. 不定形耐火材料流变性研究新进展 [J]. 耐火材料，2012，46（1）：1-8.

[8] 钢研院耐火材料研究所. 高铝质超低水泥浇注料流动性能的研究 [J]. 酒钢科技，2006（3），91-94.

[9] 史道明等. 中间包用莫来石质自流浇注料的研制与应用 [J]. 耐火材料，2001，35（4）：221-222.

[10] 吴芸芸等. 粒度组成对 KR 搅拌头用浇注料性能的影响 [J]. 武汉科技大学学报，2009，32（3），270-274.

[11] 王维邦. 耐火材料工艺学 [M]. 北京：冶金工业出版社，2006.

[12] Andreasen A H M. Zur kenntnis des mahlgutes [J].. Kolloidchemische Beihefte，1928，27（6）：349-358.

[13] Furnas C C. Relations between specific volume，voids，and size composition in systems of broken solids of mixed sizes [R]. U S Bureau of Mines Reports of Investigations，1928.

[14] Funk J E，Dinger D R. Particle packing，Part 1：undamentals of particle packing monodispersesphers [J]. Interceram，1992，41（1）：10-14.

[15] 董莉峰，郭攀龙，齐艳红. 粒度组成对浇注料性能的影响 [J]. 包钢科技，2005，31（5）：18-21.

[16] 祝洪喜等. 耐火材料连续颗粒分布的紧密堆积模型 [J]. 武汉科技大学学报：自然科学版，2008，31 (2)：159-163.

[17] 周苗. 无水泥高铝自流浇注料 [J]. 国外耐火材料，2003，28 (3)：40-43.

[18] 曹林慧. 不同结合剂对不定形耐火材料流变特性的影响 [J]. 国外耐火材料，2014 (9)：43，53.

[19] 孙庚辰等. 磷酸盐结合高铝质不定形耐火材料 [C]. 2011 全国不定形耐火材料学术会议论文集，2012，23 (19)：59-64.

[20] 贺东强. 二氧化硅微粉在不定形耐火材料中的应用 [J]. 山东陶瓷，2013，36 (1)，26-28.

[21] 李朝云，涂军波，魏军从. 刚玉质自流浇注料流动性能的研究和应用 [J]. 硅酸盐通报，2008，27 (3)，593-596.

[22] 徐勇译. 含 971 U 型硅微粉自流浇注料的制备与表征 [J]. 耐火与石灰，2014 (4)，39 (2)，57-59.

[23] Myhre B. The effect of particle size distribution on the flow of refractory castables [C] //American Ceramic Society 30th Annual Refractories Symposium, St Louis, Missouri, USA, 1994：3-17.

[24] 郭清勋译. 含超低水硬性化合物的氧化铝质浇注料 [J]. 国外耐火材料，1996，21 (9)：49-53.

[25] 丁铸等. 偏高岭土混合材水泥的水化研究 [J]. 吉林建材，1997 (4)：16-20.

[26] 卢艳霞，唐建平，王超. SM 高效减水剂及锆英石对耐火浇注料性能的影响 [J]. 耐火与石灰，2012，37 (4)：1-2，7.

[27] 王子明等. 脂肪族高效减水剂的吸附特征与作用机理 [J]. 武汉理工大学学报，2005，27 (9)：42-45.

[28] 张三华，李再耕. 减水剂对超低水泥 Al_2O_3-Cr_2O_3-ZrO_2 浇注料流变性能的影响 [J]. 耐火材料，

[29] 封鉴秋等，刚玉质自流渗浆浇注料浆体的流变特性 [J]. 耐火材料，2006，40 (5)，335-338.

[30] HlenK V；LewandowskiH，NarresH，etal Adsorption of polye lectrolytes onto oxides- the influence of ionic strength, molar mass and Ca^{2+} ions Colloids and Surfaces A：Physico-chemical and Engineering A specls 2000 163：45-53.

[31] 曾伟，王玺堂，张保国. 添加剂对硅溶胶结合刚玉浇注料流动性和常温物理性能的影响 [J]. 武汉科技大学学报，2008，31 (6)：570-573.

[32] 诸华军等. 高岭土煅烧活化温度初选 [J]. 建筑材料学报，2008，11 (5)：621-625.

[33] 王春梅等. 煅烧制度及激发剂对偏高岭土活性的影响 [J]. 武汉理工大学学报，2009 (4)：126-130.

[34] 彭军芝等. 煅烧制度对高岭土的结构特征及胶凝活性的影响 [J]. 建筑材料学报，2011，14 (4)：482-485.

[35] 潘庆林，孙恒虎. 活化高岭土适宜煅烧温度 [J]. 水泥工程，2003 (6)：18-20，24.

[36] 董军. 偏高岭土团聚颗粒的高效分散研究 [D]. 武汉：武汉理工大学，2012.

第十六章　高岭土尾矿的开发利用

风化型高岭土矿山尾矿的绝大多数是石英砂，所以，高岭土尾矿的开发利用就是水洗高岭土以后废弃石英砂的开发利用。

石英砂是应用最广泛的非金属矿物原料之一。广东茂名、湛江、廉江和广西北海等地的风化沉积型高岭土原矿中含有80%左右的石英砂，并含有一定数量的碎屑状杂质矿物，影响了石英砂的利用。石英砂如同北方的煤矸石一样当作废弃物堆放，这不仅侵占大量耕地而且造成了资源的浪费。以高岭土公司生产高岭土产生的尾矿——石英砂为原料，研究石英砂的选矿方法和利用途径，其目的是将这一固体废弃物资源化，在提高企业经济效益的同时，保护高岭土矿区环境，实现矿产加工业的可持续发展。

第一节　石英砂来源及矿石特征

南方风化沉积型高岭土在生产过程中，产生大量废弃的尾矿——石英砂。通过对广东湛江石英砂的矿物学研究表明，在石英砂中，除石英以外还含有一定数量的角闪石（黑色粒状矿物，显晶质结构）、钾长石（肉红色粒状矿物、显晶质结构）、白云母（白色片状矿物，显晶质结构）、高岭石（白色片状，隐晶质结构）、赤铁矿（红色，隐晶质结构）等杂质矿物，这些矿物和石英颗粒处于分离状态。石英砂原矿化学成分分析结果见表16-1。

表 16-1　石英砂原矿化学成分分析结果

样品性质	SiO_2	Al_2O_3	Fe_2O_3	CaO	MgO	Na_2O+K_2O	烧失量	总和
湛江石英砂原砂（%）	97.22	1.17	0.12	0.42	0.26	0.41	0.40	100

对比石英砂中各种矿物的化学成分可以知道，石英砂中的 Fe_2O_3 主要赋存在角闪石和赤铁矿中，K_2O 主要赋存在钾长石和白云母中，Al_2O_3 主要赋存在高岭石和钾长石中，所以，利用选矿的方法提纯石英砂的主要任务就是选除角闪石、白云母、钾长石和高岭石等杂质矿物。

第二节　石英砂的应用领域与技术指标要求

石英砂是大宗非金属矿，用途非常广泛，是近百种工业产品的原料，主要用于玻璃工业、铸造业、填料领域及磨料、化学工业。主要用途见表16-2。

表 16-2　石英砂岩的主要用途

应用领域	类型	主要用途
玻璃及玻璃制品工业	建筑玻璃	制造各种平板玻璃、夹丝玻璃、压花玻璃、玻璃砖、空心玻璃、泡沫玻璃等
	日用玻璃	制作瓶罐及玻璃器皿，如啤酒瓶、玻璃杯、保温瓶及装饰品等
	技术玻璃	制作光学玻璃、玻璃仪器、玻璃纤维、导电玻璃、保温瓶及装饰品、石英坩埚、激光光源和辐照光源型石英玻璃等
机械工业	铸造	造型用砂及研磨材料
冶金工业	辅料	冶炼添加剂，熔剂及各种硅铁合金
耐火材料工业	窑炉	窑用高硅砖，普通砖及耐火粉料等
水泥工业	水泥	沙子水泥配料
	水泥制品	加气混凝土、普通制品等
化学工业	硅酸钠	制作水玻璃及无定型二氧化硅等
	无水硅酸	硅胶、干燥剂、石油精炼催化剂
其他		橡胶、塑料的填料、防腐蚀和耐磨材料、道路标志涂料和填料、石油钻井（压裂砂）等

1. 玻璃用石英砂

石英砂是玻璃工业的主要原料，玻璃工业对石英砂的质量要求主要体现在化学成分、粒度组成、稳定性三个方面。我国玻璃行业对石英砂产品的质量要求见表 16-3，表 16-4。在表 16-3 中，"±"后面的数据为波动性要求［《平板玻璃用硅质原料》（JG/T 529—2000）］。表 16-5 和表 16-6 分别为玻璃允许的含铁量及英国海沃斯公司工业用砂的规格标准。

表 16-3　平板玻璃用硅质原料化学成分及波动范围

级别	化学成分（%）		
	SiO_2 不小于	Al_2O_3 不大于	Fe_2O_3 不大于
优等品	98.50±0.20	1.00±0.10	0.05±0.01
一级品	98.00±0.25		0.10
二级品	96.00±0.30	2.00±0.15	0.20
三级品	92.00±0.30	4.00±0.20	0.25
四级品	90.00±0.30	5.00±0.30	0.33

表 16-4　平板玻璃用硅质原料粒度组成

级别	粒度组成（不大于）（%）				
	+1mm	800μm	710μm	500μm	−100μm
优等品	0	0	0.5	5.50	5.0
一级品		0.5	—	—	10.00
二级品					20.00
三级品					25.00
四级品					30.00

表 16-5　玻璃允许的含铁量

玻璃种类	允许的含铁量（％）
镜子用玻璃	0.1
物理化学用玻璃	0.1
半透明厚玻璃	0.2
半透明薄玻璃	0.3
绿色，褐色瓶玻璃	0.5 以上

表 16-6　英国海沃斯（HEPWORTH）公司生产的工业用砂规格标准（含铁量要求）

应用领域	含铁量（Fe_2O_3）（％）
供平板玻璃生产的典型砂	0.10
供带色玻璃容器生产的典型砂	025
供铸造用的典型砂	0.23

2. 机械工业

铸造用的石英砂希望二氧化硅含量高，其他成分含量低，以保证耐火度，故以 SiO_2 的含量作为铸造用石英砂的主要验收依据。一般来说，对于铸钢用砂，SiO_2 含量应大于 97％对于铸铁用砂，SiO_2 含量应该大于 85％；对于有色合金铸造用砂应该大于 75％。SiO_2 的分级系列见表 16-7。

表 16-7　铸造用砂按二氧化硅的含量分级（质量分数 $\omega/\%$）

代号	98	96	93	90	85	80
二氧化硅最小含量	98	96	93	90	85	80

含泥量：含泥量为铸造用砂中粒径小于 0.020mm 的粒级，是铸造用砂的一项重要指标，特别是树脂砂，覆膜砂等先进工艺对这一指标的要求很严格。一般来说，精选砂颗粒表面干净，含泥量小于 0.2％，擦洗砂含泥量不大于 0.3％，水洗砂含泥量不大于 1.0％。铸造用砂含泥量分级见表 16-8。

表 16-8　铸造用砂含泥量分级（质量分数 $\omega/\%$）

代号	0.2	0.3	0.5	1.0	2.0
最大含泥量	0.2	0.3	0.5	1.0	2.0

粒度：在铸造用砂中，不同的铸造工艺要求不同粒度。粒度大小由铸造用试验筛测定。筛号与筛孔尺寸对应关系见表 16-9。

表 16-9　筛号与筛孔尺寸的对应关系

筛号	6	12	20	30	40	50	70	100	140	200	270
筛孔尺寸（mm）	3.35	1.70	0.85	0.60	0.425	0.30	0.212	0.15	0.106	0.075	0.053

颗粒形状：铸造用砂利用测定颗粒角形系数的方法对颗粒形状进行分类。角形系数是铸造用砂的实际表面积与理论比表面积的比值，用来反映铸造用砂颗粒的圆整程度。角形系数越接近 1 时，表明颗粒的形状越接近球形；角形系数越大，则砂粒越接近尖角形。铸

造用砂颗粒形状根据角形系数分级见表 16-10。

表 16-10　颗粒形状按角形系数的分级

形状	代号	角形系数
圆形	○	≤1.15
椭圆形	○—□	≤1.30
钝角形	□	≤1.45
方角形	□—△	≤1.63
尖角形	△	>1.63

3. 磨料用石英砂

随着现代化生产对材料性能、精密度、使用寿命的要求越来越高，材料经表面处理（如轴承、汽缸、阀体、轴、滚柱以及精密测量仪、光学玻璃镜片、模卡具等）后其精密度、稳定性以及使用寿命都将有所提高。磨料在表面处理中就可以除去金属材料表面的铁锈、污垢，磨除表面的毛刺，磨平表面凹坑，提高表面光洁度。目前，国内磨料产品主要有：金刚砂，刚玉，氧化铈等。这些产品中金刚砂、刚玉的硬度高，摩擦力强，在工业中应用已经十分广泛，但这些材料对于一些有特殊要求、低硬度的材质进行处理时，会发生表面磨损过度，浪费材料等现象，而氧化铈类磨料，又价格昂贵。硅质磨料是一种硬度适中，原料来源广，价格低廉的石英磨料。石英作为磨料具有硬度，相对耐磨性适中的特点，是一种理想的研磨材料。同时由于石英原料来源丰富，价格低廉，生产应用具有推广价值。

磨料颗粒粒径的大小是影响其质量的一个重要因素。粒径大，所磨材料表面的光洁度低；粒径小，所磨材料表面平整度好、精密度高、光洁度好，但生产成本较高。因此，应选择合适的粒度。作为磨料的石英还需要进行分级，超细，改性处理。

因石英的密度为 $2.65g/cm^3$，其磨料产品在水溶剂清洗条件下易沉降结块，因此必须使它在水中具有较好的悬浮性能。可以采用化学复合法，对石英超细产品进行湿法、干法两种条件试验。

湿法是在振动磨中进行超细处理时，用酒精将改性剂（硅烷类）搅匀至溶解完全直接加入振动磨中使之与原料充分地混合搅拌，达到完全覆盖的效果，其覆盖后的沉降性能可直观地以胶体界面值来评定。

干法改性是在产品经超细处理后，粒度已达到50％通过 $14\mu m$ 以下时，在搅拌混合机中加入酒精溶解完全的改性剂，不断喷洒搅拌，直至均匀，然后堆放陈化24h，进行晒干处理而得到产品。改性剂用量为0.15％时，产品在水中的悬浮性能已大为改善，可满足生产需要。

金属清洗包括去除金属表面的油垢、旧漆、铁锈以及高温氧化层等，因此，对一般水基清洗剂的技术要求如下：有良好的去污能力；清洗剂与金属接触不应引起金属的腐蚀、变色和失光；使用浓度低；清洗剂对金属有良好的漂洗性；稳定性好，能耐酸、碱、盐及硬水；微毒或基本无毒，不引起公害。

依照上述要求，采用的金属清洗剂，其配方为：石英砂70％，硼砂15％，表面活性剂10％，助剂1％，缓蚀剂0.5％，洗涤助剂3％，稳定剂，促进剂少量。石英磨料起摩擦、冲击洗涤作用，硼砂起润滑、助洗作用并可协调表面活性剂增强其洗涤能力，同时避免轴承受石英的过度冲击；表面活性剂起洗涤作用，缓蚀剂可防止轴承洗涤中生锈。

4. 过滤用石英砂

低浊或低温低浊的微污染原水在常规的絮凝、沉淀、过滤等处理工艺中得不到理想的处理效果。采用氧化铝改性剂涂在石英砂上，可改变石英砂表面的负电性。采用这种氧化铝涂层砂进行直接过滤，可以有效地提高对浊度和有机物的去除效果。

采用 0.1mol/L 的 HCl 溶液对石英砂表面进行预处理，浸泡 24h 后，用蒸馏水冲洗干净，然后在 110℃烘干，配置 1mol/L 的 $AlCl_3 \cdot 6H_2O$ 溶液 250mL，用 NaOH 溶液调整 pH 值，以形成氧化铝悬浮液，在氧化铝悬浮液中加入 500g 砂，分装于两个三角瓶中，用磁力搅拌器在 70℃条件下连续搅拌 3h，然后置于 110℃烘箱烘干，经烘干后的氧化铝涂层砂用蒸馏水冲洗干净，在 110℃烘箱内烘干后供使用。

（1）石英砂表面涂以氧化铝，改变了其原有性质，使之在零电荷时的 pH 值由 0.7～2.2 提高到 7.5～9.5。在中性 pH 值条件下石英砂表面的电荷由负变正，明显有利于带有负电荷的天然杂质颗粒的去除和过滤过程黏附作用增强。

（2）浊度为 20NTU 左右的微污染原水，可用氧化铝涂层砂直接过滤，不需投加任何混凝剂。原水中的悬浮杂质和微量溶解性有机物可同时被不同程度地去除。试验证明，涂铝砂的除浊和去除有机物的效果显著优于未涂层砂。

（3）实验结果证明，经过 10h 过滤，涂铝砂滤后水比未涂层砂出水浊度平均低 45%。过滤 34h 后，前者比后者低 31%。过滤 69h 后总平均低 25%。

油类是人类社会不可缺少的宝贵资源，随着经济的发展，用于国民经济的各个领域和人类的日常生活的各种油品用量与日俱增。全世界每年至少有 500～1000 万 t 油类通过各种途径污染水源，使水的感观状态发生变化。为保护人类健康，世界上很多国家都对排放废水的含油浓度作出了规定：最高允许排放浓度为 10mg/L。有研究表明，改性石英砂对含油废水处理是可行的。

将石英砂（粒度 0.3～0.5mm）经 NaOH 碱洗，烘干，最后用表面活性剂处理后石英砂疏水性增加，亲油性提高，从而增强了对油的吸附能力，其处理能力可达到每克吸附 0.05g 油；改性石英砂经再生后对含油废水的处理能力可恢复到原有水平。

5. 石油开采压裂砂

石油油井经过一段时间开采后，油井逐渐老化，产油率不断降低。原因是油层渗透性能降低，将石英砂经过选矿提纯加工以及整形覆膜后可以用于石油开采中，可以明显提高出油效率及延长油井的生产年限。

支撑剂是储层形成裂缝后，由压裂携砂液输送、携带充填至裂缝中的具有一定强度与圆球度的固体颗粒。其作用在于泵注停止并且缝内液体排除后保持裂缝处于张开状态，底层流体可通过高导流能力的支撑剂由裂缝流向井底。

石英砂支撑剂的要求：

（1）粒径均匀。支撑剂粒径均匀可提高支撑剂的承压能力及渗透性。目前使用的支撑剂直径多半是 0.42～0.84mm（40～20 目），有时也用少量直径为 0.84～2mm（20～10 目）的。

（2）强度高。支撑剂组成不同，其强度也不同，强度越高，承压能力越大。

（3）杂质含量少。压裂砂中的杂质是指混在砂中的碳酸盐、长石、铁的氧化物及黏土等矿物质。一般用酸溶解度来衡量存在于压裂砂中的碳酸盐、长石和氧化铁含量；用浊度来衡量存在于压裂砂中的黏土、淤泥或无机物质微粒的含量。

（4）砂子圆球度要好。砂子的球度是指砂粒与球形相近的程度，圆度表示颗粒棱角的相对锐度。支撑剂颗粒圆且大小大致相同时，颗粒上应力分布比较均匀，可承受的载荷比较大。

（5）密度小。若密度大，在压裂液中悬浮及在裂缝中充填较困难。

表 16-11　重庆长江造型材料有限公司精制石英砂支撑剂主要性能指标

型号	YLS—2401	YLS—3501	YLS—4701	YLS—7141
规格（目）	20/40	30/50	40/70	70/140
适用闭合压力范围（MPa）	≤27.6	≤35	≤35	≤35
体积密度（g/cm3）	1.55～1.6	1.55～1.6	1.55～1.6	1.55～1.6
视密度（g/cm3）	2.45	2.45	2.45	2.45
圆度	0.65～0.75	0.65～0.75	0.65～0.75	0.65～0.75
球度	0.65～0.75	0.65～0.75	0.65～0.75	0.65～0.75
破碎率（%）	≤12	≤10	≤8	≤8
酸溶解度（%）	≤5	≤5	≤5	≤5
浊度（NTU）	≤100	≤100	≤100	≤100

第三节　石英砂加工方法

一、筛分分级

筛分分级是根据矿物中杂质的粒度分布、主要赋存粒级，用筛分法分离出杂质含量较高粒级，使有用矿物与杂质分离。

在研究湛江石英砂时发现，原砂中肉红色的钾长石含量较多，有少量的粒状黑色矿物（角闪石）及白色片状矿物（白云母）。石英砂原矿分级后各粒级含量及各粒级所含杂质种类见表 16-12。

表 16-12　湛江石英砂原矿粒度分布及矿物组成

粒度分布			矿物成分		
粒级（mm）	样品重量（g）	所占比例（%）	主要矿物	次要矿物	微量矿物
＞2	35.5	13.58	石英	钾长石	角闪石
2～0.5	53.5	20.46	石英	白云母、角闪石	钾长石
0.5～0.25	74.5	28.49	石英	白云母、角闪石	钾长石
0.25～0.1	78.5	30.02	石英	白云母	角闪石
＜0.1	19.5	7.45	石英	白云母	角闪石

将湛江高岭土原矿经过水洗得到的石英砂原矿，在电子恒温干燥箱中 130℃ 干燥 3h 后，通过筛分分析发现钾长石多集中在 +2mm 粒级中，-2mm 粒级中含钾长石极少；角闪石多集中在 -2mm 粒级（占 90% 以上），+2mm 粒级很少。所以，分级以后的 +2mm 粒级的石英砂可直接用于陶瓷原料。

二、选矿提纯

在石英的各种用途中，铁是一种有害的杂质，石英砂的选矿提纯一般以除铁为主要目的。

1. 铁在石英砂中的赋存状态

铁在石英砂中的赋存状态，决定了选矿法可否将它们去除以及去除的程度。因此，首先要了解它们是存在于哪些矿相，是以何种形式存在，含量及其分布等情况。

石英砂中的主要矿物是石英，此外，还有其他十几种硅酸盐矿物及金属矿物，如角闪石、云母、榍石、绿帘石、石榴石、辉石、电气石、刚玉、方解石及磁铁矿、赤铁矿、钛铁矿等。此外还有风化而成的黏土矿物。化学性能不稳定的矿物在岩石破碎，风化，搬运的过程中会被自然淘汰，所以石英砂中的矿物主要是由化学性质稳定的几十种矿物组成。大多数石英砂中，石英含量可达 98%～99%。而劣质砂和长石砂中，其含量仅为 75%～80%。石英砂中的铁含量随其粒度的降低而上升，这是因为细粒度中的重矿物及长石含量较大，它们不像石英那样耐风化。根据石英砂的具体情况，可以将铁的存在状态划分为 5 种形式：

（1）存在于黏土矿物中。在某些出露地表的沉积砂矿床中，含有较多的风化黏土。这种黏土是由长石、石灰石、页岩等风化而成的，黏土的成分是含有云母、石英、褐铁矿、绿泥石、方解石和角闪石混合物的天然水成矾土硅酸盐。其粒度很细，主要由 $10\mu m$ 以下的颗粒组成。

（2）存在于重矿物及磁性矿物中。重矿物系指相对密度大于 $2.9g/cm^3$ 的矿物。这些矿物中大部分都具有磁性或弱磁性，铁是这些矿物中的基本组成元素。所以我们也可以将它们称为是存在于单体矿物中。

（3）存在于轻矿物中。轻矿物主要指长石（通常为正长石或微斜长石）。长石中的氧化铝有时被氧化铁取代，其量可达 0.5%～0.7%。此外，还有高岭石、白云母、方解石、白云石等。在这些轻矿物中，铁是以类质同象形式进入晶格中，由于它们的密度与石英十分接近，所以分离它们相当困难。

（4）存在于薄膜铁中。石英砂中的石英颗粒，在纯净的情况下呈白色，受到污染后呈现灰色、褐色、黄色甚至红色等。例如黏土可使之呈灰色或黄色，金属矿物和其他暗色矿物能使之呈灰色，薄膜铁使之呈黄色或红色。我们平常看到的大都是受到污染的石英砂。从成分上说，石英颗粒的污染主要是铁质污染和泥质污染。前者是指铁的氧化物或氢氧化物对石英颗粒的污染。后者是指一系列层状构造的铝硅酸盐的黏土类矿物污染。从成因上说，可分为原生污染和次生污染。原生污染是指由矿染作用而导致的在某一矿物表面或内部被它种矿物污染的现象。矿染作用是在成矿过程中某种矿物以微粒或薄膜状产于它种矿物内部或表面的现象，是与成矿过程密切相关的。还有因吸附作用而导致的在石英颗粒表面被它种矿物污染的现象，称为次生污染。

石英颗粒受黏土矿物污染是与石英表面凹陷及缝隙以及黏土的可塑性相关的。这种附于石英颗粒表面的黏土质比较容易去除，因为它们粘结并不牢固。而石英颗粒表面氧化铁薄膜却很难消除，这是因成矿作用造成的。实际上，所谓薄膜铁主要是指这种情况。

（5）存在于连生体或晶格中。石英砂中的各种矿物基本上可以认为已经处于单体解离状态，故无需再破碎，但石英颗粒与其他含铁矿物连生在一起的情况仍然存在。这些连生体多数是暗色矿物，它们有的包裹在石英颗粒内部，有的镶嵌在石英颗粒的边缘，成为矿物集合体，所谓包裹铁主要是指这种情况。

石英砂中铁的赋存状态，还可以按其他的方法进行分类。按密度分类，可分为轻矿物和重矿物，按磁性分类，可分为非磁性矿物和磁性矿物。当然，如何给它们分类并不是十分重要的。

2. 石英砂的可选性分析

不同的石英砂中，铁含量的高低是不同的，影响石英砂中三氧化二铁含量高低的主要原因有：

（1）石英砂矿的形成，其物质成分来源于母岩（如花岗岩、片麻岩）中，其含铁质矿物的多少，直接影响石英砂中铁含量的高低。

（2）风力运输过程中，夹带或扬弃了部分铁、泥质物，这会影响石英砂表层铁含量的变化。

（3）地下水为石英砂矿中的铁质矿物提供了有利于氧化的环境，诱发形成较多的次生氧化铁薄膜。上部砂层淋漓渗透带来的氧化铁溶液，其浓度较高时就会形成附于石英颗粒表面氧化铁薄膜。因此，在地下潜水水平以上，由于长期受大气降水的冲刷及淋漓渗透，一部分氧化铁及细小的铁，泥质流失，石英砂质量一般比下部矿层好。

用选矿方法从石英砂中去除铁，其效果取决于石英砂中的赋存状态。在选矿前，需要进行工艺矿物学分析，即考察石英砂中铁的赋存状态的方法。

3. 磁选

根据被分选矿物颗粒间磁性差异及其在磁场中所受磁力的大小，进行矿物分离的选矿方法。

按磁选机的磁场强弱，可分强磁选和弱磁选；根据分选时所采用的介质，又分为湿式和干式磁选。只要被分离矿物或矿物集合体具有适当的磁性差异及适合的粒度，几乎都可用磁选进行选矿。

在石英砂的选矿中，磁选可以除去石英砂中夹杂的机械铁、各种含铁的磁性矿物及其他磁性矿物颗粒。强磁选还可除去弱磁性矿物及含有铁质矿物的包裹体、浸染体的石英颗粒。

例如，实验中磁选原料为筛分分级得到的－2mm干燥石英砂原矿，所用磁选机为开封市剑强磁选设备有限公司生产的QCXJ型干式磁选机，磁场强度为1.5×10^4GS。QCXJ型干式磁选机由稀土永磁辊、张紧轮、输送带、分料板以及给料机等基本部分构成。待处理物料经合料机进入输送带，由输送带将物料送到磁辊磁场区，磁性颗粒随辊转到下方落入磁性产品出口，非磁性颗粒在惯性力的作用下被抛离磁辊带面，落入非磁性产品出口。

实验中所用磁选机为干式磁选机，石英砂中的含铁杂质主要附集于角闪石中，因此实验以角闪石的选出率代表铁质杂质的选出率，结果见表16-13。

表 16-13　－2mm 样品 3 次磁选除铁效果见

磁选次数	角闪石质量（g）	角闪石选出率（%）	角闪石总量（g）	石英砂原矿总量（kg）
1 次	109	64.77		
2 次	28.5	16.93	168.3	25.672
3 次	14	8.32		
残余角闪石	16.8	9.98		
角闪石总含量（%）	0.66			
角闪石总选出率（%）	90.0			

磁选结果分析：实验中原砂中角闪石含量为 0.656%，3 次磁选可以除去 90.02% 的角闪石，即可除去等同百分比的 Fe_2O_3。经测试表明磁选可将样品中的 Fe_2O_3 含量从 0.18% 降低到 0.08%。另外，通过磁选可明显提高石英砂的白度，3 次磁选除铁后样品的白度有明显提高。磁选之所以不能除尽石英砂中所有的铁是因为磁选只能除去磁性较强的矿物，而不能除去磁性很弱的赤铁矿；另外许多细小含铁杂质和石英砂形成包裹体，不能除去。

4. 擦洗

常用的擦洗设备有圆筒形擦洗机、槽式擦洗机。筒形擦洗机筒体分前后两段，前段无孔，有扬板及高压喷水装置，用来浸泡和碎散矿石；后段有孔，用于泥石分离。槽形洗矿机常用于难洗矿石，它由倾斜的半圆形金属槽和两组相互交织、相对旋转的螺旋叶片构成，具有强力的擦洗作用。把矿石预先浸泡，在洗矿进程中设置高压喷水，施加振动，添加少量药剂（例如 1% 浓度的 NaOH）等，均可提高洗矿效力。

擦洗一般是选矿中的准备作业。但对于石英砂来说，几乎都离不开洗矿作业，这是因为石英砂矿中往往含有较多的风化黏土。这些黏土甚至将石英颗粒包裹起来形成胶结块。因此可以说洗矿作业在石英砂选矿中是一个独立的选别作业。有时经过洗矿之后，就可以得到合格的石英砂。

擦洗之前，通常要进行粗筛（如孔径 2cm）以除去砂砾，然后将所得干砂进行磁选。

从石英砂中去除黏土矿物及细粒矿物是十分简单的。因为二者的粒度存在明显差别，一般石英砂粒度范围为 0.075～1.0mm，而黏土矿物粒度小于 50μm，一般小于 20μm。因此，简单的水洗就可以去除黏土矿物。需指出的是，石英砂的机械擦洗，不仅是去除黏土矿物，而且还除去 0.1mm 以下的细粒矿物以及部分的附着于石英砂表面的铁质。

擦洗初步探索性试验表明：一般搅拌擦洗难以达到去除杂质的目的，只有采用加药（Na_2SiO_3）强力擦洗才能达到擦洗清除杂质的目的。加药的目的是增大杂质矿物和石英颗粒表面的电斥力，增强杂质矿物与石英颗粒相互间的分离效果。加药擦洗实验中 Na_2SiO_3 用量为 3～5kg/t 时，效果最佳，确定所加药比例为 0.3%～0.5%。

经过磁选得到的－2mm 粒级石英砂原矿（1 号样）与水配成 35%～55% 的矿浆，加入擦洗药剂水玻璃（Na_2SiO_3），用量为样品重量的 0.3%，在圆筒式摩擦洗矿机中擦洗不同时间，然后清水冲洗得石英砂 2 号、3 号、4 号样，实验结果见表 16-14。

表 16-14　不同擦洗时间实验结果

样品编号	擦洗时间（min）	粒度	精矿产率（%）	SiO_2（%）	Al_2O_3（%）	Fe_2O_3（%）
1 号	—	−2mm	100	97.22	1.17	0.15
2 号	5	—	91.8	98.09	0.68	0.117
3 号	10	—	87.5	98.41	0.16	0.098
4 号	20	—	84.2	98.56	0.096	0.094

擦洗实验效果：加药擦洗可以将石英砂中 SiO_2 含量从 97.22% 提高到 98.56%，并减少 Al_2O_3 和 Fe_2O_3 等杂质。擦洗去除样品中的黏土类矿物十分明显，1 号原砂经过加药擦洗 20min 后 Al_2O_3 含量从 1.17% 降到 0.1% 以下，Fe_2O_3 含量从 0.15% 下降到 0.094%。

5. 化学法除铁

（1）酸浸及酸洗是普通化学处理方法。可分为冷酸处理和热酸处理。在静止条件下，靠酸对矿物的溶解作用进行的处理叫做酸浸；在酸性介质中进行擦洗的作业可称为酸洗。酸浸需要相当长时间，特别是冷酸溶解需要的时间更长，致使这一工艺在工厂中难以使用。

假定石英砂表面主要是氧化铁，酸洗的基本反应是：

$$Fe_2O_3 + 3H_2SO_4 \longrightarrow Fe_2(SO_4)_3 + 3H_2O$$

反应中铁薄膜溶解，为使反应按理想速度进行，需要加入过量的酸。生产的污水中含有过量酸，可用熟石灰中和：

$$Ca(OH)_2 + H_2SO_4 \longrightarrow CaSO_4 + 2H_2O,$$

污水中的可溶性盐按下列反应沉淀：

$$Fe_2(SO_4)_3 + 3Ca(OH)_2 \longrightarrow 2Fe(OH)_3 + 3CaSO_4 。$$

$Fe(OH)_3$ 不稳定，会分解为氧化物。国内曾报道了如下的方法，具有一定的参考价值。

在温度为 90℃ 并有金属铜存在的情况下，用 1% 或 2% 的硫酸处理天然石英砂，时间为 40~60min。Fe_2O_3 含量有 0.5% 降至 0.15% 左右，得到了合格的玻璃用砂。经一次处理氧化铁溶解率达 74% 以上，经过两次处理达到 88%，相应的精砂中的氧化铁含量降低至 0.06%。有研究氧化还原反应是稀酸在金属铜存在下有效地去除砂粒上氧化形成铁薄膜的基础。在有氧化铁薄膜存在并有游离及化合态的存在下，产生了以下反应：

$$Cu + 3H_2SO_4 + Fe_2O \longrightarrow CuSO_4 + 2FeSO_4 + 3H_2O$$

（2）碱处理法。常用的碱性药剂有 NaOH 和 Na_2CO_3。其作用原理是使不溶性的有价金属转化为可溶性的金属钠盐，从而达到石英砂净化的目的。

（3）氯化法。将氯气、氯化钠、氯化铵与石英砂一起加热，使砂中的铁成为 $FeCl_3$ 气体挥发，也可以达到除铁的目的。很多人研究过将铁转化为氯化铁的方法，如在炉料中加入氯化钠或其他氯化物，使其按照下列反应进行：

$$Fe_2O_3 + 6NaCl \longrightarrow 2FeCl_3 + 3Na_2O$$

但这种反应并不充分。研究表明，这样做的脱色效果并不显著，而且上述反应是可逆的。另一方面，由于玻璃液的黏度较高，Fe_2Cl_3 的浓度又较小，所以它只在设备条件非常好的情况下才能实现。此外，在有氯离子或氟离子存在的情况下，于 900℃ 加热石英砂，几乎所有的铁都能定量地按下述方程转变成 $FeCl_3$：

$$2Fe_2O_3 + 6Cl_2 \longrightarrow 4FeCl_3 + 3O_2$$

上述三种化学处理方法中最常用的当属酸浸法。此法不仅可以除去含铁杂质还可以除去碳酸盐类。酸浸主要是通过酸对赤铁矿、碳酸盐类及其他有害杂质的溶解作用来分离石英砂颗粒表面的薄膜铁、伴生在石英砂中的铁矿物或含铁矿物、碳酸盐类杂质的。根据酸浸温度的不同，酸浸试验可分为热酸处理和冷酸处理两组试验。冷酸处理采用浸泡间歇搅拌浸出法，时间一般为24h。热酸处理一般时间较短，采用搅拌浸出。

例如，实验研究采用冷酸浸出方法进行处理，实验原料为经筛分分级、磁选和擦洗后的－2mm石英砂。酸浸实验采用浓度为4mol/L盐酸酸浸，5号为－2mm石英砂不分级样品，6号、7号、8号分别为－0.25mm、0.25～0.5mm、0.5～2mm粒级样品，样品经擦洗后酸浸24h。表16-15为酸浸实验的数据。

表 16-15 分级后擦洗酸浸实验结果

编号	SiO_2	Fe_2O_3	Al_2O_3
5 号	98.7%	0.082%	0.078%
6 号	99.4%	0.052%	0.048%
7 号	98.48%	0.076%	0.052%
8 号	97.93%	0.093%	0.079%

注：样品状态：颗粒　　检验方法：氢氟酸重量法

酸浸除铁效果：原砂不分级酸浸后 SiO_2 纯度可达到98.7%，分级后样品酸浸得到 SiO_2 纯度随粒度增大而减小，以7号样－0.25mm粒级效果最好，SiO_2 含量达到99.4%，Fe_2O_3、Al_2O_3 的总含量为0.1%，其中 Fe_2O_3 含量为0.052%。分析原因可能是因为大颗粒石英砂中包裹有杂质，此时酸浸法达不到除杂的效果。因此实际操作中应把砂加工到一定细度后再进行除铁，理论上是砂越细，杂质矿物与 SiO_2 分离性越好，酸浸除杂效果越好，但考虑到经济因素，进行酸浸除杂石英砂的最佳粒度为0.1mm左右。

6. 浮选

浮选通常是将矿物中有价值的部分浮起来，从而与尾矿分离，这种方法叫正浮选。但在石英砂中由于有价值的石英占绝大多数，所以，通常利用反浮选把不需要的重矿物，黏土矿物和长石等集中于泡沫中去除。矿物颗粒自身表面具有疏水性或经浮选药剂作用产生或增强疏水性。疏水就是亲油和亲气体，可在液、气或水-油的界面发生聚集。浮选就是将经过一系列工艺处理后的矿粒与气泡和浮选剂亲和而被浮于浮选机的矿液表面，从而将不同矿物分离。

为了去除含铁的重矿物，浮选是比较简单的。对含铁氧化物的普通捕收剂是石油磺酸钠。石油磺酸盐也可以用脂肪酸代替。

如果要进行石英和长石分离，浮选则比较困难。从石英中分离出长石，主要是为了降低氧化铝含量。铁含量通常是伴随着铝的降低而降低。过去采用的都是氟浮选，即用氢氟酸作调整剂，用胺作捕收剂进行浮选。但由于含氟物对环境的巨大危害，以及环境保护的标准不断提高，现在已没有理由再发展这种方法了。因而无氟浮选工艺得到了很大发展。这种方法是在用盐酸或硫酸调节的酸性条件下，用十二烷基丙撑二胺（简称十二胺）作捕收剂进行浮选。

用浮选去除矿物中的铁，可以达到比其他方法更好的效果。因为它不仅可以除去单体的含铁矿物，也可以除去带有铁质薄膜的石英颗粒，以及黏土矿物。所以国外很多石英砂选矿厂都采用了浮选法。

例如实验采用反浮选除去石英砂中的长石和白云母，在实验室采用类似充气式浮选机对样品进行浮选。实验选用十二胺〔$CH_3(CH_2)_{11}NH_2$〕作为捕收剂，起泡剂为白油（$C_{10}H_{17}OH$），调整剂为浓 H_2SO_4，抑制剂为水玻璃（Na_2SiO_3）。

将筛分后的－2mm 石英砂磨细至 0.1mm 左右，加水调浆至 25％～35％的浓度，首先按石英砂量的 0.3％～0.5％加入抑制剂水玻璃，搅拌均匀后再加入 200～350g/t 捕收剂十二胺和 180～300g/t 的起泡剂白油，最后用调整剂（H_2SO_4）将矿浆 pH 值调至 SiO_2 的零电位点，pH＝2。云母，长石的零电位点比 SiO_2 的零电位点要低，此 pH 值条件下它们表面均荷负电，此时阳离子捕收剂十二胺很容易捕收到云母和长石矿物，而 SiO_2 此时表面无电荷附着，并受水玻璃抑制作用。浮选进行时，向矿浆中冲入气泡，在起泡剂作用下带疏水基团的捕收剂随气泡上升到液面，同时也将长石和云母带入液面的气泡中，不断刮去液面气泡，当浮选结束后将溶液中的石英砂烘干可得石英砂精矿。浮选结果见表 16-16。

表 16-16　浮选实验结果（%）

编号	样品性质	SiO_2	Al_2O_3	Fe_2O_3	CaO	MgO
9 号	浮选泡沫	94.56	1.17	0.12	0.83	0.23
10 号	浮选底留	97.62	1.00	0.21	0.69	0.12
11 号	浮选底留	97.59	1.06	0.15	0.50	0.30
12 号	浮选底留	98.28	0.97	0.24	0.58	0.30

浮选结果：9 号，10 号为不加抑制剂时的浮选试样，11 号是在加入起泡剂之后加入抑制剂试样，12 号为先加入抑制剂再加入起泡剂的试样，从表中数据来看，不加抑制剂浮选稍好于加入起泡剂之后加入抑制剂样品，加起泡剂之前加入抑制剂的浮选结果最好。上表数据表明单独的浮选工艺可以除去一部分含铁、铝、钙、镁等杂质，但是浮选后石英砂的纯度提高有限。根据水洗高岭土尾矿——石英砂的特性制定的石英砂选矿流程图如图 16-1 所示。

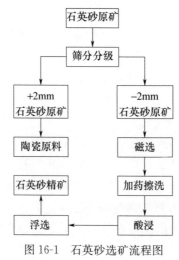

图 16-1　石英砂选矿流程图

选矿流程的确定要考虑下列因素：

（1）处理的石英砂的原始成分及铁的赋存状态。

（2）用户对石英砂精矿的质量要求。

（3）选矿厂的投资和生产成本的限度。

（4）对周围环境的污染问题。

参考文献

［1］李宝银等．非金属矿工业手册［M］．北京：冶金工业出版社，1999.

［2］郑水林、袁继祖．非金属矿加工技术与应用手册［M］．北京：冶金工业出版社，2005.

［3］郑水林等．非金属矿加工技术与设备［M］．北京：中国建材工业出版社，1998.

［4］宋晓岚、叶昌、余海湖．无机材料工艺学［M］．北京：冶金工业出版社，2007.

［5］郑水林．非金属矿加工与应用（第二版）［M］．北京：化学工业出版社，2008.11.